包容性绿色增长丛书

环境管制与中国绿色繁荣

李 钢◎主编

经济管理出版社
ECONOMY & MANAGEMENT PUBLISHING HOUSE

图书在版编目（CIP）数据

环境管制与中国绿色繁荣/李钢主编 . —北京：经济管理出版社，2023.12
ISBN 978-7-5096-9573-9

Ⅰ.①环… Ⅱ.①李… Ⅲ.①企业环境管理—研究—中国 Ⅳ.①X322.2

中国国家版本馆 CIP 数据核字（2024）第 026939 号

责任编辑：张莉琼
助理编辑：丁光尧
责任印制：许　艳
责任校对：蔡晓臻

出版发行：经济管理出版社
　　　　　（北京市海淀区北蜂窝 8 号中雅大厦 A 座 11 层　100038）
网　　址：www. E-mp. com. cn
电　　话：（010）51915602
印　　刷：北京晨旭印刷厂
经　　销：新华书店
开　　本：720mm×1000mm/16
印　　张：22.75
字　　数：326 千字
版　　次：2024 年 3 月第 1 版　　2024 年 3 月第 1 次印刷
书　　号：ISBN 978-7-5096-9573-9
定　　价：98.00 元

目　　录

基本理论与国际经验篇

实地调研与问卷调查篇

行业环境管制研究篇

中国绿色繁荣之路篇

基本理论与国际经验篇

第一章

环境管制对产业升级影响研究进展

陈素梅

　　环境管制对产业升级的作用效果一直受到经济学界的持续关注。本章从环境管制的内涵与类型及其对产业升级影响的理论探讨、实证检验、有效路径设计四个方面对国内外研究进展展开评述和总结。主流观点认为，设计恰当的环境管制短期内会损害产业竞争力，但长远来看能够促进产业升级；市场激励型与非正式环境管制的正向诱导作用更为有效；政策制定的灵活性与区域差异化越发受到学界的重视。结合中国的现实，拓展环境管制对产业升级的研究边界、利用企业层面的数据测度环境管制对不同所有制企业产业升级的影响等都是需要进一步探究的问题。

　　18 世纪以来，工业化快速发展在改变了人类生产生活方式的同时，还带来了自然资源的大规模开发与生态环境的过度破坏。尤其是近年来，一系列群体性污染事件频频爆发，使得人们越来越强烈地意识到环境问题的严重与紧迫，要求保护环境的呼声也越来越高。于是，各国和地区政府纷纷采取诸如污染排放标准、能源税、碳交易等一系列环境管制行动，以期扭转生态恶化的局面。问题是，从经济学意义上来说，管制是必须付出成本的，被管制对象（主要是企业）实际上必须承担由于环境管制而产生或者转移的成本①。那么，环境管制对一国产业升级的影响就成为一个极为重要的问题。对于这一问题的认知，激发了经济学家和学者们关于环境管制对宏观经济影响的研究热情。到底什么是环境管制？它包括什么样的方式？其对产业升级又具有什么样的影响？在什么样的情况下应该侧重采取什么样的管制方式？本章针对以上问题，从环境管制的内涵与类型及其对产业升级影响的理论研究、实证检验、有效路径设计四个方面对国内外研究展开评述，并指出环境管制影响产业升级的未来研究方向，以期促进理论界与实务界对这些问题的进一步关注。

一、环境管制的内涵

近年来，几乎所有国家和地区的政府都采取了环境管制措施，而全球经济自 2008 年金融危机以来进入了低迷期。这引发了学术界对环境管制相关影响、管制力度的又一轮研究热潮。虽然研究成果颇丰，但对于"环境管制"这一名词本身的含义、目标与类型的研究，学术界经历了一个不断深入的过程。

（一）环境管制的定义与目标

国内外关于环境管制影响的研究由来已久。对于实施环境管制的理由，大致分为两类：一是企业生产活动所造成的环境污染具有负外部性，严重威胁生态环境、公众健康乃至居民日常生活，但又不为此承担任何成本，所以必须加以管制；二是生态环境具有较强的公共物品属性，而在产权归属不明晰的情况下，其往往会被视为无偿使用的公共资源，从而导致保护环境的激励机制失效甚至引发"公地悲剧"。总之，以上两点都可以归结为"市场失

---

① 金碚：《资源环境管制与工业竞争力关系的理论研究》，《中国工业经济》2009 年第 3 期。

灵"的表现，需要环境管制来纠正。

为此，"环境管制"的定义，最早被学者界定为行政手段的实施，例如，潘家华指出，环境管制是政府以非市场途径对环境资源利用的直接干预[1]。行政管制的形式有很多，如禁令，明令禁止某些生产经营活动或资源利用与排污非市场转让性的许可证制，规定只有许可证持有者才可以生产或排污，但这种许可不准在市场上交易；有的干预要求某些会产生严重污染的生产工艺或技术必须被淘汰，某些新的污染治理设备必须应用于生产工艺中。随着这些行政管制手段被证明缺乏成本有效性，学界开始注意市场机制的灵活性。傅京燕总结到，环境管制作为社会性规定的一项重要内容，是指由于环境污染的负外部性，政府通过制定相应的政策与措施，对企业的经济活动进行调节，以达到保持环境和经济发展相互协调的目的[2]。随后，生态标签、环境认证、自愿协议等自愿性环境管制的实施，使环境管制的含义再次得到修正，赵玉民等将环境管制的定义拓展为以环境保护为目的、个体或组织为对象、有形制度或无形意识为存在形式的一种约束性力量[3]。

总之，环境管制的目标可以简单地概括为保护环境，将污染水平控制在一个合理的区间内。基于此，就如何确定最优管制力度而言，安塞尔·M. 夏普等从社会净效益最大化入手，当环境管制的社会边际收益（减少的环境污染损失部分）与其社会边际成本（增加的环保支出）相等时，就可以确定为最优的管制力度[4]；李钢等进一步将此方法运用到中国工业环境管制强度的提升路径研究中[5]。除此之外，近年来学者将环境管制的目标进一步拓展到社会福利和财税目标[6]、经济增长与社会

---

① 潘家华：《持续发展途径的经济学分析》，中国人民大学出版社 1991 年版。

② 傅京燕：《环境规制与产业国际竞争力》，经济科学出版社 2006 年版。

③ 赵玉民、朱方明、贺立龙：《环境规制的界定、分类与演进研究》，《中国人口·资源与环境》2009 年第 6 期。

④ 安塞尔·M. 夏普、查尔斯·A. 雷吉斯特、保罗·W. 格兰姆斯：《社会问题经济学》，中国人民大学出版社 2009 年版。

⑤ 李钢、马岩、姚磊磊：《中国工业环境管制强度与提升路线——基于中国工业环境保护成本与效益的实证研究》，《中国工业经济》2010 年第 3 期。

⑥ 张红凤、张细松：《环境规制理论研究》，北京大学出版社 2012 年版。

福利①等方面。

(二) 环境管制的类型

从目前对于环境管制的相关研究来看，通常认为，环境管制的方式主要分为三类：第一类是行政命令式管制（Command-and-Control Regulation），即由政府规定哪些行为必须禁止或被限制，如标准、配额适用限制、许可证等。第二类是市场型管制（Market-Based Regulation），包括经济方式与产权方式两种。前者是将外部成本内部化，即征收环境污染税；后者是将产权边界清晰化，从而可以使产权交易的方式实现市场功能，如排污权交易制度等。第三类是非正式管制（Informal Regulation），又称隐性管制、自愿管制，即内在于个人的、无形的环保意识等，如与污染者谈判、环保组织游说政府、污染事件的媒体曝光率等。

第一类方式是世界各国和地区最广泛的环境管制手段，执行成本低，可操作性强，但经济效率较低。

第二类方式充分利用市场机制，其中，经济方式起源于 Pigou② 理论，他指出环境污染问题的根源是经济行为的外部性，而要想解决经济活动的这种外部性，必须开征污染税，其最优税率应该等于企业造成的边际社会损害；产权方式让生产者完全可以根据自身情况做出决策，以达到保护环境的目的，同时也可以规避以往行政管制的弊端。

第三类方式的出现是为了弥补以上两种管制方式的缺失或较弱的强度，其核心在于环保意识，主要包括政府引导下的环保主义者以及未组织起来的一般社会公众等各种利益群体对环境权利和义务、责任的参与，与污染者进行谈判和协商，对会产生污染的产品进行抵制，或通过媒体曝光、环境评级等手段影响厂商的信誉和公众形象。这种非正式管制在环境保护中起到越来

---

① 陈素梅、何凌云：《环境、健康与经济增长：最优能源税收入分配研究》，《经济研究》2017 年第 4 期。

② Pigou, A. C., *A Study in Public Finance*, London：Macmillan，1928.

越重要的作用，近年来受到学者①越来越多的关注。

总体来看，已有文献在环境管制的内涵定义与类型划分上不断突破原有层面的约束，以使环境管制适应现实需求，获得新的解释力。随着研究的深入，学界已基本达成共识：环境管制已成为各国和地区环境保护的现实选择。

二、环境管制对产业升级影响的理论研究进展

环境管制对产业升级的影响一直是政策制定者高度关注的问题，亟待得到解答，也是学术界探讨的热点话题。产业升级通常被认为是由于要素的充裕程度发生变化，从而使某国或地区的竞争优势发生改变，产业也相应地由劳动密集型向资本和技术密集型转移的过程②。而将环境因素纳入经济系统后，产业升级也表现为在既定产出下对环境损害最小，或耗费同样的环境容量，产出最大化。目前来看，对于从理论层面环境管制对产业升级的影响是正向还是负向的，存在各种不同的看法。

（一）环境管制有利于产业升级

主流观点认为，设计恰当的环境管制能够使产业（企业）实现绿色生产和竞争力提高的"双赢"状态。最早提出这一观点且最具影响力的代表性人物是 Michael E. Porter，其观点被称为"波特假说"。Porter 认为，虽然从静态角度看，在短期内环境管制会增加企业的成本，但从长期动态角度看，设计恰当的环境管制会激发企业创新，减少污染，并且会提高产品质

---

① Langpap, C. and J. Shimshack, "Private Citizen Suits and Public Enforcement: Substitutes or Complements", *Journal of Environmental Economics and Management*, Vol. 59, No. 3, 2010.

Xie, R. H., Y. J. Yuan and J. J. Huang, "Different Types of Environmental Regulations and Heterogeneous Influence on 'Green' Productivity: Evidence from China", *Ecological Economics*, Vol. 132, 2017.

Ren, S., X. Li, B. Yuan and X. Chen, "The Effects of Three Types of Environmental Regulation on Eco-efficiency: A Cross-region Analysis in China", *Journal of Cleaner Production*, Vol. 173, 2018.

② Porter, M., *The Competitive Advantage of Nations*, New York: Free Press, 1990.

量、降低成本[①]。Porter 和 Linde 又指出，企业可以通过"创新补偿"和"先动优势"来实现"双赢"[②]。具体而言，一方面，在市场竞争条件下，当企业面对环境管制时，势必会更加理性地处理环境保护成本与收益之间的关系，更加有效地利用资源，并会选择低污染和更有效的生产方式。这有助于企业实现技术创新和提高对废弃物的循环利用效率，达到减少污染和降低生产成本的目的，进而可以部分地甚至全部地弥补管制给企业增加的成本，如果这种"创新补偿"效应足够大，则可以比不受环境约束的企业更具有竞争力。另一方面，当人们对环境友好型产品的需求普遍加大时，提前通过创新手段，实现了绿色化生产的企业会更受市场的青睐，在国际竞争中会更具有优势，即所谓的"先动优势"。

在此基础上，波特假说得到了进一步拓展与阐释，归纳起来分为两大分支。

第一分支是基于委托代理成本的行为经济学研究。企业管理者可能是风险规避者[③]，反感任何需要付出昂贵代价的变动[④]，或者是受以往习惯影响[⑤]，脱离了企业追求利润最大化的基本假设，他们往往会放弃一些过于冒险、成本过高或偏离了其管理习惯的投资机会，而这些机会对于企业自身发展而言可能会促进创新、获取可观的收益；如此一来，一旦环境管制强制要求这些投资或让投资具有更高的回报时，管理者会改变决策行为，从而促进企业研发水平的提高以及经济利润的改善。此外，Ambec 和 Barla 发现，企业管理者往往会夸大清洁技术研发成本进而从中获取中间差，而环境管制会降

① Porter, M., "America's Green Strategy", *Scientific American*, Vol. 264, No. 4, 1991.

② Porter, M. and C. Linde, "Toward a New Conception of the Environment-Competitiveness Relationship", *Journal of Economic Perspective*, Vol. 9, 1995.

③ Kennedy, P., "Innovation Stochastique et Eoût de La Réglementation Environnementale", *L'Actualité économique*, Vol. 70, No. 2, 1994.

④ Aghion, P., M Dewatripont and P. Rey, "Corporate Governance, Competition Policy and Industrial Policy", *European Economic Review*, Vol. 41, 1997.

Ambec, S. and P. Barla, "Quand la Réglementation Environnementale Profite aux Pollueurs. Survol Des Fondements Théoriques de l'Hypothèse de Porter", *L'Actualité économique*, Vol. 83, No. 3, 2007.

⑤ Gabel, H. L. and B. Sinclair-Desgagné, "The Firm, Its Routines, and the Environment", in Folmer H. and T. Tietenberg, eds *The International Yearbook of Environmental and Resource Economics* 1998/1999: *A Survey of Current Issues*, Cheltenham, UK: Edward Elgar, 1998.

低管理者所获取的中间差，间接刺激技术创新，增加企业经济利润[1]。

第二分支是市场失灵背景下企业追逐利润最大化研究。一方面，在信息不对称竞争中，严格的环境管制会为本国或地区企业提供战略优势，激发被管制企业自发挖掘"先动优势"的潜力，从而促进产业升级，扩大国际市场份额[2]；对于不完全竞争且差异化环境影响而言，André 等从产品差异化角度建立寡头竞争模型，假设两家企业在进行价格竞争之前同时选择采用环境友好型技术或标准技术进行生产，发现环境质量最低标准会让所有企业寻求帕累托改进，促进技术研发[3]；Qiu 等进一步从垄断竞争市场结构、企业异质性与一般均衡的角度出发进行理论研究，发现波特假说对于同一行业高能力企业来说成立，而对于低能力企业来说并非如此，主要原因在于严格的环境管制会导致企业在保持原有生产规模条件下增加创新投资的正向激励（即正向环境管制成本抵消效应）与缩减生产规模从而降低创新投资的负向影响（即负向规模效应），低能力企业往往是负向规模效应超过了正向成本抵消效应，进而缩减生产规模甚至会退出市场，同时会刺激在位高能力企业进一步增加创新投资，如此一来，严格的环境管制可能会通过鼓励企业进入和退出来改善受管制行业的企业构成，显著提高整个行业的平均生产率，有效促进产业升级[4]。另一方面，面对技术外溢，Mohr 与 Mohr 和 Saha 建立了一个干中学模型，当企业研发投入以技术外溢的形式让竞争者受益时，清洁高产技术研发往往会投资不足，而环境管制会强制企业进行内生的技术研发，从而促使企业从低投入的均衡状态转向高投入的帕累托改进状态[5]；

---

① Ambec, S. and P. Barla, "A Theoretical Foundation of the Porter Hypothesis", *Economics Letters*, Vol. 75, 2002.

② Simpson, D. and R. L. Bradford, "Taxing Cariable Cost: Environmental Regulation as Industrial Policy", *Journal of Environmental Economics and Management*, Vol. 30, 1996.

③ André, F. J., P. Conzález and N. Porteiro, "Strategic Quality Competition and the Porter Hypothesis", *Journal of Environmental Economics and Management*, Vol. 57, 2009.

④ Qiu, L. D., M. Zhou and X. Wei, "Innovation and Firm Selection: The Porter Hypothesis under Monopolistic Competition", *Journal of Environmental Economics and Management*, Vol. 92, 2017.

⑤ Mohr R. D., "Technical Change, External Economies, and the Porter Hypothesis", *Journal of Environmental Economics and Management*, Vol. 43, No. 1, 2002.

Mohr, R. D. and S. Saha, "Distribution of Environmental Costs and Benefits, Additional Distortions and the Porter Hypothesis", *Land Economics*, Vol. 84, 2008.

Greaker 在拓展到上游企业技术外溢时，得出类似的结论[1]；黄德春和刘志彪进一步发现，在新技术的采用中，受益最大的是那些还在使用最落后技术的地区，而且，如果一个行业已有的技术没有太多的技术经验积累，那么，短期的转换成本会小得多，显然发展中经济体进行环境管制，能够获得显著收益[2]。

（二）环境管制阻碍产业升级

另一种观点认为，尽管环境管制有助于环境友好型技术水平，但不能完全抵消生产成本加重带来的全要素生产率损失，不利于产业升级。Cropper 和 Oates 从静态的角度出发，认为在给定企业技术水平、生产过程、消费需求不发生变化的情况下，环境管制必然会加重企业生产成本，减少国内企业在全球市场的市场份额，从而制约企业技术创新[3]。Xepapadeas 和 Zeeuw 论证了排放税会促使老旧机器的淘汰，降低固定资本存量寿命，从而促进生产水平现代化，但难以完全抵消额外管制成本带来的竞争力损失[4]。Feichtinger 等则认为，一旦提高污染排放税税率，企业为了在排放单位污染的同时生产更多的产品，会通过学习改进原有机器设备来提高单位污染排放的产品产出率，进而增加平均使用寿命，阻碍整个经济系统的产业升级[5]。Gans 发现，严格的碳排放限额会降低化石能源使用，削弱有关化石能源效率提升的技术研发积极性，同时会激发有关替代能源的技术研发投入；但受碳排放稀

---

[1] Greaker, M., "Strategic Environmental Policy: Eco-dumping or a Green Strategy", *Journal of Environmental Economics and Management*, Vol. 45, No. 3, 2003.

[2] 黄德春、刘志彪：《环境规制与企业自主创新——基于波特假设的企业竞争优势构建》，《中国工业经济》2006 年第 3 期。

[3] Cropper, M. L. and W. Oates, "Environmental Economics: A Survey", *Journal of Economic Literature*, Vol. 30, No. 2, 1992.

[4] Xepapadeas, A. and A. Zeeuw, "Environmental Policy and Competitiveness: The Porter Hypothesis and the Composition of Capital", *Journal of Environmental Economics and Management*, Vol. 37, No. 2, 1991.

[5] Feichtinger, G., R. F. Hartl, P. M. Kort and V. M. Veliov, "Environmental Policy, the Porter Hypothesis and the Composition of Capital: Effects of Learning and Technological Progress", *Journal of Environmental Economics and Management*, Vol. 50, No. 2, 2005.

缺性影响，整体来看技术研发活动会受到制约，并不利于产业升级①。

显然，"波特假说"的支持者并不能宣称所有环境管制都有利于产业升级；其反对者也不能否认在一些情形下环境管制对某些行业产业升级的促进作用。这种理论争议为实证检验提供了极好的切入点，引起了众多学者的关注与讨论。

三、环境管制对产业升级影响的实证研究进展

环境管制对产业升级影响的实证研究早期主要在发达国家和地区开展，随着各国和地区环境问题日益严峻，越来越多的学者开始从行业或企业层面关注这一问题。近年来，部分学者开始从全球跨国层面、行业异质性等角度入手开展环境管制影响研究的实证讨论。按照研究的边界，目前已有的相关实证检验可分为"弱波特假说"与"强波特假说"两类。其中，前者主要考察环境管制对研发/技术创新的影响，大体形成了统一结论；后者则是检验环境管制对竞争力的影响，学术界至今也未达成一致意见②。

（一）"弱波特假说"的实证检验

大多数文献认为，环境管制在促进企业研发/技术创新上发挥着不可忽视的诱导作用。其中，Jaffe 和 Palmer 运用面板数据研究美国制造业总研发支出与治污支出（即严格环境管制的代理变量）之间的关系，发现污染减排支出每增加 1%，研发支出就会增加 0.15%，但与专利数量不存在统计意义上的显著影响③。然而，若将专利限定在环境友好型范围内，Popp、Arimura 等、

① Gans, J. S., "Innovation and Climate Change Policy", *American Economic Journal: Economic Policy*, Vol. 4, No. 4, 2012.

② Ambec, S., M. A. Cohen, S. Elgie and P. Lanoie, "The Porter Hypothesis at 20: Can Environmental Regulation Enhance Innovation and Competitiveness", *Review of Environmental Economics and Policy*, Vol. 7, No. 1, 2013.

③ Jaffe, A. B. and K. Palmer, "Environmental Regulation and Innovation: A Panel Data Study", *Review of Economics and Statistics*, Vol. 79, 1997.

Johnstone 等、Fabrizi 等发现其与环境管制存在正相关关系①。具体到中国的环境管制，Zhao 和 Sun 得出东部与中部地区存在"弱波特假说"但西部地区并不显著的结论②；魏楚等、Yang 等发现，污染减排费用支出（可变成本）能够诱导更多的研发活动，而污染减排的资本性支出（固定成本）对研发影响并不显著③。由此可见，选取不同的关键衡量指标得出的研究结论也可能会截然不同。现有研究将技术创新通过研发投入、专利数量等指标来描述，得出的结论指导意义较为有限。实际上，创新不仅是技术改进，也包括产品或服务设计、生产流程、市场拓展、服务形式等方面的改进（Porter and Linde，1995）。尤其在当今互联网时代、共享经济时代，产业创新与升级的形式多样化，关于环境管制对产业升级影响的研究范畴亟须进一步拓展。

（二）"强波特假说"的实证检验

1. 一些学者认为，环境管制能够有效提高生产率，促进产业升级

Berman 和 Bui 对美国洛杉矶南海岸一些受到空气质量严格管制的炼油厂进行生产率的对比分析，结果发现，尽管环境管制给这些炼油厂造成了成

---

① Popp, D., "International Innovation and Diffusion of Air Pollution Control Technologies: The Effects of NO$_X$ and SO$_2$ Regulation in the US, Japan, and Germany", *Journal of Environmental Economics and Management*, Vol. 51, No. 1, 2006.

Arimura, T., A. Hibiki and N. Johnstone, "An Empirical Study of Environmental R&D: What Encourages Facilities to be Environmentally Innovative", in Cheltenham, N. J., ed., *Corporate Behaviour and Environmental Policy*, UK: Edward Elgar in association with OECD, 2007.

Johnstone, N., I. Hascic and D. Popp, "Renewable Energy Policies and Technological Innovation: Evidence Based on Patent Counts", *Environmental and Resource Economics*, Vol. 45, 2010.

Fabrizi, A. G., G. Guarini and V. Meliciani, "Green Patents, Regulatory Policies and Research Network Policies", *Research Policy*, Vol. 47, No. 6, 2018.

② Zhao, X. and B. Sun, "The Influence of Chinese Environmental Regulation on Corporation Innovation and Competitiveness", *Journal of Cleaner Production*, Vol. 112, 2016.

③ 魏楚、黄磊、沈满洪：《鱼与熊掌可兼得么？——对我国环境管制波特假说的检验》，《世界经济文汇》2015 年第 1 期。

Yang, C. H., Y. H. Tseng and C. P. Chen, "Environmental Regulations, Induced R & D, and Productivity: Evidence from Taiwan's Manufacturing Industries", *Resource and Energy Economics*, Vol. 34, No. 4, 2012.

本上升，但是在 1987～1992 年其他地区炼油厂生产率出现下降时，该地区的炼油厂生产率得到了迅速提升①。Boyd 等通过构建 Malmquist–Luenberger 指数模型，对环境管制造成的效率损失及全要素生产率进行了测算，结果表明，技术进步促进了玻璃行业生产率提高和环境绩效改善的同时，"创新补偿"效应超过了环境管制带来的效率损失②。Murthy 和 Kumar 利用 1996～1999 年印度 92 家制糖企业的面板数据进行研究，结果表明，随着环境管制强度的加大，企业的技术效率也得到了提高，从而验证了"强波特假说"的真实性③。Managi 等通过将全要素生产率增长分解为市场产出（石油天然气产量）、环境产品（水污染、石油泄漏）、综合产品，分析经济增长的来源，研究发现，加重环境管制遵守成本将会提高环境产品与市场产出的生产率，通过实地采访得知这一生产率效应并不是偶然，而是为了服从环境管制而恰当改进生产过程所引起的④。Hamamoto 以日本高污染制造业为研究对象，发现污染治理支出通过增加研发投入，进而提高了企业的全要素生产率⑤。Albrizio 等在构建跨国层面环境政策强度指标的基础上，从行业和企业两个层面证实了环境管制通过淘汰生产率低下的企业来提升行业整体生产率⑥。

　　具体到中国的环境管制，大多数学者证实了"强波特假说"的存在，即环境管制可作为一个有效的倒逼机制驱动产业结构调整，促进产业升级。李眺从服务业与工业比重变化的角度得出环境管制有助于服务业比重的上升

---

　　① Berman, E. and L. Bui, "Environmental Regulation and Productivity: Evidence from Oil Refineries", *Review of Economics and Statistics*, Vol. 83, No. 3, 2001.

　　② Boyd, G. A., G. Tolley and J. Pang, "Plant Level Productivity, Efficiency, and Environmental Performance of the Container Glass Industry", *Environmental and Resource Economics*, Vol. 23, No. 1, 2002.

　　③ Murthy, M. N. and S. Kumar, "Win-win Opportunities & Environmental Regulation: Testing of Porter Hypothesis for Indian Manufacturing Industries", *Journal of Environmental Management*, Vol. 67, No. 2, 2003.

　　④ Managi, S., J. J. Opaluch, Ö. Jin and T. A. Grigaluna, "Environmental Regulations and Technological Change in the Offshore Oil and Gas Industry", *Land Economics*, Vol. 81, 2005.

　　⑤ Hamamoto, M., "Environmental Regulation and the Productivity of Japanese Manufacturing Industries", *Resource and Energy Economics*, Vol. 28, No. 4, 2006.

　　⑥ Albrizio, S., T. Kozluk and V. Zipperer, "Environmental Policies and Productivity Growth: Evidence across Industries and Firms", *Journal of Environmental Economics and Management*, Vol. 81, 2017.

和产业结构的高级化调整的结论①。对于工业生产活动而言，张红凤等基于山东经验，对环境管制下污染密集型产业的发展状况进行实证分析与环境规制绩效评价②。研究表明，只有严格而系统的环境规制政策，才能抑制污染密集型产业的发展，诱导产业结构升级。Zhang 等运用 Malmquist-Luenberger 生产率指数得出了类似的结论③。李树和陈刚利用 2000 年中国对《中华人民共和国大气污染防治法》的修订这样一次自然实验，采用倍差法发现这一修订显著提高了空气污染密集型工业行业的全要素生产率，且其边际效应随着时间的推移呈递增趋势④。韩超等进一步认为，约束性污染控制显著降低了污染行业（被管制行业）内的资源错配水平，导致污染行业内资本要素流向高生产率企业，同时也提高了污染行业内高生产率企业的市场份额，有效促进了产业结构调整⑤。

2. 一些学者实证研究得出环境管制挤占生产成本进而损害企业竞争力的结论

Gollop 和 Roberts 估算出美国 19 世纪 80 年代 SO_2 排放管制使生产率增长降低了 43%⑥。Gray 和 Shadbegian 发现，制浆造纸厂污染治理成本越高，生产率水平则越低，而且这种负相关关系在综合性厂房更为显著，在非综合性厂房可以忽略⑦。Picazo-Tadeo 等使用方向距离函数，利用 1995 年以来的西班牙瓷砖生产企业的数据，发现如果污水处理成本为零，企业总产出会增

① 李眈：《环境规制、服务业发展与我国的产业结构调整》，《经济管理》2013 年第 8 期。

② 张红凤、周峰、杨慧、郭庆：《环境保护与经济发展双赢的规制绩效实证分析》，《经济研究》2009 年第 3 期。

③ Zhang, C. H., H. Liu, H. T. A. Bressers and K. S. Buchanan, "Productivity Growth and Environmental Regulations-Accounting for Undesirable Outputs: Analysis of China's Thirty Provincial Regions Using the Malmquist-Luenberger Index", *Ecological Economics*, Vol. 70, No. 12, 2011.

④ 李树、陈刚：《环境管制与生产率增长——以 APPCL2000 的修订为例》，《经济研究》2013 年第 1 期。

⑤ 韩超、张伟广、冯展斌：《环境规制如何"去"资源错配——基于中国首次约束性污染控制的分析》，《中国工业经济》2017 年第 4 期。

⑥ Gollop, F. M. and M. J. Roberts, "Environmental Regulations and Productivity Growth: The Case of Fossil-fuelled Electric Power Generation", *Journal of Political Economy*, Vol. 91, No. 4, 1983.

⑦ Gray, W. B. and R. J. Shadbegian, "Plant Vintage, Technology, and Environmental Regulation", *Journal of Environmental Economics and Management*, Vol. 46, No. 3, 2003.

加 7.0%；但如果处理污水需要额外的成本，企业合意产出只能增加 2.2%，这说明，环境管制并不利于产出的增加[1]。Greenstone 等发现，美国大气质量管制使得制造厂商全要素生产率下降约 2.6%[2]。

具体到中国的环境管制，也有部分学者发现环境管制会损害产业竞争力。许冬兰和董博采用数据包络分析方法，分析了 1998～2005 年环境管制对中国工业技术效率和生产力损失的影响，结果表明，虽然环境管制使中国工业技术效率得到提高，但对于生产力的发展却产生了负面影响[3]。Yang 等基于准倍差法，首次研究了我国碳强度约束政策对全要素生产率增长的影响，研究发现，碳强度约束政策对全要素生产率增长表现出显著的负向影响，这可能归咎于"自上而下"型减排政策的实施增加了企业生产负担，短期内企业难以通过快速调整要素组合或选择合适的生产技术或更新生产设备来适应减排政策的冲击，而且这种负向影响会随时间的推移逐渐增强[4]。尽管如此，李钢等认为，中国环境管制执法强度指数从 1997 年的 43 提高到 2007 年的 68，但对产业国际竞争力的影响十分有限，目前中国的工业完全有能力承受较高的环境管制强度[5]。而且，李钢等基于可计算一般均衡模型同样得出类似的结论，即如果提升环境管制强度使工业废弃物排放完全达到现行法律标准，会使经济增长率下降约 1 个百分点，考虑到中国目前的经济增长速度，这种影响尚在可以接受的范围内[6]。

① Picazo-Tadeo, A. J., E. Reig-Martínez and F. Hernandez-Sancho, "Directional Distance Functions and Environmental Regulation", *Resource and Energy Economics*, Vol. 27, No. 2, 2005.

② Greenstone, M., J. List and C. Syverson, "The effects of environmental regulation on the competitiveness of US manufacturing", *NBER Working Paper*, No. 18392, 2012.

③ 许冬兰、董博：《环境规制对技术效率和生产力损失的影响分析》，《中国人口·资源与环境》2009 年第 19 期。

④ Yang, Z., M. Fan, S. Shao and L Yang, "Does Carbon Intensity Constraint Policy Improve Industrial Green Production Performance in China? A Quasi-DID Analysis", *Energy Economics*, Vol. 68, 2017.

⑤ 李钢、马岩、姚磊磊：《中国工业环境管制强度与提升路线——基于中国工业环境保护成本与效益的实证研究》，《中国工业经济》2010 年第 3 期。

⑥ 李钢、董敏杰、沈可挺：《强化环境管制政策对中国经济的影响——基于 CGE 模型的评估》，《中国工业经济》2012 年第 11 期。

3. 也有些学者认为，环境管制与生产率之间不存在固定的关系

主要有如下三种观点：

第一，在时间维度上，由于技术创新本身所需的时间相对较长，特定的环境管制水平对产业发展的影响呈 U 型，长远来看能够实现产业结构调整，促进产业升级。Lanoie 等以加拿大 17 个制造业部门数据为例，研究发现环境管制当期会损害生产率，但随着时间的推移（3~4 年后），生产率会得到显著提高，并能够弥补第一年的效率损失；而且，对于高度竞争行业而言，这种时间滞后效果就更加显著，也就是说，尽管环境管制在短期内会给生产率带来"阵痛期"，但从长远角度来看，会通过诱导企业创新促进产业升级[1]。这与其他学者[2]得出的结论类似，尽管节能减排行为在初期对工业部门的技术进步造成一定的负面影响，但从长期来看，不仅会提高环境质量，而且能够同时提高生产率。同样地，韩超和胡浩然发现，中国清洁生产标准规制能体现规制的信号机制与倒逼机制，尽管给产业施加的挤出效应具有一次性特征，其累积学习效应的边际影响呈现严格递增的 J 型特征，最终在规制实施 3 年左右超出挤出效应[3]。

第二，在强度维度上，环境管制与产业升级的影响存在争议。张成等从理论上发现，在强度维度上也存在一种 U 型关系，即较弱的环境管制强度会降低企业的生产技术进步率，而适度较强的环境管制则能提高企业的生产技术进步率，而且这一理论在 1998~2007 年的中国东部地区和中部地区也得到验证[4]。类似地，童健等基于异质性行业的差异化行为机制，发现环境管制对工业行业转型升级的影响取决于其对污染密集型行业和清洁行业的经济产出影响的相对大小，而具体行业影响取决于环境管制的资源配置扭曲效

---

[1] Lanoie, P., M. Patry and R. Lajeunesse, "Lajeunesse. Environmental Regulation and Productivity: Testing the Porter Hypothesis", *Journal of Productivity Analysis*, Vol. 30, No. 3, 2008.

[2] 陈诗一：《节能减排与中国工业的双赢发展：2009—2049》，《经济研究》2010 年第 3 期。
Peuckert, J., "What shapes the impact of environmental regulation on competitiveness? Evidence from Executive Opinion Surveys", *Environmental Innovation and Societal Transitions*, Vol. 10, 2014.

[3] 韩超、胡浩然：《清洁生产标准规制如何动态影响全要素生产率——剔除其他政策干扰的准自然实验分析》，《中国工业经济》2015 年第 5 期。

[4] 张成、陆旸、郭路、于同申：《环境规制强度和生产技术进步》，《经济研究》2011 年第 2 期。

应与技术效应的相互博弈，最终环境管制与产业升级的影响呈 J 型特征[①]。然而，李钢和刘鹏采用文献计量的方法，构建了中国钢铁行业环境管制标准强度，发现在管制初期标准强度的提升能够带来环境绩效较大幅度的改善；随着标准强度的进一步提升，环境绩效的改善程度逐渐减弱[②]。Perino 和 Requate、Wang 和 Shen 进一步发现，环境管制强度与新技术采用率、环境全要素生产率之间的关系均呈倒 U 型特征[③]。张同斌同样认为，低强度或较弱的环境管制难以刺激污染型企业进行技术创新，不能促进经济增长；而高强度环境管制能够激发污染型企业的"创新补偿"效应，使得经济增长中的环境管制效应由"短期损失"向"长期收益"转化[④]。

第三，环境管制与生产率之间没有显著关系。Alpay 等选取 1962~1994 年美国食品行业的数据，研究结果发现，美国的环境管制对美国食品行业的盈利能力和生产率并没有什么影响[⑤]。Becker 通过评估美国所有制造行业 Cobb-Douglas 生产函数，发现环境管制与生产率之间没有显著关系，而且这一结论不受时间与空间的影响[⑥]。Rubashkina 等运用 1997~2009 年 17 个欧洲国家制造行业数据，采用工具变量估算法，没有发现"强波特假说"的证据，环境管制并没有影响生产率[⑦]。

总结目前已有的国内外最新文献，关于环境管制对产业升级影响的实证

① 童健、刘伟、薛景：《环境规制、要素投入结构与工业行业转型升级》，《经济研究》2016 年第 7 期。

② 李钢、刘鹏：《钢铁行业环境管制标准提升对企业行为与环境绩效的影响》，《中国人口·资源与环境》2015 年第 12 期。

③ Perino, G. and T. Requate, "Does More Stringent Environmental Regulation Induce or Reduce Technology Adoption? When the Rate of Technology Adoption is Inverted U-shaped", *Journal of Environmental Economics and Management*, Vol. 64, 2012.

Wang, Y. and N. Shen, "Environmental Regulation and Environmental Productivity: The Case of China", *Renewable and Sustainable Energy Reviews*, Vol. 62, 2016.

④ 张同斌：《提高环境规制强度能否"利当前"并"惠长远"》，《财贸经济》2017 年第 3 期。

⑤ Alpay, E., S. Buccola and J. Kerkvliet, "Productivity Growth and Environmental Regulation in Mexican and U. S. Food Manufacturing", *American Journal of Agricultural Economics*, Vol. 84, No. 4, 2002.

⑥ Becker, R. A., "Local Environmental Regulation and Plant-level Productivity", *Ecological Economics*, Vol. 70, No. 12, 2011.

⑦ Rubashkina, Y., M. Galeotti and E. Verdolini, "Environmental Regulation and Competitiveness: Empirical Evidence on the Porter Hypothesis from European Manufacturing Sectors", *Energy Policy*, Vol. 83, 2005.

研究结论存在很大的差异，主要表现在影响方向以及影响程度等方面。这些差异可能由以下几个方面的原因造成：首先，环境管制本身有其复杂性，不同国家、不同地区、不同时期的环境管制目标、使用的环境管制工具不尽相同，在此基础上分析出的政策冲击影响肯定也有所不同。其次，不同地区的经济发展水平、产业结构、企业间和行业间资源禀赋、要素投入结构都存在较大差距，而这些决定了不同地区的环境管制对产业结构调整影响的巨大差异。最后，环境管制指标的选取以及实证模型的选择，通常带有研究人员的个人主观倾向，得出的结论也会因此而存在差异。

四、为有效促进产业升级的环境管制路径设计

鉴于各国和地区环境管制已成既定事实，仅仅探讨其对产业升级的影响已不足以完全支撑政府决策。为了有效促进产业升级，如何设计环境管制路径成为学术界与政府面临的难题，亟待得到解答。对此，国内外学者从管制工具的选取与差异化管制政策的制定等方面进行了大量的研究探索。

（一）环境管制工具的选择

学术界普遍认为，市场型环境管制要优于其他类型的环境管制。在激发企业研发的效果上，Jaffe 等和 Popp 等认为环境管制的市场手段（如税收、可交易额机制等）要优于直接手段（如技术标准等）[①]。在提升生产率的效果上，Albrizio 等发现，这种正向影响并不依赖于该国现有管制水平的强弱，而取决于环境政策的类型，其中，市场型环境政策为企业提供了更多的灵活性，可以允许其根据实际情况选择合适的生产技术和技术调整时间，因而加

---

① Jaffe, A. B., R. G. Newell and R. N. Stavins, "Technological Change and the Environment", *Environmental and Resources Economics*, Vol. 22, 2002.

Popp D., R. G. Newell and A. B. Jaffe, "Energy, the Environment, and Technological Change", *NBER Working Paper*, No. 14832, 2009.

强市场型环境管制政策更有利于企业创新能力和生产率水平的提高（Albriz-io et al.，2017）[1]；Xie 等基于松弛的效率评价模型（Slacks-Based Measure）和 Luenberger 生产率指数，以中国 2000~2012 年 30 个省份的省级面板数据为样本进行研究，也发现市场型环境政策对生产率的正向激励作用要远远强于行政—命令式管制手段（Xie et al.，2017）[2]。

就具体的市场型环境管制而言，投资型要优于费用型；合理利用管制（如环境税、排污权拍卖）所得收入会进一步提升产业竞争力，促进产业转型升级。原毅军和刘柳、张平等将市场型环境管制划分为费用型（即未形成固定资产且短期的，如税收、监管费用等）和投资型（形成固定资产且存在长期影响的，如环境友好型技术投资等）两类，研究表明，投资型环境管制通过降低企业技术创新的风险、增强企业的信心和提高预期水平，提升了企业的竞争力；而费用型环境管制对企业技术创新产生了显著的"挤出效应"，排污费的征收增加了企业的生产成本，但是并不能促进企业进行技术创新[3]。在市场型环境管制所得收入的分配上，Oueslati、Williams 等、Karydas 和 Zhang、陈素梅和何凌云将环境税收入以企业所得税或个人所得税、补贴减排技术的形式转让给经济体，减轻经济负担的同时，正向激励企业进行技术创新，提升生产率[4]。

---

① Albrizio S. et al.，"Environmental Policies and Productivity Growth：Evidence across Industries and Firms"，*Journal of Environmental Economics and Management*，Vol. 81，2017.

② Xie，R. H. et al.，"Different Types of Environmental Regulations and Heterogeneous Influence on "Green" Productivity：Evidence from China"，*Ecological Economics*，Vol. 132，2017.

③ 原毅军、刘柳：《环境规制与经济增长：基于经济型规制分类的研究》，《经济评论》2013年第 1 期。

张平、张鹏鹏、蔡国庆：《不同类型环境规制对企业技术创新影响比较研究》，《中国人口·资源与环境》2016 年第 4 期。

④ Oueslati，W.，"Environmental Tax Reform：Short-term versus Long-term Macroeconomic Effects"，*Journal of Macroeconomics*，Vol. 40，2014.

Williams，R. C.，H. G. Gordon，D. Burtraw，J. C. Carbone and R. D. Morgenstem，"The Initial Incidence of a Carbon Tax across Income Groups"，*National Tax Journal*，Vol. 1，2015.

Karydas，C. and L. Zhang，"Green Tax Reform，Endogenous Innovation and the Growth Dividend"，*Journal of Environmental Economics and Management*，Vol. 97，2107.

陈素梅、何凌云：《环境、健康与经济增长：最优能源税收入分配研究》，《经济研究》2017 年第 4 期。

此外，非正式环境管制对产业升级的影响越来越得到学界的肯定，尤其是对难以受到正式环境管制有效监管的中小企业而言，其影响不容忽视。原毅军和谢荣辉选取 1999~2011 年中国 30 个省份的相关面板数据，发现非正式管制强度指标总体上与产业结构调整正相关，而中小企业已成为中国工业污染的主力军，政府应该重视并加强非正式环境管制的力量[1]。Xie 等发现，以受教育水平为中国非正式环境管制强度指标时，其与全要素生产率的关系呈显著正相关关系，意味着教育在中国非正式环境管制效果中扮演着十分重要的角色（Xie et al.，2017）。

（二）环境管制政策灵活性与差异化

不少学者注意到环境管制政策影响的区域差异化，强调政策制定的灵活性。Majumdar 和 Marcus 利用 150 家电力企业的数据，采用数据包络分析方法，研究了不同类型的环境管制手段对企业生产率的影响。结果显示，地方性的、能赋予企业较多自主权的管制方式对生产率有正面影响；而全国性的、缺乏灵活性的管制方式对生产率有负面影响[2]。类似地，Johnstone 等也发现，与环境管制强度相比，其灵活度与稳定性对生产率的影响更为重要[3]。Ramanathan 等进一步发现，面对灵活的且具有更多企业自主权的环境管制，企业的创新能力会显著提高其运营绩效，反之亦然[4]。

鉴于此，具体到中国环境管制，东部地区应重点采取市场激励型环境管制，中、西部地区应重点采取命令型管制手段。在区域差异方面，童健等发现，中国环境管制对产业省级的影响呈 J 型特征，其中东部地区已处于 J 型

---

① 原毅军、谢荣辉：《环境规制的产业结构调整效应研究——基于中国省际面板数据的实证检验》，《中国工业经济》2014 年第 8 期。

② Majumdar S. K. and A. A. Marcus, "Do Environmental Regulations Retard Productivity: Evidence from U. S. Electric Utilities", *Working Paper*, University of Michigan Business School, 1998.

③ Johnstone, N., I. Haščič and M. Kalamova, "Environmental Policy Characteristics and Technological Innovations", *Economia Politica*, Vol. 27, No. 2, 2010.

④ Ramanathan, R. U. Ramanathan and Y. Benrtley, "The Debate on Fexibility of Environmental Regulations, Innovation Capabilities and Financial Performance—A Novel Use of DEA", *Omega*, Vol. 75, 2018.

曲线的右侧，应重点采取市场激励型环境管制政策，通过排污费、排污许可证交易等市场机制发挥环境管制的外部性效应，并加大对工业行业的专向技术补贴力度，激发环境管制的技术效应，促进工业行业转型升级；中部和西部地区尚处在 J 型曲线的左侧，应多采用命令型的环境管制政策以约束工业行业的生产行为，加大对地方政府的财政转移支付力度（童健等，2016）[①]。Ren 等基于 STIRPAT 模型，研究发现中国东部地区应多采用市场激励型环境管制与非正式管制，中部地区应多采用命令型与市场型环境管制，西部地区应采用命令型环境管制手段（Ren et al.，2018）[②]。

在环境管制政策路径设计上，近期文献注意到了环境管制工具的选择与区域差异化考量的重要性和必要性，初步回答了在什么情形下侧重什么样的环境管制方式，为政府决策提供了有力的理论支持。

五、结论与展望

随着各国和地区环境问题日益严重以及全球经济发展进入低迷期，环境管制对一国或地区产业竞争力或产业升级的影响一直是经济学家们研究讨论的热点问题。从相关研究来看，国内外学者在环境管制是什么、有哪些手段、如何影响产业结构以及如何制定环境管制政策路径方面，研究成果颇丰。首先，环境管制的内涵方面，虽然目前研究未对环境管制的定义达成共识，但环境管制手段分为命令—控制型、市场激励型与非正式管制三类这一点，获得了学者们的一致认可。其次，环境管制对产业升级影响的理论分析方面，虽然学者们对影响方向的看法有很大的不一致，但设计恰当的环境管制能够使产业（企业）实现绿色生产和竞争力提高的"双赢"状态这一观点至今占据主流地位。再次，环境管制对产业升级影响的实证分析方面，就

---

① 童健、刘伟、薛景：《环境规制、要素投入结构与工业行业转型升级》，《经济研究》2016年第 7 期。

② Ren, S. et al. , "The Effects of Three Types of Environmental Regulation on Eco-efficiency: A Cross-region Analysis in China", *Journal of Cleaner Production*, Vol. 173, 2018.

环境管制对企业研发/技术创新的正向激励作用这一点来说，学者们的意见统一；而在环境管制对产业竞争力的影响方向以及显著性方面，大致分为正相关、负相关与不确定三类观点，其中环境管制在短期内会损害产业竞争力但长期来看会促进产业升级的观点越来越受到大部分学者的认可。最后，针对有效促进产业升级的环境管制设计路径，一方面，学术界普遍认为最优的是市场激励型管制，非正式环境管制的作用也越发不容忽视；另一方面，政策制定的灵活性与差异性也越来越受到重视，若具体到中国环境管制，东部地区应重点采取市场激励型环境管制，中、西部地区应重点采取命令型管制手段。

总的来说，环境管制对产业升级的影响是一个值得深入研究的话题；尤其在当今互联网时代、共享经济时代，产业创新与升级的形式多样化，关于环境管制对产业升级影响的研究边界亟须进一步拓展。此外，结合中国的现实，利用企业层面数据测度环境管制对不同所有制企业产业升级的影响等都是值得进一步探究的问题。

第二章

美国环境管制政策的演化及
对中国的启示

刘　鹏　李　钢

本章对美国的环境管制政策进行了梳理，按照管制工具类型的差异，将其演化过程分为四个阶段。同时，我们将各类管制工具进行对比分析，明确了各自的适用条件和最优解。本章将中国环境管制政策与美国环境管制政策的演化进行对比分析，发现中国目前处于命令与控制型为主、市场型为辅的环境管制阶段，相比于同期的美国，中国的环境管制强度已远远超过了美国。

对于环境管制的概念及其相关界定，一些学者和机构给出了不同的解释，他们认为主要有三个方面：内涵、手段（工具）以及对政策手段的评判标准。根据傅京燕的定义，环境管制作为社会性规定的一项重要内容，是指由于环境污染的负外部性，政府通过制定相应的政策与措施，对企业的经济活动进行调节，以达到保持环境和经济发展相互协调的目的[①]。而ISO14001对环境管制政策的表述是：一个组织对它的总体环境相关工作的意图与原则的说明。它为行动提供框架，并需据此而建立它的环境对象与目

[①]　傅京燕：《环境规制与产业国际竞争力》，经济科学出版社2006年版。

标。再如，法国 1994 年制定的 NFX30—200 对环境管制政策的解释为：一个组织或实体的总裁正式陈述的有关环境的目标。环境管制是一般政策的组成部分。环境政策将尊重有关的立法与法规。[①]

通常认为环境管制手段一般有行政命令手段和经济手段两种。行政命令手段一般包括标准、配额使用限制、许可证等；经济手段一般包括污染权交易制度、押金—返还制度、签订资源协议、排污收费制度、环境税收制度、财政信贷刺激制度等。环境管制主要通过明晰环境资源的产权、对环境资源合理定价以及污染者付费制度来纠正市场失灵，实现资源环境的可持续利用。

环境管制政策是一个包括制定、执行、评估和修正等环节在内的统一整体。环境管制手段的评判标准可用来衡量环境管制政策的效果，其中包括已经带来的或可能带来的正面影响（收益）和负面影响（成本）。国际上对环境政策的评判标准分为以下几种：①静态效率（Static Efficiency）；②信息强度（Information Intensity）；③检测与执行难度（Ease of Monitoring and Enforcement）；④面对经济变化的弹性（Flexibility in the Face of Economic Change）；⑤动态激励（Dynamic Incentives）；⑥政治考虑（Political Considerations）[②]。

本章以美国环境管制政策演化过程为背景，将其分为四个阶段：20 世纪之前的零散的地方型环境管制；20 世纪初到 20 世纪 70 年代末的命令与控制型环境管制；20 世纪 80 年代到 90 年代中期（里根和老布什时期）的基于市场型环境管制；20 世纪 90 年代中期到 2004 年前后（克林顿以及小布什第一届政府时期）的信息披露型环境管制。对于环境管制类型的划分，并没有统一标准，各国和地区学者也都有自己的看法。本章采用上述四阶段划分方式，既具有很好的解释力和代表性，又体现了不同时期管制政策的各自特征，便于不同类型政策之间的对比分析。除此之外，本章还将中国的环境管制政策与美国的环境管制政策的演化进行对比，通过分析发现：相比于同期的美国，中国的环境管制强度已远远超过了美国，中国并没有脱离绿

---

① 张红凤、张细松等：《环境规制理论研究》，北京大学出版社 2012 年版。

② 阿兰·V. 尼斯、詹姆斯·L. 斯威尼：《自然资源与能源经济学手册（第一卷）》，李晓西、史培军等译，经济科学出版社 2007 年版。

色、可持续的发展之路。以美国为代表的环境管制水平较高的国家，其管制历程和经验可以为中国的环境管制之路提供理论支持和经验总结，或许可以让我们少走一些弯路。

一、环境管制工具的划分

现阶段，学者们对环境管制工具的划分主要有如下几类：第一，根据监督者可使用的政策工具，将管制工具大致分为技术上的约束、组织上的联合、经济激励机制①。第二，从政府行为的角度将环境管制工具分为命令与控制型、经济激励型和商业与政府合作型②。第三，将环境管制分为正式环境管制和非正式环境管制③。第四，基于适用范围的不同，将环境管制分为出口国环境管制、进口国环境管制和多边环境管制④。第五，基于对环境管制含义界定的拓展，将环境管制分为显性环境管制和隐性环境管制⑤。第六，从对外部性认识的不断深化来看，将环境政策工具分为命令—控制、政府征税手段、利用排污权交易等市场工具以及自愿参与制度⑥。第七，根据管制执行的严格程度，将环境管制分为障碍式管制和合作式管制。第八，将环境政策分为命令—控制、市场激励、强制信息披露、资源规范和商业—政府伙伴关系。

总览世界各国和地区环保政策的演化过程，美国是最具代表性的国家，其环保政策起步较早且成效显著。本章通过对美国环保政策演化过程进行梳理，试图阐明其对中国环保政策的启示。对于美国环保政策的演化过程，梁锡崴将其分为三个主要的历史阶段：政府管制阶段、新市场环保机制的运用

---

① 刘伟：《环境经济学》，中国发展出版社 2002 年版。

② 彭海珍、任荣明：《环境政策工具与企业竞争优势》，《中国工业经济》2003 年第 7 期。

③ 张嫚：《环境规制约束下的企业行为》，经济科学出版社 2006 年版。

④ 张弛、任剑婷：《基于环境规制的我国对外贸易发展策略选择》，《生态经济》2005 年第 10 期。

⑤ 赵玉民、朱方明、贺立龙：《环境规制的界定、分类与演进研究》，《中国人口·资源与环境》2009 年第 6 期。

⑥ 张学刚：《外部性理论与环境管制工具的演变与发展》，《改革与战略》2009 年第 4 期。

阶段和环境外交政策的推行阶段①。梁锡崴对美国环保政策演化过程的阶段性划分有其合理性和独到之处；但笔者注意到梁锡崴的《美国环保机制的演变》这篇文章的写作时间是 1999 年，而近十几年间美国环保政策的发展变化并没有在其划分阶段中体现出来。此外，前文叙述的八类划分方式各有自己的优缺点，且有些划分方式之间存在交叉，不存在孰对孰错的问题，只是各自分析问题的角度不同。张红凤等则依据国际环境管制的变革历程，将环境管制工具分为三类：命令与控制型；基于市场型；信息披露型，其涵盖面较广且区分度也高②。本章以此作为参照标准，来重新划分美国环境保护政策的演化过程。

自 20 世纪 30 年代以来，先后出现的"八大公害事件"③ 使发达经济体开始重视环境问题，之后世界各国和地区大多相继建立起了环境管制制度。其中，美国是少数几个较早开始使用环境管制政策的国家之一，且管制效果最明显、演化过程最具代表性。环境管制政策为什么会最早出现在美国？为什么同样的管制政策在美国能取得较好的效果而在有些国家却不能？为什么美国的环境管制体系发育得比较完善而有些国家却难以推进？笔者认为原因主要有两点：一是一国环境管制的重点、工具与强度都不能脱离该国经济发展阶段；环境管制提升是一个历史演化过程。美国的环境管制政策能够不断向前推进并且逐步孕育出较为完善的管制体系，与其经济发展水平和社会稳定程度是密不可分的。正如马克思所说"经济基础决定上层建筑"，我们不能指望一个贫穷落后的国家能够承受像美国一样的环境管制强度，也不可能让一个社会动荡的国家建立起完善的环境管制政策体系。二是环境管制政策之所以能最早在美国运用，与历史传统因素有着直接的关系。在分析美国环境管制演化进程时，这一点往往被大部分人所忽视。美国著名环境史学家理查德·安德鲁（Richard N. L. Andrews）认为，现如今美国环保政策是长期

---

① 梁锡崴：《美国环保机制的演变》，《改革与战略》1999 年第 1 期。
② 张红凤等：《环境规制理论研究》，北京大学出版社 2012 年版，第 115–130 页。
③ "八大公害事件"是指在世界范围内，由于环境污染而造成的八次较大的、轰动世界的公害事件。具体包括马斯河谷烟雾事件、伦敦烟雾事件、四日市哮喘病事件、日本米糠油事件、日本水俣病事件、洛杉矶光化学烟雾事件、美国多诺拉烟雾事件和日本富山骨痛病事件。

历史遗留的产物。因此，笔者根据美国的实情，对环境管制演化过程的划分进行了拓展和延伸，将 20 世纪以前美国的环境管制政策统称为"零散的地方型环境管制"。

（一）零散的地方型环境管制

美国的环境保护政策不仅要追溯到 1970 年第一个世界地球日之时，而且要追溯到 200 多年前宪法制度的确立和 400 年前欧洲帝国在北美的殖民时期[1]。从土地和水源利用、水污染到森林和矿产资源、渔业和野生动植物资源的保护，这些主题很明显都带有英国殖民时期的色彩。17 世纪，英国的殖民者在北美大陆采取了一些地方性的措施来保护自然环境。但是随着人口的增长和生产水平的提高，这些局部性的措施并没有从根本上阻止殖民者对自然的利用和破坏[2]。殖民者对自然资源掠夺式的开采，改变了之前印第安人可持续的资源利用模式，造成了对自然资源严重的浪费和破坏。

美国建国后，宪法为美国解决环境问题提供了一套独特的原则和程序。它分散了政府的权力，将国家环境政策的管理权划分给不同的部门、不同级别的管理机构，从而限制了政府调整环境开采上的私人经济收益的权力。19 世纪，美国环保政策的中心议题是围绕公共土地问题展开的。在"天定命运"理论和美国政府的大力推动下，美国浩浩荡荡地开展了开发西部公共土地的"西进运动"。1812 年国会通过决议，在财政部之下设立一个大土地局，加强关于土地的职能。1862 年，林肯政府颁布的《宅地法》极大地推动了西部公共土地的殖民化和私有化。1872 年，格兰特总统签署法令，建立黄石国家公园。这是美国有史以来建立的第一个国家公园，它表明联邦政

---

① Andrews, R. N. L., *Managing the Environment*, *Managing Ourselves*: *A History of American Environmental Policy*, New Haven & London: Yale University Press, 2006.

② 王昊：《20 世纪 80 年代以来美国环保政策研究》，硕士学位论文，华东师范大学，2005 年。

府将保护自然景观区提上日程①。到 1890 年，未开发的土地已被各自为政的定居者所占领。公共土地的全面商业化政策首先给个人和企业利用环境带来了直接的经济利益。19 世纪末，美国的工业化取得了飞跃式的发展，但这一切都是以自然资源的巨大消耗和浪费为代价的，同时也造成了公民健康和城市环境卫生条件的严重下降。这一时期的公共卫生运动和城市环境改革行动也在生活环境条件和公众健康方面取得了重大成就。这些运动使得人们在城市居住条件、排水系统、公共卫生、清洁水源和食物安全方面都有了重大的改善。这一时期科学技术水平的发展，提高了政府的专业化服务水平；但是这种专业化又引起了技术精英和公民团体之间新的政治上的分裂。关于这一环境政策的争议一直持续到现在（Andrews，2006）。20 世纪以前，美国的环境政策是比较零散的，联邦政府尚未认识到自身在环境问题上需要肩负重要的责任，对环境问题的管理尚未有一个系统性的认识。而州政府由于直接面对这些环境问题，往往承担着更为重要的角色。这一时期，美国大众只是开始有了初步的环境保护意识，还没有上升到国家的高度。总的来说，美国发展成一个繁荣的大陆国家，是以巨大的环境变化和一些永久性的破坏为代价的（Andrews，2006）。

（二）命令与控制型环境管制

20 世纪初到 20 世纪 70 年代末，命令与控制型环境管制是美国主要的环境管制政策工具。"所谓命令与控制型环境管制是指政府以法律法规的形式来规定环境管制的标准和目标，并以行政命令的方式要求企业遵守，对于违反规定的企业进行处罚。"（张红凤等，2012）命令与控制型环境管制的经济理论基础是外部性理论。外部性理论认为，由于外部性的内部化无法靠市场机制实现，所以国家干预具有必要性。20 世纪 60 年代至 70 年代初，许多国家通过立法明确了环境保护是国家的一项基本职责，并通过环境立法

① Kraft, M. E. and B. S. Steel, *Environmental Politics and Policy*, 1960*s* – 1990*s*, Pennsylvania State University Publisher, 2000.

以及制定相关规章、制度和标准等，使环境保护的重要性达到了空前的高度。20 世纪初，美国的环保运动得到了较快的发展，约翰·缪尔等提出了超功利的自然保护主义理论，为了推动政府的环保事业，他大力促成了约塞米特国家公园法案的通过，并建立了民间自然保护组织——塞拉俱乐部（The Sierra Club）。随后的一段时期内（从 1890 年到第一次世界大战期间），美国的环保事业有了长足的进步与发展，以至于被称为美国历史上环保的"改革时代"。在改革进步的浪潮中，最具影响力的是时任总统西奥多·罗斯福（Theodore Roosevelt）的自然资源保护的思想和计划。在罗斯福看来，联邦政府应当主动地承担起公共利益保护的责任，利用大企业主的经济力量进行资源保护，而不是简单地充当资源环境"守夜人"的角色或放任不管。一些重要的联邦政府环境管理机构就是在这个时期成立的，其中包括垦务局（Bureau of Reclamation）、林务局（Forest Service）、公共卫生署（Public Health Service）、国家公园管理局（National Park Service）、渔业及野生动物管理局（Fish and Wildlife Service）、水土保持局（Soil Conservation Service）和土地管理署（Bureau of Land Management）等机构。这场进步主义的环保运动有效地遏制了大企业对自然资源的疯狂掠夺和浪费，在当时具有很大的进步意义。

然而，一战的爆发阻断了美国进步主义环境运动的步伐。赢得战争成为美国政府的首要目标，自然资源的严重浪费和破坏难以避免。1929 年始于美国的"大萧条"从根本上改变了美国的环境政策。经济大萧条进一步加深了对资源环境的破坏，在这样的背景下，国会和民众开始全力支持总统采取的任何关键性环保措施。富兰克林·罗斯福（Franklin Roosevelt）新政采取的环境保护措施，实现了资源保护和经济恢复的"双赢"。这一时期环境保护的主要功绩有：建立了民间资源保护队、土壤保持机构和田纳西河流域管理局，以及开发多种用途的水资源和河流盆地计划等公共项目、重要土地的公共购买、牧业与野生动植物政策改革和联邦资源保护规划统一协调的重要尝试等。

与一战一样，二战使美国再次陷入了因全面战争动员而造成普遍性和永久性环境破坏的窘境。因此，在战后繁荣时期，公众再次与政府应扮演的角色和管理目标达成了一定的共识。美国著名环境史学家塞缪尔·海斯发现了在环保态度上的地理差异并总结出了其背后的经济学解释：环保运动越活跃的地区，其经济结构中服务型、技术密集型产业的比重也越高；相反，在环保运动缺乏活力的地区，其经济发展对资源密集型、劳动密集型产业具有较高的依赖性①。总的来说，1969 年之前，"明智的利用""持久的使用"的功利主义保护观念成为美国政府执行环保政策的主导理念。这一时期比较重要的联邦法律有：1948 年制定的《水污染控制法》；1955 年通过的《空气污染控制法》，该法案在拨付联邦资金来支持各州进行空气污染研究与培养技术管理人才方面发挥重要的作用②；1956 年制定的《水污染控制法修正案》；1963 年美国国会通过的最初的《清洁空气法》；1964 年通过的《荒野法案》；1965 年通过的《土地和水资源保护基金法》《机动车空气污染控制法》和《水质法》；1967 年通过的《空气质量法》。

1969 年尼克松上任之后，在环保问题上采取了一系列主动行动，其成就主要体现在三个方面：总统致国会的咨文、环保立法和设立新的环保机构③。上任伊始，尼克松就向国会提交美国历史上第一份关于环境问题的总统咨文。该咨文涉及环境标准的制定、环保机构的拨款等诸多方面的问题。与此同时，尼克松政府还制定了大量的环境保护法。其中，比较有代表性的有：1970 年的《清洁空气法》；1972 年的《清洁水法》《联邦环境杀虫剂控制法》等；1973 年的《濒危物种法》；1974 年的《安全饮用水法》；1977年的《清洁水法》等法律。但在所有这些法案中，最具影响力的是 1970 年1 月 1 日签署的被称作美国"环境大宪章"的《国家环境政策法》。《国家环境政策法》和总统的环境咨文一起构成环保高潮来临的标志。

为了有效实施环境管制政策，尼克松政府还组织成立了新的环保机构——环境保护署（EPA）。EPA 主要的职责除了要保护自然资源、控制污

① Hays, S. P., *A History of Environmental Politics Since* 1945, University of Pittsburgh Press, 2000.
② 保罗·R. 伯特尼、罗伯特·N. 施蒂文斯：《环境保护的公共政策（第二版）》，穆贤清、方志伟译，上海人民出版社 2004 年版。
③ 金海：《20 世纪 70 年代尼克松政府的环保政策》，《世界历史》2006 年第 3 期。

染之外，还要为公众健康和生活质量提供必要的保障和服务（金海，2006）[①]。除此之外，尼克松政府还在环保方面采取了一系列重大改革措施，并采用强制的"命令与控制模式"的环境管制手段，基本上构筑了后来美国环保政策的框架。因此，20 世纪 70 年代被称为美国历史上"环保的 10 年"。当然这也与当时公众环保意识的觉醒和环保组织的壮大有着不可分割的联系。这一时期，命令与控制型环境管制政策的运用在美国取得了一定的成效。如表 2-1 所示，以 1970 年为基期的六种主要空气污染物的排放水平均有不同程度的降低。

表 2-1　美国环境管制效果（以 1970 年为基期）　　　　单位：%

年份	SO_2	NO_X	VOC_S	CO	TSP_S	Lead
1970	100	100	100	100	100	100
1991	73	99	62	50	39	2

资料来源：梁锡崴：《美国环保机制的演变》，《改革与战略》1999 年第 1 期。

（三）基于市场型环境管制

随着二战后西方国家经济的复苏和市场机制的不断完善，从 20 世纪 70 年代末开始，人们逐渐认识到命令与控制型环境管制存在很大的弊端。鉴于此，基于市场型环境管制开始日益受到重视，各国和地区逐渐在环境立法中更多地强调市场机制的作用。同样以美国为例：1981 年 2 月，里根颁布了 12291 号行政命令，要求对所有的法律法规进行成本—收益分析，并主张废除管制效率不达标的法律法规。里根认为政府对环境事务的过多介入是环境管制效率不高的重要原因，因而他主张依靠市场的激励机制来实施污染控制，以至于 1981~1983 年，EPA 的财政预算削减超过了 1/3；不仅如此，在里根的第一个任期内 EPA 的官员就减少了约 20%（王昊，2005），此后这

---

　　① 金海：《20 世纪 70 年代尼克松政府的环保政策》，《世界历史》2006 年第 3 期，第 21-30 页。

一数目还在增加。这期间制定的法律法规都在强调基于市场型环境管制的运用。其中包括：1984 年国会通过的对 1976 年《资源保护和恢复法》的修正案；1984 年的《危险及固体废弃物修正案》；1990 年老布什执政期间通过的《清洁空气法》修正案；1996 年克林顿政府制定的《含汞可充电电池管理法规》；等等。

市场型及命令与控制型环境管制政策最本质的区别在于：前者并没有明文规定减污水平和技术，而是通过市场机制（主要是价格机制）来引导厂商做出决策，使厂商的行为既符合自身利益又能实现社会的环保目标。这一类管制政策更多地体现了市场在资源配置中起决定性作用。基于市场型环境管制可分为价格型管制和数量型管制两大类，其中价格型管制的主要理论依据是庇古税理论，而数量型管制的主要理论依据是产权理论。市场型环境管制一般包括四类管制工具：环境税费、环境补贴、押金—返还制度和可交易污染许可证（张红凤等，2012）。

1. 环境税费

环境税费又叫生态税，是庇古税理论在环境管制中的具体应用（张红凤等，2012）。"根据征收对象的不同，环境税费又可分为排污税费、使用者税费以及产品税费"[1]。和命令与控制型环境管制相比，环境税费更具有静态效率。虽然环境税费对所有的污染者执行统一的税率，但是每个污染者所承担的减污成本并不相同（郭庆，2009）。减污成本具有随减污量增加而上升的特点。企业既可以选择支付减污成本、减少污染来避免缴纳税费，也可以选择缴纳税费、维持污染水平以减少减污支付，从而实现成本最小化。这种统一的环境税费制度提高了全社会资源配置效率，使企业能以最小的成本实现环境管制目标（张红凤等，2012）。

2. 环境补贴

环境补贴是指"一种对直接（部分的）减污成本的偿还或者是对每单位排污减少的固定支付"[2]。补贴的目的是保护环境和自然资源，在性质上与

---

[1] 郭庆：《世界各国环境规制的演进与启示》，《东岳论丛》2009 年第 6 期。
[2] 托马斯·思德纳：《环境与自然资源管理的政策工具》，张蔚文、黄祖辉译，上海三联书店、上海人民出版社 2005 年版。

税费有相似之处，其同样可以取得征收庇古税时的效果。对于后发国家的产业（企业）而言，其面临基础薄弱、竞争力不足的现状，且在国际市场中又不得不遵守绿色环保生产标准的要求，因此，政府会给予企业一定的环境补贴，以达到既保护了本国产业，又实现了环境管制的目的。然而，对于环境补贴的作用却一直存在争议。Kamien 等（1966）[1] 指出，企业在补贴制度下可以通过在初期排放更多的污染来获得政府更多的补贴额，这样反而会导致更严重的污染。Baumol 和 Oates（1988）[2] 证明，在完全竞争条件下，尽管补贴能使企业削减排放，但由于补贴会鼓励企业进入或阻止企业退出，从而会使行业的排污量超过没有补贴时的应有水平。例如，对能源的补贴会造成过度开采和使用上的浪费，加重了对环境的污染和破坏。虽然有人认为补贴在控制污染方面存在很多缺陷，但是，对于清除历史积存的污染或提供具有公共品性质的研发而言，环境补贴往往具有无可替代的作用（郭庆，2009）[3]。

3. 押金—返还制度

押金—返还制度是指消费者或下游厂商在购买产品或材料时预先支付一定的押金，在回收这些产品或材料废弃物时，再将押金返还给购买者的一种制度。近些年来，押金—返还制度在北欧等发达经济体的应用极为广泛。这一制度一方面可以阻止不适当地处置具有潜在污染的产品废弃物的行为；另一方面可以使废弃物得到循环利用，节约原材料，降低生产成本。伯特尼和施蒂文斯（2004）认为，运用押金—返还制度须满足的条件有两个：一是该制度应以减少废弃物的非法处置为目的。二是废弃物的合法处置成本与非法处置成本之间要有显著差异（保罗·R. 伯特尼、罗伯特·N. 施蒂文斯，2004）[4]。Jaffe 和 Palmer（1997）[5] 认为，押金—返还制度是处理固体废弃物

① Kamien, M. I., N. L. Schwartz, and F. T. Dolbear, "Asymmetry between bribes and charges", *Water Resources Research*, Vol. 2, No. 1, 1966.

② Baumol, W. J. and Oates, W. E., *The theory of environmental policy*, Englewood Cliffs: Prentice-Hall, 1988.

③ 郭庆：《世界各国环境规制的演进与启示》，《东岳论丛》，2009 第 6 期。

④ 保罗·R·伯特尼，罗伯特·N·施蒂文斯：《环境保护的公共政策》（第二版），上海人民出版社，2004 年版。

⑤ Jaffe, A. B., & K. Palmer, "Environmental Regulation and Innovation: A Panel Data Study", *The Review of Economics and Statistics*, Vol. 79, No. 4, 1997.

最为有效（成本最低）的一种方式。现阶段，各国和地区实施的押金—返还制度主要涉及汽车蓄电池、含汞电池、有毒物品容器、制冷设备（含氯氟烃）、废旧汽车（机油、蓄电池等）、塑料容器等领域（张红凤等，2012）。

4. 可交易污染许可证

可交易污染许可证思想最早由加拿大经济学家 Dales 提出，是指污染许可证拍卖局向污染者拍卖的既定数量的污染许可，建立污染许可证拍卖制度对污染的控制和治理有着积极的作用。近年来，在世界各国和地区环境管制中可交易污染许可证制度的应用日益增多。建立可交易污染许可证制度是利用市场机制来解决环境污染问题的一种方法。在这种制度下，政府通过明晰排污的权利，并通过市场交易对其进行拍卖，最终愿意出高价者得到此权利。同时，政府还要规定可交易许可证的数量，以免排污量超过环境的容纳能力。可交易污染许可证价格是由市场的供求关系形成的，在很大程度上节省了政府制定价格时收集信息的成本，提高了资源的配置效率。在美国环境管制史上，可交易许可证得到了较为广泛的应用。如表 2-2 所示，从 1974 年至今美国在多个领域中运用了可交易许可证制度。

表 2-2　美国主要的联邦可交易许可证制度

项目	交易的内容	实施年份	效果	
			环境	经济
排污交易计划	《清洁空气法》框架下的标准大气污染	1974 年至今	无影响绩效	节约了 50 亿~120 亿美元
铅的分阶段削减	炼油商的汽油含铅量	1982~1987 年	含铅汽油的快速淘汰	每年节约 2.5 亿美元
旨在保护臭氧层的含氯氟烃交易	生产中产生的氯氟烃	1987 年至今	提前达标每年可节约 10 亿美元	可交易许可证制度效果未知
RECLAIM 计划	固定污染源的本地 SO_2 和 NO_x 排放交易	1994 年至今	未知	未知
减少酸雨	主要电力生产部门 SO_2 排放削减信用	1995 年至今	提前达标	每年可节约 10 亿美元

资料来源：保罗·R. 伯特尼、罗伯特·N. 施蒂文斯：《环境保护的公共政策（第二版）》，穆贤清，方志伟译，上海人民出版社 2004 年版。

（四）信息披露型环境管制

20 世纪 90 年代以来，随着互联网时代的大发展，传统的环境管制政策在现实应用中的局限性逐渐凸显出来，这就迫切需要新型的环境管制政策。在这一背景下，以信息披露型为特色的管制政策应运而生，并很快受到众多国家和地区的青睐。"信息披露机制是通过公开企业或产品的相关信息，利用各个市场和立法执法体系来对污染企业或管制机构施加压力，以达到环境管制的目标"（张红凤，2012）。例如，环保部门要求企业提供环境信息，来了解企业是否严格执行环保政策、产品的生产是否符合清洁标准，以及排污是否达标等，从而对企业采取相应的措施，最终达到提高整个环境质量的目的[①]。

在实践中，信息披露型环境管制工具主要包括四大类，即信息公开计划或项目、自愿协议、环境标签以及环境认证（郭庆，2009）。

信息公开计划或项目的实施对象主要是公司或具有一定规模的企业，通常由政府部门或其下属机构组织实施。对于一些规模较小、分布零散的企业，政府收集其信息的成本较高且管制效果不明显，因此，大多选择公司作为实施的对象。政府部门在收集和处理公司的相关信息后，要么直接向社会公开，要么对公司进行评级后再公开，以达到激励公司改善环境绩效的目的，如印度尼西亚的 PROPER 计划等（郭庆，2009）。

自愿协议是指"企业承诺'自愿'达到比法律或政策要求水平更高的环境绩效"[②]，是目前国际上应用最广的一种非强制性的环境管制措施，它可以有效地弥补行政手段的不足。虽然遵守自愿协议看起来是企业的自愿行为，但是企业可以从中获得利益。因为一方面企业通过遵守自愿协议，可以获得较为宽松的管制环境，相比其他企业而言更具有自主性和灵活性；另一方面，由于企业遵守自愿协议是公开的，它可以借此在市场上树立良好的形

---

① 耿建新、尚会君、刘长翠：《企业环境信息披露与管制的理想框架》，《环境保护》2007 年第 8 期。

② 张红凤等：《环境管制理论研究》，北京大学出版社 2012 年版。

象，赢得大众的支持与信赖，无形中为自己做了广告宣传。从某种程度上讲，自愿协议无论对环境管制部门还是对企业自身而言都是一种"双赢"的举措。

环境标签是指由政府部门或团体组织依据一定的环境标准对产品或服务进行环保认证，并对符合环保标准的产品或服务颁发证书。通过认证的产品或服务，厂商有权在其产品上标明环境标签，以区别于同类的其他产品。环境标签在实际中起到了传递信息的功能，如德国的"蓝天使"标签、韩国的生态标签（Korea Eco-label）、澳大利亚的 Good Environmental Choice 标签、瑞典的 TCO'04 环境标志等。

尽管信息披露型环境管制政策在现实的运用中取得了良好的效果，但是这类管制手段目前仍处于"摸着石头过河"的探索阶段，依然存在一些亟待解决的问题。以美国为例：1993 年 9 月，克林顿发布了 12866 号行政命令。为了避免前任政府过多强调经济利益的局限性，该法令明确要求管制机构须在经济目标、社会目标、生态目标上保持协调发展。1999 年末，克林顿政府颁布了新的交通工具排放标准，该标准被认为是克林顿任期内最为大胆的反污染政策。在空气治理方面，克林顿政府要求环保署每隔 5 年便对空气质量标准的评判依据进行一次重新评估、调整。在水污染的治理方面，克林顿政府将美国的无主污染源统一纳入联邦政府的治理范畴内，并制定了一个新的"清洁水行动计划"。1996 ~ 2003 年，联邦政府对地方政府共发放 760 亿美元用于地方污水处理设施的建设。克林顿时期，美国环保政策的推动力主要来自最高层，并希望通过发挥市场机制的作用，使新的政策得到环保主义者和企业的共同支持（王昊，2005）。

小布什上任之后，改变了联邦政府环境政策的议程：削弱或取消克林顿政府时期增加的环境和公共土地保护政策；改变对工业和土地所有者其他方面的环境限制；增加对公共土地的商业化资源开采和机械化设备的使用；更多地利用"商业友好型"或"市场导向型"模式来替代环境管制政策；对工业企业和土地所有者的资源开采行为提供环保补贴，而不是限制他们的行为；以及从国际环保谈判中撤回美国的领导作用（Richard N. L. Andrews，2006）。小布什时期最重要的环境政策莫过于能源政策法案的通过。2004 年

12 月，由来自两党联立的多个部门的专家组成的国家能源政策委员会，发布了一个有多方共识的美国能源政策建议书。建议书中主张增加能源的供给和提供多样化能源服务，如石油和天然气生产、先进煤生产技术、可再生能源以及核能等。它还要求提高摩托车的燃油使用效率标准；鼓励发展混合动力车和先进柴油车；限制美国和发展中经济体二氧化碳的排放；提高所有经济部门能源利用效率；加强能源基础设施建设；发展面向未来的新技术。

保守主义时代的美国环境政策反映了大工商业的利益集团对 20 世纪六七十年代环境管制政策的抵制和反抗，使美国的环境政策出现了停滞，甚至是倒退，但在环境保护已经成为大势所趋的情况下，美国的政治制度同样也为反对者提供了展示其"能量"的一个"舞台"。保守主义对环境政策的影响，使得美国 20 世纪 80 年代以后的环境政策明显不同于以往，环境立法僵局的出现促使美国的环境政策创新①。

二、中国环境管制的现行模式

在一国的工业化发展初期，人们往往以经济建设为主而对环境保护没有足够的重视；当经济发展到一定水平后，人们开始意识到环境保护的重要性，宁愿牺牲部分发展来维持相应的环境质量，但此时的环境往往已经遭到了工业发展的严重破坏，而且由于路径依赖的存在，转变发展方式也并非一件易事。中国环境管制总体上实行统一管制下的地方政府负责制，以命令与控制型管制为主、市场型管制为辅；对于中国这样的发展中国家而言，环境管制过程同样面临"经济"与"环境"的两难抉择。

（一）统一管制下的地方政府负责制

"中国实行各级政府对当地环境质量负责，环保行政主管部门统一监督

---

① 梁天亮：《从管制到多元化治理——保守主义时代的美国环境政策》，硕士学位论文，上海大学，2010 年。

管理，各有关部门依照法律规定实施监督管理的环境管理体制。"[1] 目前，中国的环境管理机构有以下几种：①环境经济综合管理机关。包括国务院和县级以上政府的负责做好经济发展和环境保护相协调的部门，如各级的计划委员会等。②环境保护统一监督管理机关。上到国家层面的生态环境部，下到县级的生态环境局。③环境保护部门监督管理机关。包括国家海洋、渔政等行政主管部门和各级公安、交通等管理部门以及县级以上人民政府的行政主管部门。[2]

（二）以命令与控制型管制为主，市场型管制为辅

在环境管制的实践中，中国的环境管制政策正处在一个不断完善的过程中。目前，中国已经发展为以八项制度[3]为核心的以命令与控制型管制为主，市场型管制为辅的环境管制制度体系。

作为一项传统的环境管制工具，命令与控制型管制的主要方法是环保部门通过法律和行政手段制定并执行环境标准从而提高环境质量。八项制度中的环境影响评价、"三同时"、限期治理、集中污染控制、排污申请登记与许可证和城市环境综合整治定量考核属于该制度范畴。

基于市场型环境管制是依靠市场机制来引导市场参与者的行为动机，而不是通过规定环境标准来约束参与者的行为。基于市场型管制手段可以使企业在追求自身利益最大化的同时实现环境管制的目标，既符合社会利益也满足了个人利益。中国目前采用的此类管制工具主要有排污收费和排污权交易制度等。

（三）管制过程面临"经济"与"环保"两难抉择

由于环境保护的成效一般不会在短期内显现出来，但是经济发展的成果

---

① 中华人民共和国国务院新闻办公室：《中国的环境保护（1996—2005）》，人民出版社 2006 年版。

② 王慧：《我国环境管理机构的设置及职责分析》，《法治与社会》2009 年第 4 期。

③ 八项制度包括环境影响评价、"三同时"、排污收费、环境保护目标责任、城市环境综合整治定量考核、排污申请登记与许可证、限期治理、集中污染控制。

有 GDP 等很多衡量指标，且比较容易直观地看到。因此，在以经济建设为中心的今天，各级党政干部的首要任务就是大力发展经济。对 GDP 的盲目崇拜和追求，促使他们可以为了经济的快速增长而牺牲掉我们赖以生存的环境。为了取得好的政绩，赢得升迁的机会，一些地方政府及其领导狭隘地从发展本地经济的角度出发，放弃可持续发展的原则，而坚持"重经济，轻环保""重速度，轻质量"的错误发展理念，在进行重大经济发展规划时没有进行环境影响评估。当经济发展到一定水平后，人们开始意识到环境保护的重要性，但此时的环境往往已经遭到工业发展的严重破坏，而且由于路径依赖的存在，转变发展方式也并非一件易事。

三、环境管制演化对中国的启示

美国环境管制的演化过程大致可分为四个阶段：零散的地方型环境管制、命令与控制型环境管制、基于市场型环境管制和信息披露型环境管制。现如今，美国的环境管制已经取得了显著的效果，其管制工具和管制政策也是最具代表性的。但是回顾美国的环境管制史可以发现，其演化过程并不是一帆风顺的，管制强度也不是一步到位的，中间甚至出现过倒退，而美国的环境管制恰恰是在不断试错中循序渐进推进的。美国的环境管制史表明：一国环境管制的重点、工具与强度都不能脱离该国经济发展阶段；环境管制提升是一个历史演化过程。通过计算我们发现：按汇率法计算，2014 年中国人均 GDP 为 6221.7 美元（2009 年不变价），大致相当于美国 1915 年的水平。按购买力平价（PPP）法计算，2014 年中国人均 GDP 为 10868.2 美元（2009 年不变价），也仅相当于美国 1943 年的水平。如万科前董事局主席王石所言："中国现在的发展模式，与美国 100 年前有着惊人的相似。我们现在并不比美国当时做得更差，我们搞市场经济，就会破坏环境。我们不是比较他们和我们表现得一样坏，而是要参照借鉴他们的做法。参照借鉴的不是现在，而是 100 年前，借鉴他们是怎么走过来的。"①

　　现在的中国，已经建立起一套以命令与控制型为主、基于市场型为辅的环境管制政策体系；而当时的美国才刚刚开始运用命令与控制型的环境管制政策；且这一时期的美国还发生了多起严重的环境破坏事故。相比于同期的美国，中国的环境管制水平和强度已远远超过了美国等发达国家。以水污染物排放标准为例，如表 2-3 所示，中国现阶段所执行的水污染排放标准在很大程度上已经高于当前一些国家和地区的标准。这可以进一步证明，中国目前的环境管制标准已经远远超过同一发展水平时期的主要发达国家和地区。现阶段造成环境破坏的主要原因是企业的污染一直得不到有效的控制，基于

表 2-3　不同国家或地区水污染物排放标准对比

参数	单位	中国 二级标准 最高允许排放浓度 日均值	美国 二次处理标准		新加坡		中国香港	中国台湾			
			30日均值	7日均值	水道、河道标准	被控制水道、河道标准	海湾、港湾等排放标准	石油化学专业区以外之工业区（不包括科学工业园区）	流量大于250立方公尺/日	流量介于50~250立方公尺/日	流量小于50立方公尺/日
COD	mg/L	100	125		100	60	—	100（80）	100	150	250
BOD5	mg/L	30	30	45	50	20	40	30（25）	30	50	80
TSS	mg/L	30	30	45	50	30	60	30（25）	30	50	80
PH	无	6~9	6~9	—	6~9	6~9	—	6~9	6~9	6~9	6~9
大肠菌群数	个/L	10000	—	—	—	10000	—	—	2000	3000	—

　　注：表中"—"表示原标准中无此参数项或此参数项无数值；括号内数值为平均值，括号外数值为最大值。

　　资料来源：笔者根据 GB18918—2002 及各国家或地区水污染物排放标准整理所得。

---

① 《访王石：中国和美国、日本的差距是怎样的?》，《中国慈善家》，2015 年。

市场型和信息披露型管制手段在中国应用范围有限，因此，加大政府环境管制力度、提高公众参与度是改善中国环境问题的重要手段。需要特别指出的是，虽然中国工业生产本身对环境产生了一定的破坏，环境管制政策运用得相对较晚且存在诸多不完善的地方，但是在世界没有取得新的颠覆性技术突破的前提下，以全球的、动态的眼光来看，中国工业化已经走在了一条绿色化的、可持续发展的道路上。而且中国在制定环境管制政策方面也适时地结合美国等发达国家的管制创新政策，使中国的环境管制政策体系不断发展和完善。下一步，我们管制的重点不仅要放在政策的制定上，更重要的是要保证各项政策能得到有效的实施，"有法可依"固然重要，但关键还要"执法必严"。我们不仅应考虑生态文明建设，也应协调好环境保护与经济发展之间的关系，从而做到"既要金山银山，也要青山绿水"，而不是简单地谈环境保护。①

① 《美媒：中国"跑赢"治污竞赛 打破西方纪录》，《参考消息》2016 年 2 月 14 日。

第三章

日本环境管制政策变迁及其启示

丁　毅

　　曾是世界著名"公害岛国"的日本用 10 年左右的时间创造了"公害防止奇迹"，实现了社会经济与环境生态的协调发展，成为"环境大国"，充分利用其公害防止过程中积蓄的环境技术拓展经济、政治空间。日本环境问题经历了公害萌芽、产业型公害爆发、城市生活型公害凸显、地球环境问题四个不同的发展时期，本章系统梳理及分析日本环境问题及环境管制政策演化的历程，总结了日本环境管制经验及其对中国环境管制的启示。

　　环境管制是社会治理的一项重要内容，是指政府通过制定相应政策与措施对企业和居民的经济活动进行调节，消除或减少环境污染，以达到保持环境和经济发展相协调的目标，即通过促使环境成本部分或全部内在化而不是由社会承担的方式来解决环境污染的外部性问题。传统环境经济学观点从静态的视角出发，认为实施环境管制必然增加企业的生产成本，降低效率。其隐含的假设是：在产品生产、运输、销售、消费的全过程中，生产技术、加工过程、产品性能以及消费者偏好等条件全都是既定不变的。在这个静态的框架下，企业已经完成了成本最小化的决策，实行更为严格的环境管制，必然提高产品成本、降低市场份额。哈佛大学著名战略管理学家迈克尔·波特教授从动态的视角出发，提出有效的环境管制在提高企业成本的同时，也可以通过创新补偿与先动优势等途径为企业创造收益，部分或全部弥补企业遵循环境管制的成本，甚至会给企业带来净收益。同时指出环境保护与企业竞争力之间并非单纯的对立关系，"恰当设计的环境管制可以激发被治理企业创新，产生效率收益"。

二战结束后，日本经济很快得到恢复和发展，20世纪60年代，日本进入经济高速增长时期，城市化势头迅猛，实现了短时间内赶超发达国家的经济奇迹，但经济快速增长同时也带来产业污染、环境破坏的加剧。工业污染带来的公害问题不仅给农业和渔业生产造成巨大的经济损失，而且也给日本国民身心健康造成难以估量的损害和威胁。20世纪人类工业史上爆发的八起著名公害事件①中日本占据四起，日本在创造世界经济奇迹的同时也成为世界著名的"公害岛国"。严重的产业污染引发了日本社会的反思，在民众及地方自治体的推动下，日本展开了积极的公害对策，在1970年的"公害国会"（日本一次专门研究公害问题的国会会议）之后，产业污染防治在较短的时期内便取得了显著成效，日本用10年左右的时间又创造了另一个奇迹——"公害防止奇迹"，实现了社会经济与环境生态的协调发展。进入21世纪，日本更是以"环境大国"的形象活跃于国际舞台，充分利用其公害防止过程中积蓄的环境技术拓展经济、政治空间。二战后日本环境管制取得的巨大成就有力地佐证了波特的观点。

随着我国经济的快速发展，环境污染问题也引起社会的普遍关注，梳理、分析日本环境问题及环境管制政策演化的历程，总结日本环境管制经验有助于面临经济发展与环境生态激烈冲突的我国从中吸取经验、教训。

一、日本环境问题的变迁

伴随日本产业近现代化发展历程，日本环境问题的内涵、外延都在不断

---

① "八大公害事件"包括马斯河谷烟雾事件、伦敦烟雾事件、四日市哮喘病事件、日本米糠油事件、日本水俣病事件、洛杉矶光化学烟雾事件、美国多诺拉烟雾事件和日本富山骨痛病事件。

发生改变，其变迁基本上可以分为如下几个阶段：

（一）第一阶段是明治维新至二战结束——公害萌芽时期

日本从明治维新前后开启了工业化的进程，在 1880 年明治政府殖产兴业至 20 世纪初的工业化的初期阶段，虽然没有"公害"一说，但环境污染问题业已初步萌芽，城市工厂、山区矿山和冶炼厂的排水、排烟对环境的损害已初步显现。由于这一时期工业污染的影响只限于局部地区，并未引发大范围的生态环境灾难，也未引起社会重视。日本政府没有专门的环境保护的行政部门，也未出台相关的环境保护政策。

（二）第二阶段是 20 世纪 50 年代至 70 年代初——产业型公害爆发时期

经历二战，在战前已形成一定规模的日本经济遭受到很大的破坏，复兴经济成为日本战后的第一要务，日本政府排除各种影响经济高速发展的障碍，追求无保留地发挥增长能力。20 世纪 50 年代中期，日本进入了新一轮的快速工业化时期，50 年代中后期实质经济增长率为 8.9%，60 年代前半期达到 9.1%，60 年代后半期上升为 10.9%。在经济高速成长期的最初阶段，日本能源消费量小，能源供给主要为煤炭及水电，但从 1961 年起，石油需求超过煤炭需求，1955~1961 年能源供给量几乎翻了一番，能源消费量骤增。在此期间，日本产业构造迅速重化工化，重化工产业单位产值污染物发生量超过其他产业，污染物的排出量也高于其他产业，并随经济增长快速增加。伴随经济急速发展激增的污染物大量排放到环境中，导致环境急剧恶化（见图 3-1）。

20 世纪 50 年代中期至 60 年代中期是日本大气污染最严重的时期，硫化物和尘埃成为主要污染物，严重的地方积尘甚至高达几十厘米，硫化物的刺鼻气味弥漫。较早展开临海石化基地开发的四日市，临近工业团地的中小学从 20 世纪 50 年代中期开始，即使在夏天也因为室外弥漫的臭气而门窗紧闭。千叶县京叶石化基地、冈山县水岛石化基地也出现了类似情况，川崎、尼崎、北九州等二战前老工业区也污染严重。

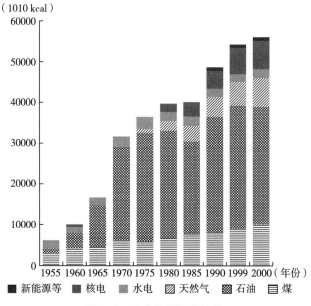

图 3-1　日本的能源供给量

资料来源：根据日本环境省能源厅《综合能源统计》整理。

严重的工业污染危害了居民健康，20 世纪 50 年代中后期至 70 年代中期，发生了所谓四大公害病（水俣病、新潟水俣病、骨痛病、四日市哮喘病），环境污染已形成公害，成为巨大的社会问题。

20 世纪 60 年代中期以后，随着经济迅猛发展及国土开发的推进，河川、海域等公共水域的水质污染更加严重。濑户内海部分海域甚至一年出现 40 多起赤潮，1970 年濑户内海几乎全域发生赤潮，渔业蒙受巨大损失。产业公害成为日本 20 世纪 50 年代至 70 年代初最大的环境问题。

（三）第三阶段是 20 世纪 70 年代至 80 年代中期——城市生活型公害凸显时期

20 世纪 70 年代中期至 80 年代中期，以 1973 年及 1979 年两次石油危机为契机，日本经济从高速增长期转入平稳增长期。各产业部门厉行节能的同时，产业构造也由高耗能产业向加工型、服务型产业转变，能源消费量持稳甚至下行（见图 3-2）。

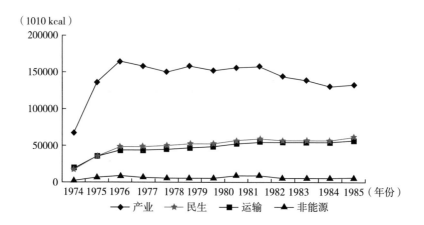

图 3-2　不同生产部门最终能源消费量

资料来源：根据日本环境省能源厅《综合能源统计》整理。

以石油危机为契机，日本能源构成中石油比重下降，煤炭比重基本不变，大气污染物排放少的天然气及核电比重增加。比较石油危机前后的 1965 年及 1980 年的最终能源消费，可以发现产业部门比重降低，而民生部门、运输部门则因为家电的普及及高性能化、汽车运输的增加而比重上升。

在环境管制效果显现、企业污染治理能力提升等因素共同作用下，起因于产业活动的公害问题日渐平息，重油脱硫、排烟脱硫等硫化物大气污染对策效果显现，大气空气质量提升。但由于人口向大都市圈集中，收入增加提高了汽车普及率，汽车尾气导致大气污染及生活排水导致水质污染等由日常生活、普通业务活动引起的城市生活型公害成为这一时期环境问题的焦点。

（四）第四阶段是 20 世纪 80 年代后期至今——地球环境问题时期

这一时期，一方面，经济全球化不断推进，原材料、中间原材料、零部件海外采购及制成品进口规模日益扩大，原油价格下滑使得化学、造纸等能源消耗型产业产能增加，日元升值使得制成品高附加值化。另一方面，国内经济重心向东京一极集中趋势加速，泡沫经济促使个人消费扩大。这一阶段后半期，泡沫经济崩溃，日本经济长期低迷、消费不振。

经济快速扩张时，由于各种环境对策的框架业已成熟，没有出现经济高速成长期的产业型公害，但后续出现的都市生活型公害仍呈蔓延趋势，大量生产、大量消费、大量废弃型社会经济体制在全球规模的扩大引发了废弃物处理、再生利用问题以及地球环境问题等新的环境问题。此外，这一时期还出现了环境荷尔蒙物质问题。日本环境问题的焦点也随之转变为地球环境问题。

本节简单梳理了明治维新至今日本不同经济社会发展时期所面临的主要环境问题，为下文介绍分析日本环境管制行政体制及环境政策变革做了简单的铺垫和背景交代。鉴于在第一阶段尚不存在环境管制政策，下文的论述将主要聚焦于后三个阶段。

二、日本环境管制行政组织架构的变迁

随着经济社会发展，日本环境问题的焦点发生了转移和变化，以应对环境问题为出发点的环境管制体制及环境管制政策也处于不断的变革中，日本的环境管制机构经历了从无到有、职权范围不断拓展、机构及主要负责人地位不断提高的过程。二战后日本环境管制大致可以分为三个阶段，日本环境管理体制的发展变化也可以分为三个阶段，即以 1971 年环境厅、2001 年环境省成立为分水岭，分为前环境厅时期、环境厅时期、环境省时期。这三个历史时期与战后日本环境问题发展的四个阶段有重叠也有错位，既反映出日本政府以问题为导向推进环境行政的原则，也反映出日本环境管制行政组织架构建设存在一定的时滞性。

（一）前环境厅时期——二战后至 1971 年日本环境厅成立之前

从明治维新开始，日本开启了工业化的过程，在工业化的初期阶段（1880 年至 20 世纪初），城市工厂、山区矿山和冶炼厂的排水、排烟对环境的损害已初步显现，但并未引起社会重视。这一阶段并无环境管制的概念，因此也无相应的政府行政部门。

二战后日本政府以复兴经济为第一要务，优先发展经济，轻视产业发展中所造成的环境污染。但迫于产业公害问题引发的民众不满情绪日益严重，在市民运动、舆论压力以及地方政府自主措施的推动下，厚生省及通商产业省分别成立了应对公害的相关组织，在各自的职能范围内履行公害治理职能。但在 1963 年以前，环境保护与公害防治工作分散在各省，司职混乱、政令不一。虽然 1963 年在首相府内建立了"公害防止推进体制"，1964 年厚生省环境卫生局内部设立公害课和"公害对策联络会议"，1965 年国会设置了"产业公害特别委员会"，但这些新设立的机构也只将焦点局限在公害上，仅仅发挥审议、建议、协调的作用。

为更有效控制公害，1970 年日本召开了著名的公害国会，成立了由首相直接领导的公害防治总部。但中央公害对策本部只是临时应急性措施，首相不过是挂名领导，环境管制职能仍分散在各省厅，起不到集中推动、统一领导、综合施策的作用。权威行政机构的缺少、职能的分散导致防治公害综合性措施往往议而不决，决而不行，防治效果不佳。

（二）环境厅时期——1971 年日本环境厅成立至 2001 年环境省成立之前

1971 年，根据《环境厅设置法》和《环境厅组织令》，日本成立环境厅。环境厅是总理府外局，由长官官房、计划调整局、自然保护局、大气保护局、水质保护局、环境厅审议会以及研究部门等组成。其主要职能是防止公害、保护及整治自然环境，以及其他环境保护，综合实施设定环境标准，以及此前分散在各省厅的工厂污染物排放控制等环境行政。而其他相关省厅负责本部门具体的环保工作。

从职能分工上看，环境厅主要负责环境政策及计划的制定，统一监督管理全国的环保工作，但事实上，日本各省厅纵向分割的行政体制对环境行政的综合化造成了很大阻碍，环境厅的权限难以突破既有的行政分工框架，在当时的行政框架下受到很大限制。环境厅成立之前，公害问题主要由厚生省主管，环境厅成立时，大部分工作人员都是由相关省厅抽调过来的，人事关系仍属于原省厅，官员们展开工作时常常代表不同部门的利益而非国家公众利益。此外，因有关省厅还延续其所管范围内的环保事务，常导致部门之间环保政策冲突，难以协调。

但即便如此，环境厅的设立仍成为划时代的标志，成为日本综合环境行政的起源。环境厅成立之后，在七公害治理及自然环境保护方面发挥了重大作用，其职责范围也不断拓宽。

（三）2001 年日本环境省成立——2001 年环境省成立至今

1. 环境省的成立

随着环境管制工作广度和深度的增加，生活污染、城市化问题和全球环境问题日益凸显，日本既有的环境管制体制在协调管理上的局限性越来越突出。进入 20 世纪 90 年代，日本推行环境厅机构改革，将部分省厅的环境管理职权归口到一起进行统一管理的呼声越来越强烈。

为强化环境行政的综合性，1999 年 7 月 16 日内阁总理大臣小渊惠三签署依照《中央省厅改革基本法》起草的《环境省设置法》，2001 年，日本政府在中央省厅改革的进程中，依法将原环境厅升格为环境省，人员编制由原来的 969 人扩大到 1131 人。环境省的职权也由过去的以控制典型七公害和保护自然环境为主，拓展为"良好环境的创造及其保全"，增加了对固体废弃物、保护野生动植物种群等实行统一管理的职能。

2. 环境省职能定位与分工

环境省的组织构成主要分为内部部局、外局及附属机关、关联机关、独立行政法人和特别机关五类。其中，内部部局主要包括大臣官房、废弃物和再生利用对策部、综合环境政策局、环境保健部、地球环境局、水和大气环境局、自然环境局。外局及附属机关包括原子力规制委员会、环境调查研修所、国立水俣病综合研究中心。关联机关主要指地方环境事务所、生物多样性中心。独立行政法人包括国立环境研究所、环境再生保全机构。特别机关则包括中央环境审议会议、公害健康损害补偿纠纷审查会、有明海及八代海综合调查评价委员会、独立行政法人评价委员会。

其中，环境大臣官房"旨在顺利推进环境行政"，负责省内人事、法令和预算等业务的综合协调，牵头制定各具体方针，并进行政策评估、新闻发布、环境信息收集等，致力于最大限度地发挥环境省职能。

废弃物和再生利用对策部"旨在构筑循环型社会"，从生活环保及资源有效利用的观点出发，致力于推进控制废弃物等的发生、循环资源的科学再生利用及处理。

综合环境政策局"旨在鼓励和引导所有的社会主体自发地参与环保活动"，主要负责拟定环境基本计划，从事环境影响评价，并就有关环保事务与有关行政部门进行综合协调。

环境保健部"旨在预防化学物质对人及生态系统造成影响"，在化学物质造成的环境污染对人的健康及生态系统产生影响之前，展开综合施政，以做到防患于未然，并对因公害受到健康损害的人给予迅速且公正的保护。

地球环境局"旨在把自然丰沛的地球环境留给下一代"，负责推进实施政府有关防止地球温暖化、臭氧层保护等地球环境保全的政策。此外，还负责与环境省对口的国际机构、外国政府等进行协商和协调，向发展中地区提供环保合作。

水和大气环境局"努力实现清爽的空气、清澈的水质、安全的大地"，负责制定环境标准，从事水环境的保护，治理土壤污染、农药对环境的污染，制定地基沉降对策以及地下水污染对策等。

自然环境局"力争实现自然和人类的和谐共生"，对从原生态自然到我们周边自然的各个形态实施自然环境的保全，以推进人类与自然和谐相处，与此同时，还负责推进生物多样性的保全、野生生物保护管理以及国际合作交流等。

此外，为更好地协调中央与地方政府之间的关系，在此框架与基础上增强不同环境政策的协同性，2005 年 10 月环境省设立地方环境事务所，主要负责构筑国家和地方在环境行政方面新的互动关系。地方环境事务所是环境省派驻地方的分支机构，根据当地情况灵活机动地开展细致的施政，涉及广泛的业务。地方环境事务所包括北海道地区、东北地区、关东地区、中部地区、近畿地区、中国四国地区、九州地区 7 个事务所。

3. 环境省与其他相关省厅的职能分工

由于环境问题的复杂性、广泛性、跨领域跨地区特性，要求不同部门之间协调、不同地区之间协商。在日本的环境管理体制中，除主管部门环境省负责环境保护事务外，厚生省、农林水产省、国土交通省、经济产业省等省厅也和环境省一起共同管理某些领域的事务。经济产业省主要负责制定有效利用资源、振兴产业、推动循环型社会建设的相关政策和行政管理；国土交通省主要负责制定与国土、交通运输、物流相关的环境政策与行政管理；农林水产省主要负责环保型农业和畜产环境相关政策与行政管理。另外，有一些行政管理工作由不同省共同负责，如环境省和经济产业省共同负责废旧家电再生利用法的行政管理。同时，日本《中央省厅改革基本法》和《环境省设置法》专门针对环境省与其他省厅之间的关系做出规定，规定环境省有权通过强化相关行政之间的调整以及相互促进等，以谋求环境行政的综合展开。对于其他府省所管事务及其事业，环境省也可以从环境保护的角度给予必要的劝告等。就此，日本形成以环境省为核心的全国性、一元化、多层次环境管制行政架构。

相关省厅所属环境方面的审议会对日本环境管制也发挥着十分重要的作用。审议会由专家学者、已退休的中央和地方政府官员与来自企业、市民及非政府组织的代表组成，相当于专业决策咨询机构。审议会一方面用科学的手段和数据，通过研究污染对健康的影响和传播研究成果，加强了公众的环境意识；另一方面，为企业和政府提供技术和决策服务，对政府的环境政策实施发挥着巨大的技术支持作用。

4. 地方自治体的环境行政职责

日本的环境行政与其他多数行政领域一样，由国家、地方自治体（都道府县、市町村）共同推进。二战后日本宪法规定了地方自治原则，凡是涉及地方居民利害的事项，特别是涉及维持地方公共秩序，维持和提高居民的安全、健康和福利的事务，地方自治体都应本着地方自治的宗旨予以处理。日本都、道、府、县（省）一级部门在国家环境法律法规框架下，根据地方实际情况制定与地区相宜的政策和地方推进计划。地方环境主管部门只对当地政府负责，环境省与地方的业务往来对象是地方政府，多数情况不直接对地方环境主管部门。地方环境行政部门一般包括地方环境主管部门、有关环境审议会和咨询部门以及环境科学研究机构。这些审议会、咨询及研究机构和地方环境主管部门一样，都隶属于地方政府，它们为地方环境保护工作提供科学的技术及保障。而且，这些机构所总结提出的代表着相关领域的专家和广大市民的意见可以直接反映到地方政府，在政府与民众之间搭起了一座沟通和协调的桥梁，使政府制定的政策既具有较强的科学性，又有较广泛的群众基础，从基础上保障了环境保护政策的实施。

三、日本环境管制政策及其成效

日本的环境管制政策起步略早于日本环境行政组织体系建设，但到20世纪60年代末才开始初步形成系统的政策体系，特别是1970年"公害国会"后，采取了一系列产业公害对策，用短短十余年的时间，实现了成功防止产业污染的奇迹。20世纪70年代中期至90年代初期，日本环境管制应对的焦点是城市污染问题，20世纪90年代至今日本则将环境管制重心转向建设循环型社会。

（一）产业型公害治理时期——二战后至20世纪70年代中期

1. 日本环境管制的肇始

二战后日本以经济发展优先为原则，致力于经济发展，政府的公害治理肇始于20世纪50年代末。此前，厚生省曾于1955年底起草了《生活环境污染防止标准法案》，但因遭到与产业有关团体和省厅的强烈反对最终流产。1958 年，从本州制纸江户川工厂流出的废液使当地渔业遭受损害，围绕损害赔偿，渔民和工厂发生冲突，爆发了江户川工厂事件。日本政府以此事件为契机，于 1958 年颁布并实施了《公用水域水质保全法》①和《工厂排污规制法》（合称"水质二法"）。

这两部立法成为日本二战后公害立法的先驱，但其制定的目的是促进"产业的健全发展"和"生活环境的保全"相协调，并规定经济发展是关键，环境应让步于经济发展，如果环境保护妨碍经济发展，相关治理措施应受到限制。经济协调条款同样也出现在 1962 年制定的《煤烟排放规制法》以及其他相关规定中。

经济发展优先原则严重影响了日本公害治理政策的效果。例如，"水质二法"规定，在公用水域，水质污染已造成相当严重的危害，或者从公共卫生的角度来看，在已出现不可忽视的影响或者可能出现危害的情况下，主管大臣（当时的通产大臣）有权规划"指定水域"，限制工厂有害废水排入其中。但水俣病事件发生时，相关政府部门并未行使这一权力，致使污染危害不断扩大。与此相似，在经济协调的原则下，虽然《煤烟排放规制法》第一次把"煤烟"（煤、其他粉尘和 SO_x）、硫化氢和氨等对人体有害的特定物质列为法律治理对象，并根据每个核定的大气污染地区的不同情况和"煤烟发生设施"的不同种类制定出不同的排放标准，要求装置"煤烟发生设施"必须"事前申报"，都道府县知事（以及政令指定城市市长）可以勒令那些"煤烟"排放超标企业进行结构改革。但该法只针对指定地区进行限制，并且制定的硫氧化物排放控制标准很低，公害防治功效微乎其微。在经济高速发展的 20 世纪 60 年代后半期，日本几乎所有的重要城市都不能达标。

在日本民众、司法及地方自治体的推动下，中央政府开始重视产业公害治理。进入 20 世纪 60 年代后半期以后，《公害对策基本法》等许多法律被制定出来，公害治理的相关政策法规体系逐步建立。1967 年制定的《公害

---

① 《公共水域水质保全法》（1958 年法律第 181 号）在 1971 年《水质污染防治法》实施后废止。

对策基本法》① 以谋求全面推进公害对策，从而在保护国民健康的同时以保全生活环境为目的，明确了国家的公害对策的基本方向，被称为日本的公害宪法。该法界定公害范围为因大气污染、水质污染、土壤污染、噪声、振动、地面下沉及恶臭引起的损害，即典型七公害；明确了与公害防止事业有关的从业者、国家、地方公共团体以及居民责任②。其后，日本政府又陆续出台了《大气污染防治法》《噪音规制法》《水质污染防治法》《海洋污染防治法》《恶臭防治法》及《自然环境保护法》等一系列环保法律，为治理环境问题打下了良好的法律基础。

由于这些法律的基调仍是经济协调，因此当时的环境管制并没有取得很大进展。而且，这一时期发生的公害诉讼追究的均是民法上的侵权行为责任，以救济个体受害者为目的，并以金钱的事后救济为原则，在解决广域的产业污染造成的公害问题时局限很大。真正解决公害问题有待于国家和地方自治体多方位的综合性干预。

2. 日本环境管制政策规范化

公害治理不力，污染扩散，引发社会强烈的反叛与不满，临时补救措施已到界限，在诸多因素影响下，日本政府开始有了强烈的危机感。

在强大的舆论推动下，1970 年日本召开了历时一个多月的第十六届国会，专门讨论公害问题，因此被称为"公害国会"。会上对公害问题展开了激烈的讨论，修订了《公害对策基本法》，删除了经济协调条款。这次国会还修订了《大气污染防治法》《噪音规制法》《下水道法》《道路交通法》等法律，新制定了《水质污染防治法》《海洋污染及海上灾害防治法》《关于危害人体健康的公害犯罪制裁法》等 14 部相关法律，扩充了包括治理地域、治理设施、治理物质等在内的治理对象，根据地方实际情况实施追加治理、引入直罚制度③等，奠定了现在日本环境行政的基础。

---

① 《公害对策基本法》为 1967 年法律第 132 号，1993 年随《环境基本法》的实施而废止。

② 原田尚彦：《环境法》，于敏译，法律出版社 1999 年版。

③ 对违反排放标准的责任者可以不经过法院审判由执法机关依据环境法律法规直接处以刑罚的做法被称为直罚主义。直罚主义属于行政刑法范畴，在应用上由行政部门实施刑事处罚权。日本引入直罚主义意义重大，大大提高了法律实施的灵活性、实效性。日本在较短时间内成功地扭转了产业污染状况，很大程度上得益于日本在环境方面的刑事立法保护。

20 世纪 60 年代，日本能源消费的主角由煤炭转为石油①，大气污染由烟尘型转变为以硫氧化物为主的污染类型，并向更广泛的区域和更严重的方向发展。作为紧急应对严重的大气污染及随之产生的对健康严重损害的措施，日本政府实施了积极有效的对策。

第一，依法实施与强化控制污染。1968 年制定的《大气污染防治法》（同时废止了《煤烟排放规制法》）在硫氧化物治理方面引入了对应不同排放口高度与地区来决定允许排放量的 K 值规定。② 以当地的大气污染现状、燃料需要预测等为基础，把地区全部硫氧化物排放总量与环境质量标准挂钩确定当地允许排放量，并使排放量削减至允许的限度之内。到 1976 年这个排放标准修订了 8 次，几乎每年都在强化。1974 年引入了总量控制制度，在指定的大气污染显著的地区，由都、道、府、县行政长官制订总量削减计划，并以此为基础制定比通常要求更严格的总量控制标准。

第二，为达到硫氧化物标准，通产省综合能源调查会设立低硫化对策本部，大力推动低硫化对策与燃料转换。指导工业界引进低硫原油，规划和引进重油脱硫装置③、引导民间革新和投资于排烟脱硫装置等的污染管理技术，使工业发展造成的大气污染在短期内得到较大改善。

第三，国家为了支持、促进企业的污染对策的实施，实行了低息的金融政策。在 1965 年，设立公害防止事业团（1992 年改组为环境事业团），除对污染控制设施的建设等提供让利、对企业污染控制投资进行必要的融资外，也从日本开发银行、中小企业金融公库融资。这些政策对资金弱小的中小企业的环境对策，起到了非常重要的作用。20 世纪 60 年代后期开始，日本民间污染控制投资额急增，1966～1971 年，污染控制投资额同比增长 34%～69%。污染控制投资占总资本投资的比例，1970 年上升到了约 5%，1972 年上升到了约 6%，达到了其他发达工业国的水平。第一次石油危机后的 1975 年，污染控制投资额达 9600 亿日元，占民间资本投资总额的 17%，

---

① 1955 年能源消费中煤炭占 49.2%，石油占 19.2%；1965 年煤炭占 27.3%，石油占 58.0%。
② K 值治理为硫化物治理方式，根据烟囱高度规定不同排烟设施排放量。
③ 日本从 1967 年开始推进重油脱硫，1967 年日本重油脱硫处理能力仅为 3.3%，1969 年已达到 20.6%，1975 年则超过 60%。

成为企业最优先投资领域之一。

第四，为应对二战后伴随经济恢复发展而来的产业污染，一些地方自治体相继制定了公害防止条例。所谓公害防止条例，是指地方自治体以防止公害发生为目的，依据自治立法权，就有公害发生可能的工厂、工作场所中的事业活动，以及其他人的行为规定治理措施的条例。条例大多是以所有公害为对象规定综合性的控制措施，但其中也有只把个别公害作为控制对象的。公害防止条例的控制内容，因各区域的公害状况和其特征不同而不同。公害防止条例不得违反国家法律的规定。但是，为了从根本上防止在区域中发生公害，保护居民的健康和福利，往往会制定比国家的限制更加严格的限制。公害防止协定与法律和条例并立，成为第三种强有力的公害控制手段，也是最有效的方法（公害防止条例制定情况具体见表 3-1）。

表 3-1　都道府县公害防止条例制定状况

时间	1962 年以前	1963 年	1964 年	1965 年	1966 年	1967 年	1968 年	1969 年	1970 年	合计
制定公害防止条例数量	1	4	6	9	13	18	23	32	46	46
较上年新增公害防止条例数量	—	3	2	3	4	5	5	9	14	14

资料来源：1981 年日本环境厅发布的《环境厅十年史》。

尽管当时缺乏关于污染问题的科学信息，公害治理的努力在反复试验和不断探索中进行，但公害防止政策与能源政策相结合，中央政府与地方自治体共同努力，使硫氧化物引起的大气污染切实得到了改善。日本在经济上没有受到严重影响的情况下，成功地实施了以粉尘和硫氧化物为主要对象的工业污染对策。最终实现了经济合作与发展组织（Organization for Economic Cooperation and Development，OECD）报告所说的"在污染防治战争中取得胜利"。

（二）城市生活型公害治理时期——20 世纪 70 年代中期至 90 年代初

随着公害治理效果的显现和社会经济的发展，20 世纪 70 年代中期之后，日本环境问题的焦点转变为城市生活型公害。面源型生活污染取代点源型产业污染成为日本主要的环境问题。

这一时期，日本经济状况发生了更大变化。在产业方面，布局有向地方分散的倾向，工业产值在大城市的占比相对下降。伴随着环境政策的进展，企业引入了污染防治技术并与节能、节约资源相结合，使集中工业区产业公害趋于稳定。与以硫氧化物为中心的产业污染对策的稳步进展不同，问题渐渐明显化的是城市生活型大气污染。代表性物质是氮氧化物，其产生源不仅来自工厂和事业场所，而且来自汽车等移动产生源。

对于氮氧化物的固定排放源，从 1973 年修订的《大气污染防治法》开始设定排放标准，到 1979 年的第四次修订，已有 73% 的烟气排放设施被列为规定对象。1981 年大气污染防治法施行令的部分修正，使氮氧化物被追加为总量控制物质。按照环境质量标准对策的实施要求，在东京、神奈川、大阪三个特别重要地区实施总量控制。实施总量控制后，尽管大气中的二氧化氮浓度时有微弱的增减现象，但总体看较为平稳。同时，石油危机后的能源价格上扬，促进了节能对策，加快了工业结构从以重工业为主向机械组装、信息等工业方向转化，进一步削减了工业部门的大气污染物排放。

对于汽车尾气，1966 年运输省颁布了行政指导，把控制一氧化碳浓度作为汽车排放控制指标。1971 年，《大气污染防治法》修订，汽车排放污染物的控制指标中增加了碳氢化合物、氮氧化物、铅化合物及颗粒物质。通产省于 1974 年正式确定汽油无铅化对策，从 1975 年开始生产无铅汽油，从 1977 年起开始生产适合无铅汽油的车辆，并解决了阀座衰退问题。1978 年仿照美国的机动车排放气体规制法，制定了日本版的《机动车排放气体规制法》，规定把氮氧化物排放量在当时的基础上削减 90% 以上，从而开始对机动车排放气体中的氮氧化物进行正式规制。总体上，这一时期日本仍沿袭了此前针对固定污染源采取的对策，制定每辆汽车的排气标准（单个排放源限制），开发汽油车的排放气体控制对策技术，并没有把交通系统作为一个整体制定环境管制政策体系，没有采用交通限制、经济手段、土地利用规定等空间规划手段综合治理交通部门引发的大气污染。

与产业公害引起的大气污染相比较，城市生活型大气污染的特征是：其影响不易显现出来，呈慢性的持续污染状态。另外，在产业公害中，污染者和受害者的关系是能区分的，而在城市生活型大气污染中，用于生活及工作的汽车尾气是大气污染的主要来源，而每个人既是污染制造者，也是受害者。因此，要克服它，仅要求对工厂、工作场所及汽车生产厂商实施对策是不够的，有必要对每个人的消费及生活模式进行变革。这个变革，仅靠国家及地方公共团体行使权力是无法实现的，而必须要求每个国民做出日常的努力。日本政府对工业界制定了严格而直接的排放标准，推动工业界为满足这些标准而努力开发技术，形成了有效地减少产业污染的成功环境政策体系。但这一政策体系在处理城市生活型空气污染方面却收效不大。1985 年以后，虽然二氧化硫浓度的年平均值进一步降低到约 0.01ppm（大致相当于环境质量标准的 1/2）的水平，但氮氧化物的大气污染没有改善且具有稳定倾向，悬浮颗粒物的大气污染也未见改善倾向①，环境质量标准的达标情况依然是以低水平趋势发展。

在水质污染方面，1973 年制定《濑户内海环境保全临时措施令》，1979年，从对上游流域实施有效的减排治理开始，濑户内海、东京湾、伊势湾开始实施化学需氧量（COD）总量治理。为应对生活废水、农畜水产导致的水质污染，1984 年制定《湖沼水质保全特别措施法》，可以根据具体需要引入总量治理。此前，环境管制着眼于污染物的浓度，而这一时期，开始强化总量治理。但由于行政分割影响了环境政策整合，日本东京湾等海域水质至今仍存在较严重的污染问题。

在节能方面，日本在 1979 年第二次石油危机的背景下颁布了《有关能源使用合理化的法律》，之后又不断根据形势需要进行了修订。日本政府通

---

① 据连续监测站对污染物年平均浓度的监测结果，1973~1987 年，日本大气中二氧化硫浓度由 0.030ppm 变为 0.010ppm，二氧化氮浓度由 0.025ppm 变为 0.028ppm，悬浮颗粒物浓度由 0.059mg/m³ 变为 0.041mg/m³。

过不断出台和完善节能法律法规，并配之以各项政策措施，形成了健全的节能法规体系，使各项节能工作始终体现了法治化、规范化的特点。

这一时期，日本产业污染治理、节能减排、清洁生产方面的环境政策取得显著成效。尽管日本为污染防止对策投入了巨额资金①，但没有因此而减缓经济增长速度。据统计，1975 年日本污染对策投资约占设备投资的 18%、GDP 的 6.5%，但这些投资促进了技术革新，提高了产品质量，并削减了技术成本。例如，汽车排气控制的结果是开发出了高效率的发动机；用于污染对策技术研究开发的投资，降低了烟气脱硫装置等领域的技术成本；再如，有效的需求激活了污染控制设备生产厂家，它们的实际产值 1975 年达到了7000 亿日元，同年，污染控制投资总金额达到了近 10000 亿日元。OECD 报告《日本的环境政策（1977）》及大量经济模型分析认为，在防止公害方面日本大体上获得了成功，虽然日本为污染控制投入了巨额资金，但这使产品成本的上升得到抑制，对宏观经济几乎没有什么影响（见图 3-3）。

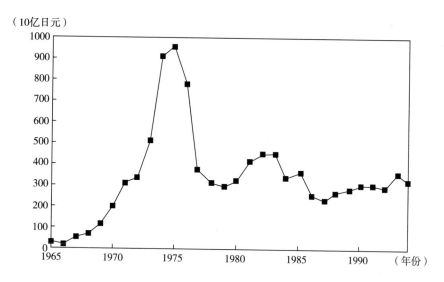

（10亿日元）

图 3-3　日本的公害防止设备投资额的变化（名义值）

资料来源：1997 年日本环境厅发布的《生态·亚洲长期展望项目报告书》。

① 从 20 世纪 70 年代后半期开始到 80 年代前半期，为节能进行了活跃的投资活动，虽然在统计上没有列入污染控制投资，但却在大气污染防治方面发挥了作用。

（三）地球环境问题治理时期——20 世纪 90 年代至今

20 世纪 80 年代中期以后，曾经在产业公害治理方面取得举世瞩目成效的日本环境政策体系的局限性日益凸显。日本既有的环境立法已无法有效应对城市环境型环境污染、地球温暖化、酸雨等全球环境问题以及新时期出现的跨越公害和自然环境保全领域的新类型环境问题，既有的规制手段也并不充分，在减少人类社会活动导致的环境负荷问题方面以及从环境资源的有限性考虑而构建完整的环境管理体系方面显得束手无策，而且以往的环境立法只强调了日本国内环境问题的对策，并没有构建国际环境保护合作的框架，与日益发展的经济全球化趋势不相称，日本环境政策体系改革因此被提上议事日程。这一时期，日本为减少环境负荷，改革现代社会模式下的大量生产、大量消费、大量废弃的生产生活方式，推动可持续发展，采取了多元化的国内外政策措施。从政策主体、出台方式看，包括自主、单独实行具体的环境政策，与其他政府部门协同推进环境保护，推动政府综合环境政策出台与实施。从政策内容、政策对象看，包括综合环境政策，地球环境和国际环境合作，废弃物和再生利用政策，大气环境、汽车环保对策及水、土壤和基岩环境的保全，保健和化学物质对策，自然环境和自然公园。《环境基本法》《推进循环型社会形成基本法》是其中最重要的两部法律。

1. 《环境基本法》

1991 年 12 月，日本中央公害对策审议会和自然环境保全审议会以"地球村时代环境政策的实况"为题召开了咨询会议。1992 年联合国召开环境与发展大会，确立了可持续发展原则，倡议各国向经济与环境协调发展的方向转变，同年 10 月，日本内阁提出了制定新的《环境基本法》的构想，1993 年 11 月《环境基本法》制定出台。

《环境基本法》的制定为 21 世纪日本环境政策的转变提供了契机，它全面取代了《公害对策基本法》和部分取代了《自然环境保全法》，促使日本环境保护的政策由过去的以防止公害为主向以减少对环境的负荷为主的方向转变，它脱离了过去那种以问题对策型法律框架为中心的模式，在环境行政以及单项环境立法方面都带来了实质性的影响。

从环境管制角度来看，《环境基本法》实现了从单一目标的环境行政向系统化目标的环境法治的转变，从统一污染控制、资源开发、生态保护三方面工作的角度，制定了政府工作的方向与原则。《环境基本法》还明确要求，"政府为综合有计划地推进有关环保的施政策略，必须制定有关环境保全的基本计划"，且这一计划应该是"综合性长期施政策略大纲"。据此，1994 年出台第一个环境基本计划，开启日本为保全环境而综合施政的新征程。环境基本计划，确立了构建可持续发展社会的基本理念，提出"环境立国"的口号，全面有效促进地方公共团体、企业和国民等所有社会主体积极参与的理念，以及建设环境负荷少的、以循环为基调的经济社会体系的目标。

2. 《推进循环型社会形成基本法》

为更好地推进环境基本计划减少环境负荷对策措施，1998 年日本环境厅曾就日本在废弃物循环利用方面对策尚不充分，应当制定废弃物和再生利用的相关法律等提出了建议。该建议于 1999 年在日本国会进行了讨论，2000 年 6 月日本制定了《推进循环型社会形成基本法》。

《推进循环型社会形成基本法》为《环境基本法》的下位法中关于废弃物和循环利用的基本法。该法明确了循环型社会为遏制自然资源消费、尽可能减少对环境负荷的社会；对传统废弃物的概念作了无价值和有价值的区分，明确提出"循环资源"的概念；要求在技术和经济可行的范围内，按照产生抑制、再利用、再生利用、热回收、恰当处分的顺序处理废弃物；明确区分了国家、地方政府、企业与公民的责任及其作用，例如，工厂承担排放责任，生产者对其产品承担使用后废弃的回收责任（扩大生产者责任），公民承担协同责任，等等；确立了地位高于其他国家计划（包括环境基本计划）的循环型社会形成推进基本计划制度，促使日本各界有效地推进循环型社会的形成；明确了推进循环型社会形成的国家措施。

为了综合且有效地推进有关循环型社会形成的措施，2000 年日本还制定出台了综合性法律《促进资源有效利用法》（其前身为《促进再生资源利用法》），以及专门性法律《建筑材料再资源化法》《促进食品循环资源再生利用法》《绿色采购法》，随后又陆续推出关于废旧电器、废旧汽车、商品包装物、汽车氮氧化物、转基因食品、有机物残留等多部专门法规，形成了层次分明、系统严谨的环境法律体系，实现了综合施政纲领与法律体系完备化。一方面，日本各层次的单项法律的针对性很强，为切实解决生产生活、社会行为中各种污染问题提供了明确的条文依据，可操作性强，其中包括专门涉及纠纷处理、损害赔偿、事业费开支的程序性规定。另一方面，不同层次的专门性规定以基本法为基础，涉及类似问题时，具体规定一致，有助于法令的统一与贯彻，使其在被尊重、遵守的过程中不断强化。

3. 21 世纪日本环境管制政策新趋势

日本 21 世纪的环境立法呈现出以循环、共生、参与和国际合作为指向的新的立法特征。其环境立法和环境政策呈现的主要新趋向包括：加强物质循环立法，构建减少环境负荷的循环型经济社会制度体系；制定确保人类与自然共生的法律；在公平原则下通过立法扩大各主体的作用；加强推进环境保护政策和国际环境保护合作的立法。日本政府以已经完备的防止公害和自然保护的立法为基础，针对 21 世纪人类面临的全球环境问题以及日本面临的废弃物再生利用和减废问题，将环境保护与经济发展融为一体，实现环境管理方式的全面转变。至此，日本统筹经济发展与环境保护经历了一个从无到有、从弱到强、从临时到长期、从强制到自主的过程，并以环保基本法出台为转折点，实现了从单一施策到综合施策，从企业责任到市场、政府共担责任的转变，环境保护与经济发展、生活提质相互促进。日本的产业政策和环境管制从"即使是为了产业发展，也绝不允许公害发生"的国民二者选一的对立局面变为产业与环境友好的两利局面。

日本还注重将国内经验化为国际共识、国内优势化为对外援助。注重充分发挥在环保对策方面的经验及技术，参与发展中国家的环保合作，尤其在地球温暖化对策方面给予发展中国家支持。2004 年日本在八国峰会（海岛峰会）上提出了"3R"倡议，即控制废弃物产生、再使用、再生利用，得到各与会国首脑的赞同，最终通过"可持续发展科学技术：3R 行动计划"文件。为解决亚洲季风地区水质污浊的问题，日本环境省提出"亚洲水环境伙伴"倡议，通过建立水环境信息库和培养人才，强化对地区水环境的管理。环境省于 2005 年与联合国地区开发中心共同设立 EST 亚洲区域论坛，以此作为政府高层次政策对话的场所。就亚洲地区采取措施以实现环境可持续的交通问题，已通过展示亚洲 EST 目标及提倡继续政策对话的《爱知宣言》。在应对全球变暖、生物多样性保护等方面展开广泛的国际合作。日本 2013 年正式发表地球温暖化外交战略，提出为实现到 2050 年全球温室气体排放减半、发达国家率先削减 80% 的目标，实施以技术革新、普及、国际合作为支柱的外交，"以技术为全球低碳化做贡献"[1]。日本利用其雄厚的经济实力和先进的环境、能源技术开展国际环境合作，通过国内治理、国际合作履行国际公约、专门条约，内外统筹环境管制，并在国际社会塑造、提升日本的国家形象[2]，为其环境产业开拓国际市场。

四、日本环境管制经验教训对中国的启示

日本在二战后的经济高速增长期过度追求经济发展，未能协调好经济与环境的关系，导致了严重的产业公害污染，给日本民众及环境造成了巨大损失。在经历了严重的污染教训之后，日本修正了发展的轨道。有关产业污染控制的环境保护制度组织、对策费用等已相当程度地在经济系统中内在化。但日本的模式并非十全十美，日本的环境管制既有成功的经验，又有失败的教训，从中我们可以得到的主要启示如下：

（一）改变"先污染后治理"环境管制模式刻不容缓

今天的日本虽然环境优美，空气清新，环保大国形象深入人心，常常被

---

① Sub-Committee for International Climate Change Strategy, Global Environment Committee, Central Environment Council and Ministry of the Environment, Japan, *Climate Regime Beyond* 2012: *Key Perspectives* (*Long-Term Targets*), 2015.

Climate Regime Begond, Key Perspectives (Interim Report), 2004.

② 日本环境省：《以可持续开发为目标的国际环境合作》，2015，http://www.env.go.jp/earth/coop/coop/index_ e.html.

作为"先污染后治理"的成功范例，但高速经济发展时期的公害污染后遗症实际上并未完全消除。日本环境厅 20 世纪 90 年代组织撰写了《日本的公害教训——不考虑环境的经济带来的不经济后果》① 一书，指出虽然日本的环境污染状况已经得到了明显改善，但这种"先污染后治理"的被动做法，不仅在污染本身造成的严重损害方面以及在随之产生的社会后患方面都存在许多问题，同时在经济方面也是很不合算的，"四日市哮喘事件""水俣病事件""骨痛病事件"三大公害造成的公害损失及赔偿费用远远高于采取污染防治措施所需费用；同时，强调在开发初期阶段考虑环境问题的重要性，指出采取事后对策不如防患于未然。OECD 的分析也表明，经济与环境可以成为非相互对立而是相互补充和加强的关系。日本的大气污染控制经验研讨委员会用模拟分析的结果来评价日本大气污染对策的损益情况，在考虑了相关对策对经济增长的长期影响以及对能源消耗的主要影响等因素，忽略大气污染对人体健康造成的不可逆性和累积性的损害，以及大气污染对策引发的技术革新、污染控制投资对促进 GDP 的增加的影响，估算与日本实际对策历史情况相比，实施对策不同时机的 GDP、损害金额的增减，以及收支变化的结果后，得出日本大气污染对策的经济收支为正的结论。该研究还推算出，假如对策实施时机延迟 10 年，日本大气污染受害金额的累计额预计将增加 12 万亿日元以上。与此对应，GDP 的增加不到 6 万亿日元，结果将损失 6 万亿日元以上。即使仅推迟 6 年，经计算也损失 1 万亿日元。实施时机延迟不仅会增加污染受害损失，而且也极可能导致集中性的污染预防投资困难。20 世纪 70 年代是日本工业有足够投资的时代，但进入 80 年代的经济稳定增长期后，企业在污染控制等领域投资的能力和积极性下降。另外，越是在环境污染的较早时期介入，污染治理的成本越低，如果将实施对策的时机提前 8 年，则很可能使受害金额的减少超过 GDP 的减少，从而获得比实际情况更经济的结果（见图 3-4）。

---

① 日本环境厅地球环境经济研究会：《日本的公害教训——不考虑环境的经济带来的不经济后果》，中国环境科学出版社 1993 年版。

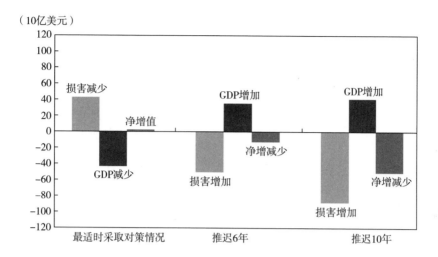

（10亿美元）

图 3-4　适时调整对策的损害金额与 GDP 的变化（与实际情况比较）

注：这里 GDP、损害金额及收支的变化均按 1990 年的价格计算，1 美元约折合 140 日元。

资料来源：日本的大气污染控制经验研讨委员会：《日本的大气污染控制经验》，王志轩译，中国电力出版社 2000 年版。

如何恰当地处理经济发展与环境管制的关系，是无论发达国家还是发展中国家都必须直面的难题。二战后的日本之所以采取了"先污染后治理"的环境管制路径，一是当时日本对于环境问题没有充分的认知，对问题的处理也缺乏经验；二是战争对国力耗损极大，无暇兼顾经济发展与环境保护。中国现在面临的发展环境迥异于战后的日本，一是现在环境管制技术积累已有丰硕成果；二是欧美、日本等发达国家以及一些发展中国家在环境管制政策手段上也取得了许多富有启发性的经验；三是中国已具备制定相应环境保护方针的经济发展水平和资金能力，已没有理由制定忽视环境、优先发展经济的政策，改变"先污染后治理"发展模式已刻不容缓。

（二）推进环境管制向环境协同合作治理转变是提高环境管制效率的不二选择

管制是由行政机构制定并执行的直接干预市场配置机制或间接改变企业

和消费者的供需决策的一般规则或特殊行为①，中国的环境政策主要以政府管制为主，而且多数是行政直接控制型政策安排。而成立于 1992 年的全球治理委员会（The Commission on Global Governance）把治理界定为各种公共的或私人的个人和机构管理其共同事务的诸多方式的总和②。"环境管制"的核心在于充分发挥各利益相关者的作用，强调多方利益相关者的参与，改变主体一元化和管理行政化等为主要特征的传统环境保护和管理模式。要求环境决策公平公正、行政绩效充分，实现环境、经济、社会绩效的平衡、统一，同时也要求对环境议题、环境议程、环境政策进行社会建构，使人们对环境问题的认识深化与环境问题的实际发展、环境管制的实际过程紧密联系在一起。

日本的环境政策从最初就带有明显的环境管制色彩，参与主体多元化，中央政府、地方政府、企业、市场，公民、社会团体的角色、功能各有侧重，通过政策、制度与特殊职位、机构组织的建设，依照相关政策制度、组织规划明确分工、相互协调（胡王云，2016）③。在日本环境管制架构中，地方自治体发挥着非常重要的作用，除立法、确定政策框架、发放补贴以外，环境管理在实际上更多地由地方政府承担，尤其是在 20 世纪五六十年代，面对二战后伴随经济恢复发展而来的产业污染，一些"革新自治体"先于中央政府制定公害防止条例等地方性法规应对产业污染。这些地方性法规确立了排放申报制、许可制以及排放标准等制度，为中央政府进行全国规模的污染防治提供了理论、政策和技术上的准备，成为日本环境管制国家立法的基础。此外，地方自治体还和企业签订公害防止协定，形成自愿性环境管制机制。④ 产业界的配合也是日本环境管制成功、环境对策效率高的关键因素之一。

社会的积极参与也是推动日本污染治理的重要因素。市民的反对、舆论

---

① 丹尼尔·F. 史普博：《管制与市场》，余晖等译，上海三联书店、上海人民出版社 1999 年版。

② 英瓦尔·卡尔松、什里达特·兰法尔：《天涯成比邻——全球治理委员会的报告》，赵仲强、李正凌译，中国对外翻译出版公司 1995 年版。

③ 胡王云：《日本现代环境治理体系分析》，《生态环境与保护》2016 年第 4 期。

④ 20 世纪 90 年代自愿性环境治理协定才在全球范围内兴起。

的推动在日本的环境管制中始终发挥着重要作用。特别是在 20 世纪 60 年代，日本政府和产业界担心严格的环境管制会影响经济发展，民间舆论和席卷日本全国的"反公害"市民运动以及积极推动这一进程的新闻界向政府和企业施加了很大压力，成为日本治理污染出现转折的关键因素。20 世纪 80 年代以后，在环境管理方面，日本政府更进一步地将公众权益法律化、制度化，将公众参与的程序纳入政府政策制定的过程中。①

与此同时，由于环境问题具有扩散性、滞后性、潜在性，影响具有灾害性、非均衡性，仅仅依靠行政部门管理难以保障环境管制的公平公正，司法机构在处理公害事故方面的独立性与权威性尤其必要。二战后日本发生的一系列的环境公益诉讼以及司法判决对推动日本环境管制发挥了非常重要的作用。

日本在长期的环境管制过程中形成了由目标相同的各种各样的政府机构、公众、非政府组织、企业协同合作的环境管制模式，有利于多种主体共同承担环境责任。一方面，更多的利益群体参与环境管制决策过程对政府形成更多的压力，促使政府及时地出台符合民意、具有经济技术可操作性的环境政策；另一方面，协同合作式的环境管制模式有助于促使公众参与到环境政策和技术的制定与选择中，从而提高环境政策的接受度与实施的顺畅度。

相比较而言，中国环境政策以行政直控的管制政策为主，具有强烈的行政管理色彩②，而且环境管理体制结构及工作方式更多地趋向于中央政府主导型和驱动型，地方政府的自主行为发挥得不够，企业被动应对，公众及非政府组织参与度不高。环保事业多年来所取得的成效很多是以牺牲相当多的资源配置效率和经济效益为代价的，环境政策效率不高。中国面临环境问题的严重性、复杂性和综合性亟须优化现有的环境管制模式，建立环境管制参与对话机制以及具有灵活性、包容性、透明度和制度化的共识达成机制，形成政治国家—经济市场—市民社会—国际社会协同合作的环境管制新范式。

---

① 从《环境基本法》到历届《环境基本计划》都强调市民社会、企业市场在环境管制中的角色、地位与作用——"为了构筑可持续社会，需要提高每一位国民的环保意识、采取环保行动"。

② 易阿丹：《中日两国环境管理体制的比较与启示》，《湖南林业科技》2005 年第 1 期。

（三）政策、资金、技术并重，环境、经济、外交政策协同

环境政策包含法律、制度、组织等行政管理体系问题，也包含技术以及实现技术所需资金问题。环境行政主管部门基于科学知识，在经济技术可行性的前提下制定必须达到或维持的与环境质量有关的环境标准和排放标准，并作为国家或地方政府的政策目标加以确定，以防被忽略或无视。政策的实施需要合适的技术作为支撑，同时也需要相应的资金引进技术。同样地，如果没有实施政策的行政人才和运用技术治理污染的技术人才，也照样不能解决环境问题。日本的经验告诉我们，要使政策发挥很好的作用，行政管理体系与环境管制技术、资金投入系统必须相互协调，缺一不可。

与此同时，日本立足本国实际，不断完善资源环境政策体系，注重节约、高效和多目标协同。例如，在解决环境问题、推动低碳发展方面，日本环境省和经济产业省对能源资源和气候环境政策制定发挥着主导作用，相关部门参与政策制定和实施，特别注重使低碳社会建设和循环经济、环境保护以及产业发展相互促进，注重发挥气候变化与产业、循环经济、环境政策的协同效应，实现各项政策目标协调、措施协力、效果协同，对能源资源利用"精打细算""吃干榨净"，实现效益最大化、排放最小化。日本汽车等主导产业的发展证明了合理地贯彻落实科学的环境对策可以起到引发技术革新、稳定就业及拉动相关产业发展的经济效果，日本汽车产业以低油耗、低排放技术在国际市场上具有很强的竞争力，很大程度上就归功于日本环境对策中对尾气排放的高标准管制。

日本是较早推行环境外交的国家之一。早在 1989 年，日本外务省就设立了有关环境问题的特别小组，研究在环保领域通过提供资金和技术开展国际合作等问题。到 20 世纪末，为了在国际社会中发挥与自身经济实力相符的重要作用，日本更是主动参与世界事务，积极开展全方位的环境外交，通过有效利用以往获得的环保经验和技术，积极推进亚太地区乃至全球的环境保护。

日本高度重视环境外交，将其与安保外交置于同等重要的地位。事实

上，日本外交始终以谋取经济利益为行动原则，对外提供的环保资金、技术有着强烈的利益驱动因素。日本通过环境外交，从援助、贸易和投资等方面加强与发展中国家的联系，通过不断扩大环保技术和设备的海外市场份额，实现其环境外交的经济功能①。

中国已经超过日本成为仅次于美国的第二大经济体，但在国内的环境管制与国际环境保护和合作方面尚未树立环保大国形象，不仅损害了中国的国际形象，而且损害了国家的整体经济利益。中国应高度重视国内的环境管制，重视环境外交带来的政治、经济功效。

同时也必须清楚地看到，日本在不同的经济发展时期分别应对不同的环境问题，而中国目前面临的是产业污染、城市生活污染、全球性环境问题多重叠加的严峻现实，既要根治点源型产业污染，又要应对面源型生活污染，还要与国际社会携手合作解决跨境环境污染，科学合理地设定环境管制的目标、任务、手段、技术路径面临更大的挑战，需要更高的政治智慧、更多的资源和更强的社会组织动员能力。

（四）高度重视民众的环保教育

公共财政投入、环保教育、政策与科技研究被誉为日本环境政策的三大支柱②，各层面、各地区、各行业、各年龄阶段的环保教育因而一直是日本政策领域的重要课题。应对城市生活型环境污染以及全球范围内的环境问题，包括普通民众参与的全社会治理尤为重要。日本一向重视推进以教育为核心的环保意识培养，2003 年 7 月出台《增进环保热情及推进环境教育法》；2004 年 9 月，内阁审议通过了政府根据该法制定的基本方针。从 2005 年起，日本全国开始开展"联合国可持续开发十年教育"活动，全国上下包括学校、地区、工厂、家庭都根据该法律和基本方针参与推进环保教育和环保知识学习的活动。其中，儿童是环保教育的主要对象。环保教育被纳入

---

① 吕耀东：《试析日本的环境外交理念及取向——以亚太环境会议机制为中心》，《日本学刊》2008 年第 2 期。

② 李冬：《日本的环境立国战略及其启示》，《现代日本经济》2008 年第 2 期。

义务教育法，进入中小学课本，列为学生必修课，从小给孩子传授环保忧患意识与节能环保理念。环境省设立儿童生态俱乐部项目，对孩子们开展的地区环保活动给予支援。为帮助学校教师及地区辅导员等学习环保基础知识以及参加环保实践活动，开设环保教育骨干基础知识培训讲座等；并设立环保顾问制度，由具有环保专业知识及丰富经验的人对学校给予活动建议与支持。

日本社会还通过建设生态工业园、超级环保小镇等环保设施聚集区，使之成为环境教育基地供市民参观、游览；并通过建设环境教育馆、环保俱乐部，编制通俗环保教材，成立环保民间组织等多种方式，为提高全社会的环保意识提供各种宣传教育软硬件条件，随时随地提高公民环境意识。

消费方面，促进每位国民向有利于防止温暖化的工作模式和生活模式转变，通过与以经济界为主的各界合作，有效利用电视、报纸和杂志等，呼吁大家参与以"清凉着装提案"及"保暖着装提案"为主的具体行动。环境省通过"我家的环境大臣"等项目，支援以家庭为中心的生态生活活动，并为其提供信息及资料。此外，降低整个社会的环境负荷，需要每位国民积极参与绿色采购。对此，环境省为帮助普通消费者在进行绿色采购时能够有所参考，特整理出以生态标志为主的各种环保标志信息，并建立相应的数据库，以此为全体国民提供相关信息。以推动市民培养良好习惯，从身边做起、从点滴做起，协调经济与环境的关系。

目前，中国的环境状况有待提升，需要企业和市民为减少环境负荷提高环境效率持续努力，更需要对大量生产、大量消费、大量废弃的社会经济体制进行根本性改变，向非资源、能源依赖型社会转变。中国环境管制需要民众、企业、政府各主体共同参与，需要进行社会构造改革，需要对民众展开持续有效的环境教育。

第四章

环境管制强度测算的现状及趋势研究

程 都

在环境管制加强的条件下，经济发展和社会进步会受到怎样的影响逐步成为研究者们广泛关注的问题。在研究这类问题时，环境管制强度的测算则成为不可回避的前提。本章通过回顾国内外文献，梳理了当前国内外研究者使用的环境管制强度测算主要方法，分析指出这些方法存在的数据可得性、多维性、并发性等问题，一些广泛使用的传统指标已经不能够科学地刻画环境管制强度的变化，使用不同指标得到的研究结论相互冲突。同时还发现，环境管制强度测算指标显示出由定性指标向定量指标转变、指标值的价值量化、覆盖更加广泛的人类活动三个发展趋势，并提出了理想的环境管制测度方法的7个标准。

一、引言

在 20 世纪 30 年代之后，发达经济体对工业发展带来的环境问题越发重视，逐步加大环境管制力度，并带动环保意识、绿色增长理论、环境政策工具逐步向全球扩散。在环境管制加强的条件下，经济发展和社会进步会受到

怎样的影响也逐步成为研究者们广泛关注的问题。在研究这类问题时，环境
管制强度的测算则成为不可回避的前提。

从文献统计的情况看，对于环境管制强度的研究存在实证研究应用多、
理论研究不足的情况。当前的文献中，涉及"环境管制"的研究主要包含在政
策评价、产业竞争力、对外直接投资、国际贸易、就业和技术创新等实证研究
的成果中。很多研究围绕"污染天堂效应"和"波特假说"的检验来展开。

根据 SSCI 中统计的文献数量来看，20 世纪 90 年代以来，以环境管制
为主题的论文数快速上升，1991 年超过 10 篇，2000~2007 年，每年在 50
篇及以上，2008 年之后，每年论文数量超过 100 篇。环境管制研究受到重
视也得益于环境经济学的兴起，从 1990 年起，以环境经济为主题的论文数
量激增，从 1990 年的 87 篇增长到 2015 年的 1085 篇，25 年年均增速达到
10.6%（见图 4-1）。

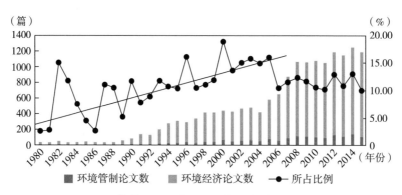

图 4-1　环境管制问题在国际环境经济学研究中的地位

资料来源：笔者根据 SSCI 数据库检索结果整理。

但是在这些文献中，专门讨论环境管制测度的理论文献非常少。在以
Environmental Regulations 为主题的论文中，专门讨论 Policy Stringency 和
Strictness 的论文仅 49 篇。近年来只有 Brunel 和 Levinson[①]、Botta 和 Koźluk[②]，

_____

① Brunel, C. and A. Levinson, *Measuring Environmental Regulatory Stringency*, Working Papers from Georgetawn Vniversity, Department of Economics, 2013.

② Botta, E. and T. Koźluk, *Measuring Environmental Policy Stringency in OECD Countries*, OECD Economics Department Working Papers, 2014.

以及国内的李钢和李颖[1]、王勇和李建民[2]专门讨论了环境管制测度的问题。为此，本章通过梳理国内外运用环境管制强度指标进行各类实证研究的文献，发现环境管制强度测算发展的趋势和存在的问题。

二、当前测度环境管制强度的主要方法

对环境管制进行测量就是要对环境管制程度进行量化。目前有三种量化模式。第一种模式是以定性指标为基础综合得到定量指标的测量方法。主要是通过专家打分的形式得到指标值。第二种模式是直接使用定量指标测量管制强度。这些指标往往具有良好的数据可得性，在多个国家的统计体系中存在较长年限，也便于国际比较。直接使用定量指标也包括在统计指标的基础上进行简单变换，转为无量纲指标或者相对指标等。直接采用定量指标可以排除主观因素，使得测量结果更加客观。第三种模式是以定量指标为基础，将多个定量指标通过一定的计算方法整合成为一个综合性的定量指标。这种模式可以将环境领域内多个维度的定量指标融合，更好地反映出环境管制的整体强度。

（一）以定性指标为基础的测量方法

文献中最早对环境管制指标进行测量的是 Walter 和 Ugelow[3]。他们采用联合国贸易和发展会议（United Nations Conference on Trade and Development, UNCTAD）的调查数据，采用问卷的形式邀请多个国家环境方面的专家对各个国家的环境管制强度进行打分，以美国作为最严格的标杆，为 1 分，7 分

---

① 李钢、李颖：《环境规制强度测度理论与实证进展》，《经济管理》2012 年第 12 期。
② 王勇、李建民：《环境规制强度衡量的主要方法、潜在问题及其修正》，《财经论丛》2015 年第 5 期。
③ Walter, I. and J. L. Ugelow, "Environmental Policies in Developing Countries", *Ambio*, Vol. 8, No. 2-3, 1969.

表示环境管制最为宽松，最后得到多个国家的环境管制强度排名，构建了序数型环境管制强度指数。Tobey[1] 就采用了这一指标对环境管制与贸易模式的关系进行了分析。

世界经济论坛（World Economic Forum，WEF）在其发布的年度全球竞争力报告中给出的各国环境政策强度指数也是沿用这一方法。世界经济论坛通过对各国的企业家发出问卷，让这些企业家对各个国家的环境管制强度和政策执行严格度打分。分值从 1 分（最宽松）到 7 分（最严格），最后将专家打分综合后得到各个国家的环境管制强度分数和排名。

Dasgupta 等[2]也采用这一思路，他们根据 1992 年 31 个国家向联合国环境与发展会议（United Nations Conference on Environment and Development，UNCED）提交的统一格式的报告，构建出反映这些国家情况的环境管制指数。通过对各个国家农业、工业、能源、运输、城市五个板块中关于空气、水、土地和生物资源四个方面的环境政策情况进行梳理，从环境意识、环境政策、环境立法、执行机制、执行绩效五个维度，共 25 个指标进行评判，每个指标设定低、中、高三个等级，分别赋予 0 分、1 分、2 分，最后综合计算得到各国的总分并进行排名。

（二）直接使用定量指标的测量方法

各国环境管制的具体内容中经常会列出降低各种污染物排放量的目标，而工业部门则一直是环境污染物的主要排放部门。Dean 等[3]指出，中国环保部门估计工业企业排放的污染物占到了全部污染物的 70% 以上，其中包括70% 的化学需氧量、72% 的二氧化硫和 75% 的烟尘。由于污染物主要来源于

---

① Tobey，J. A.，"The Effects of Domestic Environmental Policies on Patterns of World Trade：An Empirical Test"，*Kyklos*，Vol. 43，No. 43，1990.

② Dasgupta，S.，Ashoka Mody，Subhendu Roy and D. Wheeler，"Environmental Regulation and Development：A Cross-country Empirical Analysis"，*Oxford Development Studies*，Vol. 29，No. 2，1995.

③ Dean，J. M.，M. E. Lovely and H. Wang，"Are Foreign Investors Attracted to Weak Environmental Regulations？Evaluating the Evidence from China"，*Journal of Development Economics*，Vol. 90，No. 1，2005.

工业部门，许多环境管制政策主要是针对工业部门而颁布的[①]。因此，很多研究者在直接使用定量指标测量环境管制强度时，选择的都是与工业部门污染物相关的指标。

陆旸[②]梳理了常用的污染物指标，将这些指标分为三类：空气质量指标、水质量指标和其他环境指标。其中，空气质量指标主要包括二氧化硫（Sulphur Dioxide，SO_2）、颗粒悬浮物（Suspended Particulate Matter，SPM）、烟尘（Smoke）、氮氧化合物（Nitrous Oxides，NOx）、一氧化碳（Carbon Monoxide，CO）、二氧化碳（Carbon Dioxide，CO_2）等。水质量指标主要包括三类：①水中的病原体浓度：渣滓（Fecal）和大肠杆菌（Coliforms）；②重金属总量以及人类活动所导致的水中的有毒化学物排放量；③溶解氧（Dissolved Oxygen）、生物需氧量（Biological Oxygen Demand，BOD）、化学需氧量（Chemical Oxygen Demand，COD）。其他环境指标主要包括城市固体垃圾、城市卫生设施、饮用水的使用、能源的使用以及森林砍伐（Deforestation）等。围绕这些污染物，研究者们基本上从以下几个方面来衡量环境管制强度。

1. 污染物的排放标准和达标情况

由于命令—控制型环境管制通常会基于技术水平和绩效制定标准，限定污染企业排污上限，因此，某产业某种污染物的排污上限可以很好地反映一国环境管制的力度。最早使用这类指标的是 McConnell 和 Schwab[③]，他们使用美国规定的汽车喷漆中有机挥发物的上限作为环境管制的代理变量。Otsuki 等[④]采用欧盟成员国农产品中黄曲霉含量的限量水平来反映环境管制的严格程度。Cole 和 Fredriksson[⑤]用法规允许的每加仑汽油中的含铅量来测定

① 张成、陆旸、郭路、于同申：《环境规制强度和生产技术进步》，《经济研究》2011 年第 2 期。

② 陆旸：《从开放宏观的视角看环境污染问题：一个综述》，《经济研究》2012 年第 2 期。

③ McConnell, V. D. and R. M. Schwab, "The Impact of Environmental Regulation on Industry Location Decisions: The Motor Vehicle Industry", *Land Economics*, Vol. 66, No. 1, 1990.

④ Otsuki, T., J. S. Wilson and M. Sewadeh, *A Race to the Top? A Case Study of Food Safety Standards and African Exports*, The World Bank, 2001.

⑤ Cole, M. A., Fredriksson P G., "Institutionalized Pollution Havens", *Ecological Economics*, Vol. 68, No. 4, 2009.

环境管制强度。Ménière 等[1]用混合动力汽车的燃料效率标准测定环境管制强度。

李钢和刘鹏（2015）[2] 采用文献计量的方法，对中国钢铁行业的 220 条环境管制政策进行了梳理，依照时间序列，根据政策内容中体现的强度变化进行累加赋值，得到中国钢铁行业的环境管制标准强度。

也有学者根据环境管制法律政策的数量来考察环境管制强度的高低，如 Low 和 Yeats[3]（1992）提出的用绿色指数即地方政府颁布的污染物规制政策的数量来度量环境管制强度。Levinson[4]（1996）使用 50 部普通法中与环境相关的条款数量来衡量环境管制的强度。

环境管制的强度不仅取决于标准的制定，其最终效果更加具有表现力。因此环境管制制定后，环境的达标情况规制强度的后续反应。很多学者用各种排放物的排放达标情况作为环境管制强度的指标。Henderson 和 Becker（2000）[5] 都曾采用美国的《清洁空气法案》（NAAQS）中规定的六个指标的达标率判定各地区环境管制的严格程度。刘志忠和陈果（2009）[6] 使用污水排放达标率来反映各行业的环境管制水平，并且考虑到环境管制的时滞影响，使用滞后一期的指标值。钱争鸣和刘晓晨（2015）[7] 认为，二氧化硫排放量是我国节能减排的主要指标，因此，可以用各地区二氧化硫排放达标率替代工业废气排放达标率测算环境管制。

---

[1] Ménière, Y. , A. Dechezleprêtre, M. Glachant, I. Hascic and N. Johnstone, *Invention and Transfer of Climate Change Mitigation Technologies*: *A Study Drawing on Patent Data*, Post-Print, 2011.

[2] 李钢、刘鹏:《钢铁行业环境管制标准提升对企业行为与环境绩效的影响》,《中国人口·资源与环境》2015 年第 12 期。

[3] Low, P. and A. Yeats, "Do 'Dirty' Industries Migrate", *International Trade and the Environment*, Vol. 159, 1992.

[4] Levinson, A. , "Environmental Regulations and Manufacturers' Location Choices: Evidence from the Census of Manufactures", *Journal of Public Economics*, Vol. 62, No. 1-2, 1996.

[5] Henderson V, Becker R. , "Political Economy of City Sizes and Formation", *Journal of Urban Economics*, Vol 48, No. 3, 2000.

[6] 刘志忠、陈果:环境管制与外商直接投资区位分布——基于城市面板数据的实证研究,《国际贸易问题》2009 年第 3 期。

[7] 钱争鸣、刘晓晨:《环境管制与绿色经济效率》,《统计研究》2015 年第 7 期。

2. 与污染物相关的绝对指标

（1）征收的税费总额。

基于市场的环境管制政策一般采取征收庇古税等方法，因此各国或各产业针对污染物征收税率的高低可以显示出环境管制政策的严格程度，Levinson[1] 以美国不同州设定的有害废弃物处理税衡量不同区域的环境管制强度。Ménière 等（2011）[2] 在研究中也使用燃油税作为环境管制强度指标。

张倩（2015）[3] 认为，我国目前的市场体系尚不健全，排污税和排污权交易等工具无法有效地发挥作用，而排污收费制度实施较早，政策相对稳定，因此，可以用排污收费作为衡量市场激励型环境管制政策执行情况的指标。Dean 等（2005）[4] 采用"污水费征收总额"表示规制强度，研究中国对外资吸引力的变化。

（2）企业污染物治理支出额。

张晓莹（2014）认为，政府制定环境管制政策后，企业为了合规，必然会增加环境治理支出或增加清洁技术或生产流程的研发投入，所以从微观层面来看，企业的治污费用、治污资本投入和研发费用等环保支出变化可以反映环境管制的强弱。在国际上，由于美国普查署从 1973 年开始，每年发布《工业报告：环境治理成本与支出》，报告中公布了美国标准工业分类（Standard Industrial Classification，SIC）中编码从 20～39 的制造业产业为了环境合规而付出的资本支出数据和运营成本数据——PACE（Pollution Abatement Costs and Expenditures）。从 20 世纪 90 年代开始，欧洲统计局也开始发布类似的数据。污染减排成本（Pollution Abatement Costs，PAC）成

① Levinson, A., "State Taxes and Interstate Hazardous Waste Shipments", *American Economic Review*, Vol. 89, No. 3, 1999.

② Ménière Y., Dechezleprêtre A., Glachant M., et al., "Invention and transfer of climate change mitigation technologies: a study drawing on patent data", Post-Print, Vol 84, No. 23, 2011.

③ 张倩：《环境规制对绿色技术创新影响的实证研究——基于政策差异化视角的省级面板数据分析》，《工业技术经济》2015 年第 7 期。

④ Dean J. M., Lovely M. E., Wang H., "Are foreign investors attracted to weak environmental regulations? Evaluating the evidence from China", *Journal of Development Economics*, Vol. 90, No. 1, 2005.

为美国和欧洲研究者最常用的衡量环境管制强度的指标。Gollop 和 Roberts[1] 最早使用了 SO₂ 减排成本作为环境管制变量，研究美国用石化燃料的电力行业的发展情况。随后，Kalt[2]、Gray 和 Shadbegian[3]、Domazlicky 和 Weber[4] 等研究者都在各自的实证性研究中采用了 PAC 指标作为环境管制强度的度量。Shadbgian 和 Gray（2005）[5]、Arimura 等[6]用工业废气污染治理费用作为工业废气排放的管制强弱指标。国内的研究者中，赵红（2006）[7] 用废气和废水污染处理设施的运行费用作为衡量行业环境管制强度的指标。Yang 等（2012）在研究环境管制对工业产业的研发和生产率提升是否有促进作用时，采用废水、废气、固体废弃物和噪声的治理支出额表示环境管制的强度。

（3）工业污染治理投资额。

工业污染治理投资也是污染治理支出的重要组成部分。由于污染治理投资往往既有公共部门的资金也有企业的资金，所以既体现了对企业规制的效果，也直接体现了政府规制的强度。美国国会预算办公室（Congressional Budget Office，CBO）在 1985 年的一项研究中就以污染治理投资支出衡量环境管制强度。还有一些研究者如 Jug 和 Mirza（2005）、Cole 等[8]，则将污染治理投资与污染物处理设施运行费用加总后作为环境管制强度的衡量指标。

① Gollop, F. M. and M J. Roberts, "Environmental Regulations and Productivity Growth: The Case of Fossil-Fueled Electric Power Generation", *Journal of Political Economy*, Vol. 91, No. 4, 1983.

② Kalt, J. P., "The Impact of Domestic Environmental Regulatory Policies on US International Competitiveness", *International Competitiveness*, 1985.

③ Gray, W. B. and R. J. Shadbegian, "Environmental Regulation and Manufacturing Productivity at the Plant Level", *NBER Working Papers*, No. 4321, 1993.

④ Domazlicky, B. R. and W. L. Weber, "Does Environmental Protection Lead to Slower Productivity Growth in the Chemical Industry?", *Environmental & Resource Economics*, Vol. 28, No. 3, 2004.

⑤ Ronald J. Shadbegian a, Wayne B. Gray b, "Pollution Abatement Expenditures and Plant-level productivity: A Production Function Approach.", *Ecological Economics*, Vol. 54, No. 2-3, 2005.

⑥ Arimura, T. H., A. Hibiki, S. Imai and M. Sugino, "Empirical Analysis of the Impact that Environmental Policy has on Technological Innovation", *Working Paper*, 2006.

⑦ 赵红：《环境规制的成本收益分析——美国的经验与启示》，《山东经济》，2006 年第 2 期。

⑧ Cole, M. A., R. JR. Elliott and K. Shimamoto, "Industrial Characteristics Environmental Regulations and Air Pollution: An Analysis of the UK Manufacturing Sector", *Journal of Environmental Economics & Management*, Vol. 50, No. 1, 2005.

国内的研究者中，闫文娟①采用单位废水排放量的工业污染治理投资额来衡量地区的环境管制。应瑞瑶和周力（2006）② 采用"治理污染投资量"作为相应的指标。

（4）污染物排放量。

污染物排放量是企业遵从环境管制政策而做出的反应，单位产出排污量大说明环境管制宽松，反之说明环境管制相对严格。一些研究者根据这一逻辑选用某一种或多种污染物的排放量作为环境管制强度的度量。Kolstad（2002）③ 采用经济体排放的二氧化硫总量作为衡量指标，He（2006）也采用 SO_2 排放量作为指标，对多个国家的环境管制的强度进行了比较。

张平淡和何晓明（2014）④ 指出，在"十一五"之初，中国环境保护部门提出要加快推进环境保护的历史性转变，工业 SO_2 和工业 COD 均属于"十五"和"十一五"时期强制减排的主要污染物，因此两者的排放量变化可以测度中国环境管制强度的变化。包群等（2013）⑤ 认为，包括污水、二氧化硫、粉尘以及固体废弃物在内的各类污染物排放量能够直观地反映地方环境质量水平的变化，因此，将各种污染物排放量的综合作为衡量环境管制强度的指标。

3. 与污染物相关的相对指标

用绝对指标反映环境管制强度虽然比较直观，但是也存在明显的缺陷，即容易受到其他因素的干扰，例如，污染物排放量经常和经济规模与产出水平呈正向关系（Brunel and Levinson，2013）⑥。因此，对于不断发展变化中的经济体，绝对指标不能很好地体现环境管制的变化情况，影响了环境管制

---

① 闫文娟：《财政分权、政府竞争与环境治理投资》，《财贸研究》2012 年第 5 期。

② 应瑞瑶、周力：《外商直接投资、工业污染与环境规制——基于中国数据的计量经济学分析》，《财贸经济》2006 年第 1 期。

③ Kolstad C D., "Climate Change Policy: A View from the US", *University of California at Santa Barbara Economics Working Paper*, 2002.

④ 张平淡、何晓明：《环境技术、环境规制与全过程管理——来自"十五"与"十一五"的比较》，《北京理工大学学报（社会科学版）》2014 年第 1 期。

⑤ 包群、邵敏、杨大利：《环境管制抑制了污染排放吗?》，《经济研究》2013 年第 12 期。

⑥ Brunel C., Levinson A., "Measuring Environmental Regulatory Stringency", *Working Papers*, 2013.

强度的可比性。而相对指标则成为研究者们更加热衷的选择。

（1）污染物治理支出强度。

Grossman 和 Kruger[1]、Isern 等[2]在研究环境管制时，用企业减排成本与产业增加值的比值作为企业减排强度指标，来衡量环境管制强度，Ederington 和 Minier（2003）[3]、Levinson、Taylor[4] 则以产业总成本去除污染减排成本得到环境管制强度指标。Gray[5]、Lanoie 等（2008）[6] 则用各行业废气和废水治理设施本年运行费用占本行业主营业务收入的比重作为衡量标准。国内的研究者中，景维民和张璐[7]也采用这一思路，得到污染排放治理费用率，间接刻画环境管制强度。王勇等（2013）[8] 则选取了各工业行业废水和废气污染治理设施的运行费用占规模以上工业企业增加值的比重与各工业行业污染治理设施的运行费用占主营业务成本的比重两个基本指标，共同作为反映环境管制强度的变量。

（2）污染物治理投资强度。

也有研究者选择使用污染物治理投资额与产业增加值、产业总投资额等的比值得到相对指标衡量环境管制强度。Aiken 等[9]使用污染减排资本支出

① Grossman, G. M. and A. B. Krueger, "Environmental Impacts of a North American Free Trade Agreement", *Social Science Electronic Publishing*, Vol. 8, No. 2, 1991.

② Isern, J., E. Bravo and A. Hirschman, "Environmental Regulation and Productivity: Evidence from Oil Refineries", *Nber Working Papers*, Vol. 83, No. 3, 2006.

③ Ederington J, Minier J., "Is Environmental Policy a Secondary Trade Barrier? An Empirical Analysis", Canadian Journal of Economics/Revue Canadienne D'économique, 2003.

④ Taylor, A., "Unmasking the Pollution Haven Effect", *International Economic Review*, Vol. 49, 2010.

⑤ Gray, W. B., "Manufacturing Plant Location: Does State Pollution Regulation Matter?", *Working Papers*, 1997.

⑥ Lanoie, P., Patry, M., Lajeunesse, R., "Environmental Regulation and Productivity: Testing the Porter Hypothesis", *Journal of Productivity Analysis*, Vol. 30, No. 2, 2008.

⑦ 景维民、张璐：《环境规制、对外开放与中国工业的绿色技术进步》，《经济研究》2014 年第 9 期。

⑧ 王勇、施美程、李建民：《环境规制对就业的影响——基于中国工业行业面板数据的分析》，《中国人口科学》2013 年第 3 期。

⑨ Aiken, D. V., R. Färe, S. Grosskopf and C. A. Pasurka, "Pollution Abatement and Productivity Growth: Evidence from Germany, Japan, the Netherlands, and the United States", *Environmental & Resource Economics*, Vol. 44, No. 1, 2009.

占总投资支出的比重作为指标。郭红燕和韩立岩（2009）[1] 采用工业污染治理投资额占工业增加值比例来表示环境管制的严厉程度。张成（2011）[2] 用各省份治理工业污染的总投资与规模以上工业企业的主营成本、工业增加值的比值分别作为度量环境管制强度的指标。曾贤刚（2010）[3] 采用"污染治理投资/GDP"和"排污费/GDP"双重指标衡量管制强度。

（3）污染物排放强度。

Smarzynska 和 Wei（2001）[4] 使用铅、二氧化碳和污水的排放量与 GDP 的比值衡量环境管制强度。李璇和薛占栋（2014）[5] 用一个地区的单位工业增加值的碳排放量（排放强度＝二氧化碳排放量/地区工业增加值）来衡量环境管制强度。比值越大表示单位工业增加值的碳排放量越多，政府的环境标准和执行力度越小。二氧化硫排放是中外学者广泛关注的一个指标。盛斌和吕越（2012）[6] 认为，我国的能源结构以煤炭为主，燃煤产生的二氧化硫造成的大气污染是我国环境污染的主要形式，可以用二氧化硫排放量来衡量环境管制强度。除用排放量与其他经济量构建相对指标外，也有研究者用不同地区同一污染物的相对排放强度构建指标，如江柯[7]用某个外资来源国的二氧化碳排放量除以我国二氧化碳排放量来表示环境管制的相对力度。

4. 其他常用的定量指标

在投入型指标中，除了经济上的投入，企业设立的环境机构和工作人员

---

① 郭红燕、韩立岩：《环境规制与中国 FDI 区域分布》，《经济问题》2009 年第 11 期。

② 张成：《内资和外资：谁更有利于环境保护——来自我国工业部门面板数据的经验分析》，《国际贸易问题》2011 年第 2 期。

③ 曾贤刚：《环境规制、外商直接投资与"污染避难所"假说——基于中国 30 个省份面板数据的实证研究》，《经济理论与经济管理》2010 年第 11 期。

④ Smarzynska B, Wei S., "Pollution Havens and Foreign Direct Investment: Dirty Secret or Popular myth?", *Contributions in Economic Analysis & Policy*, Vol. 3, No. 2, 2001.

⑤ 李璇、薛占栋：《低碳经济背景下环境规制对经济增长的影响》《哈尔滨商业大学学报（社会科学版）》2014 年第 4 期。

⑥ 盛斌、吕越：《外国直接投资对中国环境的影响——来自工业行业面板数据的实证研究》，《中国社会科学》2012 年第 5 期。

⑦ 江珂：《中国环境规制对 FDI 行业份额的影响分析——基于中国 20 个污染密集型行业的面板数据分析》，《工业技术经济》2011 年第 6 期。

的数量也是环境投入的衡量指标，Levinson（1996）[1] 就使用平均每个企业的环境机构人数作为环境管制强度的指标。

环境检查的次数和行政处罚的次数可以反映执法是否严格，Alpay 等（2002）[2] 选取经媒体报道的检查次数作为墨西哥管制强度的替代指标。Cole 等（2008）[3] 使用与环境保护相关的行政处罚案件数来作为地区环境管制强度的替代指标。Gerlagh 和 Keyzer（2000）[4] 以被环境部门归档的诉讼案件数量测度印度各州的管制强度，并使用各州工厂数量对上述指标进行标准化处理，以控制各州在工厂数量上的差异对管制行为和诉讼案件数量的影响。

Dasgupta 等（1995）[5] 指出，一个国家的收入水平与环境管制程度具有很高的相关性，因此，可以使用人均 GDP 反映环境管制的强度，陆旸[6]（2009）延续了这一思路，用人均 GNP 作为环境管制的代理变量。

（三）综合性指标

单一定量指标虽然具有较强的客观性和针对性，便于横向比较，但是对环境管制产生的政策效应衡量也比较片面，不能很好地反映环境管制政策的整体强度。因此，将多个单一指标融合成为综合指标也受到研究者的青睐。在构建综合指标时，研究者们主要采用标准化、因子分析、熵值法等方法。

---

[1] Levinson A., "Environmental Regulations and Manufacturers' Location Choices: Evidence from the Census of Manufactures", *Journal of Public Economics*. Vol. 62, No. 1-2, 1996.

[2] Alpay E, Kerkvliet B J.," Productivity Growth and Environmental Regulation in Mexican and U. S. Food Manufacturing", *American Journal of Agricultural Economics*, Vol. 84, No. 4, 2002.

[3] Cole, M. A., Elliott, R. J. R. and Strobl, E., "The Environmental Performance of Firms: The Role of Foreign Ownership", Training and Experience. *Ecological Economics*, Vol. 65, 2008.

[4] Gerlagh R, Keyzer M A., "Citizen Activism, Environmental Regulation, and the Location of Industrial Plants: Evidence from India", *Journal of Public Economics*, Vol. 79, No. 2, 2000.

[5] Susmita Dasgupta, Ashoka Mody, Subhendu Roy, et al., "Environmental Regulation and Development: A Cross-country Empirical Analysis", *Oxford Development Studies*, Vol. 29, No. 2, 1995.

[6] 陆旸：《环境规制影响了污染密集型商品的贸易比较优势吗?》，《经济研究》2009 年第 4 期。

1. 多种污染物指标的综合

绝大多数工业企业或者工业的某一个产业排放的污染物不止一种，因此，将不同种类的污染物指标通过某一方式综合成为一个指标，能够更加真实地刻画环境管制的水平，也便于行业间、国家间的比较。Van Beers 和 Van den Bergh（1997）[①] 采用七项反映环境质量的指标[②]，通过排序赋值法得到各个国家在分项指标上的排序值，将分项排序值加总得到总的国家排序值，用排序值除以赋值总分得到一个介于 0~1 的环境管制综合强度指数。张倩（2015）[③] 选取工业废水排放达标率、二氧化硫排放达标率、烟尘排放达标率、粉尘排放达标率、工业固体废物综合利用率、工业固定废物处置率六个单项指标进行标准化、加权并加总得到综合指标来评价命令控制型环境管制强度。[④]

傅京燕和李丽莎（2010）[⑤] 构建了一个由目标层、三个评价指标层（废水、废气和废渣）和一些数据可得的单项指标层构成的三级 ERS 综合指数衡量一国的环境管制强度，并基于中国各类污染物排放的严重程度以及数据的可得性，选择废水排放达标率、二氧化硫去除率、烟尘去除率、粉尘去除率和固体废物综合利用率五个单项指标来衡量中国环境管制。

2. 对环境管制全流程的综合

目前环境的市场价值实现还没有得到彰显，在全球范围内，主要的环境管制都带有明显的"自上而下"的政策特色。环境管制的强度不仅取决于政策的高标准，也取决于是否得到了严格的执行。有学者认为，环境管制是一种投入产出的过程，对环境管制的衡量应该包含投入、过程和结果三个方

---

① Beers C V, Jeroen C. J. M. van den Bergh. , "An Empirical Multi-Country Analysis of the Impact of Environmental Policy on Foreign Trade Flows", *Kyklos*, Vol. 50, No. 1, 1997.

② 七个指标分别是：1990 年受污染面积占国土面积之比；1990 年无铅汽油国内市场占有率；1990 年纸张的回收率；1990 年玻璃的回收率；1991 年污染物处理厂从业人数占总人口之比；1980~1991 年能源强度变化；1980 年能源使用量与 GDP 的比值。

③ 张倩：《环境规制对绿色技术创新影响的实证研究——基于政策差异化视角的省级面板数据分析》，《工业技术经济》2015 年第 7 期。

④ 笔者认为，用"工业三废"数据将"生活三废"排除在外，更能反映环境管制的执行力度和污染治理效果。

⑤ 傅京燕、李丽莎：《FDI、环境规制与污染避难所效应——基于中国省级数据的经验分析》，《公共管理学报》2010 年第 3 期。

面。Lammertjan Dam 和 Bert Scholtens（2012）按照政策从制定到发挥作用的流程，将"环境政策""环境管理""环境改善情况""环境绩效对进步的影响"四个指标运用因子分析法进行综合，来反映环境管制强度。王奇等（2014）[1] 选择了地方环境保护法规数量和标准数量两个指标衡量环境管制政策的严格程度，同时选用建设项目环评执行率、三同时执行率、工业废水达标排放率、工业二氧化硫达标排放率四个指标衡量环境管制执行的严格程度，并通过熵值法确定各个指标权重，综合衡量环境管制的严格程度（见表4-1）。

表 4-1　我国各地环境管制严格程度的衡量指标体系

目标层	准则层	指标层
环境管制严格程度	环境管制政策严格程度	地方环境保护法规数量
		地方环境保护标准数量
	环境管制执行严格程度	建设项目环评执行率
		三同时执行率
		工业废水达标排放率
		工业二氧化硫达标排放率

资料来源：王奇、刘巧玲、夏溶矫：《基于全过程分析视角的环境规制度量研究》，《生态经济》2014 年第 11 期。

3. 将投入型指标与绩效型指标相融合

李钢和李颖（2012）[2] 从成本和收益的角度，将环境管制指标划分为投入型指标和绩效型指标；认为投入型指标衡量了企业遵循环境管制的直接成本和政府、环保机构为实施管制、保证管制效果所付出的成本。其中，企业的直接成本包括资本设备投入和治污设施运营维持费用。绩效型指标反映了企业在政府环境管制下的污染水平，即体现了政府环境管制的绩效。徐盈之

---

[1]　王奇、刘巧玲、夏溶矫：《基于全过程分析视角的环境规制度量研究》，《生态经济》2014 年第 11 期。

[2]　李钢、李颖：《环境规制强度测度理论与实证进展》，《经济管理》2012 年第 12 期。

和杨英超（2015）[1] 认为，这种绩效是非市场化的收益，他们从环境管制的成本和收益两个方面，建立了四个层级的环境管制指标体系，衡量环境管制强度水平（见表4-2）。

表4-2 四级环境管制指标体系

一级指标	二级指标	三级指标	四级指标
中国环境管制效率评价指标体系	环境管制的成本指标	人力投入指标	环境行政主管部门的人数
		物力投入指标	环境污染治理设施数
		财力投入指标	环境污染治理投资总额
			环境污染治理投资率
	环境管制的收益指标	污染控制指标	工业烟尘排放达标率
			工业粉尘排放达标率
			工业二氧化硫排放达标率
			工业固体废物利用率
			城市污水处理率
		环境质量指标	化学需氧量排放量
			工业废水排放达标率

资料来源：徐盈之、杨英超：《环境规制对我国碳减排的作用效果和路径研究——基于脉冲响应函数的分析》，《软科学》2015年第4期。

Botta 和 Koźluk（2014）[2] 构建了基于能源部门的扩展的综合指标体系，衡量整个经济部门的环境管制强度。他们构建的指标体系分为两个部分，第一部分指标是针对能源部门[3]的基础指标（见表4-3）。实际上，这些指标主要注重电力的生产方面的政策[4]，当然，这些政策也应用到了其他部门。选择能源部门作为基础指标的原因有四个：第一，这一产业可以获得政策强

① 徐盈之、杨英超：《环境规制对我国碳减排的作用效果和路径研究——基于脉冲响应函数的分析》，《软科学》2015年第4期。
② Botta E., and Koźluk T., "Measuring Environmental Policy Stringency in OECD Countrie", *Oecd Economics Department Working Papers*, 2014.
③ 国际标准产业目录（ISIC4）中D35产业：电力、热气、油气的生产、运输和分配。
④ 核电不在考虑之内。

度测算的时间最长，覆盖的国家最多，具有较强的数据可得性。第二，该产业在国民经济中发挥了基础性的作用，与其他产业的相关联程度很强。也就是说，环境政策对某一产业的规制力度，可以从该产业的能源生产察觉出来。第三，能源生产是温室气体的主要来源，同时也造成了空气污染。第四，对于使用不同能源和燃料的发电商、不同规模的发电企业，各个国家的环境管制基本都可以覆盖，因此，指标体系也有广泛的覆盖面。

表 4-3　基于能源部门的管制工具和评价依据

管制工具	评价依据
二氧化碳排放贸易计划	一单位二氧化碳配额的价格
可再生能源认证贸易计划	可再生电力占比
能源认证排放贸易计划	每年节约的电力占比
二氧化硫排放贸易计划	一单位二氧化硫配额的价格
二氧化碳税	税率
硫氧化物税	税率
氮氧化物税	税率
风电上网电价补贴	每千瓦时的补贴额
光伏电上网电价补贴	每千瓦时的补贴额
风电上网保险计划	每千瓦时的保险额
光伏电上网保险计划	每千瓦时的保险额
对新设火电厂的颗粒物排放限制	颗粒物浓度标准
对新设火电厂的硫化物排放限制	硫化物浓度标准
对新设火电厂的氮化物排放限制	氮化物浓度标准
政府针对可再生能源技术支出的研发支出	占 GDP 的比重

资料来源：Botta, E. and T. Koźluk, "Measuring Environmental Policy Stringency in OECD Countries", *Oecd Economics Department Working Papers*, 2014.

从选择的指标来看，衡量的环境管制工具非常广泛，既有市场激励型指标，也有命令—控制型指标；既有标准中的约束性指标，也有政府扶持性指标；既有投入型指标，也有绩效型指标；既有绝对指标，也有相对指标。

第二部分指标是拓展的指标（见表 4-4），嵌入了三个额外的管制工具。这三个额外的指标主要关注温室气体和空气污染物，代表了更加广泛的环境政策，使得指标体系可以适用于整个经济体。

表4-4　拓展的环境管制指标和评价依据

管制工具	评价依据
柴油产业税	运输行业中使用一升柴油所交的税
押金返还制度	虚拟值
柴油中硫含量标准上限	国家标准中的内容

资料来源：Botta. E. and T. Koźluk，"Measuring Environmental Policy Stringency in OECD Countries"，*Oecd Economics Department Working Papers*，2014.

三、当前环境管制指标依然面临的挑战

（一）数据可得性

数据的可得性是长期以来困扰环境管制测度的问题。早期的环境管制国际比较研究中，就存在美国早已公布 PACE 数据，而欧洲的类似数据直到 20 世纪 90 年代才出现的情况。即便是美国的 PACE 数据，表面上很理想，因为直接来源于各个企业的经理人，但实际上也很难准确地反映减排成本，因为其包括了一些并非环境管制强度变化导致的费用[1]。王勇和李建民（2015）[2] 指出，目前使用的大量的指标存在数据缺失的问题，很难构建一个完整的面板数据，并且这些指标常常具有序数特征，难以计算某种影响的边际效应。

此外，不同区域标准的复杂变化也影响了这些指标的使用。例如，我国

---

[1]　Brunel，C. and A. Levinson，"Measuring the Stringency of Environmental Regulations"，*Review of Environmental Economics & Policy*，Vol. 10，No. 1，2016.

[2]　王勇、李建民：《环境规制强度衡量的主要方法、潜在问题及其修正》，《财经论丛》2015 年第 5 期。

在 2014 年下发了《关于调整排污费征收标准等有关问题的通知》之后，各个省份都对排污费作了调整。北京将收费标准调高了 6~8 倍，天津调高了 4~6 倍；河北则分三步调整到原来的 2~5 倍，湖北分两步调整至 1~2 倍。不同区域的标准变化差异增加了跨区比较的难度。

就环保投资而言，《中国环境年鉴》统计的投资内容包括建设项目"三同时"环保投资、工业污染源治理投资、城市环境基础建设投资和环境影响评价申请项目的环保投资额。国内很多实证文献采用工业污染治理投资来测度环境管制强度，而事实上，2005 年以来，工业的污染治理投资变化较小，主要增幅体现在"三同时"环保投资上。2005~2011 年，工业污染治理投资额仅增长了 1.09 倍，而"三同时"环保投资则增长了 4.2 倍。这些统计科目的变化对传统的环境管制指标的准确程度产生了很大的影响。

（二）多维性和并发性

由于环境问题本身的复杂性，环境管制也面临多维性问题。这一点从管制的对象上就明显表现出来，环境媒介既包括空气、水、土壤，污染物，又包括硫化物、氮化物、污水、废弃物、有毒化学物质等。有一些管制针对的是住户部门，有一些则针对产业部门。有一些规制应用了市场化的激励手段，有一些管制则采用传统的命令控制方法。管制工具本身的复杂性导致了单一指标不能有效反映环境管制的总体强度，而多项管制强度指标又缺乏相互比较性。

Bemelinans-Videc 等（1998）[1] 从环境政策的作用机制角度，把环境管制分为经济激励、法律工具和信息工具三类。Lundqvist（2001）[2] 在此基础上作了进一步的细化，把环境管制的内容分为物质的、组织的、法律的、经济的、信息的五类。而世界银行将环境管制机制分为"利用市场""创建市

---

① Bemelmans-Videc, M. L., R. C. Rist and E. Vedung, *Carrots, Sticks & Sermons*, Transaction Publishers, 1998.

② Lundqvist L J., "Implementation from Above: The Ecology of Power in Sweden's Environmental Governance". *Governance*, Vol. 14, No. 3, 2001.

场""直接的环境管制"和"公众参与"四类。孙启宏和段宁（2005）[1] 在其基础上将国内非市场化的环境管制工具又划分为命令控制型政策工具和信息披露型政策工具（见表4-5）。

表 4-5 主要环境管制工具的分类

主题	政策手段			
	利用市场的政策工具	创建市场的政策工具	命令与控制型政策工具	信息披露型环境管制工具
资源管理和污染控制	征收环境税	可交易的许可证与配额制度	制定标准	生态标准
	减少补贴	明确产权/分散权利	发布禁令	资源协议
	使用费	国际环境补偿体系	发放许可证及配额	环境认证
	押金—返还制度			公众知情计划
	专项补贴			

资料来源：孙启宏、段宁：《循环经济与环境规制》，《环境经济问题》2005 年第 8 期。

虽然众多研究者采用综合性指标体系将多样的环境管制工具融为一体进行比较，但是科学有效的综合依然是一个有待解决的问题。

Botta 和 Koźluk（2014）认为，一些研究者研究经济增长、产业竞争力与环境管制强度之间的关系。但是一些因变量与环境管制的变动存在并发性，不能证明变量变动之间的因果关系。例如，通过企业调查得到的企业家对环境管制强度的感受完全取决于经济周期。Brunel 和 Levinson（2013）指出，环境管制是为了限制排放水平，但是排放水平同时也是决定管制强度的一个重要因素，高污染水平和强管制水平很可能是同时存在的，从而影响评判。虽然现在的研究者采用自然实验或者选择代理变量的方式规避这一问题，但是自然试验的机遇需要漫长的难以预测的等待，寻找合适的代理变量也并非易事。

---

[1] 孙启宏、段宁：《循环经济与环境规制》，《环境经济问题》2005 年第 8 期。

(三) 采用不同指标的结论相互背离

李玲和陶锋[1]以废水排放达标率、二氧化硫去除率和固体废物综合利用率三个指标为基础，测算了 28 个制造行业 1999~2009 年的环境管制强度，结果显示我国环境管制强度在总体上是上升的。[2]

但是，不止一位国内的研究者指出，一些传统的已经被广泛使用的测量环境管制强度的指标，不论是有关污染物的定量指标还是相对指标，都显示出我国环境管制强度呈现下降趋势。

蒋伏心等（2014）在系统分析环境管制强度对生产技术进步的影响过程中，采用了 9 种常用的度量环境管制强度的指标，如表 4-6 所示。在列

表 4-6　常用的环境管制强度指标显示出的趋势

序号	指标名称	趋势
1	废气、废水的治理设施运行费用/GDP	下降
2	废气、废水的治理设施运行费用/主营业务成本	下降
3	二氧化硫排放达标率	上升
4	废水排放达标率	2003 年后持平
5	污染治理支出/GDP	下降
6	污染治理支出/主营业务成本	下降
7	排污费/主营业务成本	下降
8	排污费/GDP	下降
9	单位 GDP 能源消耗量	上升

注：各指标统计区间为 1996~2010 年。

资料来源：蒋伏心、纪越、白俊红：《环境规制强度与工业企业生产技术进步之关系——基于门槛回归的实证研究》，《现代经济探讨》2014 年第 11 期。

---

① 李玲、陶锋：《中国制造业最优环境规制强度的选择——基于绿色全要素生产率的视角》，《中国工业经济》2012 年第 5 期。

② 文章将 28 个制造行业分为重度污染行业、中度污染行业和轻度污染行业。1999~2009 年，重度污染行业的环境管制指数从 2.173 上升到 4.102；中度污染行业环境规制指数从 0.127 上升到 0.298；轻度污染行业环境管制指数从 0.218 转为 0.194，从总体上看，环境管制强度呈上升趋势。

出各项环境管制指标本身变化趋势后发现，1996~2010 年，9 个指标中，有 6 项呈现下滑趋势，有 1 项保持平稳，仅有二氧化硫排放达标率和单位 GDP 能源消耗量两个指标是上升的，由指标反映出，我国环境管制强度在整体上是下降的。

王勇和李建民（2015）对广泛使用的环境管制指标——单位产值的工业污染治理投资进行了研究，认为这一指标会低估环境管制强度，并且忽略区域产业结构不同带来的影响。而通过构建无量纲化的单位排放污染物的广义投资（包括"三同时"环保投资）指标进行衡量，则得出与传统方法不同的结果[①]。

李钢等（2009）指出，如果按照广泛使用环境管制成本的思路，用工业污染物处理成本与工业总产值或工业增加值的占比来衡量环境管制强度[②]，通过计算可以发现，1996~2007 年，我国的环境管制强度在两个区间段上都是递减的[③]（见图 4-2）。

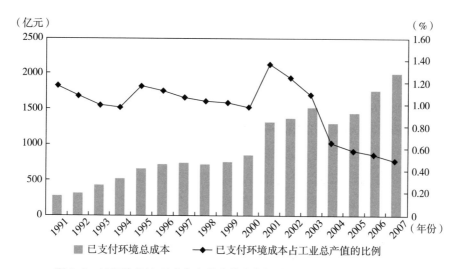

图 4-2　以污染物治理成本占总产值比衡量的我国环境管制强度变化

资料来源：李钢、姚磊磊、马岩：《中国工业环境规制强度与提升路线——基于中国工业环境保护成本与效益的实证研究》，《中国工业经济》2009 年第 1 期。

---

① 笔者通过不同的指标得到各省份的环境管制排名，发现两种评价体系下，1998~2012 年北京的环境管制强度变化排名相差 19 位。

② 考虑到数据的连续性，选用二氧化硫、污水和烟尘粉尘三种污染物。

③ 2001 年的高点则是统计数据分行业口径的变化造成的，成为两个阶段的分界点。

但是这一衡量方法并没有考虑到中国的产业升级。李钢等计算了工业环境总成本，发现其占工业总产值或工业增加值的比重也是下降的，说明中国工业的清洁度本身是下降的。同时，以环境已支付成本与工业环境总成本的比值作为环境管制强度的衡量指标，则发现环境管制强度存在上升趋势（见图4-3）。

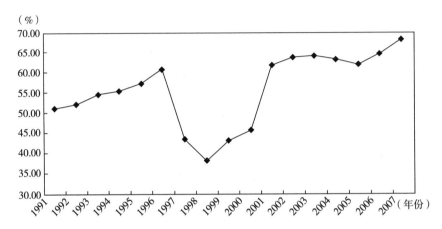

图4-3　以环境已支付成本占工业环境总成本比衡量的我国环境管制强度变化

资料来源：李钢、姚磊磊、马岩：《中国工业环境规制强度与提升路线——基于中国工业环境保护成本与效益的实证研究》，《中国工业经济》2009年第1期。

四、环境管制强度衡量方法发展趋势

（一）以定量指标取代定性指标方法

在环境管制研究早期由于统计数据的缺失，跨国比较经常采用问卷的方式进行，参与调查的专家或者经理人根据自身了解的信息和感受对环境管制进行评价。Walter 和 Ugelow（1979）[1] 以及世界经济论坛（WEF）最早构建

---

① Walter I., Ugelow J. L., "Environmental Policies in Developing Countries", *Ambio*, Vol. 8, No. 2-3, 1979.

的环境管制强度指标都是如此得到的。但随着全球对环境问题的重视形成共识和各国统计体系的逐渐完善，在全球比较研究中，定量指标逐渐替代定性指标成为主流。例如，WEF 逐渐淡化了原来自己构建的环境管制强度指标体系，而与耶鲁大学和哥伦比亚大学联合发布环境绩效指数（Environmental Performance Index，EPI），这一指标体系则完全建立在定量指标的基础之上。

（二）指标值的价值量化

国内外许多学者在进行环境管制对经济增长及出口影响方面的研究时以物理量衡量污染物，这样一方面各种污染物难以加总，另一方面也难以从经济意义上度量环境管制强度的变化程度[①]。而以各种污染物的虚拟治理成本来衡量环境管制强度，一方面可以把不同污染物加总，另一方面也可以较好地从经济意义上度量环境管制强度的变化程度。一些国外的学者选择环境管制的代理变量时也实现了指标的价值量化[②]，用 GDP/Energy 度量环境管制的严格程度，傅京燕（2006）[③] 也用 GDP/Energy 衡量一国的环境管制严格程度。

（三）涵盖更加广泛的人类活动

早期的环境管制强度测定方法把主要的注意力锁定在了工业领域，但在研究的发展过程中，关注点逐渐延伸到整个经济领域，现在已经开始涵盖更加广泛的人类活动。OECD 发布的环境政策强度指数（EPSI）所用的指标体系，第一部分也是聚焦于工业领域，特别是能源部门，且通过第二部分指标

---

① 董敏杰、梁泳梅、李钢：《环境规制对中国出口竞争力的影响——基于投入产出表的分析》，《中国工业经济》2011 年第 3 期。

② Kheder, S. B. and N. Zugravu, "Environmental Regulation and French firms Location Abroad: An Economic Geography Model in an International Comparative Study", *Ecological Economics*, Vol. 77, 2012.

③ 傅京燕：《环境规制对贸易模式的影响及其政策协调》，暨南大学，2007。

的拓展，使得这一指标体系可以覆盖所有经济活动。

Dasgupta 等（1995）[①] 为世界银行构建环境管制严格程度指标体系时，就试图覆盖空气、水、陆地和生物资源四个领域。但由于数据不健全，仅覆盖了 25 个国家。从 2004 年开始，耶鲁大学、哥伦比亚大学与世界经济论坛联合定期发布的环境绩效指数则依托健全的数据，涵盖了健康影响、空气质量、水与环境卫生、水资源、农业、林业、渔业、生物多样性与栖息地、气候与能源 9 大板块，参评国家达到 180 个（见表 4-7）。

表 4-7　耶鲁大学、哥伦比亚大学和世界经济论坛的 EPI 指标体系

政策领域与具体指标					
1		健康影响	7		渔业
	1	儿童死亡率		11	沿海大陆架渔业压力
2		空气质量		12	鱼类资源
	2	室内空气质量	8		生物多样性与栖息地
	3	PM2.5 的平均暴露水平		13	国家生物群落保护
	4	PM2.5 超标水平		14	全球生物群落保护
3		水与环境卫生		15	海洋保护区
	5	洁净饮用水普及率		16	关键栖息地保护
	6	卫生设施普及率	9		气候与能源
4		水资源		17	碳排放强度趋势
	7	废水处理		18	碳排放强度趋势变化
5		农业		19	用电人口比重
	8	农业补贴		20	每千瓦时二氧化碳排放趋势
	9	农药管制			
6		林业			
	10	森林覆盖率变化			

资料来源：董战峰、张欣、郝春旭：《2014 年全球环境绩效指数（EPI）分析与思考》，《环境保护》2015 年第 2 期。

---

① Susmita Dasgupta, Ashoka Mody, Subhendu Roy, et al., "Environmental Regulation and Development: A Cross-country Empirical Analysis", *Oxford Development Studies*, Vol. 29, No. 2, 1995.

从环境管制的主体来看，虽然环境管制主要是政府行为，但对于环境的保护也是人民大众的普遍要求。人们虽然很难直接参与环境保护政策的制定，但是可以通过公共舆论反映大众的要求，对环境污染者形成舆论压力，与环境政策形成联动。徐圆（2014）[①] 在构建环境管制强度的指标体系时，设置了正式管制和非正式管制两部分内容，并且通过谷歌趋势（Google Trends）提供环境相关问题的搜索指数和公开媒体上关于环境污染新闻的报道数量来衡量非正式环境管制强度。

在全球化时代，一个国家的环境保护意识和环境政策不仅受到本国国情的影响，同时也受到世界其他国家环境保护的要求的影响，因此，环境领域的国际合作情况也被考虑到环境管制的测度中。Smarzynska 和 Wei（2001）[②] 采用一国对欧洲经济委员会主导的四个国际环境公约[③]的参与程度来衡量环境管制水平。陆菁（2007）[④] 采用一国政府参与国际环境合作协议的数量作为反映环境管制强度的指标。

五、结语

全球的研究者们一直在寻求克服数据可得性、多维性、并发性等障碍的环境管制指标体系，来更加准确地刻画环境管制的强度，但是到目前为止还没有达成广泛的共识。理想的环境管制强度指标体系，应该符合下列特征：①具有可计算性；②使用政府统计体系已经收集的数据；③数据具有持续性，可以形成面板数据；④具有基数特征而非序数指标；⑤能够价值量化

① 徐圆：《从中国进口高污染品是否改善了发达国家的国内环境？——基于细分行业贸易数据的经验分析》，《财经论丛》2014 年第 9 期。

② Smarzynska B, Wei S., "Pollution Havens and Foreign Direct Investment: Dirty Secret or Popular Myth?", *Contributions in Economic Analysis & Policy*, Vol. 3, No. 2, 2001.

③ 四个公约分别是: *The Convention on Long-range Transboundary Air Pollution*; *The Convention on Environmental Impact Assessment in a Transboundary Context*; *The Convention on the Transboundary Effects of Industrial Accidents*; *The Convention on the Protection and Use of Transboundary Water courses and International Lakes*。

④ 陆菁：《国际环境规制与倒逼型产业技术升级》，《国际贸易问题》2007 年第 7 期。

并在理论上应当与污染处置成本相一致；⑥能避免产业结构带来的影响；⑦全面覆盖人类活动对环境造成的影响。虽然当前的环境管制测量方法距离这一理想的标杆有差距，但是随着统计体系的完善、国际协调的推进、数理方法研究的深入，研究者们将能够采用更加科学的环境管制测量方法进行贴近现实的分析。

实地调研与问卷调查篇

第五章

广东佛山新型工业化道路对
其他地区的借鉴意义

褚　席

　　作为制造业大市的佛山，通过近年来持续不懈的改革和创新，正在从规模速度型增长向质量效益型增长转变，从传统要素主导向创新要素主导转变。与时俱进的"佛山制造"，以绿色发展的新型工业化道路为方向，顺应着经济发展的新形势和新需求，进行着华丽的"蜕变"，释放出增长的新动能。走在新型工业化道路时代前沿的佛山市的做法和经验，对于存在自主创新能力不强、资源环境问题突出、产业结构不合理、地区行业发展不平衡等问题的东西部其他地区具有重要的借鉴意义。

　　党的十八大报告提出："坚持走中国特色新型工业化、信息化、城镇化、农业现代化道路，推动信息化和工业化深度融合、工业化和城镇化良性互动、城镇化和农业现代化相互协调，促进工业化、信息化、城镇化、农业现代化同步发展。"党的十八大报告为我国新型工业化道路指明了发展方向。

　　未来十年，我国制造业发展的重点是经济发展的质量，不应追求更高的增速，应该按照"创新驱动、质量为先、绿色发展、结构优化、人才为本"

的发展思路，提升经济发展的效益水平和可持续发展能力。

一、新型工业化道路是经济可持续发展的必由之路

（一）新型工业化科技含量高

科技含量高就是要提高产品的科技含量，对科学技术以及技术转化率提出了新的要求，科学技术是第一生产力，只有经济发展建立在科技进步的基础上，才能为经济可持续发展带来源源不断的动力。从我国目前经济发展的情况来看，要想推进新型工业化进程不断前进，提高产品竞争力、调整产业结构、提高经济发展质量，推动技术不断进步是本质要求①。

新型工业化科技含量高是因为把科技创新放在了更加突出的位置。根据经济增长理论，科技是经济发展的内生动力，对经济发展极为重要。科技的进步，除了会带来经济效率的提高和产品质量的优化，还会刺激相关产业的革新和产业链的不断完善，最终促使产业的转型升级。

（二）新型工业化经济效益好

经济效益好就是要不断提高企业竞争能力，完善服务水平，提高产品质量，实现既定成本产品产出的最大化或者既定产量成本的最小化，优化资源利用率，提高生产效率，扩大生产经营利润率。

随着新型工业化的不断推进，以及市场自发调控和政府宏观管理的不断协调，传统经济发展模式下的落后产业终究会被高技术含量、高利润率的高端装备制造业所取代。这必将促使企业改变原有的生产模式，不断提高原材料利用率、经营管理水平、技术水平，从而使企业生产产品的经济效益不断提升，同时使社会资源在流通中的配置更加合理、高效。

---

① 牛文元：《中国新型工业化之路研究报告》，科学出版社 2014 年版。

（三）新型工业化资源消耗低

资源消耗低就是通过大力提高资源利用率，减少资源消耗，提高生产效率。合理利用资源，走新型工业化道路，降低能源和资源消耗，是中国新型工业化道路的一个方向。中国要走新型工业化道路，就要降低资源和能源消耗。

新型工业化对我国资源利用、能源消耗提出了新的要求。随着我国经济发展步入新常态，我国的经济发展方式、产业结构正在发生着变化，落后产能、高污染、高耗能企业正在逐步被淘汰，以高技术含量为特征的高端装备制造业正在蓬勃发展，我国正在由制造业大国向制造业强国不断迈进。

（四）新型工业化环境污染少

环境污染少必须大力推进清洁生产，发展循环绿色经济和环境友好型产业，加强对生态环境的保护与恢复，实现经济发展与环境保护的双丰收。由于工业对于资源的消耗占我国能源消耗的比重高达 70% 以上，污染物也主要是在工业生产过程中产生的，因此，走新型工业化道路和实现可持续发展应该把工业发展对于环境的影响最小化。

环境友好的新型工业化发展将会占有更少的社会资源和生产要素，充分考虑生态环境的承载能力，遵循自然规律，严守生态红线，以绿色科技为发展动力，强调经济—社会—生态三者之间协调发展的产业体系，打造环境污染少、生态友好、可持续发展的新型工业化。

从广义上讲，环境也是一种"资源"，工业发展必须依托于环境①。可持续发展是新型工业化的有力支撑，同时也打破了经济发展的要素、环境等因素的限制。党的十八大报告提出了绿色发展、循环发展、低碳发展的理念，对新型工业化有了更高层次的定位，与绿色发展、循环发展、低碳发展相辅相成，既是新型工业化发展的内在要求，也是新型工业化发展的方向，

---

① 金碚：《资源与环境约束下的中国工业发展》，《中国工业经济》2005 年第 4 期。

最终形成资源消耗低、环境污染少、经济效益好的可持续发展的经济模式。

二、东部地区新型工业化面临增长的瓶颈

东部地区包括北京、天津、河北、上海、江苏、浙江、福建、山东、广东、海南等，是中国工业经济的先行地区，在中国工业经济中的地位举足轻重。这些地区工业基础较好，应率先实现工业化的转型升级，并向基本实现现代化的目标迈进。随着经济的不断发展，原有的经济体制、产业结构制约着经济的发展，包括：国际化水平低、市场活跃度不足、所有制结构较为单一、企业技术设备老化、社会保障和就业压力大、资源型城市主导产业衰退，东部地区自进入工业化后期以后，也必然会面临重大的挑战和任务，存在技术创新与产业转型升级、老龄化社会或者"未富先老"、资源环境约束、区域差距、收入分配不平等等问题。也就是说，新型工业化之路是曲折和极富挑战性的，传统工业化道路亟待转型升级[1]。

（一）自主创新能力弱，创新体系不完善

目前，产业发展所面临的市场环境也发生着变化，生产要素成本不断提升，产业市场需求降低，企业面临更加残酷的竞争压力。与此同时，创新能力瓶颈的制约也逐步显现。东部地区原有的产业体系的竞争能力逐步降低，面临的风险不断增大，产品技术创新的缺乏使企业进一步发展的空间逐渐缩小。如果沿着现有的管理经营模式继续发展，企业将越来越不适应现有的竞争环境，最后生产技术落后、创新能力不足的企业将会被市场淘汰。

东部地区制造业企业缺乏自主技术创新的动力，自主创新的能力和积极性较低。与发达国家相比，东部地区研究投入不足，是没有取得巨大技术进

---

① 肖金成、申兵：《我国当前国土空间开发格局的现状、问题与政策建议》，《经济研究参考》2012年第31期。

步和产品创新的重要原因之一，进而我国基础研究与发达国家尚存在较大差距。部分研究院所转制后，更多的资金、人力逐步向商业化靠拢，放弃了原有的共性技术的研发，产业研发能力和科技创新能力大大削弱。由于机制体制不同，高等院校、科研机构和企业的目标不同、利益不同，很难使研发成果得到有效的转化，产学研用一整套思路在现实经济中很难得到有效落实。正是由于创新能力的制约，我国制造业发展仍然维持在较为低端的水平，高端产业、高技术含量产业、高附加值产业发展缓慢。

市场机制不完善也对创新产生了负面影响，例如，生产要素价格长期扭曲，资源、能源、土地、劳动力价格经常偏离正常值，都影响了企业创新；同时，现行财税体制、教育体制、创新体制有较大的改进空间，对经济发展的辅助作用有待进一步提升①。因此，东部地区在新型工业化道路中不断提高高端产业的占有率，必须不断提升自我创新能力，完善创新体系。

（二）产业结构不协调，高端装备制造业发展滞后

改革开放以来，东部地区经济规模的快速扩张得益于生产要素廉价的优势，通过不断扩大投资规模，大规模引进资本、技术、管理来拉动经济增长。这种单一的经济增长模式带来了诸如产能过剩、供需矛盾、结构失调、同质化严重等一系列问题②。在规模经济的发展中，行业的集中度相对偏低，区域统筹协调联动发展的区域规模经济没有形成。集聚的缺失使得经济发展中的技术外溢效应、信息共享机制、产业链延伸等各方面受到了限制，严重地制约了经济的发展。

东部地区高端装备制造业占工业总产值的比重相对较低，与发达国家相比，为国民经济发展和国防现代化提供投资类产品的装备制造业增加值占比较低。生产的许多大型成套技术装备落后，许多技术装备和关键设备尚需进口。由于高端装备制造业发展基础差、技术积累少，严重影响了新型工业化

---

① 洪银兴：《论创新驱动经济发展战略》，《经济学家》2013 年第 1 期。
② 龚绍东：《区域工业空间布局和产业组织结构形态的演进与创新》，《区域经济评论》2014 年第 2 期。

的推进，导致企业生产的产品科技含量低，在国际竞争中常常处于劣势地位。

东部地区高端装备制造业发展滞后，低端产业生产能力过剩，高端产品生产能力不足，尤其是拥有自主知识产权的核心技术和民族知名品牌产品少，设计水平低，新产品开发周期长，导致产品附加值低下和经济效益低下。

（三）信息化程度低，两化融合深度不够

信息化与工业化的深度融合是新型工业化道路的必然选择，对于转变经济发展方式、建设工业强国、塑造产品竞争力具有重要意义，为新型工业化快速推进创造了条件（王瑜炜和秦辉，2014）[①]。目前，我国东部地区的信息化水平相对偏低，尽管工业化与信息化融合发展前景光明，但信息基础设施建设和信息应用水平相较于发达国家仍然远远落后。企业缺乏使用信息技术改造产品生产工艺和提高产品定位的动力，东部地区信息技术的使用仍然停留在初级阶段，并且不同地区、不同行业之间也存在较大差异。与信息化相关的技术积累相对薄弱，与信息技术相关的核心领域大部分掌握在少数发达的欧美国家手里，核心技术和软件仍以进口为主。相比我国东部地区，欧美国家信息化与工业化的融合发展已经进入了新的阶段。

东部地区基础信息技术产业发展和软件产业技术利用率相对较差，部分产品和服务对外依存度较高，由于技术的限制，部分软件信息技术产品还处于初级阶段，自主创新能力的不足也严重影响了信息化技术的扩散。支持信息技术研发的资金往往相对较少，对软件信息技术的创新与突破产生了不利影响，阻碍了经济发展方式的转变。实现"中国制造"向"中国智造"转变，就要加快信息技术与工业化的融合，全面提升企业产品的技术含量、智能化水平。

（四）资源整合能力弱，全球化经营能力不足

东部地区资源整合能力弱。高新技术企业在国际市场上往往单打独斗，

---

① 王瑜炜、秦辉：《中国信息化与新型工业化耦合格局及其变化机制分析》，《经济地理》，2014 年第 34 卷第 2 期，第 93-100 页。

没有将国内外行业间优势资源进行整合，行业整体竞争力不强，行业优势无法发挥。大部分战略性新兴企业没有充分应用信息网络技术，在供应链管理、政企关系及客户关系管理方面没有有效地进行资源整合。

企业全球化经营能力不足。战略性新兴企业在国际化进程中往往会遇到各种各样的问题，例如，规模经济未能体现，生产成本剧增，某项关键技术未能取得突破进展，生产陷入停滞。再如，由于国际市场环境的不确定性，东部地区战略性新兴产业进一步扩展市场、发展业务面临的风险往往逐步增大。

三、西部地区新型工业化道路建设基础薄弱

西部地区包括广西、云南、西藏、新疆、重庆、陕西、内蒙古、四川、甘肃、青海、贵州、宁夏 12 个省份。改革开放以后，随着国家经济建设重点的转移以及沿海地区改革开放步伐的加快，西部地区与东部沿海地区工业经济发展的差距越来越大。

（一）资源能源利用效率低，环境污染问题较为突出

西部地区拥有丰富的自然资源，是我国资源和能源供给的主要来源地，具有先天的资源优势。但是随着工业化的推进，西部地区工业结构发展越发不合理，资源型供给以及高耗能、高污染行业的发展越来越失调，随之而来的就是对于生态环境的破坏，这种恶性循环带来了许多负面影响，在经济发展与环境保护、能源消耗等方面体现得尤为突出[1]。

从表 5-1 可以看出，西部地区几乎占据了我国高耗能地区的全部，无论是与北京、广东、江苏等东部相对发达的地区相比，还是与能耗相对较低

---

[1] 陈健鹏、李佐军：《新世纪以来中国环境污染治理回顾与未来形势展望》，《环境与可持续发展》2013 年第 2 期。

的四川重庆相比都存在较大差距，如果与发达国家相比，差距会更加明显。

表 5-1　万元地区生产总值耗能　　　单位：吨标准煤/万元

地区	能耗	地区	能耗	地区	能耗
宁夏	2.28	四川	1.00	江苏	0.60
青海	2.08	重庆	0.95	天津	0.71
山西	1.76	吉林	0.92	海南	0.69
贵州	1.63	湖北	0.91	江西	0.65
新疆	1.41	河南	0.90	福建	0.64
内蒙古	1.40	湖南	0.89	上海	0.62
甘肃	1.30	山东	0.86	浙江	0.59
河北	1.16	陕西	0.85	广东	0.56
云南	1.10	广西	0.80	北京	0.46
辽宁	1.04	安徽	0.75	西藏	0

资料来源：根据《中国区域经济统计年鉴》2015 年数据。

　　我国西部地区多数工业企业以资源初加工为主，基于当地丰富的资源，就地取材进行石油化工、铁矿石开采冶炼、煤炭采选等基础性低技术含量生产。这种以初级原材料为主要加工对象的生产方式对当地的环境产生了较为严重的破坏，给生态环境造成了巨大的威胁。这种生产经营模式产生了许多负面影响。例如，我国酸雨的重灾区主要分布在重庆、贵州等以粗放型经济发展模式为主的西部地区；西部地区的二氧化硫等其他主要污染排放物在全国占比超过了 50%。

（二）基础设施薄弱，工业化程度较低

　　基础设施完善程度对于经济发展的影响涉及方方面面，甚至对于经济中产业集聚、规模经济、对外贸易、产业链的完善都能够产生深远影响。基础设施逐步完善能够通过招商引资为经济发展带来源源不断的动力和支持，也是促进其发展的"风火轮"，完善的基础设施是经济发展的必备条件之一。

虽然我国已经意识到基础设施薄弱对于西部地区经济发展的限制，自改革开放以来，也实行了一系列政策来刺激西部地区基础设施的改善，如西部大开发战略，但是由于西部地区基础设施落后，差距巨大，即使在国家财力物力的大力支持下取得了一定的进步，但是仍然和东部地区存在较大差距，基础设施落后的局面没有发生本质性变化，对经济发展仍然产生不利影响。

西部地区经济增长主要依靠传统产业拉动，虽然经济取得了长足进步，但是依靠传统产业带动经济增长的发展模式在新常态下的中国遇到了增长瓶颈，工业化进程逐步放缓。目前，西部地区相较于东部地区来说，工业化进程仍然相对滞后，高度依赖资源的发展模式有待突破，传统产业有待进一步转型升级，传统产业向高端装备制造业进军的步伐有待加快，地区产业竞争力有待进一步加强。西部地区拥有丰富的资源优势，将资源优势转换为地区生产力就必须加快地区工业化进程，让地区资源优势与外来资金、技术优势相融合，加速转型升级，做大做强地区优势产业，探索高技术含量产业、高端装备制造业发展之路，推进新型工业化道路。

四、借鉴佛山经验推进以生态文明
为主导的新型工业化

（一）发展绿色经济，打造生态文明

绿色经济是经济发展的新增长点，新型工业化中的"经济效益好，环境污染少，资源消耗低"恰恰是"绿色经济"的内在要求。目前，中国工业化进程面临新的挑战，一方面，绿色经济是新型工业化提炼出的更深层次的要求；另一方面，绿色经济同时又为可持续发展提供了新的思路。围绕经济可持续发展，发展绿色经济、循环经济，打造符合生态文明要求的中国特色新型工业化是我国经济转型新的方向①。

---

① 高宜新：《生态文明与新型工业化的辩证思考》，《生态经济》2009 年第 2 期。

1. 改造传统制造业

佛山市运用已有的先进技术，加大对传统优势工业的改造提升力度，同时积极引进先进生产技术与管理经验，促使制造业向高端化和绿色化方向发展，形成在各方面具有企业品牌竞争力的产业集群和总部经济群体，通过生产方式由传统向高端转换提升产业绿色化水平。

陶瓷工业：淘汰高污染、高消耗的低端产业，推进绿色技术的应用，加大科技创新的力度，注重产品质量提升与品牌建设。同时，产品品牌向高端化迈进，将技术、智能、环保理念融入到企业产品中；注重发展生态环保、可持续发展、绿色智能、高科技含量的陶瓷工业产品。

机械装备制造业：机械装备制造业将智能和精密作为未来发展的方向，注重战略性和标杆性企业的引领作用，把智能和科技引入装备制造业，完善产业链结构，拓展下游产业链，提高产品附加值，将机械装备制造业打造成科技含量高、技术优势突出、附加值高的高端装备产业集聚区。

家电制造业：注重企业科技创新、工业设计、经营管理，努力打造企业大品牌战略。加大资金、人力投入，发展节能、环保、智能的创新型产品。注重绿色发展、创新发展，提高废旧家电的利用率，完善回收体系，提高资源再利用水平。

纺织服装业：打破传统思维，提高纺织服装在航空航天、医用等领域的市场占有率，通过企业重组等方式完善企业管理制度，逐步向西方现代企业管理体系靠拢，做大做强集设计、生产、销售于一体的综合型企业。同时，注重企业的集聚效应，引进科技含量高、经济效益好的现代化企业，打造现代纺织服装业的集聚群。

2. 大力发展生产性服务业

佛山市有强大的制造业需求，一系列的创新创意产业园、总部经济集聚区等新兴生产性服务业扎根发芽。禅城园区是总部经济发展的先行者，建立了陶瓷产业基地，产业转型升级走在全国的前列。南海区形成了以创意设计业为主导的工业设计基地，已经吸引了一批科研院所及创新创业企业入驻。

在总部经济方面，佛山国家高新技术产业开发区（以下简称佛高区）鼓励引导培育佛山市传统优势行业内的龙头企业，打造区域本土总部企业，如机械、家电、陶瓷、纺织服装、食品饮料等传统优势行业。除此之外，佛高区通过完善政府政策，改善政府服务水平，积极引进大型国有企业、跨国企业、外资企业，为企业落地优化发展环境和提供政策支持，将总部企业产业行业不断丰富延伸。

在产业具体分布上，南海区发挥区域内工业设计资源优势，以满足佛山区制造业发展需求为目标，重点发展机械制造工业设计、汽车产品工业设计、环保工程园林设计。抓住众多科研机构及高等院校落户科技园的机遇，建设拥有一流创新设计能力、一流科技人才、一流产业园区的总部经济集聚区。南海软件科技园围绕智能化、信息化的新型工业化发展要求，重点发展自动化、集成化的信息服务业。

禅城园区以智慧新城、绿岛湖为载体，以打造总部基地为目标；以现有的佛山创意产业园、佛山时尚产业园、新媒体产业园为基础，招揽人才集聚企业。

顺德园区发挥园区内本土龙头企业的优势，鼓励把握顺德西部生态产业发展的机遇；积极向信息服务、电子通信等领域扩展。

高明园区以食品饮料、新材料为发展特色。继续加强传统纺织、塑料产业的优势，利用技术进步进一步发展新型金属产业，将产业向航空航天、精密机械、医疗专用服装等领域扩展。

3. 积极创建森林型城市，提升生态环境质量

南海区是佛高区的核心区域之一，林地面积原来仅有5783.6公顷，不到城区面积的5.4%，为了增加林区面积，南海区设立了森林面积和森林覆盖率双增的目标。一方面，严格控制林地征占用，保护好现有的林地森林；另一方面，加大在公园绿地、家园绿地、交通廊道绿地、河涌绿地以及散落在城乡片区的土地上增种树木的力度，以增加城市森林面积。2015年底，南海区已有森林面积达到了17.91万亩，覆盖率达到11.12%，完成了初步计划；预计到2017年底，森林面积将进一步增加，达到20.33万亩，覆盖率同步上升到12.62%。

南海区积极扩大生态公益林面积，为了提高生态公益林建设管理水平，加大生态公益林示范区的建设力度，生态公益林生态功能等级一、二类林的

比例明显提高。完善公益林管理系统，将主干道路造林以及城市防护林一同归入公益林管理，加大对公益林建设的资金投入，探索公益林发展长效机制。实施森林质量提升工程。南海区通过多种方式，丰富树种，提升生态环境涵养能力，增强自然界自我修复能力，提升森林生态功能，美化环境，净化空气。适当调整树种分布地理格局，对布局不合理的品种更新改造，在交通道路沿线以及河岸两旁种植适合生长的名优树种。按计划，到 2017 年底，南海区可改造完成 1 万亩林地。同时，南海区加大监督，以恢复森林面貌为目标开展全方位整治，对裸露山体、采石场、废弃耕地等地方开展有针对性的还林复绿工程，成果显著，城市面貌得到大幅度的改善。

（二）实施清洁生产，淘汰落后产能

清洁生产是人类工业化进程的历史必然，符合生产者、消费者、社会三方面所追求的各自利益最大化的目标。企业是开展清洁生产的主体。清洁生产能够减少污染物的排放，增加资源的利用率，一增一减带来了实质性的变化，环境污染减少，节能、降耗、增效、增益等优点凸显。实施清洁生产是企业走科技含量高、经济效益好、资源消耗低、环境污染少的新型工业化道路的必然选择，也是企业提升自身竞争力的本质要求①。

1. 建立清洁生产数据库，推广节能生产经验与技术

佛高区注重清洁生产的基础信息采集整理工作，通过采集信息不断完善数据库，为以后低碳经济、清洁生产积攒原始数据。数据库中包含统计所必需的重点关注行业或者对象的能源消耗水平、废物废料的排放水平，以及排放的污染物成分、企业是否对污染物进行处理、清洁生产普及度等内容。此外，佛高区还积极建立清洁生产技术数据库、清洁生产专家数据库，为后期形成技术支持和专家支持提供了信息基础。

佛山市从政府管理人员的清洁生产意识抓起，对政府工作人员进行培

---

① 范家堂：《工业老区的生态化路径——以成都市青白江区工业园区为例》，《环境经济》2010 年第 6 期。

训，加深对清洁生产重要性的认知。另外，政府专门定期开展对清洁生产施工人员的专业培训，并对清洁生产进行考核，组织企业与员工之间进行经验交流与信息共享，提升企业清洁生产意识和能力。

佛山市经常在行业内举办清洁生产技术知识普及活动，开展清洁生产知识培训，改进行业清洁生产总体技术水平，并对重点行业和重点企业制定了清洁生产指南，增强企业清洁生产的意识。

2. 建立清洁生产评价体系，强化引导与管理

清洁生产是佛高区重点推进的工作之一。佛高区组成了由政府、科研机构、优势行业参与的清洁生产标准委员会，对清洁生产的标准进行制定，完善清洁生产管理体系。标准体系的内容涵盖生产的技术标准、企业清洁生产的评价体系等内容。清洁生产技术标准和清洁生产指标评价体系对于企业如何生产提出了更高的要求，是激励企业清洁生产的动力。清洁生产审核指南为企业清洁生产提供了技术支撑，是企业进行清洁生产审核的指导性文件。

清洁生产的审核质量很大程度上取决于企业验收。佛山市制定了具有当地特色的审核办法，与广东省清洁中心审核办法既有相似之处又有差别，这种审核办法也在佛高区得到了推广。佛高区对技术服务单位的服务质量进行了考核，通过对技术服务单位的管理与监督，使技术服务单位更加高效，审核质量得到保障。佛高区在对企业清洁生产进行综合评分以后，通过信息公开，及时向社会反馈企业清洁生产情况，激励企业自觉采取清洁生产方式。

3. 淘汰落后产能，化解过剩产能

佛高区淘汰落后产能和过剩产能，把化解落后产能矛盾作为产业结构升级、优化生态环境的重要着力点。佛高区加强政府引导，通过多项措施分阶段、分行业标本兼治地稳步推进淘汰落后产能的步伐，减少落后产能对社会资源的消耗、对生态环境的威胁。

对于存在的"僵尸企业"，佛高区了解掌握"僵尸企业"生产经营的第一手资料，建立资料数据库，进行系统化管理，对"僵尸企业"的行业及社会风险进行及时评估。佛高区充分发挥市场的主导作用，合理处置"僵尸企业"。对于与佛高区自身定位不符的传统产业，连续亏损、效益低下行业，长期停工停产的企业，政府采取多种措施进行处置。不断完善市场机

制，发挥政府的指导性作用，处置阻碍经济发展的"僵尸企业"，打造有进有出的市场竞争环境。

强化对企业生产过程的监管，规范企业生产经营行为，尤其是企业生产产品的质量，以及生产过程中对于环境的影响、对于生产要素的消耗。对于没有达到生产要求的企业，定期进行公示，并限期整改；对于屡教不改的企业，依法依规坚决予以清退，淘汰落后产能绝不手软。对于积极淘汰落后产能的企业，根据国家政策予以资金支持，提高企业转型升级、提高自身竞争力的积极性。严格落实《佛山市人民政府关于印发提振民营企业家信心促进创业创新若干措施的通知》要求，组织企业申请设备更新、淘汰老旧设备专题项目，鼓励企业机械设备更新换代，引进先进设备进行精细化生产。

对于新加入产能过剩行业的企业，加强对资质、环评等各方面的审核。对于无法化解的过剩产能，政府可以适当引导。政府通过资金支持、政策引导鼓励产能过剩行业通过技术升级、产业转型等方式进行转型升级。

4. 加快企业转型升级，推进跨区域产能合作

完善市场机制，佛高区引导企业以兼并重组等方式，通过政策引导、资金扶持激励企业加强技术创新，加快产品更新换代的频率，增加产品附加值和科技含量。政府设立技术创新专项基金，逐步扩大对转型升级企业补助范围，专项基金补贴考核与企业污染物排放水平挂钩，从而使企业在这种科技创新的同时也注重环境保护。加大社会保障力度，对于由于产业转型而失业的职工，政府应加强培训，提升职工再就业能力，同时给予失业职工相应的补助。建立产业投资数据库，加大佛高区监管力度，严控过剩产能增量。

考虑工业经济发展对于环境的影响，与当地现有的产业结构、资源禀赋相结合，联系实际推动区内传统产业向具有比较优势的产业集聚。加快企业国际化进程，推动佛高区企业既要"走出去"又要"走进去"。重点支持佛高区企业与"一带一路"沿线国家开展区域合作，发挥竞争优势。支持企业进行海外投资，利用好政府扶持政策，深化与国外地区在贸易、经济、技术等领域的合作。

（三）运用高新技术，加速产业转型

在经济全球化和区域化两大趋势下，产业转型逐渐成为有效推动经济发展的一种模式，成为区域与全球竞争的重要力量。高新技术产业发展水平最能代表一国的工业发展水平，是潜力最大、增长速度最快的工业领域，高新技术推动产业转型，对于优化制造业的产业结构、促成制造业新兴主导产业的形成和传统产业的升级具有不可替代的作用（刘伟和张辉，2008）[①]。

佛高区自我定位为未来中国智能制造产业基地。近年来，佛高区紧抓"互联网+""大众创业、万众创新"的历史发展机遇，不断适应新形势下全球产业发展新趋势，将比较优势打造成竞争优势，以创新驱动、转型升级为重点，推动产业向高端化、全球化迈进。通过发展更加高端的产业，使工业发展的环境破坏降到最低。在制造业方面，佛高区把发展重点放在以精密电子、智能机械、智能数控、3D打印、机器人为主的具有高科技含量的产业上。

佛高区把握广东省建设珠三角国家自主创新示范区、珠江西岸先进装备制造产业带的机遇，发挥佛山高新区的工业基础优势、区位优势、后发优势，打造珠江西海岸高端装备制造业集聚区。佛高区以创新驱动、转型升级为重点，围绕"智能制造"，以扎实的工业基础为后盾，强化绿色发展，注重质量、品牌建设。结合佛高区实际，挑选重点行业优先发展，优先发展"生产性服务、智能装备制造、汽车制造、新一代信息技术、新能源装备、节能环保装备"等具有竞争优势的产业。加速推进塑造企业品牌，加大技术创新、技术转移、两化融合，完善公共服务等领域，使佛高区制造业由大变强、由制变智，实现佛山市装备制造业的跨越式发展。

2015年，佛山市智能制造得到了政府的大力支持，共同开展"互联网+智能制造"战略合作协议书的签署以及在佛高区召开的中国"互联网+智能

[①] 刘伟、张辉：《中国经济增长中的产业结构变迁和技术进步》，《经济研究》，2008年第43期。

制造"试点城市推进大会，极大地加快了佛高区智能制造产业基地的推进速度。佛山市成为广东省第一个互联网+创新创业示范市的建设城市，推进了佛山市传统企业工业化与信息化的深度融合。在"互联网+"发展思路的引领下，佛山市新型工业化进程成果显著，很多行业与互联网深度融合，如南海区的家具行业、铝型材行业，维尚家居、坚美铝业已经成为行业内个性化设计的领导品牌。顺德园"广东省智能制造产业基地"的建设也在有条不紊地推进。此外，佛高区大力支持园区内智能化产业的发展，增加"互联网+"创业投资基金的普及度及数额，鼓励企业加大产品创新、技术革新，支持佛高区信息化、智能化产业的发展。

（四）优化工业布局，推动产业集聚

发展新型工业化的重点是优化工业布局，推动产业集聚。佛高区突出发展新材料和高端装备制造业；优化发展传统冶金、化工等产业；构建以新型工业化为主导的现代产业发展新体系，为工业发展提质增效。在产业链上，促进产业链上下延伸。一方面，抓紧上游项目推进；另一方面，做大做强产业链，积极发展下游配套产业。

1. 推进园区错位发展，打造生态产业链

佛山市倡导土地资源集约使用，提高产业集聚度，顺应佛山市"一区一带七园"的生态工业发展规划。一区是指以佛山高新园区为核心区、统筹规划周围顺德、禅城、三水等工业园区，以高端装备制造业和高新技术为发展重点。"七园"包括佛山国家高新技术产业开发区、禅城经济开发区、南海经济开发区、南海工业园区、顺德工业园区、高明沧江工业园区、三水工业园区，各园区依据原有本地特色、产业基础，发挥各自比较优势，形成了各具优势、分工互补、错位发展的格局。

对于不同的产业园区，实行不同的产业发展规划，加快构建布局合理、产业合理、结构优化的现代化产业园区。吸引高新技术相关产业，坚决淘汰落后产能，优化园区内部功能，引导园区企业转型升级，最终目标是将佛高区打造成产业特色鲜明、信息化水平高、产业集聚度高的高端产业园区。

具体举措有：充分发挥土地的开发利用潜力，逐步淘汰高耗能、高污染的过剩产能，鼓励新兴产业企业通过土地置换来增加产业用地，逐渐将园区内传统的经济效率低、能耗高的产业转换为科技含量高、经济效益好的高端装备制造业。加快配套基础设施与服务的完善，为承接科技研发、技术创新、产业落地打下基础。

同时，加大改造园区内传统行业的力度，鼓励企业通过自主创新提高自身竞争力。在政策和资金上加大对园区内绿色环保型、科技创新型企业的扶持力度，推广节能减排、废物利用、污染物处理的科技应用，努力将佛山高新区打造成环境友好、可持续发展的低碳园区。

园区建设遵循三高原则：高水平规划、高质量建设、高标准管理，引导科技创新成果在园区内得到转化、高端产业在园区内集聚，致力于打造集研发设计、生产制造、销售服务于一体的全产业链，同时加大产业链向上下游延伸，发挥龙头企业的标杆作用，以大项目—产业链—产业集群—产业专业园的产业链扩展延伸发展模式。佛高区引入市场化运营管理机制，建设与市场相匹配的服务体系，政府简政放权，放大市场活力，努力打造现代化的市场管理体系，以及充满创新与活力的生态产业链。

在高新区加大推进循环经济的力度，开展企业间"静脉产业"与"动脉产业"循环体系构建。构建新材料产业生态链，主要分布在南海园和高明园，将电池、光伏材料、液晶显示材料以及新型合金作为发展重点。通过园区间和周边大区域范围内的化工原材料制品、金属制品以及再生金属综合利用企业间建立合作关系，培育新材料产业上游产品链。构建高端装备制造业产业链，主要分布在禅城园，重点发展陶瓷专用机械及成套设备、新电源等核心部件，利用新材料产业提供的产品，为陶瓷产业提供专门的生产设备，并为新能源产业提供核心部件。构建再生资源产业链，通过对废旧回收资源的回收再利用，建立资源回收再利用体系，与资源回收企业合作，循环利用回收的各种材料。

2. 集聚创新资源，营造创业环境

佛高区搭建创新创业平台，加强园区综合服务管理水平，筑巢引凤，加大对于高技术人才的引进力度，同时，注重科技创新，致力于将佛高区打造成掌握核心技术、具备创新创业优势的一流园区。

佛高区核心园区大力建设科技产业载体，目前园区已有创业创新团队70多个，涵盖创业创新项目已达100多个，产业载体建设面积超过100万平方米。其中，佛山国家火炬创新创业园、佛山创意产业园、佛山新媒体产业园等电子商务园区已经吸引了大批创新创业企业争相入驻。

佛高区深化产学研协同创新发展。近年来，佛高区不断强化与科研院所和高等院校的合作，依托佛山市众多科研创新平台，转化推广面向产品与应用的科研成果，将科研平台与广州市、佛山市雄厚的工业基础和一流的科研人才创新队伍相结合，构建以企业为中心的创新创业体系，提升佛山市创新创业能力，打造集产业转型、产业孵化、产业升级于一体的综合型产业集聚区。

佛高区还组建国家智能制造创客空间，以智能制造和创新发展为中心、以佛高区人工智能和产业推广为发展方向，在佛山建立"大众创业、万众创新"示范工程，进而推广并服务于全国制造业。

第六章
河南西峡县绿色工业化道路及借鉴

刘　鹏

绿色发展是当前我国经济发展的主旋律，实现环境保护与经济发展协调推进将成为今后发展的方向。河南省西峡县作为我国中部地区的一个山区县，既没有沿海地区得天独厚的区位优势，也没有西部地区优厚的优惠政策，却能够在农业、工业和旅游业上实现绿色协调发展，不仅较好地保护了环境，而且能够保持经济增长活力。本章采用案例研究的方法，对西峡县的整个产业体系发展模式进行总结提炼，认为合理利用自然资源、加强环保宣传教育、优化农业生产结构、做强工业企业、按需发展旅游业等做法构成了西峡的发展模式。通过对西峡县发展模式的总结，可以为其他地区尤其是中部县域经济发展提供一些借鉴。

县域经济是一个国家或地区的基本经济单元，在社会经济发展中具有举足轻重的地位，只有县域经济得到更好的发展，国家才能真正实现治理目标。县域经济 GDP 占全国 GDP 的比例接近50%，人口比例超过80%，且人口绝大多数由农民组成，农业是其经济的重要组成部分。[①] 发展壮大县域经

---

① 廖建辉、金永真、李钢：《中国县域经济发展的六大挑战》，《经济研究参考》2012年第48期。

济，对解决中国的"三农"问题、全面建成小康社会具有十分重要的意义。[①]《中国县域经济发展报告（2016）》[②] 中的研究表明，虽然 2015 年县域经济 GDP 占全国的比重较上一年度有所下降，但中部地区样本县（市）经济增速最快，成功实现对西部地区的超越。同时，中部地区县（市）全社会固定资产投资完成额、社会消费品零售总额和地方公共预算收入的增速都明显超过了东部地区和西部地区县（市）的增速。然而，我国县域经济的发展水平总体相对较低，工业化程度依然不高（东部地区发达县除外），而且面临环境保护要求日益严格的局面；如何既实现县域经济的持续有力增长，又不对生态环境造成严重破坏，成为各地区亟须解决的问题。

西峡县作为我国中部地区的一个山区县，既没有东部沿海地区（如江苏、浙江）得天独厚的区位优势，也没有西部地区（如西藏、青海）国家优惠政策的大力倾斜，但是却能比较好地协调经济发展与环境保护的关系，较早实现了"既要金山银山，又要绿水青山"的发展目标。西峡县从第一产业到第三产业均植入了绿色发展的理念，使环境保护贯穿于整个产业体系。在农业上，发展成了猕猴桃、香菇种植等绿色农业，减少了对化肥、农药使用较多的传统作物的种植面积，实现了农业内部的结构调整，从而降低了农业面源污染。在工业上，不断地进行产业升级，从低附加值到高附加值，从高能耗、高污染到低排放、高性能。此外，经济发展能为当地发展高效农业提供支持，同时工业发展又吸收了大量的农村劳动力，使劳动力的生活不再高度依赖农业（土地）；而且政府也有财力支持绿色农业的发展。在第三产业上，主要是旅游景区的开发与建设，是在工业发展财力支持的基础上形成的，而且并没有因为旅游业的发展而放弃工业的主导地位。旅游业的快速发展还带动了周边产业（如餐饮、住宿等）的兴起，不仅帮助吸收农村剩余劳动力，还提高了农民的收入。因此，西峡县的许多做法值得借鉴与推广。

---

① 凌耀初：《中国县域经济发展分析》，《上海经济研究》2003 年第 12 期。
② 吕风勇、邹琳华：《中国县域经济发展报告（2016）》，广东经济出版社 2016 年版。

一、西峡县绿色发展的动因与优势

西峡县地处丹江口水库上游，是南水北调中线工程水源涵养区的核心区，水源地丹江口水库在西峡县内流域面积占全县总面积的91%。由于西峡县地理位置特殊，为了确保南水北调工程的顺利开展，党中央、国务院和国务院南水北调工程建设委员会出台了一系列配套政策措施进行决策部署，同时也对西峡县开展环境保护提出了特殊的要求。其中包括工程建设、水污染防治和水土保持、生态补偿转移支付、移民外迁安置、产业结构调整等，工程浩大复杂。[①]

国家对丹江口库区的环境保护政策要求西峡县从根本上改变发展方式。对西峡县而言，既要完成国家交付的环保任务，又要生存与发展，就必须加快产业转型与升级，绿色发展是全县的唯一出路。在国家的政策指引下，全县从上到下格外重视环境保护工作，将更多的人力和财力投入到绿色发展上，既融资又融智，全方位支持环保工作的开展。在产业及企业层面上，由于研究对象、研究时期等方面的差异，学术界对于环境管制与产业（企业）竞争力之间的关系一直存在争议。综合前人学术成果来看，环境管制对产业（企业）竞争力既可能产生正面影响，也可能产生负面影响，甚至有学者认为两者之间不存在明显的关系，即通常所谓的积极派、消极派和综合派。虽然学者们对此各执己见，但普遍认为在产业（企业）起步阶段，环境管制的强度不宜过大。因为发展初期的企业抗压能力相对较弱，技术进步的带动作用还不显著，此时高强度的环境管制会占用企业有限的资源，反而不利于企业在市场中站住脚，不利于企业竞争力的提高。但是随着企业的发展，规模经济逐渐凸显出来，环境管制强度也相应提升，使企业在竞争中取得"先动优势"和"创新补偿"，从而实现"双赢"。

[①] 梁泳梅、李钢、向奕霓：《绿色生态县的工业化之路：西峡县调研报告》，《经济研究参考》2012年第51期。

从国家或地区发展的宏观层面来看，环境政策要因地制宜，符合当地经济发展承载能力。虽然西峡县的地理位置特殊，承担的环境保护任务较重，但是国家也给予了相应的配套政策，包括生态补偿、移民外迁安置等。此外，为了使水源地格外重视环境保护工作，河南省从 2004 年起就明确地方行政首长责任，实行责任追究制，且区内所有排放污水建设项目审批必须向上一级环保部门备案。在这种情况下，西峡县也极其重视环境保护工作，提出了把确保入库水质稳定达标作为压倒一切的任务，并制定了建设"经济强县、生态大县、旅游名县"的战略目标。① 西峡县正是抓住了这一重要时机，紧跟国家的宏观政策，因地制宜，在工业经济快速增长阶段实施了一系列的环境保护政策和环境管制手段；其实这一阶段人们的环保意识比较淡薄，往往只顾经济建设而造成严重的环境破坏。但是西峡县能跳出发展阶段的局限性，在大多数地区还在唯 GDP 论英雄时，其管理层就高度认同"绿水青山就是金山银山"的理念，经济建设与环境保护两手抓，较早实现了产业转型升级。多年来，西峡县的环保政策看似有些严苛，一方面，是因为其特殊的地理位置得到了国家的格外"关注"；另一方面，这也是西峡县充分利用中央政府配套措施优势，积极探索、加强生态涵养区建设的结果；这样的环境管制强度其实更加有利于西峡县的长远发展。因此，国家（政府）的宏观环境保护政策对实现经济增长与环境保护协调推进至关重要。

二、西峡县绿色发展的具体模式

（一）合理利用自然资源优势，并将其转换成绿色增长点

俗话说"靠山吃山，靠水吃水"，这句话可谓是西峡县最好的真实写照。西峡县有"林、药、矿、水、游"等自然资源，有"山产百货风行，

---

① 梁泳梅、李钢、向奕霓：《绿色生态县的工业化之路：西峡县调研报告》，《经济研究参考》2012 年第 51 期。

千里万商云集"之称。林地面积达419万亩，占河南的1/10、南阳的1/3，森林覆盖率为81%，是河南省第一林业大县，被国家林业和草原局命名为"中国名优特经济林——猕猴桃之乡"。西峡还盛产天然中药材，境内共有药材1328种279科，其中纳入药典目录的名贵中药材150多种，山茱萸产量占全国的70%，是国家林业和草原局命名的"中国名优特经济林——山茱萸之乡"。[①] 这为发展特色现代农业提供了基础。西峡县矿产资源也十分丰富，已探明有开采价值的矿藏5类38种，金属矿有磁铁、铬铁、铜、铅、金、银等；非金属及耐火材料有石墨、红柱石、海泡石等，而且石墨是国内罕见的大型露天富矿。这成为铸造加工企业在西峡县开枝散叶的一个先决条件。西峡县境内河流众多，有河流562条，主要河流有鹳河、淇河、峡河、双龙河、丹水河等。全国旅游资源共8个主类，西峡全有；31个亚类，西峡有28个；155个基本类型，西峡有101个。特别是西峡恐龙蛋化石群，被称为20世纪"震惊世界的重大科学发现"和"世界第九大奇迹"。伏牛山主峰老界岭是中央造山系缝合带保存最完好的地质遗迹标本，被专家称为"中华脊梁"；是南北植物共生的多样性植物基因库；是休闲度假、避暑胜地，被誉为"天然氧吧"。

西峡县取长补短、合理利用自身的自然资源优势，在青山绿水之上建起了一座座金山银山。在农业种植养殖方面，利用其丰富的林业资源和多山地貌，在山上发展了以猕猴桃种植为代表的绿色农业。在猕猴桃种植园地头，每隔2米左右建有一个政府投入的沼肥调配池，用于调配有机肥，实现了"牧—沼—果""秸—沼—果"的循环经济模式。沼肥调配池的人性化设置是为了保持乡村清洁、方便沼肥的绿色推广，这不仅减少了化肥农药使用量，减少了农业面源污染，保证了丹江口水库水质，还明显增加了土壤有机质含量，改善了土壤结构，促进果树对养分的吸收[②]，因此，猕猴桃优质果率达95%以上，售价比其他水果平均高出0.4元/斤，有的甚至高出2元/斤以上，这充分显示了沼肥综合利用技术的独特功效。这一小小细节体现出了

[①] 于小曼、赵瑞丽：《西峡县旅游规划及开发》，《经营管理者》2013年第2X期。

[②] 赵庆阳：《西峡县"三沼"综合利用模式介绍》，《农家参谋（种业大观）》2012年第8期。

经济循环化、发展可持续的理念。不仅如此，当地采取了种植—加工—销售的全产业链生产模式，不仅种猕猴桃，还成立了相应的猕猴桃加工企业，将不能及时卖掉的猕猴桃加工成猕猴桃干和猕猴桃果汁，公司负责宣传销售，成为当地的特色品牌。整个生产过程实现了有机化、生态化、标准化、集约化，从而取得了经济效益与环境效益的双赢。既不会过度挤占粮食耕地面积，又减少了农业面源污染，还提高了农产品的附加值。

在中药材开发方面，山茱萸是宛西制药股份有限公司（以下简称宛西制药）主导产品"六味地黄丸"系列的主要药源之一。从1998年开始，宛西制药充分发挥西峡县的天然生态优势，通过"公司+基地+农户"的生产开发模式，依托中国中医科学院中药研究所、南京中医药大学、河南中医药大学等高等院校技术，先后在西峡县寨根、二郎坪、太平镇、米坪等北部山区乡镇的26个村，相继投资5000万元，建起了20万亩的名贵中药材山茱萸生产基地，经过10多年的建设，宛西制药山茱萸基地不但率先通过了全国首批GPA认证，而且还带动了成千上万的农民依靠山茱萸种植走上脱贫致富之路。经过不懈努力，宛药集团已连续多年被认定为"中国中药五十强"。

在矿产开采、加工制造业方面，西峡县充分利用自己的矿产资源优势，坚持资源开发与节约并重，建设循环高效的资源开发利用体系。调整优化矿业结构，大力发展循环经济，增强金矿、金红石、红柱石、石墨等矿产资源对经济社会发展的保障能力，提高矿产资源开采回采率和选矿回收率，减少储量消耗和矿山废弃物排放，大幅降低能耗、物耗和水耗水平。西峡县很早就培育了一批类本土制造业企业。像西泵、西保、西排、龙成、众德等制造业龙头企业，在发展初期都是因矿而生、伴矿而长，后来随着市场环境的变化，基本在原来的基础上实现了产业转型升级，有的走工艺升级路线，有的走产品升级路线，还有的走产品间升级路线。最终都实现了从低附加值到高附加值，高能耗、高污染到低排放、高性能的转变。既保证了产值的增加，又达成了环境保护的目标，实现了双赢。

在旅游业方面，"十二五"时期，西峡县共接待游客2301.7万人次，门票收入9.16亿元，综合收入88.5亿元；2015年全年共接待游客528.3万人次，门票收入2.16亿元，综合效益20.8亿元。虽然西峡县的旅游业在拉动经济增长、提高居民收入上的作用越来越大；但还是本着最大保持生态原貌的原则利用自然景观，并没有为了经济账而大肆开发与建设，更不允许因旅游业的扩张而出现人为的破坏与污染。

上述提到的绿色增长点，并不是西峡县东拼西凑、靠产业移植形成的，而是土生土长的本地特色。通过政府的合理规划和正确引导，再加上本土企业的积极探索和全力配合，将西峡县的自然资源优势充分发挥出来，成为多年来的绿色增长点，真正做到了将"青山绿水"变为"金山银山"。

（二）政府的全方位宣传，使环保理念深入人心

西峡县在确立了"把确保入库水质稳定达标作为压倒一切的任务"的政策导向后，加强了对保护生态环境的宣传，使环保观念深入政府工作人员、企业和老百姓的心中，源头意识、科学发展和环境保护意识逐步得到牢固树立。

例如，西峡政府确立了"生态立县"的理念，很早就响应"既要金山银山，又要绿水青山；绿水青山就是金山银山"的号召，并把环保理念向人民群众宣传普及。为使新法、新规、新标家喻户晓，西峡县有计划地开展环保新法、新规、新标宣传活动，做到月月有主题、电视有影、广播有声、重点部位有标语（迎宾大道），大力营造新法实施氛围，强力推进环保法律法规进企业、进乡镇、进社区。

更加难能可贵的是，西峡的企业管理决策者们已经具备了较强的环保意识，非常注重生产过程中的污染防治工作。几乎所有的企业都重视环保投入，配置了防污设备。企业不仅严格遵守相应的政策法规，有的甚至还自我强化了环境保护强度，自觉地以更高的标准来保护生态环境。例如，西保集团对自身所提出的要求是，要成为当地的环保示范标兵，并且对每一个项目都进行了环保论证。[1]

---

[1] 梁泳梅、李钢、向奕霓：《绿色生态县的工业化之路：西峡县调研报告》，《经济研究参考》2012 年第 51 期。

正是由于到位的宣传，环境保护的理念才能深入人心，企业和民众等微观主体才能积极配合政府的环保工作，遵守环境保护的相关政策，进而积极主动保护生态环境。

（三）优化农业生产结构，降低农业面源污染

从农业内部结构上来看，西峡县积极引导农民调整种养结构，从使用化肥、农药相对较多的玉米、小麦的生产，转向无公害有机猕猴桃、食用菌的生产，鼓励农民将椴木香菇的生产转变为袋料香菇的生产，提倡增施有机肥，减少化肥使用量，以减少面源污染。全县香菇和猕猴桃产业已基本形成了"种植养殖＋加工＋销售＋物流"一体化、一二三产业融合的现代化农业发展格局。此外，在化肥使用上，西峡县做到总量控制优先，同时促进施肥结构的合理化，减少氮肥使用量，增加磷肥、钾肥使用量，从而提高了化肥利用率，降低了对环境的污染，保障了良好的生态环境。全县化肥使用强度由 2013 年的 235.3 千克/公顷下降到 2016 年上半年的 170.5 千克/公顷，降幅为 27.5%，年均下降 10.2%（见图 6-1）。

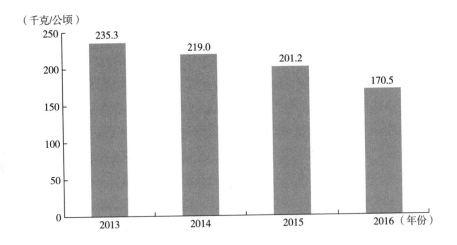

图 6-1 2013~2016 年西峡县化肥使用强度

资料来源：由西峡县政府相关部门提供。

1. 以大力发展有机猕猴桃产业为导向

西峡县将精准化、良种化、有机化、生态化融为一体，不断提升猕猴桃产业的水平。在发展猕猴桃产业方面，始终做到"五统一"，即统一规划、统一栽杆栽苗、统一套种、统一架材和统一水利配套，狠抓各生产环节的管理，做到不使用农药化肥、不使用果实膨大素、不套种高秆作物。为了保证猕猴桃的口感，政府严厉打击"抢青"行为，并建有冷库，确保在果实成熟时统一进行采摘、销售，树立西峡县猕猴桃品牌形象。

2. 继续做大做强香菇生产与销售

在香菇生产方面，为了标准化生产，西峡县构建县、乡、村三级领导体系，在县级层面，成立了县标准化生产领导小组和食用菌生产办公室；在乡级层面，成立了食用菌生产办公室，规划指导本乡镇的食用菌生产工作；在村级层面，各村配备一名懂技术、有文化的香菇标准化质保员，负责基地建设和技术培训等工作。为了规模化经营，目前大部分香菇袋料均统一购买，很少有菇农自己制作杀菌。如此一来，一方面，香菇出菇率高达95%以上；另一方面，生产出来的香菇质量高、无公害、无农药残留、菇形好、色泽鲜亮、口感鲜脆、营养成分高。西峡生产的香菇符合出口免检标准，深受日本、韩国、欧美等消费者喜爱，其在日本的市场份额占到了70%以上。

3. 推进中药材绿色化生产

西峡县境内生产千余种名贵中药材，素有"天然药库"之美誉。尤其是山茱萸，质佳量多，居全国之冠。为此，河南省宛西制药在顺应自然、保护自然的基础上，从"第一车间"源头做起，建立中药材 GAP 基地，按照 GAP 标准要求制定了整地起垄、施肥育苗、种植模式、栽培管理、采收期、采收方法、晾晒整理等生产环节的栽培生产技术规程，基本实现了规模化种植和标准化生产，以确保中药材生产源天然无污染。不但避免了药农开采中药材资源的盲目性，并且有效保护了野生药材资源，减少了水土流失，保护了物种的多样性。同时，也确保了中成药的品质及疗效，将"经济"与"生态"较好地结合在了一起。

（四）通过产业转型升级，做大做强本土工业企业

1. 调整产业结构，关停高污染企业，积极培育高附加值产业

产业结构的调整，对于生态环境保护具有至关重要的影响。关停高污染企业，从源头上减少污染源，既能够促使环境保护的效果快速显现，使资源转向其他污染较小、附加值更高的产业，又能够持续实现经济的发展。西峡县产业结构的调整，从工业上来看，是限制发展那些高能耗、高污染的产业（企业），并且引导、支持工业经济向特钢及辅料、汽车配件、中药制药、农副产业加工业等行业发展。这些行业都是生产过程中很少产生污染排放的行业，能够在拉动当地 GDP 的同时实现环境保护。[①] 例如，在过去，龙成集团主要从事炼钢保护材料的生产，而目前公司主要从事煤清洁高效利用项目，既符合国家产业政策，又具有广阔的市场前景，实现了环保效益、经济效益、社会效益三者的统一。龙成集团抢抓这一机遇，从传统的特钢冶材向新能源转变，是西峡产业升级的一个缩影。

2. 从历史基因中发现项目，寻找转型升级的突破口

西峡曾是宛西民团司令别廷芳实施宛西自治的大本营，并在此建立兵工厂多年。别廷芳死后，生产机器和技术工人相继被迁到西峡口电灯公司。新中国成立后，政府吸收别氏造枪厂的技术力量，创办西峡猎枪厂，产品行销全国，名气很大。雄厚的军工生产经验为之后西峡发展装备制造和特钢冶材提供了有力保障。随着时代的发展与环境保护要求的提高，龙成、通宇、西保、西泵、西排等企业主打生产新能源汽车、汽车零部件、冶金机械等，发展势头良好，实力雄厚。截至目前，装备制造和特钢冶材已成为西峡的主导产业。从经济学角度分析，西峡的企业充分发挥历史基因优势，利用长期积累的人力资本，因地制宜，走出了一条属于西峡人的绿色工业道路，这一点是非常值得深入探究的。此外，南阳是医圣张仲景的故里，中医药传统文化资源

---

① 刘志强：《基于可持续发展视角下的县域经济发展研究》，河南农业大学硕士学位论文，2014 年。

丰富独特、博大精深。加上西峡县伏牛山丰富的中药材资源，宛西制药把中医药产业作为一项战略产业和朝阳产业来发展，深挖张仲景医方，研制生产六味地黄丸，启用"仲景"商标，将中药材资源、中医药文化资源和现代化工业生产资源进行有效整合，逐渐形成了独具特色的"生态经济化"绿色制造模式。

3. 通过产品升级与技术进步来实现企业持久发展

西峡的企业十分清楚保护好库区水质是一项政治任务，做好环境保护工作对于企业的长远发展、获得更多的资源及政策支持意义重大。因此，企业在发展过程中会自觉地、积极主动地寻求那些对环境污染小的产品方向，通过不断的产品升级和技术进步等手段来实现企业发展。正是由于企业始终保持产品创新的活力，才能不断提高产品附加值，获得更大的利润空间和更强的企业竞争力，实现企业快速发展，同时又有利于环境保护。一方面，从产品的性质和生产过程的工艺角度，为环境保护提供了技术上的可行性；另一方面，从资本投入和成本承受能力角度，为环境保护提供了资金和经济上的支持。

（五）良好的工业经济为环境保护提供有力支持

中国 1978 年以来经济增长的主要动力产业是第二产业。同样地，西峡县也不例外。虽然经济发展进入新常态后全县工业增加值增速有所放缓，按可比价计算由 2011 年的 17.4% 下降到 2015 年的 11.8%；但增加值绝对数还是有较大增长的，按当年价计算，由 106 亿元增长至 118.5 亿元（见图 6-2）。

梁咏梅等（2012）[①] 认为，工业的发展能够为社会较迅速地积累财富，从而能在保证生活质量的前提下，分流出更多的财富，用于环境保护。而且，工业的发展能够吸纳更多的农业人口，这也有利于减少农业面源污染。一般情况下，财政收入的变化能反映当地企业经营的好坏，因为税收收入占财政收入的绝大部分。稳定的财政收入既是一个政府有所作为的结果，又是政府想要有所作为的前提保证。2011~2015 年，西峡县地方财政一般预算收

---

① 梁泳梅、李钢、向奕霓：《绿色生态县的工业化之路：西峡县调研报告》，《经济研究参考》，2012 年第 5 期。

入增长稳定，在制造业企业生存环境不太乐观的情况下，实现五连增且增速均在 10% 以上，由 68006 万元增长到 111569 万元。若按当年价计算，2015 年比 2011 年增长了 64.1%，年均增长 13.2%。同期内，全县财政支出也有较大幅度增加，由期初的 157562 万元增加到期末的 282698 万元，共增长了 79.4%，年均增长 15.7%（见图 6-3）。

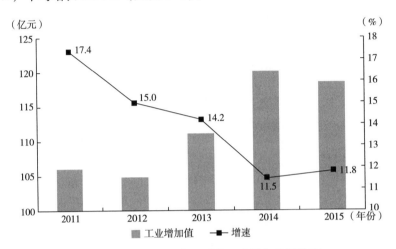

图 6-2　2011~2015 年西峡县工业增加值及增速

注：工业增加值为当年价，增速按可比价计算。

资料来源：西峡县国民经济和社会发展统计公报。

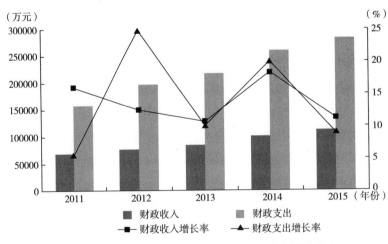

图 6-3　2011~2015 年西峡县财政收入、支出及增长率

资料来源：西峡县国民经济和社会发展统计公报。

1. 工业的发展充实了税收，为环保事业提供了财政基础

西峡县为了生态环境治理和保护，在生态工程建设、水污染防治、移民外迁安置、产业结构调整等方面投入了大量的资金。虽然县级政府每年能够得到一定的生态转移支付补偿，但是不能满足实际的需求。目前生态环境保护的资金投入中，仍然有很大的比例是要依靠当地政府的税收来支撑的。而政府税收的主要来源则在于工业，尤其是大型工业企业。其中，像宛药、西保、龙成等几大龙头企业上缴的利税非常可观，充实了地方税收收入为环境治理和保护提供了坚实的财政基础。

2. 相对充裕的政府财政支持，是发展绿色农业的前提基础

西峡政府为了减少农业面源污染，积极引导农民发展污染较小、有特色的有机农业。在这个过程中，政府为农民提供了较多的基础设施和技术支持服务，进而农民减少了农药化肥的使用量，减少了对水质的污染。这些支持恰恰体现了工业对农业和生态环境保护的反哺。

3. 地方工业的发展吸纳了大量农业转移劳动力，减少了农业面源污染

西峡工业的发展吸纳了大量原来依靠山林资源和土地资源为生的农业人口。这些被转移出来的农业人口，一方面，由于不再从事农业生产而减少了农业面源污染和对森林的砍伐；另一方面，由于在工业体系中的收入相对较高，而有能力使用更清洁的能源。例如，西峡县的许多农村家庭都自行建设了沼气池。农业生产劳动力被转移到工业，也间接地保护了生态环境。

（六）在一定工业基础上发展起来的旅游业，拓展了绿色增长空间

西峡县旅游景区的开发与建设，是在工业发展的基础上形成的，并没有因为旅游业的发展而放弃工业的主导地位，也没有受大环境的影响，盲目地搞旅游开发，而是根据自身的实际，积极探索新的旅游业发展模型，形成多产业融合、多元化主体运营的新型旅游服务业。旅游业的快速发展还带动了周边产业（如餐饮、住宿等）的兴起，不仅帮助吸收农村剩余劳动力，还提高了农民的收入。

1. 整合产业资源，大力发展特色旅游

围绕"果、药、菌"特色农业，促使旅游开发和特色农业发展相结合。例如，在景区的周边，大力发展"果、药、菌"特色农业，积极发展猕猴桃和小杂果产业，培育特色经济林带，使观光农业和特色景点互为依托，以此为基础开发具有山区农家特色的山珍旅游产品；依托宛西制药生产基地，开展宛药旅游一条线，普及中药材知识，传播中医药文化。同时，积极地促使旅游开发与专业市场相结合。例如，双龙镇的香菇市场作为全国最大的香菇专业市场，享誉海内外，与龙潭沟等风景区一线相连。因此，在旅游开发的过程中，当地企业和居民非常注重将本地土特产与游客购物对接，以提高土特产的知名度，既能增加旅游业的服务层次，同时也能更好地扩大专业市场的影响力。

2. 多元化主体运营，增添旅游业活力

不再单纯依靠政府性投入开展旅游开发建设，而是积极引入社会资本，坚持走企业化、市场化的旅游开发路子。为此，西峡县政府专门制定了相关政策和法规，明确了各项收入分配制度，保障了投资者的权益。目前，全县景区、饭店、旅行社等旅游企业全部由民营企业或个人作为投资主体开发建设。化山村的村委会积极与县内最大的企业集团——龙成集团合作，由龙成集团独资开发和建设龙潭沟景区。通过吸引民间资本进入旅游领域，减轻了政府财政投资压力，这样可以将更多的钱用在关系国计民生的项目上，提高了资金的利用率，而且又很好地抓住了旅游业这一经济增长点，解决大量劳动力就业的同时，还提高了居民的收入。

三、西峡县绿色发展的经验总结及借鉴

刘吉超认为，县域经济发展模式的选择必须立足实际，发挥地区比较优势，顺应国际和地区产业分工调整趋势，建立更加节约环保和更有竞争力的现代产业体系，推进新型工业化进程，坚持以更高水平的工业化带动农业和

服务业的发展与升级。① 因此，在当前的中国，尤其是中部地区的地级市和县域城市，继续推进工业化才是第一要务，是立足之本，是持久发展的动力所在；没有强大的可持续发展的工业，地区的发展难以得到维持，竞争力也很难得到保障。同时，经济发展的最终目的是服务于人，是提高人们的生活水平，在搞经济建设的同时，生态文明建设也非常重要。同时，我们应协调好环境保护与经济发展之间的关系，从而做到"既要金山银山，也要绿水青山"，而不是简单地谈环境保护。西峡县正是这方面的典型代表，总结而言，是构建起了绿色高效的生态产业体系，实现了生态经济化、经济生态化的发展体系，这对于周边地区，甚至全国县域城市都具有很好的借鉴意义。

（一）建设生态农业

对于全国绝大部分县域来说，农业仍然占有举足轻重的地位，农业始终是绕不开的话题。随着经济的发展，农业经济在国民经济中的比重虽然会逐渐降低，但是重要程度丝毫不减。粮食的安全有效供应不仅是经济问题，也是民生问题，习近平总书记不止一次强调中国人的饭碗任何时候都要牢牢端在自己手中。因此，优化农业生产结构，降低农业面源污染，提高农业生产效率，构建生态农业是今后各地区农业发展的根本出路。西峡县经过多年的摸索，已经形成了以生态农业、无公害农产品、生态养殖、生态林业为主，多种经营齐头发展的格局。例如，重点沿 G312 国道建设百公里猕猴桃长廊，沿 G311 和 G331 国道发展食用菌、中药材产业，在丹水、丁河、重阳建设蔬菜生产基地。

（二）建设生态工业

自工业革命以来，工业生产成为财富的主要来源，工业强则国强，工业富则国富。对于现阶段还没有完全实现工业化的中国而言，大力发展工业仍

---

① 刘吉超：《中国县域经济发展模式研究评述及其反思》，《企业经济》2013 年第 2 期。

然是主旋律。从各地区情况来看，除北上广深等少数特别发达地区外，其余大部分地区仍主要依靠工业来推动地区经济增长、提高人民的生活水平。但是在环境问题多发、人们环保意识越来越强的今天，传统的工业发展模式是不可持续的，也是行不通的。因此，建设发展生态工业成为不二选择，生态工业将工业的经济效益和生态效益并重，从战略上重视环境保护和资源的集约、循环利用，有助于工业的可持续发展。[①] 例如，西峡县通过政府搭台、企业唱戏的方式，较好地整合了现有资源，推进钢铁及辅料、汽车配件、中药制药等主导产业按循环经济模式发展，同时大力发展绿色食品加工、新能源等资源消耗少、环境污染轻的产业。一方面，通过产业升级淘汰了落后产业，提高了效益，减少了污染；另一方面，工业的良好发展为社会迅速地积累了财富，从而能够在较好地满足人们基本生活的前提下，分流出更多的财富，用于环境保护。西峡县依靠建设生态工业，实现了双赢，这一点值得其他地区学习。

（三）建设生态服务业

所谓生态服务业，是在充分合理开发、利用当地生态环境资源基础上发展的服务业。生态服务业的发展在总体上有利于降低城市经济的资源和能源消耗强度，发展节约型社会，是整个循环经济正常运转的纽带和保障。[②] 西峡县在经济发展服从生态需要的框架下，科学合理保护开发人文自然遗迹、自然山水资源，严格在有关自然保护区要求下发展生态旅游业；注重文化资源保护，挖掘、保护、开发文化产业。这样一来，既让旅游资源的开发与利用成为助推地方经济发展的动力，提高了财政和当地百姓收入，还使珍贵的生态资源得到了有效的保护。

西峡县绿色协调发展之路其实是有章可循的，总体上可概括为：将产业升级的成功做法推行到经济发展的方方面面，即产业升级不再局限于工业领

---

① 杨文举、孙海宁：《发展生态工业探析》，《生态经济》2002 年第 2 期。
② 丛斌：《提速生态产业发展是化解生态危机的有效路径》，《中国人大》2016 年第 19 期。

域，而是延伸推广到农业和旅游业。通过大力发展生态农业、生态工业、生态旅游业，农业走无公害有机化之路，工业走无污染清洁化之路，旅游业走回归式园林化之路①，实现了环境保护与经济发展的协调推进。其他地区在学习借鉴西峡发展模式的同时，也要结合自身的实际，发掘优势、找准不足，没有必要原封不动地照搬照抄西峡县的具体做法。而是要学会用西峡县绿色发展的理念来指导实践，并将其贯穿于整个产业体系中，形成自己的内在发展逻辑。综上所述，措施和做法背后的指导思想和内在逻辑才是学习的精髓所在，这也是最值得其他地区借鉴和学习的地方。

---

① 文春波、贾涛、宋立生：《基于生态功能区划的县域可持续发展研究》，《北方环境》2011年第 6 期。

徐春祥、韩召龙：《新型城镇化与区域经济协调发展研究——以辽宁省为例》，《沈阳工业大学学报（社会科学版）》2015 年第 1 期。

第七章

四川遂宁市绿色发展模式及借鉴

程　都

在城市群发展过程中，非增长极城市面临资源流出多，而接受核心城市辐射效益少的困局。坐落于成都和重庆两大增长极中间的遂宁市积极发挥环境资源优势，科学规划城镇体系，开创组团发展模式，推进海绵城市建设，完善城市生态，构建绿色产业体系，推动新型工业化、信息化、城镇化、农业现代化和绿色化的融合发展，形成了有遂宁特色的绿色发展模式。

在全国加速推进城市化建设时期，多数城市群还没有发展成熟，常见的情况是在一个城市群中，合理的层级体系尚未形成；城市间产业分工体系还在演化过程中，尚不稳固；核心城市极化效应显著，吸引了经济腹地的大量资源支撑本地快速发展，而外围城市资源流出多，接受核心城市的扩散效应小。[①] 在这一阶段，众多非核心城市面临发展资源不充足、产业分工不明确、发展优势不明显等难题，陷入区域发展洼地。

四川省遂宁市地处四川盆地西部、涪江中游，恰好落在成渝经济区的两大经济高地之间，距离成都、重庆两市区距离均接近 150 公里，是一个典型

---

① 柯善咨：《中国城市与区域经济增长的扩散回流与市场区效应》，《经济研究》2009 年第 8 期。

的发展洼地城市。但是遂宁市通过抓住环境优质的机遇，积极推进绿色发展，形成了独特的发展模式。

一、科学规划城镇体系，提升综合承载力

（一）做好顶层设计，确保有效落实

做好顶层设计是城市可持续发展的基本条件。做好规划蓝图，严格落实规划，是城市持续可协调发展的重要条件。遂宁市在推动城市发展方面，非常重视城市规划编制和执行。构建了以"三大体系"为抓手的规划管控体系，统筹协调城乡规划"编制、监管、标准"体系建设。狠抓规划编制，强化规划引领，全面推动市、县、镇（乡）和村庄四级规划编制。高起点、高标准、高效率修编市、县城市总规划；全面推进中心城区（除老城区外）控规和水电气、文教卫、绿地系统、海绵城市建设等专业专项规划，以及镇（乡）总规编制修编，全面开展全市域幸福美丽新村规划编制。

遂宁市推行"规划一张图，审批一支笔，监管一张网"制度[1]；细化规划管理、强化规划监督，构建责任明确的规划分级管理体系；加强依法行政，推行"阳光规划"，开展规划动态联合监督检查；加强地方性标准规范的制定，健全规划管理工作章程，制定依法行政五项规程、行政权力运行流程图；制定了《遂宁市城乡规划管理工作手册（试行）》《遂宁市城乡规划督察员工作规程》《遂宁市乡村规划师工作规程》等工作章程，出台了《遂宁市城市规划管理技术规定》《遂宁市海绵城市规划设计导则（试行）》等规定性文件，还研究出台了遂宁市绿色发展和海绵城市建设等指标体系。

---

[1] 参见遂宁市政府办发布的《关于印发〈健全完善城乡规划管控体系实施方案〉的通知》。

（二）中心城市与中小城市协同发展

城镇体系不健全，大中小城市发展脱节，中小城市承载力薄弱，服务功能有限，不能形成聚集效应，是城市发展的重要障碍。[①] 遂宁市在做大中心城区的同时，坚持县城的差异化发展，积极建设市域副中心。加快射洪、大英、蓬溪等县城建设，通过三县城市总规修编，推动三县特色化、差异化发展。完善城市公共服务设施和基础设施，加大旧城区改造力度，实施了射洪滨江路景观带建设、蓬溪城河二期书法湿地公园建设、大英卓筒大道等 5 条主要道路改造项目，提高了城市服务水平，增强了县城环境承载能力。

对于小城镇，遂宁坚持城镇集群式发展，积极建设绿色小城镇。成功申报了拦江、西眉等 11 个全国重点镇，积极推动百镇建设行动试点的蓬南、金华、回马、拦江、隆盛、沱牌、天福、龙凤 8 个镇的城镇建设，开展"绿色城镇建设行动"，每年启动 20 个绿色小城镇建设，重点实施"十个一"工程，城镇综合承载力得到提升。

（三）推进智慧城市建设，提升未来承载空间

在信息化高速发展的时代，互联网将深度融入生产生活的各个领域。遂宁市顺应时代潮流，积极开展智慧城市建设，加大力度建设信息化基础设施，打造基于互联网的多层次信息平台，为城市未来发展奠定现代化的基础。

推进"智慧遂宁"建设，市委、市政府主要推进"一中心、三体系"及相关服务应用。"一中心"是集约建设城市信息枢纽中心，夯实智慧城市核心基础；"三体系"包括打造城市管理运行体系，改善城市运行环境、提高政府治理效能；构建市民融合服务体系，提升城乡均等化水平，提高公众

---

① 杜明军：《区域城镇体系空间结构协调发展：判定方法和路径选择》，《区域经济评论》2014 年第 3 期。

生活品质；完善产业绿色发展体系，助推产业经济绿色化、规模化发展。

目前，遂宁市建立了城市公共信息平台，正在建设地理空间信息平台；城市基础数据库正在建设地理空间数据库。智慧政务市、县（区）两级部门政务专线接入通达率达100%，建成了12345政务服务热线平台、政务公开目录系统、行政权力公开、电子政务大厅等。通过智慧建设工程完成市城区建筑在建工程数字化管理覆盖，完成全市个人住房信息系统建设，建设完成了城建档案一体化管理平台，初步建立地下管网管理信息系统。通过智慧卫生工程建立了市、县区域卫生信息平台，完成卫生专网建设，覆盖95%以上的卫生机构，全市80%的三级医院通过数字化医院验收。通过城市一卡通工程与成都天府通卡系统实现了对接，已发行3万多张城市一卡通，加载了公交、水电气缴费、定点超市小额支付等功能应用。在智慧物流方面完成了物流公共信息平台门户、物流信息交易平台、物流设备交易平台、物流运作服务平台等子系统建设，移动终端应用开发目前为2000多家企业提供在线交易、仓储订单、货品物流信息发布等服务。

二、推进海绵城市建设，实现水资源"再平衡"

水资源紧张已经成为中国城市发展面临的普遍约束。国家斥巨资建设南水北调工程就是为了解决整个北方地区可持续发展的问题。而南方地区的城市也逐渐面临水资源不足的限制。遂宁市域内虽然有渠河、涪江等多条河流穿过，但是仍然存在水资源总量不足、水体污染的情况，城市供水和用水存在严重的不平衡。遂宁市借助海绵城市试点建设契机，推进海绵设施建设，优化水资源利用方式，修复水生态系统，努力实现水资源"再平衡"。

（一）完善城市水生态，严格水资源管理

首先，遂宁市针对城市水系加强生态保护。根据城市水生态存在的问题，划定了城市蓝线、绿线，制定了管理办法，对自然水体和绿地依法予以保护，

严禁随意侵占和破坏。其次，加强原有水系的生态修复。围绕"两山三水"，打造沿山生态走廊，沿江、沿河公园、湿地，形成完善的山水生态体系。围绕观音湖沿线，建成了圣莲岛、五彩缤纷路湿地公园、莲里公园、席吴二洲湿地公园等生态公园，以自然水岸为本底，充分利用湿地的水体净化功能，对原有的硬质防洪堤进行生态修复，结合景观局部设置雨水调蓄净化池，有效治理城市排水，保护涪江水体。再次，加强水污染防治。对城区开善河、明月河、联盟河、米家河等涪江支流进行了水质检测和污染源排查，制定了黑臭水体治理计划和方案，加强河床整治、堤坝维护及河岸亮化、绿化、美化等，对城市排水系统逐步实施雨污分流、污水截留、初雨调蓄、生物滞留等措施，组织实施明月河、联盟河、米家河等黑臭水体治理。最后，强化饮用水源保护。完成城市集中式饮用水源环境状况评估及整改工作，完善饮用水水源保护区矢量坐标信息，建立健全档案管理，建设黑龙凼应急备用水源，实施渠河饮用水水源北移工程，确保渠河饮用水水源水质稳定达到100%。

在水资源管理方面，遂宁市不断细化计划用水管理，制定和下达县（区）用水效率控制指标，严格实施取水许可管理范围内计划用水管理和建设项目节水"三同时"制度。严格用水定额管理，对超计划用水单位，严格执行累进水资源费和累进水价制度。修订完善水资源管理相关规范性文件，大力推行节水强制性标准，逐步建立事权清晰、分工明确、行为规范、运转协调的水行政执法工作机制，加大水行政执法力度。完善水资源中长期供求计划和配置方案、年度取水计划、水资源统一调配方案，完善饮用水水源地保护规划，完善并实施备用水源地规划；加大水资源论证、取水许可管理实施力度，严格限制和禁止高耗水、高污染建设项目。积极推进水资源信息化管理进程。在提高水资源管理综合能力和管理水平的基础上，实现水资源管理向动态管理、精细管理、定量管理和科学管理转变。

（二）构建全面监管的建设管控体系，推进海绵城市建设

在海绵城市建设中，遂宁市制定完善的监管制度。第一，出台了《关于开展海绵城市建设工作的决定》《遂宁市海绵城市建设资金使用管理办

法》《遂宁市海绵城市建设工作考核办法》《遂宁市海绵城市规划建设管理暂行办法》，遂宁市住建局和规划局联合下发了《关于开展海绵城市规划建设管控工作的通知》等政策文件，使海绵城市建设管理有章可循。[①] 第二，加强项目建设的全程监管。遂宁市把海绵城市建设理念及技术规范纳入了城市规划、建设、管理、运营的管控体系，将海绵城市建设的指标和要求纳入基本建设程序，通过土地供应、规划设计、施工图审查、施工许可、竣工验收等环节进行管控，实现全过程监管，确保海绵城市建设试点工作有效开展。第三，遂宁市实施了规划区域的全域管控。为了避免重复改造，在进行存量改造的同时严格控制增量。要求试点区域外的新建工程项目按照海绵城市建设标准进行建设，并纳入管控，为全域实现海绵城市建设目标奠定基础。考虑到实施主体和建设时序的差异以及地上地下空间综合利用等因素，遂宁市目前要求将新开发地块海绵指标计算面积拓展至用地红线外，将周边道路雨水径流控制考虑在项目内一同实施。第四，构建了全生命周期的海绵监测体系。建设海绵城市监测平台，构建了系统完整的遂宁市海绵城市考核评估计算方法体系。提出了分层、分类、分区的在线监测与人工采样化验结合的综合监测方案，设计了可视化的海绵城市信息化管理平台，服务于海绵城市建设管控工作，将实现遂宁市海绵城市示范区全方位、长期有效的过程监测，支撑海绵城市建设全生命周期管理与绩效考核评估，还为遂宁今后开发项目排水长效管理提供重要的监测管理手段。

（三）构建政企合作、多元投入的资金保障体系

海绵城市建设资金筹集总体思路是：充分发挥政府资金投入的引导作用，调动社会资本参与海绵城市试点项目建设的积极性，统筹资源，加大资金投入。一是积极用好国家财政补助资金，按照合同约定和工程进度及时足额拨付工程款，无拖欠现象。二是加大地方财政投入，加大海绵城市建设预

---

① 白婉苹：《从试点到示范今年遂宁海绵城市这样建》，http://www.sc.gov.cn/10462/10464/10465/10595/2016/3/16/10373006.shtml，2016 年 9 月 22 日。

算支出。2015 年，遂宁市新增地方政府债券转贷资金 1 亿元专项用于海绵城市建设，后期 PPP 项目（政府和社会资本合作项目）按照合同约定，分年度预算政府付费资金。三是积极用好银行借贷资金，2015 年海绵试点核心区河东新区获得农发行 26 亿元贷款，用于城市基础设施和海绵城市建设。四是通过建设管控，要求各建设、开发单位在新开发建设项目中实施海绵建设内容。五是积极推行 PPP+EPC 模式，吸引社会资本参与海绵城市建设。遂宁市经济技术开发区产业新城（PPP）一期项目，于 2015 年 2 月 24 日通过公开招投标与中冶交通建设集团及中冶建设高新工程技术有限责任公司、杭州中宇建筑设计有限公司、中冶建信投资基金管理（北京）有限公司联合体签署了 PPP 合同。项目总投资 25.26 亿元，合作期限为 10 年。项目公司出资 90%，负责投资、融资、设计、建设、维护、运营及移交。政府授权出资代表持有项目公司 10% 的股份，按照"一次承诺、绩效考核、分期支付"的原则支付费用，向社会资本方采购服务。政府购买服务的费用包括可用性服务费、运维绩效服务费，以及按照 PPP 合同约定支付建设期投资补贴等，投资回报率以实际融资利率为准，但不超过 8.95%。

为了有效指导 PPP 项目在投融资、绩效考核付费、运营维护管理等方面的工作，遂宁市与住房和城乡建设部城乡规划管理中心达成了海绵城市建设咨询服务战略合作协议。该中心委派了 7 名专家到遂宁市开展海绵城市PPP 项目调研指导，并形成绩效考核付费、运营维护管理等方面的研究成果，待征求意见、修改完善后，由市政府出台实施，以指导海绵城市 PPP项目工作实践。

三、开拓城市延展空间，维护生态优势

（一）因地制宜发展城市组团

遂宁市避开丘陵地区缺乏开阔平原、城市规模难以扩大的弊端，创造性地进行了城市组团式发展，积极建设绿色生态新区。在市中心城区，坚持

"南延北进、拥湖发展，东拓西扩、依山推进"的空间发展战略，着力构建"一城两区五组团"的城市发展布局，城市组团之间利用自然山水隔断，利用快捷通道连接。各组团内部按照"三区一体、产城同区"的发展思路，努力打造城市社区、产业园区和生态保护区融合发展的"产城综合体"。① 近年来，遂宁市通过引进置信集团、健坤集团、保利集团等企业，以观音湖为中心、东西山为走向，大力推进河东新区、中国西部现代物流港、西宁片区、龙凤新城、金桥组团等多个城市生态新区开发建设，加快城市新区拓展，做大中心城区。2014 年完成城市新区基础设施建设投资 50 余亿元，新增城市新区面积 8 平方千米。

在城市建设土地开发利用方面，遂宁市牢固树立绿色发展理念，坚持生态优先、基础先行，注重对生态环境的保护，注重人与自然和谐相处，注重低影响开发建设。在维护"生态底色"的基础上，科学规划城市开发边界，明确已建、适建和禁建管制空间，严格控制城市蓝线、绿线、黄线、紫线，避免城市新区"摊大饼"式无序发展。②

（二）培养绿色细胞，构建花园城市

遂宁市坚持现代产业、现代功能和现代形态的理念，统筹产城一体发展，打造了 258 平方千米的现代生态田园城市核心区。坚持生态保护、生态建设和生态利用的理念，高标准规划建设东山世界珍稀树木博览园、西山世界名贵花卉园，在城市规划区内建造 7 个生态湖泊，建成水域面积 46 平方千米的城市水系；原生态开发境内涪江岛屿、沿江湿地，构建 38.4 平方千米的城市生态系统。坚持田园特质、田园风韵和田园生活的理念，注重构建山、水、田、林等城市细胞，在城市中心区将绿地、湿地、水系、河道与健康绿道、绿廊有机衔接，形成田园在城中的城市格局，山、江、河、湖、岛屿、湿地与城市水乳交融、相得益彰，构成了城在水中、水在城中、山水环绕的独特生态景观。

---

①② 刘裕国：《绿色发展的遂宁路径》，《人民日报》2014 年 11 月 1 日。

（三）深化城市绿色管理

在构建美好生态景观的同时，遂宁市注重节能环保效应。市政府要求县以上行政办公楼、医院、学校、大型文化娱乐场所、大型商场、宾馆和重点旅游景点等场所，与合同能源管理公司合作，在 2015 年底前完成既有建筑的节能改造；县以上城市路灯和景观照明工程，在 2014 年前完成高效照明产品的改造。仅 2014 年一年，遂宁市就投资近 5 亿元新建和增配环卫设施，新建污水处理厂、垃圾处理厂，城市新区全面实现雨污分流，老城区排入观音湖的污水全部实现截流，城市生活污水处理率达 84%，城市水环境功能区水质达标率均为 100%。此外，遂宁市还按照"完善城市功能，提升城市品质"的总体要求，对城市面貌进行全面整治。采取多种措施，开展色彩污染、店招店牌、卷帘门、实体围墙等"四项专项整治"，实施城市"洗脸工程"，粉饰房屋外墙，美化建筑立面，努力做到主要街道建筑立面色彩协调。狠抓城市扬尘治理，建设文明工地、标化工地，整修城市道路，推广使用太阳能节能路灯，消除城市硬化死角和路灯盲区。

四、加速同城发展，构建绿色产业体系

遂宁市位于成都市与重庆市之间，作为成都平原的增长极，成都市资源丰富，经济增长迅速，对周边城市的辐射效应逐步增强。遂宁市通过加快与成都市的同城化发展提升本市发展水平和服务功能，为承接要素扩散和产业转移提供基础支撑。在产业发展方面，遂宁市坚持绿色导向，着力构建可持续发展的绿色产业体系。

（一）多方面实现成遂同城化

遂宁市从交通、产业、信息、市场、民生五个方面推进遂宁与成都接轨。在交通同城化方面，根据《遂宁市"十四五"综合交通运输发展规划》，预计到 2025 年，遂宁市综合交通枢纽地位明显提升，基本形成链接融入国际、高效通达全国、便捷通勤成渝、联动畅通两翼的对外交通格局。遂宁初步迈入高铁时代，铁公水机综合交通运输体系基本形成，加速形成"313"快客交通圈（市域交通 30 分钟通勤，成渝双核及周边主要城市 1 小时通达，全国主要城市 3 小时覆盖）和"112"快货物流圈（都市区 1 天送达，成渝地区双城经济圈城市 1 天送达，国内主要城市 2 天送达），为遂宁筑"三城"兴"三都"，加速升腾"成渝之星"提供强力支撑。

在产业同城化方面，安居工业区引进了成都市扩散而来的江淮汽车、福多纳汽车底盘等重点项目，建成面积达 4 万平方千米，共有在建汽摩配套项目 5 个、汽车配套项目 10 余个。另外，全市规模以上电子企业中已有 17 户正在直接或者间接给成都、绵阳的大企业提供配套。配套的主要产品方向集中分布在电子精密元器件和印刷线路板两大产业上。其中，志超科技已成为富士康、仁宝、纬创、联想、京东方等全球知名企业的主要配套商。深北电路、海英电子、蓝彩电子、立泰电子、金湾电子等企业已经或将成为富士康、九州等大企业的配套厂商。中腾能源成为彭州四川石化基地的主要配套企业。

在信息同城化方面，成都天府通金融服务股份有限公司与遂宁发展投资集团有限公司签订了合作协议，双方共同出资成立遂宁遂州通有限公司。2014 年 10 月，遂宁"遂州通"城市卡系统完成一期建设，于 2015 年正式运行，实现城市卡的跨城使用功能。市政府还与中国移动四川公司签订了战略合作协议，按照协议，四川移动公司将加大对遂宁的通信基础设施建设投入，扩展遂宁移动公司到成都市的通信带宽，便于与成都通信枢纽快速传输交换信息。

在市场同城化方面，遂宁市一方面推进商贸物流一体化，推进市场整合，另一方面推进不动产统一登记。

在民生同城化方面，遂宁市与成都、绵阳等八市签订《成都经济区劳动保障区域合作基本医疗保险合作协议》和《深入推进成都平原经济区八市医疗保障事业协同发展战略协议》，实现了"两定"（定点医疗机构、定点零售药店）互认，强化异地就医"同城化"监管。同时，实现了基本养老保险关系无障碍转移接续。遂宁、成都的农民工中断就业返乡后，可自愿申请在户籍地（以县、区为单位）转移接续原基本养老保险关系，并可以灵活就业人员身份继续参加企业职工基本养老保险；参加居民养老保险的人员，在缴费期间户籍在成都、遂宁迁移需要转移养老保险关系的，个人账户全部储存额随同转移，并按迁入地规定继续参保缴费，缴费年限累计计算。两地还实现了异地退休人员领取养老保险待遇资格认证互认。在遂宁、成都两市各级社会保险经办机构领取城镇职工基本养老保险待遇、城乡居民养老保险待遇以及其他相关养老待遇的各类人员，两市异地居住的，本人均可在法定工作日，持居民身份证、社会保障卡或所属社会保险经办机构规定的证件，就近到居住地街道（乡镇）、社区设立的核查点办理生存认证，不收取任何费用。两地还建立了工伤案件协查机制。成都、遂宁两市人社部门受理工伤认定申请后，根据案件情况，可以相互委托社会保险行政部门或者相关部门调查核实。

（二）严格准入标准，杜绝双高行业落地

在产业体系构建方面，遂宁市严格控制高耗能、高污染行业过快增长。把主要污染物总量控制指标作为新改建扩建项目环境影响评价审批的前置条件；市直三园区和扩权县需要立项的高耗能、高污染项目，必须提前报告市级对口部门。金融部门要调整和优化信贷结构，加大对节能减排与高新技术项目建设支持力度，严格控制对高耗能、高污染项目和产能过剩行业的信贷投放。各级政府要建立新开工项目管理的部门联动机制和项目审批问责制，严格执行项目开工建设必要条件（必须符合产业政策和市场准入标准、项目审批核准或备案程序、依法取得土地使用权、环境影响评价审批、节能评估审查以及信贷安全和城市规划等规定和要求）和"三同时"制度。

遂宁市还建立了高耗能、高污染行业新上项目与节能减排指标完成进度挂钩和淘汰落后产能相结合的机制。凡是新上高耗能、高污染行业生产能力的项目（项目年综合能耗在5000吨标准煤以上的，年产生化学需氧量大于

100吨的），必须由同级政府和企业向市应对气候变化与节能减排工作领导小组书面报告，保证项目建设实施不会影响本地区节能减排目标的实现，并提出淘汰相应落后生产能力的具体意见和措施，作为项目审批的重要内容。

（三）培植现代服务业

遂宁市进一步优化产业结构。大力培植发展现代服务业，坚持把发展现代服务业作为转变发展方式、调整经济结构、构建绿色可持续服务业体系的突破口，健全服务业体系，拓宽服务业领域，扩大服务业规模，优化服务业结构，全面推进第三产业发展。加快培育和发展电子信息、节能环保、生物医疗、绿色能源和精密制造等战略性新兴产业，促进信息化和工业化深度融合，推动传统工业向新型工业转变，逐步建立起技术先进、清洁安全、资源消耗低、附加值高的现代绿色循环工业体系。

（四）淘汰落后产能，发展循环经济

淘汰落后产能是保障经济绿色发展的重要举措。遂宁市经济和信息化委员会在充分调查研究的基础上，制定了重点行业淘汰落后产能实施方案，将任务按年度分解落实到各县（区）、市直三园区。各级人民政府和市直三园区财政部门，都安排专项资金支持淘汰落后产能工作，经济和信息化委员会和发展改革委部门努力争取国家和省对淘汰落后产能的专项资金扶持。对未按期淘汰落后产能的企业，有关部门依法吊销排污许可证、生产许可证和安全生产许可证。

遂宁市大力发展循环经济，作为产业绿色化的重要推手。发挥循环经济试点区县、园区和企业的示范带动作用，推进资源综合利用、再制造产业化和餐厨废弃物资源化。一是推进企业内部的循环利用。重点选择久大盐业公司、盛马化工、沱牌集团、新绿洲印染公司、城南污水厂等重点企业，开展内部循环利用示范，对生产过程中产生的废渣、废水、余气、余热、余压进行再利用，作为二次能源或再资源化，并在全市企业中逐步推开。二是大力推进企业间或产业间的生态工业园区及基地建设，鼓励遂宁经济开发区光电工业园、微电子工业园和创新工业园，积极创建发展循环经济的示范园区，在园区内进行生态化改造，构建园区内循环型的资源流、能量流、技术流耦合系统，探索创建循环型、生态型工业园区。

绿色不仅存在于引进来的过程中，在生产过程中也要保持绿色。遂宁市为此全面推行清洁生产。围绕主要污染物减排和重金属污染治理，重点推进农业、工业、建筑、商贸服务等领域清洁生产示范，从源头和全过程控制污染物产生和排放，降低资源消耗。积极实施清洁生产示范工程，推广应用清洁生产技术。农业、畜牧部门积极推动农村集约化、规模化畜禽养殖技术的组织推广工作，减少面源污染；环保、经信部门积极制定清洁生产推行规划和清洁生产审核方案，定期公布清洁生产强制审核企业名单。

五、以机制创新保障绿色发展

（一）创新工作推进机制

遂宁市坚持以执政能力建设、先进性和纯洁性建设为主线，建设创新型组织，因地制宜地创新工作推进机制。

在海绵城市建设过程中，遂宁市构建了注重全民参与、整体联动的组织工作体系。一是建立坚强有力的组织领导机构。成立了以市长为组长、相关副市长为副组长的工作领导小组。理顺了涉水体制，将城市供水和污水处理职能划转市住建局，实行城市给排水和污水处理的统一管理，市编委正式批复在市住建局设立海绵办和供排水管理科，统筹推进海绵城市建设试点工作。二是建立"条块结合"、职责明确的工作推进机制。将海绵城市建设试点工作任务按属地管理原则分解落实到各相关区（县）、园区，将建设指导和督促配合工作按职责分工落实到市级相关部门，将海绵城市建设工作纳入年度绩效目标考核体系；各责任部门成立专门的领导和工作机构，细化分解工作任务，逐一落实工作人员和责任，从而形成属地负责、"条块结合"、以"块"为主的建设推进机制。三是建立务实高效的工作会议制度，制定了工作例会、联席会议、现场办公等制度，市委、市政府定期和不定期组织召开海绵城市建设推进会议、联席会议，市海绵办每周定期举行工作例会，及时听取建设进展情况汇报，研究解决项目建设过程中遇到的困难和问题。四是营造全民支持的建设氛围。充分利用电视、报纸、网络和城市公益广告、施工围挡，全面系统宣传建设海绵城市的重要意义和实现途径，努力让市民群众理解、支持和参与海绵城市建设。

（二）创新人才支撑机制

从当前的人才分布情况来看，高端人才主要分布在国际化程度较高的一线城市和大型机构，二三线城市对人才的吸引力不足，广泛存在本地人才不足以支撑城市发展的现象。对此情况，遂宁市创新人才支撑机制，充分利用项目平台，将引入"外脑"和培养本土人才相结合。

一方面，遂宁借助外脑支撑本地发展。例如，遂宁市与中国城市规划设计研究院（以下简称中规院）建立战略合作伙伴关系，其下属的水务与工程研究院派遣了骨干团队长期入驻遂宁开展相关工作。另一方面，遂宁市通过"请进来、走出去"的方式，积极培养本土人才。例如，在海绵城市建设管理人才培养中心。一是组织人员参加全国各种培训和考察活动，学习外地经验和办法；二是邀请住建部、仁创、中规院等专家到遂宁现场指导和培训；三是组织本地技术力量，会同中规院参与试点项目设计工作。遂宁市经济和信息化委员会为加强企业家队伍培训，开展遂州企业家大讲堂活动；还与武汉大学合作，成功举办企业家创新驱动发展战略武汉大学高级研修班。

（三）创新政绩考核机制

在节能环保方面，遂宁市严格实行问责制和"一票否决"制。对严重违反国家节能管理和环境保护法律法规的案件，要依法追究有关人员和领导者的责任。各县（区）人民政府和市直三园区管委会每年12月底前向市政府报告节能减排任务完成情况。将万元 GDP 能耗、万元 GDP 电耗、规模以上工业万元增加值能耗、规模以上工业增加值取水量、工业用水重复利用率、工业固体废弃物综合利用率，新上项目开展节能评估和审核情况、氨氮排放量、化学需氧量排放、碳排放等指标都纳入"十二五"政务目标年度考核内容。

为落实并考核各类规划的实施，遂宁市在 2014 年制定出台了《遂宁市城乡规划督察办法》《遂宁市乡村规划师管理办法》《遂宁市规划督察员工作规程》《遂宁市乡村规划师工作规程》等规范性文件，维护规划的严肃性和权威性。

遂宁市不仅有市政府派驻县（区）规划督察员，还有县（区）配备的"乡村规划师"。按照"市管到镇、县管到村"的要求，遂宁市规划局加强了对乡镇规划的管理和指导工作，各县（区）政府建立健全了村镇规划建设管理机构，向镇、乡派驻乡村规划师，构建起完善的村镇规划建设管理机制，实现城乡规划管控全覆盖。

六、推进社会生活绿色化，提升居民幸福度

（一）营造绿色生活模式

遂宁市通过全民兴绿、新街必绿、造湖增绿、拆房植绿、拆墙透绿、规划建绿，实现了市城区"宜绿则绿"，为居民营造绿色生活环境。近年来，遂宁市修建了滨江公园、渠河公园、河东湿地公园、联盟河观音文化园等 20 余个公园，启动中华养生谷、玫瑰谷、圣平岛等生态绿地建设，城市绿化覆盖率达 40.8%，绿地率达 39.15%，人均公园绿地面积 9.33 平方米。按照"袋装出户，小区细分，政府扶持，市场运作"的模式，通过企业运作，在单位、小区、街道建设垃圾分类房，对生活垃圾进行分类收集和处理，并取得了初步成效。

遂宁市以主城区和旅游景区为重点开展节能照明建设，推进城市照明信

息化平台建设，实现城市照明集中控制、智能管理。逐步启动社区的绿色建筑和智能家居工程建设。以部分社区为试点，依托市民卡和市民公共服务平台探索市民绿色诚信积分体系，鼓励和培养绿色出行、垃圾分类、节水节能、志愿服务等绿色生活行为，提升市民综合素质。

绿色通行也是幸福生活的重要内容，遂宁市积极推进新能源和清洁燃料车辆在公共交通领域的使用，加强公共自行车停放设施智能化改造，完善公共自行车管理服务系统，倡导绿色出行。遂宁市于 2011 年在市城区建成环观音湖、联盟河城市公共自行车运行网络，服务里程 30 千米，服务网点 38 个，自行车 790 辆，为市民办卡 12000 余张，公共自行车已成为一道亮丽的城市风景线。目前已启动二期建设，建成后服务里程将达 100 余千米，服务网点 109 个，自行车 2290 辆，市民绿色出行将更加方便。

（二）人口结构与素质提升

健全完善公共文化服务体系是遂宁文化发展、市民素质提升的重要举措。遂宁市加快推进以"五馆四中心"为重点的文化基础设施建设，落实以"五大文化惠民工程"和"十大活动"为重点的文化事业繁荣发展。构建了覆盖城乡、惠及全民的公共文化服务体系，初步形成了城市"十分钟文化圈"和农村"十里文化圈"。截至 2016 年，全市 6 个图书馆、6 个文化馆、3 个博物馆、105 个乡镇综合文化站全部实现免费开放。

从从业人员入手，强化职业技能，提升职业素养，是改善城市人口素质的重要渠道。遂宁市旅游局灵活运用专家讲、现场练、大赛比等方式，扎实开展行业培训。先后多次组织开展法律法规、服务技能、统计、安全等方面培训，行业管理服务水平大幅提升。举办全市旅游服务技能大赛，有效增进内部交流，组织人员参加全省旅游饭店服务技能大赛，有 4 名选手获优秀奖。人社局实施专业技术人才知识更新工程，先后有 35838 名专业技术人员完成了继续教育公需科目年度学习任务。2016 年通过考试取得执（职）业资格证 3110 人次，新增专业技术人才 3025 人。加强高技能人才队伍建设，全年新增高技能人才 719 人，其中技师（高级技师）84 人。

（三）社会管理绿色化

借助智慧城市建设，遂宁市通过打造城市信息枢纽中心，依托城市地理空间信息平台和地理空间数据库，建立了智慧化城市管理运行体系，改善城市治理模式，提高治理效能，管理方式更加绿色、节能。

在生态建设和环境治理领域，遂宁市应用互联网技术建成了西山森林公园、观音湖湿地公园、圣莲岛公园等，国控重点污染源监控率达100%，完成省控重点污染源监控中心一、二、三期建设，实现了四级监控系统联网。

2016年遂宁市还通过智慧城市管理工程完成了数字城管信息系统及相应业务子系统建设，加快推进省、县（区）数字城管平台互联互通；智能交通建立了交通控制信号联网监控指挥系统，建立了高清交通治安综合卡口系统，完善了公交智能调度监控系统，建成覆盖市城区的公共自行车自助骑行系统；平安城市建设高清天网平台和474个天网监控点；智慧应急抢险和安全管理工程初步建成安全综合信息监控系统，实现620个单位实时监控，完成了中小河流水文一期工程和防汛指挥系统建设；人社"金保"工程完成一、二期建设，实现了市区县"五险合一"系统和数据市级集中，发放社会保障卡120万张。通过智慧化城市管理运行体系，遂宁市提升了城市治理的效率，也让城市运行降低了碳排放，更加绿色环保。

（四）"五化"融合，提升居民幸福度

"五化"融合是指新型工业化、信息化、城镇化、农业现代化和绿色化的融合发展。"五化"之中，城镇化是衔接其他四化的基本载体；新型工业化和农业现代化是经济和社会发展的支撑，这是能否实现"五化"融合发展的重要保障；绿色化是方向，它指明了"五化"融合的发展前景；信息化是技术支撑，为"五化"的相互融合发展提供了可能。

遂宁市从建市以来长期坚持以绿色化为发展导向，在发展中保持了独特的生态优势，为现代化条件下绿色生产生活方式奠定了基础。在经济新常态

背景下，遂宁市通过推进新型城镇化，引导生产要素在城镇聚集；通过智慧城市建设，提供现代的信息化基础设施，为农业现代化提供发展空间，为新型工业化提供转型支持。

推动"五化"齐头并进，融合发展，给遂宁当地人民带来的是生活绿色、环境净化、城市治理高效化、服务便民化、生产优质化。遂宁市以绿色城镇化为引领，推动"五化"融合的发展模式，是在经济新常态下，西部城市在保障生态环境稳中有升的条件下，促进城乡一体、经济转型升级、优化供给主体、收获经济增长、社会进步的有益探索。

参考文献：

［1］柯善咨：《中国城市与区域经济增长的扩散回流与市场区效应》，《经济研究》2009 年第 8 期。

［2］杜明军：《区域城镇体系空间结构协调发展：判定方法和路径选择》，《区域经济评论》2014 年第 3 期。

［3］白婉苹：《从试点到示范今年遂宁海绵城市这样建》，http：//www. sc. gov. cn/10462/10464/10465/10595/2016/3/16/10373006. shtml，2016 年 9 月 22 日。

［4］陈岳海、袁敏：《拓展城市新空间的遂宁路径》，《四川日报》2015 年 12 月 25 日。

［5］刘裕国：《绿色发展的遂宁路径》，《人民日报》2014 年 11 月 1 日。

［6］胡鞍钢、周绍杰：《绿色发展：功能界定、机制分析与发展战略》，《中国人口·资源与环境》2014 年第 1 期。

［7］俞孔坚、李迪华：《"海绵城市"理论与实践》，《城市规划》2015 年第 6 期。

［8］吴丹洁、詹圣泽、李友华：《中国特色海绵城市的新兴趋势与实践研究》，《中国软科学》2016 年第 1 期。

［9］胡鞍钢：《中国：创新绿色发展》，中国人民大学出版社 2012 年版。

第八章

环境管制对经济发展影响的问卷调查

程 都 李 钢

　　基于《中国经济学人》2016 年第四季度的调查数据，并结合 2010 年第二季度的调查结果，比较分析了经济学人所感受到的我国环境管制的变化情况和经济规制对不同区域经济发展的影响。调查发现，我国环境管制强度不断提高的趋势明显，并且存在继续提高的空间。少数地区显示出环境库兹涅兹曲线的特征，多数地区经济增长和环境污染呈正向关系。西部地区环境承载能力弱，希望获取经济援助以改善环境。从 2010 年以来，环境相关法律法规得到健全，但环境执法难成为环境改善慢的首要因素，需要优化政绩考核指标和提升环境监测能力。在各类环境管制工具的选择上，多数经济学人认为设立排放限额并对超出部分罚款是有效的方式。被调查者基本赞同建立污染排放许可证交易体系，但企业应当通过竞价方式获得初始污染排放的许可。在污染物治理方面，与 2010 年调查的情况相反，废气污染已经超越温室气体成为最迫切需要治理的污染物。

　　2010 年第二季度，中国社会科学院《中国经济学人》（*China Economist*）杂志与环球资源公司面向众多的企业和经济学人进行了一轮问卷调查，针对我国环境管制对经济发展的约束情况进行了研判。2016 年 11 月底，中国社会科学院工业经济研究所《中国经济学人》杂志再次面向经济学人群体对环境管制约束经济增长情况进行问卷调查，本章就是基于这次调研部分数据的分析。

一、调查样本量及分布

（一）调查样本的机构分布情况

本次调查依托《中国经济学人》调查系统，从 2016 年 11 月 28 日开始，进行了两周的问卷发放，共收到有效问卷 133 份。其中，以高校经济研究者为主要受访群体，累计占比达 69.1%；来自企业的受访人员占 10.5%；来自社科院系统的受访人员占 6.8%，与来自金融机构的受访人员数量相同；来自政府机关及下属机构的受访人员占 4.5%；另有 2.3% 的受访人员来自党校系统、咨询公司（见图 8-1）。

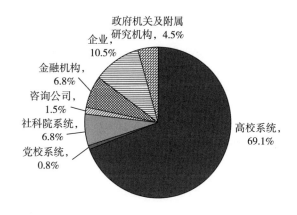

图 8-1　调查对象来源分布

资料来源：《中国经济学人》编辑部组织的问卷调研。

（二）调查样本的区域分布情况

从分布的区域来看，本次参与调查的对象，来自东部地区的人数占比为66%，来自中部地区的占21%，来自西部地区的占11%，还有2%来自港澳台及其他地区（见图8-2）。与2010年第二季度相比，来自东部地区的经济学人虽然仍占大多数，但是比重有所降低，中西部地区参与调查的人群比重增加，并有一部分海外学者，区域结构有所优化。

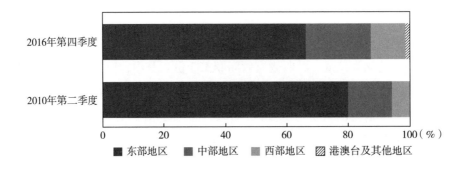

图8-2 调查对象的区域分布

二、企业经营困难因素及环境管制影响

（一）当前企业经营困难的因素调查

当前我国经济进入新常态，经济增速由习惯性高速向中高速稳态转换，同时要改善生态环境，提高经济发展质量和效益。在转换阶段，很多企业反映经营难度加大。

对于还处于工业化阶段的中国，生态环境的改善很难自发实现，还依赖于环境管制标准的提升和政策执行的严格化。这一过程导致在短期经济体对环境资源的消耗减少的同时产出减少，为经济增长和发展带来负面影响，因此，产业界一部分人士将经济增长减速归咎于环境治理行动。但也有观点认为，污染治理、环保执法的严格化沦为一些地方经济下行、转型受阻的"替罪羊"。[①] 但本次的调查中，有31%的经济学人认为，我国经济增长方式的转变增加了近年来企业经营的难度；仅有14%的被调查者认为，当前的环境管制强度过高阻碍了企业经营，与2010年第二季度的调查（16%）相比有所下降；部分被调查者认为，税负过重（16%）和外部需求萎缩（12%）增加了企业经营的难度；有16%的经济学人认为劳动力成本过快提高会加大企业经营难度，这一比例比2010年第二季度的调查（30%）下降了14个百分点；另外，有9%的经济学人认为，汇率波动风险妨碍了企业的经营，比2010年第二季度的调查（24%）下降了15个百分点（见图8-3）。两相比较，在过去的6年间，劳动力成本提高过快、汇率波动风险已经得到了较好的化解，而环境管制对企业经营造成阻碍的观念，一直没有得到太多的认可。

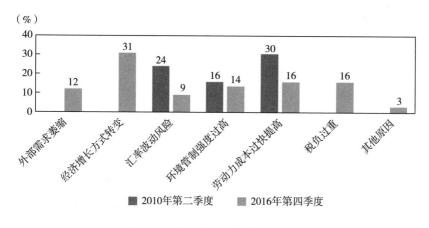

图 8-3　影响企业经营难度的因素

分区域来看，本次调查中，不论是东部地区还是中西部地区的被调查

---

① 杨丹辉、李红莉：《新常态下经济增长与环境治理：基于后发国家 EKC 的思考》，《当代经济管理》2016 年第 1 期。

者，对企业经营影响因素问题选择的首要因素就是经济增长方式转变。东部地区的被调查者对该因素的选择率为 30%，远高于其他因素。而中部地区的被调查者则认为，外部需求萎缩和税负过重对企业影响也很大。西部地区的被调查者则认为，劳动力成本过快提高和税负过重是影响企业经营的重要原因。对环境管制强度过高这一因素，东部地区有 16% 的经济学人认同这一观点，远高于中西部地区（见图8-4）。

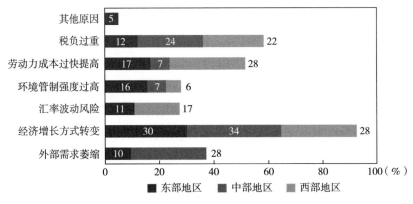

图8-4 企业经营影响因素的区域分析

（二）环境管制对企业经营的影响

实际上，关于环境管制对企业的影响，学术界也有截然不同的观点。Walter 和 Ugelow[1] 在研究环境和贸易问题的过程中，提出了"污染避难所"假说，认为一个地区环境管制会提升制造业企业的运营成本，而企业为保证利润最大化，会向环境管制较为宽松的国家或地区转移。Jaffe 和 Peterson[2] 针对美国多个行业的实证分析指出，环境管制的提升促使企业治污投资的增加，主要投入要素价格的提升促使企业的竞争力下滑，影响了美国的

---

① Walter, I. and J. L. Ugelow, "Environmental Policies in Developing Countries", *Ambio*, Vol. 8, No. 2/3, 1979.

② Jaffe, A. B., S. R. Peterson, "Environmental Regulation and the Competitiveness of U. S. Manufacturing: What Does the Evidence Tell Us?", *Journal of Economic Literature*, Vol. 33, No. 1, 1995.

经济发展。而 Porter 和 Linde[①] 提出了相反观点，认为严格而恰当的环境管制能够促进企业技术创新，并且效率的提升能够抵销因遵循环境管制的成本而带来的产业竞争力的提升。

在本次调查中，经济学人对环境管制如何影响企业经营的判断分化也十分明显。36.8%的被调查者认为，环境管制促进企业进行技术创新，未来将增强企业的国际市场竞争力；也有相同比例的经济学人认为，环境管制大幅度提高了企业的生产成本，反而降低了企业的国际竞争力。其余的被调查者认为环境管制导致行业门槛提高迫使企业搬迁，其中 12.8%的被调查者判断企业会因此搬迁到国外，剩余 13.5%的被调查者认为企业会搬迁到中西部地区（见图 8-5）。

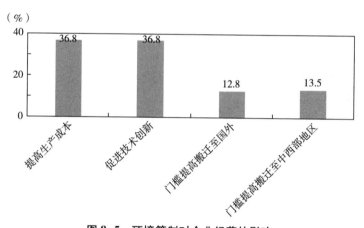

图 8-5　环境管制对企业经营的影响

一般而言，在不同的经济发展阶段或者因为产业技术发展程度不同，环境管制对经济的影响效应可能存在区别，因此，我们对选票进行了区域性分析，结果发现，中部地区的被调查者认为环境管制促进技术创新并提高企业竞争力的比例最高，达到 54%。东部地区有 43%的经济学人认为环境管制提高生产成本造成竞争力下降，而西部地区有 54%的经济学人认为环境管

① Porter, M. E. and C. V. D. Linde, "Toward a New Conception of the Environment-Competitiveness Relationship", *Journal of Economic Perspectives*, Vol. 9, No. 4, 1995.

制提升会导致企业直接搬迁到国外。从这一情况来看，当前中部地区通过技术创新改善环境绩效并维持经济增长的潜力最大，而西部地区企业面临环境管制的压力最大，并且在当前的条件下难以转化成促进经济转型升级的动力（见图8-6）。

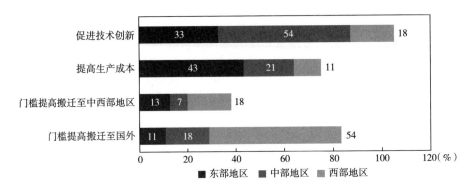

图8-6　分区域看经济学人对环境管制影响企业经营的判断

三、对中国环境管制强度的判断

（一）中国环境管制强度的变化趋势

对于中国的环境管制强度，由于测算方法和指标选取的不同，不同的研究者得到的结论也大不相同。一些学者采用废气、废水等污染物治理费用占GDP的比重，废水排放达标率等指标作为环境管制的衡量标准，得出中国环境管制不断下降的结论①。而李钢等用环境已支付成本占工业环境总成本比重作为衡量指标，得出中国环境管制强度不断上升的结论②。在调查中，我们通过经济学人的直观感受来判断中国环境管制的强度变化。调查显示，

---

① 蒋伏心、纪越、白俊红：《环境规制强度与工业企业生产技术进步之关系——基于门槛回归的实证研究》，《现代经济探讨》2014年第11期。

② 李钢、马岩、姚磊磊：《中国工业环境管制强度与提升路线——基于中国工业环境保护成本与效益的实证研究》，《中国工业经济》2010年第3期。

有86%的被调查者认为，自2010年以来我国环境管制强度呈现出逐渐加强的态势；有7%的经济学人认为，自2010年以来我国环境管制的强度基本保持不变；仅有3%的被调查者认为，自2010年以来我国环境管制的强度在逐渐减弱（见图8-7）。

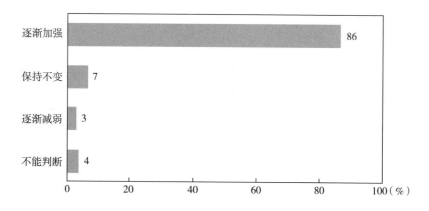

图8-7　对2010年以来我国环境管制强度趋势的判断

关于中国当前的环境管制强度是否合适的问题，有83%的经济学人还是认为，我国现在环境管制的强度较弱，还需要继续强化；有11%的被调查者认为，我国当前的环境管制强度过强，未来需要弱化；认为当前环境管制强度恰到好处的经济学人仅占6%（见图8-8）。

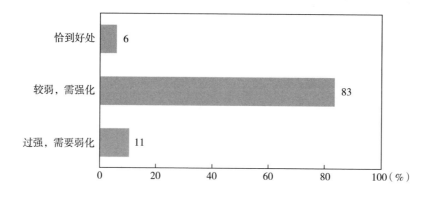

图8-8　对我国环境管制强度合理性的判断

（二）我国环境改善少的因素分析

对于我国目前存在的环境管制日益趋严，而环境改善效果不容乐观的现象，在本次调研中，有32%的经济学人判断这主要是法律法规难以执行造成的；有26%的被调查者认为，我国目前所处发展阶段是造成这种现象的主要原因；有19%的经济学人判断这是由于我国资源价格偏低，企业缺乏环保节约的动力；仅8%的被调查者认为，当前相关法律法规不健全是造成这一现象的原因（见图8-9）。

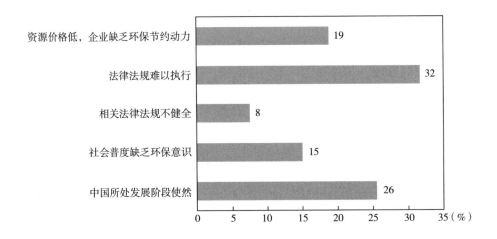

图8-9　对环境改善效果不佳的原因判断

在2010年第二季度的调查中，我们也对相关法律法规是否健全、执法严格程度、环保意识等因素对环境改善效果的影响进行了评价。通过加权处理，我们对两次评价结果进行了对比。发现2010~2016年，资源价格低导致企业缺乏节约动力因素对环境绩效的影响有所下降，反映出资源价格正在逐步向合理的方向调整。相关法律法规不健全的因素2016年第四季度的影响得分比2010年第二季度下降了一半，表明环境法律法规在这几年间得到明显的完善。但是，法律法规难以执行因素的得分在几年内有大幅上升，表明法律法规的执行力度弱对环境改善慢的影响更加突出，并且成为调查中的最主要原因。社会环保意识对环境改善的影响在两次调查期间变化不大，显示出大众意识还不能转化为改善环境的行动力（见图 8-10）。

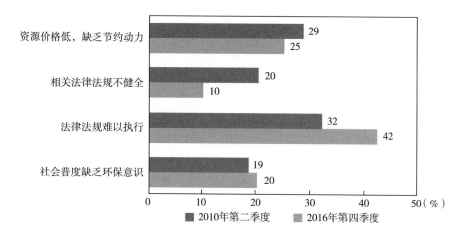

图 8-10　环境改善缓慢因素对比分析

（三）环保政策落实难的因素分析

对于环保政策执行不到位的原因，有 24.8% 的经济学人判断是由于整体环境监测能力不足；23.3% 的被调查者认为其根本原因在于相关政绩考核指标设置不够合理；12.8% 的经济学人认为是由于社会环保意识不强；剩余39.1% 的被调查者认为是由于企业自身问题，其中 16.5% 判断是企业污染物治理设施不足，12.8% 认为是企业环境保护技术落后，9.8% 认为是企业节约成本（见图 8-11）。

分区域看，东部地区的被调查者认为影响最大的前三个因素分别是政绩考核指标设置不合理、环境监测能力不足和污染物治理设施不足。西部地区的被调查者则认为社会环保意识不强比污染物治理设施不足影响更大。来自中部地区的被调查者则认为环境监测能力不足是最重要的因素，其次是政绩考核指标设置不合理，企业节约成本不愿投资位居第三（见图 8-12）。

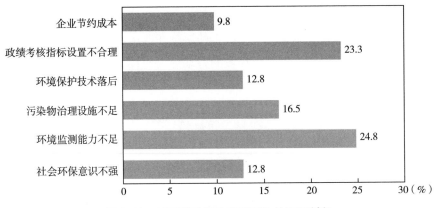

图 8-11 对环保政策执行不到位的原因判断

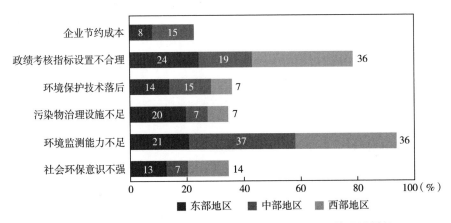

图 8-12 不同区域的经济学人对环保政策执行不到位的原因判断

(四) 企业环保投资少的因素分析

工业企业是污染物的重要源头，也是投资治理的主体。针对企业环境投资偏少的情况，近半数（49%）的经济学人认为，企业对环保投资偏少的原因是担心与其他不进行环保投资的企业竞争处于劣势；22%的经济学人判断企业很可能缺乏环保意识；17%的经济学人认为企业可能是由于财力不足，缺乏资金，环保投资不足；少数被调查者（9%）认为企业或许因缺乏技术来源而较少地投资环保（见图8-13）。

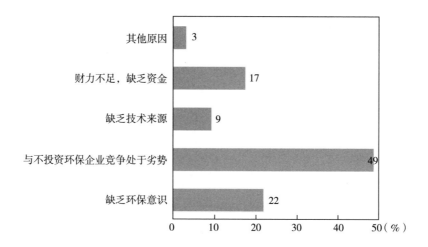

图 8-13　企业环保投资少的原因分析

分区域来看，不论东部地区还是中西部地区的被调查者都认为"与不进行环保投资企业竞争处于劣势"是妨碍企业进行环保投资的最重要的因素，东部地区和中部地区的被调查者对此选项的支持率都超过了 50%，西部地区的被调查者也有最大的比例选择了这一项。除此之外，来自中部地区和西部地区的被调查者对企业缺乏足够的资金和缺乏环保意识的重要性基本保持了一致的看法（见图 8-14）。

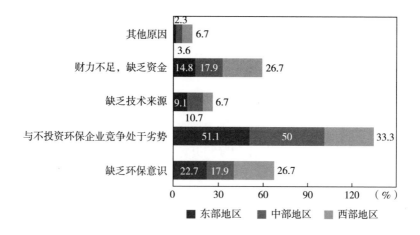

图 8-14　不同区域的经济学人对企业环保投资少的原因的判断

与 2010 年的调查相比较，害怕与不投资环保企业竞争处于劣势依然是最重要的因素，并且呈强化的趋势。2010 年第二季度，有 39% 的经济学人认为这是企业环保投资少的原因，到 2016 年第四季度，这一比重又上升了 10 个百分点。排名第二的因素由缺乏技术来源转变为缺乏环保意识。财力不足，缺乏资金依旧是排在第三位的因素，严重程度稍有缓解（见图 8-15）。

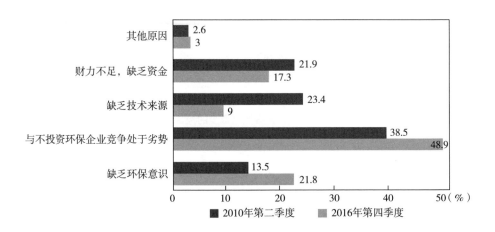

图 8-15　企业环保投资少的原因对比分析

四、环境污染、治理任务和管制强度的区域分析

（一）多数区域经济增速与环境污染正相关，部分地区拐点凸显

Grossman 和 Krueger 在 1991 年提出了环境库兹涅茨曲线的概念，认为在经济发展初期，环境污染将随经济发展水平的提升而加重，而当经济发展水平达到一定程度时，环境污染程度将开始下滑，此时随着经济发展水平的进一步提升，环境污染将得以控制并趋于好转。[①] Mazzanti 和 Musolesi 在其

---

① Grossman, G. M. and A. B. Krueger, "Environmental Impacts of a North American Free Trade Agreement", *Social Science Electronic Publishing*, Vol. 8, No. 2, 1991.

对样本国家的研究中认为环境库兹涅茨曲线的形状受到其所选研究样本的影响，其中工业化程度很高的国家存在倒"U"型曲线关系，并且有可能发展为"N"型曲线，不发达国家则存在正的线性关系。[1] 而国内学者对于我国是否存在环境库兹涅茨曲线的研究也不统一。采用不同的污染物或者环境监测指标的实证研究结果存在差异，不同经济发展程度的区域是否同样存在环境库兹涅茨曲线也存在争论。许广月和宋德勇认为，我国东部地区和中部地区存在库兹涅茨曲线，而西部地区不存在此曲线。[2] 宋马林和王舒鸿的研究指出，北京、上海、贵州、西藏、吉林在 2011 年已经越过环境库兹涅茨曲线的拐点，并预计我国其他大部分省份将在 2016 年前达到拐点。[3]

本次调查中我们也收集了经济学人对当地经济增速与环境污染关系的判断。有 48% 的被调查者认为其所在地区的经济增速与环境污染程度呈正相关关系；有 20% 的经济学人判断两者呈反向相关关系。还有 32% 的被调查者认为两者的相关关系并不明显（见图 8-16）。

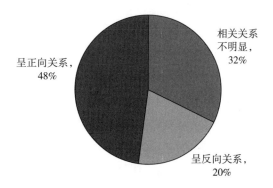

图 8-16　对经济发展与环境污染相关性的判断

① Mazzanti, M. and A. Musolesi, "The Heterogeneity of Carbon Kuznets Curves for Advanced Countries: Comparing Homogeneous, Heterogeneous and Shrinkage/Bayesian Estimators", *Applied Economics*, Vol. 45, No. 27, 2013.

② 许广月、宋德勇：《中国碳排放环境库兹涅茨曲线的实证研究》，《中国工业经济》2010 年第 5 期。

③ 宋马林、王舒鸿：《环境库兹涅茨曲线的中国"拐点"：基于分省数据的实证分析》，《管理世界》2011 年第 10 期。

分区域来看，认为当地经济增速与环境污染呈正相关关系的，西部地区的被调查者比例最高，达到64%；认为两者呈反向关系的东部地区最高，占到25%；而中部地区的被调查者中认为两者关系不明显的最多，占到45%（见图8-17）。

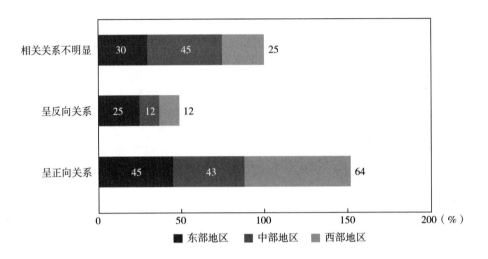

图8-17 不同区域的经济学人对两者关系的判断占比

我们发现，选择经济增速与环境污染呈反比的选票主要来自北京、山东、上海和辽宁四个地区。综合这些地方的GDP情况，我们判断这四个地区存在较为明显的环境库兹涅茨曲线，并且已经越过了污染拐点，而其他地区环境库兹涅茨曲线存在的迹象尚不明显。

（二）污染减排总量分配基本合理，环境治理仍有提升空间

我国在污染减排的任务总量分配方面，以基数法为基础，由主管部门听取地方意见后拍板决定。有舆论认为，减排总量在执行过程中存在主观引导力大、注重地区经济表现等问题，很多地方对分配方案不满，认为减排任务与当地的环境容量并不匹配，不利于地方经济发展。

本次调查中，对于地区环境容量与污染减排任务之间匹配情况的问题，

有72%的被调查者认为其所在地区的环境容量紧张，其中37%认为当地的污染减排任务安排不足，以损害环境换取经济增长的发展模式没能得到改进，35%认为当地经济增长已经受到了制约，但目前污染减排任务安排较为合理。认为地区环境容量充裕的经济学人占总人数的28%，其中13%判断当地减排任务合理，经济增长可持续；10%认为当地减排任务过重，但并不会阻碍经济的增长；认为减排任务过重，且阻碍经济增长的经济学人占5%，他们主要来自上海、辽宁、吉林和甘肃。由此可见，仅有15%的经济学人认为当地的减排任务过重，而大多数地区的环境治理依然有提升的空间（见图8-18）。

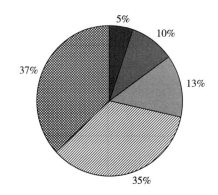

图 8-18　经济学人对地区环境容量与减排任务分配合理性的判断

　　分区域来看，东部地区的被调查者有40%认为本地环境容量紧张，减排任务偏低，还有37%的被调查者认为环境容量紧张，但是减排任务合理。中部地区有54%的被调查者认为减排任务合理，有39%的被调查者认为减排任务过轻。西部地区的被调查者中，认为当地环境容量紧张，减排任务合理的比例最高，达到36%，而认为环境容量紧张、减排任务偏低的也有

21%，较东部地区和中部地区有所缩减（见图8-19）。

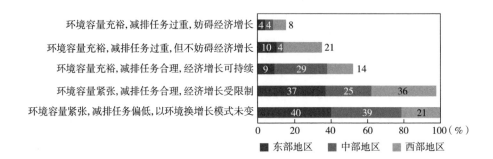

图 8-19　分区域看经济学人对环境容量和减排任务分配合理性的判断

（三）环境管制执行强度的区域性差异

对于环境管制强度的判断，我们认为取决于两个方面的因素，一方面是环境标准的高低程度，另一方面是标准的执行程度，如果标准定得很高，但是执行不严格，再高的环境标准也是一纸空文。因此，标准的执行强度也应是环境管制强度的重要组成部分。我们也通过问卷对各地环境标准和执行的严格程度进行了调查。近半数（44%）的经济学人认为，其所在地区环境管制强度与国家标准基本一致，但实际执行不够严格，这些选票主要来自天津、河北、山东、江苏、河南、山西、湖北和湖南八个省份。有14%的被调查者认为其所在地区的环境管制强度不仅高于国家统一标准，而且能够严格执行，这些选票主要来自北京、上海、云南三个省份。25%的经济学人认为，其所在地区环境管制的强度与国家标准保持一致，且能够严格执行（见图8-20）。

（四）环境管制工具的选择偏好

在对各类环境管制工具的选择方面，本次调查中，有26%的经济学人认为应启动建立污染排放许可证交易体系，其中9%的被调查者赞成企业免

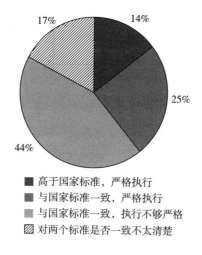

图 8-20　经济学人对地方环境管制执行情况的判断

费获得初始污染排放许可，还有 17% 的人建议企业竞价获得初始污染排放许可。与 2010 年的调查相比，依然是多数经济学人支持企业通过竞价获得初始污染排放许可，但支持企业免费获得初始排放权的人的比例也有所提高。有 17% 的经济学人在本次调查中选择理顺资源价格，比 2010 年的调查下降了 8 个百分点，折射出近年来我国资源价格调整有一定的成效。

本次调查中，有 21% 的经济学人认为政府应设定污染排放限额，对企业超过限额的部分收取罚款，比 2010 年的调查提高了 7 个百分点，折射出这一政策在实行过程中对环境的改善起到了比较明显的效果。

17% 的经济学人认为政府应该征收环境税，也有相同比例的结果认为政策应倾向于加大环保技术研发的公共投入，这两个政策的支持率与 2010 年的调查基本持平。总体上看，支持市场型管制政策和命令型管制政策的被调查者比重大体相当，但在企业获得初始污染排放许可的方式上，较多的被调查者支持市场化的方式，并且这一倾向近年来没有变化（见图 8-21）。

分区域来看（见图 8-22），东部地区的被调查者对多数政策的支持比率差别不大，但对政府加大环保技术研发的公共投入的支持率偏低，仅占 13%。对于企业如何获得初始排放许可，东部地区的被调查者中仅有 9% 的人支持免费获取，而有 17% 的人支持企业通过竞价获得。在这一问题上，中部地区和西部地区的被调查者也表达了相同的偏好。

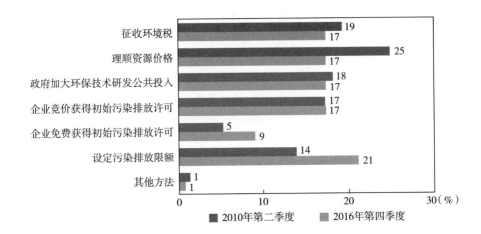

图 8-21　对各类环境管制的认可度

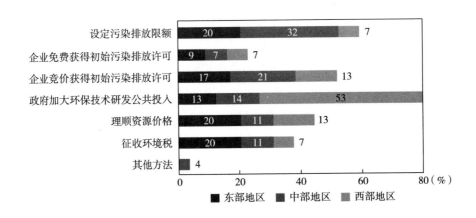

图 8-22　对各类环境政策认可度的分区域统计

中部地区的被调查者对设定污染排放限额政策的支持率最高，达到32%，可能这一已经执行的政策在中部地区效果较好。而西部地区的被调查者更希望政府加大环保技术研发的公共投入，对这一政策的支持比率达到53%，显示出西部地区对环保技术公共投入的需求较为迫切。对于环境税，东部地区的支持率最高，中西部地区的被调查者对其认可度较低。

五、空气污染治理紧迫性超工业废水

此次调查发现，空气污染物治理的迫切程度得票显著高于其他污染物，67%的经济学人认为包括 PM2.5、SO$_2$、NO$_2$ 等在内的空气污染物治理十分重要，另有 16%的被调查者认为工业废水污染的治理比较重要，而在 2010 年的调查中，大多数经济学人曾经认为工业废水比空气污染物更需要得到治理。认为温室气体和工业粉尘的排污治理最重要的比例分别只有 6% 和 5%；认为工业固体废弃物和生活污水的治理重要的经济学人占比更少，分别只占到 4% 和 2%（见图 8-23）。

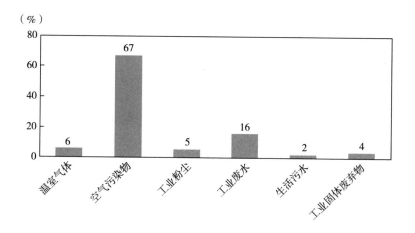

图 8-23　污染物待治理迫切程度

从两次调查的对比来看，在 2010 年第二季度，有 54%的经济学人认为对温室气体的治理最为紧迫，其次重要的是废水；而在 2016 年第四季度有 75%的被调查者反而认为废气的治理是最为紧迫的。从现实的情况来看，一个最有可能促成这一态度转变的因素就是近年来愈演愈烈的雾霾现象（见图 8-24）。

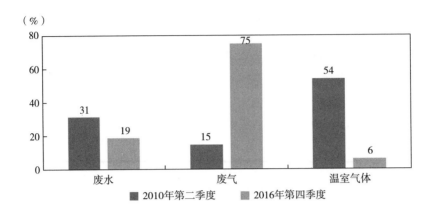

图 8-24　污染物治理紧迫性比较

六、小结

从对全国 133 位经济学人的调查情况来看，本章有以下几点结论：

一是环境管制强度从 2010 年以来是不断强化的。虽然当前的经济研究文献从不同的角度采用不同的方式对我国环境管制强度进行测算并得到不同的结果，但是从全国不同区域被调查者的感受得到的结论是，2010 年以来我国总体的环境管制强度是不断增强的。并且，对于当前环境管制的强度是否合理，大多数经济学人认为现在的环境管制强度还太弱，未来还需要进一步强化。

二是我国的环境管制对经济的影响存在区域性差异。总体上看，西部地区对环境管制的承受能力最弱。在环境管制对企业经营的影响方面，西部地区有超过一半的经济学人认为环境管制的提升会直接导致企业迁移。在当地环境容量和减排任务安排上，西部地区的被调查者中有相对较大的比例认为环境容量紧张，但减排任务合理，而东部地区和中部地区的经济学人更多地选择了减排任务偏低。这都显示出西部地区对更高的环境管制缺乏足够的承受能力。我们判断，这一方面是经济发展模式差异的结果，另一方面与地区的富裕程度有关。认为当地经济发展和环境污染程度呈正向关系的经济学人以西部地区占比最大，还看不到环境库兹涅茨曲线的拐点。而对于环境管制工具的选择，西部地区的被调查者中支持政府加大公共投入研发环保技术的比重远高于东部地区和中部地区。在企业环保投资少的因素分析中，西部地区经济学人认为企业缺乏足够资金的比重也远高于东部地区和中部地区的经济学人。

三是从 2010 年第二季度和本次调研的比较来看，近年来我国的环境问题既有一些稳定的因素，同时也有一些变化。虽然有众多舆论认为环境管制对企业经营产生了很大影响，但从两次调研情况来看，环境管制一直都不是企业经营困难的主要因素。[①] 在对各类环境管制政策的选择上，经济学人依然更加倾向于企业通过竞价方式获得初始污染排放权。

对于环境相关的法律法规不够健全的问题在近年来得到了较大的改善，而这些法律法规执行难则成为更加突出的问题。企业在进行环保投资决策时，更加担心在行业竞争中落后，环保技术来源问题得到了一定的缓解，而企业家的环境意识问题显得更加突出。在各类污染物的治理迫切性方面，大家在 2010 年第二季度对温室气体治理的高关注已经在很大程度上转移到了废气治理上。

---

① 本章认为按照经济学人选择的比重排序，进入前三名的可以成为主要因素。

第九章

经济学人对雾霾治理绩效判断的问卷调查

刘昭炜　李　钢

本章基于三次持续的问卷调查，力图通过经济学人这一群体来了解公众对雾霾治理的态度。调查结果显示，目前对政府环境监测结果的信服度明显提升，从第一次的 **28%** 提升到目前的 **70%**；而且对于政府雾霾治理的成效满意度也从 **0** 提升到 **44%**。调查显示，经济学人认为目前雾霾治理困难的首要原因是中国所处的发展阶段。虽然社会对环境改善有进一步的要求，但调查也显示公众自身并不愿意承担更高的环境治理成本；而且随着环境改善，支付意愿会进一步下降。经济学人对加大针对环保技术研发的公共投入有较高的支持度，认为改革政绩考核指标是下一步环保工作的着力点。

为了解经济学人对目前我国针对雾霾进行的环境治理的看法，《中国经济学人》（*China Economist*）分别在 2016 年、2017 年以及 2018 年，利用 *China Economist* 数据库通过邮件及公众号发放调查问卷。本章就是基于连续三次问卷部分数据的分析。

一、调查样本量及分布

　　《中国经济学人》是创刊于 2006 年 3 月的中英双语期刊；由中国社会科学院工业经济研究所主办，向世界推介中国经济学和管理学的最新研究进展；截至 2018 年，该期刊已发表了 600 余篇文章，受到广泛的关注，产生了很大的国际影响，取得了一定的学术话语权。《中国经济学人》目前采取一体两翼的立体化办刊新模式，除了一年出版 4 期英文、2 期中英文对照的纸版期刊，还办有网站并运营有公众号。目前以中文为主的中国经济学人公众号已经有近 10 万订阅量，产生了较大的社会影响力。中国经济学人的热点问题调研已经持续 5 年，近年来主要通过邮件及公众号进行调研。邮件发送是基于《中国经济学人》自行建立的有近万名学者的数据库。一方面，由于调研对象基本上是有较高经济学素养的群体，而且调研群体较大，因而我们称之为经济学人；另一方面，问题本身并不需要太多的经济学知识作为背景，因而我们认为其又能代表一般公众的看法。

（一）调查样本的机构分布情况

　　三次问卷调查分别回收有效问卷 137 份、128 份和 109 份，在填写了所属单位类型的受访者中，以高校经济研究者为主要受访群体，累计占比达 58%；来自企业的受访人员占 20%；来自社科院系统的受访人员占 8%；来自金融机构的受访人员占 4%，来自政府及所属研究机构的受访人员占 8%；另有 2% 的受访人员来自咨询公司（见图 9-1）。

（二）调查样本的区域分布情况

　　从分布的区域来看，本次参与调查的对象，来自东部地区的人数占比为 73.73%，来自中部地区的占 13.14%，来自西部地区的占 12.33%，还有

0.80%来自港澳台及其他地区（见图9-2）。2018年与2016年、2017年两次调研相比，来自东部地区的经济学人还是占大多数，但是比重有所降低，中西部地区参与调查的人群比重增加，并有一部分海外学者。

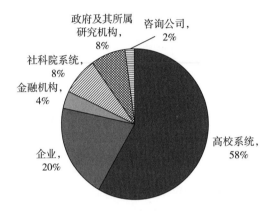

图9-1 调查对象的来源分布

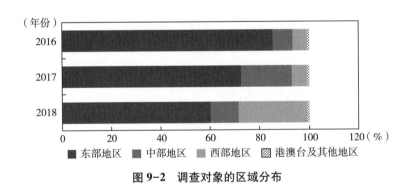

图9-2 调查对象的区域分布

二、基于调研数据的分析与认识

（一）公众对环境监测信服度明显提升，治理结果满意度也有明显提升

随着环保部门对环境整改的力度进一步加强，2016年、2017年和2018

年连续三年的统计显示，2017年"相信并对结果不满意"占比39.1%，远高于2018年的统计数据。随着政府治理环境力度的不断增大，在2016年的问卷中没有调查对象对雾霾减轻的治理结果满意，但是到了2017年，已经有了25.8%的调查对象表达了对结果满意的意愿，而且随着调研的进一步深入，到了2018年，已经有43.9%的调查对象对目前的雾霾治理结果表示满意，说明尽管治理难度大，见效时间长，但是调查对象已经开始慢慢感受到空气向好的方向发展的趋势，这从另一个方面也说明政府公信力不断加强（见图9-3）。

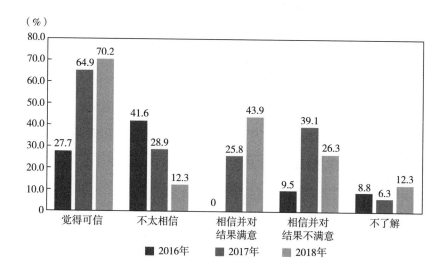

图9-3 "公众是否相信北京部分大气污染物浓度较十年前下降"

（二）由于发展阶段所决定的环保难度，经济学人也有比较清楚的认知

从我们给出的问卷选项调查中发现，调查对象对列举的各项原因，如"社会普遍缺乏环保意识""资源价格偏低，企业缺乏节约使用资源的动力"等各项选项的选择比重，排除"其他原因"这个选项，占比都超过或者接近50%。但占比最高、达到58.8%的还是"中国所处的发展阶段使然，环境改善成效难以在短期内显示"，说明大部分调查对象还是将我们现在的环

保问题现状归咎于我们的发展阶段（见图9-4）。

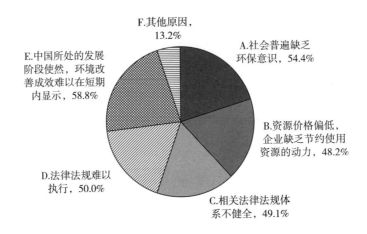

图9-4 "您认为当前我国环境规制趋严，但环境改善不容乐观的原因是"

（三）公众对环境要求高，但并不愿意为此付出很高的代价，表明公众的环境保护意识仍待实质性提升

2016年、2017年和2018年的调查数据都显示，付出收入的1%和5%加合占比分别为57.7%、68.8%和64.0%，这表明超过半数的公众愿意付出自己的收入来治理雾霾。而且从这连续三年的数据可以看出，公众愿意付出自己的收入成本数额是越来越低的；因为不愿意付出相关费用的人，在这连续三年的统计中分别占13.1%、14.1%和13.2%，并没有大幅度变化，所以有越来越多的人在选择付出收入1%和5%的时候，选择占比更高的人就越来越少（见图9-5）。

在我们向调查对象表明，治理雾霾需要耗时很长，甚至十年的情况下，在2016年、2017年和2018年的统计中仍然分别有29.2%、30.5%和29.8%的人选择收入的1%。

在分析计算了三年的均值后发现，经济学人希望治理雾霾付出的成本占自己收入的比例是逐渐减小的，并且数据上观测是逐年减小的。这其实说

明，通过调研支付意愿来观测环境改善是不大符合实际的。往往随着环境投入的加大，环境在改善，而环境改善后，公众的支付意愿反而会下降（见图 9-6）。

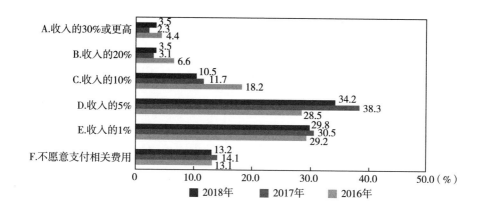

图 9-5 "您愿意为治理雾霾付出多少成本"

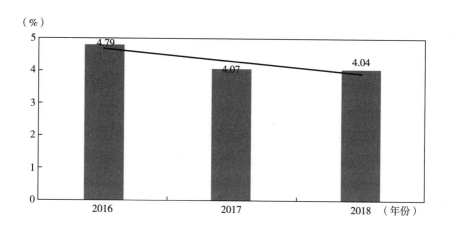

图 9-6 "三次调研支付意愿平均值的变化"

对 2016 年的数据进行剖析，我们在对比了在京和非在京人群的选择差异之后，发现非在京人群有 35.7% 的人愿意支付收入的 5% 来改善环境，高于在北京的 20.9%。在高校学生中，有 29.6%、22.2%、25.9% 的人分别愿意支付收入的1%、5%以及10%来治理环境，而大多数在京学生会选择支付收入的1%来治理环境。至此，我们发现，在京人群治理环境支付的成本占收入的比例会低于非在京人群，一方面，由于相关统计数据中，北京的人均年收入已经达到了12万元，支付占比虽较低，但其总额也不会偏低；另一方面，也说明公众虽然对目前的环境状态不满意，但并不愿为其买单①。

（四）尽管北京空气质量不容乐观，但公众还是不愿搬离，北京学生也希望留在北京工作

从2016年、2017年和2018年的统计数据中可以发现，认为北京地理优势明显，发展机会多的调查对象分别占比57.0%、81.5%和43.0%，且2017年较2016年增长24.5%，但2018年较2017年下降了38.5%，下降幅度较大，综合分析原因，一方面，参与调研的人群更加多元化，另一方面，我国其他城市的发展也十分迅速（见图9-7）。

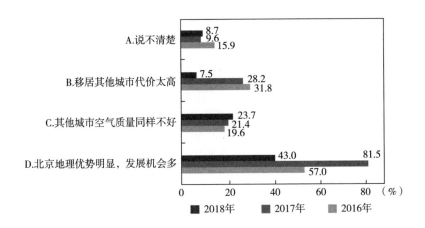

图9-7 "北京环境差，您不搬到其他城市的原因"

---

① 陈永国、董葆茗、柳天恩：《京津冀协同治理雾霾的"经济—社会—技术"政策工具选择》，《经济与管理》2017年第5期。

在对 2018 年的数据进行剖析后,我们发现在京的人群有 43.0%不愿意离开是因为"北京地理优势明显,发展机会多",但我们也观测到这个选项在 2016 年的调研数据中占比为 57.0%,虽然 43.0%依然是接近半数的占比,但还是明显下降了。从调研数据看,在京工作人群短期或无重大变故影响的情况下是不会因为雾霾的问题而离开北京的。

在观测"希望留在北京就业"这个问题时,2016~2018 年连续三年的数据都有超过 40%的人选择会在北京就业,但在 2018 年的数据中,选择"否"和"不好说"的比重都有所上升,说明在北京就业人群中的摇摆者逐渐增多,环境问题慢慢会成为大家选择是否留京就业的一个考量标准(见图 9-8)。

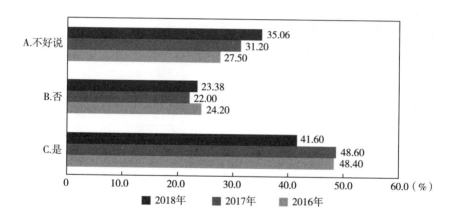

图 9-8 "北京环境较差,您还希望留在北京就业吗"

尽管公众对于作为中国首都的北京的环境不满,但其吸引力仍然很大。但我们也关注到,"移居其他城市代价太高"的占比逐渐减小,说明公众还是在一定的程度上认可了北京对环境治理做出的努力(见图 9-7)。而选择"其他城市空气质量同样不好"的占比逐渐上升反映出公众对中国其他城市的环境也有不满的情绪,这表明公众对于其他城市也并不抱有比北京空气质量高很多的幻想。

（五）改革政绩考核指标，是下一步环保工作的着力点

在公众认为的"对于环保政策执行不到位的原因"中，社会环保意识不强、环境监测能力不足、污染物治理设施不足的原因有半数的调查对象选择（见图 9-9）。

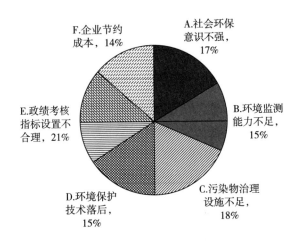

图 9-9　环保政策执行不到位的原因

（六）公众对加大针对环保技术研发的公共投入有较高的支持度

通过对"请选择您认为合理有效环境规制政策"这一题目的问卷调查，我们发现，"政府征收环境税；设定污染排放限额，超过限额部分罚款；建立污染排放许可证交易体系；政府加大针对环保技术研发的公共投入"都有超过一半的调查对象选择。选择"设定污染排放标准，超出限额部分罚款"的占比高达 59.7%，同时选择"建立污染排放许可证交易体系"以及"政府加大对环保技术研发的公共投入"也分别占 50.9% 和 70.2%，也有43.0%的人希望政府征收环境税（见图 9-10）。这也说明，普通公众认为环境状态不好的原因在于工厂排污、法制不严明以及环保技术不先进等。

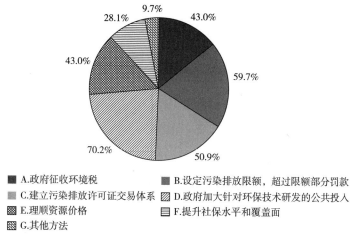

图 9-10　合理有效的环境规制政策

三、对于雾霾治理的相关建议

根据本章的数据分析和对结果的认识，提出以下几个方面的建议：

第一，加强公民参与雾霾治理的程度，进一步增强公民环境保护的意识与责任感。尽管很多地区仍是政府主导的模式，但是非政府组织（Non-Governmental Organization，NGO）和一些相关民间组织的努力也成为不可或缺的力量。加强公民参与的基石也需要雾霾治理信息透明，要让公民看到雾霾治理的成果，组织公民参加环保公益行动、旁听列席会议等。基于我们的调研数据，在支付收入治理雾霾方面，我们发现普通公民不愿意支付占自己收入很高的比重来治理雾霾，"如果您付出的成本要 10 年后才能逐步见效，您愿意为治理雾霾付出多少成本"的调研数据也告诉我们，尽管花费时间很长，普通公民依然不会支付很高比例的收入投入雾霾治理。在分析了"环保政策执行不到位的原因"和"选择您认为合理有效环境规制政策"这两个问题的数据之后，我们发现，公众把治理雾霾的希望近乎完全寄托在政府身上。而我们通过调研公众是否相信北京部分大气污染物浓度较十年前下降这个问题后发现，政府主导存在一定的信息不透明，才导致公民不相信政府付出了巨大的努力。

第二，进一步加强雾霾的京津冀协同治理。通过之前一些学者的研究，我们发现在达到工业经济前，随着经济的发展，环境的压力和恶化程度都有不同程度的增大[1]；当进入工业经济时期之后，环境恶化程度会到达顶峰；而后进入后工业经济时期，环境的恶化程度则会随着经济增长而减小[2]。北京、天津在 2010 年就进入了后工业经济时期，但河北省总体上仍旧处于工业化加速时期。从这个意义上讲，京、津有较高的产业结构与财政负担能力，希望环境标准更高一些，而河北由于所处的工业化阶段，希望能更好地平衡环境保护与经济发展、就业的关系[3]。雾霾的扩散有溢出效应[4]，想要蓝天，治理周边地区的污染是必行之道[5]。但如何让河北省把雾霾治理作为自己的发展要求与动力，是下一步政策制定的关键[6]。

第三，不搞"一刀切"，提升政策的有效性与针对性，提升环境管制的效率。目前一些地区为实现环境管制的目标，简单根据企业的生产能力分配指标，不能促进企业提升技术水平，从而减少对环境的破坏[7]。而且有些地区同一行业的企业根据企业单位产出的排放强度，制定差异化的减排要求；所以对于技术水平高的企业，应当不要求其减排，而对于技术水平差、单位产出环境污染大的企业，提高其减排要求；这样在达到同样减排目标的情况下，不仅对经济的影响小，而且能促进企业进行、技术进步，真正实现了环境保护与经济高质量增长的双赢。

---

① 蔺丰奇、吴卓然：《京津冀生态环境治理：从"碎片化"到整体性》，《河北经贸大学学报》2017 年第 3 期。

② 马丽梅、史丹：《京津冀绿色协同发展进程研究：基于空间环境库兹涅茨曲线的再检验》，《中国软科学》2017 年第 10 期。

③ 聂巧平、王梦颖：《基于区域环境治理创新机制视角下的京津冀产业升级思考》，《当代经济管理》2015 年第 1 期。

④ 史燕平、刘玻君、厉玥：《京津冀地区雾霾污染的溢出效应分析》，《经济与管理》，2017 年第 4 期。

⑤ 王一辰、沈映春：《京津冀雾霾空间关联特征及其影响因素溢出效应分析》，《中国人口资源与环境》2017 年第 S1 期。

⑥ 李燕凌、康爱彬、张金桐：《京津冀大气污染治理中的政府协作路径探索》，《产业与科技论坛》2016 年第 10 期。

⑦ 程都、李钢：《我国环境规制对经济发展影响的分析——基于〈中国经济学人〉的调查数据》，《河北大学学报》2017 年第 5 期。

附录：调查问卷

1. 环保部门公布的 2016 年北京环境监测结果显示空气质量有所好转，美国 NASA 监测数据显示北京部分大气污染物浓度较十年前下降，您对此看法是（   ）

   A. 觉得可信
   B. 不太相信
   C. 完全不可信
   D. 相信并对结果满意
   E. 相信并对结果不满意
   F. 不了解

2. 您愿意为治理雾霾付出多少成本（按可支配收入）？（   ）

   A. 不愿意支付相关费用
   B. 收入的 1%
   C. 收入的 5%
   D. 收入的 10%
   E. 收入的 20%
   F. 收入的 30%或更高

3. 北京环境差，您不搬到其他城市的原因是？（多选，限在北京工作者回答）（   ）

   A. 北京地理优势明显，发展机会多
   B. 其他城市空气质量同样不好
   C. 移居其他城市代价太高
   D. 说不清楚

4. 北京环境较差，您还希望留在北京就业吗？（限非京籍学生回答）（   ）

   A. 是
   B. 否
   C. 说不好

5. 若第 4 题回答"是"，请问为什么？（多选）（   ）

   A. 北京就业机会多
   B. 北京熟人多
   C. 北京离家近
   D. 说不清楚

6. 如果您付出的成本要 10 年后才能逐步见效，您愿意为治理雾霾付出多少成本？（   ）

    A. 不愿意支付相关费用

    B. 收入的 1%

    C. 收入的 5%

    D. 收入的 10%

    E. 收入的 20%

    F. 收入的 30%或更高

7. 您认为当前我国环境规制趋严，但环境改善不容乐观的原因是（多选）（   ）

    A. 社会普遍缺乏环保意识

    B. 资源价格偏低，企业缺乏节约使用资源的动力

    C. 相关法律法规体系不健全

    D. 法律和法规难以执行

    E. 中国所处的发展阶段使然，环境改善成效难以在短期内显示

    F. 其他原因

8. 对于环保政策执行不到位的原因您更加倾向于（多选）（   ）

    A. 社会环保意识不强

    B. 环境监测能力不足

    C. 污染物治理设施不足

    D. 环境保护技术落后

    E. 政绩考核指标设置不合理

    F. 企业节约成本

9. 请选择您认为合理有效的环境规制政策（多选）（   ）

    A. 政府征收环境税

    B. 设定污染排放限额，超过限额部分罚款

C. 建立污染排放许可证交易体系

D. 政府加大针对环保技术研发的公共投入

E. 理顺资源价格

F. 提升社保水平和覆盖面

G. 其他方法

10. 您认为企业对环保投资偏少的原因是（多选）（　　　）

A. 环境意识不强

B. 担心与其他不进行环保投资的企业竞争时处于劣势

C. 缺乏相应的技术

D. 其他原因

11. 您的本科所学专业是（　　　）

A. 哲学

B1. 理论经济学

B2. 应用经济学

C. 法学

D. 工学

E. 医学

F. 历史学

G. 理学

H. 管理学

I. 文学

J. 教育学

12. 您的年龄是（　　　）

A. 30 岁以下

B. 30~35 岁

C. 36~40 岁

D. 41~45 岁

E. 46~50 岁

F. 51~55 岁

G. 56~60 岁   H. 60 岁以上

13. 您所在的省份或地区是（   ）

北　京	山　西	甘　肃
天　津	湖　北	青　海
河　北	安　徽	宁　夏
山　东	湖　南	新　疆
上　海	内蒙古	辽　宁
江　苏	广　西	吉　林
浙　江	重　庆	黑龙江
福　建	四　川	香　港
广　东	贵　州	澳　门
海　南	云　南	台　湾
江　西	西　藏	国　外
河　南	陕　西	

14. 您所在的单位性质是（   ）

A. 高校（老师）   B. 高校（学生）

C. 社科院   D. 党校

E. 咨询公司

行业环境管制研究篇

第十章

钢铁行业环境管制、企业行为与环境绩效

李　钢　刘　鹏

　　本章通过文献计量的方法，构造了钢铁行业环境管制的标准强度，并以此为基础分析了环境管制标准强度提升对企业行为的影响以及对企业环境绩效的影响。计量结果显示：2000~2014 年，中国钢铁行业的环境管制标准强度累计提高了 122 个单位，2014 年是 1999 年（基期 100）的 2.22 倍；标准强度提升较快的年份集中在 2004 年和 2005 年，以及 2009 年、2010 年和 2011 年。环境管制标准强度的不断提高，促进了企业采取环境友好型的技术。计量回归结果表明：前一期标准强度的提高会促进下一期企业环境绩效的提升。在管制初期，标准强度的提升能够带来环境绩效较大幅度的改善；随着标准强度的进一步提升，环境绩效的改善程度逐渐减弱。格兰杰因果关系检验也显示：环境管制标准强度的不断提升是促进企业行业改变的重要原因；这也表明，采取文献计量的方法能较准确地计量环境管制标准强度的提升。数据还显示，2001~2012 年，除吨钢废气排放量有所上升外，吨钢能耗、吨钢二氧化硫和烟粉尘的排放量、吨钢废水排放量、吨钢化学需氧量、吨钢一般固体废物均呈现逐渐下降的变动趋势，表明企业对环境管制标准强度不断提升的应对行为，促进了企业环境绩效的改善，减少了其对环境的不

利影响。虽然 2000 年以来中国钢铁行业的环境管制标准强度提升显著，但管制标准还有提升空间；提高环境管制标准强度对于环境绩效的改善仍旧有较大空间。

改革开放以来，尤其是进入 21 世纪以来，中国经济取得了迅猛的发展，人们的生活水平得到不断提高，人们在追求物质享受的同时也越来越注重环境保护与自身健康。在这样的情景下，有越来越多的声音要求政府加大环境保护力度。正如金碚提到的："在一定的工业发展阶段，人们宁可承受较大的环境污染代价来换取工业成就；而到了工业发展的较高阶段，环境的重要性变得越来越重要。"[①] 因此，当工业发展到较高阶段时，人们宁可放弃一定的经济发展速度来维持较高的环境水平。[②] 钢铁行业作为国民经济体系中的一大重要产业，具有流程长、规模大、产能高的特点，不仅自身能产生较大的规模效应，而且还可以带动相关产业的快速发展。然而，钢铁行业又是一个污染较为严重的行业，其高能耗、高污染、高排放的特点，又使得各钢铁大国格外重视其节能减排的绿色化发展之路。中国经过改革开放的快速发展，粗钢产量在 1996 年超过日本，成为世界第一大钢铁生产国[③]；近十几年中国钢铁行业依然发展迅速，产能规模不断扩大，但其随之带来的污染问题也日益引起环保部门的关注；为了保持绿色可持续发展的同时不断提高我国钢铁行业在国际上的竞争力，有关部门相继出台了一系列环境方面的政策法规。基于这样的背景与现状，本章讨论了以下几个重点问题：一是对 2000~2014 年中国钢铁行业的环境保护政策法规（即环境管制标准强度）进行量化；二是对吨钢污染物达标排放量进行标准化处理；三是对环境管制标准强度和环境绩效进行定量分析。期望为钢铁行业的环境管理提供依据。

---

① 金碚：《资源环境管制与工业竞争力关系的理论研究》，《中国工业经济》2009 年第 3 期。

② 李钢、董敏杰、沈可挺：《强化环境管制政策对中国经济的影响：基于 CGE 模型的评估》，《中国工业经济》2012 年第 11 期。

③ 工信部：《2013 年钢铁工业经济运行情况》，2014 年。

一、钢铁行业的环境影响

钢铁行业是资源（能源）密集型产业，其特点是产业规模大、生产工艺流程长，从矿石开采到产品最终生成，需要消耗大量的资源，且污染物排放量巨大。同时，由于中国多年来一直以粗放型的生产方式为主，炼钢工艺水平提高缓慢，钢铁行业也一直以来是国内的重污染行业。统计数据显示，截至2014年12月我国全年粗钢累计产量为8.23亿吨，全年钢材累计产量为11.26亿吨，较上年同比分别增长5.6%和5.4%。这样一个庞大的行业，产量每增加1%，就会带来大量的能源消耗和污染物排放。在过往的十几年间，钢铁行业环境绩效稳步提升，单位产出对环境的影响逐渐减少。一般认为环境绩效提升的原因有：技术进步、内部管理、产业结构调整（在产业内部也可以看成是产品结构调整），这些变化往往是环境管制作用的结果。制度学派认为，技术进步是内生的，甚至内部管理、产业结构都是内生于当前的制度环境。李钢等提出："环境管制强度是由执法力度及污染物排放标准所决定。提高环境管制的强度，既可以通过提高执法力度，从而提高企业违法成本所实现；也可以通过提高污染物的排放标准而实现。"[1] 其研究表明，"1997年以后中国环境管制执法强度不断提升"[2]，但该研究没有量化标准强度的变化情况。若仅从单位产出对环境的影响结果来看，无法分辨出环境绩效的提升是标准强度提升还是执法强度提升造成的。因而，本章希望从环境管制标准强度对环境绩效的影响这一角度入手，深入分析具体某种制度安排（环境管制标准强度）下企业的行为及其环境绩效的变化。

---

[1] 李钢、马岩、姚磊磊：《中国工业环境管制强度与提升路线：基于中国工业环境保护成本与效益的实证研究》，《中国工业经济》2010年第3期。

[2] 环境保护部环境工程评估中心：《钢铁行业环境保护政策法规》，中国环境科学出版社2012年版。

二、环境管制标准强度与量化

李钢等提出，环境管制强度一般可分为执法强度和标准强度①：前者可以通过工业环境已支付成本与工业环境总成本之比进行测算，目前已有不少学者对此进行了相关研究；而对于后者的量化与测算一直进展缓慢。一般对于欧美等发达国家而言，法规可以得到有效的执行；而对于发展中国家而言，经常会出现"有法不依，执行不严，违法未究"的现象。环境管制标准强度是用于衡量一国"理想"的环境管制强度，可以用一国法规所规定的排污标准来衡量；而环境管制执法强度是用来衡量一国"实际"的对"违规"的追究程度。本章从可查的现行法律法规中，按照年份和类别对钢铁行业的环境管制标准强度进行了逐一统计，得到如表 10-1 所示的内容（由于篇幅限制，本章仅列出高炉环境管制内容，本章研究的内容还包括烧结机、转炉、电炉、炭化室、生产能力、能耗、污染物七个方面）②。然后按以下方法对表 10-1 中各年份的环境管制标准强度进行赋值：按照时间顺序进行对比，本年度中只要有一项管制强度比上一年度提升就赋值为 1，不变为 0，下降为-1（有 n 项提升，则赋值为 n，以此类推）。其中，若本年度中的管制强度既有上升也有下降，则根据变化的程度来具体赋值（上升程度大于下降程度，赋值为 1；上升程度小于下降程度，赋值为-1；两者相当，赋值为 0）。表格中的空白处表示本年度的法规政策未对此项目做出明确的规定。在表 10-1 中，用"↑"表示管制强度上升，"↓"表示管制强度下降，"←→"表示管制强度不变或持平。对表 10-1 中的管制强度赋值后，合并统计得到表 10-2。取 1999 年的标准强度为 100，然后对每年的赋值结果进行累加，便可得到各个年份的标准强度值。

---

① 参见《国务院关于印发"十二五"节能减排综合性工作方案的通知》。
② 高炉、烧结机等八个方面的环境管制强度的变化来源于《钢铁行业环境保护政策法规》《国务院关于印发"十二五"节能减排综合性工作方案的通知》《钢铁工业"十二五"发展规划》中的相关内容。

表 10-1　高炉环境管制变化

年份	淘汰或禁止	关停或停建	限制	鼓励或最低标准	管制强度
2000		50m³ 以下（含 50m³）↑（F01）			1
2002		100m³ 以下（含 100m³）↑（F01）			1
2003				1000m³ 及以上 ↑（F02）	1
2004	100m³ 及以下↑（F03）	300m³ 及以下↑（F04）	有效容积 1000m³ 以下↑（F03）		3
2005	100m³ 以上、200m³ 及以下高炉（不含铁合金高炉）↑（F03）。容积 300m³ 及以下高炉（专业铸铁管厂除外）↑（F05）			有效容积 1000m³ 及以上；沿海深水港地区建设钢铁项目，有效容积要大于 3000m³ ↑（F05）	3
2006	100m³ 以下铁合金高炉；300m³ 以下炼铁高炉←→（G01）。2007 年前重点淘汰 200m³ 及以下高炉；2010 年前淘汰 300m³ 及以下高炉←→（F06）				0
2007	200m³ 以上、300m³ 及以下←→（F03）。属于 300m³ 以下的高炉应予淘汰；对现有 300m³ 以下的镍铬生铁高炉按期淘汰↑（F07）。2007 年淘汰 300m³ 及以下高炉 3000 万 t；"十一五"时期淘汰 10000 万 t↑（G02）	属于 2005 年 8 月以后建设的 1000m³ 以下的高炉↑（F07）		新建镍铬生铁高炉有效容积应在 1000m³ 以上←→(F07)	3

续表

年份	淘汰或禁止	关停或停建	限制	鼓励或最低标准	管制强度
2009	300m³ 及以下；2010 年底前淘汰 300m³ 及以下高炉产能 5340 万 t↑；2011 年底前再淘汰 400m³ 及以下↑；有条件的地区淘汰标准提高到 1000m³ 以下↑（G03）。2011 年底前，坚决淘汰 400m³ 及以下高炉↑（G04）				4
2010	2011 年底前淘汰 400m³ 及以下的炼铁高炉←→（G05）。确保 2011 年底前实现淘汰 400m³ 及以下高炉炼铁能力 12540 万 t↑（GX01）			有效容积 400m³ 以上↓；《钢铁产业发展政策》颁布实施后建设改造的装备须满足高炉有效容积 1000m² 及以上←（GY01）。鼓励沿海钢铁企业发展有效容积 3000m³ 以上高炉←→	0
2011	400m³ 及以下炼铁高炉（铸造铁企业除外）；200m³ 及以下铁合金、铸铁管生产用高炉←→（CY01）。"十二五"时期淘汰 400m³ 及以下的炼铁高炉，200m³ 及以下的专业铸铁管厂高炉←→（钢铁工业"十二五"发展规划）		有效容积 400m³ 以上 1200m³ 以下炼铁高炉↑（CY01）	奖励炼铁 200m³ 及以上高炉↑（CJ01）	2

续表

年份	淘汰或禁止	关停或停建	限制	鼓励或最低标准	管制强度
2012	淘汰 400m^3 及以下炼铁高炉 4800 万 t↑（G06）			奖励炼铁 300m^3 及以上高炉↑（CJ01）	2
2013				奖励炼铁 400m^3 及以上高炉↑（CJ01）	1

注：由于篇幅限制，本章没有列出相关的 24 部环境管制法规，读者可以向笔者索取相关名录。

资料来源：笔者根据钢铁行业 24 部环境管制法规整理所得。

表 10-2 钢铁行业环境管制政策变化汇总

年份	高炉	烧结机	转炉	电炉	炭化室	生产能力	能耗	污染物	合计	标准强度
2000	1	1	1	1		2			6	106
2001									0	106
2002	1		1			2			4	110
2003	1	1	1	1	1		2		7	117
2004	3	1	3	3	1				11	128
2005	3	0	4	3	1	1	6		18	146
2006	0		0	1		1			2	148
2007	3		1	1	1				6	154
2008				1		5			6	160
2009	4		1	1		2	6	3	17	177
2010	0	−1	2	2	2		7	1	13	190
2011	2	1	1	4	1	4	4	4	21	211
2012	2		2	1		1	1	1	8	219
2013	1		0	0					1	220
2014						1		1	2	222
合计	21	3	17	18	8	19	26	10	122	

资料来源：由笔者计算所得。

　　从表 10-2 可以看出，随着时间的变化，环境管制标准强度明显呈不断上升的变化趋势。从总体数值上看，2000~2014 年的环境管制标准强度提高了 122 个单位，2014 年是 1999 年（基期 100）的 2.22 倍。从表 10-2 的横向来看，环境管制标准强度提升幅度最大的是能耗方面，2000~2014 年共提高了 26 个单位，其中 2009~2012 年提高了 18 个单位，表现得尤为集中和明显；接下来标准强度提升较快的方面依次是高炉、生产能力、电炉、转炉，分别提高了 21 个、19 个、18 个、17 个单位；而提升相对较慢的是对污染物、炭化室和烧结机方面的管制要求，分别提高了 10 个、8 个和 3 个单位。纵向来看，标准强度除 2001 年与 2000 年持平以外，其余年份均有不同程度的提升。其中，提升较快的年份集中在 2004 年、2005 年、2009 年、2010 年和 2011 年，分别比上一年提高了 11 个、18 个、17 个、13 个和 21 个单位。

　　目前来看，由于环境管制法规的内容往往是多维度、多尺度、非线性的，这就给环境管制标准强度的量化带来了较大的困难。这可能是目前环境管制标准强度计量研究进行缓慢的主要原因。对于表 10-2 中采用的累加方法，可能会引起一些争论，主要是每项法规对标准强度提升的程度是有差异的，这意味着各项法规的"权重"不等。但由于法规内容复杂，在现有条件下又难以解决上述问题。因此，鉴于本章研究重点不是法规之间的比较，而是比较不同年份之间的环境管制标准强度的变化；而且由于法规数量较多（有 220 多条），因而上述偏差在本章研究中又是可以接受的。可能引起的另一项争论是，计算方法是否意味着制度越多越好呢？当然不能说制度越多越好，"有法可依"后还须"有法必依"。相似环境保护法规的出台，并不能说明环境管制强度在不断提高，但法规标准的不断提升的确说明了环境管制标准强度在不断提升。这也正是本章研究将环境管制强度区别为标准强度与执法强度的原因。还要说明的是，由于只有标准强度提升的法规才能计入表 10-2，若仅是法规数量增加，则不能计入表 10-2。

三、环境管制标准强度提升与企业行为

环境管制标准强度的提升会作用于企业行为的改变，而企业行为的改变最终又会带来环境绩效的变化。为了更好地反映标准强度提升对于企业行为改变的影响，进而判断对环境绩效变化的影响，本章以钢铁行业污染物的吨钢污染物达标排放量作为分析对象，并将其作为强度变化的衡量标准。

吨钢污染物达标排放量应包含废水、废气和固体废弃物三部分，但在实际中固体废弃物在污染物总量中的占比很小，而且难以准确衡量，因而本章在分析时不考虑固体废弃物的变化。同时，考虑到数据能否获得的问题，选用吨钢废水达标排放量、吨钢 SO_2 达标排放量和吨钢烟粉尘达标排放量作为实际的分析对象。

（一）标准强度与执法强度对企业行为影响的区分

从理论上分析，假设在钢铁总产量不变和吨钢 SO_2 排放量保持不变的条件下：

$$SO_2 \text{排放量} = SO_2 \text{达标排放量} + SO_2 \text{未达标排放量} \tag{10-1}$$

$$\text{吨钢} SO_2 \text{排放量} = \text{吨钢} SO_2 \text{达标排放量} + \text{吨钢} SO_2 \text{未达标排放量} \tag{10-2}$$

环境管制标准强度提升主要使吨钢 SO_2 达标排放量下降。因为在假设钢铁总产量不变和炼钢工艺不变的条件下，则可认为吨钢 SO_2 排放量保持不变。当标准强度提升时（如吨钢排放的废气中对于 SO_2 含量的要求从 5% 降为 1%，则认为标准强度提高），吨钢 SO_2 达标排放量是下降的。根据企业追求利润最大化的假设，在标准强度一定时，企业实际吨钢 SO_2 排放量（或排放浓度）只会与标准持平或略低于标准，而不会在达标的前提下进一步降低 SO_2 排放量（或排放浓度），因为这样做会增加企业的成本。于是根据式（10-2），当排放量一定时，未达标排放量会上升，达标排放量会下降。

环境管制执法强度提升主要使吨钢 SO_2 达标排放量上升。因为在同样假设钢铁总产量不变和吨钢 SO_2 排放量不变的条件下，执法强度提升意味着企业的违法成本上升，企业出于自身利益的考虑，不得不采取相应的措施降低废气中 SO_2 的含量，以避免高额的违法处罚。企业的相应行为会使 SO_2 达标排放量上升，未达标排放量下降。所以说，执法强度的改变，同样会引起企业行为的改变。

(二) 吨钢污染物达标排放量的实证分析

通过前文分析可知，标准强度和执法强度的提升对吨钢污染物达标排放量的影响恰好是相反的，前者使其下降，后者使其上升；而且当年标准强度的变化对于吨钢污染物达标排放量的影响往往在下一年才能体现出来。以2001 年的吨钢污染物达标排放量作为研究的起始年份（标准强度从 2000 年记起），同时由于最新相关统计数据只更新到 2012 年，所以，以 2001~2012年的数据作为对吨钢污染物达标排放量分析的样本。

由于钢铁行业各污染物达标排放量的数据并不完整，甚至某些数据缺失较为严重。例如，废水达标排放量缺少 2011 年和 2012 年的数据，SO_2、烟尘以及粉尘达标排放量只有 2005~2010 年的数据，而且烟尘和粉尘总排放量的数据在 2011 年和 2012 年只是以二者之和的形式给出。为此，在已有数据的基础上，采用线性插值法进行了数据序列估算。首先，估算出各污染物缺失年份的达标排放率；其次，依据达标排放率，倒推出相应年份的达标排放量，从而求出吨钢污染物的达标排放量。废水达标排放量的估算过程是：

（1）根据 2001~2010 年钢铁行业废水达标排放率（达标排放量）不断上升这一变化趋势，设 2001 年的达标排放率为 A，2010 年的达标排放率为 B，并用 V 表示达标排放率的年均增长量，其中 V＝（B-A）/9；

（2）以 B+V 作为 2011 年的废水达标排放率，在此基础上，用 2011 年的废水达标排放率加上 V，即 B+2V，作为 2012 年的废水达标排放率；

（3）根据估算出的废水达标排放率，并与相应年份的废水排放量相乘，即可得到 2011 年和 2012 年的废水达标排放量。

考虑到有些年份环境管制标准强度变化较大（如 2004 年、2005 年），且 SO_2、烟粉尘达标排放率在某些年份也有较大变化；因此，对于废气达标排放率的估算采用分段式的插值法进行，并进行了必要的调整。由于《中国环境统计年鉴 2011》的统计口径有所变化，SO_2 和烟粉尘排放量较之前产生了不具可比性的变动。为了保持数据的可比性和连贯性，本章用 2010 年吨钢 SO_2 和烟粉尘排放量作为 2011 年和 2012 年吨钢 SO_2 和烟粉尘排放量的近似值，估算出 2011 年和 2012 年 SO_2 和烟粉尘排放总量，再用同样的方法估算出吨钢达标排放量。

在解决了数据缺失的问题之后，用各污染物达标排放量除以相应年份的钢铁总产量，便得到 2001~2012 年钢铁行业各吨钢污染物达标排放量。但需要注意的是，标准强度的提升对不同吨钢污染物达标排放量的影响不尽相同，且每种污染物存在形式也不同（如废水和废气），这样用实物量进行分析难免会带来不便。鉴于此，对各污染物吨钢达标排放量进行了标准化处理，即以 2001 年的实物量作为基准，用各年份的数值分别除以 2001 年的数值，便得到吨钢污染物达标排放量的标准化值，其变化趋势如图 10-1 所示。经过这样的标准化处理之后，既不会改变原始数据之间的比例关系和总体变化趋势，又便于进行统一分析比较。

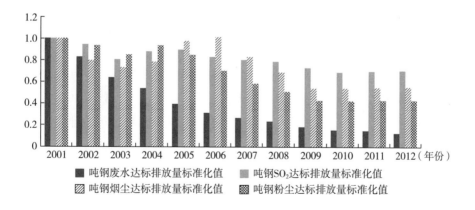

图 10-1　钢铁行业吨钢废水、SO_2、烟尘和粉尘达标排放量标准化值

资料来源：笔者根据前文逻辑分析后经标准化计算所得。

从各污染物达标排放量的标准化值来看，吨钢废水达标排放量呈连年下降趋势，标准化值由 2001 年的 1 降到 2012 年的 0.12，降幅最大，说明环境管制标准强度对废水达标排放量的影响最为明显；吨钢 SO_2 达标排放量变化稳中有降，变动幅度虽然不大，但整体上受到标准强度提升的影响。吨钢烟尘和粉尘达标排放量变化基本趋于一致，2001 ~ 2003 年逐渐下降，2004 ~ 2005 年出现上升趋势，2006 年又开始平稳下降，从总体上看在波动中下降。基于前面的分析认为，反弹明显的年份基本与执法强度的显著提升有较大关系。

四、环境管制标准强度与企业行为的初步计量分析

环境绩效的直观表现形式可用吨钢污染物达标排放量来表示，为了更好地与计量工具相结合，将吨钢各污染物达标排放量的标准化值合并为一个值。由于各种污染物的存在形式和处理方式存在很大差异，采取了由内到外、层层合并的方式进行合并。首先，对粉尘和烟尘进行合并，采用将实物量相加总的合并方法。因为烟尘和粉尘的存在形式相同，且处理方式及单位处理费用差别不大，同时，《中国环境统计年鉴》在 2011 年后统称其为烟粉尘，因此，合并后可作为同一类污染物。其次，对于废水、SO_2 以及烟粉尘的合并，采用环境已支付成本法，即通过计算得到每种污染物吨钢达标排放量治理费用，然后以每种污染物吨钢达标排放量治理费用占所有污染物吨钢达标排放量治理费用的比重作为自身的权重，并将各自的权重乘以相应的标准化值，再将得到的数值相加，即得到某一年吨钢污染物达标排放量的标准化值。例如，设 2001 年吨钢废水、SO_2、烟尘和粉尘达标排放量治理费用分别为 α、β、γ，吨钢废水、SO_2、烟尘和粉尘达标排放量标准化值分别为 X、Y、Z，则 2001 年三者合并的标准化值为：

$$Performance = \frac{\alpha}{\alpha+\beta+\gamma}X + \frac{\beta}{\alpha+\beta+\gamma}Y + \frac{\gamma}{\alpha+\beta+\gamma}Z \tag{10-3}$$

根据计算结果可知，中国钢铁行业的环境绩效取得了明显改善，2001

年吨钢污染物达标排放量为 1 （基期），此后逐年下降，2010 年降到最低点 0.3697，2011 年有所上升，达到 0.3782，2012 年又小幅下降到 0.3767。

通过环境管制标准强度和环境绩效之间的散点图，可看出二者之间近似呈现倒数函数特征，由此建立当期环境绩效 $Performance_t^*$ 和滞后一期环境管制标准强度 $Regulation_{t-1}^*$ 之间的一元回归模型（其中，令 $Performance_t^* = Performance_t$，$Regulation_{t-1}^* = \dfrac{1}{Regulation_{t-1}}$），并用 EViews 软件对样本方程进行回归，得到 $\widehat{Performance_t^*} = -0.2973 + 125.0280\widehat{Regulation_{t-1}^*}$，回归结果如
$\phantom{\widehat{Performance_t^*} = }(-3.02)\quad(9.34)$
表 10-3 所示。

表 10-3　回归结果

变量	系数	标准差	t 统计量	概率值
C	-0.297303	0.098566	-3.016293	0.0130
1/REGULATION	125.0280	13.38617	9.340084	0.0000
可决系数 R	0.897159	因变量均值		0.602067
调整后的可决系数	0.886875	因变量标准差		0.216811
回归标准误	0.072923	赤池信息准则		-2.247824
残差平方和	0.053177	施瓦茨准则		-2.167006
极大似然值	15.486940	汉南奎因准则		-2.277745
F 统计量	87.237170	DW 检验		1.095122
概率值（F）	0.000003			

资料来源：笔者根据 EViews 计算结果整理所得。

在给定 $\alpha = 0.05$ 的显著水平下，一次项系数显著不为零，而常数项系数未能通过显著性检验。故经检验后的样本回归方程应为：

$$\widehat{Performance_t^*} = 125.0280 \times \widehat{Regulation_{t-1}^*}$$

本章还进行了格兰杰因果关系检验，结果显示，滞后二期的 $Regulation_{t-1}^*$ 是 $Performance_t^*$ 的 Granger 非因，而相反的检验不成立，即 $Regulation_{t-1}^*$ 是 $Performance_t^*$ 变化的原因，而 $Performance_t^*$ 不是 $Regulation_{t-1}^*$ 变化

的原因。进一步分析可知，环境绩效的边际提高量是递减的，即环境绩效从连续提高的每一单位标准强度中所得到的提高量是递减的。

五、结论

中国钢铁行业环境绩效的有效改善，与环境管制标准强度的不断提升有直接的关系。

（一）中国钢铁行业环境绩效不断提升

2001~2012 年，除吨钢废气排放量有所上升外，其余指标均呈现逐渐下降的变动趋势。2001 年吨钢能耗为 1130.11 千克标准煤/吨，2012 年为 824.28 千克标准煤/吨，减少了 27.1%，可见吨钢能耗下降显著[①]。二氧化硫和烟粉尘的吨钢排放量分别由 2001 年的 4.83 千克和 8.28 千克下降为 2012 年的 3.32 千克和 2.50 千克；吨钢废水排放量由 2001 年的 12.65 吨下降至 2012 年的 1.47 吨，下降幅度达 88.4%。[②] 其中，吨钢化学需氧量（COD）也呈现出明显的下降趋势，2001~2012 年，由 0.94 千克下降到 0.10 千克。此外，2001~2012 年吨钢一般固体废物产生量由 778.91 千克下降到 580.86 千克，虽然相比其他指标而言下降幅度较小，但其一直处于不断下降的状态，并没有出现明显反弹现象。

（二）中国钢铁行业环境管制标准强度不断加强

2000~2014 年管制强度提高了 122 个单位，2014 年是 1999 年（基期 100）的 2.22 倍；从横向来看，对高炉、烧结机、转炉、电路、炭化室的管

---

① 参见 2000~2014 年《中国统计年鉴》和 2001~2013 年《中国环境年鉴》。
② 参见 2000~2014 年《中国统计年鉴》、2001~2013 年《中国环境统计年鉴》、2001~2013 年《中国环境年鉴》。

制要求分别提高了 21 个、3 个、17 个、18 个和 8 个单位；而对生产能力、能耗、污染物的管制要求则分别提高了 19 个、26 个和 10 个单位。纵向来看，除 2001 年与 2000 年持平以外，其余年份均有不同程度的提升。其中，标准强度提升较快的年份集中在 2004 年、2005 年、2009 年、2010 年和 2011 年，分别比上一年提高了 11 个、18 个、17 个、13 个和 21 个单位。环境管制标准强度的提升对于提高环境绩效，进而降低钢铁行业的能耗、减少污染物的排放量有着显著的成效。

（三）环境管制标准强度的提升促进了企业积极采取措施，减少对环境的影响

通过计量分析可知，随着环境管制标准强度的提升，吨钢各项污染指标均有不同程度的下降。前一期的环境管制标准强度的倒数每提高 1 个单位，本期的吨钢污染物达标排放量提高 125.028 个单位，即前一期的标准强度每提高 1 个单位，本期环境绩效提升到 $\dfrac{125.0280}{Regulation_{t-1}+1}$ 的水平。且环境绩效的边际提高量是递减的，即环境绩效从连续提高的每一单位标准强度中所得到的提高量是递减的。这与环境管制强度的作用效果是相符的，在管制强度相对薄弱的时期，提高管制强度对于提高环境绩效有着较明显的效果；当环境管制强度提高到一定程度后，进一步提升管制强度对于环境绩效的提升作用会越来越小。与此同时，中国钢铁产量依旧保持着较高的增长势头，钢铁产品质量也在不断提高，环境管制标准强度的不断提升并没有给中国钢铁行业的快速发展带来不利的影响。今后，我国可以继续发挥环境管制标准强度对于环境绩效的促进作用，争取早日把我国从一个钢铁大国变成一个钢铁强国。

第十一章

环境管制与钢铁企业全要素生产率

刘 鹏

本章运用 DEA（数据包络分析）方法，测算了 2008～2010 年中国钢铁企业的全要素生产率的变动情况，并分析了影响环境全要素生产率变动的因素。研究表明，钢铁企业的全要素生产率是不断提高的，这一效率的提高主要依靠技术进步来实现，但技术效率还有较大的提升空间。在非环境约束下，不同所有制企业效率均有不同程度提高，但国有企业效率值低于民营企业；在考虑环境约束后，国有企业效率提升较大，而民营企业效率优势开始减弱，外资和合资企业效率则出现下降。进一步分析发现，环境管制强度与环境全要素生产率显著正相关，可以初步判定"波特假说"在钢铁企业内部是成立的；要素禀赋结构与环境全要素生产率显著负相关，说明资本越密集的企业对环境压力越大。

一、研究工具与方法

传统的全要素生产率的核算方法并没有考虑环境约束，难以反映全要素生产率的真实含义。在全国环境问题日益凸显、政府对环境问题日益重视、钢铁行业去产能进行得如火如荼的大背景下，将环境约束纳入全要素生产率的分析框架非常有必要。本章沿用董敏杰等提出的方法，将考虑环境约束的全要素生产率称为环境全要素生产率[1]。

对于全要素生产率的测算，传统的方法包括参数化计量模型法、成本收益法等。但对于多投入、多产出的环境问题而言，这些方法并不合适：成本收益法在不同投入要素与产出的权重选择上存在主观性问题，参数化的计量模型受制于先验的方程形式与分布假设。数据包络分析（Data Envelopment Analysis，DEA）方法则较好地避免了这些问题，由于可以方便地将污染物引入分析框架，近年来 DEA 方法被广泛用来分析环境资源问题。

通常情况下，DEA 方法多用来测算某一时期决策单元的静态效率，若将不同时期的效率指标进行组合计算，可以得到动态的全要素生产率指标。随着效率测算方法的改进，全要素生产率测算方法也得到了相应的改进。DEA 方法中用来测度全要素生产率的指标为 Malmquist 生产率指数（Malmquist Productivity Index，MPI）。因其具有不需要指定投入产出的生产函数形态、不需要对参数进行估计、允许无效行为存在、能对全要素生产率（TFP）进行分解且可用于评价多投入多产出决策单元的生产运营效率等优点，得到了学界越来越多的关注和使用。鉴于此，本章也使用 Malmquist 指数法，试图将中国钢铁企业的全要素生产率的变动分解为综合技术效率变动和技术进步的乘积。其中，又进一步将综合技术效率变动分解为纯技术效率变动和规模效率变动的乘积。

Malmquist 指数最早由瑞典经济学家 Sten Malmquist 在 1953 年提出，Malmquist 首先提出缩放因子概念，然后利用缩放因子之比构造消费数量指数，即最初的 Malmquist 指数。而后，Caves 等（1982）将这种思想引入生产分析中，通过距离函数之比构造生产率指数，并将其正式命名为 Malmquist 生产率指数。然而，Caves 等并没有提供测量距离函数的方法，因此 Malmquist 生产率指数只是一种理论上的指数，没有太多的实际应用，也

---

[1] 董敏杰、李钢、梁泳梅：《中国工业环境全要素生产率的来源分解——基于要素投入与污染治理的分析》，《数量经济技术经济研究》2012 年第 2 期。

在很长一段时间内没能引起学术界的重视。直到 Charnes、Cooper 和 Rhodes 三人在 1978 年共同提出 DEA 方法，通过线性规划的方法来测度技术效率之后，距离函数概念才得到了迅速的发展和广泛的应用，使其成为生产分析中一种可操作的方法。基于 DEA 方法，Färe 等将 Malmquist 生产率指数从理论指数变成了实证指数。[①]

二、模型的选取

笔者基于 Färe、Grosskopf 等定义的 Malmquist 生产率指数模型形式，根据我国钢铁企业的实际情况，选用投入角度的规模报酬可变条件的 MPI 模型。从管理角度考虑，如果把减少投入作为对无效率单位提高效率的主要途径，应选择投入导向模型；如果把增加产出作为提高效率的主要途径，则应选择产出导向模型[②]。考虑到本章的研究对象是钢铁企业的运营效率，而现阶段我国钢铁行业出现了严重的产能过剩情况，去产能的任务十分艰巨。在这样的大背景下，理应把减少投入作为对无效率单位提高的主要途径，因此选用投入导向模型更具有现实意义。投入导向模型表示的含义为：在维持产出量不变的前提下，尽可能减少投入量来提高决策单元的效率。

其数学表达式如下：

$$M_i(y_{t+1},\ x_{t+1},\ y_t,\ x_t) = \left[\frac{Dt_i(x_{t+1},\ y_{t+1})}{Dt_i(x_t,\ y_t)} \times \frac{Dt+1_i(x_{t+1},\ y_{t+1})}{Dt+1_i(x_t,\ y_t)} \right]^{1/2}$$

$$(11-1)$$

M_i 代表和生产点 $(x_t,\ y_t)$ 相比较的生产点 $(x_{t+1},\ y_{t+1})$ 的生产力，比 1 大的值代表从 t 到 $t+1$ 时期的一个正的 TFP 增长，i 表示投入角度的 MPI 模型。式（11-1）可按照综合技术效率变动和技术进步分解为：

---

① 章祥荪、贵斌威：《中国全要素生产率分析：Malmquist 指数法评述与应用》，《数量经济技术经济研究》2008 年第 6 期。

② 成刚：《数据包络分析方法与 MaxDEA 软件》，知识产权出版社 2014 年版。

$$M_i = \frac{Dt_i(x_{t+1},\ y_{t+1})}{Dt_i(x_t,\ y_t)} \times \left[\frac{Dt_i(x_{t+1},\ y_{t+1})}{Dt_i(x_t,\ y_t)} \times \frac{Dt_i(x_t,\ y_t)}{Dt+1_i(x_t,\ y_t)}\right]^{1/2}$$

$$= Effch_i \times Tech_i \tag{11-2}$$

式（11-2）右边的第一部分 $Effch_i$，就是从 t 到 $t+1$ 时期生产运营效率的变化；右边的第二部分 $Tech_i$，是指 t 到 $t+1$ 时期技术的变化，即前文提到的综合技术效率的变动和技术进步。综合技术效率的变动，反映的是非有效企业的运营效率离生产前沿企业的距离，此效率的变动表示企业管理方法的优劣与管理层决策的正确与否[1]；技术进步的变动，反映了整个行业的技术进步或后退，代表了整个生产前沿面的移动。它们的值可以大于1、等于1和小于1，分别表示效率没有提升、效率不变和效率下降。其中，综合技术效率变动又分解为规模效率变动和纯技术效率变动，即 $Effch_i = Sech_i \times Pech_i$，如式（11-3）所示。

$$Effch_i Tech_i = \frac{St_i(x_t,\ y_t)}{St_i(x_{t+1},\ y_{t+1})} \times \frac{Dt_i(x_{t+1},\ y_{t+1}/VRS)}{Dt_i(x_t,\ y_t/VRS)} \times$$

$$\left[\frac{Dt_i(x_{t+1},y_{t+1})}{Dt_i(x_t,y_t)} \times \frac{Dt_i(x_t,y_t)}{Dt+1_i(x_t,y_t)}\right]^{1/2}$$

$$= Sech_i Pech_i Tech_i \tag{11-3}$$

三、实证分析

在研究思路上，本章分为两步：第一步不考虑环境约束，单纯用 MPI 模型来测算传统意义上的钢铁企业全要素生产率（TFP）的变化；第二步将环境约束纳入模型中，按原方法重新求得一个环境全要素生产率（TFP_e）。通过前后两次测算结果的对比，来探究环境约束对钢铁企业的生产运营效率有怎样的影响，以及影响程度如何。虽然 DEA 计算的是一组决策单元的相对效率，同一企业在两个模型中的效率值并不具备可比性，但可以通过企业

---

[1]　韩晶：《中国钢铁业上市公司的生产力和生产效率——基于 DEA-TOBIT 两步法的实证研究》，《北京师范大学学报（社会科学版）》2008 年第 1 期。

的排名反映其在样本中的相对效率[①]。

（一）样本与数据来源

在运用 DEA 模型时，至少要满足两个基本条件：一是 DEA 评价的决策单元之间的相对效率，因此各个决策单元之间必须具有同质性；二是决策单元的数量 n 应满足：$n \geq \max \{m \times s, 3 (m+s)\}$，其中 m 为投入变量个数，s 为产出变量个数，否则会影响评价结果的有效性。基于以上原则并考虑到数据的可得性，本章所使用的数据来自《"十一五"时期冶金大中型财务指标手册》，2008~2010 年《中国钢铁工业年鉴》《中国钢铁工业环境保护统计》《中国统计年鉴》，以及部分上市钢铁企业年报。对于个别企业的部分缺失数据，本章用线性插值法或相关数据进行了替代。为了遵循决策单元需符合同质性原则，又剔除了一些短流程生产企业，最终筛选出符合要求的 61 家钢铁联合生产企业作为研究对象。

所选样本期间，由于钢铁企业联合重组，有些集团公司跨地域或跨区域兼并了一些子公司；但环境保护管理、污染治理工作地域性较强，环保统计遵循属地原则，并未合并汇总一些钢铁集团公司的数字，仍沿用多年来原有厂区的地域原则分别统计。例如，宝钢集团按宝钢股份和新疆八一分别统计；水城钢铁和长治钢铁虽然都属于首钢集团的子公司，但遵循属地原则，均视为独立的决策单元。

（二）投入、产出变量的选取

通常的投入产出模型中会把劳动（L）和资本（K）视为必不可少的两大投入要素；在实际的研究中，劳动投入要素的表现形式有劳动者人数、工作时间或者劳动者的工资水平等，资本投入要素又可分为固定资本和流动资

---

① 张庆芝、何枫、雷家骕：《技术效率视角下我国钢铁企业节能减排与企业规模研究》，《软科学》2013 年第 8 期。

本。而在 DEA 模型中，投入变量应包括所有对产出有影响的因素，产出变量应反映所有生产所能达到的有用结果。但是在选择投入产出变量时，应尽可能将可以完全替代的因素或可以完全互补的因素归入同类，目的是减少不同因素之间替代或互补关系的存在[①]。

在总结了已有文献评价钢铁企业效率时采用的投入、产出变量的基础上（见表 11-1），结合本章研究的具体问题及实际情况，将钢铁企业的年末职工人数、固定资产折旧、物料（能源）投入[②]、外排废水总量、二氧化硫排放量及烟粉尘排放量作为投入变量；将钢材产量作为产出变量（见表 11-2）。其中，在不考虑环境约束的模型中，投入变量只包含年末职工人数、固定资产折旧和用料成本三项；而在测算环境全要素生产率（TFP_e）的模型中，投入变量包含全部 6 项指标。对于变量指标选取的原因，将在下文中予以说明。

表 11-1　投入、产出变量选取总结[③]

研究者	产出变量	投入变量
Jefferson	总产值	资本、人力
Kalirajan 和 Cao	工业增加值	运营资本、改造投资、职工人数、基建投资、固定资本
Wu	企业产值	净固定资产、员工总数
Zhang 和 Zhang	工业增加值	职工人数、固定资产净值
Ma 等	产值、生铁、粗钢、钢材	职工人数、固定资产净值、能源消耗
赵国杰和郝清民	钢产量、销售收入、利润总额	资本、职工人数、金属物料
Movshuk	工业增加值	职工人数、固定资产
徐二明和高怀	年营业利润	技术开发投入、管理活动投入、营销投入
焦国华等	工业增加值、利税总额	资本总额、工资总额、能源消耗
Zhang 和 Wang	生产总值	喷吹煤粉量、连铸比、更新改造投资
韩晶	主营业务收入	年末总资产、劳动人数

①　韩一杰、刘秀丽：《基于超效率 DEA 模型的中国各地区钢铁行业能源效率及节能减排潜力分析》，《系统科学与数学》2011 年第 3 期。

②　刘秉镰、林坦、刘玉海：《规模和所有权视角下的中国钢铁企业动态效率研究——基于 Malmquist 指数》，《中国软科学》2010 年第 1 期。

③　张庆芝、何枫、雷家骕：《循环经济下我国钢铁企业技术效率与技术创新研究》，《研究与发展管理》2014 年第 6 期。

续表

研究者	产出变量	投入变量
刘秉镰等	粗钢、生铁和成品钢材产量	职工人数和资产总额
张庆芝等	工业增加值	固定资产净值、职工人数、综合总能耗、总耗新水
He 等	工业增加值	水、能源、劳动、资金、三废排放

资料来源：张庆芝、何枫、雷家骕：《循环经济下我国钢铁企业技术效率与技术创新研究》，《研究与发展管理》2014 年第 6 期。

表 11-2　投入、产出变量名称及定义

类型	变量名称	定义
投入变量	年末职工人数固定资产折旧 物料（能源）投入 外排废水总量 二氧化硫排放量 烟粉尘排放量	钢铁企业年末职工人数 钢铁企业当年计提的固定资产折旧总额 等于营业总成本-工资总额-固定资产折旧 钢铁企业当年外排废水总量（企业总计） 钢铁企业当年二氧化硫排放量（企业总计） 钢铁企业当年烟尘和粉尘排放量之和（企业总计）
产出变量	钢材产量	钢铁企业当年钢材生产量

资料来源：笔者整理计算所得。

1. 选用固定资产折旧和物料（能源）投入的原因

本章选取投入变量的原则是优先考虑使用企业当期的实际消耗量。通过查阅文献可知，绝大部分研究钢铁企业生产运营效率的文章都将固定资产存量作为一项投入变量，但本章笔者认为，使用存量这一概念并不能准确反映企业在某一时期内对固定资产的实际消耗使用情况，而 DEA 模型中的投入量要求必须是决策单元当期实际消耗的量。而固定资产存量只是反映了企业有多大的生产能力，并不代表就一定参与了当期的生产活动；并且很多企业并没有达到最优的生产规模，甚至存在开工不足的情况。这跟劳动的投入情况本质上是一个道理，与职工人数相比，职工的工作时间更能反映生产活动中对劳动的实际使用情况，但由于无法获得各企业职工的工作时间，本章只能用职工人数作为劳动的投入。因此，相较于固定资产存量这一概念，笔者认为固定资产折旧更贴近于实际的消耗使用量。在恰好可以获得这项数据的同时，本章以 2008 年为基期，按照固定资产投资指数进行调整后，将得到的数据作为投入变量。

钢铁企业生产的另一大投入是对能源的消耗，但由于无法获得能源投入的实物数据，本章用会计关系式来间接计算出物料（能源）投入的数据，以货币单位来表示（即固定资产折旧＝营业总成本－工资总额－固定资产折旧）；并以 2008 年为基期，用生产者燃料动力类购进价格指数进行了调整，相继得到 2009 年和 2010 年的不变价物料（能源）投入成本。

2. 将污染物的排放量作为投入变量的原因

在目前中国环境容量（本质上是大自然的自我净化能力）不足的情况下，排放了一定量的污染物就相当于占用了一定的环境自净能力。在经济学中，只有有限的资源才能成为经济学意义上的资源，而进入生产领域的资源就是投入。由于人类工业化的推进，原来无限的（至少相对于人类的经济活动而言）资源变为经济学意义上的资源。因此我们把对环境容量（自净能力）的占用视为一种消耗（投入），对其占用的多少用污染物的排放量来表示，本章将企业污染物的排放量作为 DEA 模型中的投入变量来进行处理。需要特别说明的是，钢铁企业所产生的废气并不是都有害，而是其中主要的污染物（如二氧化硫、烟粉尘等）才会对环境和人体产生不利影响。因此，本章用废气中的主要污染物（即二氧化硫和烟粉尘）排放量来代替废气的排放总量，具有更好的现实意义。

从所造成的影响来看，污染物可分为存量污染与流量污染，其中，存量污染物经一段时间积累后，未来仍将对环境产生影响，典型的存量污染物是固体污染物（因为这些废物在处理场所不断积累）。与此相对应，存量污染治理工作不仅要控制当期新增污染物的排放，而且要削减以往的存量污染物，例如，对往年堆积的固体污染物进行清理等。尽管存量污染削减活动也可以通过市场化手段由企业来完成，但目前主要由政府承担，对多数企业并无明显影响，且钢铁企业的固体污染物排放量数据缺失严重，因此，本章也并不打算涉及这部分内容。而针对企业的"新增污染物"直接影响到企业的生产运营效率，与本章研究主题较为吻合。[1]

3. 钢材产量作为产出变量的原因

产业经济学中讲的产业升级，本质上是产业结构的高级化，即从低附加值向高附加值升级，从高能耗、高污染向低能耗、低污染升级，从粗放型向集约型升级，并最终向着更有利于经济、社会发展的方向转变。Humphrey和 Schmitz 区分了产业升级的 4 种类型，即工艺升级、产品升级、功能升级和跨产业升级。[2] 具体来讲，工艺升级——引入新工艺、新技术、新流程，促进生产效率提高；产品升级——改进老产品，推出新产品，使产品复杂化，单位价值提高；功能升级——向上下游延伸价值链，如从加工环节向设计、营销、品牌等环节延伸，提高产品附加值；跨行业升级——利用在原行业的某种优势进入新行业。其中，前 3 种形式属于产业内的升级，第 4 种形式是产业间的升级[3]，也可以看作是产业的"转型"。在本章中，笔者想测算的是钢铁企业生产效率的变化，即在产出产品类型不变的情况下，其工艺升级的快慢程度。

进一步来看，产品升级会直接反映在价格上，而价格的变化又会体现在工业总产值（或工业增加值）上，但产品升级并不能很好地体现生产效率的提高，例如，一吨特种钢的价格要远高于一吨普通板材或线材的价格，但其投入的生产要素未必比生产普通钢材的少，若用工业总产值（或工业增加值）作为产出变量来衡量企业生产运营效率的话，则会人为导致生产特种钢的企业效率值偏高。然而，从本质上讲，这两类企业是非同质的，不能放在一起用 DEA 方法进行效率的比较。因此，针对要研究的工艺升级问题，应剔除不同质的企业，用钢材产量作为产出变量进行测量更具有合理性。

---

[1] 董敏杰：《环境规制对中国产业国际竞争力的影响》，博士学位论文中国社会科学院研究生院，2011 年。

[2] Humphrey, J. and H. Schmitz, "How does Insertion in Global Value Chains Affect Upgrading Industrial Clusters?", *Regional Studies*, Vol. 36, No. 9, 2002.

[3] 唐晓云：《产业升级研究综述》，《科技进步与对策》2012 年第 4 期。

（三）数据处理和描述性统计

对于所选样本的数据，笔者尽可能使用同一来源的数据，目的是保证统计口径一致。在少部分企业的个别指标数据无法从统一口径中获得的情况下，本章使用其统计年报数据或相关数据进行代替。而对于数据缺失严重的企业，本章直接将其剔除掉，不再作为研究对象。经过笔者整理和计算，并将设计用货币单位表示的数据进行了不变价调整后，得到了表 11-3 中的投入、产出变量数据的描述性统计结果。

表 11-3　投入、产出变量数据的描述性统计结果

变量名称	平均值	标准差	最小值	最大值
年末职工数量（人）	28174	31825.03	2486	143844
不变价固定资产折旧（万元）	165723.11	234150.75	3178.36	1447547.94
不变价用料成本（万元）	3438896.58	3560674.43	37817.16	17687018.96
外排废水总量（万立方米）	1119.84	1756.85	10.15	12874.50
二氧化硫排放量（吨）	12128.18	21885.75	577.00	266773.47
烟粉尘排放量（吨）	7138.93	8592.17	75.61	55173.00
钢材产量（万吨）	596.18	540.83	12.22	3601.09

注：不变价的计算以 2008 年为基期。

资料来源：《"十一五"时期冶金大中型财务指标手册》、2008~2010 年的《中国钢铁工业年鉴》、《中国钢铁工业环境保护统计》、《中国统计年鉴》以及部分上市钢铁企业年报。

（四）计算结果及分析

本章运用 DEAP2.1 软件，基于 Malmquist 模型对 2008~2010 年 61 家钢铁企业的全要素生产率的变化进行测算，其中又分为两次测算：第一次测算不考虑环境约束条件下的全要素生产率（TFP）的变化，第二次测算包含环境约束的环境全要素生产率（TFP_e）的变化。

1. 总体结果

从总体结果来看：如表 11-4 所示，2008～2010 年我国钢铁企业平均全要素生产率（TFP）有所上升，MPI 值为 1.053，提高了 5.3 个百分点；其中，2008～2009 年提升较为明显，MPI 值达到 1.111，提高了 11.1 个百分点；2009～2010 年 TFP 略有下降，MPI 值为 0.999，下降了 0.1 个百分点。从分解结果来看，2008～2010 年 TFP 的提升主要来源于技术进步，技术进步值为 1.071，平均提高了 7.1 个百分点；而综合技术效率有下降的趋势，综合技术效率值为 0.983，降低了 1.7 个百分点，进一步来看，综合技术效率下降的原因在于规模效率的下降，因为在此期间纯技术效率值为 1，没有发生变化。2008～2009 年 TFP 的提高主要是因为技术进步的带动作用显著，提高了 20.2%，而综合技术效率下降了 7.6%；2009～2010 年 TFP 下降的原因可以归结为技术有所退步，技术进步值降到 0.955，下降了 4.5%。综上来看，在不考虑环境约束时 TFP 的提高主要来源于技术进步，而规模效率却拖了后腿，不但没有提高反而出现后退，这一方面说明我国钢铁企业的集中度还不够，另一方面说明决策者在企业的管理上存在一定的问题。

表 11-4 钢铁企业平均非环境 MPI 及各项效率变动

评价期间	综合技术效率变化	技术进步	纯技术效率变化	规模效率变化	Malmquist 生产率指数
2008～2009 年	0.924	1.202	0.971	0.952	1.111
2009～2010 年	1.046	0.955	1.029	1.017	0.999
均值	0.983	1.071	1.000	0.984	1.053

资料来源：根据 Malmquist 模型计算所得。

如表 11-5 所示，从环境全要素生产率（TFP_e）的计算结果来看，2008～2010 年 TFP_e 也得到了提高，其 MPI 值均为 1.069，且提高幅度大于非环境 TFP，高出 1.6 个百分点。虽然前后两个效率的绝对值不具有可比性，但其相对值的变化能反映效率变化的大小。其中，2008～2009 年的 MPI 值达到 1.130，TFP_e 提高了 13%；2009～2010 年的 TFP_e 并没有像非环境全要素生产率一样出现下降，而是提高了 1.2 个百分点。分解来看，2008～2010 年综合技术效率和技术进步分别提高了 3.8% 和 3.0%；而纯技术效率和规模效率分别提高了 2.9% 和 0.9%。同样地，根据计算结果，2008～2009 年，TFP_e 提高的 13 个百分点中，技术进步提高了 20.8%；而综合技术效率下降了 6.5%，其间纯技术效率和规模效率均出现了不同程度的下降。2009～2008 年，综合技术效率提升较为明显，从前一期的 0.935 变为 1.152，提高了 23.2%，纯技术效率和规模效率分别提高了 7.7% 和 7.0%；但技术进步出现后退，2009～2010 年技术进步值为 0.878，下降了 27.3%。

表 11-5　钢铁企业平均环境 MPI 及各项效率变动

评价期间	综合技术效率变化	技术进步	纯技术效率变化	规模效率变化	Malmquist 生产率指数
2008～2009 年	0.935	1.208	0.984	0.950	1.130
2009～2010 年	1.152	0.878	1.077	1.070	1.012
均值	1.038	1.030	1.029	1.009	1.069

资料来源：根据 Malmquist 模型计算所得。

对比两次测算的结果发现，将环境约束纳入评价模型后，全要素生产率的提高幅度非但没有减小，反而有所提升；而且从分解的结果来看，这种提高主要是由技术进步带来的。可以初步判断，在我国环境管制强度不断加强、企业污染物排放限制越来越多的情况下，钢铁企业的生产运营效率并未受到太大影响，反而出现了所谓的"创新补偿"，即通过技术的进步弥补了环境管制的不利影响，从而提高了企业的效率。这从微观基础上对"波特假说"进行了又一次的论证。

2. 分企业结果

如表 11-6 所示，在 61 家企业中，非环境的 MPI 值大于 1 的有 45 家，小于 1 的有 16 家，最大值为 1.554，最小值为 0.584，即全要素生产率得到提高的有 45 家企业，下降的有 16 家；排名前五位企业为：天铁、略钢、柳钢、敬业和淮钢。考虑环境约束时，MPI 值大于 1 的有 47 家，小于 1 的有 14 家，最大值为 1.585，最小值为 0.728。此时，排名前五位企业为：天铁、略钢、杭钢、柳钢和敬业（见表 11-7）。通过对比发现，环境全要素生产率得到提高的企业比非环境全要素生产率得到提高的多出两家，而且排名第一的企业的增幅（天铁，增幅 58.5%）要比非环境模型中排名第一的企业（天铁，增幅 55.4%）大。此外，在两次的结果中，效率值前五名和后五名的企业相对比较固定，主要的差别来自效率值变动的幅度。

表 11-6　各钢铁企业非环境 MPI 及各项效率变动

钢企简称	综合技术效率变化	技术进步	纯技术效率变化	规模效率变化	Malmquist 生产率指数
首钢	0.701	1.096	0.920	0.762	0.768
水钢	1.007	1.061	0.984	1.023	1.069
贵钢	0.712	0.820	1.000	0.712	0.584
长钢	0.927	1.075	0.917	1.011	0.997
天钢	1.114	1.025	1.188	0.938	1.142
天管	0.883	1.108	0.925	0.954	0.978
天铁	1.579	0.984	1.739	0.908	1.554
唐钢	0.921	1.102	0.939	0.980	1.015
宣钢	0.905	1.133	0.980	0.924	1.025
承钢	1.036	1.103	1.033	1.003	1.142
邯钢	1.024	1.090	1.116	0.918	1.117
舞钢	0.978	1.119	0.983	0.995	1.094
石钢	1.005	1.076	1.023	0.982	1.082
新兴铸管	0.926	1.016	0.935	0.990	0.941
邢钢	0.947	1.102	0.966	0.980	1.043
建龙钢铁	0.978	1.090	0.861	1.136	1.066
新抚钢	1.059	1.078	1.057	1.003	1.142
国丰	1.095	1.111	1.015	1.078	1.216
敬业	1.178	1.072	1.116	1.056	1.263
太钢	0.892	1.118	0.801	1.113	0.997

续表

钢企简称	综合技术效率变化	技术进步	纯技术效率变化	规模效率变化	Malmquist 生产率指数
新临钢	1.000	1.046	1.000	1.000	1.046
包钢	0.909	1.040	0.929	0.979	0.945
鞍钢	0.963	1.042	1.063	0.906	1.003
攀钢	1.034	1.022	1.019	1.014	1.057
本钢	0.989	1.024	0.987	1.002	1.013
抚顺特钢	1.053	1.058	0.995	1.059	1.114
凌钢	0.955	1.092	0.958	0.997	1.043
营板	0.820	1.098	1.000	0.820	0.900
西林	0.854	1.056	0.853	1.001	0.902
宝钢股份	0.991	1.102	0.996	0.995	1.092
新疆八一	0.950	1.088	0.966	0.984	1.033
南京	1.016	1.103	1.015	1.001	1.120
沙钢	0.913	1.097	1.000	0.913	1.003
淮钢	1.115	1.102	1.143	0.976	1.229
永钢	1.044	1.003	0.994	1.050	1.046
苏钢	0.869	1.088	1.043	0.833	0.946
江阴华西	1.000	0.988	1.000	1.000	0.988
杭钢	1.224	0.948	1.202	1.019	1.160
马钢	0.953	1.098	1.000	0.953	1.046
新余	1.064	1.085	1.115	0.954	1.155
萍钢	0.892	1.096	0.871	1.024	0.977
方大特钢	1.092	1.086	1.103	0.990	1.186
三钢	1.064	1.102	1.064	1.000	1.173
济钢	0.983	1.089	1.000	0.983	1.071
莱钢	1.023	1.091	1.077	0.950	1.116
青钢	0.871	1.106	0.873	0.998	0.963
安钢	1.034	1.121	1.000	1.034	1.159
济源	1.062	1.068	1.062	1.000	1.134
武钢	0.829	1.093	1.000	0.829	0.907

续表

钢企简称	综合技术效率变化	技术进步	纯技术效率变化	规模效率变化	Malmquist 生产率指数
昆钢	0.995	1.091	0.986	1.010	1.086
鄂钢	1.035	1.104	1.029	1.005	1.142
湘钢	0.966	1.094	0.916	1.054	1.056
涟钢	0.952	1.097	0.950	1.002	1.044
衡管	0.961	1.088	0.938	1.024	1.045
韶钢	1.076	1.096	1.067	1.009	1.179
广钢	0.771	0.983	0.781	0.987	0.758
柳钢	1.158	1.125	1.025	1.130	1.303
重钢	0.928	1.081	0.898	1.034	1.003
略钢	1.283	1.205	1.000	1.283	1.546
龙门	1.116	0.967	1.122	0.995	1.079
酒钢	0.824	1.099	0.849	0.970	0.905
均值	0.983	1.071	1.000	0.984	1.053

资料来源：根据 Malmquist 模型计算所得。

表 11-7　各钢铁企业环境 MPI 及各项效率变动

钢企简称	综合技术效率变化	技术进步	纯技术效率变化	规模效率变化	Malmquist 生产率指数
首钢	1.000	1.043	1.000	1.000	1.043
水钢	1.028	1.057	1.010	1.017	1.086
贵钢	0.935	0.778	1.000	0.935	0.728
长钢	0.998	1.027	0.990	1.007	1.025
天钢	1.163	1.069	1.074	1.083	1.243
天管	1.000	0.922	1.000	1.000	0.922
天铁	1.575	1.006	1.713	0.919	1.585
唐钢	1.155	1.017	1.000	1.155	1.175
宣钢	0.979	1.053	1.000	0.979	1.031
承钢	1.079	1.064	1.068	1.011	1.149
邯钢	1.067	1.057	1.151	0.927	1.128

钢企简称	综合技术效率变化	技术进步	纯技术效率变化	规模效率变化	Malmquist 生产率指数
舞钢	1.059	1.033	1.076	0.984	1.094
石钢	1.021	1.052	0.981	1.041	1.075
新兴铸管	1.235	0.892	1.242	0.994	1.102
邢钢	0.977	1.070	0.986	0.991	1.046
建龙钢铁	1.055	1.030	1.004	1.051	1.086
新抚钢	1.049	1.100	1.049	1.000	1.154
国丰	1.000	0.926	1.000	1.000	0.926
敬业	1.181	1.057	1.166	1.013	1.248
太钢	1.146	0.948	1.000	1.146	1.087
新临钢	1.000	1.037	1.000	1.000	1.037
包钢	0.898	1.056	0.929	0.966	0.948
鞍钢	0.948	1.060	1.000	0.948	1.005
攀钢	0.998	1.065	1.091	0.915	1.063
本钢	0.922	1.078	0.954	0.967	0.994
抚顺特钢	1.098	1.023	1.000	1.098	1.124
凌钢	0.990	1.067	0.987	1.003	1.056
营板	0.820	1.096	1.000	0.820	0.899
西林	0.858	1.040	0.889	0.965	0.892
宝钢股份	0.989	1.087	0.996	0.993	1.075
新疆八一	0.997	1.041	1.000	0.997	1.038
南京	1.037	1.105	1.040	0.997	1.146
沙钢	1.000	1.008	1.000	1.000	1.008
淮钢	1.090	0.997	1.086	1.004	1.088
永钢	1.060	1.003	1.000	1.060	1.062
苏钢	0.880	1.057	1.000	0.880	0.930
江阴华西	1.000	0.754	1.000	1.000	0.754
杭钢	1.459	0.975	1.389	1.050	1.423
马钢	0.991	1.056	1.000	0.991	1.046
新余	1.114	1.043	1.143	0.975	1.162

续表

钢企简称	综合技术效率变化	技术进步	纯技术效率变化	规模效率变化	Malmquist 生产率指数
萍钢	0.937	1.064	0.922	1.016	0.998
方大特钢	1.126	1.067	1.134	0.993	1.201
三钢	1.115	1.048	1.110	1.005	1.169
济钢	1.010	1.067	1.000	1.010	1.077
莱钢	1.062	1.070	1.000	1.062	1.136
青钢	0.926	1.039	0.927	0.999	0.962
安钢	1.113	1.045	1.000	1.113	1.163
济源	1.064	1.055	1.062	1.002	1.123
武钢	1.000	0.988	1.000	1.000	0.988
昆钢	1.009	1.022	1.000	1.009	1.031
鄂钢	1.035	1.098	1.029	1.006	1.136
湘钢	1.003	1.055	0.959	1.045	1.059
涟钢	0.981	1.080	0.986	0.995	1.060
衡管	0.985	1.054	0.884	1.114	1.038
韶钢	1.135	1.046	1.113	1.019	1.187
广钢	1.000	1.042	1.000	1.000	1.042
柳钢	1.157	1.121	1.025	1.129	1.297
重钢	1.010	0.997	0.982	1.028	1.007
略钢	1.283	1.210	1.000	1.283	1.553
龙门	1.059	0.930	1.047	1.011	0.984
酒钢	0.866	1.029	0.931	0.931	0.891
均值	1.038	1.030	1.029	1.009	1.069

资料来源：根据 Malmquist 模型计算所得。

根据以上的分析结果，无论是环境的 MPI 值还是非环境的 MPI 值，总体上都是大于1的，这说明在评价期间中国钢铁企业的全要素生产率是趋于提高的，且这一效率的提高主要是依靠技术进步来实现的，而综合技术效率还有较大的提升空间。

3. 不同所有制形式钢铁企业的效率分析

从企业的所有制性质来看，61家样本企业中，国有企业48家（中央国有企业8家，地方国有企业40家），占总数的79%；非国有企业13家（民营企业10家，外资和合资企业共3家），占21%。根据表11-8，在非环境约束下，国有企业MPI的平均值为1.062，低于民营企业的1.081，高于外资和合资企业的1.038。导致国有企业效率值低于民营企业的主要原因是其综合技术效率阻碍了全要素生产率的进一步提升，其值只有0.989；而这也是阻碍外资和合资企业TFP提高的主要原因，其值仅为0.984。在三类企业中，综合技术效率唯一大于1的是民营企业，达到1.007，相当于提高了0.7个百分点。进一步来看，规模效率后退又是导致综合技术效率不高的主要原因；国有、民营、外资和合资企业的动态规模效率分别为0.985、0.998和0.987。此外，三类企业的技术进步率均有所提高，国有和民营企业均为1.074，外资和合资企业为1.055。

表11-8　不同所有制形式的钢铁企业非环境约束下的效率汇总

企业性质	综合技术效率变化	技术进步	纯技术效率变化	规模效率变化	Malmquist生产率指数
国有	0.989	1.074	1.006	0.985	1.062
民营	1.007	1.074	1.010	0.998	1.081
外资和合资	0.984	1.055	0.996	0.987	1.038

资料来源：笔者计算整理所得。

而在考虑环境约束的情况下，国有、民营及外资和合资钢铁企业的MPI值分别为1.085、1.085和0.958（见表11-9）。相比于非环境约束下的国有企业效率低于民营企业效率的情况，此时的国有企业效率并不比民营企业的差，均达到1.085。张庆芝等也提到，在考虑到节能减排因素时，民营企业的效率优势是减弱的。[①] 由于受到数据可得性的局限，本章的评价周期只有

[①] 张庆芝、何枫、雷家骕：《技术效率视角下我国钢铁企业节能减排与企业规模研究》，《软科学》2013年第8期。

2008~2010 年，这可能导致前后两个模型计算结果的差异并不显著。若在扩大评价周期、增加样本数量的情况下，笔者认为国有企业的环境效率会得到更大幅度的提升，甚至会超过民营企业的环境效率。从投入角度的Malmquist 模型看，国有企业环境效率的提高实质上是其减少了污染物对环境容量（环境自净能力）的使用量，即在保持产量不变的前提下使污染物的排放量尽可能地减少，这说明国有钢铁企业正走在一条减排增效的绿色化生产道路上。相反，外资和合资企业的环境效率值则出现了下降，仅为0.958，下降了 4.2 个百分点。

表 11-9 不同所有制形式的钢铁企业环境约束下的效率汇总

企业性质	综合技术效率变化	技术进步	纯技术效率变化	规模效率变化	Malmquist 生产率指数
国有	1.050	1.033	1.038	1.014	1.085
民营	1.031	1.052	1.034	0.996	1.085
外资和合资	0.999	0.959	0.989	1.011	0.958

资料来源：笔者计算整理所得。

平均而言，在非环境约束下，民营企业相比国有企业具备一定的效率优势，对资源的配置效率更高一些，在市场环境下更具有竞争力。但是，在考虑环境约束的情况下，民营企业不再具备效率上的优势，并且本章笔者推测在环境管制强度进一步提升、不考虑研究样本及数据的局限性后，现实中的国有企业的环境效率值将超过民营企业。之所以这样推测，是因为国有企业是企业社会责任的主要承担者，其在一定程度上并不是以营利为首要目的，在提供公共物品、矫正外部性方面发挥了重要作用。[1] 企业污染物的排放对社会产生的负外部性并不能很好地通过市场机制自动解决，非国有企业也没有太多的动力去控制和治理污染。因此，国有企业在处理环境外部性问题上具有先天的优势，其环境全要素生产率理应更高。

---

[1] 李钢、王茜、程都：《市场经济条件下国有企业的功能定位——基于市场配置与政府调控融合的视角》，《毛泽东邓小平理论研究》2016 年第 9 期。

4. 不同规模的钢铁企业效率分析

学者们普遍认为钢铁行业的规模经济效应比较明显，按国际上的经验将钢铁企业产出的最佳规模经济设定为 800 万~1000 万吨，最低规模经济为 300 万~500 万吨[①]。根据我国钢铁企业的实际情况，为方便分析不同规模的钢铁企业效率，本章按照 2008~2010 年样本企业的年均钢材产量，将 61 家钢铁企业分为四组：1000 万吨以上、600 万~1000 万吨、200 万~600 万吨、200 万吨以下。如表 11-10 和表 11-11 所示，年均钢材产量在 1000 万吨以上的钢铁企业共有 8 家，产量最大的是武钢，达到 3060.97 万吨，其中非环境 MPI 值大于 1 的有 6 家，占比为 75%，其效率均值为 0.994；环境 MPI 值大于 1 的有 7 家，占比为 87.5%，其效率均值为 1.060。年均产量 600 万~1000 万吨的钢铁企业共有 13 家，其中非环境 MPI 值大于 1 的有 10 家，占比为 76.9%，其效率均值为 1.084；环境 MPI 值大于 1 的共有 9 家，占比为 69.2%，其效率均值为 1.066。年均产量 200 万~600 万吨的钢铁企业共有 32 家，其中非环境 MPI 值大于 1 的有 24 家，占比为 75%，其效率均值为 1.081；环境 MPI 值大于 1 的有 26 家，占比为 81.3%，其效率均值为 1.096。年均产量在 200 万吨以下的钢铁企业共有 8 家，产量最小的是贵钢，仅有 20.12 万吨，其中非环境 MPI 值大于 1 的有 5 家，占比为 62.5%，其效率均值为 1.033；环境 MPI 值大于 1 的企业同样有 5 家，效率均值为 1.048。

表 11-10　不同规模钢铁企业非环境约束下的效率汇总

企业规模	综合技术效率变化	技术进步	纯技术效率变化	规模效率变化	Malmquist 生产率指数
200 万吨以下	0.963	1.060	1.000	0.964	1.033
200 万~600 万吨	1.016	1.067	1.022	0.997	1.081
600 万~1000 万吨	0.998	1.085	0.977	1.025	1.084
1000 万吨以上	0.912	1.090	0.999	0.911	0.994

资料来源：笔者计算整理所得。

---

① 刘秉镰、林坦、刘玉海：《规模和所有权视角下的中国钢铁企业动态效率研究——基于 Malmquist 指数》，《中国软科学》2010 年第 1 期。

表 11-11　不同规模钢铁企业环境约束下的效率汇总

企业规模	综合技术效率变化	技术进步	纯技术效率变化	规模效率变化	Malmquist 生产率指数
200 万吨以下	1.003	1.f038	0.983	1.021	1.048
200 万~600 万吨	1.069	1.027	1.064	1.006	1.096
600 万~1000 万吨	1.027	1.037	1.018	1.011	1.066
1000 万吨以上	1.018	1.041	1.000	1.019	1.060

资料来源：笔者计算整理所得。

对比发现，在非环境约束下，规模小的企业效率不一定低，规模大的企业效率未必高，企业规模与企业效率之间并不存在明显的关系。如表 11-10 所示，年均钢材产量 1000 万吨以上企业的 MPI 值为 0.994，而 200 万吨以下企业的 MPI 值却达到 1.033。从分解结果看，造成这一结果的主要原因是 1000 万吨以上企业的综合技术效率较低，仅有 0.912，是四组企业中最低的。四组规模企业中，技术进步均大于 1，说明生产技术前沿的推进促进了钢铁企业全要素生产率的提升。在环境约束下，企业规模与企业效率之间同样不存在显著的规律性特征，但值得一提的是，四组规模企业的 MPI 值均大于 1，说明其环境全要素生产率得到了不同程度的提高，如表 11-11 所示。关于企业规模和企业效率之间是否存在明确的关系，以及存在何种关系，需要做更进一步的工作来论证，此处暂不作说明。

四、环境全要素生产率的影响分析

在钢铁企业效率的研究中，对影响效率因素的分析具有重要的理论意义和现实指导意义。而运用 DEA 方法测度的效率值是一种相对效率，能够对样本中的个体进行效率大小的排名，但并不能找到影响效率的外部因素，为此需要进行第二阶段的分析找出效率的影响因素。由于 MPI 值（被解释变量）有一个最低界限 0，数据被截断，此时若用普通最小二乘法对模型进行直接回归，参数的估计将是有偏且不一致的。因此，从 MPI 值的截断数据特征出发，应当采用 Tobit 模型，并且第一阶段所使用的投入产出变量不能直接包含在第二阶段的因素分析中。[①] 其中，效率值 Y 是被解释变量，X 为解释变量，Tobit 模型的解释变量 X 取实际观测值，而被解释变量 Y 只能以受限制的方式被观测。当 $Y_i > 0$ 时，"无限制"观测值均取实际观测值；当 $Y_i \leq 0$ 时，受限观测值均截取为 0。[②]

本章研究的重点包含环境约束下钢铁企业效率的变化情况，因此，在运用 Tobit 模型进行回归时，只对影响环境全要素生产率的因素进行分析，即只将环境约束下的 MPI 值作为模型中的被解释变量。

（一）变量选取和模型构建

需要特别强调的是，由于上一部分求得的 MPI 值是全要素生产率相对于前一年的变化率，大于 1 说明 TFP 提高，小于 1 说明 TFP 下降，等于 1 说明不变。因此，也需要对被解释变量做相应处理，使其能反映出前后两个时期指标的变化率。本章采用的方法是，将各自年份被解释变量的数值除以前一年对应的数值，得到相对于前一年的变化率。

1. 企业规模（*Scale*）

由于前文中对于企业规模和企业效率关系的分析没有得出明确的结论，因此在第二阶段的 Tobit 回归中，笔者将其视为可能影响环境全要素生产率的因素，进行深入的探讨。何枫等的研究结果显示，企业规模的大小是影响钢铁企业绿色技术效率的一个重要因素，且二者存在显著正相关。[③] 由于在 DEA 模型中已经将钢材产量作为产出变量，其不能再出现在 Tobit 模型中；本章用企业资产总额表示企业规模，并用固定资产投资价格指数对年末总资

---

① 韩一杰、刘秀丽：《基于超效率 DEA 模型的中国各地区钢铁行业能源效率及节能减排潜力分析》，《系统科学与数学》2011 年第 3 期。

② 姚晋兰、毛定祥：《基于 DEA-Tobit 两步法的股份制商业银行效率评价与分析》，《上海大学学报（自然科学版）》2009 年第 4 期。

③ 何枫、祝丽云、马栋栋、姜维：《中国钢铁企业绿色技术效率研究》，《中国工业经济》2015 年第 7 期。

产进行不变价处理。最后用后一年的值除以前一年的值作为对应评价时期内的解释变量。

2. 要素禀赋结构（*Klr*）

要素禀赋结构用企业年均固定资产净额与企业职工人数的比率表示。同样用固定资产投资价格指数对固定资产净额进行不变价处理，同样要用后一年的值除以前一年的值作为对应评价时期内的解释变量。在自然资源一定的前提下，资本劳动比越高的企业，往往越会提前实现由劳动密集型向资本密集型企业的转型。而资本密集型企业对能源的使用和污染的排放会更加严重，因此不利于环境全要素生产率的提高。涂正革（2008）[1]、王兵等（2010）[2] 先后验证了地区环境技术效率与衡量禀赋结构的资本劳动比率负相关。

3. 环境管制强度（*Env*）

文献中关于环境管制强度的测度方法有很多种，如污染物排放密度、排污费收入、治理污染投资占企业总资产或总产值的比重等。其中，李钢等将实际支付于环境治理的成本与环境总成本的比值定义为环境管制执法强度[3]，李钢和刘鹏又将政府颁布的有关环境管制法律法规的多少及严格程度定义为环境管制标准强度[4]。在微观经济学中，企业运营的目的是实现自身收益的最大化。在市场条件下，可将企业视为理性个体，理性个体在面对环境管制时，会做出利弊权衡。当存在"有法不依"或"执法不严"时，企业很难自觉遵守管制标准；只有当面对"有法必依"和"执法必严"时，企业为了避免违法成本，才会自觉采取环保措施。从理论上讲，企业最后一单位的环保投入所带来的处罚的减少会等于减少这一单位投入带来的处罚的增加。因此，对环保的实际投入可以理解为对环境管制强度的反应。本章结

① 涂正革：《资源、环境与工业增长的协调性》，《经济研究》，2008 年第 2 期。

② 王兵、吴延瑞、颜鹏飞：《中国区域环境效率与环境全要素生产率增长》，《经济研究》，2010 年第 5 期。

③ 李钢、马岩、姚磊磊：《中国工业环境规制强度与提升路线——基于中国工业环境保护成本与效益的实证研究》，《中国工业经济》2010 年第 3 期。

④ 李钢、刘鹏：《钢铁行业环境规制标准提升对企业行为与环境绩效的影响》，《中国人口·资源与环境》2015 年第 12 期。

合研究对象的实际和数据的可得性，用企业环保投资的完成情况占主营业务收入的比率来表示环境管制强度。同理，环境管制强度的变化用相邻两年的比值来表示。

4. 所有制形式（Own）

此项指标以虚拟变量形式处理，国有企业取值为 1，非国有企业（包括民营企业与外资和合资企业）取值为 0。国有企业归国家和全民所有，往往要承担更多的社会职责和义务，因此，对资源使用以及污染物排放的要求更加严格，并且国有企业资金技术实力更加雄厚，有能力进行环保改造和绿色化生产；而民营企业比较注重短期经济效益，对环境保护问题重视程度不够。本章推测国有企业与环境全要素生产率之间存在正相关关系。

根据以上分析，建立的模型如下：

$$MPI_{jt} = \alpha_0 + \alpha_1 Scale_{jt} + \alpha_2 Klr_{jt} + \alpha_3 Env_{jt} + \alpha_4 Own_{jt} + \mu_{jt} \tag{11-4}$$

式中，j 表示样本中的企业，t 表示年份，MPI 为环境约束下的全要素生产率的变动，α 为待估计参数，μ 为误差项。

（二）实证结果及分析

用 EViews 6.0 对模型（11-4）进行回归，结果如表 11-12 所示。

表 11-12　计量回归结果

解释变量	系数估计值	标准误	Z 值	P 值
常数项	1.024542	0.193098	5.305822	0.0000
Scale	0.070910	0.164685	0.430578	0.6668
Klr	−0.082564*	0.053430	−1.745254	0.0623
Env	0.021779**	0.008936	2.437175	0.0148
Own	0.062729	0.063908	0.981540	0.3263

注：*、** 分别表示在 10%、5% 水平下显著。

资料来源：根据 EViews 计算结果整理所得。

1. 企业规模与环境全要素生产率之间无显著的相关关系

虽然变量前系数为正，但无法通过假设检验，这与前文对 DEA 结果的分析一致，即在本章所选的样本及时间范围内，没有明显的迹象说明企业规模与企业效率之间存在必然的联系，何枫等的研究结论也没有再次得到验证。笔者认为可能的原因有：一是规模经济只能在一定限度内发挥作用，一旦超过最优规模经济的临界点，则会导致企业管理运行成本迅速提高，而中小企业相对灵活、对市场反应快的特点反而成为优势。二是由于所选样本数据有限和研究期间的偶然性，回归结果不显著。对于企业规模对环境全要素生产率是否存在某种影响，还需要在以后的研究中作进一步论证。

2. 要素禀赋结构与环境全要素生产率之间呈显著的负相关关系

这一结果验证了前文的推测，对于评价期间的样本企业来说，单位劳动占有的资本量越大，对能源的消耗和污染物的排放量越大，即资本密集型企业相比劳动密集型企业而言对环境的压力更大，而资本的密集程度很大程度上反映了工业化水平，正如金碚所言：工业行为是不可避免污染的，工业化对环境改造具有双重意义。[①] 一方面，工业化提高了生活水平，也包括提高环境质量；另一方面，工业化产生的污染甚至会严重破坏生存环境。从全局范围看，随着我国工业化程度的提高，如果不采取有效的引导方式，环境全要素生产率会有下降的趋势。因此，需要我们牢牢把握供给侧结构性改革的方向，进一步加快产业转型升级的步伐，提高产品的附加值，增加有效供给，降低工业化进程中对环境的影响。

3. 环境管制强度与环境全要素生产率显著正相关

随着环境管制强度的提升、环保投资力度的加大，环境全要素生产率是提高的，而且这主要是执法强度提升的结果。在无法得到代表技术进步数据的前提下，本章认为环境管制强度的提升能够诱发企业实现技术创新，提高企业生产率，促进产业升级。其中，技术创新带来的收益会部分或全部抵消甚至超过环境管制带来的成本，形成"创新补偿"，实现"双赢"，在一定程度上支持"波特假说"。此外，管制强度的提升还会促使企业转变经营方

---

① 金碚：《资源环境管制与工业竞争力关系的理论研究》，《中国工业经济》2009 年第 3 期。

式和管理理念，降低企业管理成本，对实现产品升级以及产业间升级有一定的帮助。

4. 企业所有制形式与环境全要素生产率正相关但不显著

由于在虚拟变量的设置上，本章将国有企业设为 1，非国有企业设为 0，因此，回归结果表明，国有企业性质对环境全要素生产率没有影响。虽然前文的 DEA 结果分析中提到，在环境约束模型下，国有企业的全要素生产率不比民营企业的差，甚至会高于民营企业，但这并不能说明国有企业性质对环境全要素生产率有影响。没有得到预期结果的原因可能是：一方面，所选样本数据具有局限性，没有完全将实际的情况反映出来。若在扩大评价周期、增加样本数量的情况下，笔者推测国有企业对环境全要素生产率的正面影响将凸显出来。另一方面，评价周期内对于钢铁行业的环境管制强度还相对较弱，环保执法力度不够，还不足以激励企业（尤其是国有企业）采取积极的环保措施，处在一种"得过且过"的尴尬境地，国有企业所承担的社会责任没有充分体现出来。

五、结论

第一，评价周期内，无论在环境约束下还是非环境约束下，中国钢铁企业 Malmquist 生产率指数总体上大于 1，这表明中国钢铁企业的全要素生产率正处于上升期。从分解结果来看，这一效率的提高主要是依靠技术进步来实现的，而技术效率还有较大的提升空间。今后，需要我们的管理者多在企业发展战略和生产经营管理上下功夫，争取进一步优化企业的资源配置，降低企业的运营成本，提高生产经营效率。

第二，DEA 计算结果表明，相同评价周期内，环境全要素生产率的提高幅度大于非环境约束时的全要素生产率。以企业污染物的排放作为一种投入时，虽然消耗的"资源"增多了，但对这种投入限制的加强反而刺激企业做出积极的应对，促进了全要素生产率的提高，尤其是技术进步的提高。同时，在对环境 TFP 影响因素进行分析时发现，环境管制强度与环境 TFP

显著正相关，本章认为环境管制强度的提升诱发企业实现了技术创新和工艺升级，对产业升级具有促进作用。其中，技术创新带来的收益会部分或全部抵消甚至超过环境管制带来的成本，实现波特假说中所谓的"创新补偿"。因此，可以初步判定"波特假说"在我国钢铁企业内部是成立的。此外，管制强度的提升还会促使企业转变经营方式和管理理念，降低企业管理成本，对实现产品升级以及产业间升级有一定的帮助。

第三，要素禀赋结构与环境全要素生产率之间具有负相关关系。对于评价周期的样本企业来说，单位劳动占有的资本量越大，对能源的消耗和污染物的排放量越大，即资本密集型企业相比劳动密集型企业而言对环境的压力更大。

第十二章

重污染行业环境管制强度提升对
经济的影响

——基于全球多区域 CGE 模型的分析

程　都　李　钢

　　工业发展带来的严重污染已经成为中国迫切需要解决的问题，但在什么样的范围内提升环境管制强度比较合适？提升环境管制会对经济和产业带来怎样的影响？关于这些问题的研究相对缺乏。本章以工业行业污染物虚拟治理成本占工业产值比重作为环境管制强度指标，衡量了 2011 年我国各工业行业环境管制的提升空间。通过设置情景，分别对钢铁行业和纺织业、服装业、造纸业、化学品行业等重污染行业完全提升环境管制进行政策模拟，并通过可计算一般均衡的 GTAP 模型测算了这一政策对我国 GDP、对外贸易、产业产值和要素需求方面的影响。研究发现，完全提升重污染行业环境管制对经济总量冲击有限，扩大了贸易顺差，但对就业冲击较大，并且存在结构性特点。根据这一结果，本章对如何进一步改善工业的环境影响提出了政策建议。

一、问题的提出

党的十九大提出，当前我国社会的主要矛盾是人民日益增长的美好生活需要和不平衡不充分的发展之间的矛盾。优美的生活环境是美好生活的必要条件，而长期以来，经济增长的同时积累的环境污染已经成为我们迫切需要解决的问题。

我国经济的快速发展主要依托出口导向型制造业的高速增长。2010 年我国制造业增加值达到 19243 亿美元，超过美国，此后一直位居世界第一。制造业出口规模在 2000 年是 1603.7 亿美元，此后一路攀升。到 2015 年，制造业出口额已经达到 21443 亿美元，是 2000 年的 13.4 倍。[①] 但制造业快速发展的同时也带来了严重的污染，对自然环境造成了破坏，在一些方面已经严重影响人民的健康生活。从 2010 年开始，每年冬季雾霾就徘徊在京津冀地区，并有进一步向华东和中部地区扩散的趋势。环境问题已经引起了社会大众和各级政府的高度重视。为了治理雾霾，国家出台了多方面应对措施，包括临时对部分地区很多行业进行限产甚至停产[②]，但是公众又担心环保力度过大会影响经济增长。其实，已经有很多研究者从多个方面研究了环境管制对经济的影响。一般而言，由于存在"遵循成本"，即环境管制给企业带来额外的税收、监管费用和行政费用，提升企业生产成本，降低企业竞争力，对经济增长产生不利影响[③]。Gray 采用美国整个制造业截面数据进行实证研究[④]，Gray 和 Shadbegian 对美国造纸行业进行的研究都得出加强污染减排阻碍行业全要素生产率增长的结论。[⑤] 但是 Porter 提出了相反的观点，认为合理设置

---

① 数据来源于世界银行 World Development Indicators。

② 余东华、孙婷：《环境规制、技能溢价与制造业国际竞争力》，《中国工业经济》2017 年第 5 期。

③ 原毅军、刘柳：《环境规制与经济增长：基于经济型规制分类的研究》，《经济评论》2013 年第 1 期。

④ Gray, W. B., "The Cost of Regulation: OSHA, EPA and the Productivity Slowdown", *American Economic Review*, Vol. 77, No. 5, 1987.

⑤ Gray, B and J. Shadbegian, "Plant Vintage, Technology and Environmental Regulation", *Journal of Environmental Economics and Management*, Vol. 44, No. 3, 2003.

的环境管制政策长期能够刺激企业进行技术创新，产生创新补偿作用，从而提高企业绩效。这一观点也被称为"波特假说"。[①] Kiley 指出了环境管制对企业绩效提升的另一个逻辑，环境管制提高了生产技术要求并引致高素质劳动者需求，企业整体人力资本水平提升会对企业国际竞争力产生正向促进作用。[②] 环境管制对贸易和产业竞争力的影响也是很多学者的关注热点，但是研究成果同样充满差异。Busse 等采用 119 个国家的大样本数据对 5 个高污染行业进行实证分析，发现严格的环境管制对钢铁行业的进出口没有负面影响，但和其他行业的进出口存在显著负相关关系。[③] Low 和 Yeats 的研究认为，由于宽松的环境管制，发展中国家的环境敏感性产业比发达国家具有更大的比较优势。[④] 但李小平和卢现祥的研究发现，环境管制的加强增加了中国工业行业的贸易比较优势。[⑤]

研究环境管制对经济长期影响的学者较多，但是测算环境管制对经济增长程度影响的较少。李钢等利用中国社会科学院工业经济研究所构建的包含 41 部门的动态 CGE 模型，考察了主要污染物环境管制强度提升的综合经济影响。在环境管制提升使得污染物完全达标的假设下，测定 2010 年东北地区、东部沿海地区和中部地区 GDP 将分别下降 0.01%、0.14% 和 0.03%，西部地区 GDP 将上升 0.05 个百分点。[⑥] 赵霄伟选取 2004～2009 年地级市以上城市工业的面板数据，运用空间 Durbin 面板模型分析了环境管制对地区工业经济增长的影响，并得出提高环境排放标准对地区工业经济增长具有遏制作用的结论。而且测算出本地政府每提高环境管制强度一个百分点，就会

① Porter, M. E., "America's Green Strategy", *Scientific American*, Vol. 264, No. 4, 1991.

② Kiley, M., "The Supply of Skilled Labor and Skill-biased Technological Progress", *The Economic Journal*, Vol. 109, No. 458, 1999.

③ Busse, M., B. R. Copeland and M. S. Taylor, "Is Free Trade Good for the Environment?", *American Economic Review*, Vol. 91, No. 4, 2001.

④ Low, P. and Yeats A., "Do Dirty Industries Migrate?", *International Trade and the Environment World Bank Discussion Paper*, 1992.

⑤ 李小平、卢现祥:《环境规制强度是否影响了中国工业行业的贸易比较优势》,《世界经济》2012 年第 4 期。

⑥ 李钢、董敏杰、沈可挺:《强化环境管制政策对由国经济的影响——基于 CGE 模型的评估》,《中国工业经济》2012 年第 11 期。

导致工业经济增长大约下降 0.2%。[①]

上述研究虽然测算了环境管制对生产要素、贸易或者经济增长的影响，但是都是基于某一地区的模型进行的，而且，对于环境管制的衡量也并不统一，因而结论也相互矛盾。本章在考量各种环境管制测度合理性的基础上，沿用李钢等的测算方式，利用 GTAP 全球模型，根据中国当前政策形势，进行两步情景模拟，测算出提升我国钢铁行业环境管制以及全工业产业环境管制强度对经济的影响程度，为政策可行性提供可靠的依据。[②]

二、环境管制强度的衡量

研究者们对环境管制的衡量做了很多的尝试，衡量指标经历了从定性指标到定量指标，从绝对指标到相对指标，从单一指标到综合性指标的发展过程。但是环境管制衡量指标仍然没有形成广泛的共识。其主要难度主要存在于数据的可得性、环境问题的多维性和并发性（程都和李钢，2017）[③]。一些学者采用耶鲁大学和哥伦比亚大学联合发布的 EPI 指数，但该指数包含面过于宽泛。还有很多学者采用污染减排成本（PAC）和工业增加值的比重进行衡量，但是这一方法不能反映污染的总体成本，也不能体现环境管制提升的空间。本章在环境管制强度的测算方面，顺应李钢等的思路，采用各工业行业各种污染物虚拟成本总和占产值的比重来衡量环境管制的强度。所谓的虚拟治理成本，就是根据当前处理单位污染物的成本测算得到的将所有排放的污染物都按照标准进行处理所需要的成本，也称为未支付环境成本。虚拟治理成本占总产值比重越大，表明当前的环境管制对该行业的污染行为约束强度越低，环境管制提升的空间越大。

在污染物选择上，由于我国环境统计资料中，有对于废水和废气治理费

---

① 赵霄伟：《环境规制、环境规制竞争与地区工业经济增长——基于空间 Durbin 面板模型的实证研究》，《国际贸易问题》2014 年第 7 期。

② 李钢、董敏杰、沈可挺：《强化环境管制政策对由国经济的影响——基于 CGE 模型的评估》，《中国工业经济》2012 年第 11 期。

③ 程都、李钢，2017，《环境规制强度测算的现状及趋势》，《经济与管理研究》，2017 年第 8 期。

用的统计，而固体污染物则没有，因此，我们只选择了废水和废气污染物。在废水的污染物处理成本方面，我们可以通过废水处理设施年运行费用和处理的废水总量得到每单位废水的处理费用，结合统计的未经处理的废水排放量，我们可以得到工业废水的虚拟治理成本（见表12-1）。在废气方面，我们根据环境统计年鉴和历年环境统计年报，获得2011年各个工业行业二氧化硫的单位处理成本，结合统计的各工业行业废气治理年运行费用得到二氧化硫的处理量，再结合统计年鉴中提供的各个工业行业排放的二氧化硫量，可以得到废气中二氧化硫的虚拟治理成本。虽然废气污染物中存在氮氧化物和烟尘等污染物，但是我们通过调研发现，多数工业废气是统一进入处理设施中进行一次性或分段处理的，而且中国在"十五"到"十二五"时期，一直特别注重二氧化硫的治理。[①] 通过废气处理设施的年运行费用数据和二氧化硫的处理成本数据，我们可以比较准确地测算得到整体废气的处理成本（见表12-2）。很多其他研究者在衡量环境管制时也统计二氧化硫的排放，但很多是通过分行业能源排放系数配合投入产出表测算而来，只考虑了燃烧硫的情况，其默认的逻辑是工业生产中带来的大气污染物的主要来源是能源的使用。而实际上，从"十一五"开始，我国各类大气污染物排放与能源消费已经呈现出脱钩趋势。[②] 因此，只考虑燃烧硫带来的污染很不全面，而我们的方法不仅考虑到了燃料硫，还考虑到了工艺硫，更加贴合现实情况。

表12-1　我国各工业行业2011年废水治理和排放情况

行业代码	工业废水治理设施本年运行费用（万元）	工业废水处理量（万吨）	工业废水排放量（万吨）	行业代码	工业废水治理设施本年运行费用（万元）	工业废水处理量（万吨）	工业废水排放量（万吨）
1	288374	185121	143493	3	136894	287995	22643
2	229311	87903	8172	4	411493	162009	51181

---

① 董战峰、张欣、郝春旭：《2014年全球环境绩效指数（EPI）分析与思考》，《环境保护》2015年第2期。

② 俞海、张永亮、任勇、周国梅、陈刚：《"十三五"时期中国的环境保护形势与政策方向》，《城市与环境研究》2015年第4期。

续表

行业代码	工业废水治理设施本年运行费用（万元）	工业废水处理量（万吨）	工业废水排放量（万吨）	行业代码	工业废水治理设施本年运行费用（万元）	工业废水处理量（万吨）	工业废水排放量（万吨）
5	13226	10894	6191	22	90074	38184	41428
6	4414	1357	1301	23	23317	10372	12155
7	175065	127644	138116	24	131412	61778	26075
8	124814	45946	51950	25	1208045	2461163	121037
9	193869	62391	71664	26	138993	164555	33545
10	5061	2657	2090	27	229906	50075	29912
11	547962	205859	240802	28	185318	8148	11973
12	220181	16136	19878	29	10384	4149	6454
13	57293	19760	25785	30	78007	23004	28395
14	6231	2304	3522	31	35425	8193	9631
15	1723	502	735	32	205835	46152	44961
16	610290	550237	382265	33	7495	2491	2242
17	4569	978	1303	34	10065	3655	3997
18	5020	1723	1937	35	12860	2752	3379
19	508390	199200	79587	36	248143	367984	158928
20	997769	524258	288331	37	4469	1248	989
21	146961	43057	48586	38	12177	12929	3559

注：1. 煤炭开采和洗选业，2. 石油和天然气开采业，3. 黑色金属矿采选业，4. 有色金属矿采选业，5. 非金属矿采选业，6. 其他采矿业，7. 农副食品加工业，8. 食品制造业，9. 酒、饮料和精制茶制造业，10. 烟草制品业，11. 纺织业，12. 纺织服装、服饰业，13. 皮革、毛皮、羽毛及其制品和制鞋业，14. 木材加工及木、竹、藤、棕、草制品业，15. 家具制造业，16. 造纸及纸制品业，17. 印刷和记录媒介复制业，18. 文教、工美、体育和娱乐用品制造业，19. 石油加工、炼焦和核燃料加工业，20. 化学原料和化学制品制造业，21. 医药制造业，22. 化学纤维制造业，23. 橡胶制品业，24. 非金属矿物制品业，25. 黑色金属冶炼及压延加工业，26. 有色金属冶炼及压延加工业，27. 金属制品业，28. 通用设备制造业，29. 专用设备制造业，30. 交通运输设备制造业，31. 电气机械及器材制造业，32. 计算机、通信和其他电子设备制造业，33. 仪器仪表制造业，34. 工艺品和其他制造业，35. 废弃资源综合利用业和维修业，36. 电力、热力生产和供应业，37. 燃气生产和供应业，38. 水的生产和供应业。下同。

资料来源：《中国环境统计年鉴 2012》。

表 12-2　我国各工业行业 2011 年废气治理情况

行业代码	工业废气治理设施本年运行费用（万元）	工业二氧化硫排放量（吨）	行业代码	工业废气治理设施本年运行费用（万元）	工业二氧化硫排放量（吨）
1	44292	129254	20	652508	1274718
2	12274	25145	21	40216	104078
3	26643	26055	22	33680	121463
4	5393	17832	23	56312	81120
5	5719	46271	24	1187254	2016894
6	2694	5750	25	2872875	2514490
7	78070	239869	26	688685	1146272
8	85110	141630	27	121626	58336
9	39696	134222	28	16051	27042
10	17645	11074	29	25028	16430
11	93243	272288	30	83282	30259
12	7527	19266	31	144204	9429
13	6488	25602	32	94188	7954
14	33263	47070	33	1855	923
15	3241	2873	34	6738	13982
16	246844	542812	35	160954	5700
17	3240	4083	36	8190222	9011882
18	3045	2321	37	4331	16452
19	700242	808113	38	36	4265

资料来源：《中国环境统计年鉴 2012》。

　　根据上述计算方法，我们测算得到 2011 年我国各工业细分行业环境管制强度，如表 12-3 所示。从环境管制强度来看，最宽松的前 12 个行业分别是其他采矿业（3.27%），黑色金属冶炼及压延加工业（1.41%），电力、热力生产和供应业（1.13%），造纸及纸制品业（0.54%），非金属矿物制品业（0.45%），有色金属矿采选业（0.26%），黑色金属矿采选业（0.25%），纺织业（0.23%），化学纤维制造业（0.23%），酒、饮料和精制茶制造业（0.23%），纺织服装、服饰业（0.21%），化学原料和化学制品制造业（0.21%）。这些行业污染未支付成本占产值的比重都在0.2%以上，我们将其界定为重污染行业。这些行业的产业产值占到工业总产值的36.46%，但是环境未支付成本却占到了88.39%。而在这些重污染行业中，仅黑色金属冶炼及压延加工业（钢铁行业）的环境未支付成本就占到了40.8%。

表12-3 我国各工业行业2011年环境管制强度

行业代码	环境未支付成本（亿元）	产业产值（亿元）	占比（%）	行业代码	环境未支付成本（亿元）	产业产值（亿元）	占比（%）
1	26.09	28919.81	0.09	20	127.73	60825.06	0.21
2	2.33	12888.76	0.02	21	21.18	14941.99	0.14
3	19.42	7904.30	0.25	22	15.37	6673.67	0.23
4	13.28	5034.68	0.26	23	4.76	7330.66	0.06
5	1.63	3847.66	0.04	24	179.55	40180.26	0.45
6	0.55	16.74	3.27	25	902.57	64066.98	1.41
7	26.97	44126.10	0.06	26	8.12	35906.82	0.02
8	18.28	14046.96	0.13	27	17.49	23350.81	0.07
9	27.68	11834.84	0.23	28	29.43	40992.55	0.07
10	1.93	6805.68	0.03	29	2.59	26149.13	0.01
11	75.34	32652.99	0.23	30	13.14	63251.30	0.02
12	28.05	13538.12	0.21	31	5.85	51426.42	0.01
13	9.57	8927.54	0.11	32	20.87	63795.65	0.03
14	2.99	9002.30	0.03	33	0.90	7633.01	0.01
15	1.04	5089.84	0.02	34	1.98	7189.51	0.03
16	65.28	12079.53	0.54	35	2.44	2624.21	0.09
17	0.65	3860.99	0.02	36	536.80	47352.67	1.13
18	1.11	3212.38	0.03	37	1.25	3142.03	0.04
19	33.61	36889.17	0.09	38	0.45	1178.11	0.04

资料来源：笔者根据各年《中国环境统计年鉴》数据测算整理。

三、采用的 CGE 模型及冲击设定

（一）模型的选择和假设

政策评估通常面临的难题在于如何将政策影响与其他因素影响分离开。就环境管制而言，除了环境政策本身，经济发展水平、产业结构、贸易开放等都会共同产生影响。可计算一般均衡模型通过多维截面数据建立一个各要素相互关联的完整系统，通过模拟单一变量的冲击，量化对其他要素的影响，解决了这个问题。本章选择可计算一般均衡（CGE）模型进行模拟。

与之前一些研究者采用单一地区 CGE 模型分析的方式不同，本章采用可计算一般均衡模型中的全球贸易分析（Globa Trade Analysis Projiect，GTAP）模型进行分析。全球贸易分析（GTAP）模型是 CGE 模型的一个流派，最早源于美国普渡大学 Thomas W. Hertel 主持的全球贸易分析计划项目，是一个多国家多部门 CGE 模型，最早用于农产品的国际贸易分析。GTAP 模型从 1993 年设立以来，不断更新，每次更新都会增加模型覆盖的区域和产业，2015 年，GTAP 模型已经发布到第九版，在这一版本中，数据库共收录了全球 140 个国家 57 个行业的投入产出数据，更新到 2011 年。该模型的变量也在不断丰富的过程中变得种类繁多，在这个模型的架构下进行政策模拟，可以研究出一个国家政策对通过国际经贸传导机制收到的反馈的影响，可以分析各国家或区域各个部门生产、进出口、要素供需、要素报酬、GDP 和社会福利水平的变化情况等，比单一区域的 CGE 模型的覆盖面更加广泛。[①] GTAP 模型采用的假设包括以下几点：

（1）假设全球商品贸易市场处于完全竞争状况，不存在贸易垄断和壁垒，对所有在全球商品市场上的产品和投入要素全部进行完全出清，这就意

---

① 更多关于 GTAP 模型结构、假设等的详细内容参见 Narayanan, G., Badri, Angel Aguiar and Robert McDougall, *Global Trade, Assistance, and Production: The GTAP 8 Data Base*, Center for Global Trade Analysis, Purdue University, 2012。

味着整个体系中没有商品库存的存在。在规模报酬方面，模型假定厂商的规模报酬是不变的。

（2）GTAP 模型中主要包括土地、资本、劳动力（又可以分为熟练劳动力和非熟练劳动力）、自然资源这几种生产要素。其中，仅有劳动力是可以自由流动的，资本在长时间范围内是可以自由流动的，但在短期内不能够自由流动。

（3）GTAP 模型主要包括家庭、政府、厂商三个代表性的行为主体，分别通过 CDE、C-D、CES 函数来决定商品的使用组合，可以供每个行为主体选择购买的商品有国内商品、进口商品这两种类型。

（4）在双边贸易方面采用阿明顿假设，即假设国内生产的商品、国外进口的商品以及来自不同地区的商品之间是不可以完全替代的，依据阿明顿假设中的基本规定，分别以函数来组成复合型的商品。

（5）假定居民可分配收入主要来源于劳动、资本等要素收入和行为主体在日常生活中所支付的各项税收，还有进出口关税得到的财富，并经过效用函数以固定份额的方式分配到三个部分：家庭、政府消费及储蓄。

（6）假设存在一个统一的全球性银行，这个银行可以负责全球各区域的储蓄和投资行为，在 GTAP 模型中，由于所有的储蓄与投资都在全世界范围内进行加总求和，因此，银行的储蓄率在全球范围内应该是单一和统一的。

（7）模型中还假设了一个统一的全球运输部门，它将全球范围内各区域之间的双边贸易都紧密地联系在一起，用来平衡双边贸易中商品 FOB 价格和 CIF 价格之间的巨大差异。

在闭合方式上，我们采用新古典闭合，各国资本收益率相等，资本市场均衡。

（二）冲击产业的选择

一方面，我们考虑钢铁行业的环境管制变动的影响。选择钢铁行业是因为近几年来，舆论普遍认为中国钢铁行业产值大，面临严重产能过剩，国内钢铁行业产能压缩面临的压力巨大。截至 2015 年底，中国已淘汰落后钢铁产能 9000 多万吨，今后还将再压减粗钢产能 1 亿~1.5 亿吨，幅度仅比整个欧洲产能少 1000 万吨。[①] 在国际市场上，中国钢铁厂商以价格战为武器，既造成国家实际利益流出，又带来国际摩擦的压力。同时，钢铁行业是重污染行业，在污染治理风暴中首当其冲。另外，从统计数据上看，钢铁行业主要是黑色金属冶炼及压延加工业，2011 年产值超过 6.4 万亿元，占工业行业产值的 7.74%，但环境未支付成本占整个工业行业的 40.8%，环境管制强度是 1.41%，有广阔的提升空间。

另一方面，我们考虑重污染行业的环境管制变动的影响。通过上文的环境管制强度排名，我们确定了 12 个重污染行业，但是在 GTAP 模型中，很难区分出国内统计体系中的酒、饮料和精制茶制造业和其他采矿业。考虑到其他采矿业的产值特别小，只有 16.74 亿元，在 38 个工业行业中排在最后，并且产值与排名第 37 的水的生产和供应业相比，只占到 1.4%。而酒、饮料和精制茶制造业的产值和环境未支付成本比重也不是特别突出，因此，我们将重污染行业缩减为 10 个，缩减后的重污染行业产值占到工业总产值的 35.03%，环境未支付成本占 87.12%。

（三）变量选择和冲击机制

由于 GTAP 模型方程体系庞大而复杂，很多研究在使用 GTAP 模型进行政策模拟时并不能直接加入变量和方程对政策进行刻画，但是可以进行"妥协性改进"，通过机理相似的变量改变来模拟现实中的政策冲击。环境管制对于企业而言，最直接的影响是增加企业成本。研究者在使用 GTAP 模型的时候采用最多的方式是借用税收变动来进行模拟。

但本章采用生产要素生产率变化来模拟冲击而不采用税收变动冲击。增加税收虽然增加了厂商的成本，降低了生产产量，在需求不变的情况下提高

---

① 张晓秋：《中国应对布鲁塞尔钢铁会议施压》，http://www.csteelnews.com/xwzx/xydt/201604/t20160420_ 305486.html，2016 年 4 月 19 日。

价格，并通过价格影响其他变量。这一路径看似和环境管制的效用路径一致，但是税收收入需要归到财政收入中去，最后从另一个渠道转化为企业或者居民收入，而这一点是当前环境管制政策并不存在的因素。因此，我们认为更加贴合实际的模拟方式是要素生产率的下降。

在 Antweiler 等构筑的著名 ACT 模型中[①]，对于环境管制带来的成本提升的测定是通过假设生产的产品需要拿出一定的百分比用于污染治理。因此，污染治理就直接体现为一部分用于生产的要素投入污染治理方面，导致产品产量下降。这与我们通过设定要素生产率的下降模拟环境管制政策冲击的思路一致。

对于环境管制引起生产率下降的比率，我们可以通过环境未支付费用减少量联合投入产出表进行测定。在短期内，企业生产技术难以有较大变化，又考虑到上述重污染行业生产技术已经比较成熟，属于资本密集型行业。因此，我们假定这些行业生产函数符合列昂惕夫生产函数，即 $Q = Min$ $(L/U, K/V)$，其中，L 表示劳动投入，K 表示资本投入，在短期内，劳动投入 L 决定了行业的产量。环境管制会直接造成资金占用，导致用于生产的劳动减少，降低产量。劳动力的减少也意味着部分设备资产闲置，类似于行业的全要素生产率下滑。

下面以钢铁行业[②]为例来说明具体测算生产率下降比率的方法。由于国家统计局公布的是 2012 年的投入产出表，我们首先从 2012 年的投入产出表中得到，钢铁行业当年的劳动投入为 4087 亿元，中间投入为 57764 亿元，当年钢铁行业主营业务收入为 71559 亿元。可以测算到劳动要素的产出系数为 17.28。在短期内，整个行业的技术水平不会发生太大的变化，因此，我们可以设定，2011 年钢铁行业的生产函数与之相同。于是我们可以根据 2011 年产值数据测算，得到 2011 年我国钢铁行业劳动投入

---

① Antweiler, W., B. R. Copeland and M. S. Taylor, "Is Free Trade Good for the Environment?", *American Economic Review*, Vol. 91, No. 4, 2001.

② 本章中的钢铁行业即国民产业分类中的黑色金属冶炼及压延加工业。

约为3814亿元。① 如果环境管制强度提升，将污染物完全覆盖，则需要将未支付环境成本真实化，再支付污染治理费用902.57亿元，污染治理费用占当年行业劳动投入的23.66%，相当于当年钢铁行业的全要素生产率下降了23.66个百分点。

使用同样的办法，我们可以测算出其他重污染行业环境管制提升后，实现污染物全覆盖所体现出的行业全要素生产率下降比例（见表12-4）。

表12-4　环境管制完全提升带来的行业全要素生产率下降比率

行业名称	全要素生产率下降率（%）
纺织业	2.27
纺织服装、服饰业	1.82
造纸及纸制品业	3.54
化学原料和化学制品制造业	1.28
非金属矿物制品业	4.30
黑色金属冶炼及压延加工业	23.66
电力、热力生产和供应业	16.68
黑色金属矿采选业	1.40
有色金属矿采选业	2.68
化学纤维制造业	4.11

资料来源：笔者根据相关资料测算得到。

（四）模型的数据选择

本章采用GTAP9的基础数据库进行测算，该数据库包含全球140个国家和57个部门，在进行政策模拟时需要根据研究需要将国家和产业进行适当的归类。

在国家分类中，在中国之外，我们根据中国污染性行业的主要出口国分布，把全球140个国家中排名前10的国家单独挑出，其他国家都划为一个

---

① 虽然GTAP的base date中含有中国的投入产出数据，但是这些数据并不是原始数据，而是经过普渡大学调整，为了使数据更加有匹配性，我们直接采用国内统计数据进行测算。

地区，因此，一共有 12 个地区，分别是中国、韩国、日本、印度、美国、泰国、越南、比利时、新加坡、意大利、巴西和其他地区。

在产业分类上，我们在 57 个产业中首先挑选出 10 个重污染行业单独排列，但是在 GTAP 数据库中，化学纤维制造业被包含在化学原料和化学制品制造业中，有色金属矿采选业和黑色金属矿采选业都包括在矿物采选业中不能区分，因此，我们把矿物采选业都纳入重污染行业中。剩下的行业中，尽量保持工业行业的独立排列，而对农业行业和服务业进行了合并，最终归并为 26 个行业。[①]

值得说明的是，我们的分类实际上扩大了重污染行业的范围，因为矿物采选业中还包含了非金属矿物采选业，GTAP 数据库中的化学原料和化学制品制造业还包括国内产业分类中的塑料制品业和橡胶制品业。此外，我们采用较为严格的假设，令矿物采选业的全要素生产率下降 2.68%，与有色金属矿采选业一致。因此，我们测算的情景实际上是比重污染行业覆盖未支付环境成本更加严格的环境管制强度提升。

四、政策冲击影响分析

（一）完全提升钢铁行业环境管制产生的经济影响

1. 对我国和其他贸易伙伴 GDP 的影响

我们首先模拟完全提升钢铁行业环境管制，完全消除当年环境未支付成本，下文中称为情景一。模拟结果显示，我国 GDP 减少 546.2 亿美元，降低 0.75 个百分点。主要贸易伙伴国家中，韩国、新加坡、泰国、越南、巴西、比利时的 GDP 会受到微幅负向冲击，日本、印度、美国、意大利的 GDP 将有所提升，但变动幅度不大，都在 0.05 个百分点以内（见表 12-5）。

---

① 除重污染行业之外，还包括采煤业、天然气开采业、石油开采业、食品制造业、皮革制品业、木制品业、石油和煤焦制品业、建筑业、服务业、农业、其他金属业、金属制品业、汽车及配件制造业、电器制造业、机械制造业、公用事业。

表 12-5　钢铁行业环境管制完全提升对 GDP 的影响

单位：百万美元

国家	变动（%）	前值	冲击后	变动值
中国	-0.75	7321874.00	7267254.00	-54620.00
日本	0.01	5905634.00	5905999.00	365.00
韩国	0	1202463.00	1202453.00	-10.00
新加坡	0	274064.80	274062.40	-2.40
泰国	-0.01	345669.80	345650.00	-19.80
越南	-0.03	135539.90	135496.40	-43.50
印度	0	1880100.00	1880112.00	12.00
美国	0	15533786.00	15533995.00	209.00
巴西	0	2476695.00	2476686.00	-9.00
比利时	0	513316.00	513312.30	-3.70
意大利	0.01	2196335.00	2196449.00	114.00
其他	0	33691668.00	33692352.00	684.00

资料来源：RunGTAP 3.61 运行结果。

2. 对各个行业产值的影响

钢铁行业是国民经济中的中游产业，完全提升我国钢铁行业环境管制对下游行业冲击较大。具体来看，26 个行业中，产值下降的行业有 18 个，钢铁行业产值下降最多，减少 415.26 亿美元，机械设备行业下降 403.40 亿美元，服务业下降 318.69 亿美元，金属制品业、汽车及配件行业的降幅也超过 100 亿美元。产值上升的行业有 8 个，主要包括电器制造业、纺织业、化学品业、皮革制品业、服装业、农业、木制品业和天然气开采业。其中，电器制造业产值提升最大，为 76.25 亿美元，纺织业产值提高 64.19 亿美元，化学品业、皮革制品业、服装业增长幅度也超过 20 亿美元（见表 12-6）。

表 12-6　钢铁行业环境管制完全提升对各行业产值的影响

行业名称	变动率（%）	变动值（亿美元）	行业名称	变动率（%）	变动值（亿美元）
农业	0.07	8.90	非金属矿制品业	-1.17	-82.22
采煤业	-0.61	-9.08	钢铁行业	-4.55	-415.26
石油开采业	-0.11	-1.39	其他金属业	-1.14	-51.44
天然气开采业	0.26	0.02	金属制品业	-2.93	-126.43
采矿业	-2.12	-58.71	汽车及配件制造业	-1.54	-100.70
食品制造业	-0.13	-11.04	交通运输设备制造业	-1.91	-44.30
纺织业	1.28	64.19	电器制造业	0.81	76.25
服装业	0.76	20.53	机械制造业	-2.15	-403.40
皮革制品业	1.12	23.03	其他制造业	-0.35	-12.21
木制品业	0.30	6.55	电力行业	-1.08	-31.10
造纸业	-0.20	-6.30	公用事业	-0.56	-2.13
石油和煤焦制品业	-0.88	-47.79	建筑业	-1.31	-235.36
化学品业	0.17	26.15	服务业	-0.62	-318.69

资料来源：RunGTAP 3.61 运行结果。

3. 对国际贸易的影响

在对外贸易方面，我国钢铁行业环境管制的完全提升会使我国和多数重污染行业贸易伙伴国的贸易平衡发生变化，我国贸易顺差增大，贸易条件改善，美国、日本、韩国、印度等国贸易顺差会减少。

根据模拟数据，政策冲击后，我国出口总量将降低 0.36 个百分点。其他国家中，越南的出口总量将提升 0.31 个百分点，泰国提升 0.04 个百分点，其他主要贸易伙伴国家出口量会下降，其中，日本下降最多，减少 0.23 个百分点，印度也将下降 0.15 个百分点，韩国和美国分别下降 0.15 个和 0.08 个百分点。在进口方面，中国将减少 0.95 个百分点，韩国、新加坡、泰国、越南、印度、巴西也会减少进口，其中越南减少 0.22 个百分点，韩国减少 0.13 个百分点。日本、美国、意大利和比利时进口上升，其中日本进口会上升 0.20 个百分点。从具体的贸易平衡情况来看，我国钢铁行业环境管制提升会提升本国贸易顺差86.45亿美元，主要贸易伙伴国家中，新加坡、越南、巴西、泰国贸易顺差有所增加，而美国、日本、韩国、印度、比利时、意大利贸易顺差减少，其中日本和美国顺差会分别减少40.63亿美元和37.52亿美元。从贸易条件来看，我国贸易条件略有改善，同时改善的还有日本、美国、韩国、比利时和意大利，越南、印度、泰国、新加坡和巴西贸易条件有所恶化（见表12-7）。

表 12-7　钢铁行业环境管制完全提升对各国进出口的影响

国家或地区	出口变动（%）	进口变动（%）	贸易平衡（亿美元）	贸易条件
中国	-0.36	-0.95	86.45	0.06
日本	-0.23	0.20	-40.63	0.18
韩国	-0.15	-0.13	-1.77	0.01
新加坡	-0.01	-0.03	0.43	-0.03
泰国	0.04	-0.06	2.40	-0.05
越南	0.31	-0.22	5.64	-0.21
印度	-0.15	-0.03	-3.90	-0.01
美国	-0.08	0.08	-37.52	0.06
巴西	-0.02	-0.09	1.90	-0.12
比利时	-0.02	0.02	-1.79	0.02
意大利	-0.06	0.07	-8.28	0.05
其他	0.01	0.01	-2.87	-0.03

资料来源：RunGTAP 3.61 运行结果。

从模拟结果中我们还可以得出，我国各个行业在钢铁行业受到完全管制后出口受到影响。可以看到，钢铁行业对各个国家的出口普遍下滑。其中，对美国、意大利的出口下滑了30%以上，对韩国、新加坡、越南的出口下滑了25%左右（见表12-8）。建筑、机械设备、汽车及配件、交通运输设备行业也会出现出口下滑，平均下滑幅度在1%~3%，金属制品行业出口下滑幅度较大，平均下滑8.72个百分点。出口会受到拉升影响的行业偏多，但增幅偏小，都在5%以下，出口额平均增加3%以上的行业仅有煤矿开采业和其他金属业。[①]

表 12-8 钢铁行业环境管制完全提升对我国钢铁行业出口的影响

国家或地区	出口额变动（%）	国家或地区	出口额变动（%）
日本	−28.39	美国	−30.02
韩国	−24.98	巴西	−28.19
新加坡	−25.37	比利时	−28.50
泰国	−28.29	意大利	−30.12
越南	−25.94	其他	−29.30
印度	−27.93		

资料来源：RunGTAP 3.61 运行结果。

4. 对生产要素需求的影响

GTAP 数据库对生产要素进行了较为详细的分类，第九版中分为初级劳动力、技术型劳动力、土地、资本要素和自然资源五种。模拟结果显示，主要影响体现在初级劳动力、技术型劳动力和资本要素三方面。钢铁行业环境管制提升造成本行业对各类生产要素需求的激增，对初级劳动力、技术型劳动力和资本的需求上升比率都在 25% 左右。

需要说明的是，我们是通过假设钢铁行业的要素生产率下降来模拟环境管制强度提升的，系统的逻辑是通过补充要素来缓冲经济系统的均衡变化。但是实际上，提升环境管制的行业未来主要依靠投资于设备改造和更新来恢复产量，对劳动力的需求并不是像模型显示的那样。因此，模型给出的钢铁行业的劳动力需求并不具有真实意义。相反，那些没有提升环境管制强度的行业，因为钢铁行业的产量和价格变化受到了冲击，它们对要素需求的变化才具有真实的参考意义。

我们可以发现，其他行业要素需求变动比例不大，农业对各类要素需求提升不超过 0.2%，服务业对各类要素需求下降不超过 1%。工业各个行业中，除钢铁行业外，对初级劳动力需求上升的有 7 个行业，对技术型

---

① 受篇幅限制，具体分行业和国家出口数据可以通过邮件向笔者索要。

劳动力需求上升的行业有 10 个，总体上看，对劳动需求下降比例更大（见表 12-9）。

表 12-9　钢铁行业环境管制完全提升对生产要素需求的影响　　单位：%

产业名称	初级劳动力	技术型劳动力	资本	产业名称	初级劳动力	技术型劳动力	资本
农业	0.10	0.19	0.06	非金属矿制品业	-1.12	-0.79	-1.27
采煤业	-1.05	-0.99	-1.07	钢铁行业	25.10	25.52	24.91
石油开采业	-0.18	-0.12	-0.20	其他金属业	-1.10	-0.77	-1.25
天然气开采业	1.08	1.14	1.06	金属制品业	-2.89	-2.57	-3.04
采矿业	-2.51	-2.46	-2.54	汽车及配件制造业	-1.49	-1.16	-1.64
食品制造业	-0.08	0.22	-0.21	交通运输设备制造业	-1.88	-1.55	-2.02
纺织业	1.30	1.64	1.15	电器制造业	0.83	1.17	0.68
服装业	0.76	1.10	0.61	机械制造业	-2.12	-1.79	-2.27
皮革制品业	1.14	1.47	0.98	其他制造业	-0.26	0.07	-0.41
木制品业	0.34	0.67	0.19	电力行业	-1.02	-0.69	-1.17
造纸业	-0.16	0.17	-0.31	公用事业	-0.53	-0.20	-0.68
石油和煤焦制品业	-0.81	-0.48	-0.96	建筑业	-1.30	-0.93	-1.46
化学品业	0.22	0.56	0.07	服务业	-0.65	-0.29	-0.81

资料来源：RunGTAP 3.61 运行结果。

如果将两类劳动力变动比例进行算术平均数加总，并结合《中国统计年鉴2011》中工业和建筑业各行业全部从业人员年平均人数，我们可以测算出，提升钢铁行业环境管制会使得第二产业对劳动力的需求提升 133.76 万人。但值得注意的是，仅仅钢铁行业本身就产生劳动力需求 172.07 万人，当去除钢铁行业时，第二产业中其他行业对劳动力的需求将减少 124.22 万人，其中受到冲击最大的是建筑业，劳动力需求会减少 85.91 万人。汽车及配件制造业和金属制品行业对劳动力需求下降也较大，会分别减少 36.85 万人和 17.01 万人。除钢铁行业之外，对劳动力需求较大的行业还有机械设备制造业和纺织业，劳动力需求分别增加 28.38 万人和 17.31 万人。整个工业领域对劳动力的需求减少 38.31 万人，占第二产业劳动力需求总下滑量的 31%，而建筑业劳动力需求减少量占比高达 69%（见表 12-10）。

表 12-10　钢铁行业环境管制完全提升对各行业劳动力需求的影响

行业名称	劳动力需求变动率（%）	劳动力需求数量（万人）	行业名称	劳动力需求变动率（%）	劳动力需求数量（万人）
采煤业	-2.04	-10.63	非金属矿制品业	-1.91	-9.88
石油开采业	-0.30	-0.17	钢铁行业	50.62	172.07
天然气开采业	2.22	1.24	其他金属业	-1.87	-3.60
采矿业	-4.97	-8.56	金属制品业	-5.46	-17.01
食品制造业	0.14	0.97	汽车及配件制造业	-3.91	-36.85
纺织业	2.94	17.31	交通运输设备业	-2.65	-8.48
服装业	1.86	7.11	电器制造业	-3.43	-8.90
皮革制品业	2.61	6.78	机械设备制造业	2.00	28.38
木制品业	1.01	2.37	其他制造业	-0.19	-0.48
造纸业	0.01	0.02	电力行业	-1.71	-4.32
石油和煤焦制品业	-1.29	-1.24	公用事业	-0.73	-0.41
化学品业	0.78	8.01	建筑业	-2.23	-85.91

资料来源：笔者根据 RunGTAP 3.61 运行结果和《中国统计年鉴 2012》相关数据测算得到。

（二）完全提升重污染行业环境管制产生的经济影响

1. 对各国经济总量的影响

如果我们一次性提升所有重污染行业的环境管制，消除所有环境未支付成本，模拟结果显示，我国的 GDP 将减少 1038.6 亿美元，降幅达到

1.42%。这些行业的主要贸易伙伴国家中，越南经济总量将下降0.05个百分点，日本和意大利的GDP会上升0.01个百分点，其他国家受到的影响非常微小（见表12-11）。

表 12-11　重污染行业环境管制完全提升对 GDP 的影响

单位：百万美元

国家或地区	变动（%）	前值	冲击后	变动值
中国	-1.42	7321874.00	7218012.00	-103862.00
日本	0.01	5905634.00	5906159.00	525.00
韩国	0	1202463.00	1202502.00	39.00
新加坡	0	274065.00	274063.00	-2.00
泰国	0	345670.00	345665.00	-5.00
越南	-0.05	135540.00	135472.00	-68.00
印度	0	1880100.00	1880169.00	69.00
美国	0	15533786.00	15533989.00	203.00
巴西	0	2476695.00	2476681.00	-14.00
比利时	0	513316.00	513329.00	13.00
意大利	0.01	2196335.00	2196477.00	142.00
其他	0	33691668.00	33692544.00	876.00

资料来源：RunGTAP 3.61 运行结果。

2. 对各产业产值的影响

重污染行业环境管制完全提升不仅降低了本行业的产业产值，对大多数产业的产值都产生了压制作用。从政策模拟结果来看，重污染行业产值全部下降，其中，钢铁行业、采矿业、电力行业、非金属矿制品业和化学品业产值下降超过2%，纺织业和服装业所受影响较小，下降比重不足0.5%。其他行业中，产值上升的仅有皮革制品业、木制品业和电器制造业，变动比率不超过2%，而金属制品业、建筑业、机械制造业、交通运输设备制造业、汽车及配件制造业产值降幅均超过2%。其中，金属制品业下降3.42个百分点，仅次于钢铁行业5.15%的降幅（见表12-12）。

表12-12　重污染行业环境管制完全提升对各行业产值的影响

产业名称	变动比例（%）	产值变动（百万美元）	产业名称	变动比例（%）	产值变动（百万美元）
农业	-0.20	-2442.13	非金属矿制品业	-2.33	-16373.06
采煤业	-1.25	-1860.23	钢铁行业	-5.15	-47002.94
石油开采业	-0.08	-95.69	其他金属业	-1.97	-8861.03
天然气开采业	-0.67	-5.61	金属制品业	-3.42	-14776.78
采矿业	-3.57	-9878.56	汽车及配件制造业	-2.14	-13994.75
食品制造业	-0.42	-3601.31	交通运输设备制造业	-2.15	-4995.41
纺织业	-0.31	-1533.59	电器制造业	1.31	12393.06
服装业	-0.49	-1312.91	机械制造业	-2.49	-46681.63
皮革制品业	1.47	3017.44	其他制造业	-0.43	-1501.69
木制品业	0.42	907.83	电力行业	-2.42	-6971.41
造纸业	-1.60	-5077.19	公用事业	-1.47	-555.30
石油和煤焦制品业	-1.64	-8935.94	建筑业	-2.20	-39473.13
化学品业	-2.15	-33020.25	服务业	-1.21	-62058.5

资料来源：RunGTAP 3.61 运行结果。

3. 对国际贸易的影响

从模拟结果来看，完全提升我国重污染行业的环境管制，会使得我国进口总量下滑0.62个百分点，出口总量下滑1.48个百分点，导致贸易顺差增加123.38亿美元，贸易条件略有变差。在其他主要贸易伙伴国中，越南受益最大，出口增长0.31个百分点，进口下降0.31个百分点，贸易顺差增加6.80亿美元，贸易条件基本稳定。其他国家出口量都有所下降，日本、印度出口都下降超过0.2%，分别造成贸易逆差46.42亿美元和6.50亿美元。美国、韩国出口分别下降0.14个和0.15个百分点，造成贸易逆差56.54亿美元和3.13亿美元。日本、韩国贸易条件分别改善0.12个和0.19个百分点，印度和比利时贸易条件恶化，分别降低了 0.27 个和 0.15 个百分点（见表 12-13）。

表 12-13　重污染行业环境管制完全提升对各国进出口的影响

国家或地区	出口变动（%）	进口变动（%）	贸易平衡（亿美元）	贸易条件
中国	-1.48	-0.62	123.38	-0.04
日本	-0.28	0.21	-46.62	0.12
韩国	-0.15	-0.11	-3.13	0.19
新加坡	-0.03	-0.05	0.16	0.02
泰国	-0.03	-0.07	0.75	-0.02
越南	0.31	-0.31	6.80	-0.03
印度	-0.21	-0.03	-6.50	-0.27
美国	-0.14	0.11	-56.54	0.01
巴西	-0.06	-0.15	2.24	0.07
比利时	-0.01	0.07	-3.75	-0.15
意大利	-0.07	0.09	-10.87	0.03
其他	0.01	0.01	-5.79	0.06

资料来源：RunGTAP 3.61 运行结果。

4. 对各行业要素需求的影响

从政策模拟结果看，在重污染行业环境管制完全提升后，其他行业对各类要素的需求下降面更广，下降幅度更大。从三次产业来看，农业对各类要素需求由增加转变为小幅下降，但下降幅度小，对初级劳动力、技术型劳动力和资本要素的需求降幅都不超过 0.5%，而服务业对初级劳动力和资本要素的需求分别下降了 1.25 个和 1.58 个百分点，对技术型劳动力下降幅度也超过了 0.5 个百分点，是单独规制钢铁行业情景下的两倍。在工业领域中除去重污染行业的其他 15 个行业中，有 10 个行业对各类要素需求都是下降的。仅有皮革制品业、木制品业和电器制造业对各类要素的需求提升（见表12-14）。

表 12-14　重污染行业环境管制完全提升对各行业要素需求的影响　单位：%

产业名称	初级劳动力	技术型劳动力	资本	产业名称	初级劳动力	技术型劳动力	资本
农业	-0.27	-0.10	-0.35	非金属矿制品业	2.18	2.81	1.86
采煤业	-2.12	-2.02	-2.17	钢铁行业	24.39	25.16	24.00
石油开采业	-0.10	-0.01	-0.15	其他金属业	-1.87	-1.26	-2.17
天然气开采业	-2.63	-2.53	-2.68	金属制品业	-3.34	-2.74	-3.64
采矿业	-1.07	-0.97	-1.12	汽车及配件制造业	-2.03	-1.42	-2.34
食品制造业	-0.31	0.24	-0.59	交通运输设备制造业	-2.08	-1.47	-2.39
纺织业	2.06	2.69	1.74	电器制造业	1.37	2.00	1.05
服装业	1.37	2.00	1.05	机械制造业	-2.41	-1.80	-2.72
皮革制品业	1.51	2.14	1.19	其他制造业	-0.24	0.38	-0.55
木制品业	0.50	1.13	0.19	电力行业	17.27	17.99	16.90
造纸业	2.10	2.73	1.78	公用事业	-1.40	-0.78	-1.70
石油和煤焦制品业	-1.50	-0.88	-1.80	建筑业	-2.16	-1.49	-2.50
化学品业	2.16	2.79	1.84	服务业	-1.25	-0.58	-1.58

资料来源：RunGTAP 3.61 运行结果。

我们同样将两类劳动力变动比例进行算术平均数加总，结合 2011 年工业和建筑业各行业全部从业人员年平均人数，可以测算出重污染行业完全提升环境管制后对其他行业产生的劳动力需求影响，如表 12-15 所示。

表 12-15　重污染行业环境管制完全提升对各行业劳动力需求的影响

行业名称	劳动力需求变动率（%）	劳动力需求数量（万人）	行业名称	劳动力需求变动率（%）	劳动力需求数量（万人）
采煤业	-4.14	-21.57	非金属矿制品业	4.99	25.78
石油开采业	-0.11	-0.06	钢铁行业	49.56	168.45
天然气开采业	-5.16	-2.89	其他金属业	-3.12	-6.01
采矿业	-2.04	-3.52	金属制品业	-6.08	-18.93

续表

行业名称	劳动力需求变动率（%）	劳动力需求数量（万人）	行业名称	劳动力需求变动率（%）	劳动力需求数量（万人）
食品制造业	-0.08	-0.54	汽车及配件制造业	-3.46	-11.06
纺织业	4.75	27.98	交通运输设备制造业	-3.55	-9.22
服装业	3.36	12.86	电器制造业	3.37	47.86
皮革制品业	3.65	9.48	机械制造业	-4.22	-39.74
木制品业	1.63	3.83	其他制造业	0.15	0.37
造纸业	4.83	10.51	电力行业	35.26	89.07
石油和煤焦制品业	-2.38	-2.29	公用事业	-2.18	-1.23
化学品业	4.95	50.81	建筑业	-3.65	-140.54

资料来源：RunGTAP 3.61 运行结果。

从绝对数来看，建筑业对劳动力需求下降最多，高达 140.54 万人，比情景一增加了 64%。工业领域劳动力需求下降 52 万人，比情景一增加了 36%。

在工业领域，电器制造业、皮革制品业、木制品业及其他制造业四个行业对需求有拉动作用，其中电器制造业拉动力最大，增加劳动力需求 47.86 万人。四个行业形成的劳动力需求总增加量为 61.54 万人。对劳动力需求下降的工业行业中，机械制造业、金属制品业、汽车及配件制造业和交通运输设备制造业降幅较大。其中，机械制造业对劳动力需求下降最多，达到 39.74 万人；金属制品业、汽车及配件制造业的劳动力需求减少量分别为 18.93 万人和 11.06 万人；交通运输设备制造业减少 9.22 万人。

综合测算所有行业的劳动力需求变化，重污染行业环境管制完全提升将使得第二产业对劳动要素的需求量下降 192.53 万人，比情景一提升了 55%。从结构来看，工业劳动力需求减少量占第二产业劳动力需求下滑量的比重为 27%，比情景一下降了 4 个百分点。而建筑业对劳动力需求的降幅占总下滑量的 73%，比情景一上升了 4 个百分点。

五、基本结论和政策启示

本章根据废水及废气污染物治理成本计算了 2011 年我国工业各行业未支付环境成本，并以未支付环境成本占该行业产值的比重衡量环境管制强度。通过设置情景分别对钢铁行业和纺织、服装、造纸、化学品等重污染行业完全提升环境管制进行政策模拟，并通过一般均衡的 GTAP 模型测算了这一政策对我国 GDP、对外贸易、产业产值和要素需求方面的影响。

根据测算结果我们发现，提升环境管制水平，将对我国经济总量产生冲击，而主要贸易伙伴国家受到的影响非常小。不论是单独针对钢铁行业还是对所有重污染行业提升环境管制，GDP 总量下降都不超过 1.5 个百分点，参考 2011 年的经济增速，即使发生这一冲击，我国经济增速仍然可以保持在中高速水平，可以说，这是我国经济可以承受的。

分行业来看，提升环境管制会造成多数工业行业产值下降，有直接联系的下游产业下降得更加明显，建筑业、服务业也会产生负增长。农业也会在重污染行业提升环境管制情况下产值下滑。仅电器制造业、皮革制品业和木制品业会从中受益实现稳定增长，并且电器制造业产值提升规模较大，最多可以达到近 124 亿美元。

在对外贸易方面，提升环境管制会减少我国对外贸易总量。但进口降幅大于出口降幅，因此，贸易顺差还会有所增加。主要贸易伙伴国家中，越南出口增加，进口减少，受益最大，泰国、巴西贸易顺差也有所增加，美国、日本、印度等国家则贸易受损，顺差下降。因此，可以说提升重污染行业的环境管制有利于我国在对外贸易中获得更多的经济福利。

在要素需求方面，环境管制的提升会减少经济体对要素的需求。不论是钢铁行业还是所有重污染行业环境管制的完全提升，都将导致 100 万以上的有效劳动岗位的减少。从劳动力需求减少量的产业结构上看，工业行业降幅大大低于建筑业。虽然我们没有测算服务业对劳动力需求减少的具体数量，但是从要素需求下降比例上看，对劳动力需求的减少量也会很大。

　　虽然提升环境管制对我国经济总量的冲击有限，有利于产业和对外贸易的优化调整，但是对就业可能产生大规模的冲击。不仅工业部门就业机会减少，而且在建筑业和服务业会减少更多的就业机会。环境管制提升的工业行业越多，劳动力需求降幅越大。

　　因此，如果为了改善国内环境质量而提升工业部门的环境管制强度，本章建议：①从单一行业开始进行试点，逐步延伸到多个行业，为经济体应对冲击获得缓冲时间。②从工业产业链下游行业的资本密集型产业进行，避免带动过多产业的产值下降和工业就业岗位的流失。③在提升工业行业环境管制之前，提升建筑业和服务业的发展质量，一方面，发掘新的经济增长点，创造就业岗位；另一方面，提升产业发展自主性，降低建筑业和服务业发展对工业的依赖。④推进工业各行业，特别是重污染行业转型升级，创造出可以吸纳就业的清洁环保的新兴部门，并实现劳动力的内部转移。⑤提升与就业相关的社会保障水平，强化社会培训、再就业帮扶等社会公共服务，为环境管制可能带来的劳动力需求减少做好应对准备。

第十三章

环境管制与中国工业环境全要素生产率

梁泳梅　董敏杰

在中国政府不断加大环境保护力度的背景下，本章探讨了环境管制对中国工业的污染治理生产率进而对环境全要素生产率的影响。通过测算 2001~2008 年中国的污染治理生产率，并利用面板数据探讨环境管制强度及其他相关因素对污染治理生产率的影响，本章发现考察期内污染治理生产率对工业环境全要素生产率的提高贡献明显，前者对后者的贡献约为 40%；环境管制对污染治理效率与生产率并不一定造成不利影响，而是存在着"U"型影响：当污染治理成本占工业增加值的比重高于 3.8%~5.1% 时，环境管制可能有利于污染治理生产率的提高进而带来环境全要素生产率的提高。从测算结果来看，加强环境保护、加快推进生态文明建设的确有利于推动经济向集约、高效、循环、可持续的发展方向转变，目前中国的工业发展能够承受相当严格程度的污染防治管理，中国需要进一步依靠大力发展节能环保产业来推进污染治理技术的进步。

近年来，由于中国的环境污染日益严重，经济发展与资源环境间的矛盾日益突出，继党的十八大提出"把生态文明建设放在突出地位，融入经济建设、政治建设、文化建设、社会建设各方面和全过程"后，中央再次明确提出要"协同推进新型工业化、信息化、城镇化、农业现代化和绿色化"。在这种"绿水青山就是金山银山"理念的指导下，中国政府加大了环境管制力度。由此带来的担心是，环境管制是否会对中国经济增长产生不利影响？在此背景下，研究环境管制对经济增长的影响，探索可以兼顾经济增长与环境保护的发展道路，具有十分重要而紧迫的现实意义。本章主要着眼于探讨环境管制对中国工业的污染治理生产率的影响进而对环境全要素生产率的影响。

一、环境管制影响生产率的三大观点

关于环境管制对生产率的影响，现有理论研究大致可归纳为三种观点："不利论""双赢论"与"综合论"。"不利论"认为，环境管制增加了企业的生产成本，降低了企业的利润及生产效率[1]。"双赢论"认为，从动态角度看，环境管制可能会导致环境水平提高与企业竞争力同时提升的"双赢"结果。Porter[2]、Porter 和 Linde[3] 较早提出了这一观点，因而该观点又被称为"波特假说"。后来的研究者则认识到，环境管制对生产率有何种影响取决于多种因素，环境管制对生产率的影响结果是不确定的[4]，这些观点可统称为"综合论"。

与理论研究相似，实证研究的结论存在较大分歧。正如 Jaffe 等[5]、Jen-

---

[1]　Kip，V. W. ，"Frameworks for Analyzing the Effects of Risk and Environmental Regulations on Productivity"，*American Economic Review*，Vol. 73，No. 4，1983.

　　Xepapadeas，A. and A. D Zeeuw，"Environmental Policy and Competitiveness：The Porter Hypothesis and the Composition of Capital"，*Journal of Environmental Economics and Management*，Vol. 37，No. 2，1999.

[2]　Porter，M. E. ，"America's Green Strategy"，*Scientific American*，Vol. 264，No. 4，1991.

[3]　Porter，M. E. and C. Van Der Linde，"Toward a New Conception of the Environment-Competitiveness Relationship"，*Journal of EconomicPerspectives*，Vol. 9，No. 4，1995.

[4]　Alpay，S. ，"Can Environmental Regulations be Compatible with Higher International Competitiveness：Some New Theoretical Insights"，*FEEM Working Paper*，No. 56，2001.

　　Sinclair-Desgagné，B. ，"Remarks on Environmental Regulation，Firm Behavior and Innovation"，*CIRANO Working Papers*，No. 99s-20，1999.

[5]　Jaffe，A. B. ，S. R. Peterson，P. R. Portney and R. N. Stavins，"Environmental Regulation and the Competitiveness of U. S. Manufacturing：What Does the Evidence Tell Us"，*Journal of Economic Literature*，Vol. 33，No. 1，1995.

kins①、Hitchens② 等的综述性文献所提到的，目前的实证研究并没有为上述三种观点中的任何一种提供足够令人信服的证据，或者说，三种观点均可以得到实证研究的支持。早期的多数研究认为，环境管制会降低企业的生产效率③。后期的许多研究则发现，环境管制有利于技术扩散并提高企业的生产效率④。还

---

① Jenkins, R., "Environmental Regulation and International Competitiveness: A Review of Literature and Some European Evidence", *INTECH Discussion Paper Series*, No. 9801, 1998.

② Hitchens, D., "The Implications for Competitiveness of Environmental Regulation in the EU", *Omega*, Vol. 27, No. 1, 1999.

③ Christainsen, G. B. and R. H. Haveman, "The Contribution of Environmental Regulations to the Slowdown in Productivity Growth", *Journal of Environmental Economics and Management*, Vol. 8, No. 4, 1981.

Gray, W. B., "The Cost of Regulation: OSHA, EPA and the Productivity Slowdown", *American Economic Review*, Vol. 77, No 5, 1987.

Barbera, A. J. and V. D. McConnell, "The Impact of Environmental Regulations on Industry Productivity: Direct and Indirect Effects", *Journal of Environmental Economics and Management*, Vol. 18, No. 1, 1990.

Gray, W. B. and R. J. Shadbegian, "Environmental Regulation and Manufacturing Productivity at the Plant Level", *NBER Working Papers*, No. 4321, 1993.

Gray, W. B. and R. J. Shadbegian, "Pollution Abatement Costs, Regulation and Plant-Level Productivity", *NBER Working Papers*, No. 4994, 1995.

Boyd, G. A. and J. D. Mclleland, "The Impact of Environmental Constraints on Productivity Improvement in Integrated Paper Plants", *Journal of Environmental Economics and Management*, Vol. 38, No. 2, 1999.

Marklund, P. O., "Environmental Regulation and Firm Efficiency: Studying the Porter Hypothesis using a Directional Output Distance Function", *Umeå Economic Studies from Umeå University*, *Department of Economics*, No. 619, 2003.

Andres J. Picazo-Tadeo, A. J., E. Reig-Martínez and F. Hernandez-Sancho, "Directional Distance Functions and Environmental Regulation", *Resource and Energy Economics*, Vol. 27, No. 2, 2005.

④ Newell, R. G., A. B. Jaffe and R. N. Stavins, "The Induced Innovation Hypothesis and Energy-Saving Technological Change", *The Quarterly Journal of Economics*, Vol. 114, No. 3, 1999.

Murthy, M. N. and S. Kumar, "Win-win Opportunities and Environmental Regulation: Testing of Porter Hypothesis for Indian Manufacturing Industries", *Institute of Economic Growth*, *Delhi University Enclave*, *Discussion Papers*, No. 25, 2001.

Berman, E. and L. T. M. Bui, "Environmental Regulation And Productivity: Evidence from Oil Refineries", *The Review of Economics and Statistics*, Vol. 83, No. 3, 2001.

Bond, S., "Dynamic Panel Data Models: A Guide to Micro Data Methods and Practice", *CEMMAP Working Paper*, No. CWP09/02, 2002.

Snyder, L. D., N. H. Miller and R. N. Stavins, "The Effects of Environmental Regulation on Technology Diffusion: The Case of Chlorine Manufacturing", *American Economic Review*, Vol. 93, No. 2, 2003.

Hamamoto, M., "Environmental Regulation and the Productivity of Japanese Manufacturing Industries", *Resource and Energy Economics*, Vol. 28, No. 4, 2006.

有一些研究则注意到，环境管制对生产效率的影响可能随产业、国家及管制工具类型而表现出差异性。Alpay 等[1]发现，美国的环境管制对本国食品加工业的盈利率与生产率没有影响，而墨西哥迅速提高的环境标准则加快了生产率的提升速度。Lanoie 等[2]将企业分为面临竞争强与面临竞争弱两类，发现企业面临的竞争越强，环境管制对企业全要素生产率的正面影响就越明显。Majumdar 和 Marcus[3]发现，不同类型的管制手段对企业生产效率有不同影响，地方性的、管理式的、能赋予企业更多自主权的管制对生产率有正面影响，与之相反，全国性的、缺乏灵活性的技术推进指导原则对生产率有负面影响。

就环境管制对生产率的影响这一主题，目前已有许多针对中国的实证研究。一些研究者认为，环境管制提高了中国的全要素生产率。陈诗一[4]估算了中国工业全要素生产率变化并进行绿色增长核算，发现中国工业的生产率水平经历了一个持续的提高过程，尤其是 2003 年前后大幅提升。陈诗一[5]发现，节能减排在初期对技术进步造成较大的负面影响，但由于前期赶超效应明显和技术效率高涨以及后期技术进步上升占据主导地位，中国工业全要素生产率不但未受影响，而且保持小幅提升的态势。王兵等[6]发现，1998~2007 年中国的市场全要素生产率平均增长率为 1.14%，低于环境全要素生产率的平均增长率（1.8%），其主要原因是，考虑资源环境因素后，

① Alpay, E., S. Buccola and J. Kerkvliet, "Productivity Growth and Environmental Regulation in Mexican and U. S. Food Manufacturing", *American Journal of Agricultural Economics*, Vol. 84, No. 4, 2002.

② Lanoie, P., M. Patry and R. Lajeunesse, "Environmental Regulation and Productivity: New Findings on the Porter Analysis", *CIRANO Working Papers*, No. 001s-53, 2001.

③ Majumdar, S. K. and A. A. Marcus, "Do Environmental Regulations Retard Productivity: Evidence from U. S. Electric Utilities", *University of Michigan Business School*, *Working Paper*, No. 98008, 1998.

④ 陈诗一:《能源消耗、二氧化碳排放与中国工业的可持续发展》，《经济研究》2009 年第 4 期。

⑤ 陈诗一:《节能减排与中国工业的双赢发展：2009—2049》，《经济研究》2010 年第 4 期。

⑥ 王兵、吴延瑞、颜鹏飞:《中国区域环境效率与环境全要素生产率增长》，《经济研究》2010 年第 5 期。

纯技术进步和规模效率大幅提高。张成等[①]发现，环境管制强度和企业生产技术进步之间呈"U"型关系。上述研究为"波特假说"在中国的适用性提供了初步证据。

另外一些研究者则发现，考虑环境因素之后，中国的全要素生产率明显下降。Kaneko 和 Managi[②]发现，1987~2001 年中国的环境全要素生产率下降了 27 个百分点，而这段时间的市场全要素生产率却明显提升。在后来的一项研究中，Managi 和 Kaneko[③]使用相同的数据，同时计算了 Malmquist 指数与 Luenberger 指数，发现两者分别下降 27.3% 与 16.0%，年均下降 2.0% 和 1.1%。Watanabe 和 Tanaka[④]利用方向距离产出函数分别测算了仅考虑合意产出与同时考虑合意产出、非合意产出时 1994~2002 年的中国工业生产率，发现前者明显高估了中国工业的生产效率。

还有一些研究者认为，环境管制对全要素生产率的影响取决于企业规模等因素。季永杰和徐晋涛[⑤]发现，在 1999~2003 年国家加大环境政策执行力度的背景下，造纸行业的整体效率明显改进，但是环境管制政策对小企业的生产效率有负面影响。Xu 等[⑥]发现，环境管制对造纸厂的影响存在差异：小企业生产率出现下降，但大多数大企业生产率提高，这主要是因为，面对环境管制时，规模较大的企业有足够能力采用新技术。

---

① 张成、陆旸、郭路、于同申：《环境规制强度和生产技术进步》，《经济研究》2011 年第 2 期。

Word Bank, "Five Years after Rio: Innovations in Environmental Policy", *Environmentally Sustainable Development Studies and Monographs Series*, No. 18, 1997.

② Kaneko and Managi, "Environmental Productivity in China", *Economics Bulletin*, Vol. 17, No. 2, 2004.

③ Managi and Kaneko, "Productivity of Market and Environmental Abatement in China", *Environmental Economics and policy Studies*, Vol. 7, No. 4, 2006.

④ Watanabe, M. and K. Tanaka, "Efficiency Analysis of Chinese Industry: A Directional Distance Function Approach", *Energy Policy*. Vol. 35, No. 12, 2007.

⑤ 季永杰，徐晋涛：《环境政策与企业生产技术效率——以造纸企业为例》，《北京林业大学学报（社会科学版）》2006 年第 6 期。

⑥ Xu, J., W. F. Hyde and G. S. Amacher, "China's Paper Industry: Growth and Environmental Policy During Economic Reform", *Journal of Economic Development*, Vol. 28, No. 1, 2000.

二、中国工业污染治理生产率的测算

（一）包含了环境变量的污染治理生产率测算框架

Fukuyama 和 Weber[1] 构建了同时考虑投入与合意产出时的效率损失函数。在上述函数中加入非合意产出即环境变量，将其进一步扩展为：

$$IE^{t,j}\left(x^{t,j},\ y^{t,j},\ b^{t,j},\ g_x^{t,j},\ g_y^{t,j},\ g_b^{t,j}\right) =$$

$$\max_{S_x,\ S_y,\ S_b} \frac{\dfrac{1}{N}\sum_{n=1}^{N}\dfrac{S_{n,x}^{t,j}}{g_{n,x}^{t,j}} + \dfrac{1}{M+1}\left[\sum_{m=1}^{M}\dfrac{S_{m,y}^{t,j}}{g_{m,y}^{t,j}} + \sum_{i=1}^{I}\dfrac{S_{i,b}^{t,j}}{g_{i,b}^{t,j}}\right]}{2} \tag{13-1}$$

$$\text{s. t. } \sum_{k=1}^{K} z^{t,k}x_n^{t,k} + S_{n,x}^{t,j} = x_n^{t,j},\ \ \forall n;\ \ \sum_{k=1}^{K} z^{t,k}y_m^{t,k} - S_{m,y}^{t,j} = y_m^{t,j},\ \ \forall m;$$

$$\sum_{k=1}^{K} z^{t,k}b_i^{t,k} + S_{i,b}^{b,j} = b_i^{t,j},\ \ \forall i;\ \ \sum_{k=1}^{K} z^{t,k} = 1,\ z^{t,k} \geqslant 0,\ \ \forall k;$$

$$S_{n,x}^{t,j} \geqslant 0,\ \ \forall n;\ S_{m,y}^{t,j} \geqslant 0,\ \ \forall m;\ S_{i,b}^{t,j} \geqslant 0,\ \ \forall i$$

$IE^{t,j}\left(x^{t,j},\ y^{t,j},\ b^{t,j}\right)$ 表示 t 时期、K 个生产单元中第 j 个生产单元的效率损失值。其中，$x^{t,j}$、$y^{t,j}$、$b^{t,j}$ 分别表示 t 时期生产单元 j 的投入向量、合意产出向量、非合意产出即污染排放向量，三种向量包含的种类数分别为 N、M 与 I；$S_{n,x}^{t,j}$、$S_{m,y}^{t,j}$、$S_{i,b}^{t,j}$ 分别表示 t 时期生产单元 j 的第 n 种投入、第 m 种合意产出与第 i 种污染排放量的松弛向量；$g_{n,x}^{t,j}$、$g_{m,y}^{t,j}$、$g_{i,b}^{t,j}$ 分别表示投入压缩合意、产出扩张与非合意产出压缩的方向性向量；$z^{t,k}$ 表示权重；$\sum\limits_{k=1}^{K} z^{t,k}=1$，$z^{t,k}\geqslant 0$，$\forall k$ 的约束条件意味着规模报酬可变（VRS）。

可进一步将效率损失函数值分解为三部分：投入利用效率损失、合意产出效率损失与污染治理效率损失。对于 t 时期的生产单元 j，三者可分别表

---

[1] Fukuyama, H. and W. L. Weber, "A Directional Slacks-based Measure of Technical Inefficiency", *Socio-Economic Planning Science*, Vol. 43, No 4, 2009.

示为：

$$IE_x^{t,j} = \frac{1}{2N} \sum_{n=1}^{N} \frac{S_{n,x}^{t,j}}{g_{n,x}^{t,j}}, \quad IE_y^{t,j} = \frac{1}{2(M+I)} \sum_{m=1}^{M} \frac{S_{m,y}^{t,j}}{g_{m,y}^{t,j}}, \quad IE_b^{t,j} = \frac{1}{2(M+I)} \sum_{i=1}^{I} \frac{S_{i,b}^{t,j}}{g_{i,b}^{t,j}}$$

$$(13-2)$$

基于效率损失函数的可加性，有：

$$IE^{t,j} = IE_x^{t,j} + IE_y^{t,j} + IE_b^{t,j} \tag{13-3}$$

从动态[①]的角度看，有：

$$ELI = Effe + Tech \tag{13-4}$$

其中：

$$Effe = IE^t(x^t, y^t, b^t) - IE^{t+1}(x^{t+1}, y^{t+1}, b^{t+1}) \tag{13-5}$$

$$Tech = \frac{1}{2} \{ [IE^{t+1}(x^{t+1}, y^{t+1}, b^{t+1}) - IE^t(x^{t+1}, y^{t+1}, b^{t+1})] +$$

$$[IE^{t+1}(x^t, y^t, b^t) - IE^t(x^t, y^t, b^t)] \} \tag{13-6}$$

式（13-4）至式（13-6）即 Chambers[②][③]、Färe 等[④]所提出的卢恩伯格生产率指数。为强调本章所加入的环境变量，式（13-4）中将其标记为 *ELI*。式（13-5）与式（13-6）包括了四个效率损失值，其中，$IE^t(x^t,$

①　对效率值与全要素生产率的区分有助于理解本章的研究思路。效率指标测度的是既定时期各决策单元与生产边界的相对关系，是一种静态分析；全要素生产率测度的是生产边界的移动（技术进步）以及各决策单元与生产边界相对位置的变化（效率变化），是一种动态分析。按照 SDF（谢波德产出距离函数）、DDF、SBM 与 SBI 四种方法均可测算出距离函数值，根据当期距离函数值则可以测算出效率值，根据当期距离函数值与跨期距离函数值则可以进一步测算出全要素生产率。以 SDF 值为基础的全要素生产率指数是姆奎斯特生产率指数，代表性的有 Färe 等（1994）、Ray 和 Desli（1997）等的文献；以 DDF 值为基础的全要素生产率指数是姆奎斯特—卢恩伯格生产率指数，具有代表性的包括 Färe 等（2001），Boyd、Tolley 和 Pang（2002），Jeon 和 Sickles（2004），Yoruk 和 Zaim（2005），Kumar（2006），Yu 等（2008）的研究；以 SBM 或 SBI 为基础的全要素生产率指数是卢恩伯格生产率指数，具有代表性的包括 Chambers（1996，2002），Chambers、Färe 和 Grosskopf（1996），Managi 和 Kaneko（2006，2009），Fuji、Kaneko 和 Managi（2009）等的文献。

②　Chambers, R. G., "A New Look at Exact Input, Output, and Productivity Measurement", *Department of Agricultral and Resource Economics*, *The University of Maryland*, *College Park*, *Working Paper*, No. 96-05, 1996.

③　Chambers, R. G., "Exact Nonradial Input, Output, and Productivity Measurement", *Economic Theory*, Vol. 20, No. 4, 2002.

④　Färe, R., S. Grosskopf, M. Norris and Z. Zhang, "Productivity Growth, Technical Progress, and Efficiency Change in Industrialized Countries", *The American Economic Review*, Vol. 84, No. 1, 1994.

y^t，b^t）与 IE^{t+1}（x^{t+1}，y^{t+1}，b^{t+1}）分别表示 t 期与 $t+1$ 期的效率损失值，IE^t（x^{t+1}，y^{t+1}，b^{t+1}）与 IE^{t+1}（x^t，y^t，b^t）表示两个跨期效率损失值，前者是以 $t+1$ 期的生产组合作为被考察单元、以 t 期的生产组合构建生产前沿面，后者则是以 t 期的生产组合作为被考察单元、以 $t+1$ 期的生产组合构建生产前沿面。

将式（13-4）至式（13-6）中的相关变量替换为环境变量，可得：

$$ELI_b = Effe_b + Tech_b \tag{13-7}$$

$$Effe_b = IE_b^t（x^t，y^t，b^t）-IE_b^{t+1}（x^{t+1}，y^{t+1}，b^{t+1}） \tag{13-8}$$

$$Tech_b = \frac{1}{2}\{[IE_b^{t+1}(x^{t+1}，y^{t+1}，b^{t+1})-IE_b^t(x^{t+1}，y^{t+1}，b^{t+1})]+$$

$$[IE_b^{t+1}(x^t，y^t，b^t)-IE_b^t(x^t，y^t，b^t)]\} \tag{13-9}$$

其中，ELI_b 表示污染治理生产率，$Effe_b$ 表示污染治理技术利用效率的变化，$Tech_b$ 表示污染治理技术进步率。

为避免出现技术进步为负值的情况，我们在计算时使用序列 DEA 方法[①]，即假设在计算某一期的生产效率损失时，该期及之前各期的生产技术均可使用，在构建生产前沿面时，使用该期及之前各期的生产组合。对位于生产前沿面上也即不存在效率损失的生产单元，式（13-1）无法测出其相对效率。而且，在计算跨期效率损失值 IE^t（x^{t+1}，y^{t+1}，b^{t+1}）时，由于用以构建生产前沿面的技术参照 t 期及之前各期的生产组合，而考察期 $t+1$ 的生产组合经常会位于生产前沿面之外，也即 $t+1$ 期的生产组合效率可能会"超过" t 期及之前所有的生产组合，利用式（13-1）会出现线性规划不可解的情形。对于不可解的情形，Yourk 和 Zaim[②] 建议，将相应的技术进步值直接

---

① Oh, D. and A. Heshmati, "A Sequential Malmquist–Luenberger Productivity Index: Environmentally Sensitive Productivity Growth Considering the Progressive Nature of Technology", *Energy Economics*, Vol. 32, No. 6, 2010.

② Yoruk, B. and O. Zaim, "Productivity Growth in OECD Countries: A Comparison with Malmquist Indices", *Journal of Comparative Economics*, Vol. 33, No. 2, 2005.

设置为 0，Cooper 等[1][2]建议，将出现不可行解的 IE^t（x^{t+1}，y^{t+1}，b^{t+1}）值均设为 0，以此计算的 LI 值与 $Tech$ 值也相应进行调整。这里借鉴了 Du 等[3]在构建基于松弛的效率测度法（Slacks-based Measure Efficiency，SBM）超效率（Super-Efficiency）模型时的思路，对于使用式（13-1）测算时位于生产前沿面上或之外的生产组合（用 o 标记），效率损失值采用下述模型测算：

$$IE^{t,j}(x^{t,j},\ y^{t,j},\ b^{t,j},\ g_x,\ g_y,\ g_b)=$$

$$\max_{S_x,S_y,S_b} = \frac{-\dfrac{1}{N}\sum_{n=1}^{N}\dfrac{S_{n,x}^{t,j}}{x_n^{t,j}} - \dfrac{1}{M+I}\left[\sum_{m=1}^{M}\dfrac{S_{m,y}^{t,j}}{y_m^{t,j}} + \sum_{i=1}^{I}\dfrac{S_{i,b}^{t,j}}{b_i^{t,j}}\right]}{2}$$

s. t. $x_n^{t,j}+S_{n,x}^{t,j}\geqslant \sum_{k=1,\ k\neq 0}^{K} z^{t,k}y_n^{t,k},\ \forall n$；$y_m^{t,j}-S_{m,y}^{t,j}\leqslant \sum_{k=1,\ k\neq 0}^{K} z^{t,k}y_m^{t,k},\ \forall m$；$b_i^{t,j}+$

$S_{i,b}^{b,j}\geqslant \sum_{k=1,\ k\neq 0}^{K} z^{t,k}b_i^{t,k},\ \forall i$；$\sum_{k=1,\ k\neq 0}^{K} z^{t,k}=1,\ z^{t,k}\geqslant 0,\ \forall k$；$S_{n,x}^{t,j}\geqslant 0,\ \forall n$；$S_{m,y}^{t,j}\geqslant$

$0,\ \forall m$；$S_{i,b}^{t,j}\geqslant 0,\ \forall i$ (13-10)

约束条件表示，生产组合 o 本身不参与构造生产前沿面。第一个与第三个约束条件表示，生产组合 o 的投入与非合意产出要经过"扩张"才能使其进入生产前沿面，第二个约束条件表示，生产组合 o 的合意产出要经过"缩减"才能使其进入生产前沿面之内。通过式（13-10）测算的效率损失值为非正数，表示其生产效率超出或至少等于生产前沿面上的生产单元。

（二）数据处理

将除港澳台地区与西藏外的 30 个省份的规模以上工业企业（全部国有企业及主营业收入在 500 万元以上的非国有企业）作为生产单元，投入产

① Cooper, W. W., L. M. Seiford and J. Zhu, *Handbook on Data Envelopment Analysis*, Kluwer Academic Publishers, 2004.

② Cooper, W. W., L. M. Seiford and K. Tone, *Data Envelopment Analysis (Second Edition)*, Springer Science + business Media, LLC, 2007.

③ Du, J., L. Liang and J. Zhu, "A Slacks-based Measure of Super-efficiency in Data Envelopment Analysis: A Comment", *European Journal of Operational Research*, Vol. 204, No. 3, 2010.

出变量的选择与数据来源如下：①合意产出。由于造成污染排放的是整个工业生产过程，本章选用工业总产值作为合意产出，并使用工业品出厂价格总指数平减为 2000 年不变价。②非合意产出。考虑到《国家环境保护"十一五"规划》提出的"确保到 2010 年 SO$_2$、COD 比 2005 年削减 10%"目标，本章选择 SO$_2$ 和 COD 作为非合意产出指标。③生产要素投入，包括劳动力投入、资本投入与中间投入三类。劳动力投入选取工业从业人员数量。对于资本投入的测算，受统计资料限制，用工业部门固定资产净值作为固定资本存量的替代变量，并经固定资产投资价格指数平减为 2000 年不变价。中间投入由工业总产值与工业增加值的差额部分计算而得，并经工业品出厂价格总指数进行平减为 2000 年不变价。样本时间区间为 2000～2008 年。

（三）测算结果

由于全要素生产率的计算要利用跨期数据，则利用 2000～2008 年的数据测得 2001～2008 年的工业环境全要素生产率，具体如图 13-1 与图 13-2 所示。测算结果表明：第一，从要素构成的角度来看，工业环境全要素生产率的提高有 40% 左右来源于污染治理生产率的提高，这表明污染治理生产率对工业环境全要素生产率提高的贡献明显。第二，从效率提高与技术进步的角度来看，污染治理生产率的提高基本来源于污染治理技术的进步。第三，在污染治理生产率中，COD 治理生产率的贡献大致占 2/3，SO$_2$ 治理生产率的贡献大致占 1/3。第四，分区域来看，东部地区、东北地区、中部地区与西部地区的区域差异较为明显，东部地区的工业环境全要素生产率明显高于其他地区，尤其在污染治理技术进步方面，东部地区往往扮演"先进者"的角色，其他地区更多的是扮演"学习者"的角色。可以推测，通过在全国范围内推广东部地区的先进清洁生产与污染治理技术，提高中西部地区企业的污染治理技术利用效率，将更有助于提高全国范围内的污染治理生产率，进而提升环境全要素生产率。

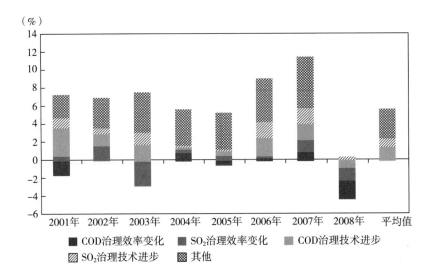

图 13-1　2001~2008 年工业环境全要素生产率值的分解：时间趋势

资料来源：笔者计算所得。

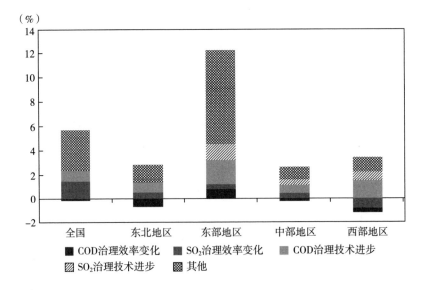

图 13-2　2001~2008 年工业环境全要素生产率值的分解：区域差异

资料来源：笔者计算所得。

三、环境管制对污染治理生产率的影响

为了进一步测算环境管制对污染治理生产率的影响，这部分将环境管制强度以及其他影响污染治理生产率的因素一起综合纳入计量模型进行实证检验。

（一）计量模型

为使表述更符合习惯，将上述计算的污染治理效率损失值 $IE_b^{t,j}$ 转换为污染治理效率值 $EE_b^{t,j}$，转换公式为：$EE_b^{t,j} = \dfrac{1}{IE_b^{t,j}+1}$。其中，$t$ 表示年份，j 表示省份。为了考察环境管制及其他相关因素对污染治理效率及生产率的影响，建立面板数据计量模型如下：

$$EE_b^{t,j} = \beta_0 + \beta_1 ec^{t,j} + \beta_2 (ec^{t,j})^2 + \beta_3 \ln new^{t,j} + \beta_4 mbi^{t,j} + \beta_5 cac^{t,j} +$$

$$\beta_6 \ln com^{t,j} + \beta_7 \ln off^{t,j} + \beta_8 res^{t,j} + \beta_9 epi^{t,j} + u_1^{t,j} \qquad (13\text{-}11)$$

将被解释变量分别替换成 $ELI_b^{t,j}$、$Effe_b^{t,j}$ 与 $Tech_b^{t,j}$，则可得到另外三个计量模型。对于模型中的关键变量——环境管制强度，考虑到环境管制主要通过增加企业的污染治理成本对企业的生产经营产生影响，本章用工业污染治理成本占工业增加值的比重来表示，用 ec 标记。由于中国目前的环保投资统计口径与国际通用的欧盟环保支出统计口径有较大差异[1]，将企业所负担的"污染治理成本"记为三部分之和：污染治理投资额（包括工业污染源治理投资企业自筹部分与建设项目"三同时"环保投资之和）、污染治理设施运行费用（废气治理设施运行费用与废水治理设施运行费用）和排污费三部分[2]，基期

---

　　[1]　吴舜泽、陈斌、逯元堂、王金南、张治忠：《中国环境保护投资失真问题分析与建议》，《中国人口·资源与环境》2007 年第 3 期。

　　吴舜泽、逯元堂、王金南、张治忠：《"十五期间"中国环境保护投资分析》，载王金南、邹首民、吴舜泽、蒋洪强主编，《中国环境政策（第四卷）》，中国环境科学出版社 2007 年版。

　　[2]　董敏杰、李钢、梁泳梅：《环境规制对中国出口竞争力的影响——基于投入产出表的分析》，《中国工业经济》2011 年第 3 期。

为2000年，其中，污染治理投资额利用固定资产投资价格总指数调整，污染治理设施运行费用与排污费利用原材料、燃料、动力购进价格总指数调整，工业增加值利用工业品出厂价格指数调整。由于2001年与2002年污染治理投资统计口径与后面年份不同，这两年的"工业污染源治理投资企业自筹部分"为"污染治理项目本年投资—环保贷款"与"污染治理项目本年投资—其他资金"两部分之和。

张成等（2011）[1]曾证明，随着环境管制强度的加强，企业技术水平会呈现先下降后上升的"U"型趋势，并发现了这一关系在中国东部地区与中部地区存在的证据。这意味着，环境管制对污染治理效率与生产率的影响可能是非线性的，因此，本章在模型中引入平方项ec^2。另外，企业既可以通过增加污染治理投入，也可以通过增加专职环保人员来应对环境管制，考虑到这一点，本章在模型中引入企业环保人力投入（lnew），用每亿元工业增加值的企业专职环保人员的自然对数表示。

许多文献[2]发现，环境管制政策的效果在很大程度上取决于其政策类型。按照世界银行[3]的划分标准，环境管制政策划分为"命令控制型工具""市场型工具"与"公众参与"三大类，而在中国，主要以前两类工具为主。考虑到这一点，本章在模型中引入两个反映环境管制政策类型的变量——市场型管制工具（mbi）与命令控制型管制工具（cac），前者用排污费占工业污染治理成本的比重表示，后者用建设项目"三同时"环保投资占工业污染治理成本的比重表示。另外，针对中国的实证研究也发现，自愿

---

① 张成、陆旸、郭路、于同申：《环境规制强度和生产技术进步》，《经济研究》2011年第2期。

② Atkinson, S. E. and D. H. Lewis, "A Cost-effectiveness Analysis of Alternative Air Quality Control Strategies", *Journal of Environmental Economics and Management*, Vol. 1, No. 3, 1974.

Seskin, E. P., R. Anderson and R. O. Reid, "An Empirical Analysis of Economic Strategies for Controlling Air Pollution", *Journal of Environmental Economics and Management*, Vol. 10, No. 2, 1983.

Kling, C., "Emission Trading vs. Rigid Regulations in the Control of Vehicle Emissions", *Land Economics*, Vol. 70, No. 2, 1994.

Markandya, A., "The Cost of Environmental Regulation in Asia: Command and Control versus Market-based Instruments", *Asian Development Review*, Vol. 16, No. 1, 1998.

③ Wheeler, D. and D. Susmitaand, "Citizen Complaints as Environmental Indicators: Evidence from China", *World Bank Policy Research Working Paper*, No. 1704, 1997.

协议与公众压力对企业的排污行为有明显影响①，因此，我们引入公众压力（lncom）变量，用环境信访来信总数的自然对数表示。

其余解释变量包括：①经济发展水平（lngdp）：用人均 GDP（2000 年不变价）的自然对数表示。这主要是考虑到，经济发达地区的企业既有承担环境管制带来的成本增加的经济能力，又有采用先进污染治理设备的技术能力，因此，经济发展水平可能对企业的污染治理效率及生产效率有正向影响。②环保部门管理能力（lnoff）：用每亿元工业增加值环保系统人员数的自然对数表示。这主要是考虑到，政府部门有效的环境保护管理可以更合理地配置环保资源，有助于降低企业因污染治理而承担的费用支出。③环保科技投入（res）：用环保科研经费占工业增加值的比重表示。在环保方面增加科研投入，有助于开发推广先进的污染治理技术，提高污染治理效率及生产率。④环保产业的发展程度（epi）：用环保产业产值占工业增加值的比重表示。这主要考虑到，发达的环保产业既可以通过市场化运作的方式合理配置环保资源，降低企业的污染治理成本，又可以通过对污染物或废弃物的循环利用，创造新的增加值。

（二）方法选择

考虑到部分解释变量难以获得 2008 年的数据，计量回归使用的是 2001~2007 年的面板数据。为防止出现非平稳数据的"伪回归"现象，需要首先利用 IPS 方法与 LLC 方法对数据进行稳健性检验。检验结果显示，各变量数据均平稳。

---

① Dasgupta, S., B. Laplante, N. Mamingi and H. Wang, "Industrial Environmental Performance in China: the Impact of Inspections", *World Bank Policy Research Working Paper*, No. 2285, 2000.

Wang, H., "Pollution Charges, Community Pressure and Abatement Cost of Industrial Pollution in China", *World Bank Policy Research Working Paper*, No. 2337, 2000.

Wang, H., J. Bi, D. Wheeler, J. Wang, D. Cao, G. Lu and Y. Wang, "Environmental Performance Rating and Disclosure: China's Green-watch Program", *World Bank Policy Research Working Paper*, No. 2889, 2002.

Wang, H. and W. Di, "The Determinants of Government Environmental Performance: An Empirical Analysis of Chinese Townships", *World Bank Policy Research Working Paper*, No. 2937, 2002.

在现实中，如果污染治理效率或者生产率较低，影响到经济效益，企业从自身利益出发有可能会自动加大或降低污染治理力度，例如，调整污染治理投入或者增减环保专职管理人员。表现在回归方程上，有可能存在被解释变量 EE_b、ELI_b、$Effe_b$ 与 $Tech_b$ 对解释变量 ec、ec^2 与 $lnew$ 的反向效应，换言之，ec、ec^2、$lnew$ 并不是严格外生的，而是具有内生性。内生性会导致回归结果的偏误，为了克服内生性，采用广义矩估计方法（Generalized Method of Moments，GMM）进行估计。GMM 包括一步系统（Onestep System）、两步系统（Twostep System）、一步差分（Onestep Difference）与两步差分（Twostep Difference）四种估计方法。考虑到系统估计比差分法利用了更多的信息，可以更有效地控制解释变量的内生性问题，同时两步法的标准差存在的向下偏倚会导致估计量不可靠（Bond，2002）[①]，这里主要报告按照一步系统法估计的结果，如表 13-1 所示。

表 13-1　面板数据回归结果：解释变量不包括被解释变量的滞后项

估计结果	估计结果一	估计结果二	估计结果三	估计结果四
被解释变量	EE_b	ELI_b	$Effe_b$	$Tech_b$
估计方法	GMM 一步系统	GMM 一步系统	GMM 一步系统	GMM 一步系统
ec	−0.1834 ***	−0.2049 ***	−0.2447 ***	0.0398
	(−4.66)	(−2.87)	(−3.05)	(1.39)
ec_2	0.0186 ***	0.0213 ***	0.0259 ***	−0.0047
	(3.68)	(2.82)	(2.98)	(−1.38)
$lnew$	0.0512	0.1288 **	0.1114 **	0.0175
	(1.24)	(2.76)	(2.45)	(1.03)
$lngdp$	0.0504 **	0.0470 *	0.0372	0.0097
	(2.41)	(2.03)	(1.55)	(1.15)
mbi	−0.0038	−0.0034	−0.0018	−0.0016
	(−1.45)	(−1.31)	(−0.62)	(−1.36)
cac	0.0024 ***	0.0018 *	0.0022 **	−0.0004
	(4.20)	(1.94)	(2.18)	(−1.25)

① Bond S. R. , "Dynamic Panel Data Models: A Guide to Micro Data Methods and Practice", *Portuguese Economic Journal*. Vol. 1, No. 2, 2022.

续表

估计结果	估计结果一	估计结果二	估计结果三	估计结果四
ln*com*	-0.0075	-0.0001	0.0012	-0.0013
	(-1.29)	(-0.03)	(0.26)	(-0.51)
ln*off*	0.0198***	0.0321**	0.0475***	-0.0154**
	(2.91)	(2.08)	(2.82)	(-2.51)
res	2.3249***	1.3191	1.6960	-0.3768
	(2.78)	(1.25)	(1.60)	(-1.22)
epi	-0.0007	0.0018	0.0020	-0.0002
	(-0.53)	(1.37)	(1.50)	(-0.36)
常数项	0.6446***	-0.1594	-0.0886	-0.0708
	(2.85)	(-0.73)	(-0.37)	(-0.83)
拐点	4.9	4.8	4.7	4.2
Observations	210	210	210	210
Arellano-Bond test for AR（1）	0.015	0.001	0.003	0.007
Arellano-Bond test for AR（2）	0.658	0.769	0.489	0.247
Sargan test	0.000	0.686	0.996	0.128

注：括号内数值为 t 检验值；*** 表示估计系数在1%水平上显著，** 表示估计系数在5%水平上显著，* 表示估计系数在10%水平上显著；计量软件为 Stata 10.0。

资料来源：笔者计算所得。

具体操作时，究竟以滞后多少阶的内生变量作为 GMM 工具变量，目前尚无严格标准，通常的经验做法是，用 *Arellano-Bond AR*（2）检验（原假设为残差不存在二阶自相关）与 *Sargan* 检验（原假设为工具变量与残差不相关）进行判断。我们选择 *ec*、*ec*²、Lnew 的二阶滞后变量作为工具变量，估计结果二、结果三与结果四的 *Arellano-Bond AR*（2）检验与 *Sargan* 检验表明，工具变量的选择是有效的。而对于估计结果一，虽然 *Arellano-Bond AR*（2）检验值表明残差不存在二阶自相关，但 *Sargan* 检验意味着工具变量的选择是无效的。之所以无效，可能是因为，污染治理效率存在惯性，即前期的污染治理效率可能对本期的污染治理效率造成影响。考虑到这点，我们在解释变量中增加了污染治理效率的一阶滞后项，估计结果见表 13-2 第二列。*Arellano-Bond AR*（2）与 *Sargan* 检验值表明，在加入滞后项后，工具变量的选择变得有效。

表 13-2　面板数据回归结果：解释变量加入被解释变量的滞后项

估计结果	估计结果五	估计结果六	估计结果七	估计结果八
被解释变量	EE_b	ELI_b	$Effe_b$	$Tech_b$
估计方法	GMM 一步系统	GMM 一步系统	GMM 一步系统	GMM 一步系统
EEb（-1）	0.8914 ***	-0.0365	-0.1918	0.1553
	(6.52)	(-0.14)	(-0.76)	(1.64)
ec	-0.0826 *	-0.1992 ***	-0.2505 ***	0.0513
	(-1.97)	(-2.94)	(-3.36)	(1.65)
ec_2	0.0082 *	0.0205 ***	0.0265 ***	-0.0060
	(1.82)	(2.80)	(3.32)	(-1.66)
$lnew$	0.0480 **	0.1338 ***	0.1145 **	0.0193
	(2.33)	(2.91)	(2.45)	(1.11)
$lngdp$	0.0132	0.0496 **	0.0369 *	0.0127
	(1.67)	(2.45)	(1.76)	(1.45)
mbi	0.0001	-0.0031	-0.0039	0.0009
	(0.08)	(-1.09)	(-1.39)	(0.86)
cac	0.0014 **	0.0020 **	0.0025 **	-0.0005
	(2.37)	(2.33)	(2.62)	(-1.49)
$lncom$	0.0023	0.0003	0.0014	-0.0012
	(0.87)	(0.04)	(0.25)	(-0.60)
$lnoff$	0.0167 *	0.0299 *	0.0478 ***	-0.0179 ***
	(2.02)	(1.93)	(2.89)	(-3.42)
res	0.6791	1.3742	1.9846	-0.6104 **
	(1.07)	(1.03)	(1.61)	(-2.08)
epi	0.0003	0.0017	0.0014	0.0003
	(0.76)	(1.15)	(1.12)	(0.51)

续表

估计结果	估计结果五	估计结果六	估计结果七	估计结果八
常数项	0.0437	−0.1658	0.1069	−0.2727**
	(0.30)	(−0.52)	(0.36)	(−2.17)
拐点	5.0	4.9	4.7	4.3
Observations	180	180	180	180
Arellano−Bond test for AR (1)	0.010	0.001	0.001	0.002
Arellano−Bond test for AR (2)	0.319	0.366	0.593	0.074
Sargan test	0.431	0.502	0.830	0.000

注：括号内数值为 t 检验值；*** 表示估计系数在 1% 水平上显著，** 表示估计系数在 5% 水平上显著，* 表示估计系数在 10% 水平上显著；计量软件为 Stata 10.0。

资料来源：笔者计算所得。

（三）回归结果及含义

从表 13-1 与表 13-2 的估计结果，可以得出下面的结论：

污染治理成本对污染治理效率与生产率的影响呈"U"型，拐点大致位于 3.8%～5.1%，也就是说，在污染治理成本占工业增加值的比重高于这个范围后，污染治理成本可能会提高污染治理效率与污染治理生产率，进而提高工业环境全要素生产率。企业环保人力投入有利于提高污染治理效率与生产率，这一结果符合我们的预期。

市场型管制工具并没有对污染治理效率与生产率产生正面作用，这可能是因为，一方面，中国目前的市场型管制工具种类较少且尚未广泛运用，已开征的排污费在工业污染治理成本中的比重非常小，排污交易政策实践虽然走过近 20 年的路程，但适应国情的排污交易市场机制尚未真正建立[①]；另

[①] 王金南、董战峰、杨金田、李云生、严刚：《排污交易制度的最新实践与展望》，《环境经济》2008 年第 10 期。

严刚、杨金田、王金南、陈潇君、许艳玲：《推行 SO_2 排污交易 建立减排长效机制》，载王金南、陆军、杨金田、李云生，《中国环境政策（第六卷）》，中国环境科学出版社 2009 年版。

一方面，排污费征收政策在各地执行的力度存在差异，受各地经济发展水平与污染状况的影响，排污费实际征收率具有明显的"内生性"特征①。

命令控制型管制工具总体上有利于提高污染治理效率与生产率，这有悖于命令控制型工具效率较低②的理论观点，一个可能的解释是，我国的污染治理技术起步较晚且比较落后，工业治理效率与生产率处在较低水平，一旦经过规范管理，便能取得较好的效果。

环保部门管理能力有利于提高污染治理效率与生产率，这与预期相符合。公众压力污染治理技术与生产率没有显著影响。

经济发展水平在静态面板模型的回归系数显著为正，在动态面板模型的回归系数虽然为正，但是显著性有所下降，总体来看，经济发展水平的提高有利于提高污染治理效率与生产率，这符合我们的预期。

环保科技投入在静态面板模型的回归系数显著为正，在动态面板模型的回归系数虽然为正，但基本不显著，这种不稳定性可能意味着，环保科研成果转化过程还存在一定问题，这也与我国科技成果转化困难的大背景一致。

环保产业的发展对污染治理技术与生产率也没有明显影响，这可能是因为，目前环保产业的发展还相当有限。

四、结论及政策含义

本章首先测算了 2001~2008 年中国的工业污染治理生产率，并探讨了影响工业污染治理生产率的因素。主要发现结论及政策含义如下：

第一，加强环境保护、加快推进生态文明建设的确可以成为生产方式变革的重要推手。

---

① Wang, H. and D. Wheeler, "Endogenous Enforcement and Effectiveness of China's Pollution Levy System", *World Bank Policy Research Working Paper*, No. 2336, 2000.

Wang, H. and D. Wheeler, "Financial Incentives and Endogenous Enforcement in China's Pollution Levy System", *Journal of Environmental Economics and Management*, Vol, 49, No. 1, 2005.

② 保罗·R. 伯特尼、罗伯特·N. 史蒂文斯：《环境保护的公共政策》，穆贤清、方志伟译，上海三联书店、上海人民出版社 2004 年版。

本章的测算发现，污染治理生产率对工业环境全要素生产率提高的贡献明显，考察期内前者对后者的贡献约为 40%。基于该结论，可以认为，通过加强环境保护、提高治理生产率，有利于粗放式的经济发展转向集约、高效、循环、可持续的发展。加快推进生态文明建设能够推动生产方式的变革。

第二，目前中国的工业发展能够承受相当严格的污染防治管理，无须过度担心环境管制对制造业的影响。

本章测算发现，环境管制并没有造成生产效率的明显下降，企业环保人力投入有利于提高污染治理效率与生产率。其他研究也发现，环境管制对中国制造业的不利影响非常有限①。中国社会科学院工业经济研究所的一项调查②显示，仅有 4% 的企业与 7% 的经济学工作者认为，环境管制必然提高企业的生产成本；只有 31% 的企业认为，环境管制强度过高会导致成本高涨。事实上，早在 1995 年的一项针对 326 家企业的问卷调查③也得出相近的结论，多数被调查企业认为中国有能力克服环境问题并希望强化当前的环境政策。

从这个角度来看，目前中国的工业发展是可以承受相当严格的污染防治管理的。因此，政府应当加大环境保护力度，全面推动污染防治，无须过度担心环境管制对制造业的影响，使经济的发展真正建立在生态环境受到严格保护的基础上。

第三，依靠大力发展节能环保产业来推动污染治理技术的进步。

本章测算结果发现，污染治理生产率的提高基本来源于污染治理技术的进步。因此，如何进一步提升污染治理的技术进步，就成为提高治理生产率的关键。在这个环节中，大力发展节能环保产业，一方面，有利于通过利用先进的装备和规模化的专业服务来推动治污技术的进步；另一方面，也有利

---

① 李钢、马岩、姚磊磊：《中国工业环境管制强度与提升路线——基于中国工业环境保护成本与效益的实证研究》，《中国工业经济》2010 年第 3 期。

② 董敏杰、李钢、梁泳梅：《对中国环境管制现状与趋势的判断——基于企业与经济学家问卷调查的报告》，《经济研究参考》2010 年第 51 期。

③ 薛进军、荒山裕行、彭近新：《中国的经济发展与环境问题——理论、实证与案例分析》，东北财经大学出版社 2002 年版。

于培育新的经济增长点，推动经济高效、持续发展。在前文环境管制对污染治理生产率的影响分析中，环保产业的发展对污染治理技术与生产率的影响并不大。我们认为，这很可能是因为在前期环保产业自身的发展还相当有限，相关技术装备的研发和推广都比较缓慢，有的还未形成产业化，因而未能为提升污染治理技术提供重要支撑。随着国家对环境保护的日益重视，环保产业发展所面临的市场需求环境和政策环境都在快速改善，2015年《政府工作报告》中还提出要把节能环保产业打造成新兴的支柱产业，相信这些因素的变化都会极大地推动环保产业的发展并最终推进污染治理技术的进步。

第四，加大环保机构建设力度，保障环保机构的办公经费与人员配置。

虽然中国已建立了较完善的环境管理体制，但环境保护部门的执法力量薄弱。一方面，中西部地区环保经费保障率较低，以2004年为例，经费缺口达24.3亿元，占经费预算的58.4%[1]。另一方面，不少县甚至没有独立的环境保护机构，缺乏基层第一线的执法人员，以2008年为例，环保系统各级机构平均人员数仅为15人，其中，地市级与县级环保机构分别为22人与15人，西部地区状况更不乐观，贵州、云南、西藏、青海与新疆环保系统各级机构工作人员平均只有5~10人，县级环保机构工作人员只有3~8人，难以满足工作需要[2]。尽管中国的人口规模远超过美国，但彼时环境保护部机关行政编制为311名[3]，仅仅是美国国家环境保护局的1/8[4]。即便算上事业单位人员，中国环保系统机构的人员规模仍然与美国相去甚远：美国国家环保局的区域办公室有9000多名公务员，外加数以千计的承包方；而中国的区域环保督察中心仅有30名工作人员[5]。

第五，完善市场型管制工具，构建跨区域的排放权交易市场。

在相同的污染减排控制目标下，市场型工具的费用要明显低于命令控制

① 逯元堂、吴舜泽、张治忠：《环保部门经费保障问题调研报告》，载王金南等《中国环境政策（第三卷）》，中国环境科学出版社2007年版。

② 根据《中国环境年鉴2009》相关数据计算。

③ 参见《国务院办公厅关于印发环境保护部主要职责内设机构和人员编制规定的通知》。

④ Liu, J. and J. Diamond, "Revolutionizing China's Environmental Protection", *Science*, Vol. 319, No. 5859, 2008.

⑤ 齐晔等：《中国环境监管体制研究》，上海三联书店2008年版。

型工具的费用，充分发挥市场型工具的作用能有效降低中国治理污染的经济代价[1]。相关实证研究也发现，SO_2 边际处理成本在各省份间存在较大差异[2]。这主要是因为，当经济发展水平较高、生产技术较先进时，重置给定资源来减排的空间越来越小，减少污染排放的代价较高[3]；而经济发展水平较低、生产技术较为落后时，减少污染排放的代价较低。通过构建跨区域的排放权交易市场，由污染治理代价相对较低的企业（主要位于欠发达地区）向污染治理代价相对较高的企业（主要位于发达地区）出售污染排放配额，实质上是扩大了发达地区相对先进的污染治理技术的使用范围，促进了先进治理技术在全国范围内的推广使用。

---

① Dasgupta, S., M. Huq, D. Wheeler and C. Zhang, "Water Pollution Abatement by Chinese Industry", *World Bank Policy Research Working Paper*, No. 1630, 1996.

② 杨金田、葛察忠、罗虹、曹东：《中国实施 SO_2 排污交易政策的可行性分析》，载王金南、田仁先、洪亚雄，《中国环境政策（第六卷）》，中国环境科学出版社 2004 年版。

Xu, J., W. F. Hyde and Y. Ji, "Effective Pollution Control Policy for China", *Journal of Productivity Analysis*, Vol. 33, No. 1, 2010.

③ Lee, J. D., J. B. Park and T. Y. Kim, "Estimation of the Shadow Prices of Pollutants with Production/Environment Inefficiency Taken into Account: A Nonparametric Directional Distance Function Approach", *Journal of Environmental Management*, Vol. 64, No. 4, 2002.

中国绿色繁荣之路篇

第十四章

中国省际环境管制强度的空间溢出效应

马丽梅　李　钢

本章利用空间计量模型对中国省际环境管制的空间效应进行了研究。研究表明，本地的环境管制升高会导致本地的污染水平好转；邻近地区的环境管制升高，却会导致本地区的污染水平加剧，这是当前中国环境质量不能明显改善（即"管制悖论"）的重要原因，即中国省际环境管制的提高可能表现为以牺牲邻近省份的环境管制为代价。分区域的进一步分析表明，中国不同区域间环境管制强度的溢出效应有所不同。东部地区主要表现为环境管制强度的"示范效应"，而中西部地区则更多表现出了环境管制强度的"逐底效应"。

一、引言及文献回顾

Michelle 和 Devra[①] 以"致命的伦敦雾"为标题对其所造成的危害进行重新评估，发现伦敦"雾日"发生期的死亡率高出前期 0.5~3 倍，1952 年

[①]　Michelle, L. B. and L. D. Devra, "Reassessment of the Lethal London Fog of 1952: Novel Indicators of Acute and Chronic Consequences of Acute Exposure to Air Pollution", *Environmental Health Perspectives*, No. 109, 2001.

12 月至 1953 年 3 月的 4 个月里，12000 人死于"雾日"的危害；更值得注意的是，该研究表明伦敦现期的环境管制"雾日"时期达 5~19 倍，该水平与当前发展较快的发展中国家的环境管制水平极其相似。环境经济学家 Hettige 等[1]指出，除非环境管制不断增强，否则污染将持续增长。对中国而言，从环境管制的整体水平上看，中国呈现明显的上升趋势，但是，可以看到，环境管制虽然严格，环境质量仍呈现恶化趋势，即"管制悖论"。一方面，说明中国的管制水平仍有待提高并未达到使环境质量得以改善的水平；另一方面，环境管制与省际的空间交互影响存在密切联系，下文将从空间角度对这一悖论进行解释。

关于环境管制竞争机制以往的研究表明，地区之间的环境管制存在空间效应，Fredriksson 和 Milimet[2] 发现，美国各州之间存在正向的互动行为，即高环境管制地区对其他各州的影响具有"示范效应"，而 Woods[3] 则找出了环境管制"竞相到底"证据的存在；张文彬等[4]、王文普[5]从不同角度证实中国地区之间环境管制存在空间溢出效应。在自然经济等因素的作用下，地区之间的污染也必然存在溢出效应，因此，研究中国环境管制、污染以及两者之间空间效应的相互作用机理具有较为实际的意义，本章试图运用空间计量方法对该问题进行分析。

在环境经济领域，基于空间计量的分析始于 Rupasingha 等[6]，他们运用贝叶斯空间误差 Tobit 模型研究了美国 3029 个县的有毒污染物排放问题（包

[1] Hettige, H., S. Dasgupta and D. Wheeler, "What Improves Environmental Compliance? Evidence from Mexican industry", *Journal of Environmental Economics and Management*, Vol. 39, No. 1, 2000.

[2] Fredriksson, P. G., D. L. Millimet, "Strategic Interaction and the Determinants of Environmental Policy across U. S. States", *Journal of Urban Economics*, Vol. 51, No. 1, 2002.

[3] Woods, N. D., "Interstate Competition and Environmental Regulation: A Test of the Race of the Bottom Thesis", *Social Science Quarterly*, Vol. 87, No. 1, 2006.

[4] 张文彬、张理芃、张可云：《中国环境规制强度省际竞争形态及其演变——基于两区制空间 Durbin 固定效应模型的分析》，《管理世界》2010 年第 12 期。

[5] 王文普：《环境规制、空间溢出与地区产业竞争力》，《中国人口·资源与环境》2013 年第 8 期。

[6] Rupasingha, A., S. J. Goetz, D. L. Debertin and A. Pagoulatos, "The Environmental Kuznets Curve for US Counties: A Spatial Econometric Analysis with Extensions", *Papers in Regional Science*, No. 83, 2004.

括空气污染、水污染、土地污染等），研究发现各县之间的污染物存在显著的空间溢出；McPherson 和 Nieswiadomy[1] 运用空间滞后模型验证了濒临灭绝的哺乳动物与鸟类数量的 EKC 曲线关系，同时证实了空间效应的显著存在；Poon 等[2] 运用中国 1998~2004 年的数据对 SO_2 以及烟尘排放进行研究，实证得出空气污染存在显著的区域空间溢出，且中国的烟尘排放与人均 GDP 呈正 "U" 型关系，烟尘排放随人均 GDP 的增长经历短暂下降后，一直呈上升趋势；Maddison[3] 通过对 SO_2 的研究显示，一个国家的环境质量必定会受到邻近国家环境质量的影响，并总结了两方面的原因：一是技术水平的扩散，二是地区间环境管制的相互作用。Hossein 和 Shinji[4] 指出，国家的行政质量存在溢出效应，是决定环境质量的重要变量，他们运用 129 个国家 CO_2 排放的面板数据，实证得出这种溢出效应在全球以及地区间均存在，且对环境质量产生重要影响。

二、污染物属性、环境管制及其空间作用机理

（一）污染物属性的划分

环境污染物依据其物理存在形态可分为固体污染物、水体污染物、气体污染物。根据污染的空间影响范围，本章将污染物划分为 3 种类型：本地型污染、区域型污染和全球型污染。①本地型污染主要是指对污染产生地（本地）产生较大影响而对邻近地区几乎不构成影响的污染，主要是指固体污染；②区域型污染是指污染物不仅对产生地（本地）产生影响，而且对

① McPherson, M. A. and M. L. Nieswiadomy, "Environmental Kuznets Curve: Threatened Species and Spatial Effects", *Ecological Economics*, Vol. 55, No. 3, 2005.

② Poon J. P. H. , I. Casas and C. He, "The Impact of Energy, Transport, and Trade on Air Pollution in China", *Eurasian Geography and Economics*, Vol. 47, No. 5, 2006.

③ Maddison, D. , "Modelling Sulphur Emissions in Europe: A Spatial Econometric Approach", *Oxford Economic Papers*, Vol. 59, No. 4, 2007.

④ Hossein, M. H. and K. Shinji, "Can Environmental Quality Spread through Institutions?", *Energy Policy*, Vol. 56, No. 5, 2013.

邻近地区也会产生较大影响，如烟粉尘、二氧化硫和水污染等；③全球型污染是指会对全球的自然环境构成影响的污染，这里主要指二氧化碳。综上所述，环境质量作为一种公共品，从空间视角分析，区域型污染及全球型污染的公共品属性较强，即具有较强的外部性，空间效应明显。

（二）环境管制的污染物属性甄别及其空间作用机理

由于本地污染仅对本地区的环境质量产生影响，即具有较低的空间属性，本地的污染行为都将由自身全部承担，即"损己不损人"，外溢效应为0。在不存在区域竞争的情况下，理性政府的选择为以最小的环境成本实现最大的经济收益，区域间的资源配置将达到帕累托最优；而在存在区域经济竞争的情况下，地方政府若以经济收益最大化为目标，则环境成本会上升。在第一种情况下，本地污染将受到限制；而在第二种情况下，本地污染排放量的管制将会大幅度下降。而在这两种情况下，地方政府区域型污染的管制均将放松，区域竞争情况下的管制将弱于无竞争的状态。

在环境、经济双重目标约束下，无论是否存在区域竞争，本地污染将受到严格限制，区域型污染的排放将得到显著提升。因为本地污染的外溢效应为0，而区域型污染的排放具备公共品的属性，其存在显著的外溢效应，污染的损失由整个区域共同承担。而对于全球型污染，由于其造成的后果为全球升温，其损失由整个世界承担，除非地方政府进行排放控制，否则其管制不可能自动得到提升。

假设在一个经济体中仅存在两个区域，一种为清洁产品，另一种为非清洁产品，以及生产投入的唯一要素劳动。定义每一个区域的效用函数为 $U_i(x_i, z_i, E)$，其中 $i=1$，2。x_i、z_i 表示两种产品的消费水平，E 表示污染排放的外生水平，x 的生产引发了污染的排放。x 的生产函数为 $x=f(l_x, E)$，其中，l_x 和 E 均为正的边际产品，这里将污染视作投入，意味着污染的减少将减少 x 的产出，而 z 的生产函数为 $z=g(l_z)$，那么，整个经济系统的劳动投入为 $l=l_x+l_z$。

首先，不存在区域竞争的情况下，生产将实现帕累托最优，即增加一个区域的效用而不会使另一区域的效用变坏。则问题可以描述为：

$$\max_{x_1,\ x_2,\ z_1,\ z_2,\ l_x,\ l_z,\ E} U_1(x_1,\ z_1,\ E) + \lambda_u [U_2(x_2,\ z_2,\ E) - \bar{u}_2] + \lambda_x [f(l_x,\ E) -$$
$$x_1 - x_2] + \lambda_z [g(l_z) - z_1 - z_2] + \lambda_1 (l - l_x - l_z) \tag{14-1}$$

式（14-1）代表最大化区域 1 的效用将受到区域 2 效用至少维持在 $\bar{u}_2$ 的限制，根据一阶条件推导可以得到：

$$\frac{\partial U_i(\cdot)/\partial x_i}{\partial U_i(\cdot)/\partial z_i} = \frac{\lambda_x}{\lambda_z} = \frac{\partial f(\cdot)/\partial l_x}{\partial g(\cdot)/\partial l_z} \tag{14-2}$$

这意味着，实现帕累托最优，必须满足生产可能曲线的斜率等于区域差异曲线的斜率。这里重点分析排放的一阶条件：

$$\frac{\partial U_1(\cdot)}{\partial E} + \lambda_u \frac{\partial U_2(\cdot)}{\partial E} + \lambda_x \frac{\partial f(\cdot)}{\partial E} = 0 \tag{14-3}$$

由式（14-1）的一阶条件得到：

$$\frac{\partial U_1(\cdot)}{\partial x_1} = \lambda_x，\ \lambda_u \frac{\partial U_2(\cdot)}{\partial x_2} = \lambda_x \tag{14-4}$$

将式（14-4）代入式（14-3）得到：

$$-\frac{\partial U_1(\cdot)/\partial E}{\partial U_1(\cdot)/\partial x_1} - \lambda_u \frac{\partial U_2(\cdot)/\partial E}{\partial U_2(\cdot)/\partial x_2} = \frac{\partial f(\cdot)}{\partial E} \tag{14-5}$$

排放 E 的减少直接增加了两个区域的效用，而 x 消费的减少将间接影响整体的效应。总效应的减少程度取决于不同区域对于 x 的偏好程度。最佳的排放水平应该权衡消费 x 带来的效用和排放带来的成本。式（14-5）左边代表每个区域为减少 E 而放弃 x 消费的边际意愿，而等式右边则表示减少 E 所带来的成本。由于 E 的减少给两个区域均带来效用，E 的减少所带来的 x 的边际成本需要与两个区域放弃 x 的边际意愿之和相比较，当边际成本等于边际意愿时，资源分配结果就是有效率的。

其次，存在区域竞争的情况下，将无法实现帕累托最优。为研究这一问题，假定 p_x、p_z 分别代表 x 与 z 的价格，w 代表劳动力的价格，y_i 代表区域 i 的收入，区域 i 的效用最大化问题可以描述为：

$$\max_{x_i,\ z_i} U_i(x_i,\ z_i,\ E) + \lambda_i(y_i - p_x x_i - p_z z_i) \tag{14-6}$$

由一阶条件可以得到：

$$\frac{\partial U_1(\cdot)/\partial x_1}{\partial U_1(\cdot)/\partial z_1} = \frac{p_x}{p_z} = \frac{\partial U_2(\cdot)/\partial x_2}{\partial U_2(\cdot)/\partial z_2} \tag{14-7}$$

对于生产 z 的厂商来说，无论位于哪个区域，其利润最大化问题及一阶条件为：

$$\max_{L_z} \{p_z g(l_z) - wl_z\} \,, \, p_z \frac{\partial g(\cdot)}{\partial l_z} = w \tag{14-8}$$

而对于生产 x 的厂商来说，其投入要素为劳动力和排放，厂商将会视排放为免费的生产投入，其利润最大化问题为：

$$\max_{L_x, E} \{p_x g(l_x, E) - wl_x\} \tag{14-9}$$

其一阶条件可表示为：

$$p_x \frac{\partial f(\cdot)}{\partial l_x} = w \,, \, p_x \frac{\partial f(\cdot)}{\partial E} = 0 \tag{14-10}$$

由式（14-9）可以看到，排放 E 未达到最优分配，式（14-9）与式（14-8）存在显著区别，如果不存在环境管制，生产 x 的厂商将没有驱动力去减少 E 的排放，企业所排放的污染直到其达到污染的边际产品价值为 0 时才停止。由于污染外部性及区域竞争的存在，资源的分配难以实现帕累托最优。

最后，存在环境管制条件下的区域竞争。存在环境管制的情况下，污染将被赋予一定的价格，为实现帕累托最优分配，根据以上分析，这里假定污染的价格为 τ：

$$\tau = -p_x \left[\frac{\dfrac{\partial U_1(\cdot)}{\partial E}}{\dfrac{\partial U_1(\cdot)}{\partial x_1}} + \frac{\dfrac{\partial U_2(\cdot)}{\partial E}}{\dfrac{\partial U_2(\cdot)}{\partial x_2}} \right] \tag{14-11}$$

对于生产 x 的厂商来说，其利润最大化问题为：

$$\max_{L_x, E} \{p_x g(l_x, E) - wl_x - \tau E\} \tag{14-12}$$

其一阶条件为：

$$p_x \frac{\partial f(\cdot)}{\partial l_x} = w \,, \, p_x \frac{\partial f(\cdot)}{\partial E} = \tau = -p_x \left[\frac{\dfrac{\partial U_1(\cdot)}{\partial E}}{\dfrac{\partial U_1(\cdot)}{\partial x_1}} + \frac{\dfrac{\partial U_2(\cdot)}{\partial E}}{\dfrac{\partial U_2(\cdot)}{\partial x_2}} \right] \tag{14-13}$$

如果 E 为本地污染，由于污染的外部性几乎为 0，产生的实际影响将完全由本地承担，各区域实际污染管制价格为 τ_1^*，满足 $\tau_1^* \geqslant \tau$；

如果 E 为区域性污染，由于污染的外部性特征，本地污染存在溢出，产生的实际影响小于实际排放量的影响，各区域的实际污染管制价格为 τ_2^*，满足 $0 \leqslant \tau_2^* < \tau$；

如果 E 为全球性污染，产生的排放量将由全球承担，其实际的管制价格为 τ_3^*，满足 $0 \leqslant \tau_3^* \leqslant \tau_2^*$。

图 14-1 为存在环境管制的情况下对式（14-13）的进一步解释，E 所带来的边际收益和其额外成本。VMP_E 表示生产 x 需要的 E 的边际产品，如果是环境管制的需要，厂商将选择排放水平 Ec，即边际产品价值为 0。污染的成本即 E 所带来的边际效用成本（两个区域分别用 $MUC1_E$、$MUC2_E$ 表示）。由于 E 是非竞争的，污染的总边际成本为两个区域之和，用 MUC_E 表示。排放量 E^* 实现了边际成本等于边际产品，即管制价格为 $\tau =$

$$-p_x \left[\frac{\dfrac{\partial U_1(\cdot)}{\partial E}}{\dfrac{\partial U_1(\cdot)}{\partial x_1}} + \frac{\dfrac{\partial U_2(\cdot)}{\partial E}}{\dfrac{\partial U_2(\cdot)}{\partial x_2}} \right]。$$

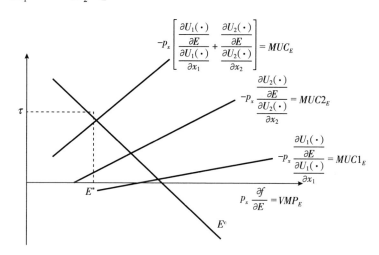

图 14-1　环境管制下的最优排放水平

资料来源：笔者绘制。

三、空间相关性分析及环境管制演进路径研究

（一）环境管制的测度及其数据来源

在计算环境管制时，单一的环境污染指标测度不能反映地区整体的污染治理水平，而简单地将各种污染物的排放进行加总无法进行省域间的横向对比，因此，本章提出运用综合污染成本测度地区环境污染程度，在此基础上进行对环境管制的研究。

环境污染物依据其物理存在形态可分为固体污染物、水体污染物、气体污染物。鉴于本章研究污染的空间特性，固体污染物的跨区污染问题不明显，以及固体污染物数据的不易获得，本章只考虑水体污染物（化学需氧量）、气体污染物（二氧化硫、烟尘）。在对环境污染的指标测度上，将各环境污染物数量简单相加显然会影响其对环境污染程度的测度质量，这里采用对污染物进行货币化来测度环境污染成本，进而从整体上测度环境污染水平。参考刘渝琳和温怀德（2007）[①] 的研究，各污染物的计算成本为：二氧化硫成本为 1.101742 元/kg，烟尘和工业粉尘的成本为 0.617869 元/kg，产生化学需氧量成本为 1.11663 元/kg。以上数据属于区域型污染范畴，故本章的研究重点是针对区域型污染的环境管制。

环境管制的度量通常选用污染密集度、治污执法次数和治理费用支出等指标来衡量。本章旨在研究污染与环境管制的联系，且考虑了整体环境污染水平，因此，选用污染密集度指标来测算环境管制更为合适。污染密集度一般通过地区 GDP 与排放量的比值来测算，这里的排放量用上文的污染成本替代，数据均来源于 2003~2013 年《中国统计年鉴》。地区 GDP 以 2003 年不变价为基础计算，该测度指标越高，说明环境污染成本越高，地区的环境

---

① 刘渝琳、温怀德：《经济增长下的 FDI、环境污染损失与人力资本》，《世界经济研究》，2007 年第 11 期。

管制强度越低。从图 14-2 可以看到，根据本章的环境管制测度数据，全国各省份的环境管制强度均呈现上升趋势，经济发达省份（北京、上海、浙江等）的环境管制强度一直处于全国较高水平，各省份间的管制差距随时间逐渐减小。本章测度的数据进一步描述了"管制悖论"，可以看到东部发达地区的环境管制均处于较高水平，但是大量研究显示，这些地区的环境污染程度较为严重，是中国的主要重度污染区域。

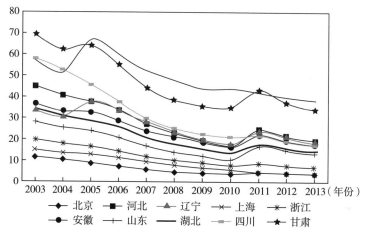

图 14-2　部分省份环境管制变动趋势

资料来源：笔者绘制。

（二）空间相关性分析

空间相关性分析的核心问题在于度量变量的全局空间自相关性，以分析整体的空间分布特征。全局空间自相关性一般用 Moran's I 指数来测算，该指数的计算公式为：

$$I = \frac{\sum_{i=1}^{n}\sum_{j=1}^{n} w_{ij}(A_i - \overline{A})(A_j - \overline{A})}{S2 \sum_{i=1}^{n}\sum_{j=1}^{n} W_{ij}} \tag{14-14}$$

其中，I 是指数，测度区域间总体相关程度，A_i 为被测度变量第 i 个地区的取值，$S2 = \frac{1}{n}\sum_{i=1}^{n}(A_i - \overline{A})2$，$\overline{A} = \frac{1}{n}\sum_{i=1}^{n}A_i$，$n$ 为地区数，W 为空间权重矩阵。

I 的取值范围为 $-1 \leqslant I \leqslant 1$，当 I 接近 1 时，表示地区间被测度对象呈现空间正相关——空间分布特征为高值地区与高值地区相邻，低值地区与低值地区相邻；当 I 接近 -1 时，表示呈现空间负相关——空间分布特征为高值地区与低值地区相邻；当 I 接近 0 时，表示地区间不存在空间相关性。本章旨在测度环境管制的空间相关性，则定义 A_i 为第 i 个地区的环境管制计算值。表 14-1 为本章计算的 2003~2013 年中国 30 个省份环境管制的 Moran's I 指数值。

表 14-1　2003~2013 年中国 30 个省份环境管制的 Moran's I 指数值

年份	K 邻接矩阵	地理距离矩阵	引力模型矩阵
2003	0.2938	0.3433	0.4432
	(0.006)	(0.007)	(0.018)
2004	0.2955	0.3430	0.4429
	(0.007)	(0.006)	(0.001)
2005	0.2742	0.3320	0.4210
	(0.003)	(0.004)	(0.001)
2006	0.2695	0.3215	0.4103
	(0.015)	(0.006)	(0.003)
2007	0.2511	0.3066	0.3927
	(0.012)	(0.012)	(0.001)
2008	0.2612	0.2984	0.4021
	(0.007)	(0.014)	(0.001)
2009	0.2526	0.2945	0.3845
	(0.008)	(0.008)	(0.001)
2010	0.2799	0.3051	0.3874
	(0.008)	(0.007)	(0.001)
2011	0.2384	0.2084	0.3411
	(0.007)	(0.029)	(0.001)
2012	0.2342	0.1866	0.3329
	(0.018)	(0.043)	(0.001)
2013	0.2311	0.1978	0.3218
	(0.014)	(0.034)	(0.002)

注：权重矩阵的生成及 Moran's I 统计指标的测算均由 GeoDA9.5 软件完成，参考 GeoDA 空间分析工作手册。引力模型矩阵运用 Stata 计算得到解释括号内数值的含义。

资料来源：笔者计算。

权重矩阵 W 的设定原则分为三种：

（1）K 邻接矩阵，这里取 $K=4$，确保每个省份按照距离排列有 4 个省份与之相邻，即该省份要受到相邻 4 省的影响。

（2）地理距离矩阵。

$$w_{ij} = \begin{cases} 1/d_{ij}, & \text{当区域 } i \text{ 与区域 } j \text{ 相邻} \\ 0, & \text{当区域 } i \text{ 与区域 } j \text{ 不相邻} \\ 0, & \text{当 } i = j \end{cases}$$

d_{ij} 为 i 省份与 j 省份省会城市的距离。

（3）引力模型矩阵。

$$w_{ij} = \begin{cases} GDP_i \times GDP_j/d_{ij}2, & \text{当区域 } i \text{ 与区域 } j \text{ 相邻} \\ 0, & \text{当区域 } i \text{ 与区域 } j \text{ 不相邻} \\ 0, & \text{当 } i = j \end{cases}$$

GDP_i 表示省份的人均实际 GDP（以 2003 年为不变价计算），用以反映经济特征与地理信息交互作用所产生的空间影响。

由表 14-1 数据可知，环境管制的全局空间自相关指数 Moran's I 均为正值且均通过了显著性水平为 5% 的检验，这说明我国的环境管制存在较为明显的正向的空间相关性，即对于环境管制较强地区，至少存在一个环境管制强的地区与其相邻，高环境管制区域呈现出"示范效应"，即"你严格把关，我更加严格把关"。然而，对于环境管制较弱的地区，往往存在一个或多个环境管制弱的地区与其相邻，低环境管制区呈现出"逐底竞争"的态势，即"你多排，我更多排"。

（三）环境管制演进路径研究

1. Morans' I 散点图特征描述

如表 14-1 所示，从数值上看，这种正相关性正呈现逐年降低的态势，从 2003 年的 0.2938 降至 2013 年的 0.2311。从表面上看，是正相关性的逐年降低，但从内部结构分析，实际上则表现为低环境管制类型区逐渐向高环境管制类型区的迁移。我们可从 Moran's I 散点图的历年变动趋势进行观察，散点图的横轴代表标准化的环境管制值，纵轴代表标准化的环境管制值的空间滞后值（邻近地区的整体环境管制），散点图以平均值为轴的中心，将图分为四个象限，第一象限表示高—高的正相关，第三象限为低—低的正相关，第二象限为低—高的负相关，第四象限为高—低的负相关。由于全局Moran's I指数值表现出正相关，则表示负相关的第二、第四象限为非典型观测区域。

以2003年的散点图为例进行解析，散点图中的每一个点均代表一个省份。散点图的第一象限表示"高—高"类型区域，按照本章环境管制测度指标，值越高，污染成本越高，表明环境管制较弱，则落在第一象限的省份为环境管制弱的省份，且其周围省份的环境管制也较弱。而第三象限的省份表示"低—低"类型区域，按照测度指标，该区域为环境管制的"高—高"类型区域，即落在该区域的省份本身为环境管制较强的省份，且其周围省份的环境管制也较强。由2003年、2013年的散点图（见图14-3）可以看到，第一象限的省份呈现出逐渐向第三象限移动的态势，表14-2给出了各年份居于第一象限和第三象限的省份，其他省份处于第二、第四象限或靠近坐标轴。

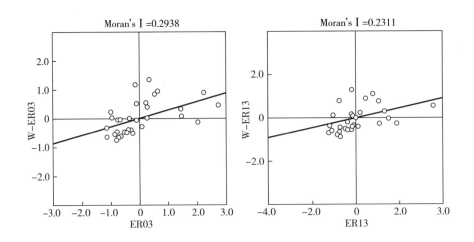

图14-3　2003年、2013年Moran's I指数散点图

资料来源：笔者绘制。

2. 环境管制演进路径特征

具体环境管制演进路径大致分为 6 种类型，如表 14-2 所示。图 14-4 为各区域代表省份的演进路径，由散点图的分析特征可知，原点为各省份及其邻近省份环境管制的平均值，散点图的横坐标方向，原点右侧表示环境管制低，在右侧离原点越远说明环境管制越低。原点左侧表示环境管制高，在其左侧距离原点越远环境管制则越高。同理，纵轴方向表示邻近省份的环境管制，上半轴环境管制低，而下半轴环境管制高，越向下方，环境管制则越高。由图 14-4 和表 14-2 可以看到，一方面，三大经济增长极"京津冀""长三角""珠三角"中，"长三角""珠三角"始终位于高环境管制区，"示范效应"特征明显，而"京津冀"地区，仅天津遵循"示范效应"，河北的位置一直靠近纵坐标轴，且居于其下半轴，说明其自身环境管制较弱，但周围省份的环境管制较强，北京则一直稳定在横坐标轴上，且居于左侧，说明其自身环境管制高，但周围省份的环境管制相对较弱，这也在一定程度上解释了北京的环境质量不高的原因。另一方面，当前西部地区 5 省（陕西、甘肃、青海、宁夏和新疆）呈现出"逐底竞争"态势，而中部地区逐渐从"逐底竞争"中摆脱出来，逐步向"示范效应"靠近。

表 14-2　地区环境管制演进路径

环境管制 象限分布特征	省份	环境管制 演进路径
"示范效应" （第三象限）	上海、江苏、浙江、广东、安徽、天津、山东、海南	自身及邻近省份均处于高环境管制区域
"示范效应" （向第三象限过渡）	湖南、山西、四川、重庆、江西、广西、贵州	自身环境管制较低，自身环境管制改善明显，且均靠近各省份的平均值（原点）
"逐底竞争" （向第一象限过渡）	辽宁、吉林、黑龙江、西藏	"逐底竞争"趋势，自身处于高环境管制区，演进方向呈恶化趋势
"逐底竞争" （第一象限）	青海、陕西、甘肃、宁夏、新疆、内蒙古	"逐底竞争"明显，处于低环境管制区，演进方向呈恶化趋势

续表

环境管制象限分布特征	省份	环境管制演进路径
纵轴上半轴	河北、河南、云南	自身环境管制始终处于平均值，邻近地区环境管制不断升高
横轴左半轴	北京、湖北	自身环境管制较高，邻近地区环境管制始终处于平均值

资料来源：笔者整理。

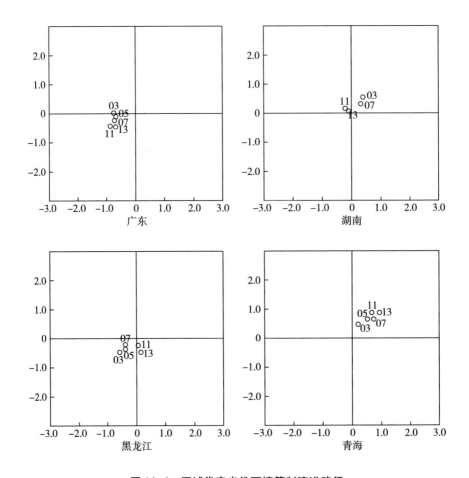

图 14-4 区域代表省份环境管制演进路径

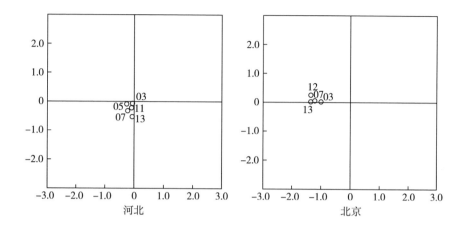

图 14-4 区域代表省份环境管制演进路径（续）

注：每一点代表某一年份该省份在 Moran's I 指数散点图的位置，点标记为年份，03 代表 2003
年，05 为 2005 年，07 为 2007 年，11 为 2011 年，13 为 2013 年。

资料来源：笔者绘制。

（四）按污染类别划分的环境管制演进方式比较

根据污染的影响范围，本章将污染物的类型划分为 3 种：全球型污染、
区域型污染和本地型污染。针对以上三种类型的污染所对应的环境管制是否
会呈现不同的特征，本章的实证结果及分析如下：①全球型污染，环境管
制[1]整体上呈现"逐底竞争"的趋势。从全局相关性 Moran's I 指数的数值
上看，2003~2013 年，环境管制的正相关程度呈逐年降低趋势，从 0.1204
降至 0.0425，从 Moran's I 指数内部结构[2]上看，多数省份呈现由第三象限
向第一象限靠近的趋势，即由"高—高"环境管制区域向"低—低"管制
区域过渡，而值得一提的是，第一象限的省份（仅陕西、宁夏和山西）呈
现向第三象限靠近的趋势，即本地环境管制逐渐增强。②区域型污染，东

---

① 全球型污染环境管制的测度公式为地区二氧化碳排放量与地区 GDP 之比，二氧化碳排放量
的测算主要选取煤炭、焦炭、原油、煤油、柴油、燃料油和天然气等 8 种能源进行测算，碳排放因
子参照 IPCC（2006）。

② 限于篇幅，内部结构图例省略，读者如有需要可向笔者索取。

部、中部地区省份的环境管制呈现"示范效应"，而西部地区省份则表现为"逐底竞争"。③本地型污染，由于本地污染的主要测度指标为固体污染物，而目前各省份固体污染物的实际排放量数据参差不齐，相关统计年鉴的数据仅报告固体污染物的处理量，而较多省份的固体污染物丢弃量缺失。本章按照全球型污染环境管制以及区域型污染环境管制的演进机理进行推测，本地型污染环境管制很可能在经济发达省份呈现"示范效应"，而在经济欠发达省份并非表现为"逐底竞争"形态，很可能由其经济水平决定，经济发展水平越低的省份，更倾向于放松本地环境管制，而与其他省份环境管制的空间相关度较弱。

四、"管制悖论"及环境质量影响因素分析

（一）空间计量模型及其回归结果

当前，大多数文献对于环境管制的研究以"官员晋升论"为基础，认为地方环境管制的放松主要原因在于财政分权以及"唯 GDP"所引致的地区经济竞争，经济竞争使得环境管制得以放松。而本章发现，东部地区的环境管制一直呈现出明显的示范效应，经济以及地理空间的交互引力作用使得中部地区也呈现出"示范效应"趋势，空间效应作用明显。而经济发展水平较低的西部地区很可能由于经济竞争的作用呈现"逐底竞争"。关于环境管制的空间效应对环境污染的影响呈现出何种特征，与环境"管制悖论"存在何种联系，建立如下面板数据模型探索经济变动、环境管制及其空间效应对环境污染的影响：

$$\ln AQ_{it} = \alpha_1 \ln ER_{it} + \alpha_2 \ln ES_{it} + \alpha_3 \ln GDP_{it} + \alpha_4 \ln TP_{it} + \alpha_5 \ln NT_{it} + \beta_1 W \ln ER_{it} +$$
$$\beta_2 W \ln ES_{it} + \beta_3 W \ln GDP_{it} + \beta_4 W \ln TP_{it} + \beta_5 W \ln NT_{it} + \rho W \ln PM_{it} + \delta_{it} + u_{it} +$$
$$\varepsilon_{it} \varepsilon_{it} \sim N(0, \sigma 2_{it}) \tag{14-15}$$

其中，AQ_{it} 表示 i 地区第 t 年的环境质量，用第二部分的环境污染度量。GDP_{it} 为 i 地区第 t 年的人均实际 GDP（统一以 2003 年为不变价计算），ER_{it}

表示 i 地区第 t 年的环境管制水平，ES_{it} 为能源结构测度指标，TP_{it} 为交通因素测度指标，NT_{it} 为地区的自然环境因素，ln 为各变量的对数值。$W \times \ln AQ_{it}$ 为被解释变量的空间滞后变量，表示所有邻近地区环境污染的综合作用对 i 地区的影响；ρ 为空间变量系数，表征空间溢出效应程度；$W \times \ln ER_{it}$、$W \times \ln ES_{it}$、$W \times \ln GDP_{it}$、$W \times \ln TP_{it}$、$W \times \ln NT_{it}$ 分别为各解释变量的空间滞后变量；W 为空间权重矩阵，ε_{it} 为随机误差项，δ_{it} 为时间效应，u_{it} 为个体效应。

对于能源结构 ES_{it}，本章选用以下指标度量能源结构中煤炭所占比例来探讨能源对雾霾的影响：

$$ES_{it} = \frac{\sum_{j=1}^{m} HCI_{itj}}{GDP_{it}} \tag{14-16}$$

其中，ES_{it} 为 i 地区第 t 年能源消耗结构中煤炭所占比例，GDP_{it} 表示 i 地区第 t 年的地区生产总值，HCI_{itj} 表示 i 地区第 t 年的第 j 个高耗煤行业产值，m 表示高耗煤产业个数，本章选取 8 个高耗能行业作为代表[1]，故取 m 为 8。从指标设置上看，该指标在一定程度上也反映了地区的产业结构。

交通因素（TP_{it}）用该省份的私人汽车拥有量与该地区公路总长度（辆／千米）之比来表示。近年来，中国民用汽车总量呈迅猛增长态势，然而交通建设的发展速度却远滞后于汽车总量的增长速度，交通拥堵不断蔓延至全国各地。1995～2013 年，中国运输线路总长增长速度为 9%，而交通工具总量增长速度高达 32%，1995 年交通工具拥有的平均线路长度约为 0.22 千米，而到 2013 年这一数字缩小了 8 倍。郑思齐和霍燚（2010）[2] 以北京为例阐述了我国严重的交通压力问题。2010 年，北京机动车保有量约为 464 万辆，二、三、四环路在完全排满的情况下最多也只能容纳 22.4 万辆车，仅占汽车总量的 5%。因此，本章选取私人汽车拥有量与地区公路总长度之比来测度交通压力，该指标在一定程度上也反映了交通拥堵程度。测度值越

---

[1] 选取的行业依次为电力、热力的生产和供应业，石油加工、炼焦及核燃料加工业，黑色金属冶炼及压延加工业，非金属矿物制品业，煤炭开采和洗选业，化学原料及化学制品制造业，有色金属冶炼及压延加工业，造纸及纸制品业。

[2] 郑思齐、霍燚：《低碳城市空间结构：从私家车出行角度的研究》，《世界经济文汇》，2010 年第 6 期。

高，说明交通压力越大。

NT_{it} 为地区的自然环境因素，自然环境因素对于环境污染的影响也至关重要，这里用地区的森林覆盖面积进行测度。

在运用空间计量模型之前，要进行空间诊断性检验，诊断指标 LM_{lag}、LM_{Error} 均在5%的水平下显著，说明需要引入空间计量模型进行分析，具体空间回归结果如表14-3所示。

表14-3 三种权重矩阵的空间回归结果

权重矩阵	平均（0~1）加权（模型1）	距离加权（模型2）	距离加权（模型3）
估计方法	时空随机效应（ML估计）	时空随机效应（ML估计）	时空随机效应
被解释变量	$\ln AQ_{it}$	$\ln AQ_{it}$	$\ln PM_{it}$
ρ	0.1663 (0.0004)	0.1925 (0.0012)	0.1555 (0.0001)
$\ln ER_{it}$	0.5775 (0.0000)	0.3211 (0.0000)	−0.2241 (0.2140)
$W \times \ln ER_{it}$	−0.4864 (0.0074)	−0.2586 (0.0123)	0.4429 (0.0744)
$\ln GDP_{it}$	0.5347 (0.0060)	0.4372 (0.0044)	0.6224 (0.0125)
$W \times \ln GDP_{it}$	−1.1208 (0.0009)	−1.7749 (0.0128)	−0.9278 (0.0001)
$\ln ES_{it}$	0.8363 (0.0000)	0.3268 (0.0000)	0.5257 (0.0000)
$W \times \ln ES_{it}$	0.3692 (0.0349)	0.4277 (0.0002)	−0.2252 (0.1202)
$\ln TP_{it}$	0.3505 (0.0005)	0.4237 (0.0117)	0.3244 (0.2014)
$W \times \ln TP_{it}$	−0.3606 (0.0164)	−0.2221 (0.0328)	−0.1145 (0.2207)

续表

权重矩阵	平均（0~1）加权（模型1）	距离加权（模型2）	距离加权（模型3）
$\ln NT_{it}$	0.5574	0.4275	0.4489
	(0.0000)	(0.0020)	(0.1107)
$W \times \ln NT_{it}$	−0.0107	−0.0308	−0.2552
	(0.9410)	(0.8826)	(0.9332)
C	8.7643	5.3291	0.0117
R^2	0.630	0.884	0.901
σ^2	0.3933	0.4523	0.2233

注：括号内数值为 p 值。

资料来源：笔者计算。

（二）环境"管制悖论"及其解释

从表14-3的回归结果可以看到，本地的环境管制升高（表现为 $\ln ER_{it}$ 的下降）会导致本地的污染水平好转（表现为 $\ln AQ_{it}$ 的下降），但是，邻近地区的环境管制升高，却会导致本地区的污染水平下降，这是当前中国环境质量不能明显改善（即"管制悖论"）的重要原因，即中国省际环境管制的提高可能表现为以牺牲邻近省份的环境管制为代价，特别是典型的经济发达区域。这也意味着只要本地环境管制得到提升，本地的污染水平将出现改善，各级政府没有激励去影响改变邻省的环境管制，而环境管制受到影响的省份因为自身整体的管制水平仍在上升（污染水平增长速度小于人均 GDP 增长速度），环境质量也得到相应的改善，因此，对自己的"牺牲"没有意识，或者处于"默许"状态。

ρ 大于 0 意味着污染本身存在明显的溢出效应，即邻近地区污染升高，本地的污染水平也将上升，这种污染的溢出效应并未得到省级政府的重视，因为环境污染的测度不以具体的环境质量（如 AQI、PM2.5、水质检验等）来进行评定，而是以污染的排放量（本章污染水平的测度）来进行度量，使得邻近地区的环境管制虽然升高，但本地污染水平仍出现恶化的趋势。溢

303

出效应所带来的环境污染（即来自邻省的环境污染影响）淹没了本地管制提升所带来的污染水平下降，因此，从环境质量本身而非污染水平上来看，中国省际环境质量整体水平呈下降趋势。为了进一步印证该观点，本章以各省份的 PM2.5 为被解释变量进行回归发现（见表 14-3 第 4 列），环境管制升高，而环境质量（$\ln PM_{it}$ 浓度）则呈现恶化趋势（虽然结果不显著，但 $\ln ER_{it}$ 系数为负），而邻近地区的环境管制提升，能够使得本地的环境质量显著出现好转（$W\times\ln ER_{it}$ 系数为正）。

（三）影响环境的其他因素分析

由表 14-3 可以看到，人均 GDP 的提升伴随着污染水平的上升，而邻近地区人均 GDP 的提升伴随着本地污染水平的下降。能源结构，即污染行业占比增加将使得污染水平增长，而邻近地区的该比重增加也将伴随着本地污染水平的提高。交通压力也是影响污染水平的重要原因，表现为 $\ln TP_{it}$ 显著为正，而邻近地区交通压力的影响不显著。而森林覆盖率增加，环境污染将呈现恶化趋势，这从另一个角度说明，绿化资源越丰富的地区，污染水平越高。

五、讨论及政策建议

自 2003 年中国进入以市场为导向的工业化阶段后，中国的环境管制水平事实上也在不断提升，但环境质量却呈现逐渐恶化趋势，特别是从 2012 年起，大规模的大气复合污染问题逐渐显现，造成了较为严重的系列影响。环境管制水平不断提升，而环境质量却在不断恶化，即"环境管制悖论"，这一悖论的出现一方面是由于总量原因，即污染物排放量水平不断增加，而另一方面与地方政府的环境管制行为也存在密切的联系，本章从空间视角对地方政府行为进行研究，解释了中国"环境管制悖论"出现的原因，即省际环境管制的提高往往存在"损人利己"效应，主要表现为发达省份将污染较高的行业逐渐向欠发达省份转移，虽然欠发达地区的环境管制也在提升，但提升速度受到转移的影响；同时，地方政府对环境政策的考量主要表现在减少污染物的排放量上，而不是根据具体的环境质量测度指标，这导致具有区域溢出效应的污染物对于环境质量的影响被忽视，虽然污染水平下降速度低于人均 GDP 的增长速度，但是受溢出效应的影响，环境质量很难得到改善。根据本章实证研究，提出以下具体建议：

第一，对于环境质量的考核，要以具体的环境质量测度指标为准，而不能单单考虑污染物的排放量。当前，中国对于污染物的检测机制仍不完善，以 PM2.5 为例，官方对于 PM10 的公布数据也仅在 2000 年，而 PM2.5 数据的公布相对更晚，而受雾霾的影响，国家及地方政府开始重视实时观测站点的数量及质量。

第二，本章的实证研究显示，大部分省份环境管制呈现"示范效应"趋势，那么，在这些表现为"示范效应"的区域，国家应划定区域范围，在每一个区域范围内，划定一个"示范省份"，以此来带动整个区域环境管制的提升，而对于表 14-2 中轴上的省份，由于其自身情况的特殊性，应采取更具针对性的目标，以北京为例，实际上其自身环境管制已处于全国较高水平，环境质量仍然较不佳，很可能是其他原因，如生活能源消耗及污染的空间溢出造成，应针对这两种情况进行进一步分析。而对处于"逐底竞争"的省份，中央政府应采取行政手段，划定污染红线，防止地区环境质量进一步恶化。

第三，环境管制不能仅仅作用于高污染行业，当前随着人民生活水平的提高，私家车拥有量迅猛增长，汽车尾气的排放逐渐成为影响中国环境质量的重要因素，通过减少私家车的数量来控制污染显然不可行，那么，制定更为严格的汽车尾气排放标准则至关重要。相关研究表明，1958~1991 年，洛杉矶空气质量出现大幅改善的重要原因在于"苛刻"的新车使用标准（汽车需要安装控制污染排放的装置），即排放标准大幅提高，这使得 20 世纪 90 年代洛杉矶空气质量得到大幅改善，而大气污染的 80% 来自旧有汽车的排放[1]。当前中国机动车的污染物排放标准与欧洲标准差距较大，燃油中的

---

[1] Martin，W.，"Learning from Los Angeles：Transport，Urban Form，and Air Quality"，*Transportation*，Vol. 20，No. 4，1993.

含硫量偏高，使机动车尾气排放的污染居高不下，成为颗粒物污染的重要源头，而从国 Ⅱ 开始，中国机动车的排放标准升级进程较为缓慢。

第四，环境管制的提升依赖于持续有效的环境法规。借鉴英国治理环境污染的经验，持续有效的环境法规起着至关重要的作用。例如，1875 年的《公共健康法案》（*Public Health Act*）和 1926 年的《公共健康（消除烟尘）法案》均包括了对工业企业烟雾排放的控制，在英国伦敦和一些较大的城市，这些方法使雾霾天数得以减少，Review[1] 的研究显示，得益于这些法案的实施，1880~1935 年伦敦市中心冬天晴天的天数呈显著增长趋势。1956 年英国颁布的《清洁空气法案》（*Clean Air Act*）取得了广泛的关注和认可，此后系列相关法案得以颁布实施，大量的文献[2]研究得出，雾霾发生频率下降的直接原因在于这些系列法案的实施。然而，当前中国涉及环境保护的法规仅有几种，且要求相对宽松，国家仅在 2014 年和 2015 年分别对《中华人民共和国环境保护法》《中华人民共和国大气污染防治法》进行了修订，虽然治理力度加大，但仍难确保环境质量的全面提升。

---

[1] Review, B., "The Climate of the British Isles by E. G. Bilham", *Empire Forestry Journal*, Vol. 17, No. 1, 1938.

[2] Brazell, E. and L. J. Atkinson, "A Visual Control System for Scheduling of Surgery", *Aorn Journal*, No. 3, 1965.

Brazell, J. H., "Meteorology and the Clean Air Act", *Nature*, Vol. 226, No. 5247, 1970.

第十五章

基于包容性财富视角的
中国可持续发展研究

李　钢　刘吉超

　　通过对中国 1990~2010 年历年分省份的人力资本、生产性资本和自然资本财富进行量化估算，构建包容性财富指数。对中国包容性财富指数的时空演化进行分析表明，1990~2010 年中国所有省份的包容性财富总值均有所增长，人均包容性财富除山西省之外也均有所增长；1990~2010 年中国包容性财富年均增长 3.1%，其中人力资本、生产性资本和自然资本年均增长率分别为 2.7%、11.4% 和 -0.4%，生产性资本的快速增长是中国财富增长的最大动力源泉。从中国包容性财富构成变化看，自然资本占比不断下降，生产性资本占比持续上升，而人力资本占比则经历了先上升后下降的变化轨迹。虽然中国包容性财富总值位居世界第三，但中国人均包容性财富偏低，排名比较靠后。当前，中国已经走出了以自然财富换物质财富的发展阶段，正处于以人力资本和生产性资本积累财富的阶段；在今后相当长一段时期内中国仍然要保持较高的投资率，以生产性资本的积累带动人均财富的增长。继续大力发展第二产业、不断提升制造业的国际竞争力，既是保持中国经济又好又快增长的内在要求，也是持续提高人均财富水平和幸福程度的必经之路。

一、引言和文献回顾

对于如何全面准确衡量一个国家的财富和经济发展水平，不同的学者有不同的看法。当前，各国通常用国民经济核算体系（System of Nation Accounts，SNA）中的国内生产总值（GDP）作为核心指标来衡量一个国家（或地区）经济发展水平，GDP 是指在一定时期内，某一国家（或地区）运用生产要素所生产出的全部最终产品和劳务的市场价值，可以反映一国（或地区）的生产规模、增长速度、经济和产业结构。尽管多年来世界各国将 GDP 作为衡量其经济发展水平和富裕程度的核心度量指标，但是 GDP 自身存在难以克服的局限性，如无法核算未进入市场交易体系的商品和服务的增加值，不能全面反映经济发展所付出的生态环境破坏成本与资源消耗代价等外部性影响，而且 GDP 只统计流量，缺少对财富积累存量的核算，难以判断经济社会可持续发展的潜力[1]。

认识到 GDP 的局限性，学者们也在不断寻求更完善的指标，联合国开发计划署（The United Nations Development Programme，UNDP）在《1990 年人文发展报告》中构建了包括预期寿命、教育基础和实际人均 GDP 水平这三个方面成就的人类发展指数（Human Development Index，HDI），作为衡量经济社会发展水平的基本指标[2]。世界银行 1995 年在《监测环境进展》报告中提出用真实储蓄（Genuine Saving）来衡量一国经济可持续发展能力。温宗国等[3]研究开发了包括经济、环境和社会三个账户的真实发展指标（Genuine Progress Indicator，GPI），作为判断城市发展分析工具的替代方法。李海舰和原磊[4]将财富分为劳动财富、自然财富和人文财富三大类，并提出

---

① 颜日初、朱喜安：《论 GDP 的作用和缺陷》，《数量经济技术经济研究》2003 年第 1 期。

② 宋洪远、马永良：《使用人类发展指数对中国城乡差距的一种估计》，《经济研究》2004 年第 11 期。

③ 温宗国、张坤民、陈伟强、杜斌、朱国君：《真实发展指标的方法学研究及其应用》，《中国软科学》2004 年第 8 期。

④ 李海舰、原磊：《三大财富及其关系研究》，《中国工业经济》2008 年第 12 期。

要从由劳动财富单一最优求解向财富综合最优求解的角度转变经济发展方式[1]。游士兵等[2]提出包括绿色 GDP、幸福 GDP 和政府 GDP 在内的比传统的国民账户核算体系更全面的 3G±GDP 国民经济核算模式。此外，还有国民福利指标（Net National Welfare，NNW）、经济福利测度指数（Measure of Ecomamic Welfare，MEW）、可持续经济福利指数（Index of Sustainable Economic Welfare，ISEW）等衡量经济社会可持续发展能力的补充性指标[3]，中国也正努力完善现有的国民经济核算方法，但目前尚未形成一套在实践中得到广泛认可的成熟的指标体系。

Dasgupta 在阿罗等学者研究的基础上提出用"包容性财富指数"（Inclusive Wealth Index，IWI）来评估一国的财富，并度量其经济可持续发展水平[4]。2012 年 6 月，联合国环境规划署（United Nations Environment Program，UNEP）和联合国大学国际全球环境变化人文因素计划（UNU - IHDP）联合发布的一份全球《包容性财富报告 2012》（*Inclusive Wealth Report* 2012）测算并比较了主要国家的包容性财富值[5]。包容性财富指数是通过对国家财富的人力资本、生产性资本和自然资本这三个主要来源进行量化加总得到的，其中人力资本反映劳动力的数量及质量，生产性资本或物质资本包括基础设施和生产设备，自然资本包括矿产、土地和渔场等在内的自然资源。包容性财富指数不但能够反映国家的富裕程度及财富的内涵和质量，还能反映一国经济的可持续发展能力。本章试图根据以上原理计算 1990~2010 年中国分省份的包容性财富值并分析其构成和变化趋势。

---

[1] 李海舰、原磊、王燕梅：《发展方式转变的体制与政策》，社会科学文献出版社 2012 年版。
王燕梅：《转变发展方式目标下的财富政策——三大财富综合求解的视角》，《中国工业经济》2011 年第 3 期。

[2] 游士兵、刘志杰、黄炳南、杨涛：《3G-GDP 国民经济核算理论初探》，《中国工业经济》2010 年第 6 期。

[3] 张博、周建波、莫介邦、方宇惟：《可持续发展度量指标研究新进展》，《经济学动态》2013 年第 1 期。

[4] Dasgupta, P., "The Idea of Sustainable Development". *Sustainability Science*, Vol. 2, No. 1, 2007.

[5] UNEP, UNU-IHDP, *Inclusive Wealth Report* 2012, New York：Cambridge University Press, 2012.

二、人力资本的测算

(一) 人力资本的计算

人力资本（Human Capital）是指劳动者由于受到教育、培训、实践锻炼、卫生保健等方面的投资而获得的知识和技能的积累，由于这种知识与技能可为其所有者带来收益，因而形成了一种特定的资本，即人力资本。一般来说，目前估算人力资本的方法主要有三大类，一是成本法，二是收入法，三是关键特征法。成本法以形成人力资本所需要的所有投资量作为人力资本的值；收入法通过测算各种人力资本劳动者的收入来测算人力资本的价值；关键特征法通过测算人力资本的一些关键特征的差异来测算人力资本的价值，常用的关键特征法是用受教育年限来衡量人力资本的价值。Barro 和 Lee[1] 等较早采用投入法来估算人力资本；受教育年限法直接明了，被王德劲[2]、焦斌龙和焦志明[3]等国内很多学者采用；Mulligan 和 Sala-I-Martin[4]、吴兵和王铮[5]基于人力资本的预期收入来测算人力资本，收入法具有市场化的特征，但由于不同人群的收入数据难以获得，实际估算的主观性较强。本章采用受教育年限法和成本法相结合的办法，用不同受教育程度人口 2010 年的人力资本重置成本作为其价值，来估算 1990~2010 年中国分省份历年的人力资本存量值，将累加某一地区 6 岁及以上不同受教育程度的人口 2010 年当年的重置成本，作为该地区当年人力资本的价值量，具体计算公式如式（15-1）所示。

---

① Barro, R. J. and J. W. Lee, "International Measures of Schooling Years and Schooling Quality", *American Economic Review*, Vol. 86, No. 2, 1996.

② 王德劲：《论人力资本实物量与价格——基于教育的人力资本测算》，《价格理论与实践》2008 年第 10 期。

③ 焦斌龙、焦志明：《中国人力资本存量估算：1978—2007》，《经济学家》2010 年第 9 期。

④ Mulligan, C. B., X. Sala-I-Martin, "A Labor Income-Based Measure of the Value of Human Capital: An Application to the States of the United States", *Japan and the World Economy*. Vol. 9, No. 2, 1997.

⑤ 吴兵、王铮：《中国各省区人力资本测算研究》，《科研管理》2004 年第 4 期。

$$H = \sum_{i=1}^{8} N_i \left(\sum_{i=1}^{i} Y_i F_i \right) \qquad (15-1)$$

式（15-1）中，H 为当年目标地区人力资本存量值，i 为受教育程度的类型，对其赋值从 1~8 依次分为只经历过学前教育、小学、初中、高中和中专、大专、本科、硕士、博士 8 种类型，N_i 为该地区 6 岁及以上第 i 种受教育程度的人口数量，F_i 为第 i 种教育阶段 2010 年的教育投入分配到每个在校学生的生均费用。Y_i 为完成第 i 种受教育程度所需要的年限，本章将各阶段教育所需年限依次设定为学前教育 6 年、小学 6 年、初中 3 年、高中和中专 3 年、大专 3 年、本科 4 年、硕士 2.5 年、博士 3 年，则第 i 种受教育程度的人口的重置成本为从学前教育到第 i 种受教育程度历年所需要的费用的累加。

（二）数据的处理

采用式（15-1）计算中国分省份 1990~2010 年的人力资本存量涉及三个主要变量，即各受教育程度的人口数 N_i、完成第 i 种受教育程度所需要的年限 Y_i 和生均费用 F_i。

首先，为获得适龄工作人群中第 i 种受教育程度的人口数量，本章采用第四次、第五次和第六次人口普查的数据分别计算出中国分省份 1990 年、2000 年和 2010 年 6 岁及以上人口中博士、硕士、本科、大专、高中和中专、初中、小学及未上过学的人口数，对于中间年份，由于统计数据的缺乏，本章采用等差插值法得到 1991~1999 年和 2001~2009 年中国分省份 6 岁及以上人口中相应受教育程度的人口数，其中博士和硕士数量的确定要结合《中国教育统计年鉴》中 1990~2010 年历年博士和硕士研究生招生人数。

其次，对于各教育阶段的生均费用 F_i，本章采用《中国统计年鉴》中 2010 年各级各类学历教育在校学生数和 2010 年各类学校教育经费情况，分别确定学前教育、小学、初中、高中和中专、高等教育（含大专、本科、硕士和博士）的学生在 2010 年价格下的当年生均费用（即分配到每个学生的教育投入）分别为学前教育 2446 元、小学 4822 元、初中 6397 元、高中和中专 7185 元、高等教育 16475 元。

（三）计算结果分析

按照上述方法，计算出 1990~2010 年中国分省份人力资本值如表 15-1 所示。从表 15-1 可以看出，2010 年，中国人力资本存量总额为 81.6 万亿元，全国人均人力资本值为 6.1 万元，各省份中，人力资本总值排名前三位的为广东、川渝和山东，分别为 6.7 万亿元、6.3 万亿元和 5.8 万亿元，人均人力资本排名前三位的为北京、上海和天津，分别为 8.9 万元/人、7.9 万元/人和 7.4 万元/人。1990~2010 年的 20 年间，人力资本总额增长率排名前三位的为北京、西藏和广东，分别增长 169.0%、150.4% 和 143.6%，人均人力资本增长率排名前三位的为西藏、甘肃和福建，分别增长 85.1%、57.5% 和 54.7%。

表 15-1　1990~2010 年中国分省份人力资本值

地区	1990 年（万亿元）	2010 年（万亿元）	1990 年 a（万元/人）	2010 年 a（万元/人）	总增长率（%）	人均增长率（%）
北京	0.7	1.8	6.0	8.9	169.0	48.9
天津	0.5	1.0	5.3	7.4	106.7	41.3
湖南	2.6	4.0	4.2	6.1	53.3	43.0
河北	2.5	4.3	4.1	6.0	69.6	45.4
山西	1.3	2.3	4.5	6.4	75.4	42.4
内蒙古	0.9	1.6	4.3	6.4	67.1	46.3
辽宁	2.0	3.0	4.9	6.8	51.2	37.1
吉林	1.8	1.8	4.7	6.6	53.7	39.0
黑龙江	1.7	2.5	4.7	6.5	48.1	37.0
上海	0.8	1.8	5.7	7.9	138.0	38.2
江苏	2.9	5.1	4.3	6.5	72.7	48.6
浙江	1.8	3.3	4.2	6.1	88.7	44.5

续表

地区	1990 年 （万亿元）	2010 年 （万亿元）	1990 年 a （万元/人）	2010 年 a （万元/人）	总增长率 （%）	人均增长率 （%）
安徽	2.1	3.4	3.7	5.6	60.5	53.0
福建	1.2	2.3	3.9	6.1	88.0	54.7
江西	1.5	2.6	3.9	5.7	70.3	45.6
山东	3.5	5.8	4.1	6.1	65.9	47.1
河南	3.6	5.5	4.1	5.8	53.4	41.1
湖北	2.3	3.6	4.2	6.3	58.1	50.3
广东	2.7	6.7	4.3	6.4	143.6	48.2
广西	1.7	2.6	4.0	5.6	51.1	39.9
海南	0.3	0.5	4.2	6.0	88.6	44.2
川渝	4.4	6.3	4.1	5.8	42.2	40.6
贵州	1.1	1.8	3.4	5.1	60.2	50.7
云南	1.3	2.4	3.4	5.2	90.0	54.2
西藏	0.1	0.1	2.2	4.0	150.4	85.1
陕西	1.4	2.4	4.2	6.4	74.0	54.6
甘肃	0.8	1.5	3.6	5.7	78.6	57.5
青海	0.2	0.3	3.7	5.4	85.6	47.8
宁夏	0.2	0.4	3.8	5.9	106.7	54.2
新疆	0.7	1.3	4.2	6.1	106.2	44.5
全国	47.7	81.6	4.2	6.1	71.2	46.1

注：本表计算的数值基于 2010 年价格水平，其中 1990 年 a 和 2010 年 a 分别为 1990 年和 2010 年的人均人力资本值。

资料来源：笔者计算。

三、生产性资本值的估算

（一）生产性资本的计算方法

生产性资本也称实物资本，一般用固定资本存量来表示。当前学者普遍采用永续盘存法（Perpetual Inventory Method，PIM）来估算资本存量，该方法最早由 Goldsmith[1] 提出，其实质是将不同时期的资本流量逐年度调整、折算，以加总成一致的资本存量。本章也运用永续盘存法按 2010 年不变价格计算各省份的资本存量，具体计算公式如下：

$$K_t = K_{t-1}(1-\delta_t) + I_t \tag{15-2}$$

其中，t 代表年份，K_t 和 K_{t-1} 分别指第 t 年和第 $t-1$ 年的资本存量，δ_t 指第 t 年的资本折旧率，I_t 指第 t 年的资本形成额或当年投资额，要准确计算历年固定资本存量（K_t）共涉及四个变量的处理：一是基年资本存量（K_0）的确定，二是当年投资（I）的选取，三是当年投资价格指数的确定，四是折旧率 δ 的确定。

（二）数据的处理

1. 基年资本存量（K_0）的确定

中国已有研究文献多数将基期资本存量的估算年份定为 1952 年或 1978 年。在使用永续盘存法估算资本存量的条件下，基年选择越早，基年资本存量估计的误差对后续年份的影响就会越小，但是早期年份的一些分省份统计数据缺失，本章计算的起始年份为 1990 年，故选择 1978 年为基期，并采用张军等[2]、Young[3] 等的方法，用 1978 年当年资本形成总额的 10 倍作为初始资本存量的值。

2. 当年投资（I）的选取

本章采用当前多数学者通用的做法，将《中国统计年鉴》中的固定资本形成总额作为当年投资（I）的数值。按照国家统计局的口径，固定资本形成总额由固定资本投资额、土地购置费、旧建筑物和旧设备购置费、50

---

① Goldsmith, R. W., "A Perpetual Inventory of National Wealth. NBER Studies in Income and Wealth", *New York: National Bureau of Economic Research*, No. 14, 1951.

② 张军、吴桂英、张吉鹏：《中国省际物质资本存量估算：1952—2000》，《经济研究》2004 年第 10 期。

③ Young, A., "Gold into Base Metals: Productivity Growth in the People's Republic of China during the Reform Period", *Journal of Political Economy*, Vol. 111, No. 6, 2003.

万元以下零星固定资产投资额、商品房销售增值、商品房所有权转移费用、生产性无形固定资产增加、土地改良支出八部分组成。[①]

3. 当年投资价格指数的确定

为了消除价格因素的影响，将固定资本投资额折算到可比价格上，用固定资产投资价格指数将历年的固定资产投资折算到 2010 年的可比价水平。1991 年及以后年份分省份的固定资产投资价格指数可以从国家统计局出版的《新中国六十年统计资料汇编》中获得，但是缺乏 1991 年以前相应的数据，本章用商品零售价格指数（Retail Price Index，RPI）代替 1978～1990 年各省份的固定资产投资价格指数。

4. 折旧率（δ）的确定

对于折旧率的选取，不同学者的研究有较大的差异。Perkins[②]、胡永泰[③]、UNEP 和 UNU-IHDP（2012）等将折旧率设定为 5%，Young（2003）在研究中取 6% 的折旧率，龚六堂和谢丹阳[④]将折旧率设定为 10%。黄勇峰等[⑤]在估算中国制造业资本的存量时，分别计算建筑和设备的寿命期，估算出设备和建筑的经济折旧率分别为 17% 和 8%，张军等（2004）结合建筑安装工程、设备和其他类型的投资在固定资本总投资中的权重得出折旧率为 9.6%，考虑到这种估计更贴近中国的实际情况，本章采用张军等（2004）提出的 9.6% 的折旧率。

（三）计算结果的分析

按照上述方法，计算出 1990～2010 年中国分省份的生产性资本值，如

① 许宪春：《中国国内生产总值核算》，《经济学（季刊）》2002rh 第 1 期。

② Perkins, D. H., "Reforming China's Economic System", *Journal of Economic Literature*, Vol. 26, No. 2, 1988.

③ 胡永泰：《中国全要素生产率：来自农业部门劳动力再配置的首要作用》，《经济研究》1998 年第 3 期。

④ 龚六堂、谢丹阳：《我国省份之间的要素流动和边际生产率的差异分析》，《经济研究》2004 年第 1 期。

⑤ 黄勇峰、任若恩、刘晓生：《中国制造业资本存量永续盘存法估计》，《经济学（季刊）》2002 年第 1 期。

表 15-2 所示。从表 15-2 可以看出，2010 年，中国生产资本存量总额为 84.7 万亿元，全国人均生产资本值为 6.3 万元/人，各省份中，生产性资本总额排名前三位的为江苏、山东和广东，分别为 9.4 万亿元、9.3 万亿元和 7.6 万亿元，2010 年人均生产性资本排名前三位的是天津、上海和北京，分别为 18.1 万元/人、16.5 万元/人和 14.8 万元/人。1990～2010 年的 20 年间，生产性资本增长量最大的四个省份为江苏、山东、广东和浙江，分别增长 8.7 万亿元、8.5 万亿元、7.2 万亿元和 5.9 万亿元，生产性资本总额增长率排名前三位的为浙江、内蒙古和福建，分别增长 83.9 倍、22.5 倍和 19.2 倍，增长最慢的四个省份为甘肃、青海、黑龙江和贵州，分别增长 3.7 倍、5.5 倍、6.1 倍和 6.4 倍，人均生产性资本增长率排名前三位的是浙江、内蒙古和福建，分别增长 64.0 倍、19.6 倍和 15.6 倍。

表 15-2　1990～2010 年中国分省份生产性资本值

地区	1990 年（万亿元）	2010 年（万亿元）	1990 年 a（万元/人）	2010 年 a（万元/人）	总增长率（％）	人均增长率（％）
北京	0.4	2.9	3.4	14.8	694.0	339.7
天津	0.2	2.3	2.3	18.1	1044.0	681.6
河北	0.4	4.9	0.7	6.8	1071.7	904.3
山西	0.3	2.4	1.0	6.7	727.5	571.7
辽宁	0.6	4.6	1.4	10.5	733.2	655.6
吉林	0.2	2.8	0.9	10.4	1231.9	1104.2
黑龙江	0.3	2.4	1.0	6.3	614.1	560.4
上海	0.4	3.8	3.0	16.5	850.0	451.8
江苏	0.7	9.4	1.0	11.9	1250.4	1061.8
浙江	0.1	6.0	0.2	11.0	8389.1	6400.9
安徽	0.3	2.7	0.5	4.5	773.6	733.2
福建	0.2	3.2	0.5	8.7	1916.1	1559.6
江西	0.2	2.2	0.6	4.9	852.3	714.1
山东	0.8	9.3	0.9	9.7	1122.0	983.4

续表

地区	1990 年 （万亿元）	2010 年 （万亿元）	1990 年 a （万元/人）	2010 年 a （万元/人）	总增长率 （%）	人均增长率 （%）
河南	0.4	6.0	0.5	6.4	1257.6	1148.8
湖北	0.3	3.6	0.6	6.2	1041.8	985.0
湖南	0.3	3.4	0.5	5.3	1107.8	1026.8
广东	0.4	7.6	0.7	7.3	1730.8	1013.9
广西	0.1	2.5	0.3	5.4	1586.5	1461.4
内蒙古	0.1	3.3	0.6	13.3	2247.4	1955.1
海南	0.0	0.5	0.7	5.8	998.1	739.6
川渝	0.4	5.9	0.3	5.4	1527.8	1509.6
贵州	0.2	1.1	0.5	3.3	643.7	599.5
云南	0.2	1.9	0.6	4.2	717.7	563.8
西藏	0.0	0.2	0.6	6.8	1374.9	990.6
陕西	0.3	2.7	1.0	7.2	746.7	652.1
甘肃	0.2	1.0	0.9	3.9	370.7	315.0
青海	0.1	0.4	1.5	7.8	548.5	416.3
宁夏	0.1	0.6	1.5	9.1	738.0	525.0
新疆	0.2	1.6	1.3	7.3	687.6	452.1
全国	9.7	84.7	0.9	6.3	771.0	643.3

注：本表计算的数值基于 2010 年价格水平，其中 1990 年 a 和 2010 年 a 分别为 1990 年和 2010 年的人均生产性资本值。

资料来源：笔者计算。

四、自然资本值的估算

（一）自然资本的界定

自然资本也叫自然财富或自然资源，是指那些大自然赋予人类的能够给人类带来物质上的满足的稀缺性资源，自然财富主要包括能够对人类生活造成影响的自然环境和具有各种用途的矿藏资源。自然资源可以分为生产性自然资源与非生产性自然资源。生产性自然资源包括土地、森林、牧草地和渔场等，非生产性自然资源包括煤炭、石油、天然气、金属、非金属等矿藏资源。《中共中央关于全面深化改革若干重大问题的决定》中也提出"探索编制自然资源资产负债表"，而对于自然资本的计量是编制自然资源资产负债表的基础性工作。

（二）生产性自然资本价值的估算

对于农、林、牧、渔等生产性自然资源，本章用资源数量乘以单位资源的价值来估算，由于市场上并无相关资源的市场价格信息，为了使综合环境与经济核算体系（System of Integrated Environmental and Economic Accounting, SEEA）的估价方法与国民经济核算体系（SNA）一般账户的估价方法保持一致，本章通过计算单位资源上收入减去成本所得的收益，采用相关资源预期收益的永续折现法来估计其价值，具体算法如式（15-3）所示。

$$W_{ij} = T_{ij} \sum_{t=0}^{\infty} \frac{R_t}{(1+r)^t} \qquad (15-3)$$

其中，W_{ij} 为第 i 个地区第 j 年某项生产性自然资源的财富价值，T_{ij} 为第 i 个地区第 j 年某项生产性自然资源的资源总量，R_t 为未来第 t 年某地区农林牧渔业单位资源的当年毛利，r 为折现率。为计算毛利 R_t，本章假设相关资源 2010 年及后续年份的预期收益保持不变，同时将中国农业、林业、牲畜饲养放牧业、渔业相关行业上市公司 1990~2010 年的平均销售毛利率（整体算法）作为农林牧渔业的销售毛利率，其中各相关行业上市公司 1990~2010 年的平均销售毛利率分别为农业 27.93%、林业 76.09%、牲畜饲养放牧业 19.60%、渔业 25.37% 和海洋渔业 34.71%[①]，采用某地区当年农林牧渔业的产值与销售毛利率的乘积作为当年该地区农林牧渔业的毛利；

---

① 数据来自同花顺软件中的上市公司年报的统计数据。

对于折现率，本章采用国家发展改革委和建设部①在《建设项目经济评价方法与参数（第三版）》中的社会折现率的参考值8%。

在具体数据的获取和处理方面，农业资源的总量数据取《中国统计年鉴》中分地区历年农作物总播种面积；林业资源的总量数据取《中国统计年鉴》中分地区历年的森林面积，其中1990~1998年有全国总量数据，但缺乏地区的数据，本章根据1999年各地区森林面积占比分配到各地区；渔业资源的总量数据取历年《中国农业年鉴》中分地区的淡水养殖面积和海水养殖面积；牧草地资源缺乏分省份的数据，考虑到1990~2010年中国牧草地面积基本保持不变，而且牧草地主要用于放养牛和羊，故本章采用2010年畜牧业产值中的牛、羊和奶制品的收益及未来预期收益的折现值作为各地区牧草地资源的价值。

（三）非生产性自然资本价值的估算

对于矿藏资源等非生产性自然资本历年资源储量的价值，参照联合国环境规划署和国际人类全球环境变迁组织（2012）的方法，借鉴永续盘存法估算包括自然资源耗减价值在内的1990~2010年分省份自然资源的储量价值，具体算法如式（15-4）所示。对于矿产资源2010年资源储量的市场价格，由单位资源2010年的价格乘以其资源储量而得。

$$S_{t-1}=S_t+P_t \qquad (15-4)$$

其中，S_{t-1}为某地区第$t-1$年的矿藏资源储量完全开采出来后的市场价格，S_t为第t年该地区矿藏资源储量完全开采出来后的市场价格，P_t为第t年采掘业的总产值（折算到2010年价格水平）。

对于非生产性自然资本的价值估算，借鉴Arrow等②用由相关资源的市场价值减去开采成本所得的租金来表示其影子价格，本章用开采当年储量的预期净收益来估算非生产性自然资本的价值，其中预期净收益以利税总额代

① 国家发展改革委、建设部：《建设项目经济评价方法与参数》，中国计划出版社2006年版。
② Arrow K. J., P. Dasgupta, L. H. Goulder, K. J. Mumford and K. Oleson, "Sustainability and the Measurement of Wealth", *Environment and Development Economics*, Vol. 17, No. 3, 2012.

替，具体算法如式（15-5）所示。

$$V_t = \frac{S_t}{P_{2010}} \times I_{2010} \qquad\qquad (15-5)$$

其中，V_t 为某地区第 t 年的矿藏资源储量的财富价值，S_t 为第 t 年该地区矿藏资源储量完全开采出来后的市场价值，P_{2010} 为 2010 年采掘业的产值，I_{2010} 为 2010 年采掘业的利税总额。

在计算数据的处理上，2010 年中国分省份矿藏资源的储量从国家统计局网站上得到，相关资源的 2010 年单位价格由《中国国土资源统计年鉴2010》中相关资源 2010 年的工业总产值与产矿量的比值求得。历年分省份开采的矿藏资源的价值用 1990~2010 年《中国工业经济统计年鉴》中包括煤炭、石油、天然气、黑色金属、有色金属、非金属在内的采掘业的产值代替，其中，《中国工业经济统计年鉴》有少量年份的数据缺失，对于缺失的数据，本章采用等比插值法补足，然后将相应采掘业的产值之和作为当年矿藏资源的开采产值，再用采掘业价格指数将其折算到 2010 年的可比价格水平上去。由于《中国工业经济统计年鉴》中没有采掘业的利税总额，从《中国国土资源统计年鉴》中获得 2010 年采掘业的利税 I_{2010}，为了使数据的统计口径保持一致，用《中国工业经济统计年鉴》的采掘业产值与《中国国土资源统计年鉴》的采掘业产值的比值来调整 2010 年采掘业的利税额 I_{2010}。

（四）自然资本的计算结果

按照上述方法计算出 1990~2010 年中国分省份自然资本值，如表 15-3所示。从表 15-3 可以看出，2010 年，中国自然资本存量总额为 59.3 万亿元，全国人均自然资本值为 4.4 万元/人，在各省份中，自然资本总值排名前三位的为内蒙古、山西和山东，分别为 7.9 万亿元、7.7 万亿元和 3.8 万亿元，人均自然资本排名前三位的是内蒙古、山西和新疆，分别为 31.8 万元/人、21.6 万元/人和 12.7 万元/人。1990~2010 年的 20 年间，中国自然资本总额减少 5.5 万亿元，减少量排名前三位的为山东、山西和黑龙江，分别减少 1.0 万亿元、0.9 万亿元和 0.8 万亿元，自然资本总额耗减率排名前三位的是天津、北京和上海，分别下降 60.9%、52.0% 和 35.3%。

表 15-3　1990~2010 年中国分省份自然资本值

地区	1990 年（万亿元）	2010 年（万亿元）	1990 年 a（万元/人）	2010 年 a（万元/人）	总增长率（%）	人均增长率（%）
北京	0.4	0.2	3.4	0.9	−52.0	−73.4
天津	0.5	0.2	5.8	1.5	−60.9	−73.3
河北	3.2	2.7	5.2	3.7	−16.8	−28.6
山西	8.6	7.7	29.5	21.6	−9.6	−26.6
内蒙古	8.0	7.9	36.9	31.8	−1.6	−13.8
辽宁	2.7	2.4	6.8	5.5	−10.8	−19.1
吉林	1.1	1.1	4.4	3.8	−2.8	−12.1
黑龙江	3.0	2.2	8.4	5.7	−26.5	−32.1
上海	0.2	0.1	1.4	0.5	−35.3	−62.4
江苏	2.2	2.0	3.2	2.5	−7.7	−20.6
浙江	1.6	1.1	3.8	1.9	−33.3	−48.9
安徽	2.2	2.0	3.8	3.4	−5.2	−9.5
福建	1.4	1.3	4.4	3.4	−6.4	−23.0
江西	1.1	1.0	2.9	2.3	−8.3	−21.6
山东	4.8	3.8	5.7	3.9	−21.8	−30.7
河南	3.7	3.3	4.3	3.5	−10.5	−17.6
湖北	1.6	1.5	2.8	2.7	−0.2	−5.2
湖南	1.9	1.8	3.1	2.8	−5.3	−11.7
广东	2.3	1.8	3.6	1.7	−23.0	−53.1
广西	1.1	1.3	2.7	2.8	14.1	5.7
海南	0.4	0.5	6.1	5.5	18.1	−9.7
川渝	3.6	3.2	3.3	3.0	−10.7	−11.7
贵州	1.4	1.5	4.4	4.2	1.7	−4.3
云南	1.3	1.4	3.4	3.1	12.7	−8.5
西藏	0.1	0.1	2.2	1.7	4.7	−22.6
陕西	2.6	2.1	7.9	5.7	−19.5	−28.5
甘肃	1.2	1.1	5.2	4.2	−9.3	−20.0

续表

地区	1990 年 （万亿元）	2010 年 （万亿元）	1990 年 a （万元/人）	2010 年 a （万元/人）	总增长率 （%）	人均增长率 （%）
青海	0.4	0.3	9.2	5.9	−19.6	−36.0
宁夏	0.6	0.6	13.0	9.4	−2.4	−27.2
新疆	3.0	2.8	19.5	12.7	−6.6	−34.6
全国	64.8	59.3	5.7	4.4	−8.4	−21.8

注：本表计算的数值基于 2010 年价格水平，其中 1990 年 a 和 2010 年 a 分别为 1990 年和 2010 年的人均自然资本值。

资料来源：笔者计算。

五、中国包容性财富指数的结果分析

（一）包容性财富指数计算结果与分析

前文分别对中国分省份的人力资本、生产性资本和自然资本进行估算，现将这三大财富加总起来，得到 1990~2010 年中国省际包容性财富值，如表 15-4 所示。从表 15-4 可以看出，以 2010 年的可比价格计算，1990 年和 2010 年中国包容性财富总额分别为 122.0 万亿元和 226.0 万亿元，1990~2010 年的 20 年间，中国包容性财富总额增长 104.0 万亿元，各省份包容性财富值增长量排名前三位的为江苏、广东和山东，分别增长 10.7 万亿元、10.6 万亿元和 9.8 万亿元。1990 年中国各省份中包容性财富值排名前三位的为山西、内蒙古和山东，分别为 10.1 万亿元、9.1 万亿元和 9.1 万亿元；2010 年中国各省份中，包容性财富值排名前三位的为山东、江苏和广东，分别为 18.9 万亿元、16.5 万亿元和 16.0 万亿元。1990 年和 2010 年中国人均包容性财富值分别为 10.7 万元/人和 16.8 万元/人，1990 年中国人均包容性财富排名前三位的省份是内蒙古、山西和新疆，分别为 41.9 万元/人、35.0 万元/人和 25.0 万元/人；2010 年中国人均包容性财富排名前三位的省份是内蒙古、山西和天津,分别为 51.5 万元/人、34.7 万元/人和 27.0 万元/人,新疆、上海和北京紧随其后,分别为人均 26.2 万元/人、25.0 万元/人、24.7 万元/人,2010 年人均包容性财富排名靠后的省份是贵州、云南和西藏,均为 12.6 万元/人。

表 15-4　1990~2010 年中国分省份包容性财富值

地区	1990 年 (万亿元)	2010 年 (万亿元)	1990 年 a (万元/人)	2010 年 a (万元/人)	总增长率 (%)	人均增长率 (%)	总年均增长率 (%)	GDP 年均增长率 (%)
北京	1.4	4.8	12.8	24.7	248.0	92.7	6.4	11.4
天津	1.2	3.5	13.4	27.0	196.2	102.4	5.6	13.0
河北	6.2	11.9	10.0	16.5	92.0	64.6	3.3	12.0
山西	10.1	12.4	35.0	34.7	22.2	-0.8	1.0	11.0
内蒙古	9.1	12.7	41.9	51.5	40.4	22.9	1.7	13.6
辽宁	5.2	10.0	13.2	22.8	91.1	73.3	3.3	10.7
吉林	2.5	5.7	10.0	20.8	130.9	108.7	4.3	11.0
黑龙江	5.0	7.1	14.1	18.5	42.2	31.5	1.8	9.4
上海	1.4	5.7	10.1	25.0	324.0	146.3	7.5	11.6
江苏	5.8	16.5	8.6	20.9	183.9	144.2	5.4	13.2
浙江	3.4	10.3	8.2	19.0	203.5	132.4	5.7	12.8
安徽	4.5	8.0	8.0	13.5	77.1	68.9	2.9	11.6
福建	2.7	6.7	8.9	18.2	149.0	105.0	4.7	12.8
江西	2.8	5.8	7.5	12.9	102.9	73.4	3.6	10.7
山东	9.1	18.9	10.7	19.8	107.7	84.2	3.7	12.6
河南	7.7	14.8	8.9	15.7	92.5	77.0	3.3	11.5
湖北	4.1	8.7	7.6	15.3	110.6	100.1	3.8	11.1
湖南	4.8	9.2	7.8	14.1	92.6	79.7	3.3	10.7
广东	5.4	16.0	8.6	15.3	193.7	78.7	5.5	13.1
广西	3.0	6.4	7.1	13.9	112.6	96.8	3.8	11.4
海南	0.7	1.5	11.0	17.3	107.1	58.4	3.7	11.3
川渝	8.4	15.4	7.8	14.1	83.6	81.6	3.1	11.2
贵州	2.7	4.4	8.2	12.6	62.3	52.7	2.5	9.6
云南	2.8	5.8	7.5	12.6	108.2	69.0	3.7	9.6

地区	1990 年 （万亿元）	2010 年 （万亿元）	1990 年 a （万元/人）	2010 年 a （万元/人）	总增长率 （%）	人均增长 率（%）	总年均增 长率（%）	GDP 年均增 长率（%）
西藏	0.1	0.4	5.0	12.6	239.2	150.9	6.3	12.0
陕西	4.3	7.2	13.1	19.4	66.6	48.0	2.6	11.3
甘肃	2.2	3.5	9.7	13.8	60.1	41.2	2.4	10.1
青海	0.6	1.1	14.4	19.1	66.5	32.6	2.6	10.1
宁夏	0.9	1.5	18.3	24.5	79.7	34.1	3.0	10.0
新疆	3.8	5.7	25.0	26.2	49.2	4.6	2.0	9.3
全国	122.0	226.0	10.7	16.8	84.7	57.6	3.1	10.3

注：本表计算的数值基于 2010 年价格水平，其中 1990 年 a 和 2010 年 a 分别为 1990 年和 2010 年的人均包容性财富值。1990~2010 年 GDP 年均增长率为不变价格下的 GDP 增长率。

资料来源：笔者计算。

1990～2010 年，中国包容性财富总值增长 84.7%，年均增长率为 3.1%。各省份包容性财富值增长率排名前三位的为上海、北京和西藏，分别增长 324.0%、248.0% 和 239.2%；包容性财富总额增长最慢的三个省份为山西、内蒙古和黑龙江，分别增长 22.2%、40.4% 和 42.2%。1990~2010 年，中国人均包容性财富值增长最快的三个省份是西藏、上海和江苏，分别增长 150.9%、146.3% 和 144.2%；人均包容性财富值增长最慢的三个省份是山西、新疆和内蒙古，分别增长 -0.8%、4.6% 和 22.9%，尤其值得注意的是，山西省虽然包容性财富总值增长，但是由于财富总量的增长率不足以补偿人口的增长率，导致人均包容性财富值呈负增长。

表 15-4 还列出了中国和分地区 1990~2010 年的年均 GDP 增长率，对包容性财富值增长率与 GDP 增长率进行比较分析，可以看出，中国各省份 GDP 增速明显高于包容性财富值的增速。包容性财富值增速与 GDP 的增长并无明显相关性，GDP 增速高的省份其包容性财富值不一定增长快，如 1990~2010 年内蒙古年均 GDP 增速排名靠前，但是其包容性财富值却增长相对较慢。可见，包容性财富指数为我们提供了一个不同于传统的国民账户体系的分析经济社会发展演变的全新维度和视角。

从中国包容性财富三大组成部分的历史演变看（见表 15-5），1990 年的人力资本、生产性资本和自然资本占包容性财富总值的比例分别为 39.0%、8.0% 和 53.0%，到 2010 年这三大财富占比分别变为 36.2%、37.5% 和 26.3%，说明在中国包容性财富构成中，自然资本占比在不断下降，而生产性资本的占比持续上升，而人力资本占比则经历了先上升后下降的变化轨迹。1990~2010 年中国包容性财富值年均增长 3.1%，其中人力资本、生产资本和自然资本年均增长率分别为 2.7%、11.4% 和 -0.4%，可以说生产资本的快速增长是中国财富增长的最大动力源泉。

表 15-5　1990~2010 年中国包容性财富构成演变及增长率

构成	1990 年		1995 年		2000 年		2005 年		2010 年		1990~2010 年总增长率（%）	1990~2010 年均增长率（%）
	财富值（万亿元）	占比（%）	财富值（万亿元）	占比（%）	财富值（万亿元）	占比（%）	财富值（万亿元）	占比（%）	财富值（万亿元）	占比%		
人力资本	47.7	39.0	56.4	41.8	65.2	42.5	73.3	41.1	81.6	36.2	71.2	2.7
生产性资本	9.7	8.0	14.9	11.0	24.5	16.0	43.1	24.1	84.7	37.5	771.0	11.4
自然资本	64.8	53.0	63.7	47.2	63.7	41.5	62.2	34.8	59.3	26.3	-8.4	-0.4
财富总额	122.2	100	135.1	100	153.4	100	178.6	100	225.6	100	84.7	3.1

注：本表计算的数值基于 2010 年价格水平。

资料来源：笔者计算。

（二）包容性财富指数的国际对比分析

2012 年，联合国环境规划署（UNEP）和联合国大学国际全球环境变化人文因素计划（UNU-IHDP）联合发布的一份全球《包容性财富报告 2012》（*Inclusive Wealth Report* 2012），其中对 20 个世界主要国家 1990~2008 年的人力资本、生产性资本和自然资本三个来源量化加总得到各国历年在 2000 年价格水平下的包容性财富值，并比较了世界主要国家包容性财富值，如表 15-6 所示。结果显示，世界主要国家 2008 年包容性财富排名前五位的分别为美国、日本、中国、德国和英国，财富总额分别为 117.8 万亿美元、55.1 万亿美元、20.0 万亿美元、19.5 万亿美元和 13.4 万亿美元（2000 年价格水平）；其间财富增长最快的国家是中国、肯尼亚和印度，年均增长率分别为 2.92%、2.85% 和 2.66%。

在表 15-6 中列出了世界主要的 20 个国家 1990~2010 年的年均人类发展指数（HDI）和年均 GDP 增长状况，从人类发展指数来看，除南非之外，所有国家经济社会发展都取得了进步。从 GDP 来看，所有国家经济社会都得到了明显的正的发展。但是，从包容性财富指数（IWI）来看，在被研究的国家中，俄罗斯的包容性财富值 1990~2008 年没有增长，反而下降了 8.7%，原因主要是俄罗斯经济发展过度依赖于其丰富的自然资源，而且自然资本的减少并没有带来生产性资本的增加，相反俄罗斯的生产性资本在 18 年间年均减少 2.74%，虽然俄罗斯的人口在减少，但是人均包容性财富仍然在减少。从包容性财富指数来看，虽然哥伦比亚、尼日利亚、沙特阿拉伯、南非和委内瑞拉在 1990~2008 年包容性财富总量年均分别增长 1.62%、0.53%、1.57%、1.57% 和 1.70%，但是由于人口增长率过快，导致其人均包容性财富在这期间年均分别下降了 0.08%、1.87%、1.12%、0.07% 和 0.29%，从这个意义上说，这些国家的经济社会没有走在可持续发展的道路上。这也从一个侧面说明，传统的国民账户体系核算经济社会发展状况的不足，既没有考虑经济发展付出的资源环境代价，也没有考虑人与资源环境的协调平衡发展，而包容性财富指数则较好地弥补了 GDP 指标的这一不足。

表 15-6　主要国家包容性财富 1990~2008 年的年均增长率

国家/地区	1990 年 IWI（百亿美元）	2008 年 IWI（百亿美元）	IWI 年均增长率（%）	人力资本年均增长率（%）	生产性资本年均增长率（%）	自然资本年均增长率（%）	人口年均增长率（%）	人均 IWI 年均增长率（%）	HDI 年均增长率（%）	人均 GDP 年均增长率（%）
澳大利亚	474.8	610.6	1.41	1.71	4.42	-0.49	1.29	0.12	0.30	2.20
巴西	492.3	741.4	2.30	3.61	1.81	-0.26	1.38	0.91	0.90	1.60

续表

国家/地区	1990 年 IWI（百亿美元）	2008 年 IWI（百亿美元）	IWI 年均增长率（%）	人力资本年均增长率（%）	生产性资本年均增长率（%）	自然资本年均增长率（%）	人口年均增长率（%）	人均 IWI 年均增长率（%）	HDI 年均增长率（%）	人均 GDP 年均增长率(%)
加拿大	860.2	1106.2	1.41	2.04	3.36	-0.21	1.03	0.37	0.30	1.60
智利	64.6	101.9	2.56	2.76	7.38	-0.36	1.35	1.19	0.70	4.10
中国	1190.3	1996.0	2.92	2.45	10.86	-0.24	0.83	2.07	1.70	9.60
哥伦比亚	90.3	120.5	1.62	3.17	3.02	-0.39	1.70	-0.08	0.90	1.70
厄瓜多尔	24.6	36.0	2.14	3.16	2.28	-0.50	1.76	0.37	0.60	1.80
法国	915.4	1295.5	1.95	1.85	2.34	0.48	0.51	1.44	0.70	1.30
德国	1349.5	1947.4	2.06	2.38	2.01	-0.47	0.23	1.83	0.70	1.50
印度	384.2	616.4	2.66	2.96	7.47	-0.34	1.74	0.91	1.40	4.50
日本	4524.0	5510.6	1.10	0.81	2.00	0.63	0.19	0.91	0.40	1.00
肯尼亚	7.4	12.3	2.85	4.18	3.58	0.05	2.79	0.06	0.40	0.10
尼日利亚	81.2	89.3	0.53	3.13	-0.57	-0.07	2.44	-1.87	1.30	2.50
挪威	123.5	156.6	1.33	1.43	2.33	-0.96	0.67	0.66	0.60	2.30
俄罗斯	1130.9	1032.7	-0.50	0.92	-2.74	-0.34	-0.19	-0.31	0.80	1.20
沙特阿拉伯	373.8	494.7	1.57	4.78	4.01	-0.08	2.72	-1.12	0.50	0.40
南非	139.5	184.6	1.57	2.68	2.22	-0.60	1.64	-0.07	-0.10	1.30
英国	1071.9	1342.4	1.26	1.11	3.13	-2.50	0.38	0.88	0.60	2.20
美国	8644.2	11783.3	1.74	1.46	3.99	-0.21	1.04	0.69	0.20	1.80
委内瑞拉	228.6	309.4	1.70	3.73	1.29	-0.14	1.99	-0.29	0.80	1.30

资料来源：笔者根据 UNEP 和 UNU-IHDP（2012）的数据计算而得。

本章计算了 2010 年价格下的中国和各省份 1990~2010 年包容性财富值，UNEP 和 UNU-IHDP 发布的《包容性财富报告 2012》则计算了世界 20 个主要国家在 2000 年价格水平下的包容性财富值，为了将中国各省份人均包容性财富与世界主要国家的相应指标进行对比，现假设 UNEP 和 UNU-IHDP 对中国和世界主要国家包容性财富指数的计算结果是正确的，本章对中国各省份包容性财富指数的计算结果也是正确的，双方的差异仅仅是由于价格差异，即系统误差。现以 UNEP 和 UNU–IHDP 计算的中国的包容性财富值为基准，将中国各省份包容性财富值折算到 2000 年的价格水平下进行比较，将中国每个省份作为一个经济体与世界 20 个主要国家的人均包容性财富值进行排名，得到表 15–7。

表 15–7　中国各省份包容性财富在世界主要国家/地区的排名

国家/地区	1990年财富量		2008年财富量		2008年财富排名		1990年各财富占比（%）			2008年各财富占比（%）			1990~2008年增长率（%）	
	总量（万亿元）	人均（万元/人）	总量（万亿元）	人均（万元/人）	人均	总量	人力	生产	自然	人力	生产	自然	总量	人均
日本	280.5	227.0	341.7	267.5	1	2	75.6	23.2	1.2	71.7	27.1	1.1	21.8	17.8
美国	535.9	214.9	730.6	240.3	2	1	79.3	12.8	8.0	75.4	19.0	5.6	36.3	11.8
加拿大	53.3	191.9	68.6	205.9	3	7	46.3	12.1	41.6	51.8	17.0	31.2	28.6	7.3
挪威	7.7	180.6	9.7	203.5	4	16	60.3	23.1	16.6	61.5	27.6	11.0	26.8	12.7
澳大利亚	29.4	172.4	37.9	177.1	5	11	44.2	13.9	41.8	46.6	23.6	29.8	28.6	2.7
德国	83.7	105.3	120.7	147.0	6	4	64.8	25.4	9.8	68.6	25.2	6.2	44.3	39.5
英国	66.5	115.5	83.2	135.5	7	5	90.4	8.0	1.6	88.1	11.1	0.8	25.2	17.4
法国	56.8	100.0	80.3	129.4	8	6	75.2	23.2	1.7	73.9	24.8	1.3	41.5	29.4
沙特阿拉伯	23.2	146.7	30.7	124.4	9	12	20.0	6.7	73.2	35.1	10.3	54.6	32.3	-15.2
委内瑞拉	14.2	72.7	19.2	68.7	10	13	35.5	13.8	50.8	50.7	12.8	36.5	35.3	-5.5
俄罗斯	70.1	47.3	64.0	45.2	11	8	16.0	19.5	64.5	20.7	12.9	66.4	-8.7	-4.5
智利	4.0	30.6	6.3	37.7	12	25	55.8	9.4	34.8	57.9	21.4	20.7	57.6	23.2
内蒙古	5.5	25.5	7.1	29.5	13	23	10.4	1.5	88.1	13.0	17.9	69.1	29.6	15.5
巴西	30.5	20.6	46.0	23.9	14	9	48.9	21.5	29.6	61.5	19.7	18.8	50.6	16.1
南非	8.7	24.6	11.4	23.5	15	14	46.4	15.1	38.5	56.5	17.4	26.1	32.3	-4.3
山西	6.1	21.3	7.2	21.1	16	22	12.8	2.8	84.3	18.5	13.9	67.6	17.6	-0.5
哥伦比亚	5.6	16.0	7.5	16.8	17	21	31.4	18.6	50.0	41.3	23.8	34.9	33.4	4.8
厄瓜多尔	1.5	14.9	2.2	16.6	18	43	54.3	16.4	29.3	65.0	16.8	18.3	46.5	11.5

续表

国家/地区	1990 年财富量		2008 年财富量		2008 年财富排名		1990 年各财富占比（%）			2008 年各财富占比（%）			1990~2008 年增长率（%）	
	总量（万亿元）	人均（万元/人）	总量（万亿元）	人均（万元/人）	人均	总量	人力	生产	自然	人力	生产	自然	总量	人均
上海	0.8	6.2	3.0	16.0	19	39	56.5	29.5	14.0	34.0	63.7	2.4	268.8	159.7
新疆	2.3	15.2	3.3	15.4	20	35	16.9	5.3	77.8	23.6	23.9	52.5	41.4	1.0
北京	0.8	7.8	2.6	15.3	21	41	46.8	26.3	26.8	37.8	57.1	5.1	207.5	96.0
天津	0.7	8.1	1.6	13.9	22	45	39.4	17.3	43.3	33.6	55.9	10.5	129.2	71.4
宁夏	0.5	11.1	0.8	13.3	23	46	20.9	8.0	71.1	26.1	28.9	45.0	58.3	19.8
辽宁	3.2	8.0	5.2	12.1	24	28	37.5	10.6	51.9	33.7	38.5	27.9	65.1	51.0
江苏	3.5	5.2	8.5	11.0	25	17	50.7	12.0	37.3	35.3	50.5	14.3	141.5	111.7
山东	5.5	6.5	10.1	10.7	26	15	38.6	8.4	53.0	34.3	41.7	24.0	82.5	63.7
浙江	2.1	5.0	5.4	10.6	27	27	51.8	2.1	46.1	35.6	52.5	11.9	163.0	113.0
吉林	1.5	6.1	2.9	10.5	28	40	47.4	8.7	43.9	37.6	39.5	22.9	91.5	73.0
青海	0.4	8.8	0.6	10.5	29	49	25.4	10.4	64.1	30.2	33.3	36.5	48.7	19.6
陕西	2.6	8.0	3.9	10.5	30	33	31.9	7.4	60.8	35.9	29.1	35.0	50.1	31.6
黑龙江	3.0	8.6	3.9	10.3	31	32	33.5	6.8	59.7	37.4	27.0	35.5	30.3	20.1
福建	1.6	5.4	3.5	9.7	32	34	44.2	5.9	49.9	37.7	40.5	21.8	114.2	79.6
海南	0.4	6.7	0.8	9.5	33	47	38.2	6.3	55.5	37.5	28.0	34.5	85.0	42.9
中国	73.8	6.5	123.8	9.3	34	3	39.0	8.0	53.0	38.8	31.4	29.8	67.7	43.6
河北	3.7	6.1	6.4	9.2	35	24	41.2	6.7	52.1	39.6	33.8	26.6	72.8	51.5
广东	3.3	5.2	8.4	8.8	36	19	50.2	7.6	42.2	45.8	41.1	13.0	154.0	68.0
河南	4.6	5.4	7.8	8.3	37	20	46.2	5.8	48.0	41.7	31.3	27.0	68.4	53.6
湖北	2.5	4.6	4.7	8.2	38	30	55.1	7.5	37.3	46.6	34.3	19.0	85.8	76.0
湖南	2.9	4.8	4.9	7.7	39	29	54.1	5.9	39.9	48.3	30.0	21.7	69.4	61.8
川渝	5.1	4.7	8.4	7.7	40	18	52.7	4.3	43.0	44.6	31.5	23.9	66.6	63.1
甘肃	1.3	5.9	2.0	7.5	41	44	36.8	9.7	53.4	43.0	23.7	33.3	48.9	27.1
安徽	2.7	4.9	4.5	7.3	42	31	46.0	6.7	47.3	44.7	26.8	28.5	62.5	49.5

续表

国家/地区	1990年财富量		2008年财富量		2008年财富排名		1990年各财富占比（%）			2008年各财富占比（%）			1990~2008年增长率（%）	
	总量（万亿元）	人均（万元/人）	总量（万亿元）	人均（万元/人）	人均	总量	人力	生产	自然	人力	生产	自然	总量	人均
江西	1.7	4.5	3.1	7.1	43	37	52.9	8.1	39.1	48.2	31.9	19.9	82.0	56.8
云南	1.7	4.5	3.1	6.8	44	38	45.5	8.6	45.9	45.6	26.8	27.7	83.8	50.1
广西	1.8	4.3	3.2	6.7	45	36	57.1	4.9	38.0	48.2	28.0	23.8	76.8	55.6
贵州	1.6	5.0	2.5	6.5	46	42	41.3	5.7	53.0	42.7	21.2	36.1	51.8	30.1
西藏	0.1	3.0	0.2	6.5	47	50	43.2	12.5	44.3	36.7	46.3	17.0	176.8	113.0
尼日利亚	5.0	5.2	5.5	3.7	48	26	15.7	8.0	76.3	24.9	6.5	68.6	9.9	-30.1
印度	23.8	2.8	38.2	3.4	49	10	43.8	12.4	43.8	46.1	28.2	25.7	60.4	19.6
肯尼亚	0.5	1.9	0.8	2.0	50	48	42.4	21.9	35.7	53.4	24.8	21.7	65.8	1.4

资料来源：中国及中国各省份的数据来源于笔者计算；国外数据来源于 UNEP 和 UNU－IHDP (2012)。本表财富值为 2000 年价格水平。

从表 15-7 可以看出，2008 年，人均包容性财富值排名前 8 位的分别为日本、美国、加拿大、挪威、澳大利亚、德国、英国和法国。在世界 20 个主要国家中，中国人均包容性财富值最高的省份是内蒙古，排名第 13，山西排名第 15，上海、新疆、北京、天津等省份排在第 18 名的厄瓜多尔后面，总体来说，中国人均包容性财富值与全世界主要国家相比，总体水平较低，排名靠后。

不同国家在财富构成和财富增长的驱动因素方面差异较大，1990~2008年，美国、日本和德国主要依靠人力资本的增长驱动财富的增加，2008 年它们的人力资本分别占比 75.4%、71.7% 和 68.6%；而中国和印度则主要是靠生产性资本带来财富的增长，在这 18 年里，中国和印度的生产性资本（即生产基础）分别增长了 558.4% 和 265.0%。

从各国包容性财富的排名来看，人均财富排名靠前的国家和地区经济比较发达，其人力资本占包容性财富总额的比重较高，如 2008 年美国、日本、英国、德国和法国等国家的人力资本占总财富的比重在 70% 左右，其中英国更是高达 88.1%。而中国各省份中经济较发达省份的生产性资本占包容性财富的比重较高，2008 年，北京、上海、天津、江苏和浙江的生产性资本占包容性财富的比重均超过 50%。内蒙古、山西和新疆的人均包容性财富值虽然排名靠前，但是其自然资本占比较高，分别为 69.1%、67.6% 和 52.5%，而生产性资本占比较低，分别为 17.9%、13.9% 和 23.9%，这几个省份社会经济发展水平相对较低。

从 1990~2008 年中国人力资本、生产性资本和自然资本在总财富中的结构变化可以看出，中国目前已经走出了以自然财富换物质财富的阶段，目前正处于以人力资本创造物质财富的阶段，体现在对外贸易中的变化，在改革开放初期，中国贸易出口的产品主要是自然资源，制成品等生产性财富较少，经过改革开放 30 多年的经济发展，中国的自然资源出口大幅度下降，而制成品等人造产品的出口迅速增长，占贸易出口的绝大部分[①]。由于中国人力资源比较丰富，劳动密集型产业具有较强的国际竞争力，以人力资本积累财富阶段的特征就是中国工人工作时间较长和工作强度较大。

由于中国区域之间发展不平衡，不同的省份发展水平和所处的发展阶段也有差异，北京、上海、天津、江苏和浙江等沿海发达省份生产性资本较多，已经积累了较强的生产能力和较好的发展基础，可以依靠生产性资本来积累财富，即到了靠钱生钱的阶段，而内蒙古、山西和新疆等省份还处于主要依靠自然资本积累财富的阶段。相比之下，美国、日本等发达国家已经走过了人力资本换取物质财富和依靠物质财富换取物质财富的阶段，已经走到了依靠物质财富换人力资本及自然财富的阶段，如日本的自然资本在过去 18 年间不降反增。

---

① 李钢、刘吉超：《入世十年中国产业国际竞争力的实证分析》，《财贸经济》2012 年第 8 期。

六、中国财富的结构与中国经济
发展方式转变的讨论

如前所述，总体而言中国人均生产性财富与世界主要国家相比还处于较低水平，根据表 15-7 可以计算出，2008 年，美国财富总量是中国的 5.9倍，日本是中国的 2.8 倍；美国生产性财富（生产性资本）是中国的 3.6倍，日本是中国的 2.4 倍。就人均财富而言，中国与发达国家差距更大，美国人均财富是中国的 25.8 倍，日本是中国的 28.8 倍，中国人均财富的提升，还有很长的路要走。从三种财富的类型来看，生产性财富最有可能成为带动中国人均财富提升的突破口，因为自然财富是难以通过人力增加的，而人力资本财富的提升又是一个十分缓慢的过程，而生产性财富可以通过工业化的手段快速积累。

生产性财富的积累，从宏观角度来看就是历年累计的投资量。当前，国内过多地看到投资带来的"产能过剩""挤出消费"等短期"莫须有"的问题，而没有看到中国所处的发展阶段、所必须要解决的历史性任务。对于一个国家而言，每个阶段所要解决的最重要历史性任务会有所不同。对于中国而言，工业化及城镇化远未完成，人均所拥有的资本存量与发达国家相距甚远。以 2011 年中美基础设施的对比为例，人均公路长度美国是中国的 8.6 倍，人均铁路长度美国是中国的 16.3 倍，人均电力消耗量美国是中国的 5.8 倍。需要特别指出的是，中国人口是美国的 4.3 倍，也就是说，不仅中国人均基础设施水平与美国有较大的差距，就是总量上与美国也有较大的差距。上述基础设施还是与生产直接相关的基础设施，而与人民生活相关的基础设施中美差距更大。以每千人宽带用户数为例，美国 2009 年为277.80，而中国仅为 77.84，美国是中国的 3.56 倍。[①] 根据表 15-5 中的数据，按照中国目前的投资增长率，我们估算中国生产性财富总量到 2015 年

[①] 国家统计局：《国际统计年鉴 2012》。

才与日本 2008 年的值相当，到 2017 年才与美国 2008 年的值相当；中国生产性财富总量到 2016 年才与日本相当，到 2021 年才能与美国相当。而中国人均生产性财富与发达国家的差距更大，2008 年美国人均生产性财富是中国的 16 倍，日本是中国的 25 倍。如果美国、日本和中国保持当前的生产性财富增速，我们估算，中国的人均生产性财富值要到 2034 年和 2035 年才能先后超过美国和日本的人均生产性财富拥有量。以上的分析表明，相对于发达国家而言，中国"家底薄"的局面还没有发生根本性的改变，投资对中国目前阶段经济发展的巨大作用绝不能低估；必须要看到，在目前发展阶段保持较高的投资率从而使中国人均生产性财富加快赶超发达国家，是提升中国人均财富水平进而提升国民幸福水平的必经阶段。

生产性财富的积累，从行业上来看，主要是第二产业产品，特别是资本品、重化工业产品的累计消耗量。一个社会金属人均拥有量（即以某一时点上一个国家现存的金属总量除以人口总数）是一个社会累计消费资本品的代表。以钢铁为例，联合国环境规划署公布的《社会中的金属存量：科学综合分析》报告显示：2004 年美国的人均钢铁拥有量为 11~12 吨，而中国 2004 年的人均钢铁拥有量仅为 1.5 吨左右，我们根据 2004 年以来中国钢铁的表观消费量估算中国 2011 年人均钢铁拥有量也不超过 4 吨，即使以如此快的增长速度，到 2025 年中国人均钢材拥有量也才能达到 12 吨左右。再以铝为例，美国铝的人均拥有量是中国的 13 倍，以中国目前每年增加的人均拥有量估算，大约要 40 年中国才能与美国大体相当，要 30 年才能与日本大体相当，要 20 年才能与欧盟大体相当。中国不仅钢铁和铝的人均拥有量较少，其他金属的人均拥有量也不多，为不断提高人均生产性财富拥有量，中国大量工业品的消费将不可避免。当然，我们不能完全重复发达国家所走过的工业化道路，而必须要走新型工业化的道路，但工业化的基本特征没有发生实质性的变化，必要的物质和生产性财富的积累是深入推进工业化、提升人民生活水平的必要条件。总之，为提升人均物质财富，中国第二产业仍旧有长期、巨大的发展空间[①]。

---

① 李钢：《服务业能成为中国经济的动力产业吗》，《中国工业经济》2013 年第 4 期。

为不断提升中国人均生产性财富，不断提升制造业的国际竞争力仍旧是中国经济所面临的重大挑战。中国主要矿产（使用量较大的，如铁、铜、金、石油、天然气、铝土、煤）人均地质储量都低于世界平均水平。可以想象，在现行的国际经济政治秩序下，中国要想不断积累财富从而提升人民的生活质量，一定是要大量进口矿产资源等原材料；通过制成品的大量净出口来平衡由此而造成的贸易逆差在可以预见的时间内是最可行的选择。再考虑到中国人口结构的演化趋势，维持较高的贸易顺差是中国未雨绸缪的明智选择。

人力资本财富对生产性财富诚然有最终的决定作用，但人力资本财富的积累及其数量在很大程度上又取决于一国物质财富水平，特别是对于中国这样的发展中大国，在当前阶段生产性财富的积累对于人力资本财富的提升起到至关重要的作用。对比中国和美国的包容性财富结构可以看出，2008 年，中国的人力资本、生产性资本和自然资本占包容性财富的比重分别为 38.8%、31.4% 和 29.8%，而同年美国这一比例则分别为 75.4%、19.0% 和 5.6%，美国人口大约为中国人口的 1/4，但是人力资本的总额和占比却远高于中国，其中原因除美国的教育投入高于中国之外，按照购买力平价（PPP 法）折算的中国的教育、医疗和卫生等服务业的行业汇率被大幅低估也是重要原因[1]，如果按照购买力平价重新计算中国的包容性财富指数，则相应的人力资本值和占总财富值的比重将会有较大幅度的提升。从理论上讲，人力资本财富的估算无论采取预期收益法还是成本法都与一国人均收入相关，而一国收入又与一国的物质资本相关。以收入法为例，一国人均收入在很大程度上取决于一国人均的物质生产能力，因而我们看到同是餐厅服务员，美国服务员的收入远高于中国餐厅服务员，在计算人力资本财富时，一名美国餐厅服务员的人力资本财富也会远高于中国餐厅服务员；在教育、医疗等服务行业此类现象大量存在，由此而造成的中美两国人均人力资本的差距，不能通过人力资本投资缩小，而仅能通过提升中国人均物质生产能力

---

① 李钢、廖建辉、向奕霓：《中国产业升级的方向与路径——中国第二产业占 GDP 的比例过高了吗》，《中国工业经济》2011 年第 10 期。

（简单地说就是提升中国第二产业的生产效率与总量）来解决。

七、结论和启示

通过估算和分析，包括人力资本、生产性资本和自然资本在内的包容性财富，不但能够明晰各地区财富组成和变化趋势，还能更加科学、严谨地衡量经济的可持续发展能力。该指标体系提供了一个观察经济发展和经济结构体系的全新视角，从而有利于揭示经济发展中隐含的更深层次的问题。由于三大财富中自然资本的矿藏资源具有不可再生性，随着人类的开采会逐渐减少，因此，一国或地区的财富增加更多地靠人力资本和生产性资本的积累，只有一个地区的人力资本和生产性资本的增长量超过自然资本的减少量，该地区的财富总量才会增加。包容性财富指数的内涵要求我们在经济发展过程中注意优化经济发展模式，促进经济社会、人与自然的全面协调发展。

本章的研究表明，相对于发达国家而言，中国"家底薄"的局面还没有发生根本性的改变，投资对中国目前阶段经济发展有巨大作用，必须要看到，在目前发展阶段保持较高的投资率从而使中国人均生产性财富加快赶超发达国家，是提升中国人均财富水平进而提升国民幸福水平的必由之路。人均生产性财富的积累主要是通过"消耗"第二产业产品（特别是资本品、重化工业产品）来实现的，考虑到中国人均矿产资源储量低的国情，国际贸易对中国具有格外重要的战略意义，虽然中国制造业已经具有了较强的国际竞争力，但如何进一步提升制造业的国际竞争力仍旧是中国经济所面临的重大挑战。对于中国这样的发展中大国，在当前阶段生产性资本财富的提升对于人力资本财富的提升又起着至关重要的作用，中国质量型人口红利的释放要求新的生产性资本财富形成并与之匹配，因而大力发展第二产业、深入推进工业化仍是中国今后相当长时期内的重要任务。

第十六章
中国可以进一步实现绿色繁荣*

李　钢

中国环境保护的难点就在于平衡资源环境管制改革与中国产业国际竞争力的关系；在于平衡环境保护与经济增长的关系；在于平衡广大人民群众日益增长的对良好环境的需求与广大人民群众长远利益的关系。简单说就是，要取得环境保护与经济增长的双赢。以全球、历史大尺度看，中国的工业化是绿色的增长；在世界没有取得大的技术突破的前提下，从全球的、动态的眼光来看，中国工业快速发展实质上是有利于环境保护的。但今后十年，中国环境管制强度还将不断提升；中国工业企业总体上也有能力应对环境标准提高所产生的压力。我们也要认识到，中国环境管制强度必须逐步提高，而不能一蹴而就。中国治理环境政策目标的优先顺序首先是提高工业废水环境管制强度，其次是烟粉尘，再次是二氧化硫，最后是二氧化碳。

一、引言

环境经济学产生于环境问题日益严峻的现实之中。工业革命以来，人们

---

*　本章内容是对前十五章的总结与提炼。

对自然环境的大规模开发在提高人们生活质量的同时，也导致了环境恶化等问题。特别是二战结束后，工业化与城市化在世界各地的普遍展开大大加快了自然资源的消耗，同时也使环境污染问题日益严重。虽然有理论研究[1]与实证研究[2]表明，环境管制在一定条件下可以实现环境绩效提高与企业竞争力提升的"双赢"结果。但在一定时期内保持经济稳定的前提下，一国产业所能承受的环境标准提升程度也是有限的，"双赢"的结果并不容易实现。

从 20 世纪 70 年代末开始，中国经济快速增长，环境总体情况也不断恶化。而随着发展水平的不断提高，注重环境保护与健康的呼声也越来越高。这反映了这样的基本规律："在一定的工业发展阶段，人们宁可承受较大的环境污染代价来换取工业成就；而到了工业发展的较高阶段，环境的重要性变得越来越重要。"[3] 2006 年发布的《中共中央关于构建社会主义和谐社会若干重大问题的决定》提出，要"统筹人与自然和谐发展"，要"转变增长方式，提高发展质量，推进节约发展、清洁发展"，以"实现经济社会全面协调可持续发展"。到 2020 年构建和谐社会的目标和主要任务之一是"资源利用效率显著提高，生态环境明显好转"。虽然理论研究表明，环境管制可以实现环境水平提高与企业竞争力提升的"双赢"结果，即在环境管制强度提高的同时，企业可以通过内部挖潜与技术创新来应对由于环境管制标

① Porter, M., "America's Green Strategy", *Scientific American*, Vol. 264, No. 4, 1991.

Porter, M. and C. Linde, "Toward a New Conception of the Environment-Competitiveness Relationship", *Journal of Economic Perspective*, Vol. 9, 1995.

② Jaffe, A. B. and Palmer, K., "Environmental Regulation and Innovation: A Panel Data Study", *Review of Economics and Statistics*, Vol. 79, 1997.

Newell, R. G., A. B. Jaffe and R. N. Stavins, "The Induced Innovation Hypothesis and Energy-Saving Technological Change", *The Quarterly Journal of Economics*, Vol. 114, No. 3, 1999.

Murthy, M. N. and S. Kumar, "Win-win Opportunities & Environmental Regulation: Testing of Porter Hypothesis for Indian Manufacturing Industries", *Journal of Environmental Management*, Vol. 67, No. 2, 2003.

Berman, E. and L. T. M. Bui, "Environmental Regulation and Productivity: Evidence from Oil Refineries", *The Review of Economics and Statistics*, Vol. 83, No. 3, 2001.

Snyder, L. D., N. H. Miller and R. N. Stavins, "The Effects of Environmental Regulation on Technology Diffusion: The Case of Chlorine Manufacturing", *American Economic Review*, Vol. 93, No. 2, 2003.

③ 金碚：《资源环境管制与工业竞争力关系的理论研究》，《中国工业经济》2009 年第 3 期。

准提高而增加的成本。但不可否认，在一定时间内企业应对成本上涨的能力是有限的；因而在一定时期内保持经济稳定的前提下，一国产业所能承受的环境标准的提升的程度也将是有限的。对于欧美等发达国家，由于人均GDP及生活水平已经很高，因而有实力将社会更多资源配置于环境保护。但对于中国而言，在相当长的一段时间内第一要务仍旧是发展。习近平总书记在庆祝中国共产党成立95周年大会上指出："发展是党执政兴国的第一要务，是解决中国所有问题的关键。我国仍处于并将长期处于社会主义初级阶段的基本国情没有变，人民日益增长的物质文化需要同落后的社会生产之间的矛盾这一社会主要矛盾没有变，我国是世界上最大发展中国家的国际地位没有变。"因而在进行环境管制时，必须重视其对经济增长的影响。中国环境保护的难点就在于平衡资源环境管制改革与中国产业国际竞争力的关系；在于平衡环境保护与经济增长的关系；在于平衡广大人民群众日益增长的对良好环境的需求与广大人民群众长远利益的关系。简单来说就是，要取得环境保护与经济增长的双赢。近十年实践表明，中国在工业化与城市化不断推进的背景下，工业对环境的不利影响总体上是不断降低的；通过更发达的工业技术来实现环境保护和改善，是中国经济发展的重大战略问题。

二、以全球、历史大尺度看：中国的工业化是绿色的增长

对于工业与环境的关系，我们不仅要看到工业生产这一环节对自然环境的影响，还应看到如果工业不发展，人类要维持与目前大体相当的生活质量，对自然界的影响会更大。特别是对于发展中国家来说，虽然工业生产过程对自然界有一定的破坏性，但工业解决了大量就业，使原来第一产业的劳动力转移到第二产业，而这些劳动力若仍旧从事第一产业，对生态造成的影响可能更持久，而且更加不可逆转。

中国社会科学院工业经济研究所研究人员分别在2009年、2012年、2016年三次对南水北调中线工程水源保护地西峡县进行了实地调研。西峡

县环境保护取得了较大成绩，2008 年 5 月被环保部命名为国家级生态示范县。作为正处于工业化中期阶段的中部地区山区县，西峡县的环境保护取得了较大成绩；而且为保护环境还关闭了一批污染企业，影响了一批项目的引进。那么，西峡县较为严格的环境保护政策是否影响了其经济发展特别是工业发展呢？从调研情况来看，事实并非如此。在取得环境保护巨大成绩的同时，西峡县的经济（特别是工业）也快速增长。实际上，西峡县环境保护取得的成绩很大程度上是由于该县工业的快速发展。淅川县与西峡县相邻，自然条件基本相同，原来的生态环境也类似，但目前两县的自然生态环境有了巨大的差异，一个是青山绿水，另一个则不然。

这两个县生态环境的差异很大程度上体现了工业发展的差异。工业保护环境的机理，一方面，由于工业的发展能够较迅速地为社会积累财富，从而能够在较好地满足人们基本生活的前提下，分流出更多的财富，用于环境保护；另一方面，工业的发展能够吸纳更多的原来以山林资源和土地资源为生的农业人口，这也有利于减少农业面源污染。

工业的发展增加了地方税收，从而为环境的治理和保护提供了财政基础。以西峡县为例，该县为了生态环境治理和保护，在生态工程建设、水污染防治、移民外迁安置、产业结构调整等方面投入了大量的资金。虽然县级政府每年都能够得到一定的生态转移支付补偿，但是有限的中央政府转移支付远远不能满足实际的需求。在西峡调研考察过程中，西峡县政府环境部门一再谈到的问题就是，生态补偿转移支付过少；目前生态环境保护的资金投入中，仍然有很大的比例要依靠当地政府的税收来支撑，而政府税收的主要来源则在于工业，尤其是大型工业企业。

相对充裕的财政能力，为发展绿色高效农业、减少农业面源污染创造了条件。目前中国环境污染防治的难点已经从点源污染变为面源污染。点源污染主要由工业产生，而面源污染则主要由农业及生活产生。目前有些高效绿色农业不仅可以提高农民收入，而且可以减少农药及化肥的使用，从而大幅减少农业所带来的面源污染。例如，猕猴桃种植就是一种典型的高效绿色农业，但猕猴桃从开始种植到产生效益要 3~5 年的投入期；若没有政府的引导及扶持，农民很难进行长期的投入。西峡县政府为了减少农业面源污染，积极引导农民发展污染较小的特色有机农业。在这个过程中，政府为农民提供了较多的基础设施和技术支持服务。例如，为了推广有机无公害猕猴桃的种植，政府出资建设了猕猴桃生产基地，搭建了供猕猴桃树生长攀缘的水泥桩和铁丝网，并出资购买了猕猴桃树苗供农民种植。西峡县之所以能拿出资金对农民种植猕猴桃进行补贴，一个十分重要的原因也是西峡县工业发展提供了较强的财力。

地方工业的发展吸纳了大量农业转移劳动力，也为减少农业面源污染创造了条件。西峡工业的发展，吸纳了大量原来以山林资源和土地资源为生的农业人口。这些被转移出来的农业人口，一方面，由于不再从事农业生产而减少了农业面源污染和对森林的砍伐；另一方面，也由于工业部门就业收入相对较高，有能力消耗更清洁的能源。与西峡县相邻的淅川县，自然条件与西峡县相当，但森林覆盖率远低于西峡县（目前从网上查到的数据是2016年淅川县为45.3%，西峡县为81%）；重要原因之一是淅川县工业不发达，难以大量吸纳农村劳动力，减少对山林资源的依赖和破坏。

总之，虽然工业生产环节可能对自然环境产生不利影响，但从动态、全局的眼光来看，工业保护了环境而不是破坏了环境。

三、从全球的角度看：中国的工业化是绿色的实践

改革开放40多年来，中国工业得到了长足的发展，成就令世界瞩目。资源的消费和环境的破坏是工业发展的代价；中国工业的高速发展在很大程度上经历了粗放式增长的过程，为此也付出了很大的资源和环境代价；但我们同时也应看到，中国工业环境效率不断提升，在很大程度上减弱了工业发展对环境的不利影响。以中国的能源效率为例，从1986年以来中国工业能源效率不断提升。1986年中国工业万元GDP的能耗为13.72吨标准煤（1986年价格计），到2000年下降为4.63吨标准煤（仍以1986年价格计，下同）。但从2001年开始，中国工业能源效率开始降低（这与中国新一轮

重化工业快速发展有关）；2005 年中国工业万元 GDP 的能耗为 4.88 吨标准煤（以 1986 年价格计）；之后能源效率开始不断降低，到 2010 年又提高到 3.84 吨标准煤（仍以 1986 年价格计）。到 2013 年、2014 年能源效率有所下降，到 2015 年下降到历史低点，工业万元 GDP 的能耗为 3.31 吨标准煤，仅为 1986 年的 24%。从《中华人民共和国 2016 年国民经济和社会发展统计公报》[①] 判断，2016 年工业能耗将进一步下降。

中国工业化实践表明，中国工业本身虽然对环境产生了一定的破坏，但可以说在世界没有取得大的技术突破的前提下，从全球的、动态的眼光来看，中国工业快速发展实质上是有利于保护环境的。从这个角度来讲，中国的工业化已经走上了一条绿色化的道路（见图 16-1）。

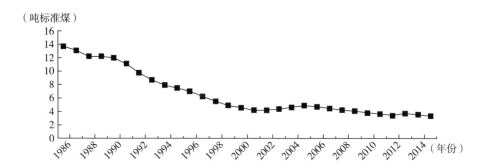

图 16-1　中国工业万元 GDP 所需能源强度变化情况

资料来源：历年《中国统计年鉴》。

发达国家由于工业化时间较早，生产线的建设标准较低，因而同样的产业对环境的影响较大。以 2017 年 5 月调研的佛山一汽大众公司为例，其视环保为企业可持续发展的重要组成部分，其理念是在产品的各项经营环节全面实施环境优先原则；针对车间的废气排放问题，公司规划启动了废气排放的标准化管理工作，积极推广使用清洁能源，且通过改造设备降低二氧化碳

---

① 全国万元国内生产总值能耗下降 5.0%。工业企业吨粗铜综合能耗下降 9.45%，吨钢综合能耗下降 0.08%，单位烧碱综合能耗下降 2.08%，吨水泥综合能耗下降 1.81%，每千瓦时火力发电标准煤能耗下降 0.97%（参见 http://www.stats.gov.cn/tjsj/zxfb./201702/t20170228_1467424.html）。

的排放。全厂污水进行深度处理，达到国家相关污水再生利用标准后，部分用于厂区绿化，其余接入生产水池，作为生产、卫生间冲洗等用水，污水处理站尾水排入市政污水管网统一处理。

（一）中国经济实现了可持续的发展

Dasgupta[1] 在阿罗等学者研究的基础上提出用"包容性财富指数"（Inclusive Wealth Index，IWI）来评估一国的财富并度量其经济可持续发展水平，2012 年 6 月，联合国环境规划署（UNEP）和联合国大学国际全球环境变化人文因素计划（UNU-IHDP）联合发布的一份全球《包容性财富报告 2012》（*Inclusive Wealth Report* 2012）测算并比较了主要国家的包容性财富值[2]。包容性财富指数是通过对国家财富的人力资本、生产性资本和自然资本这三个主要来源进行量化加总得到的，其中人力资本反映劳动力的数量及质量，生产性资本或物质资本包括基础设施和生产设备，自然资本包括矿产、土地和渔场等在内的自然资源。包容性财富指数不但能够反映国家的富裕程度及财富的内涵和质量，还能反映一国经济的可持续发展能力。

我们计算了中国包容性财富。1990~2010 年，中国包容性财富总值增长 84.7%，年均增长率为 3.1%。各省份包容性财富值增长率排名前三的为上海、北京和西藏，分别增长 324.0%、248.0% 和 239.2%；包容性财富总额增长最慢的三个地区为山西、内蒙古和黑龙江，分别增长 22.2%、40.4% 和 42.2%。1990~2010 年，中国人均包容性财富值增长最快的省份是西藏、上海和江苏，分别增长 150.9%、146.3% 和 144.2%；人均包容性财富值增长最慢的地区是山西、新疆和内蒙古，分别增长 -0.8%、4.6% 和 22.9%。对中国包容性财富指数的时空演化分析表明，1990~2010 年中国所有省份的包容性财富总值均有所增长，人均包容性财富除山西省之外也均有所增长；

---

① Dasgupta, P., "The Idea of Sustainable Development". *Sustainability Science*, Vol. 2, No. 1, 2007.

② UNEP, UNU-IHDP, *Inclusive Wealth Report* 2012, New York：Cambridge University Press, 2012.

1990~2010 年中国包容性财富年均增长 3.12%，其中人力资本、生产性资本和自然资本年均增长率分别为 2.72%、11.43% 和 -0.44%，生产性资本的快速增长是中国财富增长的最大动力源泉。上面数据表明，除山西省外其他省份都走在了可持续发展的道路上。

《中国经济学人》2016 年第四季度调查显示，有 52% 的学者认为中国经济增长与环境污染已经"脱钩"。本次调查中我们调查了经济学人对当地经济增速与环境污染关系的判断。有 48% 的被调查者认为，其所在地区的经济增速与环境污染程度呈正向关系；有 20% 的经济学人判断，两者呈反向关系。还有 32% 的被调查者认为，两者的相关关系并不明显（见图 16-2）。

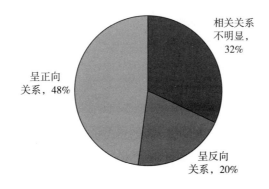

图 16-2　对经济发展与环境污染相关性的判断

资料来源：中国社会科学院重大经济社会调查项目包容性绿色发展跟踪调查（IGDS）数据库：IGDS-201604A。

（二）中美环境管制史也表明中国吸取了前人工业化的经验与教训

我们对美国环境管制政策演化过程进行了分析，其可分为四个阶段：20 世纪之前的零散的地方型环境管制；20 世纪初到 20 世纪 70 年代末的命令与控制型环境管制；20 世纪 80 年代到 90 年代中期的基于市场型环境管制；20 世纪 90 年代中期到 2004 年前后的信息披露型环境管制。现如今，美国的环境管制已经取得了显著的效果，其管制工具和管制政策也是最具代表性的。但是重新回顾美国的环境管制史，其演化过程并不是一帆风顺的，管制强度也不是一步到位的，其中甚至出现过倒退；而恰恰是循序渐进、在不断试错中推进的。美国的环境管制史可以表明：一国环境管制的重点、工具与强度都不能脱离该国经济发展阶段；环境管制提升是一个历史演化过程。通过计算我们发现：按汇率法计算，2014 年中国人均 GDP 为 6221.7 美元（2009 年不变价），大致相当于美国 1915 年的水平。按购买力平价（PPP）法计算，2014 年人均 GDP 为 10868.2 美元（2009 年不变价），也仅相当于美国 1943 年的水平。因而从人均 GDP 角度可以判断：2014 年中国经济发展水平尚处于美国 1915~1943 年的水平[①]。如万科董事局原主席王石所言："中国现在的发展模式，与美国 100 年前有着惊人的相似。我们现在并不比美国当时做得更差，我们搞市场经济，就会破坏环境。我们不是比较他们和我们表现得一样坏，而是要参照借鉴他们的做法。参照借鉴的不是现在，而是 100 年前，借鉴他们是怎么走过来的。"[②]

现今的中国，已经建立起一套以命令与控制型为主、基于市场型为辅的环境管制政策体系；而当时的美国才刚刚开始运用命令与控制型的环境管制政策；且这一时期的美国还发生了多起严重的环境破坏事故。相比于同期的美国，中国的环境管制水平和强度已远远超过了美国等发达国家。以水污染排放标准为例，如表 16-1 所示，中国现阶段所执行的水污染排放标准在很大程度上已经高于当前一些国家和地区的标准。这可以进一步证明，中国目前的环境管制标准已经远远超过同一发展水平时期的主要发达国家。现阶段造成环境破坏的主要原因是企业的污染一直得不到有效控制，基于市场型和信息披露型管制手段在中国应用范围有限。因此，加强政府环境管制力度、提高公众参与度是改善中国环境问题的重要手段。而且中国在制定环境管制政策方面也适时地结合、运用美国等发达国家的管制创新政策，使中国的环境管制政策体系不断发展和完善。下一步，我们管制的重点不仅要放在政策的制定上，更重要的是要保证各

---

① 笔者根据世界银行数据库、U. S. Bureauof Economic Analysis、美国人口普查局、《中国统计年鉴》中的数据计算得出。

② 《访王石：中国和美国、日本的差距是怎样的?》，《中国慈善家》，2015 年。

项政策能得到有效的实施，"有法可依"固然重要，但关键还要"执法必严"。我们不仅应考虑生态文明建设，也应协调好环境保护与经济发展之间的关系；从而做到"既要金山银山，也要青山绿水"，而不是简单地谈环境保护。

表 16-1　不同国家或地区水污染物排放标准对比

参数	单位	中国	美国		新加坡		中国香港	中国台湾			
		二级标准	二次处理标准		水道、河道标准	被控制水道、河道标准	海湾、港湾等排放标准	石油化学专业区以外之工业区（不包括科学工业园区）	流量大于250立方公尺/日	流量介于50~250立方公尺/日	流量小于50立方公尺/日
	最高允许排放浓度	日均值	30日均值	7日均值							
COD	mg/L	100	125		100	60	—	100（80）	100	150	250
BOD5	mg/L	30	30	45	50	20	40	30（25）	30	50	80
TSS	mg/L	30	30	45	50	30	60	30（25）	30	50	80
PH	无	6~9	6~9	—	6~9	6~9	—	6~9	6~9	6~9	6~9
大肠菌群数	个/L	10000	—		—	—	10000	—	2000	3000	—

注：本表中"—"表示原标准中无此参数项或此参数项无数值，括号内数值为平均值，括号外数值为最大值。

资料来源：笔者根据 GB18918—2002 及各国家或地区水污染物排放标准整理所得。

通过对比分析中国的环境管制政策与美国的环境管制政策的演化，我们发现，相比于同期的美国，中国的环境管制强度已远远超过了美国，中国并没有脱离绿色、可持续的发展之路。以美国为代表的环境管制水平较高的国家，其管制历程和经验可以为中国的环境管制之路提供理论支持和经验总结，或许可以让我们少走一些弯路。

四、中国有能力承受并实现环境 保护与经济发展的协调

(一) 中国环境管制不断强化

对于我国的环境管制强度，由于测算方法和指标选取的不同，不同的研究者得到的结论也大不相同。一些学者采用废气、废水等污染物治理费用占 GDP 的比重，废水排放达标率等指标作为环境管制的衡量标准，得出中国环境管制不断下降的结论。而李钢等[①]将环境已支付成本占工业环境总成本的比重作为衡量指标，得出我国环境管制强度不断上升的结论。《中国经济学人》2016 年第四季度调查显示，有 86% 的被调查者认为，自 2010 年以来我国环境管制强度呈现出逐渐加强的态势；有 7% 的被调查者认为，近几年我国环境管制的强度基本保持不变；仅有 3% 的被调查者认为，我国环境管制的强度在逐渐减弱 (见图 16-3)。

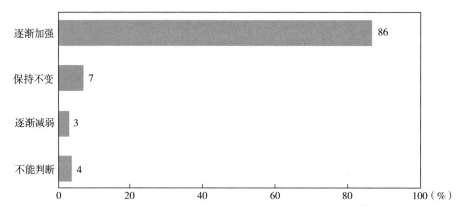

图 16-3 对 2010 年以来我国环境规制强度趋势的判断

资料来源：笔者计算。

---

① 李钢、姚磊磊、马岩：《我国工业发展环境成本估计》，《经济管理》2009 年第 1 期。

以钢铁行业为例，我们计算了 2000~2014 年中国环境管制标准强度的变化，如图 16-4 所示。从图中可以看出，中国钢铁行业环境管制的强度不断提升。

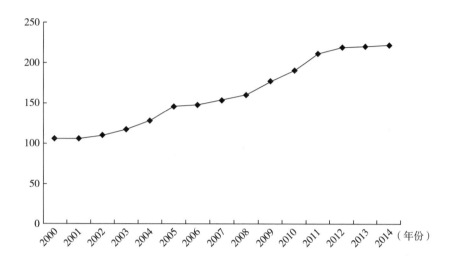

图 16-4　2000~2014 年钢铁行业环境管制标准强度变化趋势

资料来源：李钢、刘鹏：《钢铁行业环境管制标准强度提升对企业行为与环境绩效的影响》，《中国人口·资源与环境》2015 年第 12 期。

我们对钢铁行业各污染物吨钢达标排放量进行了标准化处理，即以 2001 年的实物量作为基准，用各年份的数值分别除以 2001 年的数值，便得到吨钢污染物达标排放量的标准化值，其变化趋势如图 16-5 所示。从各污染物达标排放量的标准化值来看，吨钢废水达标排放量处于连年下降趋势，标准化值由 2001 年的 1 降到 2012 年的 0.12，降幅最大，说明环境管制标准强度对废水达标排放量的影响最为明显；吨钢 SO_2 达标排放量变化稳中有降，变动幅度虽然不大，但整体上受到标准强度提升的影响。吨钢烟尘和粉尘达标排放量变化基本趋于一致，2001~2003 年逐渐下降，2004~2005 年出现上升趋势，2006 年又开始平稳下降，从总体上看在波动中下降。从上面的数据可以看出，由于环境管制强度不断提升，中国钢铁行业吨钢对环境的影响不断减弱。

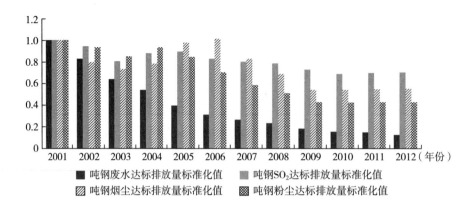

图 16-5 2001~2012 年钢铁行业吨钢废水、SO₂、

烟尘和粉尘达标排放量标准化值

资料来源：李钢、刘鹏：《钢铁行业环境管制标准强度提升对企业行为与环境绩效的影响》，《中国人口·资源与环境》2015 年第 12 期。

（二）中国工业企业有能力承受更强的环境管制

虽然中国过去取得了环境管制与工业发展的双赢，但目前进一步提高工业环境管制的强度，中国工业是否有能力承受？《中国经济学人》2016 年第四季度调查显示，对我国当前的环境管制强度是否合适的问题，有 83% 的经济学人还是认为我国现在环境管制的强度太弱，还需要继续强化；有 11% 的被调查者认为，我国当前的环境管制强度过强，未来需要弱化；认为当前环境管制强度恰到好处的经济学人仅占 6%（见图 16-6）。

我们利用包含 41 部门的动态 CGE 模型对上述问题进行了评估。通过模型的计算，可以模拟出 2010~2020 年环境管制对中国经济的影响，如表 16-2 所示。从表中可以看出，强化环境管制后，中国 2010 年总产出降低 1.15 个百分点；而且，强化环境管制对中国经济的影响短期内不会结束，这种影响是持续性的，一直到 2020 年，总产出会持续下降。当然，表 16-2 中数据显示的结果是与基线相比每年的变化情况；基线是指在没有外生冲击变量的情况下的经济运行情况；而不是说环境管制会使中国经济呈现负增长。例如，在没有其他政策冲击的情况下，经济增长速度是 9%，2014 年由于环境管制，经济增长速度会下降 1.15 个百分点，实际经济增长速度将是 7.85%。

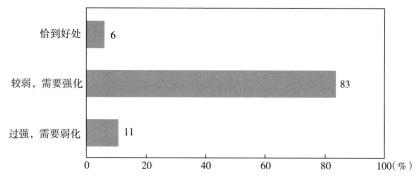

图 16-6　对我国环境管制强度合理性的判断

资料来源：中国社会科学院重大经济社会调查项目包容性绿色发展跟踪调查（IGDS）数据库：IGDS-201604A。

表 16-2　环境管制对中国宏观变量的影响　　　　　　单位：%

年份	2010	2011	2012	2013	2014	2015	2020
总产出	-1.15	-1.15	-1.15	-1.16	-1.16	-1.17	-1.22
价格	0.64	0.66	0.67	0.68	0.70	0.71	0.79
投资	1.63	1.56	1.51	1.47	1.43	1.39	1.24
制造业就业	-1.87	-1.85	-1.83	-1.82	-1.81	-1.80	-1.74
出口	-1.67	-1.68	1.69	-1.70	-1.72	-1.73	-1.83

资料来源：笔者计算。

　　环境管制对宏观经济的影响，也体现在对就业的影响上。由于不同行业对劳动者的素质及技能要求不同，实际上劳动力是很难在不同行业间流动的；特别是目前制造业吸收了中国大量农村剩余劳动力，这些劳动力实际上很难流动到第三产业，因而，制造业就业岗位的减少，实际上意味着宏观经济中就业数量的减少。模型运算结果显示，就业量在基年（2010 年）会有1.87%的下降；对就业的影响也会持续 10 年，但影响会不断下降，到 2020年对就业量的影响下降 1.74%。

　　我们的研究结果表明，虽然环境管制会对中国经济有一定的影响，但尚在可以承受的范围内。另外，本章的评估是在假设环境管制强度提高一步到位的情况下进行的，事实上，环境管制强度的提高可能需要 3~5 年才能全部达到排放标准，因而对实体经济的冲击会小于我们评估的数据。

2017 年 5 月对佛山的调研让我们进一步认识到，中国企业强劲的发展动力有效克服了环境保护的成本。佛山坚美铝业是一家集铝合金建筑型材、工业铝型材和铝合金门窗幕墙研究、设计、生产及销售于一体的综合性企业。据介绍，在企业发展初期，其主要的业务范围是生产建筑型铝材，这也为企业之后的发展与转型奠定了行业基础。目前全世界 10 座最高的楼，有 5 座用的是坚美的铝型材；国内 300 米以上的建筑物，其中有 35% 用的是坚美的铝型材；全中国 30 大房地产商，有 80% 与坚美保持长期合作。在铝型材行业面对经济下行、市场不景气、资金周转困难等不利局面的情况下，一些企业因经营不善而被迫倒闭，而坚美铝业充分发挥自己在铝型材生产行业里多年的积淀与经验，及时调整发展战略，锁定"系统门窗"这一朝阳行业，从红海竞争中走向蓝海。一吨铝的产值扩大十倍、百倍，有效扩大了销售量，化解了各种成本上升的不利影响。

（三）中国工业环境管制提升也要考虑效率

我们计算了中国工业提升环境管制的收益，如图 16-7 所示。从图中我们可以看出，中国环境管制效益乘数总体不断提高。1997 年中国环境管制效益乘数为 1.18，通俗地说，在环境治理上投入 1 元钱，环境效益为 1.18 元；到 2007 年中国环境管制效益乘数为 6.90，通俗地说，在环境治理上投入 1 元钱，环境效益为 6.90 元。2000 年以来中国经济快速发展，人均 GDP 不断提高，单位污染物减排的收益越来越高；这时提高环境管制既有社会合理性，也有经济上的合理性。从图 16-7 中还可以看出，不同污染物环境管制效益乘数有巨大的差距，水污染的环境管制效益乘数始终远大于废气①。1997 年水污染的环境管制效益乘数为 2.61，废气为 0.69；2007 年水污染的

---

① 特别需要说明的是，虽然从图 16-7 中看，废气环境管制效益乘数有时处于废水环境管制效益乘数上方，但实际上废水环境管制效益乘数由右轴来说明，因而从数值上来说是废水环境管制效益乘数要远大于废气环境管制效益乘数。

环境管制效益乘数提高到 90.93，废气提高到 3.13。从上面的数据还可以看出，如果从经济学的角度分析，1997 年提高废气环境管制得不偿失（花 1 元钱进行环境管制仅能得到 0.69 元），到 2003 年废气环境管制效益乘数仍旧小于 1，直到 2004 年才大于 1，提高到了 1.23。有意思的是，研究表明，从 2004 年开始中国二氧化硫管制强度开始加速提高；废水环境管制效益乘数比起 2000 年在 2001 年有巨大的提升，从 4.24 提高到 24.81，而 2001 年起废水的环境管制也大幅提高。需要说明的是，本章废水的环境管制效益乘数估算会偏大，主要是由于废水环境损失不仅是当年的流量造成的，而且也是往年排放的工业废水在自然环境中的存量造成的，但我们认为不会改变本章的基本结论。

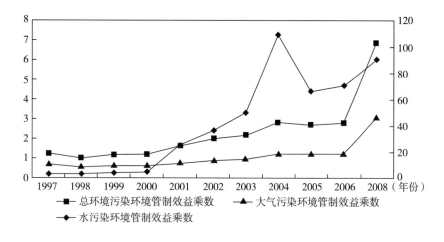

图 16-7　中国环境管制效益乘数

资料来源：笔者计算。

2014 年以来北方冬季的雾霾成为众矢之的，但我们必须从全民族的发展来考虑我们环境管制提升的最优路径。以日本为例，日本土地与水污染导致的水俣病及其造成的危害影响至今，而其他污染危害是较容易消除的。中国目前应把更多的资源投入固体废弃物、水污染等难以逆转的污染；而不应简单为回应大城市居民的利益诉求，在可逆性污染中投入超过经济承受力的资源。《中国经济学人》2016 年第四季度调查发现，67% 的经济学人认为包括 PM2.5、SO$_2$、NO$_2$ 等在内的空气污染物治理十分重要，另有 16% 的被调查者认为工业废水污染的治理比较重要，而在 2010 年的调查中，大多数经济学人曾经认为工业废水比气体污染物更需要得到治理。认为温室气体和工业粉尘的排污治理重要的比例分别只有 6% 和 5%；认为工业固体废弃物和生活污水的治理重要的经济学人占比更少，分别只占 4% 和 2%（见图 16-8）。这表明我们需要对上述问题进行更加深入的研究。

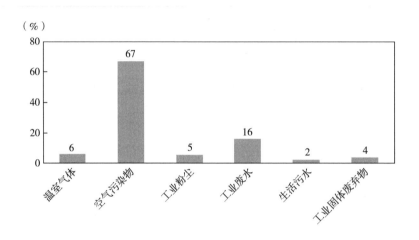

图 16-8　对不同污染物治理的迫切程度

资料来源：中国社会科学院重大经济社会调查项目包容性绿色发展跟踪调查（IGDS）数据库：IGDS-201604A。

　　我们的研究表明，我国可以根据不同工业废弃物环境管制效益乘数来选择提高中国工业环境管制的路径。从 2006 年的数据来判断，由于废水环境管制效益乘数远大于废气环境管制效益乘数，因而目前中国最应提升的环境管制标准是废水的环境管制标准；提高废水的环境管制标准，将在经济损失一定的情况下，取得更大的环境效益。对于废气来说，环境管制提升也可以选择更合理的路径。根据国外学者的研究，一个国家内部环境库兹涅茨曲线最先反转的是烟尘，然后是二氧化硫，最后才是二氧化碳。因而我们可判断，在废气中中国最应提升环境管制标准的是烟粉尘，然后是二氧化硫，最后才是二氧化碳。综上所述，中国首先应提高工业废水环境管制强度，其次是烟粉尘，再次是二氧化硫，最后是二氧化碳。

五、结论

改革开放40多年来，中国工业得到了长足的发展，成就令世界瞩目。资源的消费和环境的破坏是工业发展的代价，中国工业的高速发展在很大程度上经历了粗放式增长的过程，为此也付出了很大的资源和环境代价；但我们同时也应看到，中国工业环境效率不断提升，在很大程度上减弱了工业发展对环境的不利影响。特别是近十年来，中国工业取得环境管制与工业发展的双赢，初步实现了"竞争力突变"。原来我们认为发达国家已经普遍进入可以为环境保护而放弃经济增长，甚至为了环境保护而承受一定经济产出减少的阶段；但其实发达经济体对经济增长率也有最低的"底线"要求。可以说，在世界没有取得大的技术突破的前提下，从全球的、动态的眼光来看，中国工业快速发展实质上是有利于环境保护的。

今后十年，中国环境管制强度还将不断提升；中国工业企业总体上也有能力应对环境标准提高所产生的压力。但不能否认，中国环境管制强度的提高必须逐步进行，而不能一蹴而就。中国治理环境政策目标的优先顺序首先是提高工业废水环境管制强度，其次是烟粉尘，再次是二氧化硫，最后是二氧化碳。超越现实能力来承担责任是难以承受的。

目前，人民群众特别是东部发达地区及大城市的人民群众，对于物质产品与环境质量的替代关系的认识开始从改革开放初期的"宁可承受较大的环境污染代价来换取工业成就"转变为人们为了环境质量的改善宁可放弃一定的经济增长（金碚，2009）。近年来中国出现了多次当地居民反对建设重化工项目的案例，就是对上述转变的说明。顺应人民群众的要求，我国在《中华人民共和国国民经济和社会发展第十二个五年规划纲要》也提出，"面对日趋强化的资源环境约束，必须增强危机意识，树立绿色、低碳发展理念"，"加快构建资源节约、环境友好的生产方式和消费模式，增强可持续发展能力"；要"健全环境保护法律法规和标准体系"，"加大环境执法力度"。党的十八大新修改的党章中特别提出要建设生态文明。在 2016 年我们对四川遂宁市的调研中，感觉也十分强烈：中国西部山区市都已经十分关注绿色增长，已经不愿意用"绿水青山"换"金山银山"，已经意识到"绿水青山"就是"金山银山"。从这个意义上讲，对于中国环境问题并不需要过分担忧，因为保护环境的"民意"已经形成，可以说环境保护的库兹涅茨曲线"民意"拐点已到；绿色发展已经成为中国社会所普遍接受的概念，从这个意义上讲，绿色发展与绿色繁荣只待时日。

主要编纂者简介

陈素梅　经济学博士，中国社会科学院工业经济研究所副研究员，主要从事环境经济学、产业经济学等方面的研究。在《经济研究》《中国工业经济》等期刊发表论文多篇，主持过国家自然科学基金青年项目和国家社会科学基金一般项目。

程　都　经济学博士，毕业于中国社会科学院研究生院，国家发展改革委产业经济与技术经济研究所副研究员，主要从事产业创新经济方面的研究。

褚　席　经济学博士，毕业于北京师范大学，中共陕西省委外事工作委员会办公室干部，主要从事产业经济与数字经济方面的研究。

丁　毅　经济学硕士，中国社会科学院工业经济研究所副研究员，主要从事中小企业、产业集群、循环经济等方面的研究。

董敏杰　经济学博士，中国国新控股有限责任公司研究院金融研究室主任。在《经济研究》《世界经济》等核心期刊发表论文多篇，合作完成多篇要报并被中共中央办公厅、国务院办公厅等有关部门采纳，担任《经济研究》《世界经济》等杂志匿名审稿人。曾任中信建投证券股份有限公司宏观分析师，随团队多次获评"新财富"最佳分析师。

梁泳梅　经济学博士，中国社会科学院工业经济研究所副研究员，主要从事产业经济、工业经济史方面的研究。在《经济研究》《世界经济》《中国工业经济》《数量经济技术经济研究》《中国人口科学》等中文核心期刊发表学术论文50余篇，独立主持国家社会科学基金项目、博士后基金课题，参与国家社会科学基金重大项目、国家科技支撑计划项目、国家软科学项目等多项学术研究课题以及国家发改委、商务部、科技部等委托政策研究课题。独立或合作完成多篇成果要报并被中共中央办公厅、国务院办公厅等有关部门采纳，获得中国社会科学院优秀对策信息对策研究类奖。

刘吉超 经济学博士，毕业于中国社会科学院研究生院，国家信息中心公共技术服务部高级工程师，主要从事数字经济、政务服务等方面的研究。

刘 鹏 经济学硕士，中国农业发展银行总行干部。主要从事产业升级与绿色发展、国有企业改革、人才发展规划、人力资源管理等方面的研究。

刘昭炜 管理学硕士，毕业于南洋理工大学，工信部中国信息通信研究院研究员，主要从事信息技术研发创新方面的研究。

马丽梅 管理学博士、产业经济学博士后，毕业于中国社会科学院研究生院，深圳大学中国经济特区研究中心副教授、博士生导师。2023年获评深圳大学优秀青年教师（荔园优青），2018年获评深圳市高层次人才后备级人才。主要从事碳中和与能源转型、特区经济方面的研究。

国家自然科学基金面上项目（71971150）

四川省社会科学规划项目（SC18TJ014）

成都市哲学社会科学规划项目（YN2320200393）

四川大学创新火花项目（2019hhs-16）

复杂系统与系统工程丛书

数据生态治理 系统工程

Data Ecological Governance System Engineering

曾自强　著

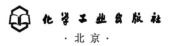

化学工业出版社

·北京·

内容简介

随着数字经济的不断发展，数据价值得到越来越广泛而深入的体现。目前我国信息数据资源80%以上掌握在各级政府部门手里，受数据孤岛、技术壁垒、法制缺失、数据标准不统一等因素影响，大量数据未能得到充分开放、共享或利用，不利于推动我国数字产业化与产业数字化的发展。政府、企业和个人是数据开放、共享和交易的基本主体，技术与法制是数据流动的重要保障，它们共同形成一个复杂开放的数据生态系统，其治理是一项集政策、理论、方法、技术、法律和文化于一体的复杂系统工程。本书在剖析数据生态治理问题的基础上，运用系统工程思想，从数据、问题、系统、技术和法制几个层面探析数据生态治理的基本原则，构建了一套数据生态治理系统工程的方法论体系，为促进我国数字经济发展提供了决策指导和政策启示。

全书共15章，分为数据篇、治理篇、系统篇、技术篇和法制篇五个部分，体系完整、逻辑严谨、案例丰富、内容翔实，可供相关专业本科生、研究生、教师和研究人员阅读或作为教材使用，也可为政府在数据治理领域决策、制定政策提供参考。

图书在版编目（CIP）数据

数据生态治理系统工程/曾自强著. —北京：化学工业出版社，2023.12
ISBN 978-7-122-44999-3

I.①数… II.①曾… III.①数据处理-研究 IV.
①TP274

中国国家版本馆CIP数据核字（2023）第238830号

责任编辑：黄　滢　　　　　　　　装帧设计：王晓宇
责任校对：宋　玮

出版发行：化学工业出版社
　　　　　（北京市东城区青年湖南街13号　邮政编码100011）
印　　装：北京建宏印刷有限公司
710mm×1000mm　1/16　印张28¹/₂　字数514千字
2024年5月北京第1版第1次印刷

购书咨询：010-64518888　　　　　售后服务：010-64518899
网　　址：http://www.cip.com.cn
凡购买本书，如有缺损质量问题，本社销售中心负责调换。

定　　价：228.00元　　　　　　　　版权所有　违者必究

作 者 简 介

　　曾自强，九三学社社员，现任九三学社四川大学委员会委员、三支社主委，四川大学商学院管理科学与数据科学系副系主任，副研究员，博士生导师，四川省"重要计划"入选者，四川省学术和技术带头人后备人选，四川省海外高层次留学人才，成都市"蓉漂计划"入选者，成都市"雏鹰计划"入选者，四川大学"双百人才工程"入选者，四川大学青年科技学术带头人培育项目获得者，四川大学"好未来优秀学者奖"获得者，美国Fairleigh Dickinson University商学院（AACSB认证）客座教授，2020年入选《科学中国人》封底人物。分别于2009年、2014年在四川大学获得理学学士、管理学博士学位。曾赴美国University of Florida作为联合培养博士生学习1年，并在美国University of Washington做博士后研究3年。

　　主要从事数据科学、决策分析、系统工程等领域的研究。先后作为负责人主持国家自然科学基金项目2项、美国交通部研究项目1项、省部厅级项目等10余项。在Risk Analysis、Scientometrics、Joumal of Information Science、IEEE Transactions on Fuzzy Systems、Computer-aided Civil and Infrastructure Engineering、Applied Energy、Renewable Energy、Accident Analysis and Prevention、International Journal of Project Management、European Journal of Operational Research、Journal of Construction Engineering and Management、Journal of Computing in Civil Engineering、Journal of Water Resources Planning and Management、Transportation Research Part D、Journal of Transportation Engineering、Applied Mathematical Modelling等国内外知名期刊及国际会议论文集发表论文60余篇，其中SCI/SSCI检索论文40余篇。在Elsevier、Springer等出版社出版专著3部，获授权发明专利5项、软件著作权10项。研究成果获教育部科技进步一等奖1项、四川省社会科学优秀成果一等奖1项、中国发明协会发明创业成果一等奖1项、中国产学研合作促进会产学研合作创新成果一等奖1项、中国石油和化工自动化行业科技进步一等奖1项、国际运筹学进展奖1项、国际管理科学与工程管理进展奖1项等。

担任国家自然科学基金委通讯评审专家、国家留学基金委通讯评审专家、泰晤士高等教育《全球学术声誉调查》提名专家、泰晤士高等教育中国学科评级（CSR）调查提名专家、国际管理科学与工程管理学会（ISMSEM）秘书长、四川省机械工程学会低碳技术与产业发展专委会委员、PLoS ONE（SCI期刊）学术编委和《运筹与管理》学术编辑，以及30余种国内外期刊的审稿人。多次担任国际会议程序委员会主席、分会主席及论文集领域编委，并赴美国、德国、加拿大、澳大利亚、日本、阿塞拜疆等做国际会议特邀及分会报告10余次。讲授本科及研究生课程17门，并担任《运筹思维：谋当下胜未来》核心通识课程团队负责人，获四川大学教学成果一等奖1项、四川大学课堂教学质量优秀奖1项、四川大学商学院国际人才培养优秀奖1项。指导管理科学、工程管理、工业工程与管理、物流工程与管理、金融投资与财务管理（MBA）、数字运营与项目管理（MBA）、技术经济及管理等专业博、硕士研究生60余名，指导本科毕业论文30余篇，指导本科生获四川大学"大学生创新创业训练计划项目"国家级立项1项（结题优秀）、省级立项1项。

谨以此书纪念钱学森诞辰113周年，
并向老一辈系统工程科学家致敬！

前 言
PREFACE

　　移动互联网的发展推动了数据呈指数级增长，并迅速成为数字经济时代的"石油"，数据中所蕴藏的巨大价值得以被发现，并用于驱动人类社会的颠覆式创新。数据的大量涌现，同时带来政府数据壁垒、企业数据霸权、个人数据歧视、数据产权模糊、数据隐私与安全问题突出、数据定价预估值困难、数据开放与流通受阻等难题，逐渐导致由政府、企业和公众构成的数据生态失衡。治理数据生态失衡是一项集政策、理论、方法、技术、法律和文化于一体的复杂系统工程。如何运用系统工程思想，从数据层面、问题层面、系统层面、技术层面和法制层面探析数据生态治理的基本原则，建立平衡的数据生态系统，是当前社会面临的重大问题，更是时代赋予新一代系统工程科研工作者的历史使命。

数字时代已至

　　人类的生活已离不开数据，数据的价值迎来了悄无声息却具有深远影响的革新。对个人而言，上班工作打卡、微信发朋友圈、抖音刷视频、大众点评浏览、美团外卖推荐已成为个人基本的日常生活；对企业来说，缺少数据支持将变得寸步难行，数据已成为全球科技巨头（谷歌、亚马逊、苹果、Facebook、微软、特斯拉、阿里巴巴、腾讯、华为、小米、字节跳动等）利润增长的驱动引擎，中小型企业也在积极通过云技术等大数据技术在聚焦的领域消化数据，为业务发展提供指引；对政府来讲，"互联网+政务服务"的数字政府建设同样离不开数据，在"新冠肺炎疫情"防控中，"健康码""场所码""通信大数据行程卡""时空伴随"轨迹数据等，为追踪密切接触者发挥了重要作用，一旦失去对社区人与物的数据联系，政府的运作将与实际情况产生严重割裂，高效率的数字化服务型政府将成为空谈。总结来说，数据联通个人、企业与政府，通过开放、共享和流通等方式释放出巨大价值，重塑了个人生活方式、企业商业模式与政府治理形式。毋庸置疑，数据时代已至。

数据生态失衡

数据带来机遇的同时也迎来巨大的挑战。从政府的视角来看，不同部门和不同地区的数据之间互联互通存在壁垒，数据开放质量不高，数据标准不统一，大量有价值的数据未能得到充分共享，数据孤岛现象较为普遍，数据要素市场的公平性难以把控。从企业的视角来看，大量个人数据被集中掌握在少部分企业巨头手中，不可避免地出现了数据资源垄断、技术竞争壁垒、个人数据歧视、大数据"杀熟"、数据隐私侵犯等诸多问题。从个人的视角来看，公众的数权意识淡薄，分散的数据资产分布将导致数据维权困难，且由于数据具有可复制性，数据被使用后，数据的使用者本质上便获得了数据的全部信息和价值，即使其并非该数据的所有者，其仍可能通过复制数据从而继续使用数据，甚至暗中将数据与他人交易，从而使得数据确权在实践中难以实现，导致隐蔽性的数据非法交易泛滥。这一系列问题，导致由政府、企业和公众构成的数据生态逐渐失衡，最终将会阻碍数据的有序开放、共享和流通，不利于数字经济的发展，并衍生出大量新的社会问题。

系统工程实践

数据的产生、开放、共享、流通、应用与管理依赖于完善的生态。如何在多重目标中寻求数据生态的动态平衡，在高质量发展中实现数字经济市场效率的优化，需要综合考虑政策、经济、社会、文化、技术和法律等多方面的因素，以构建一套数据生态治理的方法论体系。这种数据生态系统是一个开放的复杂巨系统，其治理是一项复杂的系统工程。

系统工程是在现代化的"大企业""大工程""大科学"出现后，产品构造复杂、换代周期短、生产社会化、管理系统化、科学技术高度分化又高度综合等历史背景下产生的。著名科学家钱学森运用系统工程的科学方法建立了我国国防航空工业发展体系，成就了"两弹一星"伟大事业。他曾指出系统工程是一项组织管理的技术，它使系统的整体与局部之间的关系协调和相互配合，实现总体的最优运行。系统工程实践是系统科学体系在工程应用技术层次上的体现。钱学森的系统论是整体论与还原论的辩证统一，不同于奥地利生物学家贝塔朗菲的一般系统论。系统工程已在经济、社会、人口、军事、行政、法制、科学、教育、人才、情报和未来研究等社会科学领域得到越来越广泛的运用，充分显示了它无限广阔的发展前景。当前，系统工程发展的显著趋势是巨大化、复杂化、社会化，并进一步向社会科学各领域广泛渗透，社会工程的开发与研究已成为目前系统工程发展的主要方向之一。数据生态系统是由政府、企业和公众构成的开放的复杂社会巨系统，运用系统工程建立平衡的数据生态，解决其治理问题，是系统科学体系在社会治理实践中的又一个重要发展和体现。

科学探索创新

本书立足系统工程的科学方法，力求探索出一套数据生态治理的方法论体系，构建数据生态治理系统工程，为促进我国数字经济发展提供决策指导和政策启示。主要创新之处如下。

① 探明数据生态失衡的演化机理、从数据生态失衡的根源出发，系统性

地分析其各主体间冲突的触发机理，数据生态链系统矛盾的演化过程，探析政府数据壁垒、企业数据霸权、个人数据歧视、数据产权模糊、数据隐私与安全问题突出、数据定价预估值困难、数据开放与流通受阻等现象的动因根源、演化路径和表现形式，归纳数据生态失衡全过程的发生机制、内在规律和影响因素，揭示数据生态系统不断熵增，从而导致生态失衡的基本原理。

② 建立数据生态治理的目标控制体系。提出数据生态系统演化的思想，指出数据生态的演化是一个不断熵增的过程，会不断产生不稳定因素，将系统推向失衡，需要辅以政策激励、市场机制、人才培养、技术支撑和法制保障等措施，才能为其营造一个良好的生态环境，促使其可持续发展。其中优化市场机制是发展目标，人才培养和技术支撑是实现发展目标的硬系统，政策激励和法制保障是实现发展目标的软系统。软硬系统需要协同配合才能促进目标的实现，推动数据生态链有序地互联互通。此外，软系统的设计还必须根据硬系统的现状来规划，否则政策和法制过于超前，人才和技术跟不上，目标则无法落地实现；反过来，政策和法制滞后于人才和技术的制度，则会阻碍市场机制的充分发挥。

③ 构建数据生态治理的系统价值体系。提出应通过数据生态治理的目标控制，建立平衡的数据生态系统，并在此基础上，进一步通过数据生态价值链的战略规划、系统设计和垂直整合，不断优化其系统结构，推动数字产业化系统和产业数字化生态向低碳、节能、高效、智能化的战略方向发展，促进我国智慧农业、智能制造、智能交通、智慧物流、工业互联网、数字金融、数字商贸、数字社会与数字政府的建设。这对我国产业数字化转型，从而推动产业结构升级，进而实现"双碳"目标均具有重要的理论意义和政策启示。

本书的研究工作得到了国家自然科学基金面上项目"基于智能网联架构的'交通-通信-应急'关联基础设施网络系统分析及协同优化研究"（71971150）、四川省社会科学规划项目"面向政企及个人的多模式交通大数据共享机制与生态链系统构建研究"（SC18TJ014）、成都市哲学社会科学规划项目"成都市公共数据开放机制及其共享生态链系统构建研究"（YN2320200393）、四川大学创新火花项目"'政府-企业-个人'数据开放生态链系统可持续发展模式研究"（2019hhs-16）等基金资助，在此对国家自然科学基金委、四川省社会科学规划办公室、成都市哲学社会科学规划办公室、四川大学社会科学研究处表示衷心感谢！

全书的研究、撰著从2019年1月到2023年10月，历时四年多，日夜工作、历尽坎坷、几易其稿，凝聚了作者、课题组成员、书稿撰写参与人、审稿人、出版社编辑等的辛勤付出与大量心血。在此，要特别感谢四川大学商学院徐玖平教授对本书提出的建设性意见，以及对课题组研究的指导、关怀与鞭策，鼓励研究团队立足系统工程，为数据生态治理做出贡献。此外，成都大学商学院副院长许欣欣副教授作为全书统稿人，为本书的编写出版做出了重要贡献。笔者的硕士研究生陈卓、谭磊、孙昱鹏、贾翠翠、何圣洁、张伟业、王宁、梁詠玥、王星又、田旺、杨越川、黄琪洋、陈蕊等参与了全书的整理和完善，也对他们的出色工作表示感谢！最后，感谢化学工业出版社编辑的精心组织与精益工作，作为历史悠久的中央级出版社，其出版品质体现了我国出版界一流水平！

曾自强

四川大学商学院

管理科学与数据科学系

2023年10月于诚懿楼

目 录

CONTENTS

第3篇　系统篇

第4篇　技术篇

第5篇 法制篇

导　　论

　　人类文明的繁荣离不开数据的发展。从两千五百多年前的罗马数字，到公元3世纪起源于印度的阿拉伯数字；从1946年第一台电子计算机的诞生，到1969年第一个互联网的创建；从2003年人类开始步入移动互联网时代，到2014年全球第一家大数据交易所——贵阳大数据交易所成立；2015年全球产生的数据量达到人类过去历史所产生的数据量的总和，标志着人类社会从此进入大数据时代。数据不仅可以记录历史，还能够预测未来。数据的巨大价值越来越被社会所认同，并作为重要的生产要素，成为数字经济时代最重要的战略资源。如何推动数据的互联互通，促进数据要素市场的建设，从而形成可持续发展的数据生态体系，成为当前世界各国政府面临的重大难题。

0.1　发展背景

　　从2015年起，全球正式迈入大数据变革的新时代。移动互联网、智能终端、新型传感器等技术不断快速渗透到全世界的每一个角落，衍生出万物互联的大数据世界。据统计，到2020年全球数据使用量已达到约59泽字节（ZB）（1ZB≈10万亿亿字节，相当于全球海滩上沙子数量的总和），涵盖经济社会发展的各个领域，仅中国产生的数据量就达到8ZB，约占据全球总数据量的1/5。预计到2025年，人类社会数据总量将达到175ZB（图0-1）。

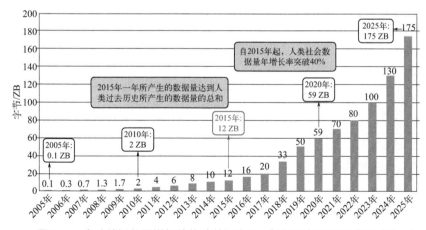

图0-1　全球数据总量增长趋势（数据来源：《数据时代2025》报告）

在这个进程中，用户产生的数据可以不断被智能数据终端和新型传感器所记录，并动态存储在云端，汇集形成具有巨大商业价值的大数据平台，从而催生了数字经济。由此产生的革命性影响将重塑整个人类社会的生产力发展模式，重构生产关系和组织方式，提升产业效率和管理水平，提高政府治理的精准性、高效性和预见性。在这个市场重构的变局中，数据算力成为新的生产力，数据算法成为新的生产关系，而数据本身则是驱动两者的基础，也就是生产资料。如何在这个新的格局下，将蕴藏于其数据内的潜能充分释放出来，成为人类社会面临的重大发展问题。

0.2 数据生态

作为数字经济的核心生产要素，数据成为人类社会经济转型和发展的新驱动力。这种驱动力不但推动了大数据、云计算、人工智能、数字孪生等新技术的发展，更促进了工业互联网、智能网联车、智慧城市等新业态的颠覆性创新。要形成这种强大的推动力，离不开数据的互联互通。因为孤立的数据无法发挥其价值，只有实现数据的充分开放、流通和共享，才能将蕴藏于其中的潜在价值挖掘出来。而要实现数据的互联互通，则需要依靠数据治理。数据治理的概念最早起源于企业的信息化管理，强调从企业的高级管理层及组织架构和职责入手，建立企业级的数据治理体系。然而，随着数字经济的不断发展，数据开放和流通技术及渠道也不断完善，数据本身产生了分化，形成了公共数据、企业内部数据和个人私有数据。数据治理已不再局限于企业，还涉及政府和公众。作为数字经济中的主体，政府、企业和公众共同构成了一个数据生态系统（图0-2）。

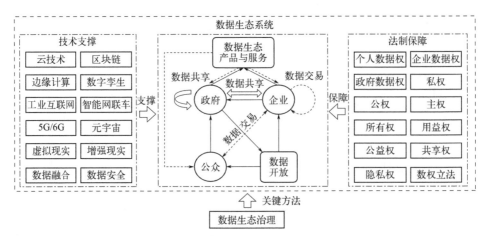

图0-2 数据生态系统的基本要素

从深层次讲，政府、企业和公众是数据生态中进行数据开放、共享和交易的基本主体；技术与法制是数据互联互通的重要保障；而数据生态治理则是维持这个系统可持续发展的关键方法。如何实现这三者在行业内和跨行业、区域内和跨区域、全国乃至全球的多层次协同，探索数据开放、流通和共享的可持续发展机制，以形成互利共赢的数据生态系统，是当前数据生态治理所面对的关键问题。

0.3 治理工程

我国正处于从传统产业型经济向以数字经济为代表的创新型经济转变的重要时期，在数字经济飞速发展的同时，也衍生出数据壁垒、数据孤岛、数据安全、数据确权和数据隐私等一系列具有挑战性的数据生态治理难题。目前我国信息数据资源80%以上掌握在各级政府部门手里，但受到数据孤岛、技术壁垒、法制缺失、数据标准不统一等因素影响，大量数据未能得到充分开放、共享或利用，严重制约了我国数字产业化与产业数字化的发展。

如前所述，政府、企业和个人是数据开放、共享和交易的基本主体，技术与法制是数据流动的重要保障，它们共同形成一个复杂开放的数据生态系统，其治理是一项集政策、理论、方法、技术、法律和文化于一体的复杂系统工程。解决数据生态治理的问题，需要运用系统工程思想，从数据层面、问题层面、系统层面、技术层面和法制层面探析数据生态治理的基本原则，从而构建一套数据生态治理系统工程的方法论体系（图0-3）。

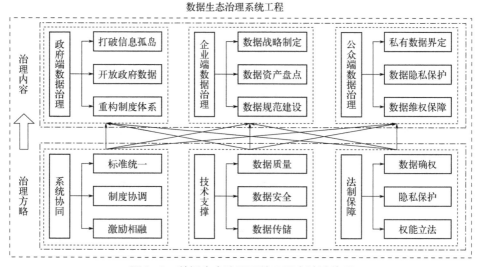

图0-3 数据生态治理系统工程方法论体系

这个系统工程可看作横纵集成的双层治理体系：第一层是治理内容，主要包括政府端数据治理、企业端数据治理和公众端数据治理；第二层是治理方略，主要包括系统协同、技术支撑和法制保障。从治理内容来看，政府端数据治理主要涵盖打破信息孤岛、开放政府数据、重构制度体系；企业端数据治理则包括数据战略制定、数据资产盘点、数据规范建设；公众端数据治理则涉及私有数据界定、数据隐私保护、数据维权保障。从治理方略来看，系统协同体现的是数据开放、共享和流通的主体之间的标准统一、制度协调、激励相容；技术支撑指的是在数据开放、共享和流通过程中对数据质量、数据安全、数据传输与存储的支持；法制保障是针对政府、企业和公众在数据开放、共享和流通活动中的数据确权、隐私保护、权能立法方面提供司法保障。

0.4 篇章结构

全书主体包括导论和正文两个部分，其中正文部分共15章，分为数据篇、治理篇、系统篇、技术篇和法制篇五个方面内容，全书篇章框架结构如图0-4所示。

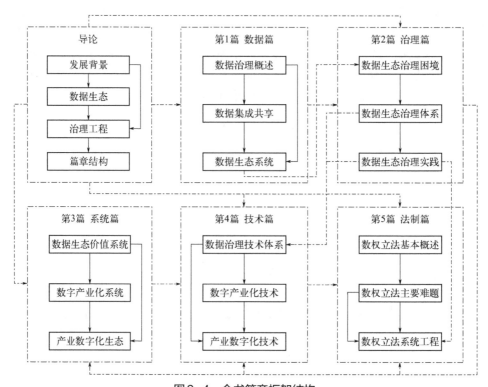

图0-4 全书篇章框架结构

导论中系统介绍了数据生态治理的发展背景，定义了数据生态及其治理的基本概念，从而导出数据生态治理系统工程的主要内容，最后的篇章结构总览全书的知识亮点，是数据生态治理系统工程根本内涵的凝缩。数据生态治理是一项复杂的系统工程，其源于数据、成于治理、形于系统、依于技术、立于法制，每一个方面相辅相成、纵横交织、缺一不可，共同形成赖以持续的数据生态系统。以下5篇分别从数据、治理、系统、技术和法制五个方面介绍数据生态治理系统工程的主要内涵和思想，力求系统性地厘清其全貌。

第1篇为数据篇，包括数据治理概述、数据集成共享、数据生态系统共3章。第1章从数据治理的基本概念讲起，介绍数据属性分类、数据标准管理、数据质量管理和数据安全管理的主要内容及管理方法。第2章在第1章的基础上，进一步介绍数据集成与共享的主要架构和模式。第3章则引入数据生态系统的概念，系统地阐述数据生态的主体要素、数据在生态链中的流动模式、数据如何通过在生态链中流动产生价值、数据生态的发展需要哪些要素来支持以及实现数据生态可持续发展的基本路径。

第2篇为治理篇，包括数据生态的治理困境、治理体系和治理实践共3章。第4章结合当前数据治理中面临的挑战，将数据生态治理的主要困难总结为多重壁垒阻碍、系统机制缺失和数据整合困难。第5章则进一步针对上述困难，提出数据生态的治理体系，主要包括数据生态治理机制、数据生态标准体系、数据生态模型体系、数据生态环境系统。第6章从数据生态治理实践的角度，选取了四川省公共数据治理、成都市公共数据开放、特斯拉公司数据治理和南方电网数据治理作为案例进行分析。

第3篇为系统篇，涵盖数据生态价值系统、数字产业化系统和产业数字化生态共3章。第7章重点阐述数据生态价值系统中的数据价值链系统、数据价值链设计、数据价值链战略和价值链垂直整合。第8章则选取了数字经济中的数字产业化系统，着重探讨数字产品制造业、数字产品服务业、数字技术应用业、数字要素驱动业的发展思路。第9章则分析了数字经济中的另一个核心要素，即产业数字化生态的具体情况，包括智慧农业生态、智能制造生态、智能交通生态、智慧物流生态、数字金融生态、数字商贸生态、数字社会和数字政府的建设思路。

第4篇为技术篇，主要涉及数据治理技术体系、数字产业化技术、产业数字化技术共3章。第10章系统介绍了数据治理的技术体系，包括元数据治理技术、主数据治理技术、大数据治理技术、混合云架构技术、微服务架构技术。第11章侧重介绍数字产业化的相关前沿技术，包括5G/6G等通信互联技术、模拟仿真技术、人工智能技术、人机交互技术。第12章集中介绍产业数字化的相关重要技术，包括数字孪生、边缘技术、云技术、区块链、工业互联网、智能网联车。

第5篇为法制篇，重点论述数权立法基本概述、数权立法主要难题、数权立法系统工程共3章。第13章从数权的分类讲起，依次探讨数权的属性、数权的体系以及数权的现状。第14章详细分析数权立法的主要难题，包括宪法与民法的冲突、数据公权与数据私权的平衡、数据共享权与数据隐私权的矛盾、数据主权的国际分歧。第15章从系统工程的视角探讨数权立法，其系统工程由五个子系统组成，分别是市场与配置系统、确权与权能系统、开放与共享系统、流通与交易系统、安全与合规系统。

第 1 篇

数 据 篇

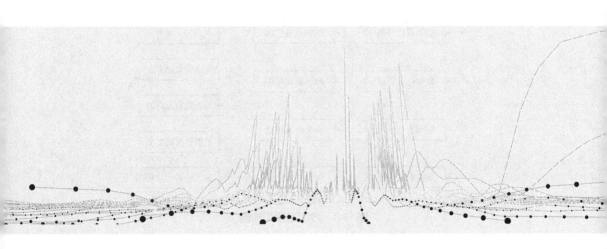

数据是数据生态的资源要素，其类似于自然界的水资源，但又有所不同，因为数据总量在不断增长，而水的总量保持不变。其又像工业界的石油，但石油会枯竭，而只要人类文明还存在，数据就会永不枯竭。因此，数据生态因其资源要素的禀赋特征，而不同于自然生态和工业生态。

作为全书的第1篇，主要概述数据治理的基本架构体系，如图1-0所示。

本篇第1章首先从资源要素的视角介绍数据的基本属性和分类。按数据性质来分，可以分为元数据和主数据；按产生数据的主体来分，则包括政府数据、企业数据和个人数据。在某些情况下，个人产生的数据会存储在政府或者企业中。例如电商平台公司获取了大量个人的网购浏览数据，这些数据是由个人产生的，但存储在电商平台，数据产权界定模糊，从而导致部分企业形成数据霸权，破坏数据生态的平衡。

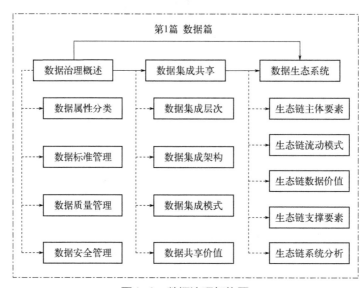

图1-0　数据治理架构图

第2章介绍数据集成共享，主要包括数据集成层次、数据集成架构、数据集成模式和数据共享价值。分散的个人数据不具有较高的数据价值，因此，政府和企业往往将数据互联互通，汇集在云端，形成数据集成。数据集成是聚集数据价值的主要方式，但要将数据有效地互联互通，需要依赖数据集成架构的设计、数据集成模式的选择和数据共享的价值系统。

第3章进一步介绍数据生态系统，主要包括生态链主体要素、生态链流动模式、生态链数据价值、生态链支撑要素、生态链系统分析。其中数据生态链是数据流动的基本载体，是数据生态系统的"血管"，负责将数据资源输送到需要的地方，发挥其数据价值。

第 1 章

数据治理概述

数据客观存在，其被采集、存储、传输、处理和分析后，可被用于人类社会实践，从而具有了价值，形成了资源的属性。然而，拥有了数据并不等于就拥有了数据价值。这种资源需要治理才能输出高质量的数据产品，从而释放数据价值。国际数据管理协会（data management association international，DAMA）将数据治理定义为对数据资产管理行使权力和控制的活动集合。

简单来讲，数据治理就是组织中涉及数据使用的一整套管理行为。治理主体是政府、企业或者个人，这三者本身也是产生数据的主体。治理的对象包括元数据、主数据、公共数据、企业数据和个人数据。治理的内容则涵盖数据标准管理、数据质量管理及数据安全管理。数据标准管理的目的是方便数据互联互通；数据质量管理则是为了充分释放数据价值；而数据安全管理是为了防止数据泄露，保护数据产权和数据隐私。

1.1 数据属性分类

理解数据，需要结构化地看待数据。不同类型的数据其功能、权属、价值均有所不同。有的数据能发挥目录索引的功能，有的数据是具有共享性的"黄金"数据，有的数据长期"沉睡"，无人知晓。数据按功能属性分类，可以分为元数据和主数据；根据数据主体属性，可以分为公共数据、企业数据和个人数据。针对不同类型的数据，需要采用不同的数据治理方式。因此，理解不同类型数据的内涵和作用变得尤为重要。

1.1.1 元数据类

元数据（metadata）本质上就是描述数据的数据，是关于数据的组织、数据域及其关系的信息。元数据之所以重要，是因为它发挥的是目录索引的作用，就像一张数据地图，能够告诉你拥有什么数据，数据在哪，由谁负责，数据的具体含义是什么。可以说，没有元数据，就无法查找、调用和管理数据。例如一个图书馆中的数据就是图书，而这个图书馆的元数据就是图书总览和目录信息，告诉你图书馆的图书的总数、分类、名称、编号、作者、主题、简介、存放位置等信息，以方便快速查找图书，以及进行日常管理。

元数据与数据的关系是，数据是数字经济的生产要素，而元数据则是用来理解和管理数据的数据。元数据不仅表示数据的属性、分类、名称、取值等信息，还描述数据的来源、范围、关系和规则等信息。根据不同应用领域和功能，元数据一般可以分为业务元数据、技术元数据和操作元数据三类。业务元数据主要描述数据的业务含义、业务规则等，例如业务定义、术语解释、指标名称、算法规则、安全级别等，是数据分析和应用的基础；技术元数据描述数据的存储结构，例如数据存储类型、位置、格式、数据库名称、字段长度和类型、数据依赖关系等，是应用开放和系统基础的基础；操作元数据描述数据的管理属性，例如数据所有者、使用者、访问方式、访问时间、访问权限、备份规则等，是数据安全管理的基础。元数据的作用可以总结为描述、定位、检索、管理、理解和交互六个方面[1]，如表1-1所示。

表1-1 元数据的作用

序号	作用	元数据作用的定义	元数据作用实例
1	描述	对数据对象的内容和属性的描述	图书馆的书籍分类和名称目录
2	定位	描述数据资源的位置信息	数据存储位置、URL记录、互联网网址
3	检索	建立数据之间的索引关系，为用户提供多层次、多途径的检索体系	《新华字典》的部首索引、CNKI的关键词检索
4	管理	对数据对象的版本、管理和使用权限的描述	Windows、iOS、Python版本更新数据
5	理解	用户可在不浏览具体数据的情况下也能通过元数据迅速理解数据内容	样本均值、方差、标准差、协方差
6	交互	元数据能通过对数据结构、数据关系的描述，确保数据标准的统一，促进数据在不同部门和不同系统之间的交互	政府数据开放平台通过发布元数据来规范数据格式，统一数据标准

元数据管理的主要目标是要建立一套清晰便捷的数据地图，为数据管理人员提供查询、抽取、清理、维护数据的便利。要实现上述目标，第一，需要建立清晰的指标解释体系，以满足用户对业务和数据理解的需求，使政府能够迅速掌握各部门有哪些数据，让企业了解有多少有效客户，这些有效客户与一般客户有什么区别，使个人用户了解手机中各类App的使用频次和时间，哪些App是常用应用，哪些已长期没有使用。第二，要提高数据溯源能力，帮助数据使用者快速找到数据的来源，掌握数据处理的过程，从而能够进行数据的"血缘"分析和全链路分析。第三，要构建数据质量核查体系，建立数据异常预

警和监控机制，使故障发生后，技术人员能及时发现问题所在，减少经济损失。

1.1.2 主数据类

主数据（master data，MD）是具有共享性的基础数据，被称为数据中的"黄金数据"。它可以在政府或企业内被跨部门重复使用，因此，往往长期存在且被应用于多个系统。主数据具有三个显著特征，分别是高价值性、高共享性和高稳定性，如图1-1所示。其高价值性体现在所有业务处理都离不开这个数据，其数据质量将直接影响数据集成、数据分析和数据挖掘的结果。其高共享性表现为主数据在政府和企业内跨部门、跨系统地高度共享，并在多个业务领域广泛使用，通过灵活多样的技术体系来实现。其高稳定性体现为变化频率较低，相对于交易数据，不会过于频繁地动态变化。例如，对个人而言，身份证号码是个人的主数据；对航空公司来说，航线和航班信息是主数据；对政府部门来讲，GDP是一种主数据。

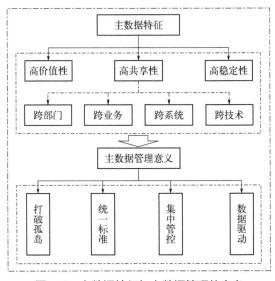

图1-1 主数据特征与主数据管理的意义

主数据管理是数据治理工作中的核心，构建完善的主数据管理体系是支撑政府和企业数字化转型的基石[2]。本质上，主数据管理是数据标准建设的信息化任务，是集方法、标准、制度和技术为一体的数据管理方案。其中，方法是指数据梳理、识别、定义、管理、清洗、集成和共享等操作所需要的管理方法；标准则涵盖主数据的分类、编码、建模、清洗、集成、管理和运营的相关标准和规范；制度用来确保主数据的一致性、正确性、完整性，规范主数据的管理、维护和运营；技术包括实现主数据管理和集成的技术平台，例如数据仓库技术（extract-transform-load，ETL）、企业服务总线（enterprise service bus，ESB）、主数据管理系统（master data management，MDM）等。

主数据管理的意义体现在如下四个方面。

① 打破数据孤岛。通过建立统一的主数据标准，从而规范数据的输入和输出，能够有效实现数据跨部门、跨系统的互联互通，提升数据质量。

② 统一数据标准。同类数据格式不统一、"一物多码"等问题往往造成数据难以在不同部门和系统之间共享，通过主数据进行标准化定义、规范化管理，可以构建组织对主数据标准的统一认知，提高业务效率。

③ 数据集中管控。主数据管理通过数据的标准化建设，能够为实现数据集中管控奠定有利基础，从而提高数据管理效能。

④ 实现数据驱动。主数据管理是推动经验驱动的决策向数据驱动的决策转变的关键要素之一，对提升决策水平意义重大。

1.1.3 公共数据

公共数据主要来源于各级政府行政机关、公共社团组织和事业单位、公共管理和服务机构在依法履职和提供公共服务过程中，采集和产生的各类数据资源。简单来说，公共数据主要包括政务数据、公共基础设施数据（含交通、能源、通信、应急、电力、水务等）、公共服务数据（含天气、新闻、体育、教育、卫生等）。公共数据主要由政府、社会团体和事业单位代社会管理和使用，服务于政府、社会团体、事业单位、企业和公众，属于公共财产，具有公权属性。由于公共数据也可能涉及国家机密、商业秘密或者个人信息，因此其数据开放需根据具体情况采用不同的方式，一般包括无条件开放、有条件开放和不开放三种类型。

公共数据也具有商业产品的属性，从而具有商业价值。据估计，政府掌握了社会上80%的数据资源，受数据孤岛、技术壁垒、法制缺失、数据标准不统一等因素影响，大量数据未能得到充分开放、共享或利用，不利于推动我国数字产业化与产业数字化的发展。我国政府数据治理起步于20世纪90年代，近30年来，为强化国家各级政务部门数据治理能力，国家相继出台了多项数据治理政策文件，围绕统筹规划、平台建设、数据共享、业务应用、安全保密、标准规范、法律法规等领域做出了全方位的战略部署。

2015年国务院发布了《促进大数据发展行动纲要》，要求在2018年年底前建成政府数据统一开放平台[2]；2016年《"十三五"国家信息化规划》将"数据资源共享开放行动"列入优先行列；2017年《"十三五"国家政务信息化工程建设规划》提出形成国家政务信息资源和服务体系，政务数据共享开放及社会大数据融合应用取得突破性进展，显著提升政务治理和公共服务的精准性及有效性；2018年交通运输部办公厅发布《关于推进交通运输行业数据资源开发共享的实施意见》，交通运输部建立"出行云"平台，成为我国首个国家层面的交通行业大数据开放平台。国家大数据治理的发展共识已经形成。

公共数据在抗击"新冠肺炎疫情"中也发挥了重要作用。政府构建"国家卫健委新冠肺炎疫情大数据平台"，通过各级地方数据中心，从医疗机构、疾控部门、App公众端、交通和运营商、公安与民政部门每日动态采集疑似和确诊病例信息、密接与隔离人群信息、群众核酸检测数量与结果、人群跨省流动信息、人口死亡信息等数据，支撑每日数据上报、疫情摸排、流调分析、病毒变异研究等应用，如图1-2所示。

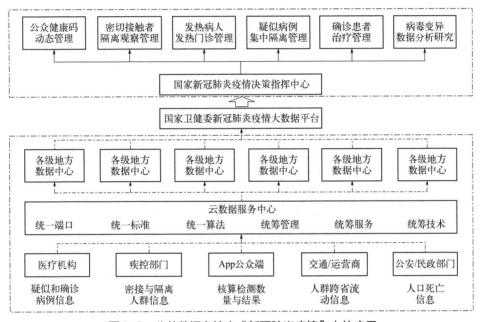

图1-2　公共数据在抗击"新冠肺炎疫情"中的应用

1.1.4　企业数据

企业数据一般可以分为如下两类：一类是企业自身在经营过程产生的数据，例如企业自身信息、产品信息数据、生产过程数据、市场营销数据、企业运营数据，这类数据由企业自身产生，数据产权相对清晰；另一类是由企业产品的用户所产生的数据，例如浏览历史记录、产品评价记录等。这部分数据经过用户授权许可并进行隐私处理后可用于精准用户画像、个性化营销等方面（图1-3），其数据产权的界定较为模糊，是当前尚需深入研究的问题。

数据是企业重要的资源要素，是企业数字化转型的基础要素[3]。尽管当前许多企业拥有大量数据，但这些数据中大部分缺乏统一的数据标准，数据壁垒、信息孤岛问题严重，使得大量分散的、碎片化的数据在企业的信息系统的数据库中沉睡，成为"黑暗数据"，未能在企业数字化转型中发挥出应有的价值，为数据治理带来困难。

| 精准用户画像 | 淘宝商品推荐 | 网易音乐推荐 | 今日头条新闻推荐 |

图1-3　企业数据的商业化应用

企业的数据治理涉及数据战略、数据文化、数据人才、数据技术、治理组织等要素。数据战略是方向，指明企业数字化转型的目标；数据文化是企业数字化转型的外在表现，反映企业是否已将数据思维融入企业文化之中，企业文化的建设目标是将数据文化"内化于心，外化于行，固化于制"；数据人才是推进转型的核心动力，企业中没有大量数据治理人才、技术专家、业务骨干成为企业的核心力量，就无法形成良好的数据文化；数据技术是解决企业数字化转型的支撑条件，需要依靠数据人才为企业引入技术；治理组织是企业推动数字化转型的领导架构，通过构建架构灵活、员工能动、数据驱动的治理组织，以适应快速变化的市场需求。

1.1.5　个人数据

个人数据不但包括个人信息，如姓名、性别、身份证号、户籍地址等，还包括个人参与社会活动所产生的数据，这些社会活动包括注册公司、办理房产证、办理结婚证、参加工作、获奖、捐赠、获得收入、交通出行、购物、旅游、住宿、学习、参加公益活动、纳税等[4]。个人所产生的数据一部分会掌握在本人手中，另一部分可能会同时被政府和企业所掌握，从而使得数据的产权问题变得非常复杂，难以界定。

例如，个人接种疫苗的信息属于个人隐私，应该受到隐私法律保护。但在"新冠肺炎疫情"中，政府组织公民接种新冠肺炎疫苗属于公共行为，有多少人接种了新冠肺炎疫苗，是第几次接种，在哪接种的，什么时间接种，这些信息在应急情况下具有了公权属性，数据会被政府采集汇总，以便于统计新冠肺炎疫苗的接种情况。这时，疫苗接种的信息成为公共数据。在这种情况下，政府代替公众使用这些数据，其目的是服务于人民，为群众的生命健康提供保障。

1.2　数据标准管理

"无规矩，不成方圆。"数据标准的建立是破除数据壁垒的先决条件，是推动数字政府建设、数字社会建设、企业数字化转型的首要环节。没有数据标准，就会极大阻碍数据跨部门、跨区域、跨系统的互联互通，显著降低数据开放、共享和流通的效率。要建立某一领域或行业的数据标准并非易事。在发展初期，企业各自使用自身的数据标准开发应用，参与市场竞争，形成技术壁垒，最后由强者逐渐占据市场份额，形成垄断趋势，从而达到统一数据标准的目的。数据标准的建立不是一蹴而就的，而可能是一个不断竞争和进化的过程。最终只有最优秀的数据标准才能在市场中生存下来。而数据标准管理的目标就是为企业建立一套优秀的数据标准，这对于政府数据治理也适用。

1.2.1　数据标准管理概述

数据标准管理是数据治理的基础性工作，对于政府和企业厘清数据资产、打通数据孤岛、促进数据流通、释放数据价值具有重要的意义。要理解数据标准管理，首先需要理解数据标准的概念。中国信息通信研究院在其发布的《数据标准管理实践白皮书》中将数据标准（data standards）定义为"保障数据的内外部使用与交换的一致性和准确性的规范性约束"。数据标准与元数据的关系甚为紧密。在数据治理过程中，数据标准管理的核心是管理数据实体的元数据，包括业务术语标准、基础数据元标准、指标数据标准等[5]。

数据标准管理的常见问题如下。

① 数据语义与业务使用不匹配。例如数据库中对"客户"的定义过于笼统，没有区分哪些是潜在客户，哪些是意向客户，哪些是已经有固定财务往来的客户，导致市场销售部在调取客户数据信息时，常常将固定客户误认为潜在客户进行联系。

② 数据定义与表述规范不清晰。例如不同部门的数据库中将员工的姓名分别定义为"姓名""员工姓名""职工姓名"，造成同义异名的问题。

③ 数据标准制定与使用两层皮。例如对收件地址信息的录入规定为需要具体到门牌号，但在实际数据录入中常常忽略门牌号信息。

数据标准管理的意义不但在于解决数据不一致、不完整、不准确的问题，同时也为数据质量管理建立了良好的基础，降低了数据开放、共享和流通的成本，从而使数据驱动的决策效率大幅提升。

1.2.2 数据标准管理内容

数据标准管理的内容主要涉及四个方面，即数据模型标准管理、基础数据标准管理、主数据与参考数据标准管理和指标数据标准管理。

数据模型标准管理实质上是构建概念模型，对数据元素、数据内容、数据结构、业务规则、质量规则、管理规则进行清晰的定义，使数据便于被理解、访问、获取和使用。通常使用技术元数据和业务元数据描述数据模型标准，确保业务需求和相关技术约束能被数据模型准确完整地表达。如果数据模型不能准确反映业务需求，则说明其模型设计存在问题。一般情况下，数据模型标准设计应重点考虑数据模型的规范化、标准性、一致性和可读性四个方面问题。规范化是指数据模型设计应符合模型设计的规范，例如主键是否唯一、主外键关联是否合理、索引是否重复等；标准性是指数据模型是否满足统一的命名规则，避免同名异义或者异名同义出现，造成概念混淆；一致性是指数据模型中的术语、标准、属性、用法和业务规则应与实际情况保持一致；可读性是指模型设计应方便浏览查阅，避免过多层级的继承关系。

基础数据标准管理是指对应用系统和数据仓库的数据字典进行标准化，一般包括业务属性、技术属性和管理属性三部分[6]。业务属性主要描述基础数据的业务信息，包括标准主题、分类、编码、名称、来源、业务定义和规则等。技术属性用来描述基础数据的技术信息，如数据类型、格式、长度、代码规则和取值范围等。管理属性表示数据的管理信息，包括标准定义者、管理者、使用者、版本、应用领域等。

主数据与参考数据标准管理是指对系统的核心业务实体的数据（即主数据，例如员工、学生、客户、供应商、产品等数据）构建数据模型，用参考数据描述主数据的数据属性和域值范围。如表1-2所示，学生是一个主数据，学生的学号、姓名、身份证号、性别、出生日期、民族、邮箱、手机、学生类别、状态、学院、专业、年级等是它的参考数据。主数据标准包括主数据分类、编码和模型。其中主数据模型即为参考数据的属性名称、属性性质、类型和取值范围。

表1-2　主数据与参考数据标准模型

主数据	学生	定义	学生主数据是指学校全体学生的数字化描述		
参考数据	属性名称	属性性质	类型	取值范围	
1	学号	自动生成	字符型	系统自动生成的12位号码	
2	姓名	必填项	字符型	须与身份证上的姓名一致	
3	身份证号	必填项	字符型	位数为15位或18位身份证号码（中国香港、中国澳门、中国台湾及外籍除外）	

续表

主数据	学生	定义	学生主数据是指学校全体学生的数字化描述	
参考数据	属性名称	属性性质	类型	取值范围
4	性别	必填项	枚举型	男、女
5	出生日期	必填项	日期型	须与身份证上的出生日期一致
6	民族	必填项	参照型	参照民族档案
7	邮箱	必填项	字符型	不能为空，格式范例：xiaoming@scu.edu.cn
8	手机	必填项	字符型	位数默认为11位（中国香港、中国澳门、中国台湾及外籍除外）
9	学生类别	必填项	枚举型	本科生、硕士生、博士生
10	状态	必填项	枚举型	在读、休学、毕业
11	学院	必填项	参照型	参照学院目录
12	专业	必填项	参照型	参照专业目录
13	年级	必填项	字符型	以入学年份为准，格式范例：2022级
14	备注	选填项	字符型	

指标数据标准管理是指对系统的指标数据进行标准化。例如在市场销售部门的数据库中客户数量这一指标包括了潜在客户、在谈客户和已有业务往来的客户，而在财务部门的数据库中客户数量这一指标则只包括已有业务往来的客户。可见不同部门的指标可能具有相同的名称，但表示不同的业务含义，如果不对指标数据进行标准化，容易在大数据分析时产生混淆。指标数据标准管理与基础数据标准管理类似，也包括业务属性、技术属性和管理属性三个部分，区别在于指标数据标准是在实体数据基础之上增加了统计维度、计算方式、分析规则等信息。

1.2.3 数据标准管理体系

数据标准管理是数据治理的重要组成部分，其由数据标准管理组织、数据标准管理流程和数据标准管理办法组成，自成体系，也称为数据标准管理体系，如图1-4所示。其中，数据标准管理组织负责实施，由于数据标准管理是一个复杂的系统工程，需要决策层、管理层、执行层的多部门协同管理[7]。决策层为数据标准管理委员会，负责从全局考虑制定数据战略，提出数据治理总体方略，审核数据标准发布，考核数据标准执行效果。管理层包括技术管理组和业务管理组，分别为数据标准的制定提供技术支持和管理服务。执行层可以分为多个专题小组，涵盖元数据、主数据、标准管理、数据质量、数据安全、业务管理和流程管理。

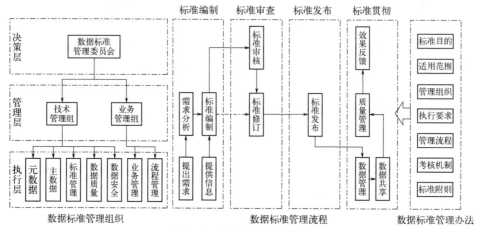

图1-4 数据标准管理体系

数据标准管理组织应按照数据标准管理流程执行管理。一般需要经过标准编制、标准审查、标准发布和标准贯彻四个阶段[8]。在标准编制阶段，由执行层向管理层提出数据标准需求和信息，由管理层进行需求分析并负责标准编制。在标准审查阶段，由决策层审核管理层提交的标准，并向管理层提出修订意见。在标准发布阶段，由管理层负责标准发布。在标准贯彻阶段，由执行层进行数据管理和共享，由管理层进行质量管理，并向决策层反馈效果。

为解决数据来源多、指标格式不一致、数据整合困难、管理责权混乱等问题，还需要制定数据标准管理办法，主要包括标准目的、适用范围、管理组织、执行要求、管理流程、考核机制、标准附则等。

1.2.4 数据标准管理实践

数据标准管理很容易形成制定和执行两层皮的问题。有效的数据标准往往不是一蹴而就的，而是在数据标准管理的贯彻和实施过程中，循序渐进、不断优化，逐渐获得执行层的配合、管理层的支持和决策层的认可。数据标准管理的实践应遵循以下四个方面的原则。

第一，以业务为导向。数据标准的制定应源于业务本身，为业务执行服务。数据标准的制定应根据数据的价值链按业务需求进行梳理，目的不在于建立标准本身，而是方便业务使用[9]。

第二，应循序渐进。数据标准的制定应分阶段逐步实施，不用试图一次性建立全部数据标准。应先在小范围内进行测试，获得执行层的反馈，并根据意见不断改进，逐步扩大到更大的范围，最终落地实施。

第三，需动态管理。数据标准绝非一成不变，由于业务需求会不断发展和变化，新的需求会不断产生，对于数据标准，应根据需求的变化实行动态管理，与时俱进[10]。在拓展新的业务时，应增加新的数据标准，对于已经过时的数据标准应及时废止。因此，需要建立数据标准体系的持续更新机制，配备相应的数据标准更新管理团队以维护和管理数据标准的版本更新工作。

第四，以应用为目的。数据标准管理为数字化转型奠定基础。但数据标准建设的目标不是为了建立标准而建立标准，而是为了业务应用。在制定数据标准过程中，应基于现有的各类国家标准、行业标准，以对现有系统影响最小为原则编制和建立数据标准。只有这样，才能保证数据标准能切实可用。

1.3 数据质量管理

数据具有价值，但并非所有的数据都能提供价值。垃圾数据、错误数据、异常数据等可能会给决策分析带来误导，甚至造成重大损失。因此，在使用数据之前，应首先确保数据质量可靠。数据质量管理则因此而生。

1.3.1 数据质量管理概述

要理解数据质量管理，首先要理解什么是数据质量？如何评价数据质量？有哪些评价维度？如何管理数据质量？国际数据管理协会（DAMA international）在《数据管理知识体系指南》一书中将数据质量定义为在业务环境下，数据符合数据消费者的使用目的，能满足业务场景具体需求的程度。数据质量差会给数据使用者带来一系列不良影响，主要包括决策误导、经济损失、成本增加、运营风险等。例如，2012年5月，摩根大通银行由于错误的市场交易数据，误导了其交易决策，直接导致其20亿美元的交易损失，其实际损失估计超过75亿美元，最终导致市值缩水了397亿美元，其首席投资官被迫辞职。

为了控制数据质量，需要对数据质量进行度量，以评价数据质量的水平。对于数据质量，一般可以分为7个维度进行度量和评价，包括数据的一致性、完整性、唯一性、准确性、真实性、及时性、关联性[11]，如图1-5所示。所谓一致性主要包括多源数据在元数据中的命名、数据结构、约束规则，以及数据记录的编码、命名、分类、生命周期上的一致性等；完整性主要指数据模型、数据记录和数据属性的完整，不完整的数据其价值会大打折扣；唯一性的目的是去除冗余数据，避免"一物多码"或者"多物一码"问题；准确性一般也称为可靠性，体现为数据描述、计算、采集是否准确；真实性用于度量数据是否正确表达了所描述事物和现象的真实情况，是否存在人为影响的因素；及时性是指数据是否可在其价值被需要时及时获得，数据价值往往具有时效性，一旦过期，数据的价值可能会消失；关联性用于度量数据之间的关联关系，例如函数关系、相关系数、主外键关系、索引关系等。

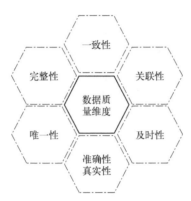

图1-5　数据质量的维度

数据质量管理被定义为对数据从采集、存储、传输、共享、维护、应用直到价值消亡的生命周期的各个阶段可能引发的数据质量问题进行识别、评价、控制和预警的一系列管理活动[12]。数据质量管理的目标是通过可靠的数据提高数据使用的价值。数据质量管理是数据治理的重要组成部分，其主要包括反应性的被动管理和预防性的主动管理，在数据模型设计、数据资产管理、主数据管理中均离不开数据质量管理。可以说，好的数据质量管理是确保数据价值被充分应用的基石。

1.3.2　数据质量管理问题

数据质量管理一般采用根因分析的方法找出数据质量产生问题的根本原因，主要工具包括鱼骨图、故障树图、帕累托图、5Why图等分析方法。数据质量问题的产生往往分布在不同的阶段。

从数据的全生命周期来看，一般可以分为模型设计、数据创建、数据使用、数据老化、数据消亡五个阶段[13]。在模型设计阶段，即进行数据模型设计时，由于对数据对象的定义不清晰，可能导致同名异义或者同义异名的问题，使得数据输入时由于不同的人理解会有误差，容易产生录入错误。在数据创建阶段，往往会发生人为录入错误，例如拼写错误、丢失记录、张冠李戴、重复录入等，尽管许多信息系统实现了自动化录入数据，但在语音识别、智能翻译时仍可能会出现技术性错误。在数据使用阶段，数据往往会在传输、复制、存储、集成过程中发生丢失、错位、更新、修订等问题，从而导致不同部门之间的版本不一致。在数据老化阶段，数据可能会因长期没有更新而失去价值，这意味着要保持数据的价值，需要动态管理，不断更新数据，避免数据过期失效，维护数据的信息价值。在数据消亡阶段，部分数据由于存在机密性，在使用后需要及时销毁，这涉及数据安全的问题，另一些过期数据，往往需要对其进行归档处理，如果未能正确归档，会对日后查阅造成困难。

据数据研究机构Experian Data Quality统计，在数据质量产生问题的主要原因中，约59%来自人为因素，其中约31%是由于部门之间缺乏沟通，约24%是由于数据管理策略不当造成的。一般来说，数据质量问题主要来自管理、业务和技术三个层面[14]，如图1-6所示。

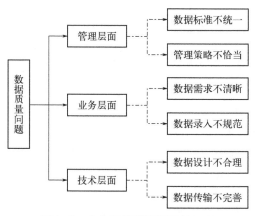

图1-6　产生数据质量问题的原因

在管理层面，数据质量问题的根因主要包括数据标准不统一和管理策略不恰当两类。其中，数据标准不统一往往导致部门之间数据沟通产生障碍，不同数据库进行融合时产生冲突，形成数据壁垒。另外，数据管理策略不恰当，往往造成数据管理责任机制紊乱，出现数据质量问题后，无人对其负责，各部门互相推卸责任，数据质量问题从发现、指派、处理到优化没有完善的制度和流程保障。

在业务层面，导致数据质量问题的根源主要包括数据需求不清晰和数据录入不规范两个方面。其中，数据需求不清晰使得数据模型设计不完善，往往导致频繁的需求变更，使得模型设计，数据录入、采集、传输、存储等环节不断跟着变化，从而影响数据质量。另外，由于对数据录入人员培训不到位，往往产生数据录入不规范的问题，虽然在技术方面可以做一些输入控制和校验，能在一定程度上减轻这一问题，但总体上始终难以避免。

在技术层面，主要包括数据设计不合理和数据传输不完善两个方面。其中，数据设计不合理主要指数据库表结构、约束条件、校验规则的设计不合理，造成数据重复、不完整、不准确等数据质量问题。另外，数据传输不完善主要指数据采集接口效率低、数据存储能力不足，往往导致数据转换失败、数据丢失、数据失真等问题。

1.3.3 数据质量管理框架

目前，数据质量管理还没有形成成熟的方法论框架体系，主要原因在于数据作为一种资产要素，其质量管理与普通产品和服务的质量管理还是有所不同的，从政府和企业的视角来看，在数据开放、共享和流通的过程中其质量管理的动机也是有所区别的[15, 16]。当前。可以借鉴的质量管理体系主要包括以下三类。

其一为国际标准化组织质量管理和质量保证技术委员会制定的ISO 9001质量管理体系。该体系结合了PDCA（plan、do、check、act）循环过程与基于风险的思维，主要针对企业的产品质量管理，其核心思想是以客户为中心，强调领导作用、过程方法、持续改进、循证决策和关系管理。

其二为六西格玛质量管理体系，它是一种改善企业质量流程管理的技术，以用户为导向，以"零缺陷"为目标，以数据为基础，以事实为依据，以流程绩效为结果，持续改进企业管理状况。其DMAIC模型包括定义（define）、测量（measure）、分析（analyze）、改进（improve）、控制（control）五个阶段，是一种基于数据的改进循环。

其三为国际货币基金组织（international monetary fund，IMF）基于联合国政府数据统计基本原则构建的数据质量评估框架（data quality assessment framework，DQAF），它是一种测量数据质量的方法，从测量维度、测量方法、测量内容三个层次确定数据的质量，其基本框架如图1-7所示。

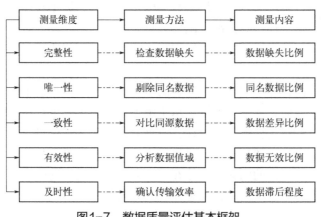

图1-7 数据质量评估基本框架

1.3.4 数据质量管理策略

数据质量管理的策略主要分为事前预防手段、事中控制技术、事后改进措施三个方面，是一个全过程、系统性的管理策略[17]。其中事前预防是整个策略的重中之重，因为做好数据质量管理的事前预防，能够大幅度降低事中控制和事后补救的难度。

数据质量管理的事前预防主要包括组织建设、制度保障、标准落实三个方面。组织建设是通过优化数据质量管理的组织结构，明确数据治理委员会、数据分析师和数据管理员的职责，实现责权利对等，并加强相关人员的培训，提高人员的技术水平，从而有效减少数据质量问题的发生，促进组织数据文化氛围的形成。制度保障是指数据质量管理应形成一个闭环管理流程，包括需求定义、质量测量、根因分析、改进实施、质量控制。标准落实则是指数据模型、主数据、参考数据和指标数据的标准应统一并落实，从而使得数据质量评估有据可依。

数据质量管理的事中控制是指在数据使用过程中，通过控制源头、控制流转和质量预警等措施，实现对数据的创建、采集、更新、清洗、传输、转换、分析等各个环节的质量进行控制。控制源头要做好数据字典的维护，实现数据输入和数据校验的自动化，并通过人工审核方式实现双重保障。控制流转则是对数据采集、存储、传输、处理和分析的各个环节通过技术和管理手段加强数据质量的控制。质量预警则是通过对数据质量的持续监控，对发现的数据质量问题进行预警和提醒。

数据质量管理的事后补救是指对发生的数据质量问题进行及时的修复和处理，主要包括清理重复数据、清理派生数据、缺失值处理和异常值处理[18]。其中缺失值处理的方法主要有利用上下文插值修复，采用默认值、平均值、最大值或最小值修复等。处理异常值时往往先需要对其运用统计分析、机器学习等方法进行检测，然后对确认的异常值进行删除或替换。

1.4 数据安全管理

数据可被用于人类社会实践，从而形成价值。这种价值被国家、企业和个人所有，因此可能涉及国家机密、商业机密、知识产权、交易记录、个人隐私等安全问题。确保数据安全需要依赖技术、管理、法制三个方面的支撑，是一项复杂的系统工程，成为当前数据治理的重要挑战。

1.4.1 数据安全管理概述

数据安全是数据的一种社会属性，由于数据被某一社会主体所拥有，从而作为一种资产形成了安全问题[19]。数据安全由保密性、完整性和可用性组成，又称为数据安全三要素模型。其中保密性是指数据信息具有机密性，只能被授权访问的人员使用；完整性是指数据在传输和存储的过程中，不被篡改、删除，从而保障数据的可靠性；可用性是指确保数据持续可被使用，不受恶意攻击或者网络堵塞所影响。

数据安全风险可能来自于外部攻击、内部泄露或者操作失误。外部攻击主要包括网络病毒、恶意软件、DDoS攻击、电子邮件轰炸、网络欺诈和网络监听[20]。内部泄露主要由内部人员恶意行为造成，例如2018年3月，Facebook发生5000万用户信息被内部人员泄露和滥用事件，造成了恶劣影响。此外，内部人员也有可能因为缺乏数据安全意识，无意中泄露了数据。这些数据安全风险导致数据安全具有脆弱性，从而需要从决策层到技术层，从管理制度到工具支撑，从法律制度到政策规范，自上而下贯穿整体的数据安全管理体系，如图1-8所示。

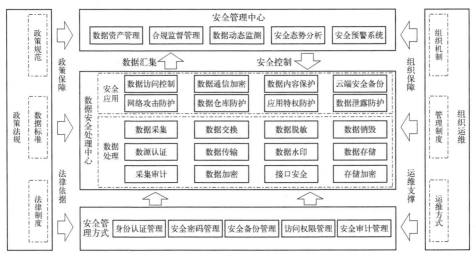

图1-8 数据安全管理体系框架

1.4.2 数据安全管理系统

数据安全管理系统可以分为设施层、存储层、管控层和应用层，共四道安全防线，可对数据安全进行全方位的保护，如图1-9所示。与传统数据安全管理所不同的是，这一系统通过对数据安全分级分类进行管理，形成了多重保护屏障[21]。

设施层为第一道防线，是对数据所在的主体设备进行安全防护，主要包括计算安全、物理安全、网络安全三个方面。计算安全是指利用杀毒软件、入侵检测和防御系统等技术防止数据软件系统因恶意软件而被破坏。物理安全

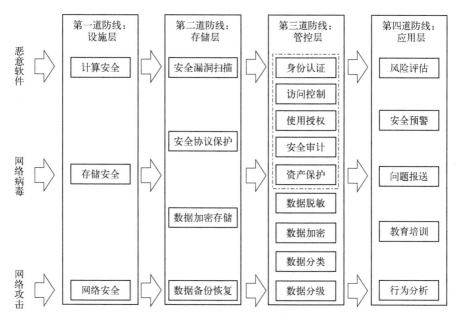

图1-9 数据安全管理系统

是指保护数据设备的安全,包括防水、防火以及设备的保养和维护,防止自然灾害、电力故障、人为事故导致对数据设备的损坏。网络安全是指通过终端管控、网关设备控制、堡垒机、邮件过滤等防止网络攻击、DDoS攻击、电子邮件轰炸、网络欺诈和网络监听等。

存储层为第二道防线,其目的是确保数据传输到数据库进行存储这一过程的安全。主要措施包括安全漏洞扫描、安全协议保护、数据加密存储、数据备份恢复。漏洞扫描能够及时发现并修复数据库系统的安全漏洞;安全协议可以确保数据传输的安全,主要包括安全套接字层(secure socket layer,SSL)协议和安全电子交易(secure electronic transaction,SET)协议;数据加密算法(data encryption algorithm,DEA)可对机密性及隐私性数据进行加密存储,其安全性较高,使用时需要通过密钥进行解密,防止他人窃取数据;将数据备份到云端,可在本地数据损坏或丢失后进行恢复。

管控层为第三道防线,其主要是对使用数据的人员进行安全控制。通常采用"5A方法论"进行管控,主要包括身份认证(authentication)、访问控制(access control)、使用授权(authorization)、安全审计(auditable)和资产保护(asset protection)。此外还包括数据脱敏、数据加密、数据分类、数据分级等技术。

应用层为第四道防线,其目的是促进组织的数据安全文化的建设,培养员工的数据安全意识。主要包括风险评估、安全预警、问题报送、教育培训、行为分析等。这是数据安全管理系统的最后一道防线,是实现数据安全从被动防御转向主动治理的关键所在[22]。

1.4.3 数据安全管理技术

数据安全管理技术主要包括身份认证、访问控制、使用授权、安全审计、资产保护、数据分类、数据分级、数据脱敏、数据加密等[23]。前五种构成"5A方法论"，数据分类和分级是设置访问条件的基础，数据脱敏需要先对敏感数据进行识别，数据加密使得只有授权人员才能使用。这些技术共同构成数据全生命周期安全管理的技术体系。

身份认证是访问控制的第一步，只有通过身份认证的用户才可以访问已授权的数据。数据系统需要为每个用户设置唯一的认证标识，常用的认证技术包括 PKI/CA、用户名/口令、数字证书（智能卡或令牌）、生物识别信息等。此外，密码也是对用户进行身份验证的重要方法。密码的管理策略包括临时密码和长期密码。一般情况下，密码设置应符合一定的复杂度要求，长期密码也应进行动态更新维护。

访问控制是指对通过身份认证的用户，根据其权限进行其可以访问的数据范围。访问控制策略可以根据用户或用户组的分类、角色设置、属性类别、白名单或黑名单以及IP地址进行制定。其控制的基本原则是除非明确允许，一律禁止访问。

使用授权就是基于数据分类分级明确哪些用户有数据的访问权限。一般来讲，用户的信任级别可以根据业务实际需要来设定，通常可以分为普通用户、高级用户、核心用户三类，如表1-3所示。具有相似权限的用户还可以进行分类管理，设置不同的角色，例如财务总监、财务主管、会计、出纳，不同角色之间具有上下级关系，从而可以进一步细化权限的等级。

表1-3 用户信任等级划分

用户信任等级	等级说明及权限要求
普通用户	只能访问非敏感数据
高级用户	可以访问敏感数据，但不能修改
核心用户	可以访问全部数据，且有权限修改

安全审计旨在保障数据安全管理的措施被有效执行和落地，并发现潜在的安全风险和问题。安全审计的主要内容可以分为非法攻击、操作行为、高危访问、账户异常、账户审查、权限审查等类型。通过建立实时告警机制，设立监测点，对数据采集、更新、新增、存储、处理和使用等过程进行安全监测，在发生非法访问时报警通知。同时构建事后溯源机制，即在安全事件发生之后，通过安全审计机制追溯事件发生的源头，还原事件发生过程，为安全事件追责提供依据。

资产保护就是保护数据资产全生命周期的安全性，主要包括数据采集、数据存储、数据传输、数据处理、数据交换、数据销毁六个阶段。需要指出的是，并非所有数据都会完整经历这六个阶段，但数据资产保护应该贯穿于数据的整个周期。

数据脱敏是指对敏感信息进行模糊化处理，使得用户无法推断出原有隐私信息的内容，但同时需要保持原有数据的特征、规则和数据关联性，确保数据的使用不会受到脱敏的影响。例如，为保护客户手机号码不被泄露，可将手机号中间五位号码用"*"代替。

数据加密技术是指将数据经过加密钥匙及加密函数转换为难以理解的密文，而授权使用者可以通过密钥及解密函数将其还原为原始数据[24]。与数据脱敏不同的是，数据加密具有可逆性。常用的数据加密技术主要包括对称加密、非对称加密、数据证书、数据签名、数字水印等。

数据分类是指根据科学性、实用性、稳定性、扩展性等原则将数据按照一定的分类维度归并到某一分类中的过程。这里的分类维度是指数据主题、数据结构、数据元特征、数据颗粒度、数据部署地点、数据更新方式等。数据分类标准的选择应尽可能有利于数据安全管理。

数据分级是指根据数据敏感程度及其泄露可能带来的影响划分为不同的等级。一般可以划分为普通数据、敏感数据、机密数据三个等级。当然，数据安全管理仅仅依靠数据分级是不够的，还需要结合"5A方法论"，形成数据安全的全生命周期保护体系。

1.4.4　数据安全管理法规

确保数据安全不但需要技术支撑，还需要法律法规的保护。世界各国针对层出不穷的数据安全事件，出台了一系列相关法律法规，对个人隐私、商业机密、国家机密进行保护。

欧盟早在1981年便出台了《个人信息自动处理中的个人保护公约》，2016年进一步发布了《通用数据保护条例》（*general data protection regulation*，GDPR），并于2018年正式实施。GDPR旨在遏制个人信息被滥用并保护个人隐私不受侵犯。其对企业滥用个人数据的处罚力度非常大，即使轻微的情况也要罚款1000万欧元或者企业全年营收的2%（两者取高值），情况严重的则要面临2000万欧元或者企业全年营收4%的罚款（两者取高值）。其还规定，任何存储或者使用欧盟国家公民个人信息的企业，即使其业务不在欧盟境内，也必须遵守GDPR的规定。

在美国，数据安全法律法规的建设相对较为健全[25]。其早在1966年便发布了《信息自由法》；1974年出台《隐私权法》；1986年发布《电子通信隐私法》；

1987年颁布《计算机安全法》；1998年发布《儿童网上隐私保护法》；2002年发布《联邦信息安全管理法》；2012年发布《消费者隐私权利法案》；2016年发布《应用程序隐私保护和安全法案》；2018年发布《加利福尼亚州消费者隐私法案》。这些法律法规在一定程度上保护了个人数据隐私不受侵犯，但随着大数据时代的深入发展，大数据"杀熟"等一些新的问题不断产生，由于当前法律的司法成本较高，个人维权困难，导致一些局部范围的数据滥用依然存在。

在中国，数据安全法制建设正在逐步深化[26]。2013年，工信部发布《电信和互联网用户个人信息保护规定》；2016年，国家互联网信息办公室发布《国家网络空间安全战略》，同年，全国人大常委会通过《中华人民共和国网络安全法》（以下简称《网络安全法》）；2018年出台《信息安全技术个人信息安全规范》（GB/T 35273）；2019年，公安部发布《互联网个人信息安全保护指南》，同年，国家互联网信息办公室颁布《网络安全威胁信息发布管理办法》和《网络信息内容生态治理规定》；2021年，发布《中华人民共和国数据安全法》（以下简称《数据安全法》），其基于总体国家安全观，是一部数据安全领域的纲领性法规，将数字经济发展与数据安全统筹起来，为各部门、各行业、各领域制定相关的数据安全管理配套规范、标准等指明了方向，为推动我国数字化转型，促进数字经济、数字政府、数字社会发展提供了法制保障。

第 2 章
数据集成共享

数据需要集成才能发挥大数据的规模价值[27]。这种集成不仅仅是数据本身的集成，还包括流程、服务、门户等不同的层次，使得异构的分散数据在统一的标准下共同构成一个贯穿系统内部的数据集成结构。本章将依次解释数据集成的不同层次，数据集成架构的演化过程，数据集成在不同场景下的应用模式，以及数据集成后通过开放与共享所能带来的社会经济价值。

2.1　数据集成层次

广义的数据集成不是简单地将数据存储在一起，而是在统一标准的基础上由系统内部在结构上形成四个层次的集成，包括门户集成、服务集成、流程集成和数据集成[28]。这四个层次协同作用，在门户端为数据使用者提供友好的访问和交互界面以及丰富的数据资源；通过服务集成将不同的业务流程集结为一类 Web 服务为门户端提供数据服务；基于流程集成将不同应用系统中的功能整合为一条完整的业务流程；运用数据集成把相互关联的异构数据在逻辑上或物理上有机融合，使得分类分级的数据可以通过不同功能的应用模式被使用。

2.1.1　门户集成

门户是组织链接外部世界的网站，例如政府的数据开放门户网站，企业的数据服务门户网站，个人创立的数据开放网站（如 ImageNet）。其可以为不同角色的用户提供特定的门户信息资源入口，例如教师用户、学生用户等。由于不同用户信用等级不同，对数据的业务需求也不同，因此，门户集成需要为不同角色的用户设置不同的访问权限，提供不同的交互界面和数据服务，实现对用户的分类分级管理。

不同角色的用户通过身份认证获得访问权限。通常情况下，门户网站一般采用单点登录的方式，即用户登录一次以后，即可获得门户互信应用系统的相应权限。通过单点认证后的用户即可进入交互界面。为了使应用系统的界面可以集成到门户框架中，通常使用网页 IFrame 技术，其特点是方便、快捷，集成工作量小，适合整体性应用系统集成，且集成界面可根据门户的主题风格进行设计。此外，还可将用户在不同应用系统中的待办事项集成显示到门户框架中，称为待办集成。其有助于提醒用户尚未完成的事项，能够提高用户工作效率。

指标集成可视化也是门户集成的一项重要技术，可为组织管理层了解门户数据的总体情况提供支持，同时也可通过门户向用户发布重要信息[29]。因此，这涉及内容管理的范畴，需要构建内容管理系统（content management system，CMS）将数据资源在门户网站进行系统集成，实现面向用户的信息发布、访问查看、服务管理等功能。

2.1.2 服务集成

组织通过门户网站向用户发布信息或者提供服务。这种服务需要流程与数据集成的支撑，因此可以将服务集成理解为实现流程集成与数据集成的技术。这种服务本质上是 Web 服务，通过标准化的 XML 消息传递操作，实现跨系统、跨平台的数据共享。服务集成一般采用两种主流架构，一种是较为传统的面向服务架构（service-oriented architecture，SOA）[30]，另一种是微服务架构（microservice architecture，MA）。下面简单介绍两种架构的基本概念，具体的技术细节会在第 4 篇技术篇中介绍。

面向服务架构，简称 SOA，其本质就是根据业务功能将整块系统分解为不同的子系统，分别提供不同的服务，并共享某些重要功能[31]。比如，对于一个数据库，其门户端包括一个 JavaWeb 的网站客户端，一个安卓 App 客户端，还有一个 iOS 客户端。假设现在需要从这个数据库中获取注册用户列表，如果不用 SOA 的服务集成思想，就会出现这样的问题：需要分别在 JavaWeb、安卓 App、iOS 客户端中各编写一个查询方法，以便从数据库中查询相应的用户数据，然后显示在客户端界面上。这样做的缺点是，查询方法会在三个客户端中重复，即三个地方实际上存在相同的业务代码，如果需要修改查询方式，则需要同时在三个地方修改，才能保证用户从任何一种客户端查询的结果都是一致的。要避免这种重复，可以采用 SOA 思想进行设计，即单独将注册用户查询作为一种服务建立在一个独立的服务器上，这样，JavaWeb、安卓 App、iOS 客户端可以各自独立访问这个服务器，实现注册用户查询功能。如果需要修改查询方式，则只需要修改这个服务器上的业务代码即可。其实质就是将应用系统中某些共性功能抽象出来，集成为一个独立的服务功能。当服务越来越多时，调用关系会变得非常复杂，从而需要服务治理进行管理。

微服务架构是一种全新的架构概念，其本质是选择合适的服务粒度以构建与业务需求相匹配的服务[32]。服务粒度过粗，成本虽然不高，但可能难以符合业务需求的基本要求；服务粒度过细，则能够灵活地适应需求的变化，但是可能会导致过高的成本。微服务架构可以克服 SOA 的许多缺点。例如 SOA 一般采用总线模式,这种模式往往是与某种技术栈强制绑定的,短时间内难以切换,成本过高,导致中小企业往往难以承担。而微服务架构则可通过一些协同工作小而自治的服务,大幅度降低切换成本,从而降低了开发门槛。

2.1.3 流程集成

流程集成,也称为业务流程集成(business process integration,BPI),是对各个业务应用系统中的功能进行集成,形成一个完整的业务流程。一个完整的业务流程往往涉及不同部门、不同角色的人员参与,需要在多个业务系统中协调管理[33]。例如,财务报销业务流程,首先,需要用户登录报销审批系统,在线填写报销单,并上传电子发票,提交报销申请;其次,财务人员收到线上提交的报销申请后,会登录财务系统审核报销单及电子发票,并进行付款冲账,系统会自动生成财务凭证以供存档。整个业务流程涉及报销申请和财务审核两个流程集成,形成业务流闭环。

组织缺乏业务流程集成往往会产生业务流程分散、职能管理混乱、系统功能缺失等问题[34]。例如,年终考核时,教师需要分别在科研系统、人事系统中重复录入个人发表论文、出版专著、申请专利、获批项目的情况。由于人为因素,往往造成两个系统数据不一致。由于流程系统相对独立,将两个系统进行整合难度大。要解决上述问题,需要独立开发一个教师成果库系统,设置教师、科研管理人员、人事管理人员等不同角色,教师通过身份认证后可以登录系统,录入数据并提交,科研管理人员负责审核数据,如果发现错误或遗漏,可以退回让教师进行修正和补充,人事管理人员可以访问查询数据,并根据科研完成情况进行考核评价。通过将上述三个流程进行集成,形成一个业务流闭环,能够避免科研、人事两个系统的重复录入及可能造成的数据不一致等问题。

2.1.4 数据集成

数据集成并非是简单地将数据存储在一起。在现实中,数据往往呈现多源异构的特征,即数据来源不同、格式多样、结构相异。如何将多源异构的数据在逻辑上或物理上有机地集中起来,方便数据共享和使用,并使相互关联的多源异构数据形成整体上的一致性,打破数据孤岛,是数据集成所要解决的核心问题[35]。数据集成可分为以下三种模式:数据复制、数据联邦和接口集成。

数据复制模式本质上是一种数据转换和传输的基础结构,主要用于保持不同数据库间数据模型的一致性。由于不同的数据库可能采用不同的数据模型和管理模式,往往导致数据无法在不同的数据库之间进行转换和传输,从而阻碍了数据在不同数据库之间的共享。因此,需要通过数据复制以屏蔽不同数据库之间的数据模型与管理模式差异。

数据联邦模式是通过在多个分布部署的数据库和应用之间构建一个中间件层，利用该层与每一个后台数据库的自带接口相连接，将多个数据库的映射集成为虚拟数据库，从而可通过调用该虚拟数据库实现数据应用（图2-1）[36]。虚拟数据库由多个数据仓库或者原数据库的映射组成，由数据仓库为其提供历史数据，原数据库为其提供实时数据，同时原数据库通过数据仓库技术（Extract Transform Load，ETL）为数据仓库提供关联数据。该虚拟数据库的主要作用是在中间件中形成一种统一的虚拟模型，从而能将多种数据类型表示为统一的数据模型，方便信息交换。用户只需要通过一个定义良好的接口即可访问任何相连的数据库，因此，数据联邦模式提供了一种利用统一接口进行数据集成的方法。

图2-1　数据联邦模式

接口集成模式是目前应用最广泛的集成方法。其作用在接口端，利用应用接口实现对应用包和客户化应用的集成。其实现方式是基于连接应用包和客户自开发应用的适配器。这些适配器通过自身的开放或私有接口将信息从应用中提取出来，其优势在于可高效集成不同类型的应用。

2.2　数据集成架构

数据集成架构技术的演进是一个不断发展的过程。随着新技术的发展和企业业务需求的变化，数据集成架构经历了点对点集成、EDI集成、SOA集成和微服务集成四个阶段（表2-1）。这种技术进步源于业务的需求，但其所带来的价值同时也驱动着业务水平的提升。

表2-1 数据集成架构的发展阶段

阶段	第一阶段	第二阶段	第三阶段	第四阶段
架构	点对点集成	EDI集成	SOA集成	微服务集成
特点	（1）接口繁多 （2）结构复杂 （3）紧耦合 （4）扩展性差 （5）管理难度大	（1）适配器与数据源高度耦合 （2）扩展性差 （3）存在单点故障和性能瓶颈 （4）技术不标准	（1）松耦合 （2）跨平台 （3）跨语言 （4）高扩展性 （5）着重中央管理	（1）独立部署 （2）灵活扩展 （3）资源有效隔离 （4）着重分散管理

2.2.1 点对点集成架构

组织内部不同部门往往拥有各自的数据库，在某些情况下，需要用户在每个数据库中重复录入新的数据，不利于工作效率的提高。例如销售员需要在销售部的数据库中录入更新的销售数据以记录销售数额，同时需要把相同的数据录入人事部的数据库中以便于业绩考核。如果可以在两个相互独立的数据库之间建立点对点的连接，实现数据共享，则可大幅度减少重复工作。点对点集成架构采用点对点的方式开发接口程序，可将需要进行数据共享的数据库系统一对一地集成起来，是最早出现的一种应用集成模式（图2-2）[37]。

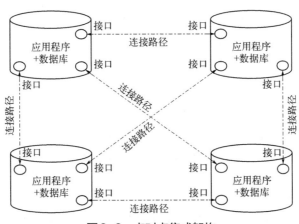

图2-2 点对点集成架构

点对点集成架构适用于连接对象较少的情况，具有简单、高效、开发周期短、技术难度低的优势[38]。但随着连接对象数量的递增，连接路径的数量也会呈指数级增长，连接的复杂性和成本大幅度增加，其优势逐步丧失，缺陷反而逐渐显现，主要表现为：①由于连接对象过多，接口繁复，连接路径混乱，连接复杂性和难度加剧；②点对点集成仅能支持一对一数据交换，如果交换协议不一致，则会导致应用开发十分困难，如果数据库沟通语言、文字、格式、方法等存在差异，则要求每一个连接方都需要同时支持和维护多种连接方式；③点对点集成具有紧耦合的特征，即当某一个连接发生变化时，与其相关联的接口程序均需要重新开发或调试；④在多点互连情况下，其连接成本高、可维护性低。

2.2.2 基于EDI的集成架构

随着数据集成架构技术的发展，为解决点对点集成架构在面临多点互连情况下存在高开发成本、低可维护性的问题，出现了基于EDI的中间件方式集成架构，并逐渐取代了点对点的集成模式[39]。EDI的全称为electronic data interchange，即电子数据交换。基于EDI的中间件的拓扑结构不再是点对点集成所形成的无规则网状，而主要是Hub型的星形结构或总线结构，如图2-3所示。

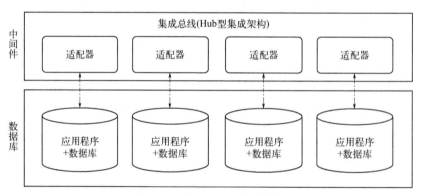

图2-3 基于EDI的集成架构

该集成架构将适配器集中在中间件中，每个适配器都与相对应的应用程序和数据库相连接，将原来复杂的网状结构简化为星形结构的Hub型集成架构，可显著减少专用集成代码的编写量，提高集成接口的可维护性，同时极大提升硬件的可靠性和可用性。相对于点对点集成模式来说，基于EDI的集成架构可通过Hub完全屏蔽不同连接对象在连接方式上的差异，无须考虑连接对象在数据库沟通语言、文字、格式、方法等方面上存在的差异。但由于缺乏统一的标准，基于EDI的集成架构也存在一定的缺陷[40]。由于不同软件公司所开发的中间件往往采用各自专有协议或接口规范，标准难以统一，因此不利于跨中间件的数据集成。进一步地，受中间件产品功能的限制，很难实现较复杂的业务流程集成，从而往往难以满足因业务变化而导致的数据信息系统调整需求。

2.2.3　SOA集成架构

中间件标准难以统一成为长期以来困扰集成架构开发的难题，随着Web技术及其服务规范的不断发展与日渐成熟，逐步形成了一系列Web标准或规范，例如UDDI、SOAP、WSDL、XML等，为统一中间件的标准提供了机会。SOA集成架构由此而生，其全称为service-oriented architecture，即面向服务的架构。它采用支持上述Web标准和规范的中间件产品作为集成平台，从而形成一种开放而又具有较高灵活性的应用集成方式。该架构属于松耦合的框架类型，具有如下特征：① SOA可将业务流程模块化为离散的业务功能，并形成标准化、可互动的服务；② SOA可将模块化、标准化的业务服务进行组合，形成复合应用以满足复杂多变的业务需求；③ SOA具备完整成熟的安全保障体系以满足松耦合集成实施时的安全需求。

SOA实质上是一种开发思想，其具体表现形式是ESB，全称为enterprise service bus，即企业服务总线，其是SOA落地的基础[41]。ESB本质上是一根管道，用来连接各个应用程序及数据库，可将多个业务子系统的公共调用部分抽离并整合为一个共用系统，降低了调用链路的复杂性，提高了业务随需而变的灵活性。它提供了服务注册、协议转换、服务编排、发布订阅等功能，支持将不同应用程序及其数据库的服务接口统一连接到ESB上，进行集中管控，为集成系统实现松耦合提供了架构保障，简化了系统的复杂性，降低了数据共享的成本（图2-4）。

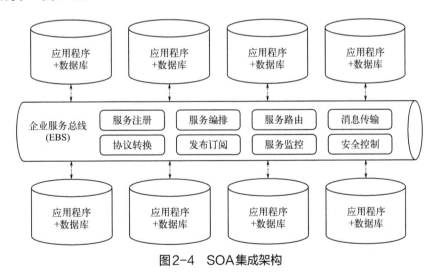

图2-4　SOA集成架构

EBS具有如下特征：① 其为使用者提供了一个封装的服务管理中心，让使用者无须顾虑传输协议、接口定义、物理位置、服务名称等问题，方便服务的提供；②其可起到平台监控的作用，能够提供服务的可靠性保证、流量控制、异常处理、数据调用、状态监控等功能；③其是一个转换和解耦的平台，支持协议和消息转换、路由的分支与聚合等；④其具有将服务进行编排和重组的功能，能将多个服务组合为一个新的服务。但当数据量过大时，EBS容易宕机导致多个系统无法正常运行，从而形成性能瓶颈[42]。

2.2.4 微服务集成架构

微服务集成架构本质上是对SOA的升级，其模块化的程度更高，强调业务需求彻底组件化及服务化，是一种去中心化的新型集成架构[43]。其核心概念——微服务（microservice），最早出现于2012年。James Lewes和Martin Flower于2014年发表了一篇题为 *Microservices: a definition of this new architectural term* 的博客，给出了微服务的清晰定义，被业界广为传播。在2015年之后，微服务的概念受到越来越多的关注并逐渐开始流行。

与微服务概念相对的是单体（monolithic）应用，即作为一个整体单元构建的应用程序，例如服务端程序，其优点是可以把应用封装成类、函数和模块，但缺点在于系统中发生任何修改都将导致服务端重新编译和部署新的版本。特别是将应用程序发布到云端时，变更周期会被捆绑在一起，因此对一小部分应用程序所做的修改，都需要重新编译和部署整个应用。这意味着开发者很难保持一个好的模块架构，使得单个模块的变更不会影响到其他模块，而且扩展时只能采用整体方式，无法根据需求进行部分扩展。

要解决上述问题，需要采用微服务集成架构。其将单体应用按照业务领域进行拆分，形成多个高内聚、低耦合的小型服务，每个服务运行在其独立的进程之中，可由不同的团队开发和维护，服务间采用轻量级通信机制，独立自动部署，可采用不同的语言及存储方式[44]。其类似于方舱医院的建设方式，将批量化、标准化生产的梁、板、柱、墙等构件（即单个服务）以拼乐高积木的方式拼合在一起，可大幅度提高施工速度和质量。其特征可用"小""独""轻""松"四个字来概括。"小"是指粒度小，专注于做好单一功能；"独"即具有独立的进程，可独立部署、独立运行，模块可独立重写；"轻"表示采用轻量级通信机制，例如HTTP Restful的接口，对服务器的配置要求低；"松"是指松耦合，即不依赖于其他服务，也不会在出现故障时对其他微服务造成影响，每个服务可按硬件资源的需求进行独立扩容。

Martin Flower在另一篇名为 *Microservice Premium* 的博客中进一步从生产率与复杂度的演变关系视角揭示了何种情况下应采用单体应用以及何种情况下应使用微服务架构（图2-5）。在复杂度较小时，单体应用在生产率上相较于微服务架构具有显著优势；但当复杂度达到一定规模时，单体应用的生产率开始急剧下降，甚至低于微服务架构；随着复杂度进一步升高，微服务架构的优势逐渐显现，此时对单体应用进行微服务化的拆分能够大幅提升生产率。

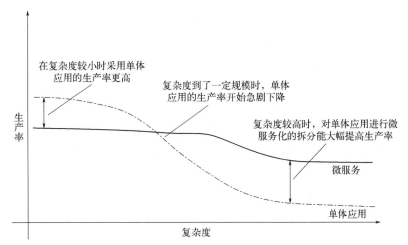

图2-5　单体应用与微服务架构在生产率与复杂度上的演变关系

图2-6进一步说明了如何将单体应用架构拆分为微服务架构。如图2-6（a）所示，在单体应用中，小程序、App、网站、管理后台等客户端各自需要维护一份代码，其中包括许多相同业务逻辑的重复代码。如果对某一功能进行了变更，则需要在所有的客户端进行修改。此外，多个客户端共用一个数据库，容易出现性能瓶颈，一旦数据库出现故障，整个系统都会瘫痪。为此，可采用微服务架构重构整个系统，如图2-6（b）所示。改造之后，数据库根据业务需求进行拆分，不再存在单点问题，系统稳健性大幅提高，系统耦合性显著降低，功能独立性提高，可扩展性增强，不同的开发团队可专注于各自负责的微服务功能，互不影响；单体应用中前后端分离，业务逻辑模块化更加清晰，大幅减少代码重复。

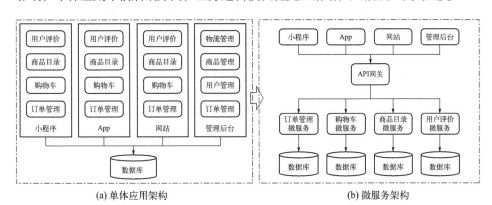

图2-6　单体应用架构与微服务架构对比

2.3 数据集成模式

数据集成模式主要包括中间件交换模式、主数据集成模式、数据库应用模式和数据湖应用模式。这四种集成模式分别适用于不同的使用场景，但在目的上均是解决数据交换共享和使用的问题，只是其技术着重点不同而已。

2.3.1 中间件交换模式

对不同来源、格式和特性的数据往往需要一个中间平台来进行转换、加载、处理，以提供统一的高层访问服务，实现各种异构数据的共享。实现这一功能的平台则称为中间件，其可支持多源异构数据在逻辑上和物理上进行有机集成，并提供数据抽取、数据清洗、数据转换、数据装载等服务。具有代表性的中间件是数据仓库技术（extract-transform-load，ETL）工具（图2-7）[45]。

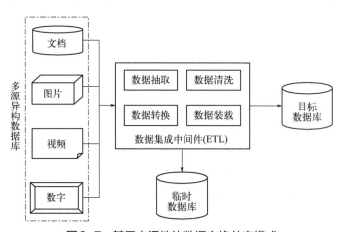

图2-7　基于中间件的数据交换共享模式

ETL被广泛应用在数据仓库、数据湖、数据资产管理等项目中，是一种批量数据处理技术，可依据统一的规则对多源异构数据进行集成，实现将多源异构数据从数据源向目标数据库转化的过程[46]。其为应用软件的开发提供了便捷。前端的软件开发者不用对多源异构数据进行处理，可以直接使用中间件提供的转换后的目标数据库中的数据，大幅缩短了开发周期，减少了开发成本。也就是说需要利用数据开发应用的人，不需要知道底层逻辑的具体实现，直接拿中间件提供的转换数据来用就可以了。这就好比开了一家牛排店，周边有很多屠宰场，想要选一家价格优惠又能供应优质牛肉的屠宰场，往往需要花大量时间一家一家对比。即使选中了一家性价比高的，由于市场随时间不断变化，一段时间之后可能会有更好的屠宰场出现。这时想要重新和新的屠宰场合作，在进货方式、交易方式等方面又要重新进行适配。如果有一家专门整合屠宰场资源的第三方代理机构（即中间件），则只需要与代理机构合作，由代理机构负责根据需求选择合适的屠宰场供应优质牛肉，店家直接从代理机构进货即可。这就是中间件的基本思想。

2.3.2　主数据集成模式

主数据是组织中的底层数据，对各项业务起到支撑性的作用，往往具有高度共享性、唯一性、长期稳定性和业务关键性等特点。对主数据进行集成，能够统一数据标准、提高数据质量、规范数据规则、降低运营成本，减少一物多码、一码多物出现的概率[47]。主数据集成模式本质上也是一种类似于中间件的数据交换共享模式，只是其是针对组织内部的核心数据，通过构建一个统一的主数据管理系统，进行数据整合、数据清洗、数据转换、数据映射，并向不同的业务数据库分发数据，如图2-8所示。

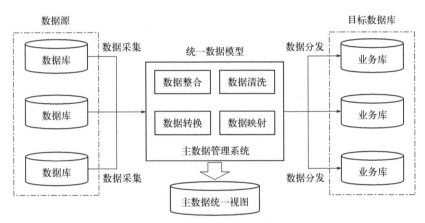

图2-8　主数据集成模式

主数据集成通过统一数据标准、业务定义、数据规则，可大幅简化业务流程，提高流程效率。其通过整合组织内部不同部门的多个数据库，可形成统一的主数据管理系统[48]。该系统可生成主数据统一视图，并向不同的业务数据库分发处理好的数据，以确保核心数据在各系统之间的一致性、正确性、完整性和及时性。

2.3.3　数据库应用模式

数据库应用模式又称为数据仓库应用模式，其是一种从数据源采集数据，构建数据仓库，再到开发数据应用的三层次数据管理模式[49]。之所以需要数据仓库，是因为数据源往往具有多源异构的特征，直接对其进行应用开发难度较大。因此，应先对多源异构数据利用ETL工具进行抽取、转换、清洗、装载等处理，集成为数据仓库，将不同的数据源在更高的抽象层次上进行整合，并按实际业务需求，构建面向主题的数据集市，使相应数据围绕某一主题进行组织，例如服装主题、生活主题、电器主题、采购主题、客户主题、销售主题等。此外，数据仓库可以不断动态更新和集成新的主题数据，并反映出数据的历史变化情况。

数据仓库的应用架构包括数据源、数据仓库和数据应用三个部分，如图2-9所示。数据源包括组织内部数据（例如文档资料、ERP和CRM等）、业务系统和组织外部数据（例如购买的数据信息等）。数据仓库由元数据及不同主题的数据集市组成，其通过ETL工具将来自不同数据源的原始数据进行抽取、清洗、转换和装载等处理，消除了原始数据中的不一致性，最后按不同的主题汇总后形成数据集市。开发者或使用者可基于数据仓库中的各类主题数据进行开发和应用，形成数据报表、数据分析、数据挖掘、即席查询、联机分析处理（on-line analytical processing，OLAP）等功能[50]。

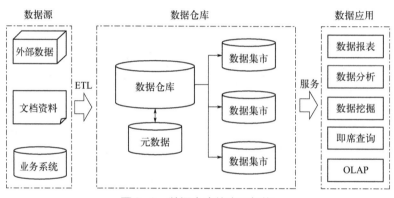

图2-9　数据仓库的应用架构

2.3.4　数据湖应用模式

数据湖是新一代的数据集成、管理和应用模式，其可以看作是对数据仓库概念的一种拓展，其目的是弥补数据仓库开发周期长、成本高、细节数据丢失、存在信息孤岛、出现问题无法溯源等缺陷[51]。

数据湖的产生源于大数据行业的不断发展。需要处理的数据量呈指数级增长，数据形式千变万化。对于数据仓库，由于需要对来自不同数据源的原始数据进行抽取、清洗、转换和装载等处理，需要的时间长、成本高，已经难以适应业务的需求。数据湖则直接以原始格式存储各种多源异构数据，并根据业务需求选择所需的数据进行清理和结构化处理，并以更加灵活的方式提供多种应用场景，其不但是对数据仓库的技术升级，更是数据管理的思维升级。

数据湖本质上是将数据仓库对于数据的采集、清洗、规范化处理延迟到有业务需求的时候再执行，其只要连上数据源就将原始数据全部入湖，即使业务随时间不断发生变化，数据模型也可相应改变，在灵活性上具备极大优势，为其机器学习、数据挖掘能力带来巨大潜力[52]。为了将大量数据入湖，其汇聚了多种数据存储和处理技术，包括数据仓库技术、实时和高速数据流技术、机器学习、分布式存储等。由于数据格式、数据定义会不断更新，为避免数据湖由于不加治理，退化为"数据沼泽"，还开发了智能数据目录功能，在数据入湖过程中便建立清晰的数据目录，利用ETL等技术分阶段对数据进行清洗和处理，不断净化数据湖的"水源"，应用机器学习等技术形成数据服务，持续提升数据湖的"水质"。在应用层面，除了可提供与数据仓库应用模式相类似的功能外，还可提供机器学习、SaaS服务等针对数据科学家、商业分析师等人员的数据应用服务，如图2-10所示。

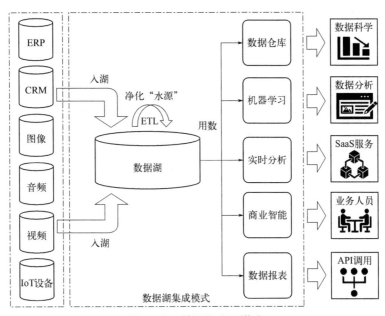

图2-10　数据湖应用模式

2.4　数据共享价值

数据作为一种客观存在，并非天然具有价值，而是在社会使用其过程中产生了价值。随着数据量的增加，其作为一种生产要素的价值得到进一步体现；通过数据集成与共享，这种价值能被更进一步放大。实施数据的互联互通的主体包括政府、企业和公众，其本身也是数据开放与共享的受益者。但目前，数据开放与共享面临数据孤岛、技术壁垒、法制缺失、数据标准不统一等诸多困境，亟待技术、制度和法律层面上的创新、改革和完善，这对大数据行业的开拓者们来说既是挑战又是机遇。

2.4.1 全球数据开放现状

2009年，联合国发布了"全球脉动"（global pulse）倡议项目，开启了世界范围内的大数据时代变革。从美国大数据战略，到英国数据权运动，再到新加坡大国数据治理，世界各国逐渐认识到数据开放与共享的重要战略意义，一改以往的封闭态势，纷纷开展数据开放运动，创建了"一站式"数据开放平台，即Data.gov。其中具有代表性的国家或经济共同体包括美国、英国、欧盟、新加坡和中国等。表2-2总结并对比了美国、英国、欧盟、新加坡和中国在大数据开放与共享机制发展方面的进展。

表2-2 一些国家及经济体在大数据开放与共享机制发展方面的进展

国家/经济体	数据开放战略与政策	数据开放与共享机制建设措施	交通数据共享现状	发展水平
美国	"开放政府计划""数字政府战略""IT战略计划""信息管理战略"相结合的四位一体战略体系（White House,2016年）	实施"信息高速公路""访问美国"等重大工程；建立各部门间层级式、平行式和区域式的数据共享合作等（U.S. department of state，2016年）	制订了美国"交通部开放政府计划"；美国交通部联合司法部、劳动部和美国消费者产品安全委员会推出了"安全数据社区"（safety.data.gov）（龙莎，2020年）	世界领先水平
英国	建立开放数据平台data.gov.uk（U.K. government, 2017年）	颁布《英国公共部门信息的原则》（information principles for the UK public sector）；向数据开放平台颁发"开放数据合格证书"，以确保共享的数据质量等（U.K. government, 2018年）	英国开放数据研究所（open data institute, ODI）将"交通"作为数据创新的优先领域（open data institute, 2018年）	世界领先水平
欧盟	顶层设计制定open government data(OGD)实施框架（Attard等, 2015年）	提出开放数据统一门户等战略性措施；落实数据保护的法律保障制度（Bertot等, 2014年）	欧洲数据门户（www.europeandataportal.eu）于2015年11月上线，交通领域的数据集数量高达上万个（european commission, 2019年）	世界先进水平

续表

国家/ 经济体	数据开放 战略与政策	数据开放与共享机制建 设措施	交通数据共享现状	发展 水平
新加坡	由GovTech打造国家数字化工程战略	启动"智慧国家"工程	建立交通开放大数据平台，改善公共交通服务	世界先进水平
中国	2015年国务院发布了《促进大数据发展行动纲要》，要求我国在2018年年底前建成政府数据统一开放平台（国务院，2015年）	《"十三五"国家信息化规划》将"数据资源共享开放行动"列入优先行动	2018年交通运输部办公厅发布《关于推进交通运输行业数据资源开发共享的实施意见》；交通运输部建立"出行云"平台，成为我国首个国家层面的交通行业大数据开放平台；滴滴出行向地方交通管理部门开放"滴滴交通信息平台"	取得一定进展，但尚处于发展阶段

当然，在数据开放的同时也面临着隐私保护、泄密风险等挑战，这意味着数据开放并非是无边界、无限制的，而是需要以保障国家和公共安全、社会稳定为前提的。针对涉及国家和公共安全、商业机密、个人隐私的具有敏感性、机密性的数据，需要依靠合理、有效和可靠的规范与法律来管理。

2.4.2 政府数据开放价值

尽管腾讯、阿里巴巴、字节跳动、Amazon、Google、Facebook等互联网巨头掌握了大量数据，但大规模数据收集与处理的先驱其实是政府部门。早在19世纪80年代，由于电动读卡机的发明，大大缩短了人口普查数据录入的时间，使得美国政府仅用1年时间便完成了以往需要8年时间才能完成的人口普查工作，开启了政府进行大规模数据采集与利用的新纪元。

政府掌控的大量数据蕴藏了巨大的经济和社会价值，例如人口聚集数据可服务于企业的商业选址，交通流量及污染排放数据可用于引导公众绿色出行等。但由于存在数据孤岛、技术壁垒、法制缺失、数据标准不统一等问题，许多政府数据仍处于"沉睡"状态，其价值并未得到充分的发掘和利用，如何使这些沉睡的数据"苏醒"，成为各国政府当前面临的重大瓶颈问题。

美国作为全球开放数据运动的领导者，在加强开放政府数据与合作共享方面也一直走在世界前列[53]。截至2019年4月，其开放数据平台data.gov已发布23.8万个数据集，包括农业、气候、教育、能源、金融、健康、海洋、公共安全及科学研究等领域[80]。其大数据共享机制的核心是实现不同政府部门之间层级式（地方、州、联邦之间）、平行式（没有隶属关系的同级政府机关之间）和区域式（相邻的两个或者两个以上的区域内的政府）的数据共享合作[54, 55]。以美国交通部（department of transportation，DOT）为例，根据美国预算管理局（office of management and budget，OMB）颁布的《开放政府指令》要求："联邦政府各部门也应制订相应的开放政府计划"，DOT建立了跨部门协作小组，通过各部门间的合理分工和相互协作，制定本机构的《开放政府计划》，保证DOT开放数据工作的顺利开展[56]。在理论层面，Welch等（2016年）研究了技术管理能力和技术参与能力在美国地方政府数据共享中的作用[57]。Douglass（2014年）等提出了政府机构在数据共享实践和政策制定上应去除结构性障碍、加强数据管理的交互性[58]。

英国政府也是政府开放数据发展的先驱者。其在2010年便建立了政府开放数据门户网站data.gov.uk，开放的数据范围涉及交通、教育、经济、法律等15个领域[59, 60]。在随后几十年的发展进程中，其制定了一系列政策来促进政府开放数据的发展，并取得了一定的成效。这些措施包括：①发布《英国公共部门信息的原则》，推动数据标准化建设；②向数据开放平台颁发"开放数据合格证书"，以确保共享的数据质量；③构建数据链接服务以支持企业发展和创新；④英国开放数据研究所（open data institute，ODI）将"交通"作为数据创新的优先领域，以促进公共交通的发展；⑤对公众进行政府数据需求调查，以用户需求为导向，改进数据共享内容；⑥使数据开放平台提供多种数据格式，以满足多元的用户数据需求；⑦引入公众参与机制，实现数据增值利用[61]。

为适应当代大数据技术环境的新变化，欧盟针对自身在全世界开放政府数据（open government data，OGD）运动中的位置，根据OGD的基本理念和原则，通过系统科学的顶层设计制定了切实可行的OGD实施框架。与此同时，欧盟落实了欧洲数据保护监管人等相关的机制设施和法律保障制度，并将其OGD运动纳入欧盟整体大数据战略之中。此外，欧盟为应对自身在OGD运动中出现的问题和面对的挑战，提出了开放数据统一门户等战略性的措施[62-64]。

2014年，新加坡政府宣布由GovTech（政府科技部）启动"智慧国家"工程，通过全国范围的传感器进行数据采集和分析，更好地掌握各项目事务（例如交通状况、空气质量）的实时信息，包括五大重点领域的数字化工程：交通、居住环境、商业效率、医疗和养老及政府服务。整个计划并不全部依赖政府的工程建设。政府通过提供必要的基础设施、测试环境、海量数据、培训津贴、科研支持，以及各种优惠政策来积极鼓励个人、初创企业以及成熟企业创新和实施技术方案，与政府各部门一同打造新加坡的智慧未来[65-67]。

中国政府信息共享与数据开放经历了起步、过渡和全新三大阶段，在政策法规、信息收集、平台建设和地方践行等方面都取得了不小的成绩，但也暴露出了政府信息共享的共识尚未达成、平台建设滞后、安全隐患频出、障碍因素多发四大问题[67]。相比较于西方发达国家开放政府的实践，我国大数据开放与共享机制尚处于发展阶段，还未建立健全的共享开放体系[68]。究其原因，是利益纠葛、标准分歧、监管缺位和从业人员共享意识淡薄四重因素交织的结果[69]。截至2021年10月，我国已有193个省级和城市的地方政府上线了数据开放平台，并且与国家数据共享交换平台实现对接，汇集数据资源目录，建立了数据共享"大通道"。

2.4.3 企业数据共享价值

由于企业所收集的数据往往涉及商业机密和个人隐私等信息，数据所有权原则上应属于用户，且目前数据交易的平台保障机制、法律法规尚不完善，因此大部分企业在数据共享上存在巨大的障碍[70]。企业的大数据共享在很大程度上仍依赖于政府的参与甚至主导。美国长期采用的是公私合作模式（public-private-partnership，PPP），包括政府主导型（如开展创新应用竞赛、合作建立试点项目）、企业主导型（如Airbnb开放民宿相关数据、Uber公开交通出行数据库）、政府主导市场化运作（如签订共享协议、召开网络研讨会）等。企业可以基于政府开放的数据资源，开展大数据领域的创新创业，激发大数据产业的活力，促进经济发展与就业。政企双方通过寻找利益共同点，构建合理的利益机制，厘清各自的角色定位，整合相互间的优势，从而实现互利共赢[55,71,72]。在理论方面，Mir研究了企业将数据共享给研究人员的具体框架，提出了"release-and-forget"与"forward-extensible"两种共享模式。Duhigg讨论了企业数据所涉及的个人隐私保护等敏感性问题[73]。孟椿智等探究了基于Kafka集群的数据搜索及共享机制在电力企业的应用[74]。

近年来，我国在政企合作（G2B）的数据共享模式上取得了显著成果。其中较有代表性的是交通运输部与百度、高德等企业共建的"出行云"平台，其将顶尖IT和互联网企业的技术及服务与交通运输行业资源和需求相结合，互通有无，共同服务公众出行，形成"互联网＋出行"服务平台。例如，河南省交通运输厅通过"出行云"平台和百度合作，在国庆节期间提前发布了"出行宝典"，对假期中收费站车流量、拥堵、两客一危车辆流向等内容进行大数据分析及出行预测，并向公众提供高速公路、城市主干道等道路的实时拥堵路段分析和人群热力实时监控等服务，为群众出行带来极大帮助。在九寨沟地震中，四川省交通运输厅通过"出行云"平台第一时间把掌握的道路阻断信息上传到百度和高德地图上，并及时发布绕行路线，使得公众可以根据最新道路情况及时调整路径规划，引导社会车辆分流。

2.4.4　用户数据共享价值

个人用户是数据产生的源头，政府和企业通过汇集个人用户数据，形成具有价值的大数据平台，并共享给有数据使用需求的用户。一般情况下，政府采集的个人用户数据属于公共数据，在确保国家安全和个人隐私不被侵犯的情况下，可用于公共服务；企业获取的个人用户数据属于非公共数据，需要征得个人用户的同意并由企业承担保护个人隐私的责任。

个人在大数据共享生态链中既可以是数据的提供者，也可以是数据的使用者。为加强政府与公众之间的合作，美国各行政部门和机构采取了多种方式和途径促进公众参与，包括采用众包方式（如"data.gov""cityofboston.gov""reboot.FCC.gov""HistoryHub"等）、举办在线竞赛（如challenge.gov在线竞赛网站）、启动数据消费项目（如"蓝纽扣""绿纽扣""我的学生数据"项目等）、利用社交媒体工具（如Facebook、Twitter、LinkedIn等）等[55]。但公众在大数据共享中，仍存在参与人群的多样性不足、参与主题有限、技术支撑障碍等问题。Davies和Bawa（2016年）指出，成功的开放数据举措需要政府与社会（企业与个人）之间的紧密互动，以形成一个有机的数据生态链系统[75]。Dawes等（2016年）提出了计划与设计开放政府数据生态链系统的方法[76]。Tolmie和Crabtree（2018年）系统研究了个人数据共享在实践中存在的问题并提出了解决办法[77]。Limba和Sidlauskas（2018年）分析了个人社交数据的安全管理问题，并提出了供个人用户与第三方平台进行数据交互的模型[78]。Milne等（2017年）针对个人数据共享的安全问题提出了敏感信息分类方法以识别不同人群的风险程度[79]。

第 3 章

数据生态系统

数据在人类社会中作为一种生产要素，其产生于用户，并在政府、企业和公众之间流通、使用和存储，形成数据生态产品与服务，以实现其经济价值。数据的流通、使用和存储离不开技术与法制的支撑，并与政府、企业和公众一起共同形成数据生态系统[80]。在数据生态系统中，数据是资源要素；政府、企业和公众是使用和产生数据的主体；技术和法制是促进数据开放、共享与流通的支撑要素；数据生态产品与服务是数据价值实现的衍生品；数据生态治理是保障数据生态平衡的关键方法（图3-1），也是当前所面临的重大问题。

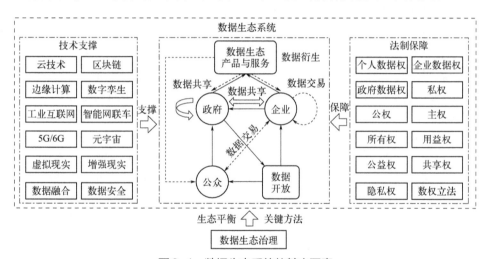

图3-1　数据生态系统的基本要素

3.1　生态链主体要素

在数据生态系统中，政府、企业和公众等主体要素不是孤立存在的，而是通过一条条在数据需求和市场机制作用下形成的生态链所连接的。在这些生态链中，既有数据的产生者，又有数据产品与服务的生产者和消费者，也有数据技术的提供者，还有数据互联互通的推动者和监管者[81, 82]。政府既可以是数据的产生者，也可以是数据产品与服务的生产者和消费者，还可以是数据互联互通的推动者和监管者；企业既可以是数据的产生者，也可以是数据产品与服务的生产者和消费者，还可以是数据技术的提供者；公众往往既是数据的产生者，同时也是数据产品和服务的消费者。数据生态系统的发展需要多方主体共同参与、各司其职、协调配合，在多重目标中寻求数据生态的动态平衡[83]。

3.1.1 政府部门

政府部门在数据生态系统中扮演着多重角色，并发挥着至关重要的作用。其本身也是数据的产生者，例如政府各部门在运行过程中所产生的部分政务数据。另外，政府部门还是数据产品与服务的生产者和消费者，例如杭州市政府联合阿里云发布的杭州城市数字大脑，其是一种基于大数据技术和人工智能的智慧城市数据产品，可实现对整个城市进行全局实时分析，自动调配公共资源，优化城市运行系统，并最终进化成为能够治理城市的超级人工智能[84,85]。该系统自2017年7月上线运行后，使杭州"中河-上塘高架"平均延误时间降低了15%，出行时间节省4.6分钟，萧山区5平方千米的试点区域内，平均通行速度提升超过15%，平均节省出行时间3分钟。

政府部门同时还是数据互联互通的推动者和监管者，对数据的开放、共享和交易负有公共责任。我国政府掌握着社会80%的数据资源。这些数据绝大部分属于公共数据资源，呈现出多样化、碎片化、分散化的特征，由于数据格式和标准未统一，缺乏技术支持和法制保障，且存在部门垄断利益等问题，政府各部门间存在严重的数据壁垒，极大阻碍了公共数据资源的开放、共享和互联互通。政府部门在数据生态系统中可以发挥疏通生态链的作用。具体来说，政府可以通过制定政策以支持大数据技术的发展，推动法制建设保障数据安全，实施机制改革打破部门间数据壁垒，引导企业合作促进数据标准的建立。

政府部门在数据生态系统中主要发挥三个关键作用：第一，在政府内部搭建共享平台，实现部门内部政务服务数据的互联互通和共享，提高政务服务效率和质量；第二，面向公众实现数据开放，即通过信息公开，合理、可控地将相关政府数据开放给社会公众，更好地挖掘数据的潜在价值，推动科技创新和数字经济发展；第三，完善重构政府数据治理制度体系，从以"网上政务"为核心的"数字政府1.0"时代，走向以"数据化运营"为核心的"数字政府2.0"时代，打通数据壁垒，实现数据协同，形成整个政务流程的再造，实现数据隐私保护和社会效益最大化之间的平衡。由政府主导的数据生态治理强调多元化参与，不仅包括政府数据治理，也包括企业数据战略和个人数据保护等，需要政府、企业、公众三方协同配合，共同挖掘数据的价值[86]。

3.1.2 企业机构

企业机构是数字经济的核心推动者，其在数据生态系统中的核心角色是数据产品与服务的生产者与提供者。企业的数据治理指的是企业对所拥有的数据资产的治理，这些数据资产也是企业资产的重要组成部分。企业数据治理需要在企业战略层面从上至下进行推动，通过建立组织架构，明确董事会、监事会、高级管理层及内设部门等职责要求，制定和实施系统化的制度、流程和方法，确保数据统一管理、高效运行，并在经营管理中充分发挥价值[87]。在全球信息化快速发展的大背景下，数字化转型已经成为传统企业面临的最为迫切的任务之一，而数据战略的制定则是数字化转型工作开展的首要工作，也是最为重要的工作。数据战略是组织开展数据工作的愿景、目的、目标和原则，是组织开展各项数据相关工作的宗旨和指引，同时也是引领企业数据治理的方向。通常企业在制定数据战略时会首要明确数据战略规划，即明确企业数据管理的愿景和目标，为了保证数据战略目标的可执行、可落地，会结合现状与愿景之间的差距分析制定战略任务，并明确实施路径。同时，后续要进行定量和定性的衡量，回顾和考核数据战略任务的完成情况。

另外，企业数据权属问题亦成为当前企业在数据共享、交易与服务方面所面临的重要难题。目前通用的做法是个人享有数据所有权，平台拥有数据用益权，也就是数据所有权与数据用益权二元分立的确权方式。这种确权方式符合经济学中帕累托改进原则，用户授权平台在保证其个人隐私不被泄露和滥用的情况下使用其数据，平台享受数据用益权，用户也能获得平台因为使用大量用户数据而带来的部分收益或更好的智能化服务，这是一种共赢模式。从理论上讲，按这种方式对个人数据进行确权是可行的，能够充分发挥数据要素的非竞争性、规模报酬递增等特征，并且可在此基础上建立配套的法律法规和行业标准，对促进数据要素交易与流通具有积极作用。另外，按这种确权方式对依赖数据进行运营的互联网企业和平台型公司几乎没有影响，反而明确了这些公司享有数据用益权，并且可对数据的隐私保护、流通及交易提供法律依据[88]。

但数据所有权与数据用益权二元分立的确权方式也存在问题。企业平台实质上并未向个人支付数据所有权的授权许可费用，而是免费使用，这使得互联网大数据公司通过用户的免费授权获得了大量有价值的数据，从而形成市场正的外部性，不利于数据生态系统的平衡发展。此外，如果承认数据用益权的绝对性，则可能排斥其他平台对数据的使用，从而形成数据壁垒，并进一步催生数据垄断，不利于数据的共享和价值实现。当然用户可以通过再授权、许可，让其他平台获取数据，但是这样会占据用户的时间，产生重复劳动，降低了数据共享的效率。已有平台的用益权，是否应构成数据壁垒尚存争议。在数字经济时代，从法制上考虑，数据用益权不可能无限制地共享，必然需要受到一定限制，但是从目前的宪法中难以找到限制的理由和程度。这些问题是否能得到合理的解决对数据生态系统的发展至关重要。

企业机构所创造的数据生态产品和服务是一种凝结在数据之上的劳动价值，如何给其确权是一个迫在眉睫的问题。当前，由于法律上没有明确数据的权属，如何处理行为红线，如何分配安全责任，尚无定论。这对数据流通、市场交易等产生了很大障碍。由于数据权属的划分不够清晰，部分互联网企业平台存在滥采个人数据、设置数据流通壁垒、实施数据垄断、进行"平台二选一"等破坏市场秩序的行为[89]。部分大型企业平台还借助自身的优势进行自我优待，来封杀数据生态系统之中的中小企业，这对整个市场经济秩序的破坏性较大，甚至会导致中小企业失去各种发展的可能。进一步地，企业平台之间的屏蔽阻断了用户之间的共享，增加了用户使用的各种成本，限制了用户选择权，最终将损害消费者的合法权益，并严重阻碍数据市场和数字经济的健康发展。

阻碍数据在政府和企业、企业和企业间互联互通的另一个重要因素是数据缺乏统一的行业标准。企业可通过建立统一的、权威的数据规范在企业内部建立数据标准，并将数据标准落实到系统开发中，保证系统中产生的数据都满足数据规范要求。但要在行业内建立数据标准则并非易事。事实上，大型企业平台通过实施数据垄断，有利于在行业内形成统一的数据标准，但这会破坏市场秩序。因此，行业数据标准的形成需要政府引导行业内的企业合作共建统一的数据标准。

3.1.3 个人用户

无数的个人用户形成公众，产生了海量用户数据，成为数字经济的主要参与者，同时也是数据产品和服务的消费者。个人用户数据能够实现几何级数的增长离不开全球互联网渗透率的不断提高[90]。同时，随着智能网联技术的发展，物联网环境下"无目的"的数据收集也将远远超过"有目的"的数据收集。在一定意义上，数据自动化记录正在成为人类社会各类设施设备的基本属性之一，高度数据化正在成为个体生活环境的基本特征。在这一必然趋势下，对个人信息的判断及其保护机制，以及对时代发展与技术创新的影响，也有必要重新思考和认知[91, 92]。一方面，企业通过挖掘用户数据实现有效的用户画像，不断优化客户的购物和服务体验；另一方面，个人信息不断地被获取、存储、交易、利用，与之相关的数据泄露事件也可能发生，个人用户数据的隐私保护正在成为一种社会挑战。由于数据隐私泄露取证难、诉讼成本高等原因，用户维权过程一直异常艰难。在健全个人信息保护相关法律的同时，加强对公众的信息保护教育和提高其自我保护意识、完善消费者数据维权渠道也十分重要。

在数字经济时代，作为数据生态系统中主体之一的个人用户一方面依赖企业提供的各种便捷的数据生态产品和服务，另一方面，在企业提供数据产品和服务的过程中，所采集、生成的海量个人数据也成为企业商业模式创新和商业利益的主要来源。这意味着，没有互联网大数据企业提供的技术、平台和服务，个人用户的数据很难充分发挥出其价值；没有个人用户主体的参与，互联网大数据企业的商业模式也将成为无源之水[93]。

3.2　生态链流动模式

数据生态系统通过生态链连接政府、企业和公众，实现数据的互联互通。数据在数据生态链上主要通过数据开放、数据共享和数据交易三种模式进行流动，并通过数据价值链，经历"数据产生-数据储存-数据分析-数据应用"四个阶段，产生数据产品和服务，实现其数据价值[94]。

3.2.1　数据开放

数据开放是政府数据实现价值兑现的主要方式，其不但有利于数字经济的发展，也能够提升社会治理能力，同时还决定着国家间数字化较量的核心实力，以及大数据时代的全球竞争力格局。为此，长期以来，美国、英国等国家都在积极探索政府数据开放的模式。中国80%以上的数据资源掌握在政府手中，但目前我国政府数据开放存在难点，数据孤岛、数据壁垒、数据垄断、标准不一、技术滞后、法制缺失等问题严重制约了数据开放的质量和效率，致使大量数据"沉睡"，未能充分实现其价值[95]。

要解决数据开放的瓶颈，需要打通数据开放的全生命周期生态链，是一个复杂的系统工程。通过建立国家级数据开放平台，逐步统一各地方数据开放平台的数据标准；通过数据开放机制改革，打破部门间存在的数据壁垒；通过政策支持大数据产业技术研发，为数据开放提供技术支持；推动完善数据确权与数据安全的法律法规，为公共数据的开放提供法律规范与保障；采用面向用户设计的数据开放平台，为企业、公众获取和使用数据提供便利。

数据开放的全生命周期生态链涵盖了数据从产生到实现价值的全过程，包括数据产生、数据采集、数据存储、数据集成、数据开放、产品开发、产品营销、产品使用、用户反馈、产品进化[95-97]。在这个全生命周期过程中，政府是数据开放的主导者，企业是数据产品的开发者，公众是数据产品的使用者，三者在生态链机制的作用下共同完成公共数据价值的实现，并形成一种动态的生态平衡，从政策、技术、法制三个维度不断进化每个环节，推动统一数据标准的形成，削弱数据壁垒的影响，促进技术水平的进步，完善法律规范与制度保障，如图3-2所示。

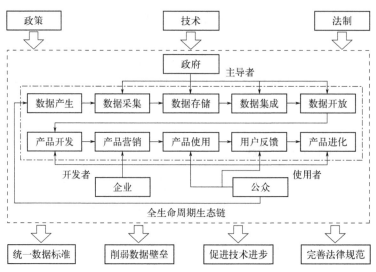

图3-2 数据开放的全生命周期生态链

3.2.2 数据共享

数据共享一般指政府或者企业内部不同区域、不同部门间的数据之间实现互联互通，是政府和企业数字化转型的关键。政府和企业内部各部门之间实现数据共享往往难以推进，比如"健康码"跨地区互通互认尽管已经推进多年，但仍然难以完全落地实现，"一码归一码""各认各码"等现象在部分地区依然存在，无形中增加了群众的出行成本，究其主要原因如下。

① 部门实施数据共享缺乏法律依据，导致共享哪些数据无据可依。尽管国家卫健委等早在2020年年底就已发文要求各地落实健康码全国互认、"一码通行"，国家标准委发布了《个人健康信息码》系列国标，为健康码统一化提供技术标准，国务院印发了《新冠肺炎疫情防控健康码管理与服务暂行办法》，要求各地严格健康码功能定位，不得扩大应用范围，但从现实情况来看，上述国家层面的决策部署和制度规定，在不少地方尚未得到严格执行[98, 99]。

② 如何进行数据共享缺乏技术上的保障和标准上的统一。例如各省份的健康码大数据是彼此独立存储的，数据存储的格式、使用的技术不同，跨地区进行共享往往需要对数据进行转换，增加了共享的成本，而这种数据共享成本由哪个部门来承担尚无相关规定和依据。

③ 共享的数据其使用权限和边界难以界定。所共享的数据应如何使用？哪些部门具有使用权？使用的边界是什么？这些问题尚无法律法规作为依据。

④ 数据共享往往面临潜在的安全风险，其责任界定缺乏法律法规的依据。例如，共享的数据被其他部门使用，可能会泄露敏感数据，这种风险是应该由

使用者承担还是由提供数据的原部门承担，尚无法律法规进行界定。

　　造成上述问题的根本原因在于政府和企业内部往往存在职责同构与条块分割的现象。所谓职责同构是指上级部门与下级部门往往具有相同的职能部门；所谓条块分割是指各个部门根据各自的职能进行履职，往往会出现各管一块的现象。这些现象反映到信息化方面来，表现出的就是低效配置、重复建设、资源分散、信息孤岛等。例如，为方便群众网上办事，需要建立一个统一的平台，但由于职责同构，各级政府（省、市、县、区）都在建平台，再加上条块分割，同一级政府各部门都要建设信息平台，造成群众办事时需要下载很多App或关注不同的微信公众号，用起来非常不方便[100]。

　　目前数据共享主要有"一对一"和"中心化"两种模式（图3-3）。"一对一"模式是一种较为传统的数据共享模式，其没有统一的数据集成平台，也没有基于数据目录交换的逻辑共享体系，需要两个部门通过一事一议的方式或由上级部门组织协调的方式来推进数据共享。许多情况下，"一对一"模式需要依靠部门领导之间的关系来维系，数据共享的可持续性不稳定，且一事一议的方式沟通成本较高[101]。"中心化"模式则是通过搭建一个数据共享交换平台，从物理上或者逻辑上实现数据的集成。任何部门需要使用数据，都可以通过数据共享交换平台进行调取，但这种模式往往会导致数据共享的需求不明确，数据质量难以保证，部门配合意愿不高等问题。

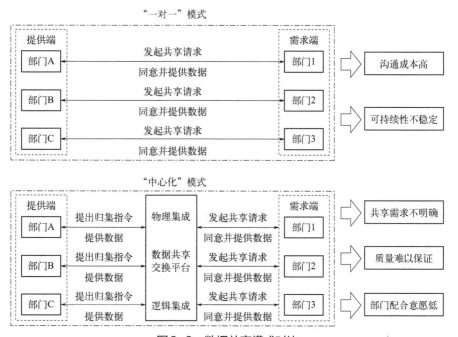

图3-3　数据共享模式对比

要破解数据共享的难题，其关键在于如何明确权属、解决信任、保证可追溯、实现可持续。为此，可在"中心化"模式基础上提出一种"三权分置"的跨部门数据共享模式（图3-4）[102, 103]。所谓"三权分置"是指数据归属权、共享管理权和使用权的划分设置。对于数据资源的所有者应赋予其数据归属权，包括存储、掌握数据资源，可对数据内容进行定义、解释的权利。对于数据共享交换平台的管理者应赋予数据共享管理权，包括决定数据能否共享、如何共享的权利。对于数据使用者应赋予数据使用权，包括数据的使用权限、范围和界限。这种"三权分置"的跨部门数据共享模式，既需要相应的制度规则来予以规范，也需要利用技术手段，例如区块链、智能合约等，将整个数据共享交换的过程管理起来，建立一个可信任、可追溯、可持续的数据共享模式。

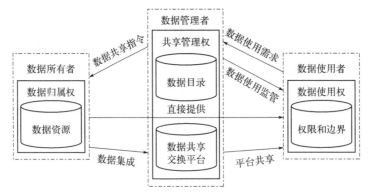

图3-4 "三权分置"的跨部门数据共享模式

3.2.3 数据交易

数据交易不同于数据开放与数据共享，是在市场机制作用下促进数据要素市场流通的基本方式。随着数字经济的迅速发展，我国各地以多种形式开展了关于数据交易的探索和实践。2015年4月，贵阳大数据交易所作为全国第一家大数据交易所被批准成立。在之后的几年中，武汉、哈尔滨、江苏、西安、广州、青岛、上海、浙江、沈阳、安徽、成都等地纷纷建立大数据交易所或交易中心，提供数据交易服务[101, 104]。目前，我国的数据交易机构已超过20个，均由各地政府或国家信息中心牵头协调，涌现出亚信数据、九次方大数据、数海科技、中润普达等一批数据运营服务企业，为数据交易提供技术和运营支持。

贵阳大数据交易所作为我国大数据交易先行者的主要代表，不仅在实践中对规则尚不明确的数据交易进行了有益的探索，而且尝试着制定数据交易的相关规则并付诸实践，积累了经验和教训，也取得了初步成效。它先后制定了《数据确权暂行管理办法》《数据交易结算制度》《数据源管理办法》《数据交易资格审核办法》《数据交易规范》《数据应用管理办法》等一系列交易规则，尽管在具体实践中仍存在较多争议，但这些制度规范为进一步完善数据交易规则奠定了良好的基础。

目前，数据交易的模式主要包括数据集市交易和数据增值服务两种类型。数据集市交易模式类似于传统的商品集市，交易机构主要将粗加工的原始数据直接进行交易，不对数据进行预处理或深度挖掘分析。在这种交易模式中，由于数据未进行加工处理，数据质量参差不齐、价值密度低，大部分数据需求难以精准匹配，后期提取、分析及加工的成本高，且存在一些"灰黑交易"，难以实现个人信息的有效保护。数据增值服务不是简单地进行基础数据资源的直接交易，而是根据特定用户的数据需求，对数据进行清洗、处理、加工、分析，形成定制化的数据产品和服务，为用户提供数据增值服务。这种数据交易模式能够精准匹配需求，且可为用户节约大量数据加工时间和分析成本。由于数据增值服务提供方需要签订服务协议，保障数据获取和处理的合法性，因此能有效保护数据隐私[105, 106]。

当前我国数据交易仍面临诸多问题尚未解决，主要包括以下几个方面。

① 可交易数据的范围尚未清晰界定。目前欧美国家主要将来源合法的非个人数据作为可交易的数据资源，不可交易数据则包括未经过处理的可识别的个人数据，为保护个人隐私和安全，这类数据应被禁止进行交易。

② 数据交易规则尚不明确。例如我国《网络安全法》规定个人信息不包括"经过处理无法识别特定个人且不能复原"的信息。但实践中，往往难以清晰界定"经过处理""无法识别""不能复原"等语义，造成各地认定标准不统一。

③ 数据交易监管机构缺失。我国数据交易涉及市场监管、公安、工信、网信等多个部门，但由于监管责任界定不清，监管的系统性和专业性不足，造成数据交易监管实际上处于缺位状态。市场准入、交易纠纷、隐私侵犯、数据滥用等问题"无人管理"，非法采集、交易、使用个人信息等"灰黑数据"产业长期存在，严重扰乱了数据交易市场秩序。因此，积极培育数据服务新业态，推动数据市场良性发展依然任重道远[107]。

3.3 生态链数据价值

数据价值不仅来源于数据本身，更来源于其所在的数据生态链所赋予的数据能力。数据生态链可以看作是对信息生态链这个概念的扩展。在信息生态链中，主要包括信息生产者、信息传递者和信息消费者三类信息人；而数据生态链是指利用各种技术资源来对数据进行访问获取、复制转移和分析利用而形成的关联链条，其利益相关者包括数据生产者、数据提供者、数据传递者、数据利用者和数据消费者，他们可以将数据的生产、组合、扩散传播、分解和监督管理结合在一起，实现多节点的联系互动，并不断演化与反馈构成生态链结构，进而促进数据价值的实现与提高。数据生态链既包括水平方向的数据交互协作，也包括垂直方向上的价值创造传递，是数据和价值持续互动的链式结构（图3-5）。

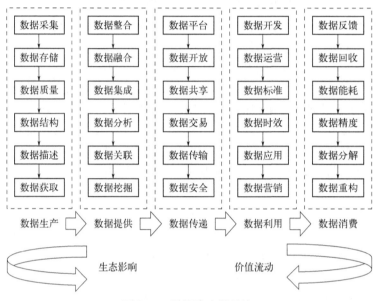

图3-5 数据生态链结构

其中数据生产活动是数据生态链运行的基础，该阶段的主要目的是完成原始数据的采集、处理、加工和整合，数据达到可实现数据流通的标准；数据提供的本质是数据公开，在这一阶段，数据的生产者或持有者通过对数据进行标准化、结构化地集成以提升数据交互的可能性，促进数据传播，从而获取效益；数据传递是数据生态链运行的核心环节，其依赖于技术支持与法制保障，同时也受其约束，以确保数据传播的完整性、准确性、高效性和安全性，形成可持续的数据生态；数据利用是数据价值实现的前提，统一数据标准可以降低数据的使用难度与转换成本，增强数据时效性可以提升数据获取与使用意愿，建立关联数据库可以提升数据主体间协同与数据使用频率，而精准性是提高数据质量与可用性的核心；数据消费活动伴随数据的使用而发生，是对数据价值的反馈，能够分解和重构数据内容[105, 106]。

3.3.1 数据资源性特征

数据具有明确的来源，可产生于个人、企业和政府，能被有效地采集，例如政府进行人口普查采集家庭信息，是一种可被量化的客观存在，且能够基于数据平台进行开发与应用，产生巨大的价值。因此，数据与土地、森林、石油、矿藏等一样，是一种重要资源[108]。从狭义上讲，数据资源是指数据本身，即政府与企业运作中积累下来的各种各样的数据记录，如户籍记录、出生记录、结婚登记记录、销售记录、人事记录、采购记录、财务数据和库存数据等。从广义上讲，数据资源涉及数据的生产、提供、传递、利用和消费的整个过程，包括数据本身、数据存储与传输的设备、数据管理系统、数据管理人员等。

数据作为一种有价值的资源存在于社会中，必然会被掌握于政府、企业或者个人手中，从而形成数据资产。资产依赖于产权的保护而被某一市场主体所拥有。在市场经济中，产权保护为推动市场经济发展和激发市场活力发挥了至关重要的作用[109,110]。在数字经济时代，数据资产同样依赖于产权保护来激发数据市场活力。由于数据资产具有可复制性、非排他性等特征，不同于市场经济的所有权与控制权的划分，数据资产的产权划分更适合采用所有权与用益权的方式来界定。

只有在产权保护下，数据资产才能实现大规模的长期积累，从而形成数据资本，这为数据产业化发展奠定了基础。数据产业化发展需要资本运作，数据资本由于具有非竞争性和不可替代性，其运作方式与实物资本将形成显著的区别。例如数据资本由于易于复制，其使用方可以无限多，但实物资本往往不能同时多方使用；不同的数据所包含的价值也不同，自然不可替代，而实物资本由于可以标准化，往往易于替换。数据资产与数据资本是数据生态链的衍生品，其进一步为数字产业化与产业数字化的发展奠定基础。数据生态系统最终通过数字产业化与产业数字化实现从初级价值业态到高级价值业态的进化。

3.3.2 数字产业化发展

当数据资本以行业的形态聚集后，便为数字产业化的发展奠定了基础条件。数字产业化是数字经济发展的基础。所谓数字产业化，通常意义上讲就是通过现代信息技术的市场化应用，将数字化的知识和信息转化为生产要素，推动数字产业形成和发展。国家统计局公布的《数字经济及其核心产业统计分类（2021年）》从数字产业化和产业数字化两个方面，确定了数字经济的基本范围。其中数字产业化共分为4类，包括数字产品制造业、数字产品服务业、数字技术应用业、数字要素驱动业（图3-6）。产业数字化则为第5类，即数字化效率提升业。从经济结构来看，数字产业化与产业数字化共同构成了数字经济的核心内容。可以说，数字产业化是数字经济发展的先导产业，为数字经济发展提供技术、产品、服务和解决方案等。从产业类别来看，数字产业化对应于数字产业，为产业数字化发展提供数字技术、产品、服务、基础设施和解决方案的产业类别；而产业数字化对应于数字融合产业，即应用数字技术与数据资源为传统产业带来产出增加和效率提升，是数字技术与传统产业融合后的产业形态。

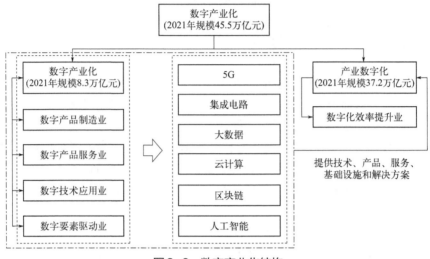

图3-6 数字产业化结构

我国数字产业化规模自2016年起稳步增长，2021年达到8.3万亿元，同比名义增长11.9%，占GDP比重为7.3%，与上年基本持平，其中，信息与通信技术服务部分在数字产业化的主导地位更加巩固，软件产业和互联网行业在其中的占比持续小幅提升（图3-7）。在"十四五"规划期间，国家将进一步聚焦高端芯片、操作系统、人工智能算法、传感器等关键领域，加快推进基础理论、基础算法、装备材料等研发突破与迭代应用。加强通用处理器、云计算系统和软件核心技术一体化研发。加快布局量子计算、量子通信、神经芯片、DNA存储等前沿技术，加强信息科学与生命科学、材料等基础学科的交叉创新，支持数字技术开源社区等创新联合体发展，完善开源知识产权和法律体

图3-7 数字产业化与产业数字化规模增长趋势

系，鼓励企业开放软件源代码、硬件设计和应用服务。培育壮大人工智能、大数据、区块链、云计算、网络安全等新兴数字产业，提升通信设备、核心电子元器件、关键软件等产业水平[111, 112]。构建基于5G的应用场景和产业生态，在智能交通、智慧物流、智慧能源、智慧医疗等重点领域开展试点示范。鼓励企业开放搜索、电商、社交等数据，发展第三方大数据服务产业。促进共享经济、平台经济健康发展。促进数据要素的产业化、商业化和市场化。

3.3.3 产业数字化趋势

产业数字化本质上是数字经济的延伸部分，是指在新一代数字科技支撑和引领下，以数据为关键要素，以价值释放为核心，以数据赋能为主线，对产业链上下游的全要素数字化升级、转型和再造的过程。简单来说，产业数字化可以理解为传统产业的数字化转型，其中客体是数字技术和数据资源，也包括数字产业化所提供的技术、产品、基础设施和解决方案，主体多是需要提升生产数量与效率的传统产业。主体利用客体对其业务进行全链条升级改造的过程即为产业数字化。产业数字化同时也是我国实现碳达峰、碳中和目标的重要途径，其以新一代信息技术、先进互联网和人工智能技术为代表的数字技术创新过程贯穿产业创新的全过程，数字技术应用有利于驱动传统产业产出增加和效率提升，赋能产业结构升级[113, 114]。

产业数字化是推动数据生态系统向高级价值业态发展的重要途径，其包括但不限于工业互联网、两化融合、智能制造、车联网、平台经济等融合型新产业、新模式、新业态（图3-8）。从图3-7中可以看到，我国产业数字化规模自2016年以来高速增长，在2021年达到37.2万亿元，同比名义增长17.2%，占GDP比重为32.5%。各行各业已充分认识到发展数字经济的重要性，工业互联网成为制造业数字化转型的核心方法论，服务业数字化转型持续活跃，农业数字化转型初见成效。产业数字化的发展能够产生来自各行各业的海量数据，这反过来可为数字产业化提供源源不断的数据资源，进一步促进数字产业的繁

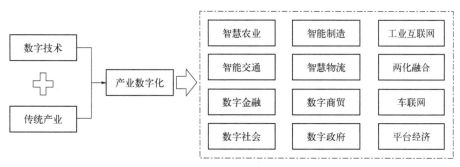

图3-8 产业数字化结构

荣，催生出更为丰富的数字产品制造业、数字产品服务业、数字技术应用业、数字要素驱动业等数据产业[115]。可以说，数字产业化和产业数字化之间存在的是一个相互促进、协同发展的关系。此外，数字技术与传感、仿生、人工智能、量子通信等新兴技术的不断融合创新，可进一步使不断增长的大数据信息流得以跨越空间和距离的限制，催生出智慧农业、智能制造、智能交通、智慧物流、数字金融、数字商贸、数字社会、数字政府等新业态，进一步推动社会生产力发展和生产关系的变革[116, 117]。

3.3.4 数字化战略意义

数字化战略是指导数据生态治理的根本依据，决定了数据生态治理的基本原则，反映在国家层面则是数字经济战略，在产业层面则是数字化转型，在企业层面则是数据战略。没有数字化战略的指导，数据生态治理就会失去目标和方向，出现相互矛盾的治理战术。如果数字化战略的方向错误，则数据生态治理的所有战术都是在推动整个数据生态系统朝着错误的方向发展。因此，确立正确的数字化战略具有至关重要的意义。数字化战略的主要内容包括数字化战略规划、数字化战略实施、数字化战略评估，具体内容如图3-9所示。

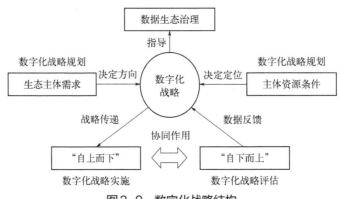

图3-9　数字化战略结构

数字化战略规划应依据两个方面的原则：①数据生态系统的主体需求；②数字化战略主体的资源条件。数据生态系统主体的需求决定了数字化战略的基本方向，而数字化战略主体的资源条件则确定了数字化战略的基本定位。以我国政府为例，当前在实现"双碳"目标背景下，国家的主要需求在于通过产业数字化升级，提高生产效率，降低能源消耗，减少企业碳排放。因此，党中央、国务院对发展数字经济形成系统部署，建立了横向联动、纵向贯通的数字经济战略体系，深度聚集云计算、大数据、物联网、工业互联网、区块链、人工智能、虚拟现实和增强现实等领域，推动数据赋能全产业链协同转型。在重点行业和区域建设若干国际水准的工业互联网平台和数字化转型促进中心，深化研发设计、生产制造、经营管理、市场服务等环节的数字化应用，培育发展个性定制、柔性制造等新模式，加快产业园区数字化改造。深入推进服务业数字化转型，培育众包设计、智慧物流、新零售等新增长点。加快发展智慧农业，推进农业生产经营和管理服务数字化改造。

数字化战略实施应依据"自上而下"的原则。所谓"自上而下"是指决策层进行顶层设计，管理层进行工作分解，执行层进行任务实施。决策层要确保顶层设计能准确无误地向管理层传达，管理层则要确保所制定的战术任务能够服从顶层战略的目标，执行层则需要严格按照管理层分配的任务保质保量地完成。当组织规模较大时，要做到这一点是十分困难的，往往存在各地区、各部门在传达执行的过程中存在差异，致使决策层的战略设计未能准确地反映到任务制定中，并由执行层切实落实。

数字化战略评估应依据"自下而上"的原则。所谓"自下而上"是指执行层在实施任务的过程中会得到需求方的反馈信息，并应及时向管理层汇报。管理层在收集并汇总执行层的反馈信息之后，应进行研究分析，并向决策层报告情况，为决策层修正战略提供数据依据。因此，"自下而上"与"自上而下"的原则是相辅相成、协同作用的，两者共同形成一种动态循环的数据流，不断修正数字化战略的方向，最终达到适应数据生态系统环境的目标。

3.3.5　数据文化与文明

数据生态系统的核心是人而不是数据。人可以产生、采集、存储、处理、利用、开发数据的价值。数据的价值只有依托社会才能体现，因此，培养人的数据思维对于发展数据生态系统十分重要。当组织内越来越多的人形成了数据思维时，组织便具备了数据文化。当数据生态系统内的组织均达到较高程度的数据文化时，数据生态系统便从缺乏先进技术、完善法制与成熟市场的数据"蛮荒"走向数据文明。数据文明是数据生态系统发展的高级形态，具备成熟的数据市场生态链体系、完善的法制保障和完整的技术支撑，同时系统中的个人具备先进的数据思维，组织具备成熟的数据文化，这些要素共同构成数据文明，是人类社会数字化战略发展的终极目标（图3-10）。

建立组织的数据文化是形成数据生态系统的高级形态，即数据文明的基础，而培养组织中个人的数据思维则是建立组织的数据文化的基础。一个组织中，如果决策人员没有数据思维，则很难确定正确的数字化战略；如果管理人员没有数据思维，则难以在团队中建立起数据文化；如果执行人员没有数据思维，则无法开发出满足业务需求的数据产品。可见结构化的群体数据思维形成数据文化，数据文化反过来可以促进数据生态系统中市场机制、技术支撑和法

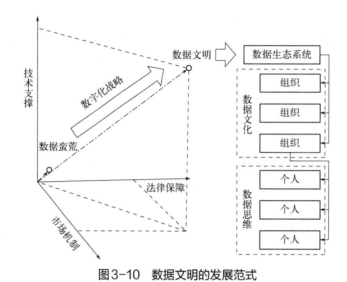

图3-10　数据文明的发展范式

制保障的不断完善与成熟，从而通过数字化战略推动数据生态系统向数据文明的高级形态发展。

要建立数据文明，需要大批具备数据思维的人才。培养具备数据思维的人才是一个系统工程，需要政府、学校、企业的共同协作。政府应大力支持大数据学科的建设与发展，为学校培养大数据人才创造良好的环境和充足的经费；学校应重视大数据专业人才的培养，为大数据专业的学生提供优质的平台进行学习和实践；企业应通过自上而下的方式推动数据文化的建立，吸引更多的大数据人才加入。这样，在政府支持下，会有更多的学校培养大数据人才。这些具备数据思维的人才进入社会，有的会在政府部门工作，有的留在学校，有的任职科研机构，有的去企业，还有的自主创业。他们会用他们所具备的数据思维影响整个社会，促进政府和企业的数字化转型，推动大数据技术进步，完善数权立法，通过数字化战略实现数据文明。

3.4　生态链支持要素

数据生态系统的可持续发展依赖于五大基本要素的支持，分别是政策激励、市场机制、人才培养、技术支撑和法制保障。根据克劳修斯提出的熵增定律，孤立系统总是趋向于熵增，从有序向无序的状态发展。数据如果不能有效实现互联互通，则容易产生数据孤岛等孤立系统，从而加速熵增。政策管理可以发挥促进数据生态系统中各子系统的互联互通，推动和规范数据的流通，从而形成开放系统，趋向熵减而达到有序状态；市场机制可以发挥优化配置数据资源的作用，提高数据开放、共享、交易、开发和应用的效率，加快数字产业化和产业数字化，从而推动数字经济的发展；人才培养则为数据生态系统提供一大批具备数据思维的人才队伍，从而形成数据文化，使数字化战略能被更多具备数据思维的人才以及具有数据文化的组织所实施落地，从而推动人类社会从数据"蛮荒"走向数据文明；技术支撑可为数据采集、存储、集成、传输、利用、回收、数据确权等提供技术基础和支持，使人类可以更高效、科学、安全、合法地使用大规模数据；法制保障包括数权立法、隐私保护等方面，通过法律法规保护个人或组织的数据所有权、用益权、隐私权等，对促进数字产业化和产业数字化具有重要意义。

3.4.1 政策管理

国家政府通过政策管理的方式，一方面可以激励地方政府和企业开放或者共享数据，削弱数据壁垒，另一方面可以规范数据流通，确保数据安全，保护个人隐私。目前比较有代表性的主要有两种数据生态系统的政策管理模式。一种是以美国为代表的基于政府引导的分布式行业自治模式。在这种模式中，政府引导各行业建立各自的监管机构，这些监管机构由政府和行业中主要企业的代表组成，共同制定行业的数据开放、共享、交易、使用、隐私保护的行为规范和指引。另一种是以欧盟为代表的基于政府专门机构的中心化直管模式。在这种模式下，欧洲议会和欧盟委员会通过联合设立欧盟数据保护监察机构，负责保护欧盟公民在个人数据处理方面的权益，并保障个人数据在欧盟成员国之间安全地自由流动。表3-1总结了近十多年来，全世界各国及经济体在提高数据开放水平和共享效率，促进数据安全保护方面所制定的政策管理机制。

表3-1 全世界各国及经济体关于数据生态治理的政策管理机制

序号	国家/经济体	政策	实施方案
1	美国	➢《透明与开放政府备忘录》（2009年） ➢《开放政府指令》（2009年）	➢设立联邦政府首席信息官、技术官和数据官（2009～2010年） ➢由联邦政府管理与预算办公室负责开放数据实施的协调并制定实际执行方案（2010年）
2	欧盟	➢《保护自动化处理个人数据公约》（1981年） ➢《个人数据保护指令》（1995年） ➢《一般数据保护条例》（2012～2018年）	➢设立欧盟监察专员办公室，由数据保护专员负责执行相关政策条例（2018年）

续表

序号	国家/经济体	政策	实施方案
3	英国	➤《保守的技术宣言》(2010年) ➤《开放数据白皮书：释放潜能》(2012年)	➤设立透明委员会，负责政府数据开放政策的制定（2012年） ➤建立开放数据研究所，分析英国政府数据开放现状，为政府提供政策建议
4	加拿大	➤《开放政府动议》(2011年)	➤设立开放政府指导委员会，负责制定数据开放政策（2014年） ➤在政府各部门设置首席信息官，负责协调部门间的数据共享和流通（2014年）
5	日本	➤《信息和通信技术的新战略》(2010年) ➤《促进电子政务的基本行动计划》(2011年) ➤《电子政务开放数据战略》(2012年)	➤组建IT战略本部，由首相亲自担任部长（2000年）
6	俄罗斯	➤《2002～2010年电子俄罗斯专项纲要》(2002年) ➤《2002～2004年信息化建设标准纲要》(2002年)	➤由国家信息化委员会负责协调信息化优先发展领域，制定建设标准，促进技术普及与应用（2002年）
7	德国	➤《德国ICT战略：数字德国2015》(2010年) ➤《高技术战略2020》(2013年) ➤《数字议程（2014～2017)》(2014年)	➤由内政部总体负责工业4.0数字化升级并协调规划（2014年） ➤在内政部设立首席信息官，负责技术推广与普及，促进数字经济发展（2014年）
8	法国	➤《数字法国2020》(2011年) ➤《数字化路线图》(2013年) ➤《法国政府大数据五项支持计划》(2013年)	➤设立法国互联网国家顾问委员会，由个人和国家机构人员组成，形成共同调控机制（2013年）
9	意大利	➤《电子政府行动计划》(2000年) ➤《意大利政府信息社会发展纲要》(2002年) ➤《E-GOV2012计划》(2009年)	➤设立意大利创新与技术部，部长兼任信息社会部长委员会主席，负责推动电子政务的实施与部门协调（2002年） ➤成立全国公共管理信息技术中心，负责向公众开放数据（2003年）

我国在推动数据开放与共享方面出台了一系列重要政策和条例（表3-2），对消除数据孤岛和打破数据壁垒发挥了重要作用。其中，国务院于2015年9月5日发布的《关于促进大数据发展的行动纲要》（国发 [2015] 50号），是确定我国信息化从2.0向3.0转型的纲领性文件，提出了我国信息化发展的基本思路，即首先盘活现有数据存量，推动政府部门数据共享，稳步推动公共数据开放，规划数据产业发展，统筹大数据基础设施建设。尽管表3-2中所列政策和条例对推动我国数据开放与共享起到了显著的作用，但目前我国仍处于数据生态系统的发展阶段，电子证照、数据确权、数据交易在技术和法制上尚未完善，部门之间的互信、互认和互通仍存阻碍，制约了跨部门、跨地区、跨层级业务的开展。

表3-2 我国推动数据开放与共享的重要政策和条例

序号	发布部门	政策	具体内容
1	国务院	《中华人民共和国电子签名法》（2005年）	规范电子签名行为 确立电子签名的法律效力 维护有关各方的合法权益
2	国务院	《中华人民共和国政府信息公开条例》（2007年） 《中华人民共和国政府信息公开条例（修订）》（2019年）	目的在于提高政府工作的透明度，建设法治政府，充分发挥政府信息对人民群众生产、生活和经济社会活动的服务作用 确定了公开的主体和范围 提出了主动公开和依申请公开两种数据开放形式
3	国务院	《关于促进大数据发展的行动纲要》（2015年）	盘活现有数据存量 推动部门数据共享 推动公共数据开放 规划数据产业发展 统筹基础设施建设
4	贵阳市政府	《贵阳市政府数据共享开放条例》（2017年） 《贵阳市政府数据共享开放实施办法》（2018年）	全国首部政府数据开放与共享的地方性条例 规定了政府相关部门的职责 制定了数据开放与共享平台的建设与管理办法 确定了数据共享的原则与规则 确立了数据开放与共享的监督保障与责任追究办法
5	上海市政府	《上海市公共数据开放暂行办法》（2019年）	开放服务和管理责任 数据开放和数据安全 国际通行原则和上海实际情况 统一平台开放和多元合作生态

3.4.2 市场机制

数据作为一种要素，成为数字经济发展的核心引擎。数据要素在市场中流通交易，以实现市场化的优化配置，这对促进数字经济的发展至关重要。我国针对数据要素市场的建设已经进行了战略性部署，并产生了一定的成效。2017年，习近平总书记在中共中央政治局第二次集体学习时强调"要构建以数据为关键要素的数字经济"，开启了数据要素市场建设的新征程；2019年，在党的十九届四中全会上，数据首次被增列为生产要素参与市场分配；2020年，中共中央、国务院发布了《关于构建更加完善的要素市场化配置体制机制的意见》，指出要加快培育数据要素市场，推进政府数据开放共享，提升社会数据资源价值，加强数据资源整合和安全保护；2021年，国务院印发《"十四五"数字经济发展规划》，强调要强化高质量数据要素供给，加快数据要素市场化流通，创新数据要素开发利用机制，催生新产业、新业态、新模式；2022年，习近平总书记在《求是》杂志发表署名文章《不断做强做优做大我国数字经济》，指出要规范数字经济发展，健全市场准入制度，建立全方位、多层次、立体化监管体系，推动数字经济和实体经济融合发展；2022年，《中共中央 国务院关于加快建设全国统一大市场的意见》发布，指出要建立数据要素流通交易的全国统一标准，推进数据要素市场健康发展，使其成为实体经济的重要支撑。

但目前，我国数据要素市场的发展仍面临诸多挑战。其一，数据要素较为分散、质量不高、价值化低；其二，数据要素市场缺乏激励机制，未能充分调动数据拥有者积极性；其三，由于缺乏有效的数据确权和定价的技术手段和法律保障，数据要素难以聚集为大规模的数据资产，数据资本市场尚未形成；其四，数据要素市场交易模式还处于探索阶段，数据要素交易的范围和机制尚需进一步完善，以最大程度激发数据要素市场的活力。

对比国内外数据要素市场的交易模式可以看出，美国的数据交易市场化较为充分，交易模式多样化，市场政策开放，市场机制较为完善，但其数字经济与实体经济之间的深度融合仍有提升空间；欧盟在数权立法方面处于国际领先水平，颁布了《通用数据保护条例》（General Data Protection Regulation，GDPR）《数据治理法案》等法律法规[118]，促进了数据要素市场公平化的发展，但由于其将工业时代的知识产权保护的办法沿用于数据要素流通，导致数据交易中产生的许多问题难以解决；在欧盟体系内，德国独树一帜，打造了数据空间，实现了空间内可信数据的流通，促进了数字经济与工业体系的融合，但其融合程度还有较大提升空间；日本在数据要素市场统一化方面较为先进，在2021年成立了日本数字厅，专门负责从国家层面监管数据市场交易。总体来看，目前各国对于数据要素市场的发展模式仍处于探索的初级阶段。

数据要素市场的建设主要涉及数据确权、流通和交易三个方面，应从机制、技术和法制三个层面着力建设。在机制层面，应建立有效的数据市场交易机制，降低需求匹配的成本，提高需求匹配的精准度，形成对市场参与者的充分激励；在技术层面，可通过应用分布式存储技术有效解决数据确权问题，运用区块链技术解决数据定价问题，利用隐私计算技术解决数据可信交易问题。贵阳大数据交易所作为全国乃至全球第一家大数据交易所，为促进数据要素流通，探索数据要素资源化、资产化、资本化的改革路径，培育数据要素流通产业生态做出了重要贡献。但从2015年正式挂牌运营至今，其也面临着真实成交量低，交易所业务几乎陷入停滞状态的困境。究其原因可以总结为以下几点：第一，其数据交易模式未对数据质量进行分类分级，导致优劣数据混杂在一起，降低了数据价值，使得优质数据的核心源头不愿继续合作；第二，由于贵阳大数据交易所是混合所有制企业，政府类数据未对其完全开放，导致其数据源不足；第三，其数据交易未建立统一的标准，交易系统存在漏洞，具有一定的数据安全风险，导致许多数据供应方不愿提供数据；第四，由于数权立法尚不完善，数据交易缺乏法律规范，导致"数据黑市"产业链猖獗，因其交易成本较低，使得大部分数据交易双方不愿到正规的数据交易所进行交易；第五，由于我国目前尚未规定数据交易的渠道必须通过数据交易所，导致大部分第三方数据平台都有自己的交易渠道，可以绕开数据交易所。要解决上述问题，需要从市场机制、技术支持和法制体系三个层面完善数据交易的管理机制，规范数据交易流程，加强数据交易监管，推进数据权属立法，明确数据所有权、用益权、使用权、管理权等权利的法律地位。通过确立数据权属，使数据所有者的数据资产得到法律保护，数据在被采集、交易、使用的过程中具有法律保障和技术支撑，有利于数据资产的聚积，从而形成数据资本，促进数据资本的产业生态发展。

3.4.3 人才培养

从数据"蛮荒"走向数据"文明"离不开数据文化的建立，而数据文化的形成则离不开大批具备数据思维的人才。根据麦肯锡的统计数据，到2025年，美国的大数据产业规模将增至2300亿美元；2021年，我国工信部发布"十四五"大数据产业发展规划，预计到2030年，我国大数据产业市场规模将突破6万亿元，但大数据人才的培养数量和速度远远达不到产业规模增速。预计到2030年，我国大数据人才需求总量在3000万人左右，核心人才缺口将高达500万人，会严重制约行业发展。

大数据人才的培养成为支撑我国大数据产业发展的核心要素。根据2022年的数据，我国大数据人才可分为硕士及以上（19.33%）、本科（65.45%）、专科（12.22%）、专科以下（3%）四个层次，专业来源主要包括计算机类（35.33%）、数理类（29.34%）、经济管理类（12.23%）及其他专业（23.1%）四大类。由于专业培养与社会需求存在一定程度脱节，大数据人才主要依靠社会招聘（65.21%），学校招聘（12.31%）、企业内培（12.37%）和其他方式（10.11%）的占比相对较低。

随着大数据产业规模的持续增长，我国大数据人才缺口不断扩大。为解决大数据人才供不应求，人才培养与岗位需求匹配性不高等问题，教育部大力推动高校教学改革，开展"新工科"建设，建立卓越工程师教育培养计划，设立产学研合作协同育人项目，通过多措并举，提升大数据人才培养的数量与质量。从2016年起部分本科院校陆续获批设立"数据科学与大数据技术""大数据管理与应用""数据计算及应用"等相关大数据专业，累计建设相关院校近八百多所，截至2023年年底，已累计培养大数据人才近40万人，但距离弥补我国大数据人才缺口仍有较大差距。

3.4.4 技术支撑

数据生态系统作为支持数据生命周期的全面框架，不仅需要高效地采集、存储和处理数据，还需要确保数据的质量、安全和可靠性。构建一个强大的数据生态系统是迎接数据挑战、实现创新和保持竞争力的必然选择，而这个系统的核心是技术支撑体系[119]。数据生态系统的技术支撑体系包括多种信息技术和工具，它们协同工作以收集、存储、处理、分析和共享数据。主要包括数据采集与存储、数据处理与分析、数据安全与隐私、数据质量与治理、数据交换与共享、数据可视化与报告、云计算和容器技术，以及数据监控与性能优化等方面的关键技术和工具（图3-11）。

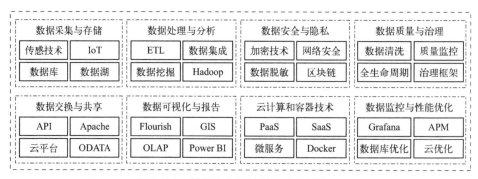

图3-11 数据生态系统的技术支撑体系

数据采集与存储技术是构建强大数据生态系统的关键组成部分。数据采集涵盖了从多源数据源获取信息的过程，借助工具如Flume、Logstash等，实现了对多样化数据的实时、高效采集。数据存储则聚焦于有效地存储、组织和管理采集到的数据。分布式存储系统如Hadoop HDFS、Amazon S3等提供了高度可扩展的存储解决方案，确保海量数据的安全性和可靠性。数据库管理系统（DBMS）如MySQL、MongoDB则支持结构化数据的灵活存储和快速检索。这些技术共同构筑了数据生态系统的基础，为后续的数据处理、分析和应用提供了可靠的基础设施。

数据处理与分析技术是数据生态系统的核心，旨在从大规模数据中提取价值。采用大数据处理框架如Apache Spark，实现对海量数据的高效处理。机器学习和人工智能工具（如TensorFlow、Scikit-Learn）则为数据挖掘、预测分析提供支持。数据可视化工具（如Tableau、Power BI）则将复杂数据转化为直观图表，助力决策。这些技术共同构筑了数据生态系统的智能分析层，为组织提供全面见解，推动数据驱动的决策和创新。

数据安全与隐私技术致力于确保数据在采集、存储、处理和传输的全生命周期内的安全性和隐私保护。采用数据加密与脱敏技术，有效防范未授权访问和数据泄露风险。强化访问控制和身份验证机制，确保只有授权用户能够访问敏感信息。合规性与审计工具定期监测和评估数据处理活动，确保符合法规和标准。通过这些技术手段，数据安全与隐私技术为组织提供了全面的保障，使其能够充分利用数据资源的同时保持对数据的控制和保护。

数据质量与治理技术关注确保数据的准确性、一致性和可靠性。数据质量评估工具如Trifacta、Informatica Data Quality能够检测和纠正数据中的错误，保障数据的高质量。数据治理框架包括制定治理政策、定义数据所有权、实施生命周期管理等，有助于建立有序的数据管理体系。元数据管理与分类工具帮助组织维护数据的元信息，促进数据的理解和共享。通过这些技术手段，数据质量与治理技术为组织提供了有效的手段，确保数据的可信度，提高决策的准确性和组织内外部数据共享的效率。

数据交换与共享技术致力于实现安全、高效的数据流动。数据交换协议如HTTP、FTP和MQTT提供了多样的传输方式，确保数据在不同系统之间可靠传递。数据共享平台如AWS Data Exchange和Azure Data Share为组织提供安全可控的平台，促进不同组织之间数据的便捷共享。同时，数据隐私保护技术采用隐私保护计算和数据脱敏等方式，确保在数据共享过程中保护用户隐私。这些技术共同构筑了一个开放而受控制的数据共享环境，推动组织间的合作与创新。

数据可视化与报告技术通过图形化呈现复杂数据，提供直观的视觉表达，帮助用户更便捷地理解和分析信息。如Tableau、Power BI等工具允许用户创建交互式仪表板和图表，将庞大的数据集转化为清晰而具有洞见的图形。这些工具支持实时数据更新和多维度的分析，助力决策者快速做出准确判断。数据可视化不仅使数据更具吸引力，而且为组织提供了更强大的决策支持，促进了信息的分享和理解。

云计算和容器技术是现代信息技术领域的重要支柱。云计算通过提供可扩展的计算、存储和服务资源，实现了按需获取和使用计算资源的灵活性，降低了IT管理成本。容器技术（如Docker、Kubernetes）则将应用及其依赖项打包成轻量级容器，实现跨环境一致性，简化了应用的部署和管理。这两者共同推动了应用的快速部署、弹性伸缩和跨云平台移植，为组织提供了更高的灵活性和效率，加速了创新和数字化转型的进程。

数据监控与性能优化技术致力于确保系统高效运行。监控工具如Prometheus、Grafana可实时追踪系统性能指标，提供全面的性能洞察。应用性能监控（APM）工具如New Relic允许追踪应用程序性能，发现和解决潜在问题。日志分析工具如ELK Stack实时监控日志，加速问题诊断。容器监控工具如cAdvisor监控容器性能。性能优化涉及代码、数据库和网络等多个层面，可采用工具如Profiler、索引优化、CDN等，以提升系统效能、负载均衡，保障用户体验。这些技术共同确保系统的稳定性、弹性和高效性。

3.4.5 法制保障

数据生态系统的法制保障体系是支持数据合法、合规和安全运作的基石。随着全球数字化的推进，各国将不断加强和完善相关法规，以适应不断变化的数据环境，保护个人隐私，促进数字经济的健康发展。建立健全的法制保障体系，将为数据生态系统的可持续发展和创新提供坚实的法律基础。数据生态系统的法制保障体系主要包括隐私法规、数据安全法律、知识产权法规以及数据治理法规等方面。

隐私法规主要包括欧盟的《通用数据保护条例》（*General Data Protection Regulation*，GDPR）[118]和美国的《加利福尼亚州消费者隐私法案》（*California Consumer Privacy Act*，CCPA）[120]。欧盟的GDPR是全球最为严格的隐私法规之一，规定了对于欧盟居民个人数据的处理标准。GDPR要求组织必须明示数据的用途，获得明确的同意，并提供随时访问和删除个人数据的权利。这个法规的推行对于全世界数据生态系统都产生了深远的影响，促使组织加强对个人隐私的尊重和保护。美国的CCPA是对于个人数据隐私的另一项重要法规。该法规赋予消费者更多关于其个人信息的控制权，要求组织透明地披露数据收集和共享的信息，同时提供选择拒绝个人信息被出售的权利。CCPA的实施对于数据驱动型企业在处理加利福尼亚州居民数据时提出了更高的法律要求。

数据安全法律主要包括数据保护法和电子签名法。各国和地区都制定了不同形式的数据保护法律，旨在确保对数据的安全保护。这些法律规定了组织在收集、存储、处理和传输数据时应当采取的措施，包括加密、访问控制、安全审计等，以防范数据泄露和滥用风险。为了确保数字交易的安全性和可靠性，电子签名法规定了电子签名的合法性和效力，这有助于在数据生态系统中推动数字化流程，提高交易的效率和安全性。

知识产权法规主要包括版权法和商标法。在数据生态系统中，涉及数据的创作和分享，因此保护知识产权尤为重要。版权法规定了对于数据、文档和其他创作的版权保护，确保原创者的权益。商标法保护了数据生态系统中的品牌标识，防止未经授权的商标使用和侵权行为。这有助于建立信誉和信任，推动数据产品和服务的发展。

数据治理法规主要包括数据保护法和数据采集法规。数据保护法旨在规范组织对数据的管理和使用，包括数据的采集、存储、分析和共享。这些法规强调了数据质量、数据安全和数据透明性等方面的要求，为组织提供了指导性的原则。数据采集法规规定了在何种情况下可以进行数据采集，以及应当遵循的伦理和法律标准，这有助于防止滥用个人数据和保护数据主体权益。

尽管数据生态系统的法制保障体系不断完善，但仍面临着一系列挑战。跨境数据流动的复杂性、技术创新的迅猛发展以及法规的滞后性都是当前面临的问题。未来，随着数字经济的不断壮大，数据生态系统的法制保障体系将需要更加灵活和创新的法规来适应不断变化的环境。

3.5 生态链系统分析

政府、企业和公众三者在数据生态系统中既是数据的收集者，又是数据的传输者，同时还是数据的消费者。三者在数据开放、数据共享和数据交易的过程中，基于市场与政策相结合的激励机制、自上而下的专项监督管理机制、基于全流程的动态质量保障机制，以及精准化的梯度式人才引进机制，可形成互利共赢的可持续的数据生态链系统。这一部分将阐释数据生态链系统的基本原理，基于系统动力学理论分析其内在机理，建立该生态链系统的系统动力学模型，并进行模拟仿真分析，根据分析的结果总结数据生态链系统的实现路径。

3.5.1 生态链系统基本原理

面向政府、企业与公众的数据生态链是基于数据主体，即政府、企业和公众之间通过数据流转形成的链式依存关系，如图3-12所示。企业和公众可在数据交易平台上进行私有数据交易；具有数据资源的企业与公众可向政府提供可开放的数据；同时政府各部门之间、政府与企业之间可进行内部数据共享；

政府对公共数据进行脱敏处理后可通过数据开放平台向企业、公众及政府各部门开放。数据开放能够为社会提供大量有价值的数据资源，政府和企业可在此基础上开发数据生态产品与服务，向公众（也包括一些政府部门和企业）提供服务，并获得经济效益或社会效益，公众（也包括一些政府部门和企业）从数据生态产品与服务中获得便利。数据开放改善了民生，会促使公众进一步向政府提供更多更有价值的数据；企业在经济效益的驱动下，会进一步向政府提供数据；政府获得了更多更有价值的数据资源，在民生改善的驱动下也会进一步提升数据开放的水平，从而有利于衍生出更丰富的数据生态产品与服务，人们生活得到更大改善。由此闭环，可实现政府、企业与个人之间的可持续的数据流通与利用。

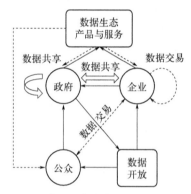

图3-12　数据共享生态链系统的基本原理

在数据生态链系统中，政府、企业和公众构成多重关联的参与者体系。这一系统中的参与者包括数据管理与治理机构、数据供应商、数据处理与分析服务提供商、数据消费者等。其中，数据管理与治理机构负责确保数据生态系统的合规性、可靠性和安全性，为生态系统提供规范和标准；数据供应商包括各类数据提供者、数据交易平台和数据服务提供商，负责提供各类数据资源，从传感器数据到市场趋势数据，为整个生态链系统注入数据源泉；数据处理与分析服务提供商专注于数据的处理和分析，包括大数据处理、机器学习、人工智能等领域，为数据生态系统提供高级分析和洞察力；数据消费者是数据生态链系统中直接受益于数据的一方，包括企业决策者、研究人员、开发者等，他们通过获取、分析和利用数据来支持业务决策、创新研究和应用开发。

基于面向政企及公众的数据共享机制和多层次数据共享标准化体系，建立三者有机结合的数据生态链系统，有助于政府部门消除数据共享壁垒，加强数据的安全监管，建立数据统一标准，实现各类数据资源的经济效益和社会效益，并通过有效的激励机制形成良性的可持续的数据生态链系统。

3.5.2 系统动力学机理分析

基于数据生态链系统的基本原理，可建立数据生态链系统的系统动力学因果关系，如图3-13所示。在激励机制作用下，政府部门的数据开放意愿会提高，同时企业和公众的数据提供意愿也会提升，进一步促进政府部门的数据开放意愿，从而增加开放数据的数量，使得数据开放平台有效数据存量也增长，企业可从数据开放平台获取的数据量增加。

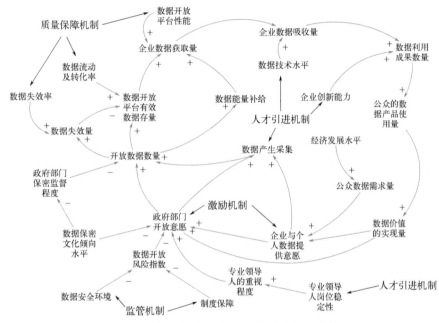

图3-13 数据生态链系统的系统动力学因果关系

在监管机制的作用下，数据安全环境水平和制度保障得到提高，能有效降低数据开放的风险指数，从而增加政府部门的数据开放意愿。另外，在质量保障机制作用下，数据失效率得到有效控制，从而减少数据失效量，同时数据流动及转化率得到提升，对增加数据开放平台有效数据存量起到正面作用。同时数据开放平台性能得到提高，有利于企业获取更多更有价值的数据，从而促进增加数据利用产生的成果数量，使公众能够享受到更丰富的数据生态产品和服务，实现数据的价值转化，这会进一步促进企业和公众提供数据的意愿。

此外，在人才引进机制作用下，企业的创新能力、数据技术水平和数据采集质量均可得到提高，从而促进数据开放数量、企业数据吸收量以及数据利用成果数量的增加，进一步促进生态闭环的形成。人才引进机制还可让更多的高层次专业数据人才进入稳定的领导岗位，提高政府对数据开放平台建设的重视程度,从而提升政府部门的数据开放意愿。在该生态链系统中,还考虑了经济发展水平、数据保密文化倾向水平等因素的影响。

3.5.3 系统动力学模型构建

根据数据生态链系统的系统动力学因果关系,利用Vensim PLE软件,可建立数据生态链系统的系统流图,对相关要素之间的影响关系进行量化分析,得出可供参考的政策建议,如图3-14所示。

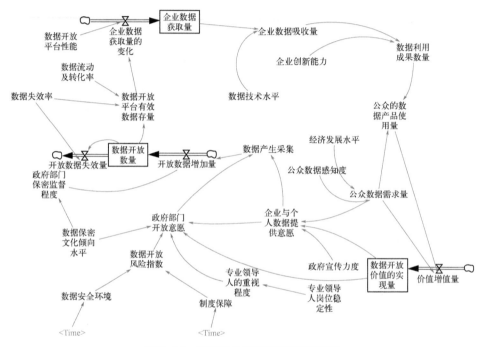

图3-14 数据生态链系统的系统流图

考虑到实际情况的复杂性,提出一系列基本假设,对模型做了适当简化,并对模型参数进行了初始设定,总仿真时长设置为60个月,步长为1个月,在经过多次预仿真的基础上最终确定仿真方程。为了对仿真模型中涉及的主要方程、相关参数及模型假设进行说明,给出如表3-3所示变量与参数符号定义。

表3-3 变量与参数符号定义

变量与参数	定义	变量与参数	定义
$D_{acquisition}$	数据产生采集	$D_{failure}$	开放数据失效量
$D_{failure\ rate}$	数据失效率	$D_{flow\ and\ conversion\ rate}$	数据流动及转化率
$D_{increment}$	开放数据增加量	D_{open}	数据开放数量

变量与参数	定义	变量与参数	定义
$D_{\text{platform performance}}$	数据开放平台性能	D_{risk}	数据开放风险指数
D_{secrecy}	数据保密文化倾向水平	$D_{\text{security environment}}$	数据安全环境
$D_{\text{technological level}}$	数据技术水平	$D_{\text{utilization results}}$	数据利用成果数量
D_{value}	数据开放价值的实现量	$D_{\text{value increment}}$	数据价值增值量
$D_{\text{valid inventory}}$	开放平台有效数据存量	$E_{\text{data acquisition changes}}$	企业数据获取量变化
$E_{\text{data acquisition}}$	企业数据获取量	$E_{\text{data absorption}}$	企业数据吸收量
$E_{\text{innovation ability}}$	企业创新能力	EP_{intend}	企业/个人数据提供意愿
$G_{\text{institutional guarantee}}$	制度保障	$G_{\text{open intend}}$	政府部门开放意愿
$G_{\text{publicity}}$	政府宣传力度	G_{secrecy}	政府部门保密监督程度
$L_{\text{importance}}$	专业领导人的重视程度	$L_{\text{stability}}$	领导人岗位稳定性
$P_{\text{data demand}}$	公众数据需求量	$P_{\text{product usage}}$	公众数据产品使用量

基于上述变量与参数的定义，建立如下关系方程。

① 假设政府部门开放意愿与数据保密文化倾向水平和数据开放风险指数成反比关系，建立如下方程。

$$G_{\text{open intend}} = (1-D_{\text{secrecy}})D_{\text{value}}(1-D_{\text{risk}})L_{\text{importance}}EP_{\text{intend}}$$

② 企业与个人数据提供意愿受公众数据需求量、政府宣传力度、数据开放价值的实现量影响，方程如下。

$$EP_{\text{intend}} = P_{\text{data demand}}G_{\text{publicity}}D_{\text{value}}$$

③ 数据产生采集与政府部门开放意愿、企业与个人数据提供意愿成正比关系，由线性函数表示。

$$D_{\text{acquisition}} = G_{\text{open intend}}\times0.45+EP_{\text{intend}}\times0.45$$

④ 开放数据增加量与政府部门保密监督程度呈负相关。

$$D_{\text{increment}} = D_{\text{acquisition}}(1-G_{\text{secrecy}})$$

⑤ 将政府开放数据数量初始量设置为600，则有

$$D_{\text{open}} = \text{INTEG}(D_{\text{increment}}-D_{\text{failure}}, 600)$$

⑥ 用阶跃函数模拟政府开放数据失效量，设从第5个时间单位开始，开放政府数据出现失效现象，则有

$$D_{\text{failure}} = \text{STEP}(D_{\text{open}}D_{\text{failure rate}}, 5)$$

⑦ 数据保密文化倾向严重时会加强政府部门保密监督程度，但由于文化产生倾向具有一定延时性，因此，使用了一阶信息延迟函数模拟整个过程。

$$G_{secrecy} = \frac{\text{SMOOTHI}(D_{secrecy} \times 2.5, 2)}{1000}$$

⑧ 政府部门汇集大量的原始数据，需要经过保密审查和脱敏处理后，将应当开放的数据通过数据开放平台向社会开放，因此使用一阶信息延迟函数模拟整个过程。

$$D_{valid\ inventory} = \text{SMOOTHI}[D_{open}(1 - D_{failure\ rate})D_{flow\ and\ conversion\ rate}, 2]$$

⑨ 由于企业需要一定时间查找、搜集和筛选需求数据，因此使用一阶信息延迟函数模拟整个过程，延迟5个时间单位。

$$E_{data\ acquisition\ changes} = \text{SMOOTHI}(D_{valid\ inventory}D_{platform\ performance}, 5, 0)$$

⑩ 将企业数据获取量初始值设为0，则有

$$E_{data\ acquisition} = \text{INTEG}(E_{data\ acquisition\ changes}, 0)$$

⑪ 企业数据吸收量和数据技术水平呈正相关，企业吸收数据是一个选择内化的过程，需要企业结合自身的数据技术水平对公开数据进行充分的消化吸收。因此，使用一阶信息延迟函数模拟整个过程。设置企业数据吸收量初始值为0，延迟2个时间单位，则有

$$E_{data\ absorption} = \text{SMOOTHI}(E_{data\ acquisition}D_{technological\ level}, 2, 0)$$

⑫ 数据产品与服务的产生需要企业根据开放数据利用自身创新能力，经过多次研发才能形成，因此可采用一阶信息延迟函数进行模拟，设置延迟时间为5个月，则有

$$D_{utilization\ results} = \text{SMOOTHI}(E_{data\ absorption}E_{innovation\ ability}, 5, 0)$$

⑬ 当企业向公众发布数据产品与服务后，市场的反馈需要一定时间。公众在接收到产品后，会进行初步的产品价值评估，判断是否购买，在使用后进行口碑宣传，引导更多人使用。因此公众数据产品使用量是一个积累量，采用一阶物质延迟函数进行模拟，并设置延迟时间为2个月，则有

$$P_{product\ usage} = \text{DELAYI}(D_{utilization\ results}P_{data\ demand}, 2)$$

⑭ 只有当政府决策能力和治理能力得到提升，公众满意度和幸福感明显提高后，数据开放价值才得以实现。因此，使用一阶物质延迟函数模拟整个过程，延迟2个时间单位，则有

$$D_{value\ increment} = \text{DELAYI}(P_{data\ demand}P_{product\ usage}, 2)$$

⑮ 设置数据开放价值实现量的初始值为0，则有

$$D_{\text{value}} = \text{INTEG}(D_{\text{value increment}}, 0)$$

⑯ 假设数据开放风险指数与数据安全技术发展水平、数据安全环境、制度保障水平呈负相关，则有

$$D_{\text{risk}} = (1 - D_{\text{security environment}})(1 - G_{\text{institutional guarantee}})$$

⑰ 假设领导人重视程度等同于领导人岗位稳定性，则有

$$L_{\text{importance}} = L_{\text{stability}}$$

此外，由于数据安全环境、制度保障因其会随数据开放时间增长逐渐完善进步，故而本书使用表函数，以10个月为单位进行数据模拟，具体数据如表3-4所示。

表3-4　数据设置情况

背景因素	数据设置
数据安全环境	{[(0,0)-(60,10)],(0,0.4),(10,0.5),(20,0.5),(30,0.6),(40,0.7),(50,0.7),(60,0.8)}
制度保障	{[(0,0)-(60,10)],(0,0.3),(10,0.4),(20,0.5),(30,0.6),(40,0.7),(50,0.8),(60,0.9)}

此外，将数据失效率设置为0.2，数据流动及转化率、数据开放平台性能、数据技术水平、企业创新能力、公众数据感知度、领导人岗位稳定性的值设置为0.6；数据保密文化倾向水平、经济发展水平的值设为0.5，政府宣传力度使用RANDOM UNIFORM 随机分布函数，并设置为RANDOM UNIFORM (0,1,0)。

3.5.4　生态链系统模拟分析

基于上述系统动力学模型进行模拟仿真分析，结果如图3-15所示。其中数据开放数量在前期缓慢增长，后期呈现爆发式上涨，但在达到峰值后略有下降。通过因果树分析，数据开放数量主要与数据增加量和数据失效量有关。在前期，数据量较少，失效量对总数量影响不大，而此时制度、技术、安全环境存在缺陷，企业、公众、政府均对数据开放心存疑虑，各方数据提供量较少；在后期，政府逐步出台相关法律法规，规范数据安全；公众、企业从数据产品与服务中受益，在数据安全得到保证后逐渐愿意大量共享数据，同时政府受到国际大数据运动影响，因共享数据改善了民生，也在逐步加强相关数据共享工作。三方在闭环生态链相互影响下，促进数据开放数量爆发式增长；在后期，因公开数据过多，不可避免地，数据失效量也随之增多，在一定程度上制约了数据开放数量的进一步增长。

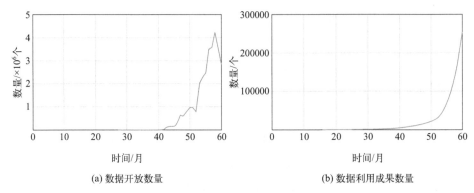

(a) 数据开放数量　　　　　　　　　　(b) 数据利用成果数量

图3-15　系统动力学模拟仿真结果

数据利用成果数量在前期增长速度较慢，成果较少，在后期增长速度明显加快，成果数量急剧上升。在数据开放前期，企业对数据开放的前景、安全性心存疑虑，只有部分企业愿意承担风险进行有关产品服务的开发研究；后期，参与前期数据开发利用的企业获得大量利润，为抢占市场，其他企业也将加入数据产品服务研发大军，促进数据利用成果迅速增多。

通过模拟仿真分析，可以发现开放数据数量、数据利用成果数量表现出的行为特征与现实情况基本相符，说明模型能够真实地反映数据共享生态链系统形成的动态变化过程。

（1）经济发展水平灵敏度分析

将经济发展水平分别设置为0.6、0.7、0.8，分别对应经济发展水平曲线1、2、3，保持其余变量不变，仿真模拟结果如图3-16所示。

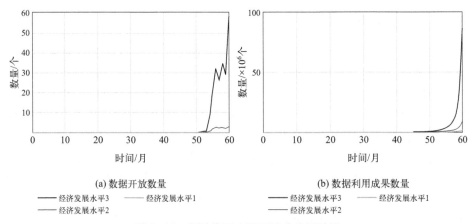

(a) 数据开放数量

————经济发展水平3　　　————经济发展水平1
————经济发展水平2

(b) 数据利用成果数量

————经济发展水平3　　　————经济发展水平1
————经济发展水平2

图3-16　经济发展水平灵敏度分析结果

仿真模拟结果显示，经济发展水平对数据开放数量及数据利用成果数量起正向促进作用。经济发展是通过改进和优化经济结构，改善和提高经济质量，从而实现经济量增长的。良好的经济发展水平能提高公众数据需要量的增长，促进企业创新能力发展，提高数据的利用率，进而提高公众、企业、政府数据提供意愿，吸引更多的企业加入生态链，同时影响生态链的供给端与使用端。

（2）制度保障水平灵敏度分析

将制度保障水平分别设置为0.2、0.6、1，分别对应制度保障水平曲线1、2、3，保持其余变量不变，仿真模拟结果如图3-17所示。

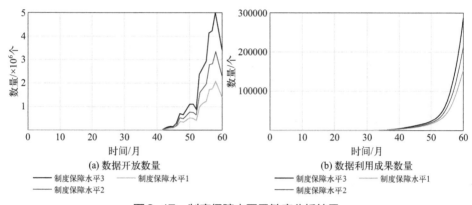

图3-17 制度保障水平灵敏度分析结果

仿真模拟曲线显示，制度保障水平的提升对数据开放数量及数据利用成果数量起正向促进作用。制度保障水平的提升能提高数据开放的安全性与稳定性，鼓励更多的企业、部门和个人加入数据共享，从而导致数据开放数量及数据利用成果数量的增加。相应保障制度在提出之后，需要经历宣传、推广、修正等过程，向政府各部门及企业、个人进行普及。因此，制度保障水平对数据开放数量及数据利用成果数量的影响在时间上表现为相对滞后的特征。

（3）专业领导人岗位稳定性灵敏度分析

将专业领导人岗位稳定性取值为0.6、0.7、0.8，分别对应专业领导人岗位稳定性曲线1、2、3，保持其余变量不变，仿真模拟结果如图3-18所示。

仿真模拟曲线显示，领导人岗位稳定性的提升对数据开放数量及数据利用成果数量起正向促进作用。面向政府、企业与公众大数据共享生态链的构建是一个长期过程，受限于政绩等方面问题，领导人只有在自身职位稳定的情况下才能愿意进行大数据平台构建；并且由于不同领导人对大数据平台的理解与认识存在一些差异，只有在领导人岗位相对稳定的情况下，才能保证面向政府、企业与公众大数据共享生态链构建顺利、持续性进行。在领导人岗位稳定的前

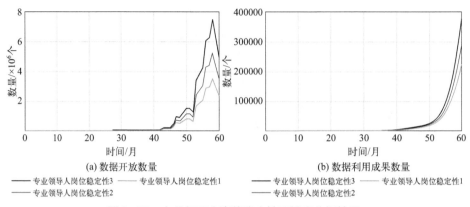

图3-18　专业领导人岗位稳定性灵敏度分析结果

提下，面向政府、企业与公众大数据共享生态链构建工作顺利进行，通过成体系化的平台性能吸引更多的企业和公众加入生态链，促进数据在三方之间的流通，影响生态链的供给端。

（4）数据开放平台性能灵敏度分析

将数据保密文化倾向水平分别设置为0.6、0.7、0.8，分别对应数据开放平台性能曲线1、2、3，保持其余变量不变，仿真模拟结果如图3-19所示。

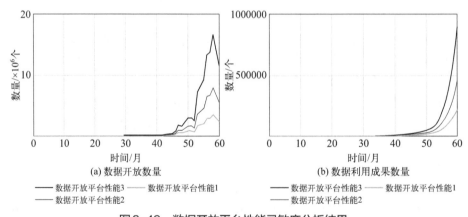

图3-19　数据开放平台性能灵敏度分析结果

仿真模拟曲线显示，数据开放平台性能的提升对数据开放数量及数据利用成果数量起正向促进作用。数据开放平台作为连接公众、企业及政府三方的重要节点，其性能决定了数据传输的效率，从而影响企业能从政府开放平台取得数据的总量，以及数据产品与服务的质量与数量，影响的是数据的中间传播环节。良好的数据开放平台性能能够提高数据的存储、传输、保密、分析能力，提高政府、企业、公众对数据开放的意愿与信心，起到间接影响生态链供给端与使用端的效果。

（5）数据安全环境灵敏度分析

为使仿真模拟结果更加明显，将数据安全环境分别设置为0.2、0.6、1，分别对应数据安全环境曲线1、2、3，保持其余变量不变，仿真模拟结果如图3-20所示。

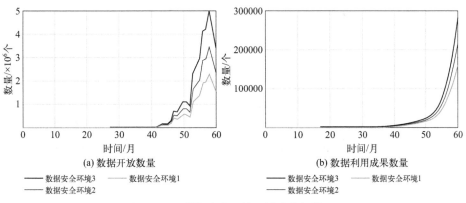

图3-20　数据安全环境灵敏度分析结果

仿真模拟曲线显示，数据安全环境的进步对数据开放数量及数据利用成果数量起正向促进作用。数据安全环境是保障数据开放过程中隐私安全的重要影响因素，安全的环境能提高公众企业对政府的信任程度；政府可以依靠相关技术完善大数据共享平台，提高共享平台抵御外部信息威胁的能力，以此降低企业、公众包括政府内部各部门在数据共享时的风险度，吸引更多的企业、公众、政府部门加入生态链中，实现流通数据数量与稳定性的提高。

3.5.5　生态链系统实现路径

在面向政府、企业与公众的数据生态链中，各部分节点通过数据流转需求联系在一起。通过系统动力学模拟仿真，探讨了数据共享生态链系统形成的影响机理。针对经济发展水平、制度保障水平、领导人岗位稳定性、数据开放平台性能、数据安全环境等因素进行了灵敏度分析，发现其对数据生态链的形成起到正向促进作用，总结出如下构建数据生态链系统的政策建议与实现路径。

① 挖掘经济发展潜力，推动新兴企业发展，继续深化供给侧结构性改革，激发经济社会发展动力和活力。经济发展是面向政府、企业与公众的数据生态链构建的先决条件，在一定经济条件支持下，公众才会对数据产品产生一定的追求，政府与企业才能有足够的资金进行大数据共享平台构建与产品研发。

② 建立健全与数据开放有关的法律法规，实现数据交换过程中的有法可

依。大数据环境下隐私法律保护仍存在较大不足，仍需出台适应大数据环境下侵犯公民信息数据隐私的特定实施细则。更为重要的是，现有隐私保护法规条例存在诸多规范冲突，且立法层级不高，同时也存在数据产权归属权界定模糊、价值性无法衡量，各行各业数据标准难以统一等多方面问题，急需政府出台相应法规政策进行规范。

③ 提高领导人岗位稳定性，同时加强人才引进。由于不同领导人对面向政府、企业与公众的数据生态链的认识与看法存在差异，因此如果关键领导人职位发生变动，可能会导致大数据共享平台发展停滞甚至倒退；同时，为发挥政府在构建面向政府、企业与公众的数据生态链中的引领作用，政府需要更多大数据专业人才进行系统构建与维护升级。

④ 建立功能完备以及面向政府、企业与公众的数据共享开放平台。相较于当前使用的政府数据开放平台，三方自成一条生态链，使得面向政府、企业与公众的数据生态链具有更强的抗干扰性；作为连接政府、企业与公众的重要纽带，功能完备的大数据交换平台能提高数据存储的安全性和数据传输的高效性，以此推动企业更便捷地进行数据产品与服务的研发。

⑤ 建立安全的数据开放环境，鼓励数据安全技术开发。安全的数据共享环境才能保证政府、企业与公众三方的数据安全性，才能有效降低数据开放共享的风险性。在低风险下，更多的企业、公众、政府部门愿意公开自己持有的数据。同时政府可以出台相应政策鼓励多方进行数据安全领域相关技术研发，不断完善现有大数据平台的安全缺陷，提高数据在安全前提下的数据流通效率。

第 2 篇

治 理 篇

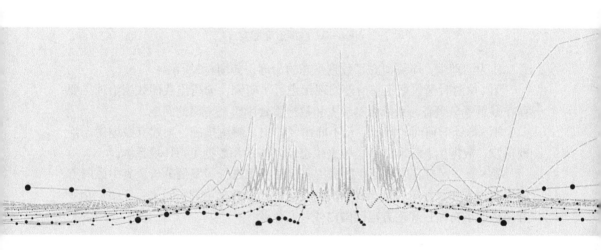

数据治理体系是反映国家治理体系和治理能力现代化的重要方面。近年来，我国已初步构建起数据治理生态体系，有21个省份设立了政府数据管理机构，实施了572个省级政务数据治理平台和系统建设项目，如广东省实施数字省域治理"一网统管"、浙江省深化"最多跑一次"改革等。将数据治理嵌入现有治理体系，部分成功或失效的案例也促进着数据治理体系的不断改进完善。

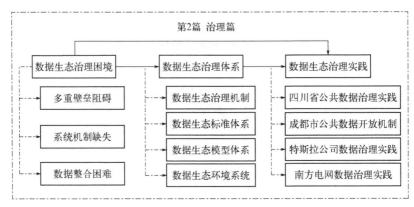

图4-0　数据治理框架

作为治理篇，本篇研究了数据生态的治理，如图4-0所示。

第4章对我国数据生态治理的现状进行了研究，分析出我国数据治理主要存在多重壁垒阻碍、系统机制缺失和数据整合困难三方面的问题。

第5章针对前面的问题，从不同角度提出了解决措施，要建立数据生态治理机制、数据生态标准体系、数据生态模型体系和数据生态环境系统。

第6章分别对政府和企业数据生态治理实践进行了案例分析。其中政府方面以四川省和成都市为例，对省级和市级的政府数据治理实践进行介绍；企业方面选取了特斯拉和南方电网国内外两家企业。

第 4 章

数据生态治理困境

数据的价值只有通过行之有效的数据生态治理才能得以释放。在"技术治国"的理念下，政府数据治理成为国家汲取社会信息的重要方式。目前政府掌握的数据占到总数据的70% ~ 80%，若对这些数据进行合理治理，将会提高国家在新时代的竞争力[121]。然而，当前我国大数据治理尚处于初级发展阶段，数据资源在不同部门、不同领域、不同区域之间缺乏开放互通，未形成统一的数据共享标准和规范。

企业及政府部门在由数据垄断、责任划分不明确、保守思想、技术问题、法律滞后构成的壁垒之下，存在一定的数据共享困境。数据共享激励机制、监督管理机制、质量保障机制和数据文化机制的缺失，致使数据共享与交易在市场化推进方面缺乏有效的机制。数据统一标准、质量评价标准和数据集成标准的缺乏，使得基于大数据的信息服务产业链、价值链尚未真正形成。本章通过深入调研我国相关政府管理部门与企业，厘清了我国数据治理的现状，总结了我国数据治理现存的治理困境。

4.1 多重壁垒阻碍

尽管我国政府开放数据平台的建设相对较晚，但截至2022年10月，已经取得了一定的成果。全国共有208个地方政府上线政府数据开放平台，其中包括21个省级平台和187个城市平台。这些平台不仅在线服务指数保持全世界领先，而且电子政务发展指数也进入世界前列[122]。然而，数据共享壁垒的存在不仅导致政府部门之间的政务数据不能及时共享，跨地区协作性公共管理的难度也比较大，阻碍着数据共享的进一步发展。企业不同程度的数据壁垒使各种数据和信息无法方便地融合，数字化转型存在困难。当前数据共享发展的壁垒主要可以总结为以下五个方面。

4.1.1 数据垄断壁垒

根据Statista机构统计，2016 ~ 2020年的全世界数据量分别为18ZB（zetta byte, 泽字节）、26ZB、33ZB、41ZB、47ZB，技术的突破促使全世界数据量暴增，数据正逐步渗透进入经济运行、城市管理、政务服务、科学发展等领域中，人类进入大数据时代[123]。谁拥有了数据资源，谁就拥有了核心价值和资源。互联网平台经营以数据为驱动，数据成为了市场经营活动的重要媒介。随着数据资源在市场经济竞争中重要性的凸显，市场经营者会通过强化自身综合竞争优势来放大市场经营行为的反竞争效应，进而进一步加强对数据要素的掌控。在扩展新的领域时，市场经营者尤其是互联网平台企业，可以将原领域中获取的数据资源作为战略资源投入，以较强的竞争优势打破公平的市场竞争，获取垄断地位。

与此同时，由于数字市场与传统的生产和消费不同，不断更迭发展的算法、人工智能等技术壁垒及网络效应，也使市场结构趋于集中和由单一公司主导，竞争过程从市场竞争转变为垄断市场和剥夺其他竞争者份额。占领主导地位的数字平台公司则会更加利用网络效应和数据优势，使市场份额和经济收益集中流向更少、更大的数字平台公司。美国和欧盟反垄断监管机构的调查显示，数据垄断集中体现在搜索引擎、社交媒体、电子商务、移动操作系统等数字平台领域（表4-1）[124]。而当前数据产权缺乏法律界定，数据交易市场规范不完善，也催化了数据垄断等问题的产生。

表4-1 数字平台领域实施数据垄断的具体措施

数字平台领域	实施数据垄断的具体措施
搜索引擎	控制移动设备搜索接入点、影响搜索结果排序、控制流量和广告费用
社交媒体	收集和汇聚大量数据、强大的用户基数和网络效应、平台集合和整合
电子商务	收购竞争者和相邻市场公司、掌握第三方卖家数据、实施自我优待策略
移动操作系统	控制移动操作系统市场壁垒和排斥行为，强制使用支付系统和高价收费

注：依据公开资料整理。

政府部门拥有大量的数据，且这些数据会被部门下属的公司或机构独占使用，导致数据垄断的情况。由于不同职能部门会采集和产生各自所需的数据，这些采集方式、格式等不同的数据被分散存储在各个部门内部，破坏了数据的完整、精准性，使得不同部门之间的数据无法共享共用，形成了"部门化"数据垄断的局面。

出于部门自身的利益考虑，一些数据可能被视为该部门的"命脉"资源，数据共享可能导致失去数据垄断的优势，进而影响部门的权力和利益实现，因此，这些部门往往不愿意将核心数据整合共享。这也导致政府数据开放平台的数据资源大多来自政府自身，而不是真正意义上的共享。此外，不同地区和部门的数据平台系统往往拥有不同的体系和不兼容的格式，使得大多数数据处于割裂状态，形成了"数据烟囱"的局面，从而使得各个部门之间的数据交流相当困难。地方本位主义和数据保护主义也阻碍了跨部门和跨区域之间的数据协调，导致"信息孤岛"和"数据鸿沟"的双重难题[125]。

除了政府内部数据垄断的情况外，政府大数据在市场化利用过程中也存在着数据垄断的问题。在政府数据的应用中，企业通常扮演着政府和公众之间的桥梁角色，它们能够通过与政府数据的对接和开发，满足公众的不同需求，并提供各种平台来优化政府数据的利用效果。与政府直接披露数据相比，通过企业来传递和利用政府大数据的方式更加有效[126]。一些地方政府会授权或雇佣大数据技术咨询公司协助管理和运营城市基础设施的大数据平台。然而，这些大数据技术咨询公司在管理和运营城市大数据平台的过程中，将获得大量的数据资源变成公司独有的数据资产，具有垄断性。企业或个人的这种数据垄断行为将成为阻碍关键信息共享的主要障碍，极大制约了数据交易市场和数据共享平台的发展。

4.1.2　责任分担壁垒

目前，我国各地政府都设置了数据管理机构，但机构性质、内部机构设置情况、所具备的职能内容和参与的数据活动均不相同。通过政府网站的职能设计板块，对我国地级市以上的数据管理机构进行调查后发现，我国政府数据管理机构主要形成了数据管理、电子政务建设、信息化建设、政务服务以及数字经济和产业数字化发展五大职能（表4-2），数据管理机构参与的政务活动包括拟定有关业务职能的发展规划和政策建议，确立开展数据管理、电子政务等职能的标准规范及体系，建设数据平台、业务系统、政府网站、政务服务平台等数字基础设施，监督政策执行，指导机构履行职能，开展大数据、电子政务和信息化建设的对外交流活动和人才建设等，但目前各项职能和管理活动之间的关联和责任划分尚不明确[127]。各级政府的数据管理机构的数据管理范围和数据管理对象不同，机构性质也存在区别，主要包括政府部门、直属机构和事业单位等。

当前政府数据安全治理存在一些问题，包括责任边界不清晰、权力归属不明确和职能划分不合理等责任分担壁垒。尽管省级行政单位设立了大数据管理机构来承担数据安全治理责任，但市级和县级政府却没有相应的机构来进行衔接，导致数据安全责任分散在网络安全、通信管理等不同部门之间，责任边界模糊不清。一旦发生政府数据安全事件，各级政府和部门之间往往会出现互相推卸责任的现象。此外，行政体制中的条块分割容易导致同级政府部门在数据安全治理权力方面存在混乱，层级政府之间的数据安全治理缺乏协同合作，从而降低了数据安全治理的效能。虽然一些地区设立了数据管理机构，但对于数据安全方面的职能要求依然不够完善，缺乏有效的顶层设计和统筹规划来确保数据安全治理的决策、组织、协调、控制和监督等职能的有效实施[128]。

表4-2　数据管理机构业务职能

业务职能	具体内涵
数据管理	涵盖数据采集、整合、存储、利用等全生命周期
电子政务建设	推进政府数字转型和数字政府建设
信息化建设	推动社会整体的数字化发展
政务服务	数据、互联网与政务服务的深度融合
数字经济和产业数字化发展	大数据、人工智能等数字经济产业化以及传统产业数字化

注：依据公开资料整理。

除了数据管理机构的职能和活动划分不明确之外，政府各部门之间也存在数据管理中责任划分难以界定的情况。行政机构的部门职能划分是当代政府的基本运作形式，从政府部门主体内部来看，政府在进行相关的数据治理过程中一些数据治理机构存在职能重叠、部门内部组织不协调等问题，各个部门、机构之间各自为政，目标不统一、部门利益冲突、治理机构之间不信任等因素存在，让数据共享和治理受到阻碍。从社会协同的角度出发，公民个体对于数据治理的参与能力不同，外部参与治理和监督的作用比较微弱。由于目前对数据的所有权没有法律意义上的明确界定，各级政府部门在进行跨层级、跨部门数据整合与共享这一结构化合作过程中就会出现责任分担难以确定的问题。特别是在数据整合后，可能会引发一定的风险时，例如泄露个人隐私等敏感性信息由谁来承担风险的责任，成为一个难以解决的问题。

目前，数据确权还处于探索阶段[129]。哪些数据具有产权不能直接共享？哪些数据不具有产权可以直接共享？不同数据整合后，如何确定新的数据所有权？如何在技术上运用区块链技术实现数据确权，即对数据产权的保护？如果这些问题没有得到解决，跨层级、跨部门数据整合与共享的责任分担问题将可能一直难以找到妥善的解决方案。此外，对于数据控制者的义务划分也缺乏系统化的研究。在责任界定方面，对于责任的研究也存在着不够透彻的情况。例如，一些研究对如何承担法律责任的方法不够清晰，可能只是将传统的责任模式进行简单的叠加，或是将传统的责任构成要素进行整合，而未用数据治理的思想来解决因数据分享而产生的侵权责任问题。同时，这些研究可能没有充分认识到传统法律逻辑与现代法律之间的关系，未能准确地理解和应用现代法律的概念及原则来解决数据治理中的责任问题。

4.1.3 保守思想壁垒

保守思想壁垒主要存在于政府部门。在政府数据治理过程中，治理意愿是一个关键性的问题。我国政府部门存在比较保守的行政文化，部分政府的领导者受传统保守思想影响，缺乏对数据治理认知和数据治理的意识，不愿对数据进行开放、共享与治理。并且，在保守思想的作用下，一部分领导者对新时代和新生事物的接受度较低，惧怕创新与改革，对新的变化反应缓慢，甚至较为抗拒，依旧习惯于固守过往的工作经验和规则[130]。另外，数据共享会使得政府将自己的管理行为置于公众的监督之下，可能会使得原本一些地方部门报告不真实、不精确数据的问题暴露出来，从而引起上级部门的问责。并且，政府数据在共享开放过程中涉及多个部门，对数据安全、隐私泄露、误用等问题的责任划分不明确，致使一些部门在进行数据治理时持谨慎保守的态度，影响着政府数据共享工作的推进[131]。

政府数据治理需要多个部门、系统以及领域间的协同配合，往往导致较高的数据治理成本及协调困难等问题，同样致使部分领导对数据治理持保守态度。此外，一些相对落后的地方由于原有信息系统平台技术较为落后、兼容性差，如果要与大数据共享平台对接，需要大量的经费投入，而这一投入中的大部分经费可能需要地方部门自行承担，为了部门自身利益，导致其对数据共享较为抗拒。

同时，在某些地方政府中，对于数据治理的认识可能存在不足。在"数据治理"之前，也有"数字治理"的概念，两者都是由大数据时代发展而来的，但它们在本质上存在一些区别。"数字治理"是从传统的电子政务发展而来的，主要强调通过数字技术对社会问题进行精确分析的能力。而"数据治理"则突破了传统思维，注重通过数据的创新和突破来实现治理的思维层面；"数据治理"需要政府自身具备数据治理能力，并且需要多个主体之间的协作（图4-1）[132]。然而，在具体的实践中，大多数地方政府对于"数据治理"的内在逻辑理解不够清晰，仍然采用传统的思维方式，表现为过度强调以政府为中心的取向。已有的关于政府数据协同治理的实践和理论探讨主要集中于政府部门内部的合作，对于政府部门之间的跨部门、跨层级和跨区域合作有限，忽视了社会、企业、个人等其他多元力量的参与。

同样，在企业的数据治理中，也出现了保守思想壁垒。在一个企业中，由于不同的部门有着不同的系统和业务，在进行数据采集的时候，主要是通过人工采集或者是表格输入的方法来完成，这样就导致将各个独立的业务部门之间的数据进行整合时花费的成本较高。此外，一些企业决策者因受到保守思想的

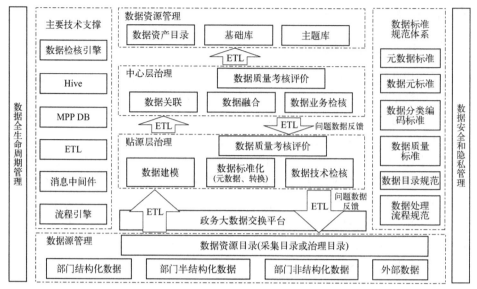

图4-1 政府数据治理框架

影响，尚未做出企业数字化转型的决策。同时，企业内部的数据共享会公开透明地呈现各部门的数据，这会改变员工原有的工作内容，因此，一些员工思想较为保守，可能不愿意为此做出改变。

企业的核心资源是数据，同行企业参与度、共享成本效益比和企业领导层的创新意识是影响竞争性企业数据共享行为的重要因素。企业间的数据共享可以作为一种新兴的竞争合作模式，但由于缺乏成功案例，很多企业可能会望而却步。这些因素都取决于企业领导层的创新程度。愿意接受新事物和尝试新方法的领导者相比较于那些保守者，对数据共享的意愿会更强。但在保守思想的影响下，企业决策者可能会担心行业之间共享数据的风险、数据共享带来的成本以及可能会给公司带来的财务损失，可能不愿意做出共享数据的决策。

4.1.4 共享技术壁垒

技术壁垒引发的数据共享后安全风险的不确定危机是影响数据共享可持续性的重要因素。共享技术壁垒主要体现在数据格式转化、数据确权、数据脱敏等方面。一些软件开发企业为了实现市场垄断，开发封闭式的数据格式。由于数据库软件和基础语言的不一致，产生的数据类型多种多样。在数据格式不一致的情况下，形成数据共享技术壁垒，且不同系统间的数据共享也存在一定的技术壁垒。当前，每个部门之间的政务服务数据信息系统各不相同，软件开发商五花八门，不同部门之间的数据共享同样遭遇技术壁垒。例如Oracle格式的数据只能在Oracle的数据库软件环境下操作，这种数据格式不可转换，而

Oracle的数据库软件具有较强的专业性，一般非专业人士难以在短时间内掌握其操作方法，这大大降低了数据共享的效率（表4-3）。

表4-3　封闭式数据格式特点

特点	具体描述
依赖特定软件或平台	只有使用相应软件或平台才能正确读取、编辑和处理
存在兼容性问题	与其他软件或平台的兼容性较差，数据在不同系统之间转换和共享过程中易出现问题
具有安全和版权保护措施	特定的加密和控制机制，能提供更高级别的安全性和版权保护措施，限制对数据的未经授权访问和使用，防止非法复制和盗取
缺乏标准化和互操作性	往往没有得到广泛的标准化和采用，不同软件之间的数据交换和共享变得复杂，需要额外的工作来处理和转换数据，以确保互操作性

注：依据公开资料整理。

在数据确权方面，由于数据具有可复制性，数据被使用后，数据的使用者本质上便获得了数据的全部信息和价值。即使其并非该数据的所有者，其仍可能通过复制数据从而继续使用数据，甚至暗中将数据与他人交易。这决定了数据交易具有较强的隐蔽性，从而导致数据非法交易泛滥[133]。如何从技术上防止数据的非所有人继续使用或交易数据，成为数据确权领域亟待解决的难题。目前，较为可行的一种解决方案是基于区块链技术，建立数据产权的公开透明的信息系统，任何人均可通过该信息系统查询到当前数据的所有人。

举例来说，贵州交易所采用区块链技术对数据进行管理和确权，通过存放位置、时间和系统密钥等信息生成相应的商品确权编码[134]。数据和确权编码相互绑定，交易信息存储在区块链上，以便对数据交易信息进行追溯。在数据进行交易时，可通过加密算法来保障数据的安全性。在需要访问数据时，采用访问授权方式以确保数据的合法访问。进一步地，贵州交易所还利用数据水印技术对数据进行编码加印，以确保数据的所有权归属。通过抽取水印信息的方式，可以明确判定数据的所有权。此外，在数据传输的过程中，也采用加密技术来有效地防止数据被截获的事件发生。

另外，一些涉及个人隐私、商业秘密等的敏感数据往往需要经过脱敏处理才能进行数据共享。但是当数据规模较大时，数据脱敏的工作量和复杂性也会极高。以目前的数据脱敏技术来看，对大规模的敏感数据进行脱敏处理耗时长、成本高，在许多实际情况下，从时间和成本来计算基本不可行。这成为制约数据共享的又一个技术壁垒。此外，目前简单的数据脱敏和去识别化已经难以满足个人信息保护的需求。当政府数据与其他数据源进行结合时，可能会导致敏感数据和隐私数据被挖掘出来，而识别技术等新兴技术的迅速发展也使得政府数据共享面临再识别的风险。

技术是支持政府数据共享工作的基础，共享双方的信任和愿意共享的意愿的缺乏，主要是出于对数据共享安全的担忧。实质上，这是对技术能力的不自信和不信任。换句话说，正是由于技术能力的限制，造成了数据存储和传输的不畅，同时也导致协同主体出于对自身数据安全的考虑而选择退出协同过程，或者减少在该过程中积极参与数据共享的意愿。因此，技术壁垒也是导致数据共享的可持续性不足和数据安全难以保证的原因之一[135]。

4.1.5 法制滞后壁垒

我国在大数据领域的相关法律法规相对滞后。虽然2007年国务院制定了《政府信息公开条例》，为开放政府数据提供了法律基础，但在国家层面上，我国目前尚未形成政府数据开放领域的专门立法[136]。尽管十三届全国人大常委会已将《个人信息保护法》和《数据安全法》纳入首要立法规划，逐步建立了数据领域的基本原则和主要制度规则，但法律尚未涵盖如何在数据交易中确保保护个人隐私不受侵犯，以及如何将个人数据合法融入大数据交易市场，促进大数据产业的发展（表4-4）[137]。尽管各省的政府机构已经开始自觉地制定地方性规章或政策文件，但是，要在全国范围内形成一套普遍认可的、与国际接轨的、符合现有数据技术与实际情况的法律体系，仍然有待于进一步的研究与探索。

表4-4　国内现行大数据领域相关法律

相关法律	施行时间	具体内容
《中华人民共和国网络安全法》（简称《网络安全法》）	2017年6月1日	规范了个人信息的收集和使用，让企业的关注点从单纯的"数据安全"延展至影响范围更广的"个人隐私保护"
《中华人民共和国民法典》（简称《民法典》）	2021年1月1日	对隐私、个人信息及个人信息的处理等给出了清晰界定，明确了禁止实施的侵害隐私权的行为类型，处理个人信息应遵循的原则与合法性要件
《中华人民共和国数据安全法》（简称《数据安全法》）	2021年9月1日	进一步细化、完善个人信息保护应遵循的原则和个人信息处理规则，明确个人信息处理活动中的权利义务边界
《中华人民共和国个人信息保护法》（简称《个人信息保护法》）	2021年11月1日	规定个人信息的处理规则、个人在个人信息处理活动中的权利、个人信息处理者的义务，及国家机关处理个人信息的特别规定

注：依据公开资料整理[138]。

此外，数据确权立法的难点在于如何平衡数据开放与数据保护之间的关系。对数据的过度保护，容易使数据陷入封闭状态，形成数据割裂的格局。对数据开放不当，又可能造成数据的"寒蝉效应"，即因为数据主体担心其数据不能被有效保护，比如个人隐私数据泄露等，而拒绝公开数据，进一步形成数据孤岛。

尽管国家通过《民法总则》《网络安全法》等法律及相关制度在一定程度上对大数据交易提出了规范要求，也提出建立数据确权的要求，但并未将大数据交易的确权作为重点，更不用说对数据权利进行明确分割，数据交易的规范没有落实到细节[139]。大数据交易至今还是依靠数据公司和数据平台的实践发展，现有的理论制度已经不能支撑广泛且复杂的交易实践，这就需要各界从实践需求对理论制度加以完善。应积极推动已有政策和数据发展战略中的要求，尽快出台针对大数据交易的相关法律法规，明确大数据权属，健全大数据交易的流程。

然而，数据治理背后的社会价值问题也同样重要。尽管"数据为王"的技术逻辑是数据治理的重要支撑，但对其过分依赖或过分重视会引发"数字威权主义"现象，部分学者也认识到了这个难题。由于数据本身所具有的逻辑与客观属性，很容易忽视公共价值的实现，从而导致了政府管理活动沦为纯粹的技术性行为。在此情况下，形式公正、程序公正与实质公正的价值逻辑有可能发生逆转。

在实践中，数据弱势群体，如老年人，可能被排除在数据治理之外，这可能导致数智素养的差距加大，进而加剧数智鸿沟问题。此外，数据失衡、算法失公等问题也可能随着技术发展逐渐浮出水面。而在技术工具主义的逻辑下，政府往往会不知不觉地落入"数据官僚""数据形式主义"的陷阱，而忽略了"以人为本"的思想。另外，还忽略了公民、企业及其他社会团体的参与，以及公民的个人信息安全与授权等问题。另外，政府基于年龄、性别、职业等特征数据无差别地将个人纳入某一群体中进行考虑，这可能使群体特征对个人决策产生不应有的影响，违背了社会公平正义的原则。在基于数据的行为预测方面，可能会让人们为没有发生的事情承担责任，这也违背了程序公正的原则。

4.2　系统机制缺失

近年来，我国在数据共享机制的建设方面取得了一定的成效，特别是在政企合作机制方面，促成了政府部门与大型企业的深度合作，建立和开放了"公共交通出行大数据平台"等数据共享开放系统，但是在整体上仍然处于探索发展阶段，缺乏系统性的共享机制体系，难以实现真正的数据共享。以互联网金融企业为例，它们在主观上渴望进行数据共享，以消除投资方和融资方之间的信息不对称，有效降低双方的风险。然而，由于缺乏公平有效的数据共享机制和平台，互联网金融企业的数据共享目前陷入了"囚徒困境"。此外，有些中西部偏远地区的政府部门思维模式相对保守，官僚体制思想根深蒂固，传统的管理模式难以适应大数据时代新的发展形势，再加上各地政府部门利益纠葛，责任划分不明确，建设标准存在分歧，对公众需求认识有偏差，监管与质量保障机制缺失，从而使得我国在数据生态治理建设方面缺乏系统机制。

4.2.1 共享激励机制缺失

从政府层面来看，部分地方政府部门已经形成了"部门化"数据垄断的格局，极大阻碍了数据跨地区、跨部门、跨行业的共享与开放，使得大部分具有高价值的核心数据得不到共享。具体来说，各地政府部门将自身所掌握的相关数据资源共享或开放给其他政府部门及公众，让多方主体都能获得政府数据资源带来的便利，是其本应尽的责任与义务。然而，在实际实施过程中，一些政府部门及其领导人可能因个人利益受到冲击或削弱，担心政府开放数据资源会损害其既得利益，并减少他们享受工作便利的机会。因此，在面对公众利益与个人利益相冲突的情况下，可能会设法设置各种壁垒来限制数据共享平台的建设，抑制政府数据开放工作人员的积极性。要解决这个问题，必须从体制上改革，并引入激励机制，对促进数据共享平台建设的工作给予实质性的政策与奖励支持，从而削弱数据垄断形成的壁垒，让政府相关部门主观上自愿、积极地投入到数据共享与开放平台的建设工作中（图4-2）。另外，经济发展水平的高低导致政府数据治理的投入存在差别，对于某些政府部门来说，投入不足、缺乏激励机制，导致共享动力不足。

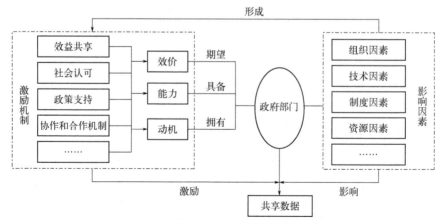

图4-2　数据共享激励模型

此外，从企业和公众的层面来看，数据共享也应服从市场需求。激励与竞争机制能够促进具有市场重大需求的数据得到更大限度、更高质量的共享，并逐渐将低质量、低需求的数据资源淘汰，避免对数据存储空间的浪费。事实上，当前，企业和公众对各类政府开放数据的利用率不高。主要原因在于许多企业和公众需要下载的数据没有格式支持，或者需要的数据没有开放，这就导致目前开放的公共数据价值较低，以至于企业或个人不得不从其他掌握数据的企业购买，从而大大降低政府开放数据的使用率。

媒体作为政府与公众沟通的桥梁，其作用也不可小觑。重要媒体对于政府数据开放的正面报道给社会公众和政府都带去了积极信号的前沿信息。其一，这将有助于增强公众对于该项政策的期望和需求，在一定程度上激励政府提供高质量数据；其二，对于政策优点的报道也会增加政府信心，积极采纳政策；其三，充分重视上级政府的压力作用[140]。

对企业来说，由于我国数据共享激励机制建设的不健全，大部分企业对数据共享失去兴趣。以金融机构为例，一方面，金融机构通常会将金融数据作为本单位的商业秘密和保持竞争力的重要内容，站在经济利益角度考量，金融机构一般不会将金融数据拿出与其他机构进行共享。另一方面，金融机构所持有的数据可能涉及客户、行业乃至国家的机密信息。一旦进行共享，可能导致数据泄露，并可能承担法律责任。这也使得金融机构对于数据共享产生了顾虑和担忧。同时，数据共享的约束和激励机制尚未完善。数据管理单位或项目单位可能认为数据共享会增加项目的负担，产生的效益不足以权衡成本。高水平的技术人员也可能不愿意承担数据共享工作，因为他们认为这项工作缺乏技术含量，难以体现其个人价值。因而，通过一定的激励机制可以加强各部门对数据共享的重视程度，提高数据共享意识。

4.2.2 监督管理机制缺失

政府数据开放有助于使政府权力的行使更加公开透明，并注入经济发展的活力，同时满足公众多元化的需求，提高公共服务的质量。但机遇必定伴随着挑战，在政府数据开放带来政治、经济、社会等多方面价值的同时，如何规避随之而来的一系列风险，就需要对数据开放进行监督管理。然而，我国目前还没有设立专门从事政府开放数据管理和监督工作的机构或部门。政府部门条块分割严重，组织机构不够完善，大部分的工作都是在国务院和发改委的指导下进行的，缺乏有效的数据共享管理与监督机构。

反观那些数据开放排名靠前的国家，都设有专门的机构或部门来负责政府开放数据的管理和监督。例如，在法国，查阅行政文件委员会成立了Etalab团队，专门为分享公开的政府数据而建立了一个小组，由国家首席数据专员来协助各国领导人就公开数据开展工作做出决定。韩国建立了开放数据战略委员会（open data strategy council，ODSC），负责起草和审查政府公开数据的政策，并建立了一个数据开放中心，对政府公开数据进行管理与分享[141]。

另外，由于没有专门的政府数据开放管理与监督机构，导致中央政府和地方各省市政府之间的信息共享平台未能形成统一的操作规范和参考标准。这种监管机制的缺失，导致许多地方政府的数据开放平台所开放的数据内容，往往流于形式或应付检查，数据更新的频率相对缓慢，数据的时效性较低、质量参差不齐，大部分共享的数据成为无人过目的垃圾资料，这使得部分政府数据开放平台变成了空架子，对于企业和公众的需求很难产生实际效用，沦为一种名存实亡的形象工程。缺乏监督机制的同时，也会导致政府开放数据过程中存在隐私泄露问题。

此外，政府数据开放监管过程也可能存在问题。首先，由于没有专门的监管部门，政府部门在数据开放过程中，具有数据开放的执行者和监管者双重身份，各级政府往往"重开放、轻监管"，忽视其应该承担的监管责任。其次，监管主体单一，社会监管不足，在目前的政府数据开放监管主体中，政府监管占主体，导致内部自我监管的现象出现。当前我国政府数据开放监管工作仍处于起步阶段，缺乏从政策法规层面对监管工作和问责机制做出的约束，应当尽快根据数据开放生命周期的不同阶段制定完备的监管机制（图4-3）。

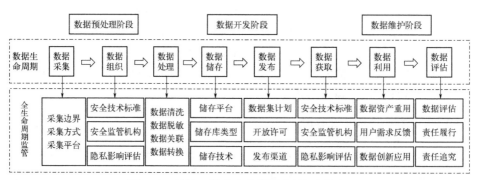

图4-3　数据开放全生命周期监管机制框架

同时，目前还存在数据行为监管不全面的问题。全生命周期数据处理包括数据的收集、存储、使用、加工、传输、提供、公开等，而实际的数据监管主要集中在数据存储和数据收集上，其他的数据活动的监督执法较少涉及。随着技术的进步，数据的收集方式也在与时俱进，但目前的数据行为监管还未及时改进。网信办等四部门联合开展的"APP违法违规收集使用个人信息专项治理行动"主要是对企业通过APP采集个人数据方面的监管。关于以"爬虫"方式采集数据、数据交易、数据加工使用等其他数据活动的监管尚未引起相关规制机构的关注。

4.2.3 质量保障机制缺失

要使大数据的价值得到最大限度的利用，就必须保证大数据的可靠性。数据质量是指数据在多大程度上能符合使用者的需要。在数据治理中，数据的可靠程度是保障数据有效可用的前提。数据质量差的大数据带来的可能不是洞见，而是误导甚至是巨大的损失。高质量的政府统计数据对政府科学决策的重要性毋庸置疑，统计数据质量是政府统计工作的生命线与根本。政府所掌握的数据资源已成为国家新的经济增长和社会发展的有力推动力，而没有对政府开放数据进行适当的质量控制则会造成数据的利用度低、数据的潜在价值得不到发挥。数据治理包含数据质量规范、数据监控、数据评估、数据共享、数据分析等内容，其中数据的监控和质量规范是保障数据全生命周期的质量，从数据产生、获取、维护、储存、使用和共享等过程进行质量问题的监控和管理，才能保障数据的高质量和充分利用。业务人员数据意识淡薄，缺乏有效的数据质量保障和问题处理机制，导致无法建立统一的流程和制度支持，难以解决数据质量问题。

数据交易市场中的数据质量可由市场机制得到保障，但政府数据开放平台中的数据则主要依靠数据质量评价与监管机制来保障（图4-4）。政府开放数据不是简单的政府信息公开，而是高质量的数据开放，它更强调公众获取数据后对数据的利用。要提高政府开放数据的可用性，就要有高质量的数据开放，以便使政府数据可以不受限制地、轻松地被访问、查询、处理以及与其他数据关联发挥出真正的价值。

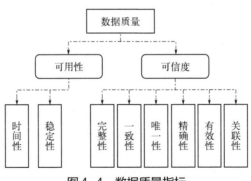

图4-4 数据质量指标

然而，目前大部分地方政府数据开放平台的管理缺乏对数据质量控制的保障机制，导致大部分平台共享的数据质量不高，表现为数据在准确性、完整性、一致性和及时性方面均存在不同程度的问题[142]。由于部分政府部门管理者缺乏质量控制意识，对数据质量的评价标准存在分歧，同时上级部门缺乏监管措施，没有建立有效的用户反馈渠道和改进机制，从而使得大量存在问题的数据被共享后，长期无人问津，数据质量问题一直得不到改善。而且，目前的政府数据开放平台具有缺少数据质量保证机制等一系列问题，这很可能会让人们产生这样一种幻觉，即政府简单地公布了大量的可利用的数据，就能使政府和公众部门的透明度更高、更负责任。

公众反馈对政府开放数据的质量保障具有重要意义，但目前我国的政府开放数据公众反馈情况存在不同等级城市数据开放平台建设，以及公众反馈情况差距较大、公众反馈的参与度较低、对公众反馈的回复时间长短不一、部分平台回复质量较低等问题。可以看到，一些政府部门只是把数据开放和信息披露等同起来，并没有充分认识到政府数据公开的重要意义及社会反馈的价值，缺少对政府数据公开的激励机制的认知，造成公共数据不能被大众所普遍使用和公开的数据质量不高的局面[143]。

4.2.4 数据文化机制缺失

数据治理文化机制是指组织内部建立和推行的一系列文化价值观、原则、流程和机制，以确保数据的质量、可信度、安全性和有效性。它涉及组织内部对数据的管理、共享、使用和保护的规范及实践。数据治理文化机制的缺位，也就是行业在数据共享管理理念上的"数据主义"。许多行业缺乏对数据共享的现状和应用场景的理解，各个行业、各个部门在数据共享和数据流通方面的认识不够，导致各部门或组织内部的数据无法进行有效的交流和协同合作，以上种种问题，均反映出目前我国在数据共享领域缺少"数据治理"的文化观念。产业间、政府部门之间缺少数据共享，造成了"数据孤岛""数据碎片"等现象，进而无法有效地解决风险控制问题，制约着产业的创新与发展。政务数据不应被某个部门视为私有财产，而应被视为全社会的公共资源，因此，必须树立相互协作的理念，树立数据共享的思维，改变原有落后的政务管理理念。

例如，互联网金融因其与网络相关的特点及其本身的金融性质，决定了其混业发展是大势所趋。但是，在共同债务、欺诈等问题上，无法实现有效的信息共享，相互间的信息互补制约了信用评级的实施。由于缺乏对财务数据治理的文化观念，造成了"信息孤岛""碎片化"等问题。为此，必须把数据治理与企业治理、数据化运作相结合，这就需要金融机构深刻认识到数据在产业数字化转型中的重要性，以及在行业竞争中的核心价值[144]。目前我国金融行业内并未形成企业数据治理文化，大部分金融机构沿用的依然是传统的重发展、轻风险的理念，体现在机构对金融科技的研发投入较少，并未建立起自己的专业数据分析队伍等方面。甚至有些金融机构单纯地认为对数据安全的保护只能够依靠安全产品的堆积，因而忽略了对安全技术、专业人才的培养，进而导致金融数据安全隐患倍增。

目前，各行业普遍存在数据缺乏互通的问题，尤其是税务、劳动、公安等领域更加突出。不同行业和部门之间缺少对数据共享及数据流动的意识与认知，缺乏数据治理文化（图4-5）。在此背景下，构建信息共享与政务数据互通机制，是破解"信息孤岛"和"纬度割裂"，"数字经济"创新与健康发展的关键[145]。缺乏数据共享文化导致许多政府部门仅能依据自身治理需要采集、开发和利用社会治理大数据。政府部门之间缺乏有效的交流和沟通，导致社会治理的数据信息共享不彻底，数据的综合利用率较低。以智慧社区矫正为例，区域经济、法治化程度及信息化观念的差异等因素导致我国智慧社区矫正发展呈不均衡、不同步的态势，在社区矫正的各个部门中，对数据分享和数据流通的认识不足，缺少对数据治理的文化观念，阻碍了人工智能获取更丰富数据资源的路径，也是导致"数据孤岛"出现的原因之一[146]。

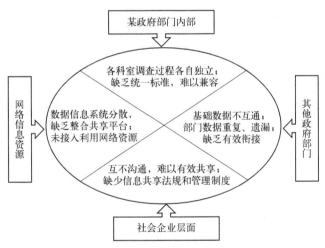

图4-5 某政府部门"数据孤岛"示意

4.3 数据整合困难

虽然各地政府已先后建立一批信息化项目，但大多数仍是行业、部门各自为战，不同系统的数据多源采集、分散管理、各自维护，数据结构、信息编码自成体系，形成大量的异构数据。由于不同地区的各级政府部门以及企业对数据格式、数据分类、整合规范缺乏统一的标准，使得数据质量、数据粒度、数据形式均难以统一，各类信息系统软件的通用性、适用性较差，制约了数据整合流通。这个问题在政府开放数据平台中表现得尤为显著，在各地政府开放数据平台中对各类数据集的开放情况也不均衡。

4.3.1 缺乏数据统一标准

数据标准的目的应该是统一名称、统一定义、统一口径、统一来源、统一参考，各个政府部门遵循一致的数据标准规范，可降低数据开放、共享和利用成本，增强数据的标准性。但目前，由于缺少相关法律与制度、顶层规划和统一的数据标准规范，各数据部门使用的数据标准不一致，阻碍了政府数据治理的发展。此外，人工智能数据集具有高度碎片化特征，每一个数据集支撑都对应专门任务和研究领域，数据标注、数据治理缺乏统一标准，会导致数据管理难度大。

我国尚未建成国家层面的政府数据统一开放门户网站，这在一定程度上不利于我国政府和企业数据共享的发展。尽管目前我国大部分省市级政府建立了数据开放门户网站，但各自采用了不同的数据分类和数据格式标准，且呈现出较为显著的地区性差异，这对构建国家层面的政府数据统一开放平台形成了一定的阻碍。由于缺乏全国统一的数据开放标准，包括数据分类、数据格式、元数据表述等的统一规范，各级地方政府对数据开放系统的建设有较大差异，系统技术组成各不相同，使得国家层面的政府数据系统可能难以兼容不同地方政府的上报数据，对跨地区数据融合带来技术上的困难。例如，在整合跨省长途客运数据时，由于不同省份的政府数据开放标准不一致，数据格式不兼容，甚至部分省份的政府数据开放平台不提供这一类数据，这给数据分析和处理带来巨大困难。

在企业层次上，数据标准不统一。在不同的行业中，企业的信息化水平有高有低，在行业层面缺乏统一的数据标准。我国在信息化发展的早期阶段，由于各个企业各自为营，缺乏一个统一的规划，导致了许多"信息孤岛"的出现。随着海量数据的出现，企业数据呈现出多源多维特征，企业急需对多源、多类型、多类别数据进行有效整合和集成。然而，目前尚无统一的数据整合标准，导致其难以实现。例如，我国许多城市商业银行没有制定统一的数据规范和标准，导致数据录入时缺乏明确的字段和数值标准，使得数据在源头上呈现混乱的状态，数据质量参差不齐，难以进行统一整理。此外，企业之间的数据标准也存在不统一的情况。各行业和企业倾向于遵循自身的标准，这在一定程度上可以保护商业秘密，但也阻碍了企业间的协同发展，尤其给同一产业链上下游的企业之间的交流合作增加了成本。

国际上的数据治理标准化组织以 ISO/IEC（international organization for standardization/ international electrotechnical commission）的技术委员会为主，国内的数据治理标准化组织包括全国信息分类与编码标准化技术委员会、全国信标委大数据标准工作组、中国通信行业标准化协会大数据技术标准推进委员会等组织（表4-5）[148]。2021年发布的《国家标准化发展纲要》使得数据治理的标准化工作得到了重视[149]。要使一系列的政策、法规、目标和规划成为制度和标准，才能更好地落实和发挥作用。

表4-5 国内外现行数据治理标准

文件	内容
《信息技术服务 治理 第5部分：数据治理规范》（GB/T 34960.5—2018）	在数据治理全过程中，提出数据治理的相关规范，规定了数据治理的顶层设计、数据治理环境、数据治理域及数据治理过程的要求
《数据管理能力成熟度评估模型》（GB/T 36073—2018）	适用于组织和机构对内部数据管理能力成熟度进行评估，给出了数据管理的8个能力域、能力成熟度评估模型以及成熟度等级
Information technology- Governance of IT for the organization（ISO/IEC 38500: 2015）	为组织治理机构的成员提供了关于在其组织内信息技术使用的指导原则。适用于各类型组织当前和未来IT使用的治理
Information technology- Governance of IT- Governance of data-Part 1（ISO/IEC 38505-1: 2017）	为治理主体提供原则、定义及模型，帮助治理主体评估和监督其数据利用过程
Information technology- Governance of IT- Governance of data-Part 2（ISO/IEC TR3850-2: 2018）	为组织的治理主体和管理者建立关联，确保数据管理活动符合组织的数据治理战略

注：依据公开资料整理[150]。

4.3.2 缺乏质量评价标准

目前，我国政府开放数据总量持续增加，但是各地方政府开放数据的质量参差不齐，低质量的和零散的数据普遍存在，数据的可用性不高，导致数据共享的价值十分有限。数据质量需从多维度评价（图4-6），从我国多个省、市级政府开放的大数据共享平台的数据质量情况来看，典型的数据质量问题包括数据不完整、数据内容不准确、数据更新不及时、数据不可机读、数据无法下载、数据格式单一、元数据表述不规范等。其根本原因，除某些地方政府自身主观上不愿意共享某些完整的高质量数据外，一方面，在于一些地方政府未建立有效的数据质量评价标准，未对开放的数据质量进行评价分级；另一方面，尽管部分政府数据开放平台设立了数据质量评论区，但实质上未能形成有效的评价反馈和改进机制，使得低质量的数据依然存在，数据共享的质量未能得到实质上的提升。

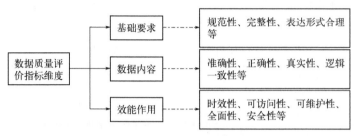

图4-6　数据质量评价维度

　　国内外已经提出了多种数据评价的标准，并产生了包括全球开放数据晴雨表（open data barometer, ODB）（表4-6）、联合国电子政务调查报告、全球开放数据指数（global open data index, GODI）（表4-7）、欧盟开放数据成熟度仪表盘（open data maturity landscaping, ODML）（表4-8）、欧盟开放数据监视器（open data monitor, ODM）（表4-9）[151]和中国地方政府数据开放报告等一系列评价方法和工具。但在实际应用中，由于不同地方政府在建设其各自的数据开放系统时采用了不同的系统技术和管理制度，上述数据质量评价标准往往不能完全适用。因此，各地方政府应构建适合自身数据开放系统的有效的数据质量评价标准体系，实现对不同质量等级数据的分级管理，并建立质量评价的反馈和改进机制，促进整体数据共享质量的不断提升。

表4-6　全球开放数据晴雨表指标

一级指标	二级指标	三级指标
完备度	政府政策	国家制定开放数据政策或策略的完备程度
		开放数据管理和数据发布办法的可持续性
	政府行为	国家对《开放数据宪章》中数据资源的配备程度
		城市和地区政府对该宪章的执行力度
	企业家与企业	对个人及公司利用开放数据提高技能或创业的培训程度
		政府以竞争和资助等方式支持开放数据创新文化的力度
		公司层面对技术的吸收
		个人利用互联网的比例
	公民与公民社会	"公民知情权"法的执行力度
		法律或监管框架保护个人隐私数据的力度
		民间和技术开发人员在开放数据方面与政府的合作程度
		公民的政治自由与公民自由指数

续表

一级指标	二级指标	三级指标
执行力	政府开放数据的可获取性	15种不同类型数据集的开放度
	开放政府数据质量	根据开放数据的10项属性评估上述15种不同类型的数据集
影响力	政治影响	开放数据对提高政府效率及效能的影响力度
		开放数据对提高政府透明度与问责制的影响力度
	社会影响	对环境可持续性的影响
		对边缘群体参与政策制定和获取政府服务的程度
	经济影响	对经济的提升程度
		企业家借助开放数据成功创业的力度

注：依据公开资料整理。

表4-7　全球开放数据指数指标

一级指标	二级指标
政府预算	政府各部门的财政预算，预算的详细说明，预算的细分程度
政府支出	需要在线的数据：交易部门，交易日期，交易明细，各次交易记录
政府采购	投标阶段：竞标单位，标书的名称，竞标进程，奖励阶段
竞选结果	主要选举的结果，注册选举人数量，无效选举数量，作废选举票数
公司注册	公司名称，公司地址，公司ID
土地拥有权	土地边界，土地ID，土地价值，拥有类型
国家地图	国家交通路线标注，水域延伸的标注，国家边界坐标
国界	一级边界，二级边界，管理区域坐标
区域	邮编地址，坐标
国家统计	人口统计，GDP，失业人口
立法草案	草案内容，草案作者，草案进展，当前的可用性
国家法律	法律内容，进展，最新修改日期，修正案数量
空气质量	颗粒物质，二氧化硫，二氧化氮，一氧化碳，臭氧，空气监测站的可用性
水质	粪便大肠杆菌，砷，氟化物，硝酸盐，可溶固体，各水源数据
天气预报	国家几个地区的天气预报：3天的温度、降水和风

注：依据公开资料整理。

表4-8　欧盟开放数据成熟度仪表盘指标

一级指标	二级指标
开放数据政策	政策框架，国家层面的合作性，许可证的规范性
开放数据门户网站	门户特点，门户的使用，数据优化，门户的可持续发展性
开放数据的影响力	国家战略，政治，社会，经济，环境
开放数据质量	数据更新的自动化程度，数据集合元数据的时效性，与DCAT-AP（数据目录词汇表应用纲要）的统一性

注：依据公开资料整理。

表4-9　欧盟开放数据监测器指标

一级指标	二级指标
数据质量	开放许可性：持有开放许可证的数据集数量在总数据集数量中的占比
	可机读性：根据系统所支持的数据格式，计算出可机读的数据集数量对总数据集数量的占比
	完整性：元数据字段丢失率的平均值
	可访问性：公众开放的数据集数量在总数据集数量中的占比
	可发现性：基于2个网络流量排名系统（Google和Alexa）而得出对数据集重要性的评估
	开放格式：非特定格式数据集数量在总数据集数量中的占比，也是对数据集可机读性的补充
	质量总分数：根据上述6项指标（开放许可性、可机读性、完整性、可访问性、可发现性、开放格式）计算出的平均分
数据数量	数据总量：所有数据量的总和，单位以Kbytes计算
	数据集分布数量：所有数据集中包含的数据分布数量的总和
	数据集数量：可访问的数据集总数量
	数据发布者数量：基于目录的数据发布单位数量
	收割到的数据集目录数量：系统收割并整合后的数据集目录数量

注：依据公开资料整理。

4.3.3　缺乏数据集成标准

数据采集阶段是从数据治理工作进入操作层面的开始，可以为各大治理主体提供原始数据。目前我国尚缺乏国家层面的数据采集标准、数据入库标准、数据比对标准等，导致在数据创建与采集阶段中产生遗留问题。缺乏统一的数据集成标准会导致政府各部门收集数据时困难重重，且耗时长，数据和业务的共享较为困难，各系统之间共享维护成本较高。以广西能源数据为例，其存储在政府各相关部门、各能源企业、行业协会，且各方信息系统规划设计和建设运维各环节没有形成明确的数据资源集成标准及规范，缺乏数据汇集方面的技术架构支撑，在一定程度上形成了以地域、专业、部门、企业、系统等为边界的"信息孤岛"[152]。

此外，数据集成标准是数据中心平台建设中最为重要的核心标准，其设计必须满足依赖集成标准产生的数据，可以在不同的业务系统上实现数据的有效传输、通信，同时在不同的业务平台上实现数据的有效读取，具有良好的延展性。当前缺乏统一的数据集成标准，各平台按自身标准获取数据，导致数据协同使用、数据共享联结难以实现等。

数据质量低的另一个主要原因在于数据采集端出了问题。从数据采集端来看，由于前端用于数据采集的传感设备来源于不同的设备生产商，从而传感器接口可能不统一。而且不同设备的数据传输方式与数据收集方式也不同，从而造成不同地区、不同部门的数据开放平台的数据种类、数据形式各不相同，数据质量参差不齐（图4-7）。此外，现有的数据集成应用往往只支持特定数据源的集成，这要么是由于供应商的锁定策略造成的，要么仅仅是因为数据导入适配器并不适用于每个数据源[153]。传统的数据交换将信息描述标准化作为其核心问题，这使得各大企业都希望通过统一的数据模型对其进行规范，以满足数据共享的需求，但难以实现。

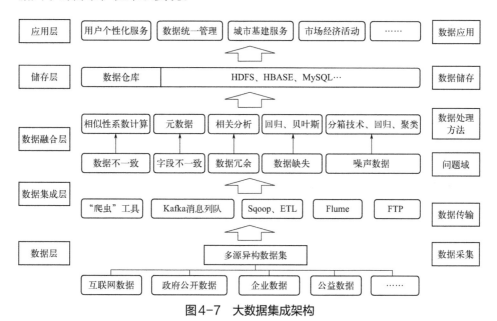

图4-7　大数据集成架构

　　当前，各种类型的政务数据收集还没有形成一个统一的行业标准，各个平台都是按照自己的标准来获得数据的，这就造成了数据的共享和连接困难[154]。在搭建公共信息平台的过程中，各种数据都要经过专门的传感装置来收集。各地的有关部门常常结合当地的具体情况，组织不同的企业来共同完成这项工作。由于企业的设备、数据采集和传输的方法各不相同，在数据整合过程中存在着很大的难度，很难实现数据的集成。这就导致了数据收集的质量不一致，而且数据的格式也很难统一。另外，不同的交通管理部门对于数据的收集、记录的标准也存在着很大的差异，在进行跨地区、跨部门、跨行业的数据集成时，必须要把不同的记录标准进行转换，然后进行数据的集成，这极大地增加了跨地区、跨部门、跨行业的数据共享的成本和困难。

第 5 章
数据生态治理体系

本书的数据生态治理包含数据开放、数据共享和数据交易三方面的治理，包括了政府面向公众的数据开放，政府内部或政府与企业之间免费的数据共享，以及政府、企业及个人之间付费的数据共享即数据交易[155]。本章将政府数据分为可向公众开放的公共数据和不可向公众开放的内部数据。与数据开放不同，数据共享是指政府内部跨部门、跨地区的数据进行内部共享或者政府与企业之间的数据共享，其是对特定群体的数据开放，而非对所有人[156]。而数据交易则是针对具有数据产权的私有数据在政府、企业和个人之间的交易行为。其中数据开放与数据共享由于主要是政府或企业的公共服务行为，因此在一定程度上需要激励机制和质量保障机制以提高其公共服务的工作效率和数据质量。而数据交易则主要依靠市场激励机制来提高其效率和数据质量。由于公共数据、内部数据和私有数据均有可能涉及个人隐私、国家机密和商业机密，因此还需要监管机制来确保数据的安全。此外，建立健全人才引进机制，也将为数据开放、数据共享和数据交易提供充足的人才保障[157]。

5.1 数据生态治理机制

为在政府、企业和个人之间构建有效的数据生态治理机制，以实现跨部门、跨区域、跨行业的相关数据资源互通，消除数据共享壁垒，加强数据质量和安全监管，推动大数据人才队伍建设，实现各类数据的综合高效利用，本书提出激励、监管、保障、人才引进和司法五个方面的数据治理机制，如图5-1所示。

5.1.1 激励机制

对数据应分类进行管理，如图5-2所示。对于具有私有数据产权的私有类数据，例如个人数据、数字平台公司的用户数据等，可在对数据的安全进行监管的情况下进入交易市场，在政府、企业和个人之间进行合法交易。对于企业来说，数据的异质性和互补性能正向激励企业数据共享和交易，企业自身数据资源的异质性是参与数据共享、数据交易的前提，因此数据企业要加强数据资源的挖掘和内部建设，增强数据资源的丰富度和互补性，形成有竞争价值属性

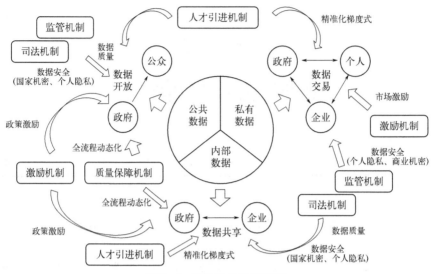

图5-1 数据生态治理机制

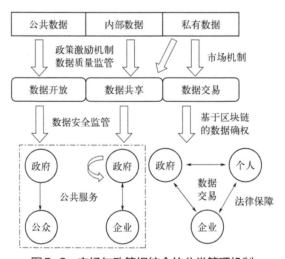

图5-2 市场与政策相结合的分类管理机制

的数据源，加强建设数据接口和数据应用案例，作为展示企业数据价值的途径。同时，政府也应搭建数据共享激励政策，根据数字经济发展动态调整税收优惠、政府补贴等相关产业和财政政策，激发企业能够参与数据共享的意愿，鼓励一部分企业将一部分数据共享给政府，例如滴滴出行将用户交通出行数据共享给多个地方政府，建立"滴滴交通信息平台"，助力城市交通治理。通过基于区块链的数据确权，可在技术上实现对数据产权的追踪确定[158]。但由于我国现行法律对数据产权的界定较为模糊，个体数据本质上由用户产生，但是整体数据资源主要由政府或者企业掌握。数据的初始产权究竟是应归属于产生数据的个人用户还是收集数据的政府或者企业？哪些数据属于公有数据，应该向公众予以开放？哪些数据属于私有数据，应该对数据产权予以保护？这些问题尚存在争议。国家应该尽快建立健全数据产权的相关立法，规范数据交易行为，保护国家机密、商业机密不被泄露，保护个人隐私不被侵犯，促进数据交易市场健康稳定发展。毕竟只有在市场机制的作用下，数据资源的分配才能尽可能地实现效益的最大化[159]。

另外，对于公有数据，应对公共数据和内部数据分别建立管理机制。公共数据主要由政府建立数据开放平台向公众开放使用。内部数据主要在政府内部跨部门、跨区域进行共享，或者在政府与企业之间共享数据。由于这部分数据的流通主要属于公共服务的性质，缺乏市场机制的主导，因此需要由政府设立配套的政策激励机制，突破数据垄断，提高数据共享的效率和质量，并通过设立监管机构对数据安全进行监督管理，避免开放或共享数据泄露国家和商业机密以及侵犯个人隐私。

5.1.2　监管机制

2023 年 3 月，中共中央、国务院印发了《党和国家机构改革方案》，组建国家数据局，负责协调推进数据基础制度建设，统筹数据资源整合共享和开发利用，统筹推进数字中国、数字经济、数字社会规划和建设等，由国家发展和改革委员会管理。国家数据局由中央领导，应该在各级地方政府设立分支管理机构，形成自上而下的监督管理机制，有利于突破地方的数据垄断壁垒，便于中央与地方形成统一的数据开放和共享标准，促进跨部门、跨地区、跨行业的数据共享，提高数据开放和共享的效率及质量。构建相应的监督机制，并执行约束性的处罚方式，加强企业参与数据共享的责任，打造一个开放、包容、公正、有序的数据共享氛围，最大限度地利用政府在指导数据共享和合作创新方面的影响力[160]。

各地方的分支机构应对当地政府的数据开放和数据共享工作进行不定期的监督检查，切实改善部分地方政府流于形式或应付检查的不良工作作风，并向上级部门汇报情况。对于长期不作为、不改进的地方政府部门，应建立相应的人事处分机制，使得真正懂技术、懂管理的高层次人才能够进入政府数据开放和数据共享的重要领导岗位，促进我国政府数据开放和共享事业的发展。

另外，该机构还应对数据交易市场进行有效监管。由于数据交易具有较强的行业专业性，因此应成立专门的监管机构进行管理，审核交易主体的资质，形成行政与司法双重监管，并从技术上协助公安机关查处数据交易违法案件，确保数据交易市场的健康可持续发展，保障国家机密、商业机密不被泄露，个人隐私和私有数据产权不被侵犯。

5.1.3 保障机制

数据治理应强化数据安全规范和质量保障机制。对企业来说，建立数据安全和质量保障机制，一方面可以提升企业品牌声誉，带来经济效益；另一方面可以提升企业间的价值认同和信任水平，增强企业的数据共享意愿。建立数据安全保障机制，可以通过合同或其他方式来规范和约束参与方的行为，以打击阻碍数据共享的机会主义行为。同时，政府可以通过政策支持和对企业违约的惩罚来鼓励数据共享，防止企业只图搭便车而缺乏长远视野。双方应该共同努力完善承诺机制，营造重视良好信誉的行业环境。此外，引入外部监督机制，加强第三方对企业阻碍数据开放共享行为的监督，这有助于提高企业参与数据共享的积极性。

数据质量是决定数据资源分配效益的重要因素。在数据交易市场中，数据集的价格在一定程度上体现了市场对数据质量的评价。数据质量由市场这只"看不见的手"进行控制，优胜劣汰。在健全稳定的数据交易市场中，受这种市场竞争机制影响，数据质量可以得到较高的保障。

但政府数据开放和数据共享的数据集，由于缺乏市场竞争机制的作用，其数据质量需要依靠评价与监管机制来保障。对于发展尚不成熟的数据交易市场，也需要引入适当的质量评价与监管机制，提高市场进入的门槛，来保障数据质量达到一定的标准。

事实上，对数据质量的评价与监管，不应仅仅停留在数据开放、数据共享和数据交易的最终环节，而应从数据产生的源头开始，以便建立全流程的动态质量保障机制（图5-3）。数据从产生到开放、共享和交易，需要经历数据的采

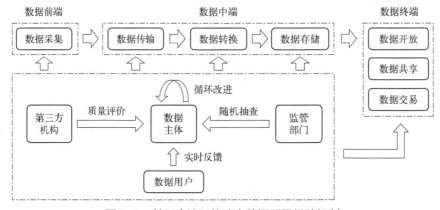

图5-3 基于全流程的动态数据质量保障机制

集、传输、转换、存储等多个环节。对于一些交通、气象类数据，在数据采集环节可能会因检测设备长期运行造成性能下降、数据传输环节系统故障、数据转化环节软件问题、数据存储环节设备损坏、数据开放环节平台故障等，导致数据缺失、数据冗余、数据精度不足、数据延时等质量问题。因此，应对每一个环节均建立数据质量评价、用户实时反馈、机构随机抽查、质量循环改进的质量控制体系，形成数据全生命周期的质量保障机制[161]。

5.1.4 人才机制

如表5-1所示为数字人才机制与相关具体措施。为培养数字人才，国家可以着力改革教育体系，将数据科学和相关知识的教育纳入课程设置，并注重培养学生的数据分析和数字技术能力。国家还可以与高等教育机构和研究机构合作，制定相关通识性和专业性教材及课程，推动数据科学和数字技术教育的发展。

但数字人才专业性强，技术要求高，培养需要一定的周期。一些中西部地区的政府相关部门对数字人才的需求较为迫切，如果完全依靠人才培养来支撑政府数据开放平台的建设，则过于缓慢，不利于地方政府数据开放平台建设的快速发展。另外，我国东部地区的数字人才较为集中，在一些发达地区人才相对饱和。因此，如果能将发达地区过剩的交通类数字人才引进到中西部地区，支持中西部地区的数据开放、数据共享和数据交易平台发展，将能大幅度加快我国大数据建设事业发展的速度。考虑到数据开放、数据共享和数据交易平台的岗位设置较为精细，因此对人才的引进应采用精准化梯度式的机制。优先考虑对高层次人才的引进，为特定人才提供特定待遇。依托高层次人才，建立一支梯度化的技术和管理人才队伍，加速我国中西部地区数据开放、数据共享与数据交易系统的建设，缩小与东部发达地区的差距[162]。

职业培训与终身学习。在数字化时代，技能的更新和提升是必要的。国家可以设立职业培训机构，提供针对数据分析、人工智能等领域的培训课程，以满足职场上对数字人才的需求。此外，鼓励已经在企业就职的员工进行终身学习，提供相应的奖励和支持，使人们能够不断适应和掌握新兴的数据技术和工具。

行业合作与交流。国家可以促进行业和学术界之间的合作与交流，建立合作研发平台，共同深化数据科学和数字技术的研究。具体可以通过资助和支持行业与学术界的合作项目，举办国际学术会议和研讨会，创建数字创新中心等途径来促进行业间的合作与交流[163]。

制定政策与标准。国家可以制定相应的政策和标准，推动数字人才的培养和发展。此类政策可以包括鼓励企业进行数字化转型和创新，提供相应的支持和激励措施。此外，国家还可以制定数据隐私和安全方面的法规及标准，保护个人和企业的数据安全、隐私及知识产权。

表5-1 数字人才机制与相关具体措施

人才机制	具体措施
教育体系改革	将数据科学和相关知识纳入课程设置 制定相关通识性和专业性教材及课程
数字人才区域平衡	中西部地区引入东部地区数字人才 优先引进高层次人才，建立梯度化人才队伍
职业培训与终身学习	设立职业培训机构，提供相关课程 鼓励企业员工与时俱进，终身学习
行业合作与交流	资助和支持行业与学术界合作项目 创建数字创新中心
制定政策与标准	鼓励企业进行数字化转型和创新 制定数据隐私和安全法规与标准

5.1.5 司法机制

数据共享与开放所产生的负面影响是数据治理中一个不可忽视的问题。在制度层面上，现有的数据治理理论存在缺失，由于利益需求的不同，数据共享和保护规则已经失效。在法律领域，对于数据共享引发的争议，法律应对能力不足。解决数据共享中的制度难题，充分利用法律的作用，是提升数据管理水平的必要途径。目前存在一些司法困境，包括数据客体范围难以确定，构建新型财产权较为困难；数据共享的法定主体即数据控制者的概念界定不清；数据共享环节中法律义务和责任划分不清；数据基础性治理规则研究不足，法律治理框架缺乏明确路径，司法应对能力不足，司法与行政监管之间的协调不足。

要解决数据共享中的风险和个人信息安全问题，需要采取一系列措施。传统规制理论和司法经验不适用于数据法领域，因此需要提高司法的主动性，并发挥其在解决数据纠纷中的引领和预测作用。此外，应关注数据控制者的资格、义务和责任，探索建立合理的数据共享治理机制，保障数据主体个人信息安全并满足数据控制者的需求。这样的数据治理机制能为监管者提供参考，同时也为数据控制者和平台提供合规指南，最终实现多重法治目标的数据治理[164]。表5-2是一些具体的司法机制和要点说明。

表5-2 一些具体的司法机制和要点说明

司法机制	要点说明
立法和监管	司法机制应该通过制定相关法律法规和监管政策,确保数据的收集、存储、处理、传输和使用符合法律规定,并促进合规性和透明度。这包括制定数据隐私保护法、数据安全管理规定、数据交换和共享制度等
争议解决	司法机制应提供有效的争议解决渠道,以解决与数据使用和保护相关的纠纷及争议。这可以包括设立专门的法院或法官来处理与数据相关的案件,确保公正和合理的解决措施
法律监督和执法	司法机制应加强对数据生态的监督和执法,并对违法行为进行处罚。司法机构可以依法调查和追究数据滥用、侵犯隐私、数据泄露等违法行为,并对其进行相应处罚和制裁,以维护数据生态的秩序和安全
司法鉴定与证据采集	在处理数据相关的案件时,司法机制需要确保获得的证据合法、可信和完整。司法机构可以依托司法鉴定机构或专业技术人员进行数据鉴定,确保数据证据的真实性和可靠性
国际合作与共享	在全球化的数据环境中,司法机制需要加强国际合作与共享,以应对跨境数据治理和法律争议。司法机构可以与国际机构和其他国家的司法机构建立合作关系,共享经验、信息和数据,推进国际数据治理的进展

5.2 数据生态治理标准化体系

我国大数据领域尚未建成成熟的数据治理标准化体系。目前,各地方政府的数据开放平台基本都是独立建设的,缺乏统一的信息采集标准、元数据标准、数据接口标准、数据存储标准和共享标准,这导致数据共享缺乏统一性,严重制约了跨地区、跨部门、跨行业的数据共享。此外,由于部分地方政府未能建立有效的数据质量评价标准,导致各地区政府数据开放平台的数据质量参差不齐,极大地影响了数据开放和共享的实际效益。造成数据质量低的另一主要原因是数据的采集尚没有形成统一的行业规范,获得的数据质量参差不齐,数据格式难以兼容,行业内形成了一定的技术壁垒,极大地增加了跨地区、跨部门、跨行业数据共享的成本和难度。为解决这一问题,本书提出构建多层次的大数据生态治理标准化体系(图5-4),从顶层设计、环节控制和源头统一三个层次入手,系统性解决当前存在的主要问题。

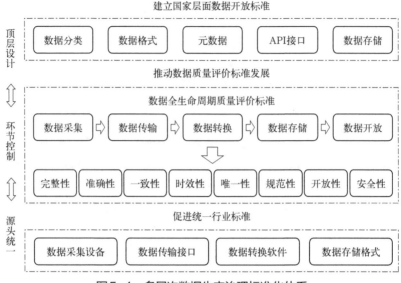

图5-4 多层次数据生态治理标准化体系

5.2.1 政府开放数据标准体系

目前，我国尚未建成国家级政府数据统一开放平台，且省、直辖市级政府数据开放平台的建成率也较低。截至2020年年底，我国31个省、直辖市中，仅有16个省、直辖市建成省级或直辖市级政府数据开放平台并有效运行。由于没有国家层面的数据开放平台建设方案示范，各地方政府的平台建设相对独立，采用了不同的数据开放标准，形成了较大的区域性差距。要解决这个问题，国家应设立专门从事数据管理和监督工作的机构，由该机构负责建立国家层面的数据开放标准，包括数据分类、数据格式、元数据、API接口、数据存储等方面的标准，并对各地的政府数据开放平台的建设工作做出统一的部署。国家层面的数据开放标准方案可为各地政府数据开放平台的建设提供统一的标准规范，并为各地政府数据开放平台的建设工作指明方向，提供指导，为实现高效率的跨地区、跨部门的数据共享奠定基础。各地方政府应根据国家数据开放标准，结合本地区经济、社会和公众需求的实际情况，有计划、有步骤地开展各自的数据开放平台建设工作[165]。

此外，为避免地区间出现不均衡发展格局，国家还应加强各地区之间的沟通交流，通过举办学术论坛，交流数据开放平台的建设经验，并建立点对点帮扶机制，由发展较快的地区为其帮扶对象提供一定的技术和人才支持，同时进一步建立跨地区平台之间的数据共享关系，为最终建成国家层面的政府数据开放统一平台奠定基础。如表5-3所示为政府开放数据标准体系及其说明。

表5-3 政府开放数据标准体系及其说明

政府开放数据标准体系	说明
数据开放原则	明确规定政府机构开放数据的目的和原则，如透明度、公众参与和数据安全等
数据格式和结构标准	确保政府开放的数据能够以统一的格式和结构进行存储及传输，以便公众和其他利益相关方能够方便地访问和使用
数据质量标准	确保政府开放的数据具有准确、完整、可靠和一致的特性，以提高数据的可信度和可用性
数据分类和分类标准	将政府数据进行分类，使公众可以根据自身需求快速找到需要的数据，同时也有利于政府机构对各类数据进行管理和发布
数据访问和使用标准	确保公众和其他利益相关方能够方便地访问和使用政府开放的数据，可能包括数据访问权限、API接口和开放数据许可协议等

5.2.2 企业数据共享标准体系

由于不同企业生产的传感设备在数据接口、数据传输方式、数据格式等方面有所差异，而且在某些细分行业中，一些同类企业间设置了一定的技术壁垒，所采集到的数据在格式上具有一定封闭性，即不可被其他数据产业链的软件所读取，从而导致不同地区的政府相关部门因使用了不同企业生产的数据采集设备，数据从源头一开始便互不兼容，难以整合，这加剧了跨地区、跨部门、跨行业进行数据共享的难度。要解决这一问题，必须建立数据采集端的行业标准。国家通过制定一定的行业设备生产标准（涉及数据采集设备、数据传输接口、数据转换软件、数据存储格式等），规范企业的设备制造与生产，制约企业设置技术壁垒的能力，才能有效地从源头解决数据共享难的问题[166]。

企业数据共享标准体系及其说明见表5-4。

表5-4 企业数据共享标准体系及其说明

企业数据共享标准体系	说明
数据隐私和安全标准	确保共享的数据在传输、存储和处理过程中得到充分的保护，以防止数据泄露、滥用和未授权访问
数据格式和结构标准	确保共享的数据采用统一的格式和结构，以便接收方能够方便地理解和处理数据，避免数据转换和兼容性问题
数据质量标准	确保共享的数据具有一定的质量要求，如准确性、完整性、一致性和时效性，以保证数据的可信度和可用性

续表

企业数据共享标准体系	说明
数据访问和使用标准	明确共享数据的访问权限、使用限制和合规要求，确保数据的合法合规使用，并防止未经授权的数据访问和滥用
数据标识和命名约定	规定一致的数据标识和命名规则，便于识别和追溯共享的数据，避免混淆和重复

5.2.3　数据跨境流通标准体系

数据跨境流通是指计算机化的数据或信息在国际层面的流动，由于移动网络、物联网、云服务等互联网科技的发展，跨境流动数据的体量不断增长，不仅推动经济全球化的进程，更体现在通过数据的流动促进国家信息技术的创新以及对数据经济新兴产业的培育。我国对于数据跨境流动标准的法律规制在不断完善，已有基本的法律规制框架[167]。跨境数据流通的标准体系通常包括：在数据隐私和安全方面要确保数据在跨境传输和处理过程中得到适当的保护，包括加密、访问控制、数据安全管理；在合规性要求方面要确定数据跨境流通的合法性和合规性要求，包括合法的数据授权、国际贸易法规、跨境合同，数据保护和伦理原则；在标准化和互操作性方面，要制定数据格式、数据交换协议和接口标准，以促进不同系统和平台之间的数据互操作性和互联互通；在争端解决机制方面，要建立数据跨境流通争端解决机制，处理在数据跨境流通过程中可能出现的纠纷和争议[168]。

2018年10月，我国科技部公示了其于2015年开始做出的六个人类遗传资源违法出境的案例的行政处罚，处罚对象包括阿斯利康、华大基因等知名企业，其中深圳华大基因科技服务有限公司的处罚案例被称为我国数据出境第一案。无独有偶，2021年滴滴公司为在境外上市，违规搜集用户数据并向美国提交重要敏感数据，被称为"网络安全审查第一案"。数据的违法出境，可能会导致重要数据泄露、滥用甚至被敌对势力利用，从而对国家安全和社会安全带来挑战[169]。

5.2.4　数据质量评价标准体系

不同行业对数据的完整性、准确性、时效性、规范性和安全性等方面（表5-5）的要求有所不同，例如，交通类数据对完整性、准确性、时效性的要求会特别高，因此有必要针对交通类数据建立特定的数据质量评价标准。此外，对数据质量的评价不能仅仅停留在数据开放环节，而应对数据收集、传输、转换、存储等各个环节均建立数据质量评价标准，确保数据从产生到使用的全流程环节均得到质量保障。各地方政府应根据地区经济发展水平以及公众对交通类数据的需求程度，建立适合自身地区数据开放平台发展的数据质量评价标准。进一步地，由于大数据行业的飞速发展，未来公众和市场对数据质量的要求也会不断提高，因此，各地区政府应根据行业发展情况，不断改进和完善数据质量的评价标准。国家也应通过数据质量监管部门，督促地方政府加强对数据质量管理工作的推进。

第一，需要进行顶层设计的完善。这项工作不仅是国家大数据政策建议的重要举措，而且是各级公共服务单位数据工作的紧迫需求。因此，需要从技术和内容层面同步对各地方、各部门公共数据质量标准建设加以规范和引导，并且从国家层面加强体系建设。在推进公共资源数据质量标准建设中，需要强化资源统筹协调能力。这是一个涉及全局的系统工程，因此需要统筹多个部门进行工作推进，并且牵头部门应加强对公共数据质量标准研制工作的任务统筹与资源调度。

第二，需要加快关键急需标准的研制实施，以完善标准体系建设。这要从体系化的角度出发，全面统筹标准的研究进程，并及时采集当前各行业对标准的需求。为了推进标准化工作及标准应用实施过程有序开展，需要从整体发展的角度出发规划公共数据质量标准，并加快关键领域标准的研制工作。目前我国公共数据质量标准的领域覆盖尚不全面，因此应尽快开展关键领域的标准研制工作。同时，要开展重点标准试验验证，特别是在大数据、人工智能、区块链等数据量大、发展迅速、应用方向广阔的技术领域内进行公共数据质量标准的试验验证，加快标准研制速度和提升标准质量。此外，可以将标准在新兴领域内的试验验证案例推广至其他领域，发挥先进示范作用，为其他领域的标准研制提供参考，以优化公共数据质量标准体系。

第三，必须加强公共数据质量标准交流。不同行业和领域之间的公共数据质量标准应加深技术指标或定义术语之间的交流互动。这样可以扩大标准的普遍适用性和应用性，并增强公共数据在不同领域内的流通性，发挥公共数据资源的多点赋能作用，协助不同行业联合建立公共资源数字生态圈。同时，积极开展我国标准与国际标准的交流对标工作，借鉴国外公共数据质量标准化工作的经验，优化国内标准的研制理念，并提升我国标准研制质量[170]。

表5-5　数据质量评价标准体系及其说明

数据质量 评价标准体系	说明
完整性	完整性评价标准用于衡量数据集是否包含了所有应有的数据项和信息，是否无遗漏或缺失。缺乏完整性的数据可能导致分析结果不准确或产生错误的结论
准确性	准确性评价标准用于评估数据与实际情况的一致性和正确性。准确性高的数据可以提供可信的信息基础，帮助组织做出正确的决策与判断

数据质量 评价标准体系	说明
时效性	时效性评价标准用于确定数据的更新频率和发布时间，衡量数据是否与业务和环境变化保持同步。时效性较高的数据可以提供实时或近实时的信息，支持快速决策和行动
规范性	规范性评价标准用于衡量数据是否符合预定义的规则、标准或约定。规范性高的数据有助于提高数据的一致性、可比性和可共享性
安全性	安全性评价标准用于评估数据的保密性、完整性和可用性，以确保数据在存储、传输和处理过程中得到充分的保护和控制。数据安全是保护敏感信息和防止未经授权访问的关键环节

5.3　数据生态模型体系

我国数据生态模型目前取得了一些进展，但还存在一些不足之处。首先，我国数据生态模型在构建上存在着一定的不完善性。目前，我国数据的收集、存储、处理和应用分散在各个部门和企业中，缺乏整体的规划和统一的标准，导致数据难以共享和流动。此外，数据的质量和安全性也面临着挑战，存在数据不完整、不准确、不规范等问题。

其次，数据生态模型在数据应用方面还需要加强。虽然我国已经建立起了一些大数据平台和应用系统，但数据的应用水平还有待提高。目前，很多数据的应用还停留在基础层面，缺乏深度挖掘和创新应用。同时，由于数据的孤立和信息壁垒的存在，跨领域的数据融合和共享应用还存在一定的困难。

此外，数据生态模型在数据治理和隐私保护方面也存在不足。随着数据的不断增长和应用的拓展，数据治理和隐私保护面临着更为严峻的挑战。数据的合规管理、个人隐私保护、数据伦理等问题更加需要得到重视和规范。

为了促进我国数据生态模型的发展，需要加强相关法律法规的制定和完善，以及数据标准和规范的统一，推动各个部门和企业间的数据共享及协作，并加强数据治理和隐私保护的建设。只有构建一个健康、安全、高效的数据生态模型，才能推动我国数据应用的发展和创新。

5.3.1　概念数据生态模型

概念数据生态模型（conceptual data ecosystem model）是用于描述和理解数据生态系统的模型。它主要关注数据的流动、交互和管理，以及数据在整个生态系统中的角色和关系。概念数据生态模型着眼于整个数据生态系统的全貌，将不同的数据源、数据存储、数据处理和数据消费者等元素进行整合和组织。通过该模型，可以清晰地展现数据生态系统中各种参与者之间的交互关系和数据流动路径。通过概念数据生态模型，可以更好地理解和规划数据生态系统的构建和运营，促进数据的可持续利用和业务创新[171]。同时，还可以帮助识别和解决数据生态系统中存在的问题和风险，推动数据驱动的决策和价值创造。在实际应用中，可以根据特定组织或业务的需求和场景，定制和扩展概念数据生态模型，以满足实际的数据管理和数据治理需求。在概念数据生态模型中，常见的要素及其说明见表5-6。

表5-6 概念数据生态模型要素及其说明

概念数据生态模型要素	说明
数据源	表示数据的来源，可以是内部的业务系统、外部的合作伙伴、传感器或第三方数据提供商等
数据存储	表示数据的存储方式和场所，可以包括数据库、数据仓库、云服务或分布式存储等
数据处理	表示对数据进行加工、转换和计算的过程，可以包括数据清洗、数据集成、数据分析和机器学习等技术
数据消费者	表示数据的使用者，可以是内部的业务部门、决策者或者外部的客户或合作伙伴等
数据交互	表示数据在不同元素之间的传递和共享，可以通过API接口、数据集成工具或文件传输等方式实现
数据治理	表示对数据的管理和控制，包括数据质量管理、数据安全管理和数据隐私保护等方面

5.3.2 逻辑数据生态模型

逻辑数据生态模型（logical data ecosystem model）是用于描述和设计数据生态系统的模型。它主要关注数据的逻辑结构和关系，以及数据之间的逻辑流动和交互（图5-5）。

逻辑数据生态模型着眼于数据的概念和逻辑层面，在逻辑层面上表示和定义数据的组织结构、数据实体的属性、数据之间的关系和约束等。通过该模型，可以清晰地展示数据在整个生态系统中的逻辑连接和关联。通过逻辑数据生态模型，可以更好地理解和设计数据生态系统的逻辑结构及关系，帮助组织定义和规划数据的组织方式、数据关系和数据约束等。同时，还可以促进数据的一致性、可扩展性和可维护性，提高数据的可理解性和可管理性。在实际应用中，逻辑数据生态模型可以作为数据建模和系统设计的基础，用于指导数据架构师、数据分析师和开发人员的工作[172]。

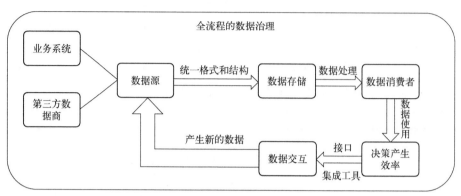

图5-5　逻辑数据生态模型

5.3.3　物理数据生态模型

物理数据生态模型（physical data ecosystem model）是用于描述和管理数据生态系统的模型，关注数据的物理存储和处理方式，以及数据在物理层面上的流动和交互。

物理数据生态模型主要关注数据在计算机系统中的实际存储和处理，它着眼于数据的物理结构和数据操作的物理组织。该模型描述了数据在硬件设备、存储介质和网络中的物理位置与流动。物理数据生态模型可以帮助组织和管理者更好地理解与规划数据生态系统的物理存储及处理方式，有效管理和优化数据的物理资源。它可以帮助确定数据存储设备的规模和性能需求，规划数据的备份和恢复策略，以及优化数据传输和处理的性能和效率[173]。同时，物理数据生态模型也为数据安全和数据隐私提供了指导，帮助确保数据的可靠性、安全性和合规性。在实际应用中，根据组织的需求情况，可以制定和实施适合的物理数据生态模型，结合数据管理和治理的最佳实践，以建立一个可持续和高效的数据管理体系。在物理数据生态模型中，常见的要素及其说明见表5-7。

表5-7　物理数据生态模型要素及其说明

物理数据生态模型要素	说明
数据存储设备	表示用于存储数据的硬件设备，如数据库服务器、文件服务器、云存储等
数据文件和结构	表示数据在物理存储设备上的文件和数据结构，如数据库表、文件系统中的文件等

续表

物理数据生态模型要素	说明
数据传输	表示数据在网络中的传输和流动，包括数据的传输协议、通信方式以及数据传输的带宽和速率等
数据处理	表示对数据的物理处理操作，包括数据的读取、写入、更新和删除等
数据备份和恢复	表示对数据进行备份和恢复的策略与机制，以保障数据的可靠性和可恢复性

5.3.4 数据生态模型架构

数据生态模型架构是一个用于描述和组织数据生态系统的框架或结构。它涉及数据生态系统中各种组成部分之间的相互关系、交互方式和功能。数据生态模型架构提供了一种清晰和结构化的方式来描述和整理数据生态系统的组成部分与工作流程。它有助于组织和管理者更好地理解数据生态系统的整体结构和运作方式，从而更好地规划和管理数据的流动、交互和价值创造过程。实际应用中，可以根据组织的需求情况进行定制及调整，以满足特定的数据管理和业务需求[174]。如图5-6所示，分别从数据采集、数据存储、数据处理、数据分析、数据可视化以及数据应用层面介绍了数据生态模型架构。

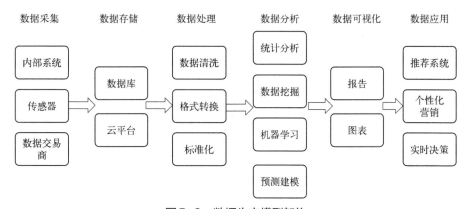

图5-6 数据生态模型架构

5.4 数据生态环境系统

我国数据生态环境系统的现状是在不断发展和完善中的。随着信息技术的迅速发展和大数据时代的到来，我国正积极构建一个更加完善的数据生态环境系统。

　　然而，在当前的发展过程中，还存在一些不足之处。首先，数据采集和质量方面存在一些问题。由于数据采集的不完整或不准确，导致数据的有效性和可靠性有待提高。其次，数据共享和交流方面仍有不足。相关部门之间的数据共享机制仍需进一步完善，以实现数据的互通互联。此外，数据安全和隐私保护问题也是需要解决的难题。

　　为了改进数据生态环境系统，我国正在采取一系列措施。例如，加强数据采集设施建设，提高数据的准确性和完整性；推动数据共享平台建设，促进不同部门之间的数据共享；加强数据安全管理，加强对个人信息的保护等。同时，我国还鼓励创新，推动人工智能技术的应用，以提高数据处理和分析的能力。

　　总体而言，我国数据生态环境系统在不断健全和发展，但仍需加强各个方面的改进和完善。这需要政府、企业和个人各方面的共同努力，同时对国际数据生态环境进行借鉴。

　　在数据生态系统中，法律、市场、政策、人才和技术相互作用，相互影响，共同构建和塑造整个数据生态系统。如图5-7所示是数据生态环境系统要素关系。

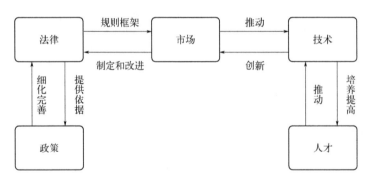

图5-7　数据生态环境系统要素关系

5.4.1　政府数据生态环境

　　政府数据的生态环境是指政府在采集、管理、分享和应用数据时所处的整体环境和情境。政府数据具有重要的价值和潜力，可以为政府决策、公共服务提供支持，并促进社会经济的发展。政府在数据生态环境中应扮演重要角色，推动数据的合理利用与创新应用，同时确保数据的安全、隐私和公正性，促进数据与技术的良性发展，以实现社会经济的可持续发展。政府数据生态环境的关键要素现状见表5-8。法律的健全性对政府数据生态环境至关重要。政府需要建立和完善相关数据保护法律法规，确保数据的合法、合规和安全使用。法律的存在可以保护个人隐私、数据安全及公众权益，为政府提供清晰的指导和规范。市场需求是推动政府数据生态环境发展的重要因素。政府数据具有广泛的应用前景，包括城市规划、公共安全、医疗保健、交通管理等领域。政府需要了解市场需求，科学规划和开发相关数据产品和服务，与行业合作伙伴建立合理的合作机制，满足市场需求。政策的制定和推动对政府数据生态环境的发展起到关键作用。政府可以制定数据开放政策和数据共享机制，鼓励政府部门之间和公私合作伙伴共享数据资源。政策还可以支持数据标准的制定和推广，促进数据互操作性和共享。拥有专业人才是建立强大的政府数据生态环境的基础。政府需要招聘和培养数据科学家、数据分析师、数据工程师等专业人员，提升数据分析和应用能力[175]。此外，培养政府工作人员的数据意识和数据素养也是至关重要的。技术创新对政府数据生态环境的发展至关重要。政府需要关注数据存储、处理、分析和应用的先进技术，如云计算、大数据分析、人工智能等。采用适当的技术可以提高数据处理效率和数据应用能力，为决策提供更加准确的支持。

表5-8 政府数据生态环境的关键要素现状

政府数据生态环境关键要素	现状
数据积累和利用	政府在多个领域积累了大量数据，包括社会经济、人口统计、交通、环境、医疗等。这些数据的积累和利用有助于政府决策、政策制定和提供公共服务
大数据和人工智能	政府鼓励大数据和人工智能的发展，以推动创新和经济增长。政府支持了一系列大数据和人工智能项目，包括数据中心建设、云计算、数据开放平台等[176]
数据隐私与安全	随着数据的积累和利用增加，数据隐私和安全成为越来越重要的问题。政府制定了一系列法规和政策，以保护个人隐私和数据安全
数据共享和开放	政府鼓励政府部门和企业共享数据，以促进创新和经济发展。政府已经建立了数据开放平台，以促进数据共享和合作
人工智能应用	政府积极推动人工智能的发展和应用，包括在城市规划、医疗保健、交通管理和工业自动化等领域。政府也支持了一系列人工智能研究和创新项目
数据治理	数据治理是政府数据生态系统的重要组成部分。政府机构需要建立数据管理政策、标准和流程，以确保数据的质量、一致性和可用性

5.4.2 企业数据生态环境

企业数据生态环境指的是企业内部以及与外部合作伙伴之间的数据交流和共享的环境。在现代数字化时代，数据已经成为企业运营和决策的重要资源，构建一个良好的数据生态环境对企业具有重要意义。通过建立一个良好的企业数据生态环境，企业可以更好地利用数据资源，提高运营效率和决策质量，实现业务增长和创新[177]。企业数据生态环境特点和现状见表5-9。

表5-9　企业数据生态环境特点和现状

企业数据生态环境特点	现状
数据积累和多样性	企业积累了大量的数据，包括客户数据、交易数据、运营数据、市场数据等。这些数据来源广泛，包括企业内部系统、社交媒体、传感器等，形成了多样性的数据资产
数据分析和洞察	企业越来越依赖数据分析来了解市场趋势、客户需求、产品性能等。数据分析工具和技术的不断发展使企业能够更好地利用数据来做出决策
数据隐私和合规性	随着数据泄露和隐私侵犯事件的增多，企业对数据隐私和合规性的关注也在增加。企业需要制定和执行数据保护政策，以确保客户和员工的数据得到妥善处理
数据安全	数据安全是企业数据生态环境的关键组成部分。企业需要采取措施来保护数据免受网络攻击、数据泄露和恶意软件等威胁
数据共享和合作	一些企业采用开放数据模型，与合作伙伴、供应商和客户共享数据，以促进创新和协同工作
云计算和数据仓库	许多企业采用云计算和大数据技术来存储和分析数据。这些技术可以帮助企业降低成本、提高灵活性和可扩展性
数据治理	企业越来越重视数据治理，确保数据的质量、准确性和一致性。数据治理框架有助于规范数据管理流程
数据人才	企业竞相争夺数据科学家、数据分析师和数据工程师等数据领域的人才，以更好地管理和分析数据资源
人工智能和自动化	企业利用人工智能和自动化技术来分析大规模数据，提高决策效率和创新能力
数据价值	企业越来越认识到数据的价值，不仅用于内部决策，而且用于创造新的商业机会，包括数据销售、数据产品和数据驱动的创新

5.4.3　个人数据生态环境

个人数据生命周期理论由Alshammari和Simpson提出，它将个人数据主要分为如下八个阶段（表5-10）：初始化（initiation）、收集（collection）、贮存（retention）、访问（access）、审查（review）、披露（disclosure）、使用（usage）、销毁（destruction）。该理论可以很好地帮助人们研究个人数据的生态环境。

表5-10　个人数据生命周期

阶段	定义
初始化	用于指定个人数据上下文的处理计划。包括对个人数据的收集方法规定、收集方法的合法性判定、处理个人数据所涉及的角色职责，以及与个人数据处理相关的隐私条例或准则等
收集	这一阶段的输入来自初始化阶段。个人数据收集方必须按照上一阶段规定的隐私条例或者准则进行收集
贮存	即个人数据持久化存储的阶段
访问	主要是对持久化的个人数据的查询操作
审查	可以在此阶段检查自己的个人数据，以保证自己的数据准确、未被篡改
披露	数据收集方通过分享或者售卖的方式，将个人数据披露给第三方数据处理者使用
使用	在披露阶段中，通过数据分析，会产生衍生数据。而这些衍生数据可能含有个人信息，使用阶段的数据来源可能包括原个人数据及其衍生数据
销毁	对持久化存储的个人数据进行删除

从生命周期的各个阶段来审视现有个人数据使用情况，可以发现个人数据生态环境存在着一些风险。这些风险主要集中在数据收集、数据滞留、数据访问和数据审查阶段。服务提供商可能会存在过度收集和处理个人数据的行为，导致数据主体无法直接控制自己的个人数据。服务提供商完全拥有整个数据收集、数据存储、访问权限控制及数据使用策略的权利，而数据主体对数据的使用情况等信息一无所知。由服务提供商控制着个人数据生命周期大部分阶段的生态是极具风险的，一旦个人数据遭到泄露或者私自出售，将带来大规模甚至无法估量的损失[178]。

建立良好的个人数据生态环境，要明确利益相关者构成（表5-11），在个人数据生态环境的治理过程中，同一个利益主体可能会扮演多个角色，而同一个角色也可能有多个利益主体。在这个过程中，权力和利益的关系是多样而复杂的，可能是大或小、直接或间接、显性或隐性的。因此，明确利益相关者之间的权力与利益关系是十分重要的，这将有助于建立合理而有针对性的治理机制，实现高效的个人数据隐私治理。

通过明确利益相关者的权力与利益关系，可以确保各方的合法权益得到平衡和保护。这包括数据主体自身的利益，服务提供商的商业利益，监管机构的监管权力，以及其他参与个人数据生态环境的利益相关者。只有在明确了各方的权力和利益关系的基础上，才能制定出具有针对性、可行性和公正性的治理机制，从而更好地保护个人数据隐私，促进个人数据生态的健康发展。

因此，明确利益相关者之间的权力与利益关系是个人数据生态环境治理的重要一环，它能够帮助决策者制定出有效的政策和措施，确保个人数据的合理使用和保护。

表5-11 个人数据的利益相关者

利益相关者角色	主体细分
个人	自然人
个人数据收集者	数据收集企业
	政府
	非政府组织
个人数据处理者	数据处理企业
	政府
	非政府组织
个人数据应用者	数据应用企业
	政府
	非政府组织
监督者	政府
	媒体
	第三方隐私保护组织
	个人

针对核心利益相关者，可以通过建立竞争性治理机制来规范其行为。这可以通过引导企业相互竞争，形成竞争性监督来实现。对于重要利益相关者，政府部门可以通过政策、法规等多种手段来规范其行为，并扮演监管和保护公民隐私的角色。对于直接利益相关者，如个人和第三方隐私保护组织，可以建立激励性治理机制，以增加监督收入、降低监督成本等方式提升社会整体福利水平。对于间接利益相关者，如非政府组织和媒体，可以通过提高其监督力度来增加对隐私保护的关注。总之，建立合理、有针对性的治理机制，从不同方面

维护各方利益，才能实现高效且公正的个人数据隐私治理。

5.4.4 国际数据生态环境

确实，全世界的数据治理问题不仅涉及数据主权、管辖权等一般数据治理问题，同时也涉及各国之间的利益分歧。因此，推动国际数据治理的统一化进程需要结合法律、信息技术等多学科手段，寻求共识的同时尊重各国的利益主张，促进利益协调。在这个过程中，我国可以借鉴"网络空间命运共同体"理念来推动数据治理的全世界规则形成，提高全世界数据治理水平。具体而言，我国可以利用自身的技术和经济实力，从区域层面入手，参与国际数据治理规则的制定，同时利用法律和外交手段，协同各方共同促进数据治理的全世界统一进程。通过这样的方式，在全世界范围内提高数据治理法制水平，保障全世界人民的利益和权益，实现更加和谐的国际数据治理格局。国际数据生态环境是指各个国家和地区在数据采集、管理、共享和应用方面的整体环境和情境。在全球化和数字化的时代背景下，数据成为连接和推动国际社会发展的重要资源。国际数据生态环境的建设是全世界共同努力的结果。各个国家和地区应加强合作与交流，推动数据生态环境的共享和发展，实现数据资源的有效利用和共赢。同时，也要确保数据的公正、合理和平等使用，促进全世界数字化经济的健康成长和可持续发展[179]。国际数据生态环境要素及其现状见表5-12。

表5-12 国际数据生态环境要素及其现状

国际数据生态环境要素	现状
数据流动和跨境传输	随着信息技术的发展，数据跨国流动成为普遍现象。国际数据生态环境要求各个国家和地区在数据流动方面建立合作机制和规范，确保数据在国际范围内的顺畅传输和合法合规使用
数据标准和互操作性	国际数据生态环境需要统一数据标准和规范，以提高不同国家和地区数据的互操作性和可比性。这样可以促进数据的共享与交流，推动跨国合作和发展
数据隐私和安全	在数据跨境传输和共享过程中，保护个人隐私和数据安全是重要问题。国际数据生态环境需要建立跨国的数据隐私保护和安全机制，确保数据的合法、安全和隐私的合规性
数据治理和合作	国际数据生态环境要求各个国家和地区加强数据治理和合作，建立跨国的数据监管机构和框架，协调各方利益和权益，推动数据的合理利用和共享
数据伦理和发展	国际数据生态环境要求各方在数据应用和发展方面注重数据伦理和社会责任。各国和地区需要共同制定数据伦理准则和规范，推动数据应用在人类福祉和社会可持续发展中的积极作用

第 6 章
数据生态治理实践

数字技术在提高生态环境数字化治理能力、推动绿色低碳转型发展等方面发挥了重要作用。数字化和绿色化是全世界经济社会发展的重大趋势，两者相互协同、相互促进。我国顺应这个发展趋势，深刻领会数字生态文明建设的重大意义，抢抓数字技术发展机遇，用数字技术创新生态文明建设模式、提升生态环境治理效能、支撑生态环境高水平保护，推动形成绿色低碳的生产方式和生活方式，加快构建美丽中国数字化治理体系，加快推进绿色智慧的数字生态文明建设，为建设人与自然和谐共生的美丽中国提供有力的数字化支撑[180]。近年来，各地开始关注和重视数据治理工作，无论国家层面还是地方各省市、行业的政策文件制定，以及基础平台搭建，均取得了较大进步。本章依据国内外数据生态治理的实践，选取了具有代表性的省级、市级与企业数据治理案例，探讨现有数据开放治理实践与现状。

6.1 案例1：四川省公共数据治理实践

公共数据开放与共享是实现公共信息资源的开发与利用的基础和前提。对于农业大省和人口大省的四川来说，信息化和工业化都扮演着同等重要的角色。为了实现信息化发展，四川省积极进行公共数据开放与共享[181]。近年来，四川省在社会科学数据开放与共享以及公共数据治理方面进行了积极的探索和实践。其中，构建智能化平台、开放数据资源和应用大数据分析等举措得到了广泛应用。通过建设智能化平台，四川省能够集成各个领域的数据资源，从而为政府决策提供科学依据，提升决策的科学性和效率。同时，通过开放数据资源，公众可以更方便地获取政府数据，进一步提高政府的透明度，促进公众参与和监督。应用大数据分析技术，四川省能够更好地管理和利用数据资源，提取有用的信息和洞察，为政府决策提供更准确的参考。同时，大数据分析也为创新企业和研究机构提供了丰富的数据资源，推动了科技创新和产业发展。通过这些积极的探索和实践，四川省正在努力更好地利用数据资源，实现公共数据开放与共享的目标。这不仅对于推动信息化发展至关重要，而且为促进社会经济发展和公众福祉做出了重要贡献[182]。

6.1.1　数据采集与整合

通过建设数据平台和数据集成系统，四川省政府实现了各部门和机构之间数据的共享和整合，以提高数据的可访问性和可利用性，为政府决策和公共服务提供全面的数据支持。

数据采集是公共数据治理的第一步，它涉及数据的收集、传输和存储等过程。四川省政府通过建设数据采集设施和建立合理的数据采集标准，能够高效地获取来自各个部门和机构的数据。这些数据涵盖政府的各个领域，如教育、交通、卫生等，涉及丰富的数据类型，包括传感器数据、统计数据、地理数据等。

数据采集不仅包括主动式数据采集，还包括被动式数据采集。主动式数据采集是主动向相关部门和机构申请数据，通过数据许可协议和数据接口进行数据的共享和交换。而被动式数据采集则是通过信息化系统和技术，实时获取数据并进行存储，如通过"网络爬虫"抓取互联网数据。

数据采集并不仅仅是简单地获取数据，也包括对数据进行预处理和清洗。数据预处理是指对采集到的原始数据进行清洗、去重、缺失值处理等操作，以提高数据的质量和可用性[183]。数据清洗的目的是去除数据中的噪声和错误，确保数据的一致性和准确性。此外，还可以对数据进行标准化处理，以便于后续的数据整合和分析。数据错误类型及错误情况见表6-1。

表6-1　数据错误类型及错误情况

错误类型	错误情况
数据缺失（incomplete）	属性值为空的情况，如occupancy=""
数据噪声（noisy）	数据值不合常理的情况，如salary="−100"
数据不一致（inconsistent）	数据前后存在矛盾的情况，如age="42" birthday="01/09/1985"
数据冗余（redundant）	数据量或者属性数目超出数据分析需要的情况
数据集不均衡（imbalance）	各个类别的数据量相差悬殊的情况
离群点/异常值（outliers）	远离数据集中/其余部分的数据
数据重复（duplicate）	在数据集中出现多次的数据

数据整合是对来自不同部门和机构的数据进行集成和统一管理的过程。由于数据来源不同、格式不同、结构不同等原因，数据整合是一个复杂而关键的任务。四川省政府通过建设数据集成系统和共享平台，可以将来自不同部门和机构的数据进行整合，消除"数据孤岛"，实现数据资源的整合和重复利用。

数据整合需要处理数据的一致性、唯一性和关联关系等问题。在数据整合过程中，常常需要考虑数据字段的映射和转换，确保数据能够对应并形成有效的数据集。此外，还需要建立数据的关联关系，使不同数据之间能够进行联结和查询分析。

为了实现数据的整合和共享，四川省政府还建立了数据共享和开放的机制。政府部门和机构可以按照一定的权限和约束，将符合相关政策的数据共享给其他部门、企业和公众。这有利于促进数据资源的开放和创新使用，提高政府决策的科学性和精准度。

此外，数据采集与整合也需要关注数据安全和隐私保护。四川省政府在数据采集和整合过程中，采取了数据加密、权限管理、访问控制等技术手段，以保障数据的安全性和机密性。同时，政府也遵循相关的数据保护法规和隐私政策，确保公民和企业的数据权益得到合理保护。

综上所述，四川省政府在数据采集与整合方面做出了大量的努力与实践。通过建设数据平台和数据集成系统，加强数据共享与开放，提高数据质量和可利用性，为政府决策和公共服务提供了更加全面和准确的数据支持。数据采集与整合的成功实践，对于推动四川省的数字化转型和信息化发展具有重要意义。

6.1.2 数据标准化与质量管理

数据标准化与质量管理涉及对数据的规范化、准确性、一致性和完整性的管理[184]。在四川省的公共数据治理实践中，数据标准化与质量管理起着至关重要的作用。

首先，四川省在数据标准化方面积极推动标准的制定和实施。为了确保数据的一致性，四川省政府成立了标准化工作组，负责对各个领域的数据进行统一的定义和标准化。工作组通过与相关部门、专家和利益相关者的广泛合作，制定了涵盖各个领域的数据标准，确保不同部门和机构之间的数据能够互通互用。同时，四川省还通过培训和指导，提高各部门和机构对数据标准化工作的认识和理解，促进标准的贯彻执行。

其次，在数据质量管理方面，四川省建立了完善的数据质量评估和监控机制。为了确保数据的准确性和完整性，四川省政府制定了数据质量管理办法和指南，明确了数据质量的评估指标和评估方法。各部门和机构需要按照规定的流程进行数据质量的自查和自评，并定期向上级部门报告数据质量情况。同时，四川省还通过数据监控系统对数据进行实时监测，及时发现和处理数据质量问题，确保数据的高质量和可靠性。

此外，四川省积极推动数据治理的自动化和智能化。通过引入数据质量管理工具和技术，四川省能够实时监测数据质量，自动识别和修复数据质量问题。例如，利用数据质量管理平台，可以对数据进行实时的质量评估和验证，自动发现数据误差、缺失和不一致等问题，并通过数据修复和纠正算法进行自动修复。这样，不仅能够提高数据质量的稳定性，也减轻了数据质量管理的工作负担。

为了确保数据标准化与质量管理的有效实施，四川省建立了专门的数据标准化与质量管理团队，负责协调、指导和推动相关工作。团队不仅会定期组织培训和召开研讨会，加强对标准化和质量管理的宣传和推广，还会与各部门和机构建立紧密合作关系，共同解决数据标准化和质量管理过程中的问题与挑战。

四川省公共数据元数据框架如图6-1所示。

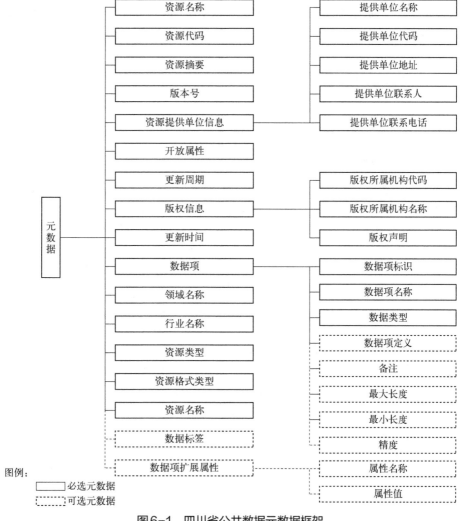

图6-1 四川省公共数据元数据框架

总体来说，四川省在数据标准化与质量管理方面取得了显著成效。通过标准化的数据定义和规范，以及完善的质量评估和监控机制，四川省能够确保公共数据的一致性、准确性和完整性。未来，四川省将继续加强数据标准化与质量管理工作，不断完善机制，提升技术能力，推动数据治理工作取得更大的进展，为提供高质量、可靠的公共数据奠定坚实基础。

6.1.3　数据开放与共享

数据开放与共享是旨在促进数据的广泛应用和共享利用，推动社会的创新发展和智慧城市建设[185]。四川省采取了多方面的措施，以推动数据的开放与共享。

首先，四川省政府制定了数据开放政策和法规，明确了数据开放的原则、范围和条件。政府部门、企事业单位和社会组织被鼓励主动开放数据，将数据以标准格式进行发布，并提供开放API接口，方便开发者和公众获取和利用数据。同时，四川省政府还建立了数据开放平台，提供统一的数据发布和管理渠道，使得数据的开放变得更加便捷和可持续（图6-2）。

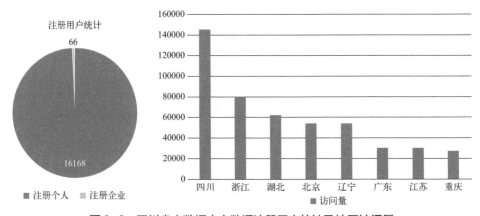

图6-2　四川省大数据中心数据注册用户统计及地区访问量

其次，四川省积极推动数据共享合作，通过建立数据共享机制和平台，促进跨部门、跨行业的数据共享。政府部门、企事业单位和社会组织可以通过数据共享合作框架实现资源的互通共享，提高数据的综合利用效率。例如，四川省政府与高校、科研机构等合作，共享教育、科技和环境数据，以支持科研和决策。

为了确保数据开放与共享的安全性和可信度，四川省建立了相应的数据隐私与安全保护机制。政府部门和数据提供方需要对数据进行匿名化处理、脱敏处理和权限控制，保护公众的隐私和敏感信息。同时，四川省采取措施保障数据传输和存储的安全，包括加密、防火墙、安全审计等技术手段，确保数据在开放与共享过程中的安全性和完整性。

除了政府部门和机构的数据开放与共享外，四川省还积极鼓励社会组织和个人参与数据的开放及共享。利用四川省的数据开放平台，个人和社会组织可以发布及共享自己的数据，实现数据的多元化来源和广泛参与。这不仅能够促进社会的创新和创业，而且能够提升数据的多样性和价值。

最后，四川省通过开展数据开放与共享的宣传和推广活动，提高公众对数据开放和共享意识的认知及理解。政府部门和相关机构组织数据大赛、数据应用开发大赛等活动，鼓励公众参与数据的开放和利用，推动数据开放与共享的广泛应用。

总体来说，四川省在数据开放与共享方面取得了积极的进展。通过政策支持、平台建设、共享合作和安全保障等措施，四川省促进了数据的广泛开放和共享利用，推动了社会的创新发展和智慧城市建设。未来，四川省将继续加强数据开放与共享工作，推动数据的高效利用，为促进经济社会发展提供更有力的支撑。

6.1.4 数据隐私与安全保护

数据隐私与安全保护是公共数据治理中的重要环节，它涉及对数据的合法、安全、隐私和保密等方面的管理。保护数据隐私和确保数据安全是全世界范围内的共同挑战，不仅局限于四川省，各地区和组织都需要关注和加强相关工作。在数据开放与共享的背景下，数据隐私与安全的重要性凸显[186]。

为了保障数据隐私与安全，四川省采取了一系列措施。首先，遵循法律法规，包括个人信息保护相关法律和政策，确保个人数据的合法使用和处理。其次，推行动态数据脱敏（dynamic data masking）（图6-3）和匿名化处理，对个

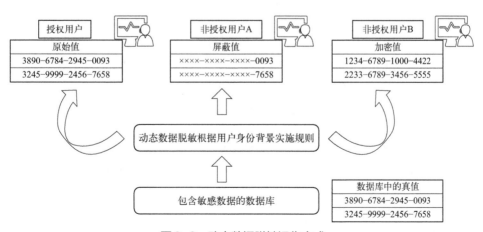

图6-3 动态数据脱敏运作方式

人信息进行加密和去标识化，降低数据的敏感性和可识别性，从而保护个人隐私。同时，建立完善的权限管理和访问控制机制，确保只有授权人员可以访问和使用特定数据，防止未经授权的数据泄露和滥用。

其次，加强技术手段和安全措施也是保障数据隐私与安全的重要方式[187]。四川省采用先进的数据加密技术、网络防御技术和安全审计机制，保护数据在传输、存储和处理过程中的完整性与保密性。同时，建立安全的网络架构和系统，加强安全漏洞的监测和修复工作，提高数据平台和系统的安全性。

此外，加强数据隐私与安全的宣传和培训对于全员参与保护数据隐私和安全意识至关重要。通过培训和教育活动，提高相关人员和公众对数据隐私保护政策与最佳实践的认知及理解，推动整个社会形成保护数据隐私与安全的共识。

数据隐私与安全保护是公共数据治理的重要方面，保护数据隐私和确保数据安全需要政府、组织和个人共同努力。除了法律法规的遵循外，还需要技术手段和措施的加强，包括数据脱敏和匿名化、权限管理和访问控制、加密技术和安全审计等。同时，通过宣传和培训提高公众与从业人员的相关意识及知识，形成全社会共同参与保护数据隐私与安全的氛围和文化。

6.1.5　数据使用与价值挖掘

数据使用与价值挖掘能够帮助政府、企事业单位和社会组织充分利用数据资源，挖掘数据中的潜在价值，为社会创新和发展提供支持。如图6-4所示为四川省大数据中心数据服务及行业分类。

首先，数据使用与价值挖掘的核心在于充分开发数据的潜能[188]。通过运用先进的数据分析技术，如大数据、人工智能和机器学习等，可以从海量数据中发现隐含的规律和趋势，提取有价值的信息。这些信息可以用于支持决策制定、优化业务流程、改善服务质量等方面。例如，通过对交通流量数据的分析，可以优化交通信号配时，减少拥堵，并提高交通运输效率。

其次，数据使用与价值挖掘需要充分的数据共享与合作。政府部门、企事业单位和研究机构应该打破"数据孤岛"，建立跨部门、跨组织的数据共享机制。通过共享数据资源，不同领域的数据可以相互融合，形成更加完整和综合的数据集，为更准确的分析和深度挖掘提供基础。例如，交叉分析社会经济数据和气象数据，可以揭示气候变化对经济发展的影响，为相关政策制定提供依据。

在数据使用与价值挖掘过程中，技术创新起着关键作用。四川省鼓励应用先进的技术工具和算法，以充分实现数据的潜力。通过利用机器学习和深度学习等技术，可以从复杂数据中识别模式、发现规律，并进行预测和推荐。这些技术可以广泛应用于金融风控、智慧城市、农业生产等领域，促进社会创新和经济增长。

图6-4　四川省大数据中心数据服务及行业分类

此外，数据使用与价值挖掘需要注重数据的可持续发展。数据提供方应确保数据质量和数据安全，保护数据的完整性和隐私性。同时，应建立数据使用的监测和评估机制，跟踪数据使用的效果和价值，了解用户需求和反馈，不断优化数据服务和资源配置。

综上所述，数据使用与价值挖掘是一个全面的过程，涉及数据分析技术、数据共享与合作以及可持续发展等多个方面。通过充分利用先进技术、加强数据共享与合作，以及确保数据的质量和安全，数据使用与价值挖掘可以为社会创新和发展提供新的动力和支持[189]。这将为政府决策、企业创新和社会福利带来积极影响，推动建设更智慧、可持续的社会。

6.2　案例2：成都市公共数据开放机制

自2018年以来，成都市以公共数据资产的开发和利用作为切入点，积极推进政府数据授权运营，始终坚持场景驱动和数据赋能的原则，并努力开辟一条新的数据要素流通路径。在这个过程中，成都市政府积极构建了公共数据资产管理体系，建立了公共数据资源清单，明确了数据权益和使用规则，为公众、企业和科研机构等各方提供了更加便捷的数据获取渠道和使用方式（图6-5）。成都市政府还注意到数据价值的重要性，通过深入调研和分析，将数据与不同场景相结合，逐步实现数据的赋能。通过开放、共享和应用数据，成都市政府促进了市场创新和社会发展，推动了数字经济的快速成长。成都市还积极探索数据要素的流通机制。在数据授权运营过程中，成都市政府注重构建安全可靠的数据交换平台和数据合作机制，使数据能够在不同机构和部门之间流通，实现数据整合和共享，促进了数据要素的高效利用。

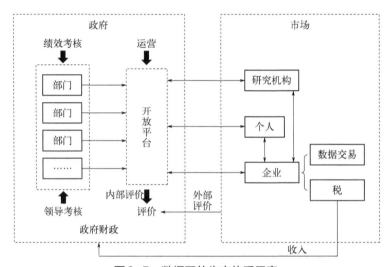

图6-5　数据开放生态体系示意

通过这些措施，成都市逐渐打造了一个注重数据价值实现的生态系统，数据与场景相结合，推动了各行各业的创新发展。成都市政府在数据开发利用方面取得了显著成效，并为其他地区提供了可供借鉴的经验，促进了数据驱动型发展模式的推广和应用。

6.2.1　数据开放现状

成都市政府于2013年启动政务信息化建设工程，拟通过数据共享、互联互通、业务协同的方式，提升政务服务软系统，提速三次创业创新梦。同年，IBM联手成都企业开始建设西部最大的大数据中心，为成都企业升级转型提供支持。2014年，市政府加大了大数据布局力度，开始打造人口、法人单位、空间地理三大基础数据库，以数字化方式建设成都"智慧城市"，尝试用大数据为政府决策提供参考。电子科技大学成都研究院于2014年6月19日开始承担"四川省大数据与智慧信息系统协同创新中心"的建设任务，通过高校、行业和地方政府的联动及协同共同支撑区域创新发展[190]。

成都以建设"西部数都"为核心目标，按照综合化、体系化、生态化发展路径，努力将成都打造为全国大数据治理创新领先城市、全国大数据产业生态创新示范区和国际化大数据市场集散中心。到2020年，重点培育3～5个大数据产业集聚区，推进政府数据开放数据集1000个以上，打造行业大数据应用示范20项以上、专业性大数据平台和行业加速器10个以上，制定大数据标准规范10项以上；力争培育大数据独角兽企业1家以上，培育收入规模超10亿元大数据企业5家以上，培育收入规模超亿元大数据企业40家以上；集聚国内外顶尖大数据人才不少于30人，大数据从业人员规模达到6万人以上；大数据核心产业产值突破800亿元。

截至2019年3月31日，成都市主要政务信息资源存储量达1622.7TB，政务数据灾备服务存储量达907TB。成都市政务云资源使用情况：已上云部门达96个，上云系统达782个，政务云公共应用支撑服务单位48个，服务系统76个。公民信息管理系统共归集48个单位的18.9亿条数据，覆盖人口数量2943万。

四川大学与剑桥大学合建"四川大学喜马拉雅多媒体数据库"，学科涉及经济学、社会人类学、宗教学、环境学等领域，这对提升我国社会科学研究水平、促进地方文化传承、推动文化旅游产业发展具有积极作用。这些工作的开启进一步推进成都市数据开放共享相关专项法规的制定，形成政府数据开放与共享的良好态势，促进科技资源的高效配置和综合利用，进而提升全省的科技创新能力和水平，有效培育区域战略性新兴产业，有利促进成都市和四川省的经济结构转型。

6.2.2 开放机制建设

成都市公共数据的创新探索，分为探索三权分置、健全运营机制、完善基础设施三步。

第一，三权分置，是在保护数据资源持有权的基础上，创造性地将数据加工使用权、数据产品经营权授予市属全资国有企业成都市大数据集团，搭建全国首个公共数据运营服务平台，探索开展公共数据授权运营。

第二，健全运营机制，促进合规流通。2018年，成都制定了《成都市公共数据管理应用规定》，实施了公共数据分段式责任管理，打造公共数据运营机制，增强数据价值的可用、可信、可流通、可追溯水平，完善基础设施、强化优质供给，在保护个人隐私和确保公共安全的前提下，按照"原始数据不出域、数据可用不可见"的要求，来提供公共数据产品和服务。在第四届数字中国峰会上，成都的代表也做了相关经验介绍。健全运营机制有六个环节：一是需求收集，定期收集审核形成需求清单；二是数据申请，定期提交需求清单，由网络理政办复核；三是授权确认，由数据提供单位提出是否授权意见，合法取得信息主体授权的原则上应授权同意，已普遍开放的授权给运营服务平台使用；四是数据交付，签订数据利用的三方协议，约定使用方式，同时采取必要的数据安全措施，在成果中注明数据来源，并且反馈使用情况；五是数据利用，及时更新数据接口，及时向运营平台提供保障；六是终止授权。

第三，完善基础设施，构建了公共数据供给侧与企业需求侧之间的桥梁，在确保数据安全的基础上，为企业提供公共数据服务，支持社会企业开发应用场景，共同挖掘数据价值。成都市公共数据开放机制建设旨在完善基础设施，构建公共数据供给侧与企业需求侧之间的桥梁，为企业提供公共数据服务，支持社会企业开发应用场景，共同挖掘数据价值[191]。该机制通过数据基础设施建设、数据共享机制的建立、数据访问与使用的服务支持以及产学研合作的推动，为成都市打造智慧城市和促进经济社会发展提供了有力支撑。未来，成都市将进一步完善公共数据开放机制，推动更多创新应用场景的发展，助力成都市成为国际一流的创新型城市。

6.2.3 数据治理成效

成都作为一个开放创新的城市，已经取得了许多数据治理的创新成果。其中包括特色数据产品、多样化的场景应用和安全可靠的数据服务。通过创新的服务模式，成都市打造了规范高效的数据价值挖掘路径。目前，成都市已经上线了128个数据服务产品，集成了全市46家单位的570类公共数据，并实现了数据的不出网和脱敏处理。在信息主体授权方面，成都市提供了六个方面的授权服务，涵盖了企业和个人的主体信息查验、查询，司法诉讼、行政处罚等风险画像信息查询，以及水电使用、驾驶行为等信息查询服务。

成都市支持的应用场景有40多个，其中包括智慧金融。通过用户授权，成都市实时提供企业的经营类数据和司法奖惩等数据，依托大数据和人工智能等技术手段，解决了养殖户融资难、银行金融风险难把控等问题。成都市还将公共数据与信用生活服务相结合，为个人提供了年龄、婚姻状态、失信信息等个人画像标签，应用于家政、婚恋等领域。此外，成都市还为跨境电商提供了姓名、身份证等实名认证信息，进一步促进电商行业的发展。

在数据开发利用的过程中，成都市始终以数据安全为首要原则。成都市将整个数据平台部署于政务云，采用全市统一的政务系统安全运行环境。与此同时，成都市建立了透明化、可记录、可审计、可追溯的全过程管理机制，确保数据的安全和合规[192]。成都市政府与成都市政务信息资源共享交换平台建立了内网直连，同时采用可用不可见的服务模式提供按需服务，确保数据的范围最小化和合理利用。

成都市公共数据开放平台数据开放趋势如图6-6所示。

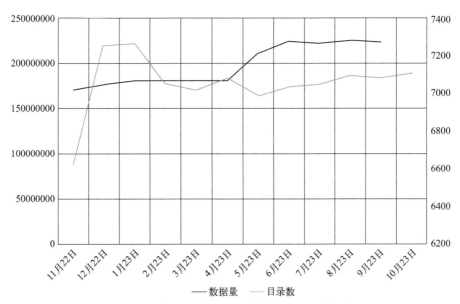

图6-6 成都市公共数据开放平台数据开放趋势

总结起来，成都市在公共数据开放方面取得了许多成果。通过构建多样化的数据产品和场景应用，并提供安全可靠的数据服务，成都市为企业和个人提供了丰富的数据资源和应用场景。在数据开发利用过程中，成都市始终守住安全底线，通过政务云、全过程管理机制等方式确保数据的安全和可信性。成都市将继续加强数据治理工作，推动数据开放、创新应用和可信数据环境的建设，为成都市的发展注入数据驱动的动力。

6.3 案例3：特斯拉公司数据治理实践

特斯拉公司是一家全球知名的电动汽车制造商，数据治理是它在数据管理和隐私保护方面的关键实践之一，通过严格的数据安全和隐私保护措施、数据收集和分析能力、数据质量管理及数据治理框架，实践着先进的数据治理方法，以确保数据的安全性、准确性和可靠性，并为业务决策提供有力支持。

6.3.1 企业背景介绍

特斯拉（Tesla）是美国电动汽车及能源公司，总部位于帕洛阿托（Palo Alto），产销电动汽车、太阳能板及储能设备。特斯拉在数据治理方面采取了多种措施，包括数据收集和存储、数据访问和权限控制、数据安全和保护、数据隐私和合规、数据质量和准确性，以及数据治理架构和流程。这些措施有助于确保特斯拉的数据具有高度的安全性、隐私保护的合规性，为用户和业务决策提供可靠的数据支持[193]。图6-7所示为2014～2019年特斯拉公司经营简况。

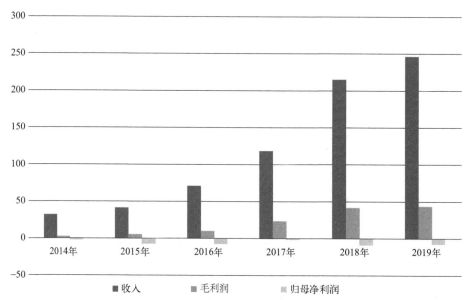

图6-7　2014～2019年特斯拉公司经营简况（单位：亿美元）

6.3.2　数据访问和权限控制

数据访问和权限控制涵盖了数据的访问权限管理、身份验证、访问审计和访问控制等关键要素，以确保只有经过授权的人员才能访问特定的数据，保护数据的安全性和机密性。

① 建立适当的身份验证机制，以核实用户或员工的身份。这包括基于用户名和密码的身份验证，或者采用更强大的多因素身份验证方法，如指纹识别、面部识别或硬件设备验证。特斯拉公司可以根据不同级别的敏感性和重要性，确定适当的身份验证水平，以确保只有授权的人员才能访问数据。

② 对不同类型的数据实施细粒度的访问控制。通过建立角色和权限管理系统，可以将权限分配给不同范围的用户，以限制其对数据的访问和操作（图6-8）[194]。例如，特斯拉公司设立管理员、数据分析师、工程师等角色，并授予不同的权限级别，以确保数据仅在必要的情况下被访问和使用。

③ 实施访问审计机制。用于防止内部滥用权限，记录和监控数据的访问

活动，这样可以追踪和检查谁访问了哪些数据，何时访问的，以及访问的目的。审计日志可以提供签名和时间戳，以确保数据的完整性和可靠性[195]。这样一来，特斯拉公司可以及时发现和调查任何异常或潜在的安全漏洞，并采取相应的纠正措施。

图6-8　实施细粒度到人员的数据访问控制

④ 数据的外部访问和共享。对于第三方供应商、合作伙伴或其他外部实体的访问，特斯拉公司建立了明确的数据共享协议和合同，并明确规定数据的使用目的和访问权限。通过与合作伙伴建立安全协议和数据共享机制，特斯拉公司可以确保数据在共享过程中得到妥善处理和保护。

此外，特斯拉公司还定期审查和评估数据访问及权限控制策略的有效性。随着业务需求和风险环境的变化，特斯拉公司需要及时调整和更新访问控制策略，以适应新的挑战和威胁。同时，特斯拉公司还需定期对员工的权限进行审查和撤销，以确保权限的及时收回和维护数据的安全性。

通过建立身份验证机制、细粒度的访问控制、访问审计和外部数据共享机制，特斯拉公司可以确保数据只能被经过授权的人员访问，并对其访问活动进行监控和审计。通过定期审查和评估，特斯拉公司可以持续优化访问控制策略，保护数据的安全性和机密性。

6.3.3　数据保留和删除

在数据治理中，数据保留和删除旨在确保数据仅在必要时被保留，并在不再需要时及时删除，以减少数据滥用和泄露的风险，并符合相关法规的要求。

通过建立明确的数据保留政策指导企业在不同情况下对数据的保留期限和存储要求进行评估与决策。特斯拉公司可以根据不同类型的数据、业务需求以及适用的法规要求，制定具体的保留期限，如车辆传感器数据、行驶记录等[196]。数据保留政策包括数据备份和灾难恢复的规定，以确保备份数据可以在需要时进行恢复。同时，定期审查已保留的数据，并评估其是否仍然有业务或法规上的合理需要。定期审查可以帮助特斯拉公司识别那些已经过时或不再需要的数据，并制订相应的删除计划。例如，特斯拉公司可能需要删除已经过期或与用户交易无关的客户数据。

GDPR原则	
合法、公平、透明	规定所收集的数据必须合法、公平、透明地处理
目的限制	规定不得以客户未知的方式使用客户数据
数据最小化	规定仅必须为特定功能收集该功能严格要求的数据
准确性	规定从客户收集的数据必须正确存储并定期更新
保密性	保密性规定，只有获得必要授权的人才能检索客户的数据
完整性	完整性规定，检索到的客户数据只能由被授权进行此类更改的人员更改
问责机制	一项附加原则，问责制原则要求您对您处理个人数据的行为以及如何遵守其他原则负责

图6-9　通用数据保护条例（GDPR）原则

值得注意的是，特斯拉公司必须遵守相关的法规要求，如欧盟的通用数据保护条例GDPR（图6-9）等。这些法规可能规定了特定类型数据的最长保留期限或者要求特定类型的数据在满足业务需求后应立即删除[197]。特斯拉公司需要确保遵守这些法规要求并更新其数据保留政策以反映这些法规的要求。特斯拉公司采取了技术和组织措施，确保已删除数据的回收是完全和不可逆的。数据的删除不可还原，并有效地清除在系统、服务器、备份设备和其他存储介质中留下的任何痕迹。这可以包括使用数据销毁工具、加密技术和物理销毁等方法。

此外，通过建立记录和文档化的程序，以证明数据的删除和保留操作是按照政策和法规要求进行的。这些记录将有助于特斯拉公司在面对审查或法律要求时提供合规性证据。特斯拉公司还定期对数据保留和删除策略进行审计及评估，以确保其有效性和合规性。特斯拉公司可以通过监控数据的保留期限、审查记录和数据相关的业务需求，来对策略进行调整和优化。

通过制定明确的保留政策、定期审查和评估数据、遵守法规要求、采取有效的删除措施，并建立记录和审计机制，特斯拉公司可以确保数据仅在必要时被保留，并及时删除不再需要的数据，最大限度地保护数据的安全性和隐私性。

6.3.4　数据治理架构和流程

数据治理架构和流程是特斯拉公司实施数据治理的核心组成部分。建立有效的数据治理架构和流程是为了明确责任和职责，确保数据治理策略的顺利实施和持续改进[198]。

首先，设立专门的数据治理团队或机构，负责整个数据治理框架的建立和实施。该团队由高级管理人员和各个业务部门的代表组成，确保数据治理战略与业务目标的协同一致。

在数据治理架构中，需要明确不同角色和职责。其中，数据治理负责人担任最高级别的责任，负责制定数据治理策略和规范，并确保其与相关法律法规的一致性。治理团队成员负责以具体的职能和角色来执行数据治理策略，如数据所有权、数据质量管理、数据安全和隐私保护等[199]。同时，特斯拉公司与所有业务部门合作，确保各部门按照数据治理要求进行运营活动，以最大限度地实现数据治理的目标。

其次，明确数据治理的关键流程。这包括数据收集、使用、存储、处理、共享等全生命周期的管理。特斯拉公司确保数据在不同流程中的安全性、一致性和可靠性。流程中的每一个步骤都需要被详细定义，并有明确的角色和责任人负责执行。例如，数据收集流程中必须明确数据的来源、收集方法和授权程序；数据共享流程中需要规定数据的访问权限和数据合规性审查等；在数据治理流程中，考虑数据质量和准确性的管理，这包括对数据进行清洗、整合和验证，以确保数据可信度和使用价值。特斯拉公司可以建立数据质量指标和评估机制，定期监测和评估数据的质量（图6-10和图6-11），并通过培训和沟通活动，提高员工对数据质量的关注和重视程度。

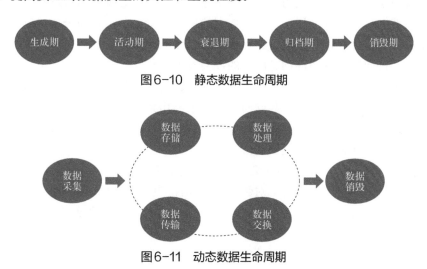

图6-10　静态数据生命周期

图6-11　动态数据生命周期

同时，数据治理流程需要定期进行内部和外部的复审，以评估流程的效力和改进空间。监管机制可以通过数据审计、合规审查和风险评估等方式实施，以确保数据的合规性和安全性。采用适当的技术工具和平台来支持数据治理架构及流程的顺利实施，这可以包括数据管理和集中存储系统、数据质量和验证工具、数据安全和隐私保护技术等。特斯拉公司需要根据业务需求和数据治理的目标，选择和整合合适的技术解决方案，以提高数据治理的效率和效果[200]。

建立有效的数据治理架构和流程对于特斯拉公司保障数据的质量、安全性和合规性至关重要。通过明确责任和职责、制定关键流程和规范、建立监管和复审机制以及采用适当的技术工具，特斯拉公司可以实现数据治理策略的有效执行和持续改进，并为业务决策和数据驱动的创新提供可靠的数据支持。

6.3.5 数据伦理和社会责任

在数据驱动的时代，数据使用对个人、社会和组织都产生着重大的影响。因此，应确保数据的使用符合伦理准则，并积极促进数据的可持续利用和社会价值[201]。

数据的使用伦理准则包括遵守隐私和数据保护法律法规，确保数据的合法性和合规性。尊重用户的隐私权，仅在获得明确授权和合法目的的情况下收集、使用和共享数据。此外，还应确保数据使用的公正性和透明性，避免偏见和歧视性的数据分析与决策，采取措施确保数据的安全性。数据安全是数据伦理的重要组成部分，采取适当的技术和组织措施，保护数据免受未经授权的访问、滥用和泄露。同时，加密敏感数据、建立安全访问控制机制、进行安全风险评估和定期安全审计等，以确保数据的保密性、完整性和可用性。

特斯拉公司考虑数据的可持续利用和社会影响。数据的可持续利用包括数据的长期保存和多次使用，以实现数据的最大化价值。特斯拉公司可以采用匿名化或去标识化等技术手段，在保护个人隐私的前提下，使数据可供多个研究和创新项目使用，从而推动更广泛的社会发展[202]。

积极参与社会责任倡议，推动数据的社会价值。特斯拉公司与学术界、非营利组织和政府机构合作，共同研究和探索利用数据解决社会问题的方法及工具。特斯拉公司也通过公开数据集和API的方式，促进数据的开放共享，为外部研究、创新和社会参与提供支持。

此外，加强数据伦理和社会责任意识的培养及提高。通过培训和教育活动，特斯拉公司可以加强员工对数据伦理和社会影响的认识与理解。特斯拉公司还建立内部的数据治理委员会或咨询机构，提供专业的指导和建议，确保数据治理的伦理性和社会价值。

最后，定期评估和监测数据使用的伦理及社会影响。特斯拉公司建立数据伦理评估和风险评估机制，定期审查数据使用的合规性和伦理性，并采取相应的纠正措施。积极关注社会对数据使用的反馈和意见，与用户、利益相关者和社会大众保持对话和沟通，提高数据使用的透明度和问责性。

通过确保数据使用符合伦理准则、保护数据安全和隐私、促进数据的可持续利用和社会价值，特斯拉公司在数据驱动的时代中取得成功，并真正实现数据治理的核心目标。

6.4 案例4：南方电网数据治理实践

中国南方电网有限责任公司（简称"南方电网"）是关乎国家安全和国民经济命脉的重点骨干企业，属于公共功能性国有企业，经营范围包括输配电业务、电力购销业务、电力交易与调度、国内外融资等。2018～2019年间企业紧抓数字化转型的机遇，深化数字化转型的路径，取得了一系列成效：2020年入选"科改示范单位"名单；2021年在《财富》500强中位于第91位。公司以成为一个经营型、服务型、一体化、现代化的知名企业为战略目标，把西电东送作为重要的目标，协助政府保证电力工业快速发展。本节对南方电网的数字化转型与数据治理展开分析。

6.4.1 数字化转型背景

国有企业作为我国经济的中流砥柱，其数字化转型不仅是打造国有企业高质量发展的新引擎，更是深刻影响国家经济高质量发展的新高地。选择更合适的数字化转型路径，开辟数字经济新价值和发展新空间，是机遇也是挑战[203]。2020年8月，国资委发布《关于加快推进国有企业数字化转型工作的通知》，明确国有企业数字化转型工作的重要意义、主要任务和保障措施，并将其作为国资央企改革发展的重点任务。无独有偶，2021年9月，北京市国资委发布《关于市管企业加快数字化转型的实施意见》，推动数字经济与国有经济深度融合，全面提升产业基础能力和产业链现代化水平。作为国民经济的重要支柱，国有企业加快数字化转型的步伐，是建设一流国有企业的重要契机。

随着大数据、云计算、物联网、移动互联网、人工智能等新技术在智能电网建设中的应用不断深入，电力数据呈现爆发式增长。南方电网是电网企业在数字化转型实践上的探路者，南方电网的数字化转型路径分为三个步骤，分别是：生产运营优化，产品服务创新，业态转变（图6-12）。2019年，南方电网开始把数字化转型作为主要发展战略，试图将企业转型为数字电网运营商、能源产业价值链整合商、能源生态系统服务商，同时南方电网也是电网行业中率先进行数字化转型的企业。

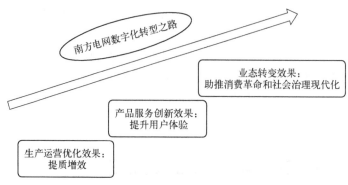

图6-12　南方电网数字化转型路径

　　首先，在能源配备方面，南方电网首创提出的"数字电网"是一种以"数据模型+数据+算法"为核心的新型电网形态，能够帮助企业对海量终端设备进行实时管理，实现对能源配置的全景看、全程控、全息判。在管理方面，南方电网将数字技术融入管理，实现对内部管理、业务运营等各个环节的实时监控，提高企业风险防范能力，辅助企业科学决策。在业务发展方面，南方电网通过构建运营管理一体化业务服务平台，对业务流程进行再造、对组织结构进行重构，促进企业内部人员高效协作，借助人工智能技术提升业务效率。比如，南方电网借助自动化设备，使业务效率提升了80%以上。

　　其次，南方电网全面落实将生产服务向专业化、价值化延伸，持续满足用户不断变化的需求。通过构建与数字化结合的现代化供电体系，在原有的服务上进行创新，为用户提供便捷高效的智能供电服务；大力建设线上智慧营业厅，打造数字化用户旅程，为用户提供精细化用电分析等个性化用电服务，提升用户的满意度、幸福感；建设敏捷捕捉市场关键信息的前台、资源能力高效使用的中台、保障系统正常运行的后台，对用户反馈及时做出响应，全方位提升用户体验。近年来，其用户投诉率大幅降低。

　　最后，随着数字电网的持续推进，南方电网进一步发挥电网企业在能源产业链中的龙头作用，更好地服务能源产业转型升级和经济社会发展。2020年企业在南方区域的充电桩市场占有率达到22%，注册用户人数达到638793，其数字电网形成的能源产业数据已成为我国数字经济中的重要组成部分。

6.4.2　系统化数据治理

　　2018年12月，南方电网大数据中心成立，是进一步承接国家大数据战略、全面推动"数字南网"建设、充分释放数据价值的重大举措，为公司向智能电网运营商、能源产业价值链整合商、能源生态系统服务商转型提供有力支撑。南方电网各发展阶段对比如表6-2所示。

表6-2　南方电网各发展阶段对比

发展阶段	提出时间	发展背景	主要特征	生产服务
第一代电网	20世纪前半期	第二次工业革命兴起	小机组、低电压、小电网	电力能源结构以煤炭、天然气等化石能源为主，提供电力服务
第二代电网	20世纪后半期	规模化工业生产发展	大机组、超高电压、互联电网	
智能电网	21世纪初	化石能源逐渐枯竭、全球环境污染形势严峻	安全、可靠、绿色、高效	电力能源结构逐步向风、光、水等可再生能源为主过渡，提供电力服务
数字电网	当前时期	第四次工业革命开始，数字经济快速崛起	云化、微服务化、互联网化	本体安全、绿色消纳、平台赋能、数据驱动、开放共享、价值创造

　　南方电网大数据中心全面承担国家电网统一的大数据分析平台建设、开展数据资产管理、全网内外部数据归集、大数据分析服务和内外部数据合作等职责，进一步强化数据供给服务体系，构建包容开放的合作生态，实现数据可信、可用、可增值，助力公司数字化转型，全面发挥电力大数据的社会效应。该数据中心的组织模式主要由鼎信信息科技有限责任公司承担，6个事业部作为业务输入方、1个事业部作为核心承载方、1个事业部负责硬件网络安全运行资源支撑，该公司技术平台与数据事业部由数据供给、数据资产管理、大数据平台及数据中台、对内运营管控和对外数据洞察6条线组成。南方电网通过统一信息化建设，统一大数据平台，以及主、元、模的建设，在组织层级上实现了大数据中心的统一，基本已实现数据壁垒破除和数据共享[204]。

　　南方电网是行业内尝试数字化转型的"领路人"，在产品创新方面，南方电网拥有多个"首个"头衔，如：是首个提出"数字电网"理论、结构和方法体系的企业，发布了首个数字电网白皮书等。此外，企业还建成系列性的智能平台，为企业高质量发展助能。在服务创新方面，南方电网依靠数字技术，让客户体会到可靠、便捷、智慧的用电服务，客户满意带来的声誉背后是南方电网强大的数字化供电系统，该供电系统处于世界领先水平，被作为数字配电网的典型案例。除了产品服务创新外，南方电网还将数字化技术融入企业管理，助力电网运营提质增效，实现企业的生产运营优化。最终，将成果与社会经济、产业经济相联系，持续加强数字产业化，实现业态转变，服务数字社会、对接数字政府。

6.4.3 项目总结与展望

如今，在数字化的赋能下，电网更加安全可靠经济运行，管理进一步化繁为简，用户服务体验更便捷、更高效，组织效率大幅提升，服务模式、商业模式不断创新，推动开放型、创新型、节约型的能源电力生态蓬勃发展。

数字化转型给南方电网带来了六个方面的转变。一是公司逐步转变成为平台型企业。作为数字电网生态圈核心，连接企业内部、用户以及生态合作伙伴，可以最大限度实现多方共赢，形成良性增长循环，推动公司向智能电网运营商、能源产业价值链整合商、能源生态系统服务商转型[205]。二是企业的业务协同效率更高，业务向整合性、协同性方向发展，专业化边界逐渐模糊。三是组织的管理及流程变革，组织上从原先的层级式管理转为更加扁平的层级架构，以适应数字化转型的敏捷迭代；流程上，数字化深度参与各类流程，缩短流程处理链条，加快流程运转速度。四是服务从线下交互变为互联网式交互。五是管理模式优化，基于经验决策的传统方式进一步得到提升，以数据为驱动的专业化管理决策成为主要模式。六是商业模式重塑，电网企业将不再局限于传统的电能产品服务，而将以客户需求为中心，提供各类能源综合服务，创造新的价值增长爆发点。

第 3 篇

系 统 篇

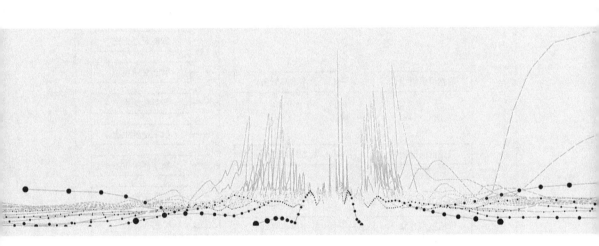

数据生态系统将若干个相互联系、相互作用的数据资源整合为一个具有结构和功能的有机整体。如果离开这个系统，单独存在的数据在获取、管理及使用上存在着很大的困难，其价值和意义也很难得以发挥。数据生态系统是以数据资源为框架，将治理技术融入数据生态之中，由政府、企业及公众构成的数字经济主体。

在数据篇和治理篇之后，系统篇作为本书的第3篇，一共包含了3章内容，如图7-0所示。数据生态治理系统的构建是为了使得数据资源创造更多的价值，因此本篇以第7章数据生态价值系统作为开篇章节。在数据生态价值系统中，数据价值链扮演着重要的角色。同时会对数据价值链的设计做出介绍，还包括了数据价值链战略以及数据价值链的垂直整合。

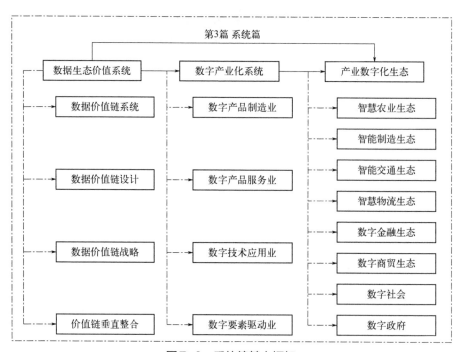

图7-0 系统篇基本框架

第8章介绍数字产业化系统，着重探讨了数字化技术在各行各业中的广泛应用，以及其对产业发展的推动作用。数字化技术的快速普及和发展，使得传统产业面临着数字化升级的机遇和挑战。本章分为四个部分，分别介绍了数字产品制造业、数字产品服务业、数字技术应用业，以及数字要素驱动业。

第9章讨论了产业数字化生态，即数字化技术在特定产业领域所形成的整体生态系统，包含了智慧农业生态、智能制造生态、智能交通生态、智慧物流生态、数字金融生态、数字商贸生态、数字社会，以及数字政府。

第 7 章

数据生态价值系统

数据治理的目的是将数据转变成为重要的战略资源，为政府、企业或者是公众创造更多的价值。在整个数据生态治理系统中，应当格外关注数据价值链。企业将数据视为一种战略资源，使其附有资源性价值，由于数据可以在不同系统间流通且广泛应用于各个商业领域，数据又具有公共性价值以及商业化价值。本章内容涵盖了在数据价值链系统中数据不同价值属性的介绍，数据价值链的设计、数据价值链战略及其垂直整合。

7.1 数据价值链系统

随着数据在社会的生产生活中发挥着越来越重要的作用，人们也更加关注如何利用数据创造出更多的价值，数据被赋予了不同的价值属性。首先，在数据价值链系统中，数据是政府和企业实施战略的重要资源，具有资源性价值。其次，还有许多数据被用于企业的生产加工，因此这使得数据具有商业化价值。随着全世界在各个领域的交互越来越密切，数据的流通也不再局限于某些国家或某些地区，一项数据可以出现在全世界的任何一个地方，全世界数据价值链加速着数字化技术在各个地区的发展。

7.1.1 数据资源性价值

数据资源性价值是指数据具有质、量、时间及空间等多重属性，同时还有一定的用途和价值，能够被视为一种宝贵的资源。与传统的物质资源不同，从存在形态上来看，数据资源是无形的，但是也能够利用货币尺度或者是实物对其价值进行计量。数据是企业的一种经济资源，能够为企业创造出一定的经济利益，因此数据作为资源必须要具有一定的效用性。经济学角度中的资源一般是指稀缺资源，因此除了效用性外，在社会属性上又必然存在稀缺性，稀缺性表现在为了获取它必须要付出一定的成本。从所有权特征的角度上来看，资源是由企业或者政府所拥有或者能够对其进行控制。数据能否被看作是企业或者政府的资源，关键要看企业或政府有无对其自主支配的权利，不能和法律上的"所有"概念相混淆。

数据作为企业或政府的重要资源，具有以下几点特性。

① 可确定性。企业要想将数据作为重要的战略资源，那么必须要根据数据资源的特点对其形态、质量、范围及可利用程度进行确认。只有这样，企业才能够选用合适的方法对其进行计量与核算，确定其存储量，以及明确其用途。

② 合法控制性。企业直接拥有数字资源的控制权，能够对其进行直接使用和支配，还拥有分享收益的权利，这些资源和权利受到法律的保护，企业能够合法地通过这些资源获得利益。

③ 可计量性。数据资源虽然与传统物质资源有很大的差异性，形式更加复杂多样，但是通过采用一定的方式也能够对它的存量及增量从价值的角度进行计量[206]。

④ 可复制性。数据资源可以进行复制和共享，而且复制的成本相对较低。这意味着企业和政府可以在不损失原始数据的情况下，将数据用于多个业务场景或决策过程，提高数据的价值和利用效率。

⑤ 隐私性。由于数据资源通常涉及个人和企业的信息，因此具有一定的隐私性。企业在处理和使用数据资源时，需要遵守相关法律法规，确保数据的安全和隐私得到保护。

⑥ 互操作性。数据资源可以通过不同的技术和平台进行交互和整合，从而实现更广泛的应用和价值。这要求企业在处理和使用数据资源时，需要考虑数据的互操作性，以便更好地实现数据资源的整合和共享。

数据资源的特性及其描述如表7-1所示。

表7-1 数据资源的特性及其描述

数据资源的特性	描述
可确定性	企业需要确认数据资源的特点，以便计量和核算
合法控制性	企业拥有数字资源的控制权和分享收益的权利
可计量性	数据资源可以通过一定方式进行价值计量
可复制性	数据资源可以低成本复制和共享
隐私性	数据涉及隐私，处理需遵守法律法规
互操作性	数据可通过不同技术和平台交互和整合

7.1.2 数据公共性价值

数据的公共性价值是指某一项数据或者某一类数据能够同时满足不同企业和政府，甚至是公共民众的使用需求所产生的效用与价值。这种价值主要体现在政府或者社会团体将数据信息公布或者提供给社会，使得企业或个人能够对这些数据信息进行使用，而在公众的生产与生活之中体现出数据的公共性价值。公共性价值的关键之处在于它不被企业或个人所私有，而是属于全社会和公众。因此，公共性价值不是为某个人或某些人服务的，而是为社会的全体公民及公众服务的，满足公众的需要。特别需要注意的是，虽然数据具有公共性价值，但并不意味着所有数据都能够供大众访问、查看及使用。政府或社会团体只将收集到的部分数据提供给社会，而一些数据信息是私密的、不可公布的[207]。对企业而言，数据最重要的是资源性价值及商业性价值，许多数据是他们的私享数据，甚至是重要的战略资源，不可能向公众公布，公众不具有访问与使用的权利。因此，数据的公共性价值主要体现在政府或者社会团体所公布的面向公众的数据中。数据的公共性价值的具体体现如图7-1所示。

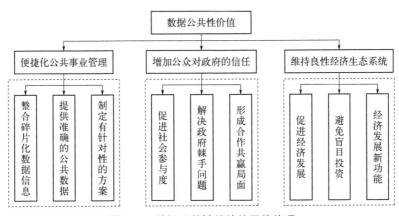

图7-1　数据公共性价值的具体体现

具体如下。

①使得社会公共事业的管理更加便捷化。大数据信息时代，政府的管理工作也离不开数据治理技术，数字化政府正逐渐走进我们的生活之中。在大数据技术引领下，对公共数据进行数据治理能够有效整合社会中的碎片化以及重叠性的数据信息，并能够有效对数据进行分类整理，为公众提供出更准确、有效且及时的公共数据。对政府管理者而言，通过数据的公共性价值能够及时了解和掌握社会生产生活的发展态势，依据其动态分布开展综合分析，从而制定出有针对性的优化方案，使得管理更加便捷。

②增强公众对政府的信任程度。公共数据的开放有利于促进和鼓励一般民众的参与，同时促进政府、企业和公众间形成合作共赢的局面。社会上有许多重要的数据信息是由政府收集和整理得到的，公众很难自己搜寻这些数据信息，只有当政府部分公开发布后，公众才有查看和使用的权利。政府将数据共享，有利于个人和企业创造更多的价值，同时提升公众对政府的信任程度。

③保障经济生态体系良性运行。大数据信息时代，传统的生产方式正逐步

失去其竞争力，数字化转型成为了其发展的必经之路，数据已经发展成为企业重要的战略资源。数据的公共性价值强调了数据能够进行共享以及可重复利用，这些数据对于市场上任何经济参与者而言，都是以公开、透明的方式所呈现的。通过对公共数据进行研究分析，市场经济参与者一定程度上能够对经济发展导向有合理预测，避免盲目投资。基于此，在市场经济中，数据能够发挥其公共性价值，不仅成为社会经济发展的新动能，还能够保障经济生态体系的良性运作。

7.1.3 数据商业化价值

商业化价值是指事物在生产、消费和交易中的经济价值，通常以货币为单位来表示和衡量。数据具有商业化价值，说明数据能够用于生产和交易，能为企业带来经济利益，其价值可以用货币来衡量。在信息时代，数据被视为宝贵的资源，能掌握核心数据意味着占领了市场高地。在大数据时代，数据本身毫无疑问就是最为核心的要素资源，是大数据得以实现的重要基础，是企业发展的关键战略资源。作为重要的战略资源，数据不仅能够帮助企业进行生产加工、分析市场环境，以及更深入地了解消费者需求，还能够直接进行商业交易，为企业直接创造价值。

在大数据信息时代，数据的价值与其可商业化利用程度密切相关。在互联网商业模式中，数据的商业化利用程度取决于其能否反映网络用户的实际商业需求、行为习惯、兴趣爱好和个体特征等。因此，互联网企业希望尽可能多地收集用户的各项信息数据，以分析消费者需求，并利用数据信息创造更多商业价值。无论是社交软件、短视频软件、购物软件还是打车软件，它们都经常收集用户的网络行为数据，并使用算法分析用户的兴趣爱好或购物习惯，为消费者推送感兴趣的内容或愿意购买的物品，从而充分发挥数据的商业化价值。互联网企业收集到的数据信息不仅用于自身分析顾客需求，还可能作为商品直接出售给其他需要数据信息的企业，从而实现直接的商业价值。传统生产企业同样也离不开数据的商业化价值，它们需要通过数据分析市场形势、消费者需求或提高生产效率，最终都是利用数据资源创造更多经济效应。数据交易框架如图7-2所示。

数据交易是近年来随着大数据产业发展而兴起的一种新型交易模式。它通过市场化方式将数据作为一种商品进行买卖或租赁，旨在促进数据的流通、共享和应用。数据交易可以分为两种形式：原始数据交易和处理过的数据交易。原始数据交易发生在数据提供者和数据需求者之间。数据提供者出售或租赁其拥有的原始数据，而数据需求者则利用这些数据进行研究、分析等进一步应用。这种形式的交易使得数据的获取更加便捷和经济高效。处理过的数据交易

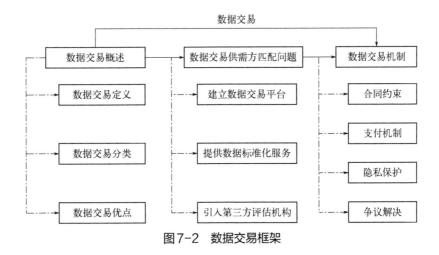

图7-2 数据交易框架

则发生在数据中间商和数据需求者之间。数据中间商收集、整合、加工和分析原始数据，生成有价值的数据产品，然后出售或租赁给数据需求者。这种形式的交易使得数据的利用更加方便和直接，因为数据已经经过处理和加工，可以直接用于分析和决策。数据交易的好处在于促进数据的利用和共享，推动数据驱动型经济的发展。通过数据交易，数据提供者可以获得更多的回报，从而增强其数据收集和维护的积极性。同时，数据需求者也可以根据自己的需求购买或租赁所需的数据，提高数据分析和决策的效率及准确性。总之，数据交易为数据的流通和利用提供了新的途径及机会，对于推动大数据产业的发展和促进经济的创新具有重要意义。

在进行数据交易之前，必须明确数据供给方和数据需求方之间的匹配问题。由于数据供给方和数据需求方的需求及能力不同，他们之间的匹配往往存在一定的难度。为了解决这个问题，可以采取以下措施。

① 建立数据交易平台。通过建立专门的数据交易平台，将数据供给方和数据需求方集中在一起，方便他们进行交流和匹配。

② 提供数据标准化服务。通过对数据进行标准化处理，使得不同来源的数据能够相互兼容，提高数据的可用性和可交换性。

③ 引入第三方评估机构。引入第三方评估机构对数据供给方和数据需求方进行评估，以确定他们的能力和需求是否匹配，从而促进双方的合作。

交易机制是保障商业化推动的重要方式。在数据交易中，交易机制可以确保数据的合法性、安全性和可靠性，同时保护数据供给方和数据需求方的权益。常见的交易机制如下。

① 合同约束。通过签订合同，明确双方的权利和义务，确保交易的合法性和可靠性。

② 支付机制。建立合理的支付机制，确保数据需求方按时支付费用，同时保护数据供给方的利益。

③ 隐私保护。采取必要的隐私保护措施，确保数据的安全性和个人隐私的保护。

④ 争议解决机制。建立有效的争议解决机制，及时解决交易过程中的纠纷和争议。

总之，数据交易涉及数据供给方和数据需求方之间的匹配问题以及交易机制的保障。通过建立合适的平台、提供标准化服务、引入第三方评估机构以及建立合理的交易机制，可以促进数据交易的发展，推动商业化的进程。

7.1.4 全球数据价值链

在数据经济时代，数据成为企业重要的战略资源之一，具有一定的资源性价值、公共性价值及商业性价值。数据信息作为一种新兴的生产要素，已经成为引领价值链分工和企业竞争力的关键。数据具有流通性强的特点，通过在国际维度上的全球数据平台进行大量传播和价值的创造，形成了全球数据价值链。在全球数据价值链中，数据不仅仅是驱动社会经济发展的关键要素，也是全球化经济竞争的核心资源。全球数据价值链强调了数据资源的战略性特征，同时数据资源也是数据经济发展的关键引擎[208]。数据资源在全球数据价值链中通过转化为具有商业用途的货币化数字智能来创造价值。因此，拥有优质数据资源的企业在成为全球数据价值链的主导者中最具有竞争优势。企业只有制定合理的数据战略，提升其数据资源开发利用水平，才能通过建设数据资源市场抢占全球数据价值链的发展先机[209, 210]。

全球数据价值链可以分为四个阶段：数据收集、数据存储、数据分析和数据驱动。具体来说，这些阶段包括数据采集、获取、存储、组织、整合、挖掘、分析和决策8个部分，如图7-3所示。每个阶段对全球数据价值链的贡献并不完全相同。其中，数据收集和数据存储只产生少量价值。如果数字化平台不能有效处理收集和存储的数据资源，那么这些收集来的数据将无法为企业创造任何价值，反而增加了成本。然而，如果企业能够通过数字化平台对收集来的数据进行有效处理，整个数据价值链就能够创造更多的价值。因此，数据收集和数据存储是数据处理的基本部分，也是数据价值链中不可或缺的两个环节。在整个数据价值链系统中，这四个阶段相互联系，缺一不可。

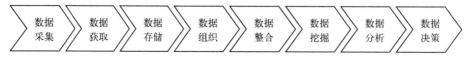

图7-3 全球数据价值链的基本结构

目前，在全球数据价值链分工体系中，少数头部国家拥有较大的数字化平台，并处于全球数据价值链的高端生产环节，而大多数发展中国家只拥有少量数字化平台，因此处于全球数据价值链的低端从属位置。数字化平台的建设水平对国家和企业在全球数据价值链中的位置分工起着决定性作用。数字化平台的工作原理是根据其自身商业模式将数字资源转化为更具直接价值的数字智能，并将其进行货币化处理，从而实现价值的创造和捕获。从传统的角度来看，在全球数据价值链中，经济价值与商品和服务的生产密切相关。在社会经济市场中，主要参与者是生产商、消费者和政府，通过对原材料进行生产，创造出新的商品和服务来创造价值。因此，在价值链中，主要的资源是劳动力、物质资本和人力资本。然而，在全球数据价值链中，价值的创造主要由数据资源转化为数字智能来推动，而数据资源要发挥作用，必须通过数字化平台。因此，在全球数据价值链中，数据资源成为经济发展推动过程中的关键资源，而数字化平台则扮演着经济活动中的中心角色。只要数字资源在数字化平台中转化为数字智能并通过商业使用进行货币化，就能帮助企业创造更多的价值。

7.2　数据价值链设计

上一节已经对数据价值链系统进行了一个初步的说明，介绍了数据在整个数字经济社会及数据价值链系统中是具有资源性价值、公共性价值及商业化价值的，并且介绍了全球数据价值链。本节将在此基础上，对数据价值链进行进一步的探讨，主要是针对数据价值链的设计。数据价值链的设计与数据的价值属性具有一定的联系性，针对数据的公共性价值和商业性价值的特征，在数据价值链的设计中考虑了公共价值链的设计以及商业价值链的设计。除此之外，本节还包括了顶层架构化设计的相关知识。

7.2.1　顶层架构化设计

数据价值链将数据价值创造划分为基本价值活动和增值性价值活动两个部分，通过这些活动实现数据在整个价值链上的价值创造和增值。与传统价值链相比，数据价值链以数据价值创造为核心，强调从各个价值活动中采集相关数据，将数据传输到其他价值活动中并融合多方数据进行分析和利用的过程[211]。顶层架构设计是指采用"自顶向下逐步求精、分而治之"的原则对系统进行构建，如图7-4所示。数据价值链主要包括数据收集、数据存储、数据分析和数据驱动四个层级，依据顶层架构设计原则对每个层级依次进行更精细的结构划分，可以得到顶层架构化设计的基本框架。其设计过程主要有三个部分，首先识别整个数据价值链的基本层次，然后对每个层次的内容进行具体划分，最后找出系统中除了基本层次外的其他支撑。数据收集包括数据共享、数据交易、数据采集和数据交换等；数据存储需要依赖数据传输、数据管理的支持，或者依赖云端存储或硬盘存储来完成存储工作；数据分析是对数据进行处理，使其创造出数据价值，包括数据的清洗、组织、整合和数据挖掘等；数据驱动则包括数据应用与服务，以及数据决策两个部分[212]。

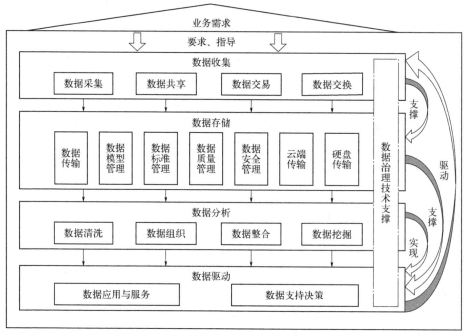

图7-4 数据价值链顶层架构化设计

数据价值链是信息技术进步和数字产业化发展的重要体现。随着信息技术在各个领域的广泛应用和在传统产业中的不断融合，企业逐渐呈现出数字化、网络化和智能化的新特征。无论是在数字经济的发展中，还是在传统产业的数字化转型升级中，数字信息都发挥着越来越重要的作用，能够帮助企业创造更多的价值。沿着企业生产过程的流动，数据的价值在整个数据价值链中不断体现出来。越来越多的企业和政府开始着力于构建数据价值链。数据价值链是由从数据获取到做出决策整个数据管理活动、提供支撑辅助的各种利益相关者和相关技术构成的框架。

7.2.2 公共价值链设计

在数据价值链系统的章节中，提到了数据具有资源性价值、公共性价值和商业化价值。本小节重点介绍公共数据价值链的设计相关内容。随着新兴信息技术的迅速发展，政府数字化建设得到了推动，使得政府能够更高效地利用数据信息，为公众提供更好的公共服务，从而更好地体现数据的公共价值创生[213]。数据治理技术使政府与社会的联系更加紧密，政府利用数据信息能够提高工作效率，而社会也可以通过政府发布的数据信息获得更好的发展。数据在社会与政府之间的不断流通交换正是数据价值的体现，具有较强公共性价值的数据价值链被称为公共价值链。对政府而言，公共性是其管理活动开展和管理方式升级的价值基础；对数据价值链来说，公共性是整个系统的重要价值属性。无论是企业管理还是政府管理，创造价值都是组织管理的核心任务，因此创造更多的公共价值成为政府的核心内容。设计有效的公共数据价值链可以有效地推进政府的数据治理工作并实现数据的公共性价值。

　　公共数据价值链由基本活动与辅助活动两个部分构成。在整个数据价值链中，如何体现数据的公共价值是政府进行数据治理的核心问题，政府对数据资源加以利用的目的就是有效地挖掘数据信息以推动公共性价值的实现。其中，基本活动是指政府在进行数据治理过程中必不可少的关键环节，主要包括数据价值链中的数据收集、数据存储、数据分析以及数据利用四个环节，每个环节对于政府数据治理的公共价值实现都具有十分重要的作用。首先，数据收集是政府进行数据治理的基础，只有获取到有用的数据信息，政府才能够通过数据治理将数据的公共性体现出来。与企业和群众相比，政府具有更高的数据收集权限，能够了解到更广泛、更真实的数据信息，收集的难度也就更大。这要求政府必须改变以人工为主的传统采集模式，利用数字信息技术更加及时、全面地对数据进行收集，为后续数据资源的公共价值发掘和创生提供基础性条件。其次，由于政府要收集社会上的多种数据信息，因此数据具有多元化、体量大等特点，因此在进行存储时也有了更高的要求。同时，数据信息的存储还必须要保障安全隐私性及长久性，所以政府必须要通过新的技术来保障存储的安全性与高效性。数据分析是整个公共性数据价值链的关键环节，要想实现数据公共价值的最大化，就需要对政府所掌握的各类数据资源进行有效的加工与处理。数据利用则是公共数据价值链的立足点，是公共性价值得以体现的关键环节。公共数据价值链如图7-5所示。

图7-5　公共数据价值链

　　除了基本活动外，辅助活动对数据公共价值的实现也起着十分重要的支持作用。首先，财政支持是数据公共性价值实现的重要保障。数据的收集、存储、分析及利用都需要依赖于充足的资金保障。政府财政资金投入状况关系到政府数据治理各阶段的运行绩效，对数据治理的公共价值生成具有重要支持作用。其次，人员素质也是保障数据治理的重要支持。对人员进行专业化的培训，发挥其主观能动性，能够提升数据治理的效率和质量。同时，新的信息技术也是推动数据治理发展的重要力量。只有不断进行技术开发，才能够提升政府数据治理的效率，使数据的公共性价值发挥到最大。最后，制度体系也是支撑政府数据治理的重要环节。在公共价值链的设计中，需要制定出合理的数据管理运行制度及行动准则来规范和约束政府的数据治理行为，从而确保政府数据治理在规范有序运行的前提下，实现数据的公共价值最大化。

7.2.3　商业价值链设计

　　在数据价值链系统中，数据除了有资源性价值、公共性价值外，还具有很强的商业化价值。对于数据的公共性价值，应该设计出合理的公共价值链，使得政府在进行数据治理的过程中，能够将数据的公共性价值发挥出来。针对数据商业化价值这一特点，设计出合理的商业数据价值链能够帮助企业更好地利用数据创造出更多的商业价值，以及提高管理和运营能力[214]。

　　在数字信息的背景下，企业进行数字化转型升级，利用数据资源创造出更多的商业价值。商业价值链是在传统企业价值链中加入数据治理相关内容，通过对数据资源进行有效的开发利用，能够为企业创造出更多的商业化价值，提升企业的商业竞争能力，从而更好地满足消费者需求。商业价值链是一个由多个环节组成的完整系统，每个环节都扮演着不同的角色，共同推动整个价值链的运转。在商业价值链中，数据采集、数据处理、数据分析、数据交易以及数据应用是数据商业性价值体现的重要内容。数据采集是商业价值链的起点，涉及从各种渠道获取所需的数据。这些数据可能来自企业内部的业务活动，也可能来自外部的市场环境。企业采集数据往往需要进行资源交易，通过购买的方式来获得有用的数据，或者是收集整理在生产管理及销售中产生的多元数据，再或者是从网络上进行数据的收集工作。数据采集要求企业拥有获取大量数据的能力。企业在对数据资源进行商业化利用时，也需要注意信息存储的安全性问题，数据的泄露会造成企业竞争力的下降，数据保存得不完整也会对数据分析产生许多不利的影响。在互联网时代，数据采集的方式和手段越来越多样化，例如通过用户行为分析、社交媒体监测、传感器等技术手段来获取大量的数据。数据处理将采集到的数据进行清洗、整理、分析的过程，以提取出有价值的信息和知识。数据处理可以通过人工或者自动化的方式进行，例如使用数据分析软件、人工智能算法等工具来处理数据。数据分析是指通过对处理后的数据进行分析，以了解市场需求、优化产品设计、提高运营效率等。数据分析可以帮助企业更好地理解市场趋势、消费者需求和竞争对手动态，从而制定更有效的战略和决策。数据交易是将分析后的数据或知识以某种形式出售给需求方的过程。数据交易可以是直接的，也可以是通过提供服务或其他产品来实现的。在商业价值链中，数据交易通常涉及需求方和服务方之间的合作，服务方提供数据分析、挖掘等服务，帮助需求方更好地利用数据来创造价值。数据应用是将购买的数据或知识应用到实际业务活动中，以实现价值创造的过程。数据应用可以涉及企业的各个方面，例如市场营销、产品研发、供应链管理等。通过将数据与实际业务相结合，企业可以更好地满足客户需求、提高产品质量和效率，从而实现商业价值的最大化。

在商业价值链中，需求方是购买和使用数据的公司或个人，提供方是提供数据或知识的公司，服务方是为需求方提供数据处理、分析等服务的公司。这三者之间的逻辑关系是：需求方通过购买和使用数据，推动了提供方的数据采集、处理和分析活动；提供方通过提供高质量的数据或知识，满足了需求方的需求，从而获得了利润；服务方通过提供各种数据处理和分析服务，帮助了需求方和提供方更好地进行数据交易，也从中获得了收益。

综上所述，商业价值链是一个由数据采集、数据处理、数据分析、数据交易和服务应用等多个环节组成的完整系统。在互联网时代，数据成为企业竞争的核心资源之一，通过合理利用和管理数据，企业可以实现商业价值的最大化。因此，对于占主体地位的企业来说，厘清数据交易双方的逻辑关系，明确需求方、提供方和服务方的定位非常重要。只有在整个商业价值链中各个环节紧密协作、相互配合的情况下，才能实现数据的最大化利用和商业价值的最大化创造。

7.3 数据价值链战略

对企业发展而言，战略起着引导其前进方向的作用，占据着不可取代的重要地位。数据价值链战略是指从战略的角度来研究分析数据价值链问题。数据价值链战略的研究主要可从以下几个方面展开：一是从数字化转型的角度来看，数据价值链本质是研究数据资源创造出的各种价值，落实到实际就是企业和政府实施数字化转型升级，提高其运行效率，利用数据创造出更多的商业化价值以及公共性价值；二是从生态建设角度来看，建立数据价值链生态能够使得数据价值链具有系统的特性，运作更加高效；三是从全球视角来看，数据价值链具有全球性，通过跨境价值链战略能够使得数据创造出更多的价值。

7.3.1 数字化转型战略

数字化转型不仅仅是技术应用问题，还是组织层面的战略管理问题。它是指利用数字化信息技术进行升级创新的过程，通过重塑发展战略、组织结构、工作流程和企业文化等，以达到社会环境高度数字化改变的目的。影响政府和企业实施数字化转型的关键因素主要包括市场竞争环境的加剧、用户需求的变化，以及数字化信息技术的发展和渗透。在数字化转型战略中，数字产业化系统中的数字化智能产品设施和数字化信息技术充当着十分关键的角色[215]。作为一种操作性资源，数字化信息技术为政府和企业提供了发展的驱动力，能够有效降低数据的采集、存储和分析成本。在数据价值链战略中，可以将数字化转型升级描述为一个过程，即面对市场环境的变化，政府和企业通过利用数字化信息技术进行升级改造并创造价值的响应过程[216]。从发展目标的角度来看，数字化转型战略的目标是为用户创造新的价值体验，通过改进重要业务板块、简化运营模式或创新商业模式来增强用户体验。政府与企业实施数字化转型，其驱动力主要在市场环境层面、组织结构层面以及技术发展层面，具体如图7-6所示。

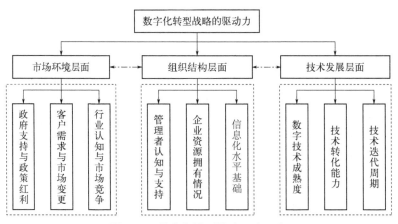

图7-6　数字化转型战略驱动因素

对于一个组织系统而言，数字化转型涉及组织内的所有部分，是一项非常复杂的工作。制定一个好的数字化转型战略是企业成功的关键，该战略定义了与组织数字化转型相关的所有任务和活动。在制定数字化转型战略时，首先要考虑该战略与企业内部数字化发展状况的整体协调问题以及数字化改造的优先顺序。作为一项高优先级的管理战略挑战，数字化转型战略是企业发展议程中的优先事项，因此管理者需要在数字化方面对企业现有的技术能力进行仔细评估，并且确定出数字化发展所需的新能力。数字化转型战略侧重于新技术带来的产品、流程和组织转变，需要与其他组织职能战略相互适应，以保持战略整体的高度一致[217]。同时，数字化转型战略是一个不断调整更新的过程，在实施过程中会持续发生优化，包括商业模式更新优化、协作方式更新优化，以及企业文化更新优化等。因此，可以将数字化转型战略的制定视为一个高度动态化发展的过程，在实践过程中不断进行迭代和优化更新。但是无论如何更新，都需要保证数字化转型战略能够与其他运营战略实施整合到一起，保持其一致性。

数字化转型意识，也被称为数据素养，是指个体对数字信息的理解、使用和管理的能力。这种能力包括数据分析、数据解读、数据保护和数据安全等多个方面。随着科技的发展，数字化已经成为人们生活和工作中不可或缺的一部分，因此，提高个人的数据素养，对于适应这个数字化时代至关重要。数字文化是指在数字化环境下形成的一种文化现象，它包括数字化的生活方式、价值观、行为规范等。数字文化的形成，需要个体具备一定的数字化转型意识，能够理解和接受数字化带来的变化，同时也能够有效地利用数字化工具进行工作和生活。

提高人的数字化转型意识和数字文化的培养是非常重要的。首先，随着科技的发展，人们的生活和工作越来越依赖于数字化技术，如果人们不能理解和使用这些技术，就可能会被社会淘汰。其次，数字化不仅可以提高人们的工作效率，也可以使人们的生活更加便捷。最后，通过提高数字化转型意识和培养数字文化，可以更好地保护人们的数据安全，防止个人信息被泄露。同时，这也是作为公民的责任，人们需要了解并遵守相关的数据保护法规，维护个人隐私权。

7.3.2　价值链生态战略

企业在进行数字化升级时，发展价值链生态战略是适应市场环境改变和增加竞争力的关键举措。生态战略的重要特征之一是构建各利益相关者的价值共同体，包括政府、合作商、客户、企业自身，以及竞争对手等。在价值链生态圈中，利益相关者拥有基本一致的价值理念追求，各方建立以生态战略制定企业为主体的相互合作、支持和驱动的生态系统合作关系。价值链生态战略的建立基于开放化、网络化、平台化和跨界融合的新发展趋势，特别是互联网和数字化信息技术的快速发展及广泛应用，为价值链生态战略与社会资源的对接提供了强大的驱动力[218]。价值链生态战略在价值链的特征基础上融合了生态圈的发展优势：价值链侧重于整合企业内部资源以形成竞争优势，而生态战略则突破内部资源的限制，强调通过设立价值平台来有效整合外部资源，从而形成新的生态优势。

如前所述，生态圈战略中的利益相关者不仅包括企业本身、客户和合作伙伴，还包括竞争对手。因此，可以看出生态战略的优势在于改变传统的零和博弈模式，更加强调共赢、共生和共融。生态战略改变了企业传统的运营模式，不再追求拥有更多的资源，而是追求利用更多的资源。通过建立价值链生态系统，企业不仅可以利用内部资源，还可以通过外部资源为自身创造价值。在数字经济时代，企业能够更高效地利用数据资源，通过建立价值链生态系统来实现这一目标。从生态的角度来看，价值的创造和超额利润的获取不再局限于企业内部活动，而是源自产业价值链上下游的合作伙伴和客户共同参与的价值链生态系统。通过打造价值链生态系统，企业可以收集到更多有效的数据资源，并更高效地应用它们，从而创造更多的数据价值。研究发现，构建具有竞争力的价值链生态战略已成为越来越多企业成功的重要特征[219]。苹果、谷歌、阿里巴巴、腾讯、淘宝、华为、万达等公司之所以取得成功，关键在于打造强大的商业生态圈。生态圈的建设，使得企业管理更加系统化、资源利用更加高效化，并且数字技术发展更加迅速。

价值链生态战略的打造需要企业拥有更大格局的生态树立思维，要求能够对生态战略进行高效实施，有效地对外部资源进行整合，从而在产业数字化重构中实现企业持续健康的升级发展。价值链生态战略的打造依赖于多个方面的多种因素，包括生态价值的创造、生态基石的构建、生态平台的打造、跨界融合的实现、资本经营的推进，以及内部生态的构建等。价值链生态战略的构建如图7-7所示。

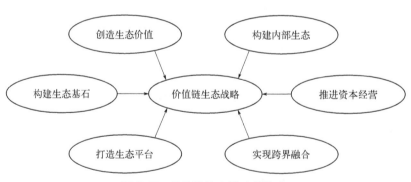

图7-7　价值链生态战略的构建

第一，生态价值的创造是价值链生态战略的核心。企业需要通过创新和优化产品或服务，提供更高的价值给消费者。同时，企业还需要与合作伙伴共同创造价值，通过共享资源和知识，实现互利共赢。第二，生态基石的构建是价值链生态战略的基础。企业需要建立稳定的合作伙伴关系，与供应商、分销商和其他利益相关者建立紧密的合作伙伴关系。通过建立信任和长期合作的关系，企业可以共同应对市场风险，提高供应链的效率和灵活性。第三，生态平台的打造是价值链生态战略的关键。企业需要建立一个开放的平台，吸引和整合各种资源及能力。这个平台可以是一个电子商务平台、一个物流平台或一个创新孵化器等。通过建立这样的平台，企业可以吸引更多的合作伙伴和客户，实现资源共享和协同创新。第四，跨界融合的实现是价值链生态战略的重要手段。企业需要跨越传统的行业边界，与其他行业的企业和组织进行合作。通过跨界融合，企业可以获得更多的创新机会和市场机会，实现业务的多元化和增长。第五，资本经营的推进是价值链生态战略的支持。企业需要通过资本市场的运作，获取资金和资源支持。这可以通过上市融资、并购重组或与其他投资者合作来实现。资本经营的推进可以帮助企业扩大规模、提高效率和增强竞争力。最后，内部生态的构建是价值链生态战略的基础。企业需要建立一个良好的内部生态环境，包括企业文化、组织结构和人才培养等方面。通过建立积极的企业文化和灵活的组织结构，企业可以激发员工的创造力和创新能力，实现持续的创新和发展。

总之，价值链生态战略是企业在数字化升级过程中应对市场环境变化和增加竞争力的关键举措。通过构建各利益相关者的价值共同体，企业可以实现共赢、共生和共融的目标。

7.3.3 跨境价值链战略

与传统资源相比，数据资源具有流通性强、传播速度快等特点，数字化信息技术的蓬勃发展使得数据价值链有了全球性的特征，因此跨境价值链战略也成为企业发展数据价值链的重要战略之一。与数字化转型战略及价值链生态战略相比，跨境价值链战略需要考虑的因素更加复杂多元，除了数字化信息技术、数据价值性外，还要考虑国家政治、经济、宗教和文化等更多的环境影响。随着数据资源在社会生产中发挥着越来越重要的作用，许多经济体纷纷将数据上升至国家战略，并通过国内规则影响数据跨境流动：尽管美国倡导数据自由流动，但通过"长臂管辖"强化国家对境外数据的管制力；欧盟在以数据治理法律体系促进欧盟统一数据市场形成的同时，通过"长臂管辖"实现欧盟外企业自愿或非自愿地将数据带回欧盟境内；中国则处于探索阶段，需要在实践中形成含数据跨境流动规则的"中国方案"。因此，在建立数据跨境价值链战略时，需要充分考虑到不同国家和地区所制定的相关政策[220]。

在建立跨境价值链战略时，作为一个国家，中国需要考虑以下问题。

① 数据输入输出。在进行跨境数据流通的过程中，中国需要遵循有关国际法律法规和标准，确保数据的合法性和安全性。同时，中国需要保护自身的国家安全和民族利益，避免数据泄露和不合理的数据利用。

② 建立对中国有利的流通机制。中国应推动建立国际跨境数据流动的规

则，以确保中国的利益得到充分保障。为此，中国应积极参与国际组织，参与制定相关标准和规范，推动建立公平、公正、透明、可持续的数据流通机制，以促进全世界数字经济的可持续发展。

③ 突破数据输出的壁垒。中国应加强与国际领先技术企业和大型国际组织的合作，分享和利用先进的数据技术，提升自身的技术实力和竞争力。此外，中国还可以建立自身的数据中心和云平台，提供高质量的数据服务，吸引国际用户和企业的合作。

④ 利用机制保障数据价值的发挥。在建立跨境价值链的过程中，中国可以利用人工智能等先进技术，从数据中挖掘出更有意义的信息，提升数据的价值和利用效率。中国还应加强数据治理和相关法律法规的制定，降低数据的风险和不确定性，以保障数据的安全和价值的发挥。

⑤ 对不同数据治理水平的国家应采取的战略措施。针对不同数据治理水平的国家，中国需要制定不同的战略措施。对于数据治理水平较高的国家，中国可以加强与之合作，分享经验和资源，提升双方的合作质量和效率。对于数据治理水平较低的国家，中国可以提供技术援助和培训，以提高其数据治理和管理水平，促进双方间的合作。对于一些争议较大的国家，中国应与其进行积极沟通和协商，推动达成共识，建立合理的数据流通机制。

总之，建立跨境价值链战略需要中国加强自身的技术和管理能力，积极参与国际组织和合作项目，推动全球数字经济的可持续发展。同时，中国要加强数据治理和法律法规的制定，确保数据的合法性、安全性和价值的发挥。

7.4 价值链垂直整合

垂直整合是指企业在价值链中对上下游不同层次的业务进行合并或与上下游企业实现联合经营，以实现共赢。通过垂直整合，企业能够解决在产业系统或信息技术上无法克服的难题，将上下游企业的信息技术与自身有效融合，提高企业运行效率。此外，垂直整合还能帮助企业获得整个产业链的主导权，对产业链进行统筹规划，提升整个产业价值链的运行效率。

7.4.1 纵向生态整合

纵向生态系统是指由产业链上下游业务组成的生态系统，对数据价值链系统而言，纵向生态整合则是在数据生态价值系统上，进行上下游不同数据任务间的整合。数据生态价值系统的建立不能仅仅依靠单一的企业或者是政府，而是需要不同企业进行合作完成。纵向生态系统包含了数据价值链的每个环节，不同的环节可能由不同的企业部门来负责完成，各自发挥其优势，对数据价值进行一定程度的共享,从而达到几方的合作共赢[221]。在纵向生态的搭建中,需要有一个主要企业来负责系统的构建工作,同时与重要的关联业务企业共同构成主要的纵向价值链,以此为"链条",构建包括用户、数字化信息技术及其他合作企业等在内的系统。用户主要负责产生数据及利用数据分析结果分析预测用户需求,合作伙伴负责提供资源及享受数据价值链带来的价值,数字化信息技术则是支持数据任务的完成。纵向生态系统的构建如图7-8所示。

在纵向生态系统中,各企业之间通过紧密协作和数据共享机制实现数据价值链的一体化整合。数据共享是纵向生态系统正常运作的基本条件,只有各环节数据的精准传输才能提高整个系统的运行效率,并为相关企业创造更多价值。数字化信息技术在纵向生态系统中起到关键作用,它能够支持数据价值链的功能运作,并为纵向产业链中的企业提供技术支撑,帮助企业完成各项数据任务。

纵向生态整合是指将数据价值链中的任务进行纵向整合,企业间通过合作关系将各自负责的数据任务整合到一起。这种整合可以由某个企业拥有更成熟的数字化信息技术来完成更复杂的数据任务,从而将前端或后端的任务整合到自己的任务之中。实现纵向生态整合需要依靠数字化信息技术的支撑,它是纵向产业链中各企业完成数据任务的技术条件。在纵向生态整合中,从顾客数据的产生到企业对数据进行采集、存储、处理,以及利用数据驱动的全过程都是数据价值链必不可少的环节。当数字化信息技术足够成熟时,进行纵向生态整合可以减少数据的传输环节,保障数据传输的准确性和高效性,并能够更有效地处理数据,为纵向生态系统中的企业创造更多价值。

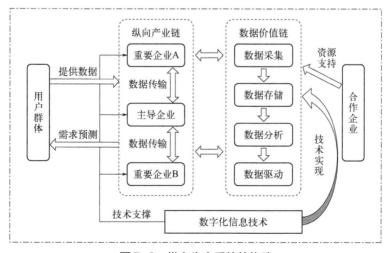

图7-8 纵向生态系统的构建

7.4.2 横向生态整合

横向生态系统是指由核心企业与旗下相关企业以横向产业链为连接纽带，并且与其他合作企业以及用户群体等共同构成的价值生态链，横向生态系统同样需要依靠数字化信息技术进行支撑。横向产业链是横向生态系统中的核心部分之一，具体来说，横向产业链是指核心企业平台与关联企业的基础业务属于同一类。在横向生态系统中，企业与关联企业的业务内容具有较高的相似性，理论上，企业相互之间甚至还存在着一定的竞争关系，但生态系统的建立使得其业务不但不存在竞争性，反而还能够形成一定程度的互补关系，使得双方形成共赢。在横向生态系统中，横向产业链上的企业间同样会进行数据的传输和共享，完成数据的采集、存储和处理的任务，再利用数据资源为生态系统创造出价值。横向生态系统的结构如图7-9所示。

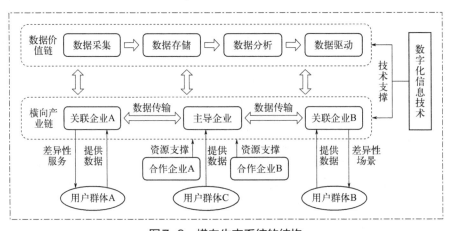

图7-9　横向生态系统的结构

横向生态系统整合不仅能够避免企业间的相互竞争，而且能够使企业间形成互补的关系，从而实现社交场景的全景化、多功能性，以及全生命周期的运行。横向生态系统整合之所以能够帮助生态中企业形成互补共赢的关系，是因为在横向产业链中，各企业虽然在业务内容上有着一定的相似性，但是通过服务和场景的差异性能够吸引到不同的用户群体，因此采集到的用户数据更加广泛。具体来说，横向生态系统整合主要运用到了两类策略。

第一类策略是同类业务的差异化需求。该策略主要是针对用户群体需求的差异性而提出，随着用户群体的不断扩大，需求的多样性会日益增加，这就要求企业在进行产品或服务的功能设计时需要更加精细化，更好地去满足用户需求。这些需求有时候侧重会有差异，从而即使具有相似功能性的两个业务板块在具体设计时也会存在较大的差异，因此针对的用户群体也就具有差异性。例如Facebook和Instagram的主要功能都是为用户提供社交平台，但Instagram将图片传输功能作为平台的功能特色而单独提取出来，因此Instagram主要满足了希望通过图片方式进行社交的用户群体的社交需求，与Facebook主要针对的目标群体具有差异性。该策略能够有效地满足用户需求的多元化，同时吸引更多的用户群体，增加用户黏性，以及获得更多的用户数据信息。通过进行横向生态整合，Facebook推出Instagram，这有利于Facebook将更多有社交需求的网络用户纳入其生态系统中，使得用户群体得到扩大，还能够获取到更多的数据信息进行数据驱动，这为生态系统的数据化建设工作提供了基础的数据资源保障。

横向生态整合的第二类策略是不同应用场景下的功能差异化定位。虽然产品和服务具有较高相似性甚至可替代性，但是通过对应用场景进行差异化，能够使得其竞争性转化为互补性。该策略同样以Facebook的横向生态整合为例进行说明。Facebook和Workplace在功能上具有较高的相似性，但应用场景具有明显的差异性：Workplace主要是针对工作场景而设计的社交平台，Facebook则更多运用于非特定场景的社交中。因此，在应用场景中，Facebook更加强调其通用性，而Workplace更侧重于工作场景这一特征，从而两者相似的功能性并不会导致其发生竞争，用户针对不同应用场景会选择不同的社交产品，因此两者不仅没有替代性，反而加大用户同时选择的可能性。该策略提高了横向生态整合进行用户信息数据深度挖掘分析的能力，丰富了用户信息的关系链。同时，Facebook所涉及的多为亲友关系链，而Workplace则更多是工作社交关系链，因此横向生态整合还有助于实现对用户数据信息的深度挖掘，使得数据价值链创造出更多的价值。

7.4.3　上游生态整合

在价值链垂直整合策略中，除了纵向生态整合和横向生态整合外，还有上游生态整合及下游生态整合两种策略结构。在价值链生态系统中进行上下游的垂直整合有助于企业进行商业模式的创新升级，提高其数字化信息水平，从而利用数据资源创造出更多的价值。通过对价值生态系统进行上下游整合，有利于提高数据价值链的结构性，使得数据在价值链上的流通更加高效、准确，整个数据价值链得到更好的控制，从而有助于企业的数字化驱动过程。通过对上下游进行整合，能够提高管理的统一性，加强生态的协同性，使得各个企业间能够更好地进行协作，有效地完成数字赋能。在数据生态系统中进行上下游整合，要求企业具有较高的组织和控制能力，能够沿着数据价值链进行上下游延伸、对数据资源进行合理的配置，以及具有较强的数字化信息技术来支撑各项数据任务的顺利完成。

在数据生态价值系统中，数据资源是其发展的核心，企业通过协作分工对数据进行采集、存储、加工，以及完成数据驱动，同时需要保证数据资源在系统内进行准确高效且安全的传播，这一系列的数据任务还需要数字化信息技术进行支撑。在数据生态价值系统中，以数据处理为节点，数据处理之前的数据任务属于上游生态，数据处理及其之后的任务则划分为下游生态。上游生态是整个数据生态价值系统存活的关键，整个系统中数据资源来源于上游生态，上游生态是下游生态运行的基础，数据的输入很大程度上决定了之后数据任务的质量，如果数据资源数量少、质量差或者是数据存储不完整、调取困难，那么即使有再好的数字化技术都很难创造出有效的价值。因此，在数据价值系统中进行有效的上游生态整合，不仅可以为下游生态中各个环节提供数据基础，还可以增强整个数据价值链的统一协调性。

上游生态整合主要反映在数据资源采集及数据存储两个环节。数据资源采集是数据价值系统运行的基本要求，也是数据价值链运行的第一步，企业需要利用各种方法采集到与企业业务相关的各类数据资源或者是能够为企业创造出价值的数据资源，这要求数据不仅有较大的体量，还要有较高的质量。因此，在这个环节进行整合，能够帮助企业采集到更多有用的数据资源，为之后的数据加工和数据驱动环节创造出好的数据环境。在数据价值链中，数据采集的整合要求企业与其他平台进行合作，从而更加广泛地去获取资源，通过整合，企业能够获得数据资源的途径更加多元，方式也更加丰富。数据资源的创造可以是多个方面的，比如在商务交易中产生、在公司运营中产生、在财务工作中产生或者是客户数据或员工数据等。进行采集工作整合后获取数据资源的方式也更加丰富，包括客户信息数据直接采集、加工运营数据整理、网络数据获取、数据信息购买，以及企业数据共享等。数据采集后需要进行数据的存储，高效的存储要求保证数据的完整性及安全性，同时方便之后数据加工的使用。这就要求在存储前对数据进行分类和结构转化等工作，存储过程中用数字化信息技术保障存储的安全性和完整性。数据价值生态进行上游整合，能够加强系统进行数据采集的能力，使得企业获取到更多、更有效的数据资源，同时使得数据存储效率得以提高，保障了数据的完整性和安全性，为数据处理环节提供了很好的基础条件。数据价值生态的上游生态整合结构如图7-10所示。

7.4.4 下游生态整合

在数据生态价值系统中，数据分析处理及数据驱动是利用数据资源创造出价值的关键环节，是数据价值的直接体现，它们归属于下游生态。在数据生态价值系统中，上游生态主要负责采集有用的数据资源并对此加以存储，并不断地投入资源和成本，但并不能直接创造出数据价值。而下游则是对上游生态中

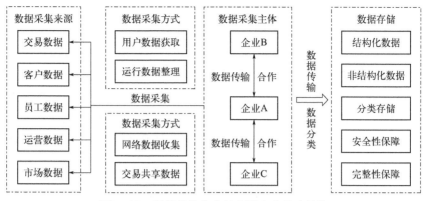

图7-10　数据价值生态的上游生态整合结构

采集和存储的数据进行分析加工，利用数据资源进行业务的驱动，从而帮助数据价值链及数据生态价值系统中的企业获得价值。与上游生态整合类似，下游生态整合同样需要企业间形成某种关系的合作，从而进行协同运作，共同进行数据分析及数据处理工作，并利用数据进行业务的驱动任务，同时获取到数据治理所带来的价值。在进行下游生态整合时，除了要注意数据的安全性问题外，还要关注到整合的效率性，这就要求各企业得到一致的控制，在进行协同时还需要加强安全管理，使得整体的效率提高，从而利用数据进行业务驱动，创造出更多的价值。

在下游生态整合的过程中，各企业形成了具有某种联系的合作关系，彼此间相互协同运作，数据信息共享，同时都能够获得数据资源创造出的价值，也需要共同承担下游生态整合带来的风险。下游生态整合，能够帮助企业吸收学习其他企业先进的数字化信息技术或者是其技术长处，利用他人的优势来弥补自己的不足，从而整个系统的数据处理分析能力得以提升，系统内的数据资源可能更好地发挥作用，创造出更大的价值。下游生态整合还有助于企业利用合作企业的技术来进行数字化的转型升级，提高自身的数字化和信息化水平，有利于数字化技术的提升及企业规模的扩大。在数字生态价值系统中进行下游生态整合，不仅可以提升下游企业间的合作水平，还有助于提高上游企业与下游企业间的协同程度，从而实现整个数据价值链上各环节的数据资源共建、数据共享、效率共升，以及价值共获。

在下游生态整合中，各企业的协同配合一方面可以对数据资源进行更高效的加工利用，另一方面可以提升数据分析处理的能力和数据驱动的能力。在数据资源配置方面，下游生态整合能够提升数据资源在整个生态系统的利用效率，同一数据资源在进行数据分析处理时可以提供给多个企业同时利用，这不仅提高了数据分析的效率，而且一份资源可以创造出多份的价值。同时，某些数据资源对 A 企业没有太大的处理价值，但是对 B 企业可能有很高的利用价值，通过下游生态整合，B 企业能够获取到这些数据资源，并对此进行分析处理，从而能够为整个生态系统创造出更多的价值。在数据驱动方面，下游生态的整合能够帮助企业共享数据分析结果，利用合作企业的数据处理结果来帮助自身业务的驱动，或者与其他企业合作共同设置更佳的驱动任务，从而创造出更多的价值。总体来说，下游生态整合策略能够使得数据价值生态系统更高效地进行数据处理和数据驱动，在数据价值链中对数据资源进行更合理的配置，使其创造出更多的数据价值。

第 8 章

数字产业化系统

在数据生态治理系统中，各项数字化技术起着决定性的支撑作用，而依赖数字化技术的各类产业就是数字产业化系统。简单来说，数字产业化就是数字技术所带来的各类产品和服务，例如计算机制造业、数字媒体制造业、软件服务业、互联网等。在数字产业化系统中，数据将作为关键的生产要素，以现代信息网络作为重要载体，通过各类数字化技术提高企业的运行效率，以及优化经济结构[222]。在数字产业化系统中，数据作为重要的生产因素，对数字化行业的发展，以及新数字化技术的诞生起着推动作用，利用数字化技术能够制造出不同的数字化产品，推出更多的数字化服务[223, 224]。

8.1 数字产品制造业

数字产品制造业在数字产业化系统中是不可取代的基础组成部分，驱动着数字经济的发展。数字产品制造业是指支撑数字信息处理的终端设备、相关电子元器件，以及高度应用数字化技术的智能设备的制造，包括计算机制造、通信及雷达设备制造、智能设备制造、电子元器件和设备制造及其他数字产品制造。

数字产品制造业和智能制造是按照《国民经济行业分类》划分的制造业中数字经济具体表现形态的两个方面，互不交叉，共同构成了制造业中数字经济的全部范围[225]。数字产品制造业是数字产品发展的基础，无论是数字产品服务业、数字技术应用业，还是数字要素驱动业，都离不开数字产品制造业[226]。

8.1.1 计算机制造业

计算机制造业主要包括各种计算机系统、外围设备、终端设备，以及其他相关装置的生产。根据《数字经济及其核心产业统计分类（2021 年）》[227]，计算机制造业具体可分为计算机整机制造、计算机零部件制造、计算机外围设备制造、工业控制计算机及系统制造、信息安全设备制造和其他计算机制造六类。在计算机制造业中，计算机整机制造、零部件制造和外围设备制造具有较强的基础性和通用性，是进行计算机制造的基础环节。信息安全设备制造在数字产业化系统中发挥着难以取代的作用，个人、企业和政府在使用计算机的过程中，都会特别注意信息安全及个人隐私的问题，特别是数据信息时代，数据安全是进行数据治理的关键。所以，信息安全设备制造在计算机制造业中发挥的作用也十分关键。信息安全设备制造包括通信安全、数据安全、访问控制安全、内容安全、身份鉴别与评估审计及监控等设备的制造。而工业控制计算机及系统制造，以及其他计算机制造个性化和定制化的特征更加明显，工业控制计算机及系统制造主要是运用在制造业的生产加工过程中，作用是对工艺流程进行检测和控制，使得工控行业更加智能；其他计算机制造则是指各行业应用领域专用的电子产品及设备制造，比如医疗电子产品的制造等。

数字化技术的蓬勃发展给计算机制造业带来许多的挑战与机遇。首先，对计算机复合化的要求越来越高，计算机应该拥有综合性能好的特点[228]。数字化技术的快速提升，使得对计算设备性能的要求也越来越高，计算机不仅要朝着智能化和多功能化的方向进行发展，还要求外观越来越小巧轻薄。其次，对制造材料的要求也越来越高，电子产品的制造除了离不开成熟完善的制造工艺外，还需要高性能的材料，材料的选择会对计算机的性能产生一定的影响。选用合适的材料不仅能够使得计算机制造变得稳定可靠，提高成品率，还能够降低制造成本[229]。另外，计算机制造业的发展依赖于其他各学科先进技术的支撑，计算机制造并不仅仅是一个简单的生产制造工艺，而且是多学科技术的交叉融合，其中包含电子制造、控制论、材料、信息学、机械等。计算机制造是一种集成的系统工程，与其他相关领域的发展具有相互促进的作用。大数据时代，各种数字化技术的发展逐渐走向成熟，这为计算机制造业的发展提供了更多鲜活的发展动力。

8.1.2 通信雷达制造

通信技术在数字产品化系统中的作用是不可缺少的，支撑了各种数字化技术的实现。因此，在整个数字产品制造业中，通信雷达制造也是不可或缺的一个重要环节。通信雷达制造主要可分为通信系统设备制造、通信终端设备制造和雷达及配套设备制造三个部分。不管是企业的运营管理还是生产加工，都需要依赖通信雷达技术，乃至人们的日常生活也离不开通信技术的支持。可以说现代生活中几乎每个人都离不开通信技术，通信雷达制造在国民生产和生活中有着极其重要的地位。通信雷达广泛应用于军事、民用和安全领域。在军事应用中，通信雷达可用于侦察、监视和目标定位。在民用方面，通信雷达主要运用在气象、导航和交通管理等场景中。在安全领域中，通信雷达发挥的主要作用则是监视和检测危险物品或人员。数字产业化系统与通信雷达制造的关系可归结为表8-1，数字产业化系统可以为通信雷达制造提供先进的技术支持和管理支持，推动通信雷达制造向数字化、智能化、高效化的方向发展。

表8-1　数字产业化系统对通信雷达制造的推动作用

序号	推动效果	具体说明
1	信息技术的应用	通信雷达制造涉及多种信息技术的应用，如计算机、网络、人工智能、传感器等。这些技术的实现需要依赖于数字产业化系统
2	数字化制造	通信雷达制造可以通过数字化制造实现生产过程的自动化、智能化和高效化。数字化制造可以通过计算机模拟、数字化设计和数字化生产等方式，提高生产效率、质量和降低成本
3	智能化服务	通信雷达制造可以通过智能化服务实现对雷达系统的实时监控、管理和维护。智能化服务可以通过物联网、云计算等技术，实现对雷达系统的远程监测、故障诊断和预测性维护，提高雷达系统的运行效率和可靠性
4	数字化管理	通信雷达制造可以通过数字化管理实现对生产、采购、库存、销售等各个环节的高效管理和控制。数字化管理可以通过数字化流程、数字化分析和数字化决策等方式，提高企业管理的精度、效率和效益

　　通信系统设备主要划分为有线通信和无线通信两类。有线通信需要依赖线缆、光纤等传输介质进行信息的传播，而无线通信则不需要依靠物理连接线进行信息的传输，其信息的交换依赖电磁波信号。在通信系统设备的制造中，信息接入、传输的稳定性及传输的速率是需要考虑的首要问题，尽可能做到高效快速。抗干扰性强和传输的保密性是在生产中需要保障的另一个方面。随着数字化技术的不断升级，通信系统的设备在制造的过程中还应该考虑到制造成本的问题，以及解决传输距离的限制，不仅要保证信息传输的高质量，还要具有较强的延展性，使得设备的制造能够顺应技术的高速发展。信息的传输不仅要依靠通信系统设备的支撑，还需要通信终端设备发挥作用，离开通信终端设备的支撑，信息就不能够进行完整的传输。通信终端设备所发挥的作用就是让使用者直观地接触到传输来的各类音频或图像信息。除各类通信设备外，雷达及配套设备的制造也是数字产业制造系统中极为重要的一个环节。雷达的工作原理是通过电磁波对目标进行探测，接收到回波后能够得到目标至发射点的距离、方位、高度及径向速度等各类信息。雷达的应用领域十分广泛，所以在通信设施的制造过程中，还需要重视雷达及配套设备的制造工作，不断对其进行创新升级，使得其能在数字经济时代发挥出更多的作用。

8.1.3　数字媒体制造

　　传统意义上的数字媒体是指以二进制数的形式记录、处理、传播、获取过程的信息载体。这些载体包括数字化的文字、图形、图像、声音、视频影像和动画等感觉媒体，和这些感觉媒体的表示媒体（编码）等（通称为逻辑媒体），以及存储、传输、显示逻辑媒体的实物媒体。数字媒体的发展已经成为全产业未来发展的重要驱动力，在互联网行业及IT领域尤为不可忽视。根据《数字经济及其核心产业统计分类（2021年）》[227]，数字媒体设备制造具体可分为广播电视节目制作及发射设备制造、广播电视接收设备制造、广播电视专用配件制造、专业音响设备制造、应用电视设备及其他广播电视设备制造、电视机制造、音响设备制造，以及影视录放设备制造八类。从宽泛意义上来看，社交媒体平台也属于数字媒体制造的一个部分，社交媒体每时每刻都记录和传播着大量的数据信息。

短视频产业化成为社交媒体平台中极其重要的一个部分，其内容传播速度更快，信息内容更加丰富，能够很好地满足大众快速获得数字信息的需求。国内常见的短视频媒体平台有抖音、快手、微视、哔哩哔哩，以及小红书等。在数字媒体制造系统中，短视频产业主要具有5个特点，如图8-1所示，具体情况如下。

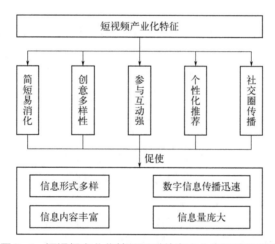

图8-1 短视频产业化特征及对数字产业化系统的影响

① 简短易消化：短视频以其短小的时长特点，通常在几秒到几分钟之间，使得内容可以快速被用户浏览和消化。这种简短的时长适应了人们快节奏的生活方式和短暂的注意力跨度。

② 创意多样性：在短视频媒体中，用户能够用各种各样的形式来创造和传播信息，内容是多元且丰富的。

③ 用户参与和互动：短视频媒体注重用户参与和互动。用户可以通过评论、点赞、分享等方式与内容进行互动，并与其他用户进行交流和互动，形成社交共享的特点。

④ 个性化推荐：短视频平台通常通过算法分析用户的兴趣、行为和偏好，为他们提供个性化的内容推荐。

⑤ 社交分享和传播：短视频媒体强调社交分享和内容传播。用户可以轻松地分享短视频作品到其他社交平台，如微信、微博等，扩大作品的影响力和传播范围。

在数字产品制造业中，数字媒体设备的制造对人们的日常生活发挥了极大的影响作用，主要体现在广播电视相关的各类产品制造中。广播电视节目的制作、发射及接收都需要运用数字化技术，数字产品的制作也需要包括节目制作，制作后广播电视内容的发送及接收也离不开数字化产品。数字媒体设备还包括各类专业和非专业的音响设备及各类影视、广播播放设备，这些数字媒体设备不仅出现在各种影院剧院中，也逐步运用于教学等场景之中，同时不断向着家庭智能数字媒体的方向发展。

8.1.4　智能设备制造

智能设备制造与智能制造名字很像，但实际上是完全不同的两个方面。智能设备制造是指生产制造出各种智能消费设备，如工业机器人、特殊作业机器人、智能照明器具、可穿戴智能设备、智能车载设备、智能无人飞行器、服务

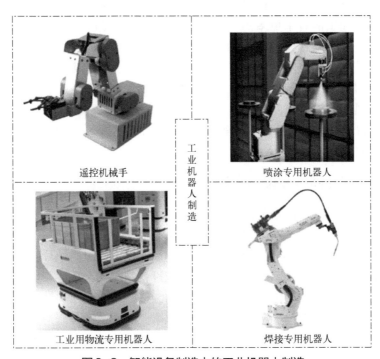

图8-2　智能设备制造中的工业机器人制造

消费机器人等。而智能制造是指利用新一代数字化信息与先进制造深入融合技术，进行各类智能设备的生产加工制造。智能设备制造属于数字产业化系统，是指生产出数字化基础设备，这些设备能为产业数字化升级提供服务。智能制造属于产业数字化生态中的环节，是一种技术，也能在智能设备制造的过程中发挥作用。智能设备的制造加速了工业生产的节奏，帮助人们解决了一些工作中的难题，还为人们的日常生活提供了便利。例如，工业机器人能够在工厂中高效地完成一些特定工作，常见的工业机器人有焊接专用机器人、喷涂专用机器人、工业用物流专用机器人等（图8-2）。

在数字产品制造业乃至整个数字产业化系统中，智能设备的制造最能够体现出先进数字化技术的应用与发展趋势。智能设备制造的繁荣意味着社会上的许多领域都逐渐向着智能化、自动化的方向发展，数字产品也在不断地优化升级。在传统工业领域，越来越多的数字化智能设备出现在工厂之中。工业机器人的出现代表着数字化转型成为了企业发展的必经之路，机器人能够代替工人去做一些烦琐且重复的工作，它们工作效率及工作质量更高，能够为企业创造出更多的价值。对于一些特殊的工作，相应的智能机器人也已经诞生，它们可以帮助人类去做一些危险的工作，用数字化技术创造出更多的价值。机器人除了运用于工业生产外，服务消费机器人也被越来越多地制造出来，在商场、餐馆甚至家庭里，都能越来越多地看见它们的身影。数字化产品的制造使得生产和生活有了更多的自动化，数字化技术使得照明器具具备了灯光亮度调节、场景设置、定时控制等多种功能。智能照明器具的制造需要依靠无线通信数据传输技术、扩频电力载波通信技术、计算机智能化信息处理及节能型电器控制的支持。除此之外，智能车载设备制造在数字产品制造业中也难以忽视，它需要融合雷达、卫星定位，以及人工智能等多种数字化技术。可以说，智能设备制造为数字产业化系统乃至整个数字经济的蓬勃发展注入了更多鲜活的动力。

8.1.5 电子元器件及设备制造

电子元器件及设备制造是数字产品制造业的基石，不管是计算机制造、通信雷达制造、电子媒体制造，还是智能设备制造，都必须要使用电子元器件及设备，电子元器件及设备是其他数字产品制造的很重要组成部分。电子元器件及设备虽然看似没有计算机制造或者是智能设备制造那么重要，但实际上任何数字设施都必须要依赖电子元器件及设备的制造。与前面四类数字产品制造相比，电子元器件及设备制造的类别更多，电子元器件及设备制造具体可分为半导体器件专用设备制造、电子元器件与机电组件设备制造、电力电子元器件制造和光伏设备及元器件制造等17类，具体如表8-2所示。

表8-2 电子元器件及设备制造中的具体分类及说明

序号	类别	说明
1	半导体器件专用设备制造	指生产集成电路、二极管（发光二极管）、三极管、太阳能电池片的设备制造
2	电子元器件与机电组件设备制造	指生产电容、电阻、电感、印制电路板、电声元件、锂离子电池等电子元器件与机电组件的设备的制造
3	电力电子元器件制造	指用于电能变换和控制的电子元器件的制造
4	光伏设备及元器件制造	指太阳能组件（太阳能电池）、控制设备及其他太阳能设备和元器件制造，不包括太阳能用蓄电池制造
5	电气信号设备装置制造	指交通运输工具专用信号装置及各种电气音响或视觉报警、警告、指示装置的制造，以及其他电气声像信号装置的制造
6	电子真空器件制造	指电子热离子管、冷阴极管或光电阴极管及其他真空电子器件，以及电子管零件的制造
7	半导体分立器件制造	指各类半导体分立器件的制造
8	集成电路制造	指单片集成电路、混合式集成电路的制造
9	显示器件制造	指基于电子手段呈现信息供视觉感受的器件及模组的制造，包括薄膜晶体管液晶显示器件、场发射显示器件、等离子显示器件以及柔性显示器件等
10	半导体照明器件制造	指用于半导体照明的发光二极管（LED）、有机发光二极管（OLED）等器件的制造
11	光电子器件制造	指利用半导体光-电子（或电子-光子）转换效应制成的各种功能器件的制造
12	电阻电容电感元件制造	指电容器（超级电容器）、电阻器、电位器、电感器件、电子变压器件的制造
13	电子电路制造	指在绝缘基材上采用印制工艺形成电气电子连接电路，以及辅助无源与有源元件的制造，包括印制电路板及辅助元器件构成电子电路功能组合件
14	敏感元件及传感器制造	指按照一定规律，将感受到的信息转换成为电信号或其他所需形式的信息输出的敏感元件及传感器的制造
15	电声器件及零件制造	指扬声器、送受话器、耳机、音箱等器件及零件的制造
16	电子专用材料制造	指用于电子元器件、组件及系统装备的专用电子功能材料、互联与封装材料、工艺及辅助材料的制造，包括光电子材料、锂电池材料、电子化工材料、半导体材料等
17	其他元器件及设备制造	指其他未列明的电子器件、电子元件、电子设备的制造

电子元器件及设备的制造不仅是电子产品制造业的重要组成部分，而且是电子信息产业发展的重要支撑，保障了数字产业化系统的高速发展。数字经济时代，数字产品的生产更加重视个性化定制，电子元器件及设备的制造也逐渐由传统大批量生产向着多品种小批量的生产方式转型，这就使得电子元器件及设备的制造需要面对更多的挑战。在电子元器件及设备的制造中，运用到了越来越多的数字化技术，这使得制造出的产品越来越智能化，但同时也要面对数据信息源复杂、数据量庞大、数据信息交互性差等问题。电子元器件及设备制造与其他数字化产品的制造都有很强的联系，因此在数字产业化系统中，也要更多关注其发展状况。

8.2 数字产品服务业

在数字产品生产制造后，企业和个人还不能直接体验到智能产品所带来的智能化数字服务，必须要通过数字产品服务业才能真正接触到数字产品。数字产品服务业与之前提到的数字产品制造业同属于数字经济基础产业部门[230]。数字产品的服务早已不再限于计算机和IT行业，已经广泛应用于经济、生产、文化、社会等多个方面，几乎所有领域都需要使用到数字产品，而且数字产品所提供的数字化技术与其他传统技术的融合也越来越紧密，为社会和经济的发展提供了新的活力，不断形成新型生产方式、交易方式、娱乐方式、生活方式，以及新媒体等，促进了数字化和智能化社会的高速发展。数字产品服务业对数字经济的推动作用如图8-3所示[222, 231]。

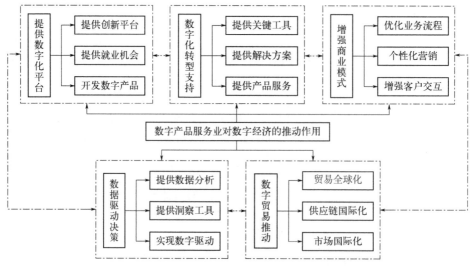

图8-3 数字产品服务业对数字经济的推动作用

数字产品服务业作为数字经济的核心产业之一，在数字产业化系统中发挥的作用是不可替代的，是人们体验到数字产品的关键环节。

8.2.1　数字产品批发

数字产品批发是各类数字产品从工厂走进市场的第一步。数字产品批发指各类以数据为生产要素，利用数字化技术生产出的数字化设备及元器件的批发和进出口活动。数字产品批发在一定程度上可以反映出一个地区数字经济的发展水平，数字产品进口量大的地区说明对数字产品的需求量大，但是数字化制造水平还不能很好地满足其数字化发展需求；数字产品出口量大说明这个地区具有不错的数字化生产技术，能够研发生产出高质量的数字产品；一个地区的数字产品批发量大也能反映出该地区的数字化技术发展有不错的水平。数字产品批发主要可分为计算机、软件及辅助设备批发，通信设备批发，以及广播影视设备批发三类。

① 计算机硬件、软件及辅助设备批发。计算机硬件、软件及其辅助设备是数字化产业发展的基本数字化设施。数字产品批发商在这个领域扮演着关键角色，他们批发各种计算机设备（如台式机、笔记本电脑、服务器等）、软件产品（如操作系统、应用软件等），以及与计算机配套的辅助设备（如打印机、扫描仪等）。他们与计算机制造商和软件开发商建立合作关系，为数字产品服务商提供全面的计算机解决方案。

② 通信设备批发。不管是企业的运营管理和生产加工，还是人们的日常生活，通信设备所发挥的作用都是不可取代且十分重要的，通信设备主要包括手机、无线网络设备、路由器、交换机等。在数字产品服务业中，数字产品批发商通过与通信设备制造商进行合作，批发各种通信设备给数字产品服务提供商。他们确保数字产品服务商能够提供可靠的通信解决方案，满足用户对通信技术的需求。

③ 广播影视设备批发。广播影视设备批发包括视频制作、音频处理、广播传输和影视播放等方面的设备。数字产品批发商与广播影视设备制造商合作，提供各种专业设备，如摄像机、音频混音器、广播传输设备等，以支持数字产品服务商在广播影视领域的业务需求。

数字产品批发中的数字产品与之前数字产品制造中的数字产品在种类上差别较大，数字产品批发主要是计算机硬件、软件、通信设备和广播影视设备的批发，只占数字产品制造中较小的一部分。这是因为在数字产品制造中有许多产品需要复合数字化技术的支持，数字化和智能化的程度更高，也可能有一些个性化的要求，因此不适合大规模地生产和批发。而像计算机、通信设备以及广播影视设备的加工工艺相对比较成熟，也有一定的标准化生产程序，人们日常生产生活对它们的依赖性极高，因此成为数字产品批发的主要构成部分。只有通过数字产品批发，数字产业化系统的各种数字化技术才能真正地走进市场（图8-4）。

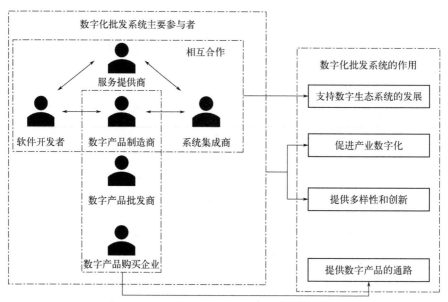

图8-4 数字化批发系统的主要参与者及其作用

8.2.2 数字产品零售

在数字产品服务业中，数字产品批发是数字产品走进市场的第一步，而数字产品零售则是让数字产品进入企业和个人生活的关键一步，大多数人想要体验到数字产品的服务主要是通过数字产品零售的渠道获得的。数字产品零售的情况由多方面的因素决定，比如顾客对数字产品的需求、数字产品的质量、数字产品的价格、数字产品的性能、数字产品相关品牌的市场口碑以及销售门店的服务质量等。数字产品零售主要包括计算机硬件、软件及辅助设备零售，通信设备零售，以及音像制品、电子和数字出版物零售三类。数字产品零售业中电子产品的种类和数字产品批发业里的产品种类基本保持一致。其原因与上述分析基本一致，计算机硬件、软件、通信设备，还有音像制品、电子出版物的市场需求较大，制造技术也相对比较成熟，因此市场占有率极高，适合大量生产销售。与数字产品批发稍有不同的是，第三类数字产品由广播影视设备变为了音像制品、电子和数字出版物，但其本质上没有太大的区别，音像制品和电子出版物在一定程度上可以视为广播影视行业的产出成果。在整个数字产业化系统中，数字产品销售最能够直观地反映出数字产品制造数量、种类与市场需求的匹配程度[232]。

数字产品零售作为数字产品服务业中的一个重要部分，在整个数字产品服务业系统中发挥着如下几点作用。

① 供需匹配。数字产品零售是数字产品服务的关键一环，是用户获得数字产品的方式之一。它满足最终消费者对数字产品的需求。数字产品服务提供商通过数字产品零售商将其产品提供给最终用户，实现供需的匹配。

② 产品流通。数字产品服务商通过数字产品零售商将其产品引入市场，确保其产品能够广泛流通。数字产品零售商提供了一个渠道，将数字产品从供应链中的批发商、制造商或其他中间商传递给最终用户。

③ 客户体验。数字产品服务商和数字产品零售商共同致力于提供良好的客户体验。数字产品服务商通过提供高质量的数字产品和专业的服务，为数字产品零售商提供有竞争力的产品，以满足客户的需求和期望。

④ 价值链合作。数字产品服务商和数字产品零售商之间存在着合作关系，共同构成数字产品的价值链。数字产品服务商通过与数字产品零售商合作，实现产品的销售和分发，从而实现全面的产品价值链覆盖，给最终用户提供更完整的解决方案。

⑤ 反馈与改进。数字产品零售商作为直接接触最终用户的环节，能够收集用户反馈和需求信息。这些反馈可以传递给数字产品服务商，帮助其改进产品设计、功能和服务，以更好地满足用户需求，并实现持续的产品优化和创新。

数字产品零售对数字产品服务业的作用见图8-5。

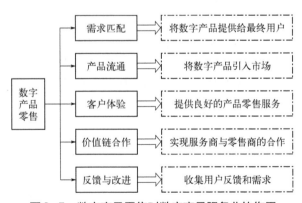

图8-5　数字产品零售对数字产品服务业的作用

数字产品零售与数字产品服务之间存在着密切的联系。它们相互依存，共同推动数字经济的发展。数字产品服务商通过数字产品零售商将产品引入市场并满足用户需求，而数字产品零售商通过提供渠道和销售网络，促进数字产品服务的传播和销售。这种合作关系在数字经济中发挥着重要的作用，为用户提供更好的产品和服务体验。

8.2.3 数字产品租赁

在数字产品服务业中，除了数字产品批发和数字产品零售外，人们也可以通过数字产品租赁的方式直接获得数字产品的服务，只是和前两种服务方式相比，数字产品租赁不能获得数字产品的所有权，只能够获得租赁时间段的使用权。数字产品批发、数字产品零售和数字产品租赁同属于货物贸易的范畴，都能够通过数字产品直接获得经济利益。与其他数字产品服务相同，数字产品租赁具有让数字产品流通的作用，对数字产业化的发展有一定的驱动作用。数字产品租赁分为计算机及通信设备经营租赁和音像制品出租两个部分。

与数字产品零售相比，数字产品租赁在租赁产品的分类上发生了一定的改变。首先，在数字产品租赁中，计算机与通信设备合并为一类，同时去除了软件及计算机辅助设备。因为，软件的优化升级比较迅速，不具备可租赁性，消费者可以选择软件试用或者选择购买使用时限。其次，在数字产品零售中有电子和数字出版物的零售，而在数字产品租赁中则只保留了音像制品出租。电子和数字制品主要制作成本在于数字信息的制造，其边际成本极低，内容可复制性强，因此也不太适合通过租赁的方式进行流通。总体来说，数字产品租赁是除数字产品批发和数字产品零售外，另一种让数字产品走入市场的方式。数字产品租赁与数字产品零售的区别如表8-3所示。

表8-3　数字产品租赁与数字产品零售的区别

序号	区别点	数字产品租赁特点	数字产品零售特点
1	产品所有权	基于临时使用权的模式，租赁商将数字产品提供给用户使用，但产品的所有权仍归租赁商所有	零售商以销售为目的，购买数字产品并拥有这些产品的所有权，然后将其出售给最终用户
2	使用期限	基于租赁期限的模式，用户可以在特定时间段内租赁所需的数字产品，而不拥有产品	一次性销售产品给最终用户，用户可以长期拥有和使用产品
3	经济模式	以租赁费用的形式向用户收取费用，用户只需支付租金，而不必承担产品的维护和保养责任	需要用户一次性购买产品，并全额支付产品价格。用户成为产品的所有者，并承担产品的维护和保养责任
4	灵活性	提供了更大的灵活性，用户可以根据需要选择租赁产品，并根据特定时间段进行租赁，满足临时需求	通常较固定，用户购买产品后需要长期使用，无法根据短期需求进行调整

续表

序号	区别点	数字产品租赁特点	数字产品零售特点
5	成本控制	可以帮助用户控制成本，用户只需支付租赁费用，可以根据实际需求和预算进行选择	需要用户一次性支付较高的购买成本，用户需要承担产品的全部费用
6	产品更新和升级	通常由租赁商负责产品的维护和更新，用户可以享受到最新的产品版本和功能	需要自行关注产品的更新和升级，并承担相应的费用

8.2.4　数字产品维修

在数字产品服务业中，数字产品维修与前三者具有一定的区别，它不能够直接通过数字产品产生经济效应，但它也是保障用户对数字产品使用质量的重要部分，因此对于数字产品服务业，也不能忽视数字产品维修行业发挥的作用。数字产品维修行业是对数字产品批发业、数字产品零售业及数字产品租赁业的保障，其行业发展的好坏会对数字产品服务业中的其他三个部分产生直接的影响。如果没有数字产品维修，数字产品后期的质量得不到保障，该消费者会对品牌产生负面情绪，直接影响到该品牌的所有数字产品，这将对企业信誉造成冲击。与前三者属于货物商贸不同，数字产品维修属于服务商贸，其主要作用是提供数字产品的保质服务。数字产品批发、数字产品零售、数字产品租赁与数字产品维修共同构成了评价数字产品服务质量的指标，用来衡量数字产品服务业的发展情况。数字产品维修主要有计算机和辅助设备修理，以及通信设备修理两类。

在数字产品维修中，主要有两类维修的数字产品，与数字产品服务业系统中的其他三个部分都存在着一定的区别，最大的区分在于没有设立关于音像制品及电子、数字出版物的维修。这是由于音像制品和电子、数字出版物的主要价值体现在其数字信息内容，物件本身的价值较低，没有进行维修的必要。而计算机及通信设备一般的价值都比较高，使用时间也比较长，难以避免出现损坏，但是重新购买需要花费的成本较高，因此维修服务能够用较低的成本保障其能继续进行使用。数字产品维修使得数字产品服务业的内容更加完整且适合市场需求，能让数字产品更好地在市场上进行流通，让顾客有更好的服务体验。

在数字产品服务业中，数字产品维修与数字产品批发、数字产品零售及数字产品租赁都有着很强的联系，是系统运作的重要保障。数字产品维修不仅有助于保护数字产品的质量和可靠性，还可以提高数字产品的使用体验和用户满意度，从而促进数字产业的发展。数字产品维修与数字产品批发、零售及租赁的具体联系如下。

① 数字产品批发是数字产业的重要组成部分。数字产品制造商通常会将产品批发给数字产品分销商，以便在数字产品零售市场上销售。数字产品维修服务可以帮助数字产品分销商确保数字产品的质量和可靠性，从而提高数字产品批发的销售表现。

② 数字产品零售是数字产业中的另一个重要部分。数字产品零售商通常会提供数字产品的维修服务，以便消费者可以在购买数字产品后获得更好的使用体验和质量保证。数字产品维修服务还可以帮助数字产品零售商提高数字产品的退货率和销售表现。

③ 数字产品租赁是数字产业中的新兴部分。数字产品租赁服务提供商通常会提供数字产品的维修服务，以便消费者可以在租赁期间获得更好的使用体验和质量保证。数字产品维修服务可以帮助数字产品租赁服务提供商提高数字产品的租赁率和收入。数字产品服务业不仅会对数字产品制造业产生影响，还与后述的数字技术应用业以及数字要素驱动业有着极强的联系，它在整个数字产业化系统中发挥的作用也是不可取代的。

8.3 数字技术应用业

与数字产品制造业和数字产品服务业相同，数字技术应用业同样能够对数字产业的发展提供数字技术与服务，依靠数字要素能够产生出一定的经济效应，为数字经济的发展提供驱动力。作为数字产业化系统的核心产业之一，数字技术应用业的主要目标是研发制作出各种能够进行实际应用的数字技术。在整个数字产业化系统中，数字产品制造业及数字产品服务业都必须以数字技术的发展为基础，因此可以说数字技术应用业是整个系统的关键行业。

8.3.1 软件开发应用

在数字产业化系统中，数据成为重要的生产要素，为了对数据加以运用，就必须要依赖各种数字化技术以及数字产品。各类数字产品的运作必须依靠软件的支持，不管是计算机还是其他数字化设备，数字化功能的实现都需要软件来提供支撑。软件开发应用是数字化技术实现的重要组成部分[233]。软件的作用是对计算机及其他各类数字设施中的资源进行管理和调度，帮助硬件设备进行各类活动。在数字产品技术应用业中，消费者在获得数字产品后，需要依赖各种软件才能够体验到各类数字化服务，软件是连接用户和各类数字信息资源的关键渠道。软件开发应用主要包括基础软件开发、支撑软件开发、应用软件开发和其他软件开发四类。基础软件开发是数字产品能够运行的基础，具体是指对硬件资源进行调度和管理，为应用软件提供运行支撑的软件开发活动，包括操作系统、数据库、中间件、各类固件等[234]。支撑软件开发则是软件开发的必要条件，是指软件开发过程中使用到的支撑软件开发的工具和集成环境、测试工具软件等的开发活动。应用软件开发是指独立销售的面向应用需求和解决方案等软件的开发活动，包括通信软件、工业软件、行业软件、嵌入式应用软件等。现实生产生活中，数字产品使用者最能够直接使用与感知的就是应用软件。其他软件开发则是指其他未列明软件的开发活动，如平台软件、信息安全软件等。软件开发对于数字产品应用起到了关键的推动和支持作用，它实现了功能需求、提升用户体验、提高效率、保障安全性，并促进持续创新。在数字治理生态系统中，软件开发的重要性不可忽视，它是数字产品成功应用的基石。软件开发应用在数字产业化系统中的作用如图8-6所示。

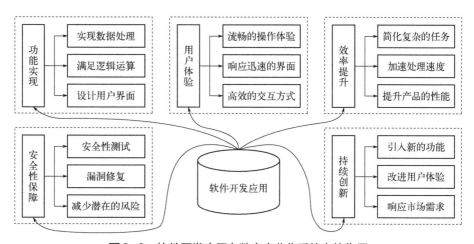

图8-6　软件开发应用在数字产业化系统中的作用

软件开发是各类数字产品功能运作的重要基础，是数字化技术实现的重要体现。在日常生产和生活中，通过计算机、通信设备或者是其他数字产品，人们常常需要通过应用软件，来体验到数字信息提供的各项服务。在日常生活和工作中，大家都可能会直接使用到社交软件、购物软件、会议软件或者办公软件等。在企业的生产运作中，开发新功能软件能够发挥出作用，帮助提高生产加工的效率。但除了应用软件外，基础软件的开发及支撑软件的开发也是数字化技术实现的重要部分，只是人们大多数时候不会直接感受到这类软件提供的服务。基础软件的作用是对硬件资源进行调度和管理，以及为应用软件的运行提供基础支撑，像操作系统及数据库等都属于基础软件的范畴。基础软件开发的情况对应用软件的运行有决定性作用，从而影响到用户的使用感受。各类应用软件的运行还需要通过支撑软件提供集成环境和测试工具，因此支撑软件在软件开发应用中的作用也不能忽视。

8.3.2　传输服务应用

在软件开发后，用户通过在数字产品上安装所需的各类软件就能够体验到数字技术所提供的各项服务，直接接收到各类音频、图像及文字信息等。信息数据在不同数字软件间的交换传递需要依靠到传输服务应用的支持[235]。传送服务应用是指通过电信、广播及卫星等完成信息的传递和交换，用户信息的发送及信息的接收都需要应用到传递服务。信息的传输是实现数字产业化的关键环节之一，在整个数字技术应用业中，传输服务应用与其他三类应用也有着极强的联系。传输服务应用主要可划分为电信、广播电视传输服务和卫星传输服务三个部分。电信是通过有线或无线的电磁系统或者光电系统进行数据信息的传送、发射与接收工作，这些信息包括文字、数据、图像、语音、视频和其他形式的信息活动。广播电视传输服务是指利用有线广播电视网络及其信息传输分发交换接入服务和信号，或者是利用无线广播电视传输覆盖网络及其信息传输分发交换服务信号的传输服务。卫星传输服务则是通过卫星系统为用户提供通信传输和广播电视传输服务，以及导航、定位、测绘、气象、地质勘察、空间信息等应用服务。

在数字产品的使用中，大多数活动都需要进行信息的传送及接收工作，传输服务应用的作用正是进行信息传送、发射及接收工作。通过电信服务，人们可以在各类数字设备中接收到文字、图片、语音、视频及数据等信息，同样也能够完成信息的发送任务。通过有线广播电视传输服务和无线广播电视传输服务，信号在网络间进行分发和交换传输工作。卫星传输服务有着强大的功能，生产生活中的大多数领域都离不开它的支持。比如，通信系统的工作就必须要依赖卫星传输服务，还有日常生活中的定位和导航等工作也需要以卫星传输服务为基础。通信传输及广播电视传输都要依靠卫星，气象工作和地质勘察同样如此。可以说，传输服务应用是数字经济发展中极为重要的一个环节。传输服务在数字产业系统中有广泛的应用场景，以下是其中几个常见的应用场景。

① 网络通信。传输服务是实现网络通信的基础，包括数据传输、声音传输和视频传输等。无论是通过有线网络还是无线网络，传输服务负责将数据从发送端传输到接收端，并确保数据的可靠性和完整性。

② 文件传输。传输服务广泛用于文件传输的场景，保障传输过程的高速、稳定和安全，传输信息的准确和完整。

③ 流媒体传输。传输服务在流媒体应用中起到至关重要的作用。流媒体

传输涉及将音频、视频和其他多媒体内容传输到用户设备，以供实时观看或缓冲播放。利用传输服务，流媒体服务提供商能够将大量的音视频数据快速准确地传输至用户设备，从而提供无缝的流媒体播放体验。

④ 云计算。云计算是一种基于网络的计算模式，传输服务在云计算中扮演着重要角色。云计算服务提供商通过传输服务，将用户的计算任务、数据和应用程序传输到云端进行处理和存储。传输服务需要具备高速、安全、稳定的特性，以确保数据能够快速、可靠地传输到云端，并在云端计算完成后将结果传输回用户设备。

⑤ 物联网。物联网连接了各种设备和传感器，通过传输服务将设备生成的数据传输到云端进行处理和分析。传输服务需要能够支持大规模的设备连接和数据传输，并提供高度可靠的通信机制，以确保设备之间的互联互通。传输服务是数字技术应用的产业实现，在整个数字产业化系统中，所有数字技术的实现都需要依赖传输服务，传输服务应用是数字产品与数字技术发挥价值的基础应用条件。

8.3.3　互联网化服务

在数字经济的发展中，互联网发挥着不可或缺的作用，是连接世界及实现"万物互联"的重要基础。互联网早已经成为了人们日常生活与生产中不可或缺的一个部分，不管是教育领域、文化领域还是商业领域，都需要互联网化服务的支持。互联网化服务是数字产品发展的灵魂所在，互联网搭建了一个平台，用网络将用户连接起来，实现各类信息的发送、传输及接收。互联网化服务是数字技术发展的核心驱动力，也是数字技术实现的重要保障。

互联网接入服务是各类数字产品进行各项功能运作的基础条件之一，在大多数情况下，数据的存储及数据的处理都需要依赖基础传输网络。只有在接入互联网后，才能享受到其他与互联网相关的各项服务内容。互联网搜寻服务是个人及企业查找获取各类重要信息的主要渠道，通过互联网搜寻服务，用户能够搜索到需要的各项数据及信息等，有助于解决一些实际问题。同时，通过互联网，人们还能够进行各项休闲娱乐活动，例如网上音乐、网上视频、网络直播，以及网络游戏等。特别地，随着数字化技术的不断升级，以及人们对游戏需求的日益提升，互联网游戏服务成为了当下的热点，各项新的数字技术不断融入互联网游戏中，使得游戏场景质量得以提升，在线网络游戏及电子竞技吸引到越来越多互联网用户的关注，在互联网领域占据越来越重要的地位。

互联网化服务使得企业在生产、管理及运营中具有高效化、便捷化、个性化、全球化、创新性高，以及数据驱动的特征。

① 高效性。互联网化服务利用互联网和数字技术的优势，实现了信息的

快速传递和处理，大大提高了服务的效率。用户可以通过互联网平台直接获取所需的服务，不再受到时间和地域限制，从而节省了传统服务方式中的等待时间和交通成本。

② 便捷性。互联网化服务以在线方式提供，用户可以随时随地通过互联网访问并使用服务，无须前往实体店面或进行烦琐的沟通。

③ 个性化。互联网化服务可以根据用户的个性化需求和偏好进行定制化提供。

④ 全球化。互联网化服务打破了地域限制，使服务可以跨越国界提供。用户可以通过互联网访问并使用来自世界各地的服务，促进了全世界间的交流和合作。

⑤ 创新性。互联网化服务促进了服务模式的创新和商业模式的变革。通过借助互联网技术和数字化工具，服务提供商可以探索新的服务方式，创造新的商业模式，从而满足用户的新需求和市场的变化。

⑥ 数据驱动。互联网化服务在提供服务的过程中产生大量数据，并将数据作为决策和优化的基础。

互联网化服务在社会生产和生活中有着极其广泛的应用，不管是互联网领域还是传统的工业制造领域，乃至日常消费领域，都离不开互联网化服务。互联网化服务的应用领域、特征、技术支撑、关键支撑，以及趋势与挑战如图

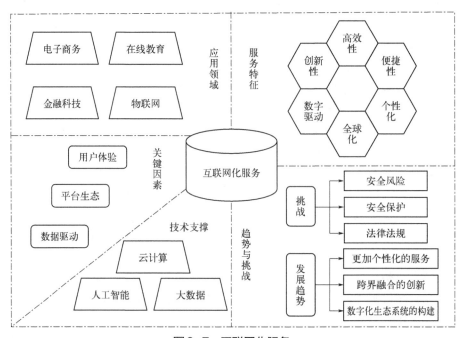

图8-7　互联网化服务

8-7所示。互联网化服务实现的关键体现在用户体验、平台生态和数据驱动三个方面。互联网化服务发展的主要目标是最大限度满足用户需求，提升用户满意度，为用户提供所需的互联网服务内容。顾客满意度的实现需要依靠用户研究、用户界面设计、交互设计等方式提供支撑。互联网化服务需要平台生态作为发展基石，只有在互联网平台生态系统中，用户才能享受到互联网化服务。数据驱动则为互联网服务应用注入驱动力，数字化技术为互联网应用的发展提供加速剂。互联网服务需要依赖数字化信息技术的支持，所需的关键技术包括云计算、大数据、人工智能等。更加个性化的服务、跨界融合的创新、数字化生态系统的构建，是互联网化服务未来的发展趋势。而互联网化服务在之后的发展中可能会面临安全风险、隐私保护、法律法规等挑战，因此需要特别注意数据信息的安全保护及风险的抵御等问题。

8.3.4　信息技术服务

大数据时代，数据成为企业重要的战略资源，能够为企业创造出更多的经济价值，信息也逐渐成为企业发展的关键因素。企业只有拥有足够多的有用信息，并用正确的方式对其进行合理的运用，才能够使其创造出更多的价值。在数字技术应用业中，信息技术服务与其他三者间也有着较强的联系，信息的传输和交换需要依赖传输服务及基础信息网络，因此信息技术服务、传输服务应用和互联网化服务，三者是息息相关的。同时软件开发应用也离不开信息技术服务的支持，离开信息技术的软件是没有应用意义和价值的。同样地，在整个数字产业化系统中，数字产品制造业及数字产品服务业也十分需要信息技术服务的驱动[236]。信息技术服务一共包含了集成电路设计、信息系统集成服务、物联网技术服务、运行维护服务、信息处理和存储支持服务、信息技术咨询服务、地理遥感信息和测绘地理信息服务，以及其他信息技术服务业八类，见表8-4。

表8-4　信息服务技术分类及说明

编号	名称	说明
1	集成电路设计	指研发、设计集成电路功能
2	信息系统集成服务	根据客户的需求进行信息系统的设计，并通过结构化的综合布缆系统、计算机网络技术和软件技术，将各个分离的设备、功能和信息等集成到相互关联的、统一和协调的系统之中
3	物联网技术服务	提供各种物联网技术支持的服务活动，包括感知、传感、数据通信、信息处理及信息安全等方面

续表

编号	名称	说明
4	运行维护服务	对数字治理相关的各类活动提供相关的维护活动
5	信息处理和存储支持服务	信息和数据的分析、整理、计算、编辑、存储等加工处理服务
6	信息技术咨询服务	信息技术支撑等方面提供技术咨询评估服务
7	地理遥感信息和测绘地理信息服务	各类地理遥感信息服务活动和遥感测绘服务活动
8	其他信息技术服务业	其他上述未列明的信息技术服务业，包括电信呼叫服务、电话信息服务、计算机使用服务等

在信息技术服务中，信息系统集成服务与企业的发展有着很强的关联性。数字技术的发展成熟，为企业的数字化转型提供了技术支撑，许多企业开始利用信息集成系统进行企业的生产调度及各类管理事务。通过信息集成系统，企业能够将分散的信息整合起来，使得部门间能够更好地进行协同运作，同时更有效地传递信息，以及进行资源和人员管理等，从而提高企业的运行效率。物联网作为数字经济发展中的热点，也为数字产业化系统提供了许多有用的数字信息技术。信息处理和存储支持服务及信息技术咨询服务对企业的数字化转型尤为重要，信息成为企业发展的重要资源，对其进行有效的获取、处理、存储及利用是企业发展信息化的关键问题。信息处理和存储支持服务，以及信息技术咨询服务，为企业提供了对信息进行管理的关键数字技术，有利于企业利用信息创造出更多的价值。除此之外，信息技术服务还包括地理遥感信息及测绘地理信息服务、动漫、游戏及其他数字内容服务，以及电话信息服务等，这些信息技术在人们日常的生活与企业的运营过程中都是十分常见且必要的，不仅能够增加生活的便利性与趣味性，还能提高企业的管理和运营效率。

8.4 数字要素驱动业

数字要素驱动业是针对数字经济发展带来的数据要素，流动衍生的各类新兴经济活动，其内涵十分广泛。在数字产业化系统中，数字要素驱动业能够为系统的发展提供基础设施及解决方案，比如数字化技术所需的信息基础设施建设，还包含了一些已经高度数字化但仍然不断发展的传统产业，例如互联网批发零售业等。数字要素驱动业与数字产业化系统中的其他核心业务间有着很强的联系作用，彼此影响及相互促进。数字产品的发展需要依赖数字要素的驱动，同时数字要素要通过数字产品才能够展现出功能运作，因此数字产品制造业、数字产品服务业和数字要素驱动业间有着联系作用。同样地，数字技术的实现也必须要依靠数字要素进行支撑，数字要素的作用体现也离不开数字技术，因此可以看出数字产业化系统中的各个核心业务不仅具有很强的功能性，彼此间还相互联系，共同驱动着数字产业化系统的发展。

8.4.1 互联网平台

互联网平台是指面向公众提供服务的载体，同时具有开放性[237]。互联网平台的开放性不仅是提供互联网服务的基础条件，也是资源获取的重要来源。互联网平台能够为用户提供多样化和个性化的应用服务，通过互联网平台，用户不仅能够获得信息数据、对数据进行存储加工，还可以进行娱乐，以及享受通信服务。互联网平台有着强大的功能性，能够满足企业和个人各种不同的数据服务需求，支撑了数据技术的运行，是数字化产业系统中必不可少的一个部分[238]。根据服务内容，可以将互联网平台分为互联网生产服务平台、互联网生活服务平台、互联网科技创新平台、互联网公共服务平台四个部分，如表8-5所示。

表8-5 互联网平台分类

名称	作用	举例
互联网生产服务平台	专门为生产服务提供第三方服务平台的互联网活动	工业互联网平台、互联网大宗商品交易平台、互联网货物运输平台等
互联网生活服务平台	专门为居民生活服务提供第三方服务平台的互联网活动	互联网销售平台、互联网约车服务平台、在线旅游经营平台、互联网体育平台、互联网教育平台、互联网社交平台等
互联网科技创新平台	专门为科技创新、创业等提供第三方服务平台的互联网活动	网络众创平台、网络众包平台、网络众扶平台、技术创新网络平台、技术成果网络推广平台、知识产权交易平台、开源社区平台等
互联网公共服务平台	专门为公共服务提供第三方服务平台的互联网活动	互联网政务平台、互联网公共安全服务平台、互联网环境保护平台、互联网数据平台等

互联网平台的核心要素主要包括了7个部分，如图8-8所示，具体如下。
① 参与者。平台生态系统的关键组成部分，包括用户、供应商、开发商、合

作伙伴等。每个参与者在平台上都扮演不同的角色，相互之间进行交互和合作。

② 平台架构。指支持平台运行的技术和基础设施，包括平台的硬件、软件、网络、数据库等组成部分。

③ 数据驱动。对大量的数据信息进行分析处理，平台能够了解到用户行为、需求和偏好，为用户提供更加个性化的服务和更精准的推荐。

④ 价值主张。价值主张的主要作用是吸引各类参与者使用互联网平台。

⑤ 用户体验。包括平台的界面设计、功能易用性、响应速度、个性化推荐等方面。用户能够通过平台获得方便的服务。

⑥ 交易机制。互联网平台必须提供安全可靠的交易机制，促进参与者之间的交易和价值交换。交易机制可以包括支付系统、信任评价机制、纠纷解决机制等，以确保交易的顺利进行。

⑦ 生态系统管理。互联网平台需要进行生态系统管理，包括建立合作关系、制定规则和政策、提供支持和培训等。平台需要保持平衡和协调，促进各参与者之间的互利共赢。核心要素间的相互关联，共同构成了一个完整的互联网平台。平台的成功与否，取决于这些要素是否有效整合和协同运作。不同类型的互联网平台可能在具体要素的重点和实现方式上有所差异，但这些要素提供了构建和管理互联网平台的基本指导原则。

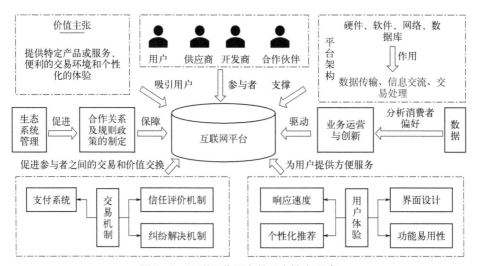

图8-8　互联网化平台的7大核心要素

8.4.2　互联网销售

在社会的发展中，销售活动一直是十分重要的一个环节，为社会做出了巨大的经济贡献，任何产业都必须要进行物质或者信息的销售活动，从而获得经济利益。随着科技的不断进步，销售的方式早已不再局限于线下实体交易，互联网销售的模式已经在市场中占据了越来越多的份额。数字经济时代，各类数字技术对互联网销售的发展有着一定的驱动作用。在数字产业化系统中，数字应用业的各项内容对互联网销售都有一定的支撑作用，通过软件开发应用，计算机或者是通信设备安装购物应用软件后，公众能够在应用软件上进行网络购物，商户也能在该互联网平台上进行互联网销售活动[239]。同时互联网销售不仅仅是一个简单的买卖过程，其中还包括了许多信息化技术的内容。例如，网络销售平台要根据用户的需求推荐合适的商品，这就要求平台能够充分利用用户的信息数据进行需求分析。再比如互联网销售不可避免地需要进行物流运输服务，不仅要讲究运输的高效，运输信息还要实时展示给用户，这就要求用到信息传输技术，以及地理信息定位技术等数字化技术。互联网销售不仅能够为数字经济的发展提供驱动力，还可以为大众提供更多的便利性，以及扩大市场的消费需求。

互联网销售在数字产业系统中扮演着重要的作用，对商业环境和消费者行为产生了深远的影响。主要体现在以下几个方面。

① 增加市场覆盖范围。互联网销售打破了传统销售的地域限制。通过在线渠道，企业可以直接接触到全世界范围内的潜在客户，无论客户身处何地，都可以进行交易和购买商品或服务。

② 提供便捷的购物体验。互联网销售为消费者提供了方便快捷的购物体验。消费者可以通过计算机、智能手机或其他终端设备随时随地访问在线商店，浏览商品、对比价格、查看产品评价，并轻松完成购买流程。互联网销售的便利性大大简化了购物流程，节省了时间和精力。

③ 个性化和精准营销。互联网销售通过收集和分析大量的用户数据，能够了解消费者的兴趣、偏好和购买行为。利用这些数据，企业能够实现精准推送。

④ 降低销售成本。相比传统的实体店面，互联网销售能够大幅降低企业的销售成本。线上销售可以减少租赁和运营费用，不需要大量的库存存储，也减少了人员成本。同时，通过自动化和智能化的技术工具，企业可以实现高效的订单处理、库存管理和物流配送，进一步降低了销售成本。

⑤ 打破行业壁垒和创造新机会。互联网销售为小型企业和创业者提供了平等的竞争机会。互联网销售还促进了跨界合作和合作创新，不同行业的企业可以通过数字平台实现合作共赢，共同开拓市场和创造新机会。

⑥ 数据驱动的决策和优化。互联网销售基于大数据和分析能力，使企业能够更好地理解市场需求和消费者行为。企业可以根据数据的洞察进行决策和优化，包括产品开发、供应链管理、定价策略、市场推广等方面。数据驱动的决策能够提高企业的竞争力和运营效率。互联网销售为企业带来了更广阔的市

场机会、更高效的销售模式、更精准的营销策略，并推动了数字产业系统的发展和演进。

8.4.3 互联网金融

互联网金融是将互联网技术与传统金融行业进行相互融合的新兴领域。与传统金融相比，互联网金融所采用的媒介是互联网，因此其透明度更强、用户参与度更高、中间成本也更低、可操作性更强，以及整体的协作性更好，使得金融参与者能更好地体验到互联网"开放、平等、协作、分享"的精神[240]。互联网金融不是简单地将互联网与金融行业进行结合，而是必须要通过安全、移动等网络技术，使得用户对其进行熟悉与接受，从而适应新的需求而产生的新业务及新金融模式[241]。通过互联网技术，互联网金融在传统金融行业的基础上，改变了既有运行模式和市场结构。互联网金融包含了互联网的技术特征，也保留了原有的金融本质[242]。从技术特征的视角来看，互联网金融是以互联网为载体，并且依靠各类新兴的数字化技术发展而来，其中融入了大数据、移动互联网、社交通信网络技术等数字技术。数字化技术在互联网金融中的信息收集与处理模式上进行了创新，使得其信息的挖掘、收集及传输更加全面和高效。通过云计算等技术方式保障了互联网金融能够用较低的成本进行大数据分析工作，降低融资成本，一定程度上解决了交易中存在的不确定性，以及信息不对称等问题。互联网金融的形成及发展需要依赖互联网平台及各种数字化平台，是数字要素驱动而产生的领域，是数字产业化系统中的一个部分且和系统间其他部分有着一定的联系。互联网金融可分为网络借贷服务、非金融机构支付服务及金融信息服务三个部分。网络借贷服务是指专门从事网络借贷信息中介业务活动的金融信息中介公司通过互联网平台实现的直接借贷活动。非金融机构支付服务是指非金融机构在收付款人之间作为中介机构提供的货币资金转移服务，包括第三方支付机构从事的互联网支付、预付卡的发行与受理、银行卡收单以及中国人民银行确定的其他支付等服务。金融信息服务是指向从事金融分析、金融交易、金融决策或者其他金融活动的用户提供可能影响金融市场的信息数据服务。

理论上任何涉及广义金融的互联网应用，都应该是互联网金融，包括但是不限于为第三方支付、在线理财产品的销售、信用评价审核、金融中介、金融电子商务等模式。互联网金融主要包括三个部分，涉及借贷、支付及金融信息服务等内容。网络借贷服务是互联网金融的重要组成部分，通过网络借贷服务能够使得金融体系对资金进行一个有效的配置，提高资金的利用回报率，创造出更多的社会价值。非金融机构支付服务能够完成体系内的支付清算工作且对风险进行管理，非金融结构充当第三方支付中介，能够有效地保障支付完成的同时控制支付的风险性。信息提供作为互联网金融的金融性特征之一，由金融信息服务得以体现。通过互联网平台，用户能够享受到互联网金融所提供的金融分析、金融交易等相关服务，获得各类金融信息及金融数据。

8.4.4 数字化媒体

数字化媒体是指用户通过数字产品创建、存储或者浏览到的数字化内容而衍生出的互联网服务产业，主要包括广播、影视作品，以及其他数字内容。数字化媒体是以各类数字技术作为其基础架构，通过与媒体信息进行融合而进行传播。数字内容与媒体是一个综合化的概念，其中数字化包括数字化技术的开发，以及数字化技术的应用，数字信息要素的构建及传播，与数字媒体元素的多元化组合。只有通过融合不同的数字化媒体，才能够得到信息化技术下的数字内容及媒体[243]。数字化媒体的重要特征主要是在传播要素及传播模式两个方面进行体现。在传播要素方面，最重要的特征是进行信息融合化的传播。所谓信息融合化传播是指数字化媒体所包含的信息内容从单一的文字信息传播向着文字、音频、图像信息等综合的多样化形式进行发展。数字经济时代，信息不再局限于单一的文字化形式，在数字媒体行业，大量的非文字型信息要素作为信息主体不断涌现出来。因此，数字媒体要在传播要素上进行突破，使信息不限于单一的形式，要呈现出广泛多元化的信息，让用户能够获得更加丰富的信息内容服务。在传播模式上，数字媒体主要是通过多媒体矩阵的方式进行信息的传播。随着互联网及各类数字技术的持续发展，数字媒体也不断渗入大众生活的各个方面之中，使得娱乐变得更加多元化，也透露出其开放性、互动性强等数字化特征。同样地，数字化媒体的发展也需要依赖数字信息系统，与系统中的其他部分有着很强的联系性。数字化媒体的种类丰富，主要包括广播、电视、影视节目制作、广播电视集成播控、电影和广播电视节目的发行、电影放映、录音制作、数字内容出版和数字广告九类。

数字化媒体在数字产业化系统中起到重要的作用，对商业环境、消费者行为和社会交流方式产生了深远的影响。

① 信息传播和沟通交流方面。数字化媒体为信息传播和沟通提供了全新的方式和平台。通过互联网和社交媒体，媒体机构、个人创作者和用户可以以更快速、更广泛的方式发布和获取信息。无论是新闻、观点、娱乐还是营销信息，数字化媒体使信息在全世界范围内迅速传播，加速了信息流通的速度和广度。

② 广告和营销方面。数字化媒体为企业提供了全新的广告和营销渠道。通过在线广告、社交媒体营销和搜索引擎优化等方式，企业可以更精准地定位目标受众，并以个性化的方式进行广告投放和推广。数字化媒体的广告和营销

方式更具互动性，可以与用户进行实时互动和反馈，提高品牌认知度和市场影响力。

③ 用户参与和互动方面。数字化媒体赋予用户更多的参与和互动权利。用户可以通过社交媒体、博客、论坛等平台发布自己的内容和观点，与他人进行互动和讨论。数字化媒体的用户生成内容模式使用户成为内容的创作者和共享者，促进了用户参与和社群建设，形成了庞大的用户社区和"粉丝"经济。

④ 数据驱动和个性化服务方面。数字化媒体基于大数据和分析能力，能够收集、分析和利用用户行为数据。通过了解用户的兴趣、喜好和行为习惯，数字化媒体可以提供个性化的内容推荐、产品推荐和广告定向投放。数据驱动的个性化服务能够提高用户体验和满意度，增强用户黏性和忠诚度。

⑤ 新兴媒体形态的发展方面。数字化媒体推动了新兴媒体形态的发展。移动互联网、社交媒体、流媒体和虚拟现实等技术及平台的出现，改变了传统媒体的格局和生态。新兴媒体形态为内容创作者和消费者带来了全新的体验及互动方式，创造了更多的商业机会和创新模式。

⑥ 媒体多元化和媒体融合。数字化媒体推动了媒体多元化和媒体融合的发展。传统媒体与数字媒体相互融合，通过跨媒体传播和内容共享，扩大了媒体的影响力和覆盖范围。同时，数字化媒体也促进了不同媒体形式之间的融合，如文本、图像、音频和视频等形式的交叉应用，丰富了媒体表达和传播方式。总体来说，数字化媒体在数字产业化系统中推动了媒体行业的转型和创新，改变了信息传播和消费的方式。它为企业提供了新的营销渠道和商业模式，提高了用户参与和互动的程度，促进了个性化服务和用户体验的提升，推动了媒体多元化和媒体融合的发展。

8.4.5 信息化设施

信息化设施是指数字要素驱动业中的信息基础设施建设。信息基础设施建设指信息服务工作各业务环节中的技术装备与技术设备的配置、信息网络的建设、信息技术的应用研究与开发研究等，包括应用系统和软件。信息基础设施建设是数字产业化系统发展的基石，无论是数字产品的制造与服务还是数字技术的应用，或者是数字要素驱动业的发展，都离不开信息基础设施的建设，可以说信息基础设施的建设是数字经济各核心业务发展的必要渠道。信息基础设施是"新基建"融合基础设施发展的核心内容，在社会之后的经济发展中将发挥越来越重要的作用。信息基础设施建设能够通过促进信息及知识的传播和利用，带动社会经济的增长，同时对产业结构的调整产生巨大的影响。信息基础设施建设不仅是数字要素驱动业的重要组成部分，同样也是公共基础设施的有机组成部分，其建设收益不仅局限于信息化投资本身，还会对诸多领域产生正的外部性，从而对经济主体的行为发挥影响作用[244]。在工业制造及企业运营中，信息基础建设不仅可以直接影响到其生产与经营方式，比如进行信息化和数字化的转型，还可以改变消费者的消费行为，从市场需求端倒逼企业调整生产行为和劳动力需求。信息化基础设施系统的建设在整个数字产业化系统乃至社会运作中都是十分重要的，对企业发展、工业数字化转型都有着很强的影响作用。信息化设施可分为网络基础设施建设、新技术基础设施建设、算力基础设施建设，以及其他信息基础设施建设四类，如图8-9所示。

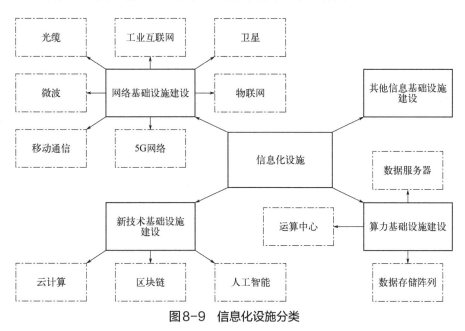

图8-9　信息化设施分类

在数字产业化系统中，各类数字化技术、数字产品及互联网平台等都需要依托于信息化基础设施。如果没有光缆、5G等网络基础设施，信息就不能够进行传播，也就没有互联网和通信网络，几乎所有的数字信息都会失效。没有卫星和移动通信基站，定位、导航还有通信设备都不能够正常运行，整个信息基础网络都会崩溃，可以说数字经济要发展，必须先进行网络基础设施的建设。人工智能、区块链等新兴数字技术的建设和运作也必须要通过新技术基础设施的建设。

8.4.6　数据权交易

数据权交易是指对数据资源和数字产权进行交易的各项活动[245]。第7章中讲到数据具有资源性价值，因此在企业中数据信息也是重要的资源，不仅能够为企业生产运营产生价值，还能够用来进行数据资源的交易活动。数据资源的交易包括数字资源的获取，以及数字资源的检索，在交易中需要对数据资源的各类交易信息进行记录，保障交易的安全性及有效性。数据资源的交易往往需要通过数字资源交易中心，从而实现数字资源发行、流通及利用的过流程留痕[246]。数字资源交易中心的作用是面向机构成员进行上链资源展示、查询工作，其主要功能以资产的展示与流转交易为主。通过数字资源交易中心，成员机构能够将其数字资产发布到数据资源交易市场内，其他所有成员机构可以根据数据资源访问范围规则检索查询可访问的数据资源，并进行数据资源的流转交易[244]。

在进行数据交易的过程中，数据权也随之发生了交易转移。因此交易数据资源特别要注意到数据确权条款，保证数据资源提供方必须要确保交易数据获取渠道合法、权利清晰无争议，能够向数据交易服务机构提供拥有交易数据完整相关权益的承诺声明及交易数据采集渠道、个人信息保护政策、用户授权等证明材料。数据权包括数据资源的创制权、所有权、管理权、使用权、交易权等权益，在进行数据资源交易过程中也要保障数据权的交易问题，明确数据各类权益的所属情况。数字经济时代，社会鼓励在法律允许范畴内，积极开展各项数据交易活动。特别地，在数据资源及数据权的交易中，要注意保护用户的个人隐私，确保信息数据的安全性，防止数据滥用的情况，且要积极促进数据交易的进行。数字经济以数据为生产要素，各种数据信息驱动着整个数字化系统的优化升级，数据在整个系统中无处不在，因此不能忽略数据资源及数据权的交易问题。

第 9 章
产业数字化生态

在数字经济生态系统中，除了数字产业化系统外，产业数字化生态也是其重要的组成部分，数字产业化与产业数字化是数字经济的"双重向度"。数字产业化和产业数字化两者在数字经济生态中的相互关系能够从需求供给的角度进行分析。数字经济生态系统中供给侧和需求侧的融合过程如图9-1所示。

本章由8节内容组成，全面地对产业数字化生态进行介绍，其中包括智慧农业生态、智能制造生态、智能交通生态、智慧物流生态、数字金融生态、数字商贸生态、数字社会及数字政府等内容。

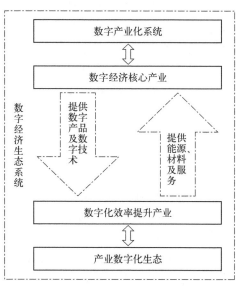

图9-1 数字经济生态系统中供给侧和需求侧的融合过程

9.1 智慧农业生态

数字经济的基本范围主要由两个方面来定义：数字产业化系统和产业数字化生态。这两个方面包括数字产品制造业、数字产品服务业、数字技术应用业、数字要素驱动业，以及数字化效率提升业。前四个部分属于数字产业化系统，而第五个部分是产业数字化生态的重要组成部分。数字化效率提升业是指各行业数字化转型带来的价值增值，目前已经广泛应用于农业、制造业、交通物流、金融、贸易及政府办公等多个社会生产生活领域。本章首先介绍的内容是农业通过各类数字产品和数字技术实现的智慧农业生态。

9.1.1　数字化种植

在农业的发展历史中，种植是其中必不可少、极其重要的关键环节。各类农作物的生长成熟都必须要先进行种植的环节，没有播种就不可能有收获。而数字化种植就是运用数字化技术对种植产业进行数字化的升级[247]。数字化种植是指利用先进的技术和数字化及自动化工具来优化农作物种植的过程。它包括使用传感器、无人机、智能设备、数据分析等技术进行精确的土壤分析、环境监测、灌溉管理、施肥控制和病虫害预防等工作。通过收集和分析大量数据，数字化种植可以为农作物提供最佳的生长条件，提高产量和质量，并减少资源的浪费和环境的影响。此外，数字化种植还能提供实时的监控和管理，帮助农民更高效地管理农田，提高农业生产的可持续性和经济效益。

数字化种植是智慧农业生态中的一个具有功能性的组成部分，与智慧农业系统中的其他部分具有一定的关联性，同时它也需要依赖数字产业化系统中的数字产品设施及数字技术的支持。利用数字化技术，能够对各类农作物的生长环境及生长条件进行数据信息的采集和分析，便于找出最适宜的播种时间，达到精确播种的目的[248]。同时，数字化种植还能利用机器人和自动化设备，实现种植过程的全面自动化，如自动播种、施肥、喷药和采摘等，减轻农户的劳动压力。此外，各类数字化技术还可以对播种后的培育工作提供帮助，利用土壤湿度传感器和智能灌溉系统，可以实时监测土壤湿度，根据植物需水量和降雨情况，精确控制灌溉量，实现精确、节水灌溉，避免水资源的浪费；利用图像识别技术和数据分析，可以实时监测和识别作物病虫害，及时预警和采取防治措施，减少农作物的损失；利用遥感技术、人工智能等先进的信息处理技术能创造出智能温室，为农作物营造十分优良的生长环境，从而增加其产量，以及保证农作物成熟后的质量；利用图像识别和机器学习等技术，可以精确监测农作物的生长状态和成熟度，帮助农户在最佳时间进行采摘，数字化种植也可以优化采摘和处理过程，减少农作物损失和质量受损；通过数字化种植平台，农户可以分享种植经验、技术和知识，并与其他农户、专家和行业组织进行合作。这种实时的信息共享和交流，能够帮助农户提高决策能力和种植技术，推动农业领域的创新和进步。部分数字化种植的运用实例如图9-2所示。

数字化种植是一种借助先进的信息技术和数据分析手段来优化农业种植过程的农业模式。它通过实时监测、数据分析和决策支持，提高农作物产量、质量和可持续性，减少资源浪费和环境影响。通过数字产业化系统中的各类先进数字产品及数字技术，能够促进智慧农业生态的建设工作，提升数字化种植的发展，使得种植更加高效高产。

(a) 自动化灌溉　　　　　　　　　　　　　　(b) 自动化采摘

(c) 成熟度检测　　　　　　　　　　　　　　(d) 无人机监测

图9-2　部分数字化种植的运用实例

9.1.2　数字化林业

数字化林业是指通过对全球定位系统、地理信息系统、遥感技术、物联网技术及无人机等现代化信息数字技术和智能化数字产品设施加以利用，对林业的土壤、地形地貌、温湿度等生长环境信息进行采集和分析，从而实现自动化及智能化的林业相关活动。在传统的林业建设工作中，不断融入新的信息数字化技术，以及对智能化的数字产品加以运用，使得林业部门也逐渐实现数字化转型升级，拥有开放且完善的应用与共享集成功能。数字化林业的建设不仅是智慧农业生态中的一个重要有机组成部分，也和产业数字化生态中的其他部分有着一定的联系，还需要依赖数字产业化系统的支持与实现。数字化林业系统体系架构如图9-3所示。

数字化林业系统能够使得林业系统内的各部分、各行业及各领域的信息进行快速、完整的传递，从而实现管理、经济等各类信息在林业企业系统内，以及不同部门间乃至与其他行业部门之间的互通和共享。林业系统及与其他行业部门间的信息流通需要通过数字产业化系统所提供的数字化及计算机处理的模式，利用互联网和基础通信网络进行传输，实现最大限度的信息集成，以及高效利用，保证信息服务的及时性、安全性和完整性。在数字化林业系统中，大部分的林业要素实现了数字化、智能化、可视化及网络化的全过程，能够将各类林业信息用地理位置进行信息确定及连接，从而实现规范化和标准化的信息采集和数据更新，达到对数据的高效利用。数字化林业主要有两个方面的内涵：一方面是基于"3S"（遥感RS、地理信息系统GIS、全球定位系统GPS）技术的林业信息数字化；另一方面则是对数据信息的保存、处理、分析及应用[249]。数字化林业既是通过数字化形式对林业的各类特征进行表述，也是对数字信息的综合应用。基于上述数字化信息技术，能够构建出数字化林业的体系结构，可分为基础层、技术层、数据层及应用层四个层级。

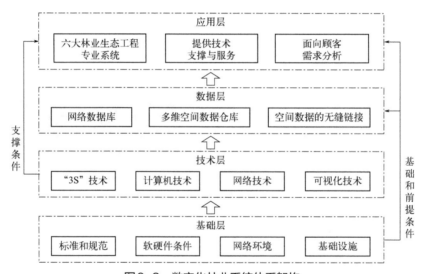

图9-3　数字化林业系统体系架构

9.1.3　自动化养殖

在农业系统中，除了农作物的种植和林业外，畜牧业及水产业的养殖工作也是必不可少的一个部分。将各类数字化技术及智能数字产品应用于养殖业中，能够实现行业的数字化转型升级，从而达到自动化养殖的目的。自动化养殖是指利用先进的技术和设备，在养殖过程中实现自动化、智能化的管理和操作。它通过应用传感器、控制系统、数据采集和处理技术，对养殖环境、养殖设备、饲料供给、生长监测等方面进行监测和控制，提高养殖的生产效率和质量。自动化养殖可以实现自动化的喂养、饮水、温度控制、环境监测、疾病预防等工作，减少人工操作和干预，提高养殖的稳定性、可靠性和经济效益。同时，自动化养殖也可以提供实时监测和数据分析，帮助养殖者做出科学决策，优化养殖管理，降低风险和成本。

随着养殖业不断地向着精准化与自动化的方向发展，数字技术开始运用于对畜禽进行实时化和智能化的状态检测[250]。利用音频分析技术、机器视觉技术、射频识别技术（radio frequency identification，RFID）及无线传感网络技术等，能够对养殖环境进行系统监控，通过这些技术的应用，养殖管理者可以及时掌握养殖环境和动物行为的情况，发现异常情况并及时调整养殖管理策略，提高养殖效益。其中，音频分析技术可以通过监测动物的声音和声频特征，识别出异常声音并及时报警，警示可能存在的疾病、惊恐或其他异常情况；机器视觉技术则可以通过养殖场景中的摄像头等设备，识别和跟踪动物的行为特征，如进食、喝水、活动等，以及识别异常行为，如跛行或异常追踪等，从而及时发现潜在问题并及时采取措施；RFID技术可以通过在动物身上植入或佩戴电子标签，实现对动物进行唯一标识和身份管理，方便监测和管理个体动物的生长、饲养、疫苗接种等信息；无线传感网络技术可以建立养殖场中传感器与基站之间的无线通信网络，实时收集和传输环境参数、动物生理指标等数据，实现对养殖环境的实时监测和远程管理。对养殖的畜禽进行行为识别及分析，从而及时对养殖管理中不当的行为进行及时的调整。与传统的养殖相比，自动化养殖优点及其具体表现如表9-1所示。

表9-1　自动化养殖的优点及其具体表现

自动化养殖的优点	具体表现
解决劳动力短缺及降低成本	自动化养殖所需人力大幅减少 喂养、排污、清洁等环节实现自动化
提高养殖效益	监控异常行为并及时解决 保证养殖环境的稳定及适宜性
保证产品的安全及质量	远程自动控制，减少人畜接触，降低疾病传播风险 利用数字技术进行质量检测工作，保证产品安全性

自动化养殖的意义在于提高养殖效益、降低成本、优化动物福利、提高食品安全性、实现可持续发展、增强农业竞争力、人力资源优化和推动农业的数字化转型。这些意义共同推动了现代农业的发展，在满足人们对食品的需求的同时，也为环境保护和农业可持续发展做出贡献。

9.1.4　新技术育种

在农业系统中，育种技术是种植业、林业及养殖业发展的基础，随着智慧农业生态的不断发展，育种技术也融入了越来越多的数字技术，实现了新技术育种。具体来说，新技术育种是利用现代化的科学和技术手段，通过基因工程、基因编辑、遗传变异分析等技术手段来改良作物、家畜和其他生物的遗传性状，从而提高产量、抗病性、营养价值等目标性状，加速育种进程的一种育种方法。新技术育种在整个智慧农业生态系统中与其他几个部分有着很强的联系性，同时又需要依赖数字产业化系统的数字技术，这说明在一个系统内，各个组成部分具有功能性且彼此间具有依赖性。

新技术育种能够提升农业育种效率和准确性。主要体现在以下方面。

① 进行种质资源评估。新技术育种利用基因组学和大数据分析，可以对大量的种质资源进行评估和鉴定，快速发现和利用具有重要农艺性状的种质资源，为育种提供优良的遗传资源。

② 分子标记辅助选择。利用分子标记与农艺性状之间的关联，选择具有理想遗传特性的个体。这可以提高育种选取的准确性，缩短育种周期，并增加选取储备种质的数量。

③ 基因编辑技术。包括CRISPR-Cas9等基因编辑技术，可以针对特定基因进行精确编辑和改良，从而实现更快速、精确地培育出改良品种，如提高产量、提高抗性等。

④ 转基因技术。虽然有一定争议，但转基因技术在育种中也有广泛应用，可以通过将具有特定性状的基因从一个物种转移到另一个物种中，与传统杂交育种相比能快速实现育种目标，具体实现过程如图9-4所示（以培育高产抗倒伏小麦种为例）。

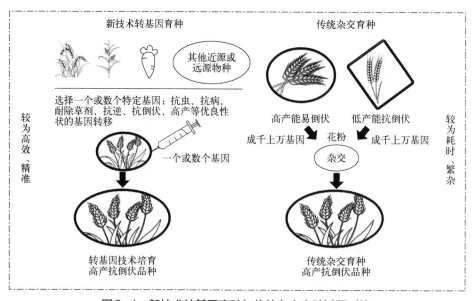

图9-4　新技术转基因育种与传统杂交育种过程对比

利用新技术育种能够大幅度地缩短育种周期，从而提高育种效率，同时，它还能不断培育出具有优质、专用、多抗等特征的新品种，这些新品种适应环境更好，并且生长速度更快。环境适宜性更强的新品种的出现则是新技术育种准确性的体现，数字技术等新技术在育种中的广泛使用，促进了传统的"常规育种"向高效的"精确育种"进行优化转型。

9.2 智能制造生态

智能制造是指利用各类数字信息技术，将生产制造过程中从原材料供应到产品销售各方面的信息进行数据化、智能化的处理，从而实现产品生产制造的快速、高效及个性化定制等特征[251]。与传统制造相比，智能制造具有更高的柔性，生产模式由集中式控制向着分散式控制的方向进行转变，从而使得生产制造具有数字化及智能化的特征[252]。智能制造是将新一代信息数字技术与传统制造技术有机融合，实现制造业各环节的集成和互联，从而提高生产效率、灵活性和智能化水平。它运用了物联网、大数据分析和人工智能等技术，使得制造过程更加高效、精确和智能化。智能制造生态是产业数字化生态的重要组成部分，其发展对系统内其他子系统有着一定的关联性，同时与数字产业化系统中的数字产品制造存在着互补关系。

如图9-5所示，通过整合智能产品、智能生产和智能服务，智能制造系统能够实现智能化、灵活化和高效化生产过程，从而推动产业模式的变革。智能制造包含三个功能系统：智能产品是主体，智能生产是主线，以及以智能服务为中心的产业模式变革[253]。工业智联网和智能制造云为智能制造系统提供支撑。

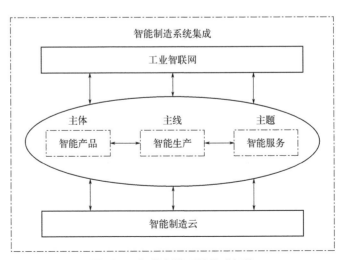

图9-5 智能制造系统集成架构

9.2.1 数字化通用设备制造

智能制造生态是由智能制造相关技术、企业、资源及市场组成的一个生态系统。它是基于智能制造技术的发展和应用形成的一种相互依存、相互促进的产业生态系统。在智能制造生态中，数字化通用设备制造是其他产业进行数字化转型的基础，对产业数字化生态中其他系统的优化升级发挥着不可取代的作用。数字化通用设备制造是指将传统的通用设备制造过程与数字化技术相结合，以实现更高效、更灵活、更智能的生产方式。这种制造模式利用先进的传感器、数据分析、云计算、物联网等技术，在通用设备领域开展的生产和制造活动，其中包含了个性化定制、柔性制造等新的生产模式，但不包括属于数字产业化系统中的数字产品制造业的工业机器人制造、特殊作业机器人制造、计算机设备制造等制造内容。

数字产品制造与数字化通用设备制造容易使人产生混淆，两者间相互联系，彼此间有着增进作用。数字产品制造是指生产出能够实现数字技术的产品设施，这些产品设施具有数字化的特点。而数字化通用设备制造则是指利用数字化技术进行工业中通用产品的生产制造，生产过程具有数字化的特点。数字产品制造需要利用传统工业领域的支持，制造后的数字产品又能够将数字化技术运用于传统工业领域的生产制造中，用数字化技术提升工业制造的效率及质量，两者间具有相互促进的特性[254]。数字化通用设备的制造是工业发展的基础，任何企业及工厂的管理运作都离不开设备，设备的合理使用能够使得企业在进行生产加工时更加高效，产品具有更高的质量，人员操作也更加简单，从而为企业创造出更多的价值[255]。数字产品制造与数字化通用设备制造的对比如图9-6所示。

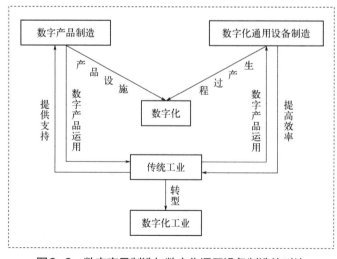

图9-6 数字产品制造与数字化通用设备制造的对比

9.2.2　数字化运输设备制造

大数据信息时代，人与人、人与物、物与人之间的联系更加紧密，因而信息和物质的传输交换也变得更加密切，因此运输成为社会生产和生活发展的关键问题[256]。数字化运输设备制造是指利用数字化技术和先进的传感器、物联网、云计算等技术手段，在运输设备制造过程中充分运用数字化和智能化的理念和技术，以提高运输设备的性能、安全性、效率和可持续性，运用于汽车、火车、船舶、航空航天，以及其他运输设备制造业，如图9-7所示。随着时代不断发展进步，人们的生活及工作习惯已经发生了翻天覆地的变化，男耕女织、日出而作日落而息的生产方式在社会中早已被改变，人们生活及工作的范围也在不断发展扩大，因此传统的人力运输和马车运输的方式已经不能够满足人们的出行需求。现代社会中，汽车、铁路、飞机及船舶运输成为主要的人员及货物运输方式，能够实现人们不同的运输需求。

为了使运输更快速、安全及高效，在运输设备的制造中，运用到了更多新信息数字技术，运输制造业逐步实现了数字化升级。通过利用数字化技术及数字产品设施，运输设备的制造能够更加高效和高产，制造出的运输设备质量也能得到更好的保障，同时具有更强的功能性。数字化技术能够使得运输设备的制造具有智能化、数字化及精确化的特点，从原材料的选择，到产品的加工制造，再到产品出库，都能够进行实时的监测与管理[257]。数字技术不仅能够为加工提供技术指导，还能够对运输设备进行质量检测，保证运输设备制造业能生产出更多更高质量的产品，来更好地满足人们的出行与运输需求。

图9-7　数字化运输设备制造

9.2.3 数字化仪器仪表制造

数字化仪器仪表制造是指利用数字化技术和先进的传感器、通信技术、边缘计算、模拟仿真、数据处理和分析等技术手段，在电气机械和器材制造、仪器仪表制造等领域进行的数字化和智能化生产与制造活动。数字化仪器仪表制造不包括电力电子元器件、电气信号设备装置、专用电线电缆、智能照明、光伏设备和元器件、光纤和光缆，以及工业自动控制系统装置的制造。

在国民经济中，仪器仪表在中国经济中扮演着重要的角色。作为测量和控制领域的重要工具，仪器仪表在各个行业中发挥着关键的作用，对生产效率、产品质量和安全性起到重要支持与保障作用。仪器仪表在制造业中也起到至关重要的作用。它们用于监测和控制生产过程中的各种参数，如温度、压力等，确保生产过程的稳定性和产品质量的可控性。通过使用精准的仪器仪表，制造企业能够提高生产效率、降低资源浪费和减少生产事故的发生率。现代仪器系统发展水平是国家经济发展和现代制造业水平的重要标志。随着数字技术的进步，仪器仪表制造业在生产过程中需要将重点放在智能控制系统、数字化仪器仪表、数字化、智能化设计制造及加工生产应用技术等关键共性技术和基础装备的研发上。这些方面的发展可以提升仪器仪表的精确度、可靠性和自动化程度，同时符合市场需求和用户期望。通过研发和应用这些技术，仪器仪表制造业可以不断提高产品质量、提高生产效率，并应对不断变化的市场需求。

由于仪器仪表产品具有高技术含量、共性关键技术多，以及多品种小批量等特点，因此需要建立一种灵活开放的数字化制造及管理平台，用于迅速集成和整合数据信息，以提高仪器仪表产品的制造效率。互联网和数字技术的快速发展为仪器仪表制造业的优化升级提供了平台。工业互联网和量子科技的发展为传统仪器行业的转型升级和物联网计量生态的建设提供了良好的机会。与智能制造生态中的其他行业一样，仪器仪表制造业也朝着数字化、智能化、网络化甚至量子化的方向发展。

2019年9月，工信部发布2019年工业互联网创新发展工程相关工作，建设工业互联网标识解析二级节点（仪表行业应用服务平台），赋予仪器仪表零部件、整机和测量数据唯一标识编码（identity document，ID），为仪器仪表制造行业和使用仪器仪表的各个领域及其测量数据提供服务，构建仪器仪表行业智能制造、远程化计量、网络化协同和服务化延伸四大应用场景，实现重要产品追溯、供应链管理和全生命周期管理等应用，仪器仪表行业数字化转型、量子升级迎来新的机遇。

9.3　智能交通生态

在产业数字生态系统中，智能制造生态为其他部分与行业的发展提供了发展基础及驱动力[258]。智能交通生态的发展与智能制造生态系统中的数字化运输设备制造有着很强的关联性，数字化运输设备制造为智能交通生态的建设提供了物质设施，同时智能交通生态也会对智能制造的发展产生反馈作用。智能交通生态通过信息技术和通信技术的有机结合，整合各类交通信息并建立大型交通管理系统。该系统能够提供实时、有效、准确的交通管理数据，其结构如图9-8所示。

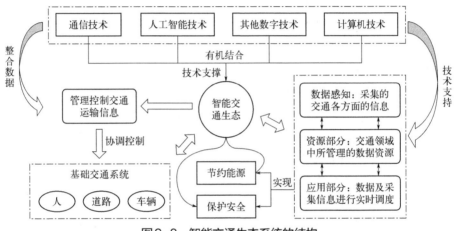

图9-8　智能交通生态系统的结构

9.3.1　智能铁路运输

在交通运输系统中，铁路运输具有高运载能力、高运输效率、适用于长途运输、低运输成本、安全性高等特点。铁路能够同时运输大量货物和乘客，具有稳定的行驶速度和准时性，适用于长距离运输。铁路运输在国内外货物运输、旅客运输和物流领域发挥着重要的作用。加快铁路的数字化建设，发展智能铁路运输能更有效地提高运输效率，为人们的生活及企业产品的运输提供高质量的便捷服务[259, 260]。智能铁路运输是指借助数字化技术和互联网平台进行的铁路安全管理、调度指挥、货运组织、行车组织、客运组织，以及机车车辆、线桥隧涵、牵引供电、信息系统、通信信号的运用和维修养护等活动[261]。智能铁路运输通过对列车、轨道、通信网络和运营管理等方面进行智能化的监测、控制和管理，提高列车运行的准确性和运行效率，优化列车运行的能源消耗和资源利用，提供实时的运行数据分析和决策支持，为乘客提供更好的出行体验，并为铁路运输的可持续发展做出贡献。智能铁路运输的目标主要体现在行车安全、运输组织、经营管理，以及客货服务四个方面，具体说明如表9-2所示。

表9-2　智能铁路运输的主要目标

表现方面	具体说明
行车安全	应用先进的监测设备、传感技术和自动控制系统 实现列车行车安全的提升
运输组织	通过智能调度系统，优化运输组织，提高运输效率和资源利用率
经营管理	全面实时感知客货运需求的变化，深度分析趋势 按需动态优化客货运输计划与运力资源配置
客货服务	运用信息技术和智能终端设备，注重改善客货服务体验 提供全面服务，包括全程智能导航、全程追踪和门到门等物流服务

9.3.2　智能道路运输

在交通运输系统中，道路运输灵活性高，覆盖范围广，可以到达偏远地区和城市内部，能提供门到门服务。道路运输能够灵活调整路线和运输量，适应不同需求，具有便捷、快速的特点，适用于短途运输和紧急情况。广泛应用于货物运输、个人出行和城市物流等领域。

将数字化产品设施及先进的数字技术运用在道路运输中，能够加速智能道路运输的建设，使得整个道路运输系统具有更高的运输效率，能够产生出更多的价值。智能道路运输是指利用先进的技术和智能化系统，对道路运输领域的交通管理、运输流程和车辆运行进行智能化和自动化改造的过程。它通过数字化、互联网、人工智能等技术手段，实现交通流量监测与预测、智能交通信号控制、公交优先通信控制、智能驾驶辅助、车辆远程管理等功能，提高道路运输的安全性、效率和舒适性[262]，图9-9对其部分功能进行展示。在人们日常生活中，道路运输是最常见的出行方式，也是货物运输的主要手段。智能道路运

交通流量监测　　　　　　公交优先　　　　　　智能驾驶辅助
　　　　　　　　　(快速公交系统：bus rapid transit, BRT)

图9-9　智能道路运输

输系统的建设对整个交通系统具有重要意义。交通信号联动技术通过网络平台和通信网络，实现不同交通信号灯之间的协调与同步，从而提高交通流畅性，减少拥堵，提升出行效率。公交优先通信控制是为提高公共交通运行效率而采取的措施。通过数字化技术，公交车与交通信号系统进行实时通信和数据交换，实现公交优先通行，减少交通延误，提高公交的服务质量，促进可持续城市交通发展。智能道路运输系统的发展与人们的出行息息相关。它为人们提供了更加高效、便捷和安全的出行方式，改善了交通状况，提高了交通系统的整体效能。

智能道路运输是智能交通生态的重要组成部分，它运用了先进的信息数字技术，以及先进的交通运输管理理念，能够实现运输企业、运输服务对象及行业管理部门三者在运输的管理、供给及需求方面的有机高效结合，使得整个道路运输行业能够科学高效发展。智能道路运输系统能够实现以下目标：行业管理者能及时了解运输行业的发展动向，并进行科学引导；运输供给者能高效、安全地组织运输生产，实现效益目标；运输需求者能享受高质量的运输服务。为了使得整体智能道路运输系统的运作更加高效，满足多方面的功能需求，本书设计出如图9-10所示的智能道路运输管理系统的框架结构。

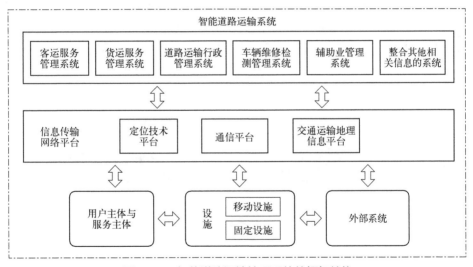

图9-10 智能道路运输管理系统的框架结构

9.3.3 智能水上运输

除了陆地交通运输外，水上运输也是交通运输系统中的重要组成部分。水上运输包括海洋运输和内河运输两个部分，并具有悠久的历史。由于一些地区无法通过陆地直接相连，因此无法采用铁路运输和道路运输的方式，只能依靠水上运输或航空运输来进行货物和人员的运输工作。因此，水上运输在许多情况下被认为是一种重要且不可或缺的运输方式。水上运输虽然受自然环境与天气因素的影响较大，但一些条件好的航道，其通行能力几乎可以不受限制。总体来说，水上运输具有成本低、货运量大、占地少等优点，同时，水上运输有很好的通用性，可作为大型、笨重和大宗长途货运的主要承担者。内河航运的建设除了能够满足水上运输的需求之外，还可以与防洪、排涝、灌溉、发电、渔业、旅游等其他产业进行统筹结合，提高自然资源的综合开发利用率。当前，综合运输已成为世界交通运输的发展趋势。现代化综合运输网络的建设为水上运输提供了更好的发展条件，使得水上运输能够更好地发挥其优势，与其他运输方式进行协同配合，达到更高效、更可持续的交通运输体系。水上运输在综合运输中发挥着重要作用，为货物运输提供了多元化的选择，同时也为经济发展和贸易往来提供了重要的支撑。

互联网平台、数字化技术及数字产品设施的优化升级，为水上运输实现数字化转型提供了驱动力，传统水上运输也逐渐向智能水上运输转变。智能水上运输是指利用信息技术、通信技术和自动化技术等先进技术手段，对水上交通的运输过程进行智能化管理和控制的方式。通过实时获取、处理和分析水上运输相关数据，实现船舶的智能监测、航行控制、运输调度和安全管理。智能水上运输系统包括智能船舶、智能港口、船岸协同等部分，图9-11展示了部分智能水上运输技术。智能水上运输在智能交通生态中与智能铁路运输、智能道

(a) 智慧港口　　　　(b) 无人船艇

(c) 导航雷达　　　　(d) 智慧航道

图9-11　智能水上运输技术

路运输，以及下一小节将介绍的智能航空运输互为补充，四者的综合利用提升了智能交通生态的运行效率，为社会的运作及经济的增长提供了更多的动力。

9.3.4 智能航空运输

交通运输系统除了利用铁路运输、道路运输和水上运输外，航空运输也是一个重要的组成部分。航空运输可以不受空间距离的影响进行超大范围的运输工作，同时具有运输速度更快的优势。航空运输系统主要包括航空站、航空器、航线、航班和航空公司五个基本要素，要素的综合利用保证了航空运输系统的顺利高效运行。

随着大数据时代的发展，智能航空运输将在航空业发挥越来越重要的作用。智能航空运输是指在航空运输领域中广泛应用互联网平台、信息数字技术和智能数字化产品的方式。它包括航空客货运输、通用航空服务和航空运输辅助活动，如智慧民航等。智能航空运输系统以用户需求为中心，致力于创造经济友好的飞行环境。通过利用大数据、云计算、雷达及人工智能等先进的信息数字技术，智能航空运输能够更好地对天气情况进行预测，以及提高飞行器的质量和进行更加有效的系统管理工作。与传统的航天运输模式相比，智能航空运输可以在很大程度上解决飞机航班延误和管制负荷过大等问题。智能航空运输的特点及其说明如表9-3所示。智能航空运输系统的发展成熟还需要依赖数字产业化系统中的通信导航和监视技术，只有在这些技术完全成熟的前提下，智能航空才能更好地进行创新和高效运作。智能航空系统对安全的要求极为严格，需要不断进行反复的仿真和实践验证来保证系统的严谨性。

表9-3 智能航空运输的特点及其说明

序号	特点名称	说明
1	数据驱动决策	基于实时数据收集和分析，做出更准确、智能的决策 提高飞行效率、乘客满意度等各个方面
2	高效能源管理	帮助航空公司优化飞行计划、航线选择和飞行参数 减少燃料消耗和碳排放，实现能源高效管理
3	自助服务	提供自助值机、自助行李托运等服务 减少人工干预，提高效率
4	智能客服与 个性化服务	与人工智能相结合，提供更智能化的客户服务 根据乘客的偏好和需求提供更贴心的旅行体验

总体而言，智能航空通过技术的应用改进了旅行的各个环节，提供更便捷、高效、低碳、个性化的服务，提升了乘客的满意度和航空公司的运营效益。

9.4 智慧物流生态

在产业数字化生态系统中，智能制造生态系统进行生产制造需要进行原材料的运入及制造产品的运出，这些工作都依赖物流生态系统[263]。同时，智能制造生态中的数字化运输设备制造为智慧物流生态提供了运输的基础设备设施，智能交通生态为物流生态提供了道路及技术支撑。智慧物流生态系统主要包含了智慧仓储及智慧配送两个部分。

9.4.1 智慧仓储

智慧仓储是指以信息化技术为依托的装卸搬运、仓储服务。智慧仓储系统的实现需要依赖数字产品系统中的智能数字产品设施，以及各类先进的信息数字技术，例如互联网、移动通信技术和人工智能技术等。数字技术及数字产品在物流仓储领域的广泛应用，使得仓储逐步实现了数字化及智能化的转变，整个物流体系能够高效管控，完成智慧决策、智能运行等功能[264]。传统仓储系统的自动化程度十分低，往往采用人工采集及纸张记录等方式对货物进行信息记录。智慧仓储系统改用自动导向车（automated guided vehicle，AGV）、自动分拣机器人、自动识别等数字化技术进行货物的装卸搬运及存储，提升了仓储效率及自动化程度，能够满足物资种类增加及物资数量提升的需求。智慧仓储管理平台的设计利用了基于射频识别（RFID）的数字载体技术对货物进行识别，解决了传统仓储管理流程中数据采集困难且容易发生错乱的问题。通过在货物上标记RFID标签，仓储管理系统能够实时读取并记录货物的相关信息，如货物名称、数量、存放位置等。智慧仓储系统遵循货物的同一性、类似性、互补性和先进先出原则来优化货物的存储和管理。这样可以确保货物的存放安全和易于查找。数字技术及数字产品在物流仓储中的运用如图9-12所示。

智慧仓储管理系统能够对物料信息进行动态识别定位、分拣及配送，减少货物库存的时间，降低管理运营成本。智慧仓储是指将数据接入互联网系统，利用数字化技术对数据进行集合、处理、分析、优化和运筹，然后通过互联网将信息传递到物流系统的其他部分，从而实现整个智慧物流生态的智能管理、计划和控制。通过智能慧储系统，物流企业可以更高效地管理仓储运营过程，提高仓库的货物管理、存储和分拣等方面的效率。智慧仓储系统具有管理系统化、储运自动化、网络协同化、操作信息化、决策智能化及数据智慧化等特性，通过实现实时仓储信息的自动处理和管理，提供多种功能，如自动抓取、识别、预警和智能管理，支持非接触式货物出入库检验，问题货物标签信息写入，检验信息与后台数据库联动等操作，从而大幅提高货物出入库效率，改善库存管理水平，进而全面推动仓储配送业与制造业、商贸业的融合发展，从而

AGV小车

RFID射频识别

自动识别、自动定位、智慧仓储平台……

自动分拣机器人

图9-12 数字技术及数字产品在物流仓储中的运用

提高效率、降低成本，提升仓储服务能力和整体发展水平[265, 266]。

9.4.2 智慧配送

智慧配送是指利用信息数字化技术开展的邮政、快递服务。物流配送在社会的运营中发挥着关键的作用，已经发展成为物流生态系统中不可缺失的重要分支，同时还关联着生产制造领域及消费领域。随着互联网、物联网、大数据、云平台等信息数字技术及智慧数字产品设施的推广应用，传统的配送也开始了数字化、智能化的转型升级，逐渐向着智慧配送的方向发展。智慧配送涵盖了多个业务领域，包括生产制造原材料的采购配送、消费品的终端配送、跨境电商的快递配送，以及蔬菜、水果和餐饮的即时配送等。在这些业务中，智慧配送通过优化和升级配送工具、配送系统和监测系统，实现了配送效率和效益的双重提升。通过应用物联网、大数据分析和智能算法等技术手段，智慧配送系统能够实时监控配送过程中的物流信息，进行智能路线规划、实时调度和配送优化，从而提高配送速度、准确性和可靠性，并降低配送成本。智慧配送成为对末端物流配送进行数字化转型升级的一条重要途径，能够通过数字技术实现协同配送、敏捷配送和创意配送来更好地满足消费者的需求[267, 268]。信息数字技术及智慧数字产品在物流配送中的运用如图9-13所示。

(a) 无人机配送 (b) 无人车配送

(c) 酒店配送机器人 (d) 餐厅配送机器人

图9-13 信息数字技术及智慧数字产品在物流配送中的运用

　　构建智慧配送体系，可以在数字技术及智能数字产品设施的支持下对物流系统内部各项业务活动进行协同，以及实现与外部企业间的业务联系合作。配送是决定物流业务体系运营效率与服务水平的关键因素，涵盖了货物配备、车辆调配、路线规划、配装及送达等连贯性作业流程[269]。智慧配送需要依照订货要求和计划时间对配送流程进行匹配，达到按时送达的目标。与传统配送体系相比，智慧配送体系在运营理念、运营体制和运营技术三个方面进行了升级创新。第一，物流企业内部需要有各部门协同合作的系统化理念，要求企业内部实现全方位的功能再造，以及业务流程重组。第二，业务运作和管理水平是智慧配送系统的重要保障，因此物流企业在运营时需要充分发挥协同、协作和协调的效应。第三，智慧配送体系必须要以数字化技术和数字产品为基础，要提升订单管理、货物出入库管理、分拣配货管理的信息化水平，还要能够实现配送活动的智慧化管理，如作业流程关联度分析、风险感知、绩效评价、智慧创新等。智慧配送系统主要由RFID分拣系统、感知记忆系统、配送管理信息系统及大数据分析系统四个部分组成，一共包含了数据分析层、业务管理层及应用实现层三个层级。智慧配送体系的结构框架如图9-14所示。

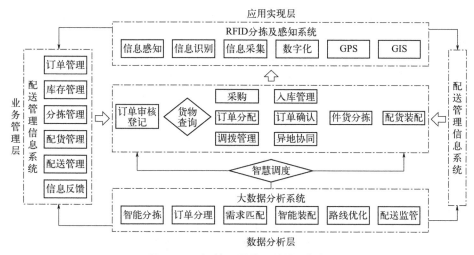

图9-14 智慧配送体系的结构框架

9.4.3 企业案例

在电子商务蓬勃发展的推动下，我国仓储行业迅速发展，智能机器人逐渐成为大型仓储物流中心不可或缺的重要组成部分。在"3C"、服饰、工业品、医药、汽车等行业中，由于品类多、人员稀缺、差错率高、储存空间有限等仓储问题越来越突出，如何通过技术创新来改变物流成本高、效率低的现状，实现企业的成本降低和效率提高，这是国内物流企业不得不面对的难题。

为了解决以上问题，京东物流充分发挥其自建物流体系的优势，积极探索并实践一套有效的解决方案。通过引入智能机器人和自动化设备，京东物流提高了仓储的自动化水平，实现了物流过程的智能化和高效化。智能机器人能够实现自动化的货物搬运、排序和仓储操作，大大减少了人为操作的差错率，提高了物流的准确性和效率，如图9-15所示。此外，京东物流还通过数据分析和优化算法，实现了仓储空间的优化利用，提升了物流配送的效率和准确性。借助先进的技术手段，京东物流有效应对了品类多样化、人员稀缺和空间有限等仓储问题，实现了企业物流成本的降低和效率的提升。

京东物流拥有多种类型的存储仓库，并融入了无人仓的行业标准，能够满足客户的个性化仓储服务。京东物流构建了全链路智慧化物流体系，包括履约引擎、智慧商品布局、智慧路由、智慧路区和智慧路径五个部分，以提供高效、准确、快速的物流服务[270]。随着互联网、信息数字技术及智能数字产品的发展，企业的物流模式也不断进行数字化创新，向着智慧物流的方向进行发展，智慧化、数字化是京东物流服务的一个重要特征。通过智慧物流生态系统，京东物流可以为用户提供自动化与网络化的服务，通过物流平台，用户能够获得可视化的物流信息，以及决策的支持。智慧物流生态系统减少了整个物流过程中的不确定性，提高了企业的智能服务水平。

智慧物流生态的智能化体现在仓储、运输及配送的全过程中，这就需要数字技术的支撑，利用信息全球定位技术、RFID技术及电子标签等技术，能够实现对运输车辆的实时定位与追踪，及时了解到物流的实时信息，实现仓储管理的自动化，对运输路线进行智能优化，应用大数据对整个物流工程进行分析改进，以及挖掘到客户的关系和需求，为企业的管理决策做出支撑。京东物流实现智慧物流模式可大致分为三个阶段：首先是了解用户的个性化需求，京东物流在提供服务时需要首先知道市场的需要，了解到不同客户的需求情况，根据信息制定出方案；然后将定制化的方案进行标准化的处理，找出满足个性化需求方案的共性，并将其进行标准化处理，使得能够满足大部分人的需求；最后将标准化的方案进行服务输出，并且不断接收市场的反馈，对方案进行升级优化，使物流服务能够适应市场的变化。通过使用信息数字化技术和智能数字化产品，京东物流的智慧物流生态不断进行模式升级。京东物流借助无人机、无人仓和无人车等技术支持，构建了智能化的全链路物流体系。通过这些创新技术的应用，京东物流能够为用户提供一系列端到端的物流产品和综合解决方案，包括正向物流和逆向物流。这不仅提高了物流效率和准确性，也为用户提供了更便捷、高效的物流服务体验。京东物流的智慧化物流系统在推动行业发展方面发挥了重要作用，并为未来物流方向的探索展示了潜力。

(a) 智能机器人　　　　　　　　　(b) 第三代天狼系统

图9-15　京东物流智慧物流

9.5　数字金融生态

数字金融是指利用数字技术和互联网的手段来进行金融服务及交易活动的

方式。它涉及使用数字化工具和平台，如数字支付、在线银行、数字货币、智能合约等，来实现金融业务的创新和便利化。数字金融具有增强资金融通、支付结算及风险管理等方面的功能，能够促进实体经济健康、快速发展。数字技术与金融产业的结合，催生出了多种金融服务平台、多元化的金融场景，以及多样化的金融模式，使金融资源供给能够最大限度地匹配金融需求，缓解金融资源错配问题[255]。本节从数字支付、数字货币、数字化银行金融服务、数字资本市场和互联网保险业五方面展开。

9.5.1 数字支付

数字支付是一种基于电子技术和网络平台的支付方式，通过数字化手段完成资金的转移和交易。它可以代替传统的现金支付和纸质支票，提供更便捷、快速和安全的支付体验。数字支付早已成为现代社会的重要组成部分，广泛应用于各个领域，包括在线购物、移动支付等。图9-16展示了部分数字支付平台。

图9-16　部分数字支付平台

数字支付提供了更加便捷和快速的支付方式。传统的现金支付涉及携带大量纸币和硬币，不仅容易丢失和被盗窃，而且需要时间和精力进行找零及计算。而数字支付仅需通过手机、电子钱包等设备即可完成交易，不受时间和空间限制，极大地提高了支付的效率和便利性。数字支付为商家和消费者提供了更安全的支付方式。此外，数字支付还可以提供交易记录和电子收据，方便双方进行后续的交易纠纷解决和会计核对。

数字支付还具有推动经济发展和促进金融普惠的重要意义。随着互联网和移动技术的普及,数字支付为各行各业的发展提供了有力支撑。对于电子商务而言,数字支付打破了地域和时间的限制,促进了线上交易的繁荣。对于金融机构而言,数字支付为其拓展客户群体、提供增值服务和改进支付体系提供了机会。对于普通用户而言,数字支付方便、安全且高效,提供了更多的支付选择和便利。在全世界范围内,数字支付已经成为不可忽视的趋势和发展方向。越来越多的国家和地区推动数字支付的普及和应用,通过政策支持、技术创新和市场培育等手段,加速数字支付的发展,进一步推动了经济的数字化转型和金融的创新发展。

数字支付作为一种基于电子技术和网络平台的支付方式,正不断改变着人们的支付习惯和经济运作方式。它提供了便捷、安全和高效的支付方式,并具有推动经济发展和促进金融普惠的重要意义。随着技术的进一步成熟和应用的普及,数字支付将在未来发挥更加重要的作用,并对人们的生活产生深远影响。

9.5.2 数字货币

数字货币是一种基于密码学和区块链技术的数字化资产,具有用作交换媒介、价值储存和单位账户等功能。与传统的法定货币不同,数字货币不受特定国家或地区的监管,其发行和管理主要通过分布式网络和共识算法进行。数字货币是一种去中心化的支付工具。传统货币需要依赖中央银行和商业银行的介入,而数字货币通过区块链技术实现了去除第三方机构的交易确认和资金转移,实现了点对点的交易,降低了交易成本并提高了交易速度。数字货币具有匿名性和安全性。在数字货币交易中,参与者的身份可以保持匿名,只有参与者自身掌握相关交易信息。同时,数字货币的交易记录被存储在分布式账本中,不易被篡改,提高了交易的安全性和透明度。

实际运用方面,数字货币已经逐渐应用于全球范围内的支付交易、投资理财及跨境汇款等领域。例如,比特币作为第一个成功的数字货币,被广泛应用于在线商务和跨境支付领域。以太坊作为智能合约平台,使得数字货币可以应用于更多的领域,如去中心化金融(DeFi)和非替代性通证(NFTs)等。此外,一些国家和地区也开始探索发行中央银行数字货币(CBDC),以提高支付效率和金融普惠。

数字货币的意义在于为全球金融体系带来了重要的创新和变革。首先,数字货币促进了金融的包容性和普惠性。无须传统银行账户,只要拥有数字货币钱包并与互联网连接,任何人都可以参与到全球金融市场中,包括那些没有银行服务的人群。其次,数字货币降低了跨境支付的成本和时间,促进国际贸易和资金流动的畅通，为全球经济一体化提供了便利。此外，数字货币还具有金融创新和资产多样化的潜力。通过智能合约和区块链技术，数字货币为金融产品和服务的开发创造了条件，例如借贷、保险、证券化等，对传统金融模式进行了重塑。对于投资者而言，数字货币也提供了多样化的资产配置选择，有助于分散风险和实现资本增值。

数字货币作为一种基于密码学和区块链技术的数字化资产，正在改变着金融领域的格局和方式。其去中心化、匿名性和安全性等特点，使其在支付、投资和跨境交易等方面具有广阔的应用前景。数字货币对于金融包容性、跨境支付和金融创新具有重要意义，为推动全球经济发展和金融系统的进步提供了新的机遇和挑战。

9.5.3 数字化银行金融服务

银行金融服务是指银行机构为个人、家庭和企业提供的各种金融产品和服务，包括存款、贷款、支付、投资、其他金融产品的提供与管理等。银行作为金融中介机构，通过吸收存款资金来提供贷款，为客户提供资金管理、资产增值、风险保护等方面的金融解决方案。数字产业化系统的大力发展驱动着社会各个产业进行数字化、智能化的转型升级，金融业是社会前进中的重要一环。数字经济的蓬勃发展为数字金融注入了生机，从而给银行的数字化转型提供了良好的生态环境。通过进行数字化升级，银行金融服务能够有助于保持金融服务的连续性和安全性。人工智能、大数据、云计算、5G通信及区块链技术与金融领域的融合，产生了金融科技，金融科技能够通过运用信息数字技术对金融产品、业务流程甚至商业模式进行创新优化，从而更好地服务实体经济的发展。金融科技（FinTech）为银行的数字化转型和现代化提供了技术支持和创新动力。数字化与现代化使得银行变得更加开放、智能和高效，演变为基于平台的商业模式。银行与商业生态系统的参与者共享数据、算法、交易和流程，为生态系统的各类用户提供必要的服务，从而创造更大的价值。商业银行通过应用编程接口API（application programming interface）和软件开发工具包SDK（software development kit）等技术，构建开放的数字平台，以更好地满足市场需求[271]。基于金融科技的银行结构模式主要分为场景聚合、业务产品和综合模式，具体如图9-17所示，促进了银行业务的创新发展。这些模式允许银行灵活适应不同的市场需求，并提供更多创新的金融产品和服务。

数字化银行金融服务已经广泛应用于全球金融业。在存款方面，数字化银行金融服务通过提供在线银行账户、移动银行应用等，使得用户可以随时随地进行存款、转账和查询账户余额等操作。在贷款方面，数字化银行金融服务如网上贷款、P2P借贷等，提供了在线贷款申请和便捷的贷款审批流程。在支付方面，数字化银行金融服务推动了移动支付、电子钱包的兴起，用户可以通过手机或电子设备进行线上支付。在投资方面，数字化银行金融服务通过在线交易平台、智能投顾等，提供了多样化的投资产品和个性化的投资建议。

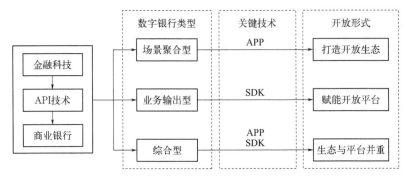

图9-17　金融科技赋能下银行构建模式

数字化的银行金融服务具有以下两点特征。

① 以金融科技创新为发展动因。在数字化转型后，银行需要打破传统的经营模式，更好地适应金融科技运行所需的协作共赢和无界经营等新规则理念。通过利用金融科技，银行能够建立开放的数字银行平台，以客户需求为中心，通过开放的平台和生态为客户提供各种同业或异业综合服务，以满足客户多方面的需求。金融科技创新是数字化银行金融服务发展的重要推动力量，它为开放银行带来了新的运营规则，并提供了关键的底层技术支持。

② 以数据挖掘和数据共享为本质。银行只有充分地对信息数据进行采集与分析，才能够准确地了解到顾客需求，以及更高效提供各类金融服务。数据信息是数字技术应用的基础条件。银行所采集到的数据包括了金融机构数据、社会化数据、行为集数据等多维度数据，具有体量庞大、种类繁多、标准化程度低等特征。在此基础上，充分对数据进行挖掘、分析及共享，是银行进行数字化升级的重要特征。数据作为银行的一个宝贵资源，能够与社会要素进行重新组合配置，以及利用信息数字技术对数据进行深度挖掘后，能更好地满足客户潜在的金融需求，以及创造出新的金融产品和服务，从而提升市场竞争力。

9.5.4　数字资本市场

数字资本市场是指利用数字技术和区块链等分布式账本技术创新，重塑传统金融市场的一个新兴概念。数字资本市场可以涵盖各种资产类型，包括但不限于股票、债券、衍生品、商品等。通过引入智能合约和去中心化的交易平台，数字资本市场实现了资产的直接交易和快速结算，减少了中间环节和交易成本，并提供更多的投资机会和融资途径。数字资本市场的出现，对传统金融市场带来了新的挑战和机遇，并推动着金融行业的变革与创新。数字资本市场的运作需要在金融市场和金融机构中实现数字化的智慧监管及精准监管，完成数字化的科技赋能，从而建立完整的数字监管框架和政策。数字化资本市场的形成主要依赖于三个方面[272]。一是要形成数字资本市场的监管指标体系，这就需要先制定出数字资本市场的理论框架、政策工具及监管原则。二是要利用数字化工具及数字化技术来加快升级市场的监管科技发展，加强数字资本市场的数据治理及数据分析能力，从而实现对数据的实时采集、处理，以及进行智能化的风险分析。三是通过数字治理技术对数字资本市场中的各类数据进行有效的治理，实现监管规则形式化、数字化、程序化，构建事前、事中、事后全链条的监管模式，提升专业性和穿透性。

数字产业化系统中产生的各类数字产品设施及先进的数字化技术，对产业数字化生态的转型升级提供了驱动力，资本市场的运作也融入了许多数字化的技术和设施，使得传统资本市场逐渐向着数字资本市场进行转型。现阶段资本市场的运营模式及操作方式相对之前的柜台操作，已经发生了巨大的转变，数字化正逐渐成为了资本市场高质量发展的核心要素，不管是投资、交易还是获客、风控等全流程的金融活动，都离不开数字化技术的支持。数字化资本市场具有集成化、信息化、智能化的基本特征，大数据、人工智能、云计算等数字信息技术对资本市场的服务模式、风险管理、市场监管、投资者保护、投资决策、信息披露，进行着全方位的科技赋能，不断驱动资本市场的高质量发展，增强其服务功能，为金融生态注入了新的活力。

9.5.5 互联网保险业

互联网保险业是指保险机构利用互联网平台订立保险合同并提供保险服务的经营活动。相对于传统的保险代理人销售模式，互联网保险业融合了新兴的数字技术，并以计算机互联网为媒介。具体而言，互联网保险是指运用互联网技术和数字化手段进行保险业务的一种形式。它利用互联网平台和在线渠道，为消费者提供保险产品的购买、管理和索赔等服务。互联网保险通过简化流程、提高效率和降低成本，旨在为消费者提供更便捷、灵活和个性化的保险体验。它涵盖了从保险信息咨询、保险计划设计、投保、缴费、核保、承保，到保单信息查询、保单变更、续期交费、理赔和赔付等整个保险过程。互联网保险业的具体内容与各家保险公司提供的服务有所不同，但总体上可以将其业务流程划分为几个主要方面，如图9-18所示。

互联网保险最大的特点是方便快捷，它是通过互联网进行资料的上传，从而实现投保，以及在线上完成一系列的理赔工作。互联网保险大多采用直销的模式，这就减少了中间渠道的介入，有利于保险公司直接了解到消费者的需求

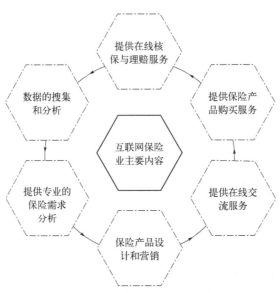

图9-18　互联网保险业主要内容

信息及其他信息，并进行及时的信息整理、传送及反馈，利用互联网数据管理和分析的优势，使得顾客可以更方便地享受到保险服务。互联网保险不仅能够增加顾客的服务体验，使得整个服务过程更加方便快捷，而且能够帮助节约保险公司的运营成本，降低人力、物力、财力的消耗，以及提高工作效率。互联网保险的实现是通过无纸化操作进行的，同时拥有信息透明度高的特点，能够极大限度降低消费者和保险公司间信息不对称的问题，这有助于增强消费者主动投保的意识。通过互联网平台，消费者在选择保险公司和保险产品时有更大的选择空间，能够对不同保险公司提供的各类保险进行对比，从而选择个性化、性价比最高的产品。通过采集互联网中的大数据信息，保险公司能够利用数据治理技术对信息数据进行分析处理，更好地了解消费者的需求与偏好，有利于后期产品的开发和原产品的升级，从而为消费者提供更好的保险服务体验。同时，互联网保险还拥有高速创新的特点，数字产业化系统的高速发展使得数字技术不断进行升级，也就推动着互联网保险业持续进行高速创新。

9.6　数字商贸生态

在产业数字化生态系统中，数字商贸生态与人们日常生活中的衣食住行有着最直接的联系，使得人们的生活更加舒适便捷。数字经济的发展推动着供给侧的深化改革，促进商贸流通业实现高质量、高层次的发展。将数字化设施和技术应用于商贸行业，对商贸的改革创新有着极其重要的意义。商贸业中信息数据产生的场景丰富，数据沉淀效果明显，有效聚集整个产业链上端的各类信息数据，因此具有数字化发展所需的数据基础与场景基础。与一般制造业相比，商贸行业数字技术更新成本更低，换代更快，更需要依赖数字技术提高服务效率，增强客户体验。本节从数字化批发、数字化零售、数字化住宿、数字化餐饮、数字化租赁和数字化商务六个方面展开介绍。

9.6.1　数字化批发

数字化批发是指采用数字技术和互联网平台，实现批发业务的数字化转型和升级的经营模式。通过数字化批发，传统的线下批发商可以利用互联网和软件应用，实现订单管理、库存管理、采购等业务的在线化和自动化。数字化批发的定义不包括主要通过互联网电子商务平台开展的商品批发活动。数字化批发与主要通过互联网电子商务平台开展的商品批发活动的区别在于，数字化批发是强调在传统的批发工作中使用到数字化信息技术及数字智能设施产品，从而进行数字化升级，而主要通过互联网电子商务平台开展的商品批发活动则是指完全通过互联网平台进行批发的模式。数字信息技术及数字智能设施产品能够为实体批发注入新的发展动力，驱使传统的批发模式进行数字化的转型。数字化批发需要实体商户与互联网企业进行合作，利用互联网平台和技术，吸引到更多的客户，实现大数据重构的目标。在进行数字化批发时，商家需要注意其效率和效果，注重产业数字化转型与批发业发展的匹配问题。

在产业数字化生态系统中，各个行业与领域的数字化转型都需要依赖数字信息技术的支撑及政府的政策支持，批发业同样需要使用数字技术来进行数字化赋能，提高其运作的效率。在数字化批发中，批发企业需要对部门设置进行重新组建，更多地聚焦于消费者的需求信息，通过数据更精准地获得客户，以及提高批发的效率。批发企业还需要注重线上和线下的平衡发展，数字化批发与主要通过互联网电子商务平台开展的商品批发活动存在一定的差别，因此不能只注重线上而忽略线下，门店是企业线下流量的入口，在线下门店的运营中也要注意推动数字化的渗透。企业还要能够充分利用消费者数据，精准地获取到消费者画像，从而实现精准的数字化转型升级。在打造围绕消费者的数字化体系后，批发业还需向后端延伸，实现生产制造、采购供应链环节的数字化，转变传统的被动式采购，通过数字化补货预测及数字化库存管理加强采购的主动性，使得整个批发供应链更加具有弹性。

9.6.2　数字化零售

数字化零售是指在商品流通环节中有数字化技术适度参与的零售活动，将传统零售业务转变为在线销售和数字化服务的经营模式。它通过建立电子商务平台、移动应用、虚拟商店和智能零售设备等，将商品和服务提供给消费者，实现在线购物、支付、物流和售后等全流程数字化交互，包括无人店铺零售、新零售等，如图9-19与图9-20所示。新零售和无人数字化零售与数字化批发有着许多的相似之处，都依赖数字产业化系统中的各项数字化信息技术、数字化智能设备及互联网平台的支撑，同时都是数字商贸生态乃至产业数字化生态中的重要组成部分。

图9-19　无人店铺零售实景

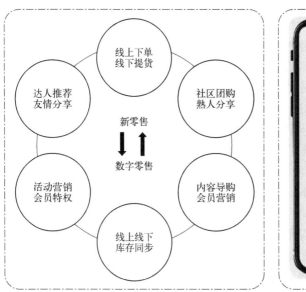

图9-20　新零售模式与实例

随着数字化技术的发展成熟，数字化零售已在市场中占据了重要地位，发挥着极其重要的作用，零售企业数字化进程可划分为如表9-4所示的四个阶段。

表9-4　零售企业数字化进程

进程	特征	主要表现
数字化1.0	信息化	IT基础设施升级改造，业务流程系统化、信息化
数字化2.0	线上化	布局线上渠道，实现全渠道运营，数据洞察辅助部分经营决策
数字化3.0	数智化	全面应用基于大数据分析的经营决策，实现运用自动化和智能化，大规模降本增效
数字化4.0	平台化/生态化	行业或价值链整合、生态圈构建，数据科技驱动新兴业务、赋能产业和行业

　　通过对所有零售渠道进行整合控制，零售商能够搜集到更多有用的消费信息，对信息进行分析整理，能够使得零售过程更加快速和方便，创造出更多的价值。数字化零售不仅可以为零售商创造出更多价值，更好地对数据信息进行利用，站在消费者的角度，数字化零售也可以使得采购过程变得更加轻松及便捷，消费者可以有效利用所有渠道获得服务，随时随地实现无缝购物。数字化零售打破了传统零售方式的壁垒，通过多渠道组合和整合的方式，实现了跨渠道销售，更好地满足顾客的购物、娱乐和社交的综合体验需求。数字化零售不仅能够发挥传统零售模式的优势，还能利用互联网技术的长处，更好地服务消费者，增加零售企业的利润，以及推动社会的发展。

9.6.3　数字化住宿

　　在整个商贸生态中，住宿与人们的生活有着很大的联系，不管是出差办公，还是外出旅游，都需要考虑住宿问题。在住宿行业中加入数字信息技术及数字化智能产品设施，能够驱使数字化住宿的快速发展。数字化住宿是指利用信息数字化技术开展的高效、精准、便捷的现代住宿活动。住宿服务实现数字化需要借助互联网平台和数字化信息技术，游客通过互联网平台，提前对住宿环境和住宿条件进行预览，根据自身的需求和喜好进行选择后，可以进行在线预订房间。住宿房间采用无人数字化管理技术，能够提升住宿环境的智能化和数字化水平，同时节约企业的管理成本，游客到达住宿地点时，向传感器出示房间预订码，即可进入房间。全程数字化操作，高效便捷，便于游客体验数字化住宿服务。

　　数字化住宿不仅能够提高住宿企业的服务水平，给消费者更好的住宿体验，帮助其降低人力成本，而且可以驱使整个住宿行业更积极地创新。数字化转型使得住宿业广泛应用数字化技术，如线上预约、线上入住办理、刷脸开门、酒店机器人，以及线上结算等服务，为消费者带来更加舒适便捷的住宿体验，同时提高了住宿企业的服务效率。数字化产业系统中的设施产品、数字信息技术及互联网平台，正在重构酒店住宿业的管理、运营和工作模式，智慧住宿成为热门趋势。智慧住宿给消费者带来了新的体验，实现了无接触服务，因此受到越来越多消费者的喜爱，并成为传统住宿企业发展的新方向。数字化住宿不仅提升了消费者的住宿体验，还能根据消费者的行为和喜好，为住宿企业提供精准的参考信息数据，从而改善运营管理和营销策略。通过收集和分析信息数据，住宿企业能更好地了解消费者需求，提升服务效率并获得更多利润。因此，数字化住宿为行业带来了双赢的局面，提升了消费者满意度的同时也为住宿企业的发展提供了有力支持。数字化在住宿中的应用如图9-21所示。

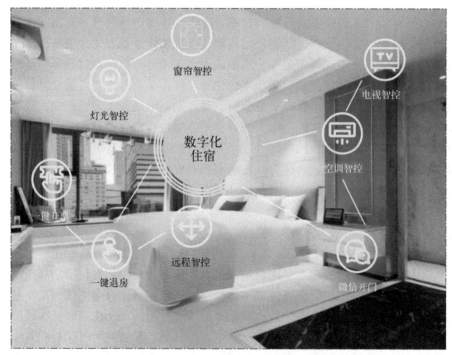

图9-21　数字化在住宿中的应用

9.6.4　数字化餐饮

民以食为天，餐饮业一直是社会生产生活中必不可少的一个关键领域，各行各业进行着数字化升级创新，餐饮业也不例外，数字化餐饮在市场中已经流行开来。数字化餐饮是指利用信息数字化技术开展的高效、精准、便捷的现代化餐饮活动。数字产业系统中的数字化智能产品设施及数字化信息技术为餐饮业的发展注入了新的活力。随着互联网、大数据和移动支付等新数字技术在餐饮业中的广泛应用，传统餐饮行业正在经历智能化升级。数字化餐饮在传统餐饮基础上，利用数字技术提高了服务效率和准确性，为消费者提供更快捷便利的用餐体验。通过数字化技术，消费者可以使用手机或电子设备在线预订餐桌、点餐和支付，避免了传统排队烦琐的过程。同时，餐厅可以通过数据分析和智能化系统，更好地管理顾客需求、餐厅运营和供应链，提高服务质量和效率。这种数字化餐饮的转型升级为餐饮行业带来更多的商机和发展空间。网络化、数字化、智能化成为数字化餐饮发展的关键词，随着数字信息技术的不断发展，餐饮行业与信息科技的融合也会更加深入，从而推动着餐饮行业的信息化和智能化变革，更进一步地提升运行效率和服务水准。与传统餐饮行业相比，数字化餐饮在运营模式的各个方面都进行了一定的创新，不管是盈利模式、渠道模式还是组织模式，都融入一些新的内容，具体如表9-5所示。

表9-5　数字化餐饮的运营模式的创新

数字化餐饮运营模式	盈利模式	获得客源	线下公域流量导入与线上平台引流
		收入构成	门店堂食、平台外卖、自营外送、电商零售
	渠道模式	线下	以门店为核心的传统餐饮服务模式
		线上	自营平台与外卖平台结合
	组织模式	效率导向	聚焦服务效率
		管理模式	绩效考核、对员工进行数字化技术培训
		协作模式	规范化、精细化分工合作
	顾客意见反馈模式	意见反馈	线下门店意见反馈、线上自营平台意见反馈，外卖平台意见反馈

　　数字化技术和平台大大地改变了人们的用餐方式，外卖点单成为当下的热潮。通过第三方互联网平台下单，消费者可以根据自身喜好在线上选择合适的餐饮，通过网络下单后，足不出户就可以享受到整个餐饮服务。顾客从点进外卖平台开始到取得餐饮的整个过程，都运用到了数字化产业系统中的数字化信息技术及互联网平台。首先，平台需要获得顾客的地理位置，然后给顾客推送合适地理区域内的餐饮门店，又通过分析顾客以往的消费数据，进一步推送适合顾客消费偏好的产品。顾客在第三方平台上进行选择后，通过在线支付进行一个买卖的资金转移。下单后，顾客还可以通过互联网平台实时获取到配送的位置和时间信息，这个过程还与餐饮门店和外卖骑手有着不可分割的关系。门店通过数字技术及互联网平台展示自己的产品，供消费者选择；消费者在线上下单后，门店能够获取到下单信息，以及收到相应的支付款项；骑手通过平台获取到配送订单，到门店进行取货，再将餐饮配送到消费者手中，这个过程需

要第三方平台进行数据分析计算，得出最优的服务路线，以及提供完整信息，在最后的配送中，还对消费者的电话信息进行安全处理，一定程度上保障了顾客的隐私与个人安全。线上点单的模式运用了许多数字化产业系统中的技术与方法，为消费者提供了更加便捷的服务，同时为店家提供了更多的销售机会。消费者除了外卖点单外，还可以选择门店服务，这其中也涉及许多数字化技术。餐厅位置的预订、门店内点餐及消费支付都能通过互联网平台直接进行，这为消费者提供了更多的便利，也提升了餐饮门店的运营效率。图9-22展示了部分外卖软件与线上点单小程序。

饿了么 外卖APP　　　　　　　　　　蜜雪冰城 线上点单

图9-22　部分外卖软件与线上点单小程序

9.6.5　数字化租赁

零售、批发和租赁是消费者获得产品使用权的三个重要渠道。与零售和批发不同，租赁只是将产品一段时间的使用权进行了转移，消费者并没有获得产品的所有权，但租赁在社会运作中也发挥着难以取代的作用。租赁行业的发展与零售业和批发业具有一定的同步性，数字化智能设施产品和数字化信息技术在与批发业和零售业进行深入融合的同时，也同步运用于租赁行业，推动着数字化租赁的快速发展。数字化租赁是指通过应用数字技术和互联网平台，实现租赁过程的数字化和在线化的一种形式。传统租赁通常是通过纸质合同和面对面的交流进行的，而数字化租赁则利用电子合同、在线支付和智能化管理系统等技术，将租赁过程数字化、自动化和远程化。数字化租赁不包括计算机及通信设备经营租赁、音像制品出租，此类租赁属于数字化产业系统，它们的作用是发展数字产业，而本小节的数字化租赁更多是强调在租赁行业中进行数字化的转型升级，使用数字化信息技术和数字化智能产品设施，它是产业数字生态的一个部分。如图9-23展示了租赁行业数字化转型升级中涌现的租赁软件。

安居客租房APP　　　　　神州租车APP

图9-23　租赁行业数字化转型升级中涌现的租赁软件

随着数字经济的兴起与发展，租赁行业也不断地进行着转型升级，在这个过程中要求租赁企业在应用上进行数字技术的探索和实践，找到自身发展中的痛点问题，找到企业进行数字化赋能的最佳着力点。企业要根据自身的实际情况找到自己的优势点，了解清楚所拥有的各类资源，以及找到自身发展中的不足之处，再利用数字化信息技术来解决问题，提高其运营效率。数字化租赁要求企业弄清楚如何利用人工智能、区块链、大数据、物联网、5G通信等数字化技术赋能客户链接、业务拓展、业务管理、风险管理等环节，从而解决整个产业链生态体系存在的问题，实现租赁生态圈的数字化转型，使得租赁行业不断向着智慧化的方向迈进。通过数字化的智能产品设施及数字化信息技术，企业能够解决租赁资产"看不清、管不住、难预警"的问题，有助于实现风险的实时监测。企业和客户将租赁产品加入数字管理平台之中，通过数字化验真、数字化追踪和数字化预警技术，实现对租赁资产的透明化、可视化及可控化。数字化租赁不仅能够提升租赁服务的效率，提高租赁的准确性，而且可以对租赁的风险进行有效的管控。

9.6.6 数字化商务

在数字商贸生态系统中，除了数字化零售、数字化批发、数字化住宿、数字化餐饮，以及数字化租赁外，数字化商务也是极为重要的一个组成部分。商务行业与人们生活有着较大的联系，对其进行数字化产业赋能，不仅能够提升商务行业的服务效率，还有助于驱动整个商贸生态的高速发展。数字化商务是利用信息数字化技术进行商务活动的一种模式，包括商务咨询与调查、票务代理服务、旅游、人力资源服务、会议展览及相关服务等，但不包括资源与产权交易服务、供应链管理服务、互联网广告服务、安全系统监控服务等。而广义上，数字化商务还包括数字传输内容、社交媒体、搜索引擎、通过云端传输软件服务、通过云端传输数据服务、通过互联网传输的通信服务和通过云端传输计算平台服务等[273]。与传统的商务模式相比，数字化商务的特点是更多地利用数字化信息技术，通过互联网平台进行商务活动的开展工作。

在整个产业数字生态系统中，数字商务作为赋能实体经济、拉动经济增长的重要引擎，是数字经济在商务领域的具体体现，也是数字经济最前沿、最活跃的表现形式和组成部分。数字化商务推动产业数字化生态的发展主要体现在三个方面。第一，数字化商务能够推动商贸行业与传统的一、二产业进行深入融合、共同发展。通过应用互联网、大数据及人工智能等数字化信息技术，能够推动传统产业的数字化升级，以及推动新零售、社交电商等新的商务模式的积极发展。第二，加快了生产性服务业进行数字化升级转型的节奏，提高了商务服务业的专业化、集中化，以及高端化水平，对生活性服务业的数字化创新进行了强化，同时使得服务更加精细化和个性化。第三，数字化商务通过依靠国家发展跨境电商的有利时机，不断进行业务创新，有助于提高对外贸易的数字化水平。数字化商务的发展，大大促进了数字化商贸生态乃至整个产业数字化生态的发展水平。

9.7 数字社会

产业数字化生态的建设工作包括社会生产生活的各个领域，除了农业、制造业、金融行业和商贸流通业外，教育、医疗及公益也是极为重要的组成部分。数字技术的蓬勃发展扩宽了社会的连接边界，数字网络将整个社会有效地连接起来，使得数字信息在社会中进行快速传播，这改变了人们传统的生产生活方式，以及社会的运作方式。通过数字技术及互联网平台，人们能够更加快捷方便地获取到有效的信息，以及进行信息的交换工作。数字技术使得人们在数字社会中能够更加便捷地与世界产生连接，接触到各类信息，以及更好地进行自我认知和自我表达。数字社会的形成使得社会运作更加方便和快捷，也使得未来发展充满了更多的可能。

9.7.1 智慧教育

教育一直是社会的热点话题，在教育领域使用数字化信息技术及信息智能设施产品，能够使得信息的传递更加快捷，信息内容更加广泛及丰富，从而提升教育的水平。智慧教育是利用现代信息技术和智能化设备来改进教学和学习过程的一种教育模式。它强调将信息和通信技术与教育教学相结合，提供创新的教学方法和学习环境，拥有数字化、智慧化的特征。智慧教育利用物联网、大数据、人工智能等技术，为教师和学生提供更多自主和个性化的学习方式，包括在线教育、在线培训、网络学院、网络教育和以在线学习为主的互联网学校教育与职业技能培训，以及智慧教室等。通过互联网平台，传统的教育模式得到了改变，在线教育打破了空间上的隔阂，老师和学生即使身处天南海北，都可以进行线上的教学工作。它可以提供定制化的学习内容和资源，支持远程教学、在线协作和互动学习等多种教学模式。而智慧教室则是打造适合学习者需求、具备多功能性和灵活性的学习空间，以提升学生的参与度和学习效果，同时为教学创造更多可能性。

"互联网+"时代，在线教育解决了许多以前传统教育模式中存在的问题。首先，使得信息展示的形式更加多样和丰富，在没有利用数字信息技术前，信息的传递大多依赖书本的文字或者是教育者口述和绘图，信息传递的形式较为单一。利用互联网平台，信息可以以多种多样的形式进行展示，传播的速度更快，内容也更丰富，能够帮助学习者更直观深刻地对信息进行理解。同时，智慧教育的模式使得教育能够足不出户，在家就能进行教育活动，打破了空间上的壁垒，节约了一定的成本。智慧教育改变了以前面对面的授课模式，老师和学生不管相隔多远都能通过互联网进行线上的教育活动，使得教育更加灵活方便。此外，智慧教育还使得教育资源的获取更加方便，互联网平台中有许多公开的优质教育资源，如网易公开课、中国大学MOOC、微课、一师一优课等，图9-24展示了部分互联网平台优质教育资源。通过优质的智慧教育资源，学习者能够进行自主学习，了解到更多自己感兴趣的知识内容。

图9-24　部分互联网平台优质教育资源

　　教学模式的创新和人才培养受到传统教学环境的限制。因此，新的教育理念倡导建立互动探究式、自主开放性的智能教室，以促进学生的批判性思维和培养国际视野。智能教室的建设需秉持"以人为主"的设计理念，强调照顾学生感官体验和提供良好学习环境的重要性[274]。同时，它还需要考虑人与环境的和谐、室内物理因素的考量，以及教室功能的需求。为了满足不同类型的教学场所和多样化的教学过程，智能教室具有可重构性与无限延伸性。这意味着教室的设计和布局可以根据不同教学方式和教育目标进行调整，实现灵活性。技术设备也需要支持多媒体教学、互动学习和个性化教学等多种教学模式。如图9-25展示了四川大学智能教室建设。

　　智慧教育是教育信息化发展的一种高级阶段。它通过应用先进的技术和创新的教学方法，为学习者提供多元生动且智能化的学习方式。智慧教育的核心目标是促使学习者进行高度个性化的学习，从而提升他们的高阶思维能力和复杂问题解决能力。

图9-25　四川大学智能教室建设

9.7.2　智慧医疗

医疗一直是重要的民生问题，是群众生活的基本保障。在医疗领域运用数字化智能产品设施、数字化信息技术及互联网平台，能够提升医疗的精确性与高效性，提高管理的效率，以及提升治疗的技术，从而更好地为群众提供医疗服务。各类数字化智能产品在医疗行业的运用，使得传统医疗逐渐发展成为智慧医疗。智慧医疗是指利用信息数字技术、互联网平台和智能数字产品设施开展的医学检查影像，以及在线医疗、远程医疗等服务活动。智慧医疗是基于互联网平台和数字化信息技术，是确立、更新、管理和利用与病人或病种相关的信息的一种创新模式。它涵盖了医疗诊断、治疗、康复、支付和卫生管理等各个环节，为医疗服务提供了全面而高效的支持。通过使用数字化信息技术对病人和病种的相关信息进行分类保存管理，智慧医疗服务体系中的信息更加丰富完整，能够实现服务的跨部门协同，信息管理以病人为中心。智慧医疗的发展在服务质量、服务成本及服务可及性三个方面进行了一个合理的平衡，通过使用数字化信息技术优化医疗实践成果，能够对传统的医疗服务模式及业务市场进行创新升级，从而给病患提供高质量的个人医疗服务体验。

具体来说，智慧医疗主要包括了六项内容。

① 构建一个综合性的完整且专业的医疗网络。智慧医疗将传统的信息仓库转变成可进行分享和记录的数据库，通过数据信息库能够对医疗信息和记录

进行整合。

② 实现跨医院平台的协作。授权医生可查阅病历、治疗方案和保险详情，以制定更精准的治疗计划；患者可自由选择医生和医院，实现更高效的医疗服务。

③ 基于互联网平台和数字化信息技术，对重大医疗事件进行实时感知、分析和处理，做出更加快速、高效的响应。

④ 为医生提供更多的医疗科学报告来论证分析其诊断结果。

⑤ 提升医务人员的专业知识素养，以及对医疗过程的处理能力，进一步推动临床创新和研究。

⑥ 开展在线治疗及远程医疗，节约病人到医院的通行时间。

智慧医疗具有互联互通性、协作性、普及性、激发创新性、可靠性和预防性的特征，具体表现如表9-6所示。

表9-6　智慧医疗的特征

特征	说明
互联互通性	借助互联网和物联网技术，实现医疗信息的互联互通 使医疗数据、电子病历、健康档案等能够共享和访问
协作性	打破信息壁垒，将医疗信息和资源进行记录、整合及共享 实现跨医院、跨部门的操作和医疗服务整合
普及性	应用覆盖面广，可应用于社区医疗、基层医疗等多个层级 更多的人能够享受到高质量、便捷的医疗服务
激发创新性	为医疗技术和临床研究注入新的活力 激发更多医疗领域的创新发展
可靠性	依靠先进的技术保障医疗质量和安全 提供准确可靠的医疗决策支持
预防性	实时跟踪和监测个体健康状况 提供个性化的预防和健康干预措施

9.7.3　数字公益

在社会的运作过程中，医疗和教育是群众生活的基础保障部分，而公益则是社会进步的体现，是社会发展进步过程中的重要组成部分。数字社会由智慧教育、智慧医疗及数字公益共同组成，数字公益的发展水平也能一定程度代表社会的智能化发展水平。数字公益是指利用信息数字化技术、互联网平台及智能数字产品设施开展的慈善、救助、福利、护理、帮助等社会工作的活动。数字公益的实现需要公益组织将数字化技术和智能产品设施运用于公益行业，创新升级公益服务模式，提升运行效率、重塑价值链和协作网络。数字公益强调将数字技术和互联网平台融入公益组织的运作、管理决策、流程标准和人员培训中。它突破传统公益的限制，提升透明度，传递社会价值。数字公益不仅仅是对组织和人员的数字化升级，更是对整个社会公益事业的转型创新。

随着社会对公益事业越来越多的关注，在许多场合中都能够看见数字公益的身影，在乡村发展的过程中也体现数字公益的作用。在精准扶贫、乡村振兴等重大战略的支持下，城乡之间已经开展了密切互动，形成了包括社会公益等多个领域的大量密切合作场景。尤其是近些年，随着数字技术的快速发展和普及，社会公益事业正迎来数字化转型的加速进程。通过数字化平台和工具，公益组织能够更加高效地管理和运作，实现资源的精细调度和优化配置。例如，通过社交媒体平台，公益组织得以与更广泛的受众进行互动，提高公益事业的曝光度和影响力。此外，数字技术为公益事业开辟了全新的捐赠渠道和方式。移动支付、电子捐款等数字化支付方式的普及，为公益募捐带来了便利和灵活性。人们可以通过手机、计算机等设备随时随地进行捐赠，极大地促进了公众的参与度和捐赠意愿。特别值得一提的是，数字公益也深度关注城乡融合发展的需求和挑战。通过数字平台和技术手段，公益组织能够更好地关注和支持乡村地区的发展。例如，远程教育平台可以为乡村学校提供优质的师资和教育资源，促进城乡教育均衡发展。同时，数字公益也为乡村地区的医疗服务提供了便利，通过远程医疗和健康监测，弥补了医疗资源的不平衡问题。数字公益通过线上和线下的路径将各方公益力量融合起来，有助于补足乡村教育、医疗、

图9-26 部分数字公益活动

卫生等方面的公共服务短板。这种融合能够克服城乡公共服务交流难题，促进城市优质公共服务资源向乡村流动。总之，数字公益使得公益事业运作得更加高效，能够更好地解决社会问题，创造出更多的社会价值。图9-26展示了部分数字公益活动。

9.8 数字政府

利用数字产业化系统的各类数字智能产品设施、数字技术及互联网平台，政府行政办公、税务办理、海关服务，以及社会保障工作，也不断进行着数字化的改革创新，数字政府也正逐渐发展完善。数字政府是指通过各种数字化信息技术、互联网平台，以及数字化智能设施发展推动政府机构内部及社会外部的连续转型，从而对政府提供公共服务及参与公共事务的能力进行优化。与传统模式相比，数字政府具有以下优势：①公众能更加便捷地获取政务信息；②政府之间活动及政府与企业之间活动的便利和公开；③公众能更广泛地参与公共管理活动。

9.8.1 数字化行政办公

数字治理除了会对企业和个人产生影响外，与政府的日常运作也有着很强的联系。《中华人民共和国国民经济和社会发展第十四个五年规划和2035年远景目标纲要》（简称《"十四五"规划》）明确指出，加快建设数字政府的关键，是以数字化转型带动治理方式变革。对数字产业系统中的各类数字智能设施及数字信息技术加以充分利用，能够提升政府工作的效率与精准度，使得传统的行政办公逐渐向数字化行政办公进行转型升级。数字化行政办公是指各级行政机关应用现代信息技术、网络技术、计算机等进行的内部办公活动。数字化行政办公是构建数字政府的基础，行政办公走向数字化、智能化能够使得数字政府发展更加稳固，具有可持续化的特征。

数字化行政办公的关键是利用数字化信息技术对政府管理模式和流程进行升级改造，使其满足信息时代对政府办公效率的更高需求。通过各类新兴的数字信息技术，政府的治理体系得以完善，治理模式也不断创新，从而不仅有助于提升行政机关的综合治理能力，还对政府的治理模式与思维产生重大影响。数字化行政办公的关键，是将数字化信息技术融入政府的各个工作环节之中，这不是将传统的行政部门、行政业务及操作流程直接原封不动地搬到线上就可以，而是要将原有的行政办公模式与数字技术及网络进行有机结合。数字化行政办公要求对传统的行政流程进行高效的优化、重组及整合，以个人充电桩报装为例，图9-27展示了线上个人充电桩报装业务办理[275]。

　　《"十四五"规划》提出,"将数字技术广泛应用于政府管理服务,推动政府治理流程再造和模式优化,不断提高决策科学性和服务效率"。政府可以通过信息数字技术,实现流程再造的基本路径,也就是政府行政办公的数字化过程通过数字化的表征来实现。数字表征是指利用计算机对现实的物理实体进行数字化的表述。将现实行为的"信号"通过数字化手段,转化为可解释的客观标准,用于对行政活动的治理过程进行发现、解释或预测。这种数字化转换处理利用可量化的数据指标进行转换,对状态、属性和内在机制进行数字化转换处理[275]。

图9-27　线上个人充电桩报装业务办理

9.8.2　互联网税务办理

　　税收是国家财政收入极为重要的一个部分,为社会的发展提供了重要财力保证。税收也是社会运作中必不可少的一个部分,不管是个人还是企业都需要进行纳税,政府利用税收来建设各类基础设施及更好地为人民提供服务。随着经济的不断发展,政府功能不断增多,人民群众的各种需求也在不断扩大,这就需要政府设计出更加专业、全面、完善的管理机制来保障社会的高效运作。

税务在社会上涉及的人员数量极其庞大，业务内容繁多，工作量极大，因此，税务办理服务的效率不仅会影响纳税人的服务体验，而且是对政府业务能力的一个重要考验，因此提高群众的纳税效率，提升群众的纳税满意度是政府建设中的关键任务之一。随着数字产业系统的高速发展，驱动政府运作向着数字政府进行转型升级，各类数字智能产品设施及信息数字技术也融入税务办理业务之中，使得互联网税务办理不断发展完善。互联网税务办理是指税务部门通过互联网平台提供的税收缴纳服务和管理活动。互联网税务办理的主要功能及优势如图9-28所示。

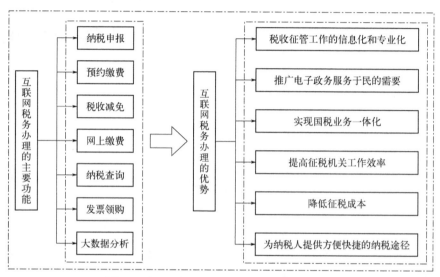

图9-28　互联网税务办理的主要功能及优势

　　互联网平台及计算机信息数字技术的发展对政府的税收管理制度产生了革命性的影响，为纳税机关的日常运作和发展提供了积极的驱动作用。利用互联网和计算机技术进行信息的传递及存储能够取代大量的纸质报表、报告及各类申请书，从而提高了纳税机关人员财务工作的办公效率和纳税人的服务体验，还可以为纳税机关节约大量的人力、物力和财力。同时，互联网税务办理还具有数据信息保持时间长、信息可追溯、安全性高等特点。互联网税务办理平台能够实现税务查询、登记及纳税申报等各项工作，还有助于节约纳税人的业务办理时间和有效避免因纳税人不主动申报而造成的偷税漏税的情况。除此之外，互联网税务办理通过对税务信息进行采集和整合，能够帮助纳税机关和其他相关政府部门加强对企业纳税的监管。同样，纳税人也可以通过互联网税务办理对纳税机关进行监督。图9-29展示了个人所得税APP主页及可线上办理的业务和提供的相关服务。

个人所得税APP主页　　　　办税内容　　　　服务内容

图9-29　个人所得税APP页面展示

9.8.3　互联网海关服务

在数字化政府的建设过程中，将互联网平台及计算机信息数字化技术运用在海关服务中也是不可或缺的一个部分。随着全球经济的高速发展，不同国家与地区之间的联系越来越密切，贸易往来也越来越频繁，海关服务成为政府的一项重要任务。通过互联网平台、数字化智能产品设施及数字化信息技术，传统海关服务能够进行数字化升级，转变成为互联网海关服务。互联网海关服务是指海关通过互联网进行的通关管理、关税征收等活动。与传统的海关服务相比，互联网海关服务最大的特点就是业务线上办理，这有效地解决了企业和群众跑路多、办事难的问题。互联网海关涉及运输工具、货物通关、物品通关、跨境电商、关税业务、保税业务、企业管理、企业稽查、行政审批、知识产权十大领域，支持绝大多数的货物通关、物品通关和跨境电商、远程磋商及保税业务在线办理。互联网海关服务的八项主要业务内容如图9-30所示。

通过互联网海关服务，企业和个人可以通过数字化智能设备在线上轻松完成缴费。企业和个人自行录入购买物品的信息，系统就可以自动计算出税款，同时在线上完成缴费，有效地节约了线下的等待与办理时间。除了电子缴费外，互联网海关服务还提供了信息全程查询的服务，有效地实现了邮递物品全种类、全流程、无时空限制"线上"通关。数字产业化系统的蓬勃发展，带动了产业数字生态的转型升级。海关服务通过互联网平台和数字信息化计算，将

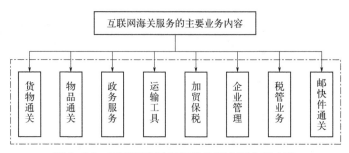

图9-30　互联网海关服务的八项主要业务内容

许多业务从线下转移到线上，提高了海关服务的效率，给群众提供了更好的数字化服务。在互联网海关服务中，企业和个人还可以查阅到不同业务的办事指南，使得办事更加精准、明确和高效，同时使得海关服务更加规范化。对进出口企业而言，互联网海关服务不仅可以为其提供最新的政策动态，还能够帮助查询到最新的产品通关状态、进出口税则等。互联网海关服务是传统海关服务的数字化升级，通过互联网平台实现数字赋能，大幅度提高了服务质量，以及使得整个数字政府系统的运作更加高效。图9-31和图9-32展示了企业与个人可自行操作的互联网海关服务。

图9-31　企业互联网海关服务页面

9.8.4　互联网社会保障

社会保障一直是重要的社会民生问题，关系着群众的生活满意度，也是一个国家与地区发展程度的重要体现。社会保障是政府系统中极为重要的一部分，与群众生活有着直接且密切的联系。因此，政府在进行数字化转型升级

图9-32 个人互联网海关服务页面

时，社会保障这个重要的子系统也必须要紧跟其发展步伐，充分运用数字化信息技术、互联网平台及数字化智能产品设施来进行日常工作的运行。互联网社会保障是通过互联网技术和在线平台，为社会提供更便捷、高效和普惠的社会保障服务，包括基本保险、补充保险及其他基本保险等。互联网社会保障一共可以分为三个发展层次，分别为建设多渠道服务、从社会借力和向社会赋能，具体如表9-7所示[276]。

表9-7 互联网社会保障发展层次

发展层次	具体说明
建设多渠道服务	业务上网，建设多渠道服务模式 通过互联网技术和在线平台提供便捷多样的社会保障服务
从社会借力	吸纳社会各方力量的参与和贡献 扩大社会保障的覆盖面和影响力
向社会赋能	将政府的服务资源（如社保卡）、数据资源与社会融合 产生新的价值，促进社会创新

互联网社会保障工作利用互联网平台和数字化信息技术，具备数据集中、业务协同和服务创新等特点。相比传统社会保障服务，互联网社会保障通过大数据和云计算等先进技术的运用，提高了运作效率，丰富了服务内容，更有效地支持政府工作推进。举例来说，在公共就业方面，政府可以依靠互联网社会保障平台推动人才服务信息和大众就业的实施，建立统一的线上入口，包括就业指导、职业培训和远程招聘等。互联网社会保障还通过统一管理信息资源打破了不同政府部门间信息不对称的障碍。统一的信息资源管理有效解决了业务分散的问题。例如，互联网社会保障平台通过整合各种保险业务（如五险一金），成功构建了线上申报的"一站式"办理新模式，极大地提升了服务效率，为数字化政府建设注入了新的动力。图9-33展示了电子社保卡小程序提供的部分服务。

(a) 就业创业服务　　　　　(b) 社会保障服务　　　　　(c) 人才人事服务

图9-33　电子社保卡小程序提供的部分服务

总体来说，利用互联网平台和数字化信息技术，互联网社会保障工作拥有数据集中、业务协同和服务创新等特点。互联网社会保障在提高运作效率、丰富服务内容方面比传统方式更有优势，能够有效地协助政府推进工作。

第 4 篇

技 术 篇

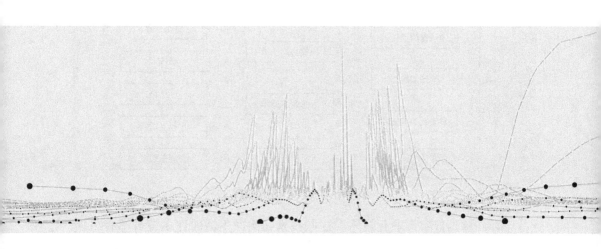

技术是构建数据生态系统的硬条件，数据生态产品与服务都离不开数据技术的支撑。无论是政府还是企业，要想实现数据共享及数据交易，都需要通过技术手段来建立数据库和进行数据管理工作。只有掌握了充足的技术，才能够搭建数据生态系统，因此可以说技术是决定数据生态系统好坏的关键，是运用数据进行各项工作的基石。

在前3篇（数据篇、治理篇、系统篇），已经形成了数据生态系统的基本框架。在此基础上，第4篇（技术篇）介绍了各种数据治理技术及数据产业化技术，如图10-0所示，这些技术手段使得构建的框架得以真正的实现。本篇主要分为3章，第10章是数据治理技术体系，整个体系主要包括元数据治理技术、主数据治理技术、大数据治理技术、混合云架构技术，以及微服务架构技术。

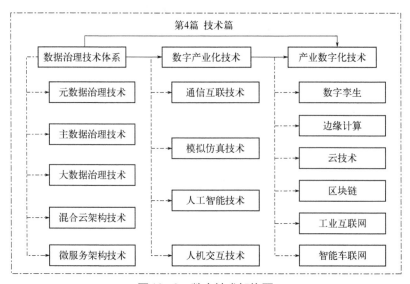

图10-0　数字技术架构图

第11章是数字产业化技术，这些技术在生产生活的许多领域都有出现，正逐渐推动着社会的数字化转型。通信互联技术的进步将促进全世界信息交流和连接的便捷性，模拟仿真技术可以在虚拟环境中进行实验和模拟，人工智能技术在各个领域展现出巨大的潜力，而人机交互技术则致力于改进人与计算机的互动方式。这些技术的不断发展将推动数字化产业的创新和发展，带来更加高效、智能和便利的解决方案。

第12章是产业数字化技术，是当前全世界产业转型与升级的关键驱动力之一。包括数字孪生技术、边缘计算、云技术、区块链、工业互联网及智能车联网几个部分。这些技术的应用将帮助各个行业实现数字化转型，提高生产效率和质量，降低成本，推动产业发展的智能化和可持续发展。

第 10 章

数据治理技术体系

随着数字化时代的来临，数据逐渐演变为企业宝贵的战略资源，在社会生产生活中发挥着极大的影响作用。然而并非所有数据资源对企业都是有价值的，只有在海量数据中找到真正有效的数据并对此进行正确的利用，才能够使其发挥作用并且创造出价值。因此在大数据时代，如何高效地获取数据、管理数据、利用数据，找出有价值的数据并加以利用成为了一项关键技术。数据治理技术就是帮助企业有效对数据进行处理利用，保证数据资源能够发挥出最大效用。为了使数据资源转化成为战略资产，企业必须进行有效的数据治理，以及建立统一共享的数据平台，从而形成一个完整的数据治理技术体系[277]。

10.1 元数据治理技术

在第 1 章中，按照属性的差异性对数据进行了分类处理，将元数据归类为本质上是描述数据的数据。元数据发挥着目录和索引的作用，进行着数据的识别工作，能够跟踪数据在使用过程中发生的变化，从而对大量基于信息的数据进行有效的管理工作。企业在进行生产加工及提供服务的过程中收集和产生的各类业务数据都为元数据，包括服务对象的数据、产品加工的数据、业务经营的数据等。元数据能够帮助数据专业人员和决策者更加有效地使用数据，支持数据驱动的决策和业务活动。

10.1.1 元数据标准体系

数据标准化能够有效地推动数据进行跨部门、跨区域、跨系统的互联互通，显著提升数据开放、共享和流通的效率。元数据标准体系的建立能够帮助企业更方便快捷地对数据进行管理和使用。标准化的建立，一般由行业的领头企业进行，或者是国家地区来进行规定。但由于元数据标准化体系的建立具有极高的复杂性，因此，目前还不存在一个统一的元数据标准体系。

目前，最广泛的元数据标准化指南是《元数据标准化基本原则和方法》[278]。该指南将元数据共享框架定义为元数据的一个子集。由于元数据充当着数据索引的作用，因此根据《元数据标准化基本原则和方法》，可以使用三种不同的表达方式来描述元数据标准化，其中"标识信息"指的是各领域元数据标准必须包含的内容，其他信息指的是可选择的内容。此外，还规定了不同专业领域的元数据标准如何在基础框架中加入"新建的元数据子集"。三种方式分别为"摘要表示""UML图"及"数据字典"。不同元数据标准表示方式及与元数据的关系如表10-1所示。

表10-1 不同元数据标准表示方式及与元数据的关系

元数据标准方式名称	与元数据的关系
摘要表示	反映元数据的具体组成
UML图	反映元数据间的关系
数据字典	用表格形式呈现元数据的具体属性信息

"摘要表示"能够非常清楚明了地表达出元数据的具体组成。"UML图"表示方法与"元数据信息"是相互对应的，在UML图中，"属性"相当于是"元数据元素"，代表的是元数据的基本组成单位；用以表示具有相同数据特征的元数据元素的"元数据实体"在"UML术语"中指的是"类"，而"元数据子集"指的是相互关联的元数据实体，在"UML术语"中对应的则是"包"。在"数据字典"的表示方法中，主要包括七类属性信息，分别为"中文名称""英文名称""短名""约束条件""最大出现次数""数据类型"和"域"。

除《元数据标准化基本原则和方法》之外，《DC都柏林核心元数据集合》[279]也常常作为元数据的标准。DC元数据主要适用于电子文档的描述，不针对于某个或者某些专业领域，因此有较好的通用性。而且DC元数据较为简单且通用性强，因此DC元数据集合中的元素可以给各个领域的元数据标准提供借鉴。《DC都柏林核心元数据集合》包含的15个元素如表10-2所示。

表10-2 《DC都柏林核心元数据集合》包含的15个元素

编号	元素名称	编号	元素名称
1	标题	9	格式
2	创建者	10	标识符
3	主题	11	语言
4	描述	12	来源信息
5	出版者	13	关联
6	贡献人	14	覆盖范围
7	日期	15	权限
8	类型		

《元数据标准化基本原则和方法》和《DC都柏林核心元数据集合》都属于通用元数据标准，适用范围比较广，但是专业性较弱。下面以《地理信息元数据标准》为例介绍元数据标准体系在某特定领域的运用情况[280-282]。

《地理信息元数据标准》专门针对于涉及地理信息数据的管理与存储工作。参考遵照《元数据标准化基本原则和方法》的共享框架设计结构，《地理信息元数据标准》的内容主要包括"标识信息""内容信息""分发信息""元数据扩展信息"和"参照系信息"。与《元数据标准化基本原则和方法》的规定相同，其中"标识信息"代表"必须包含"的信息，而"可选择包含"的信息则表示其他信息。从表现形式来看，它的元数据标准使用"UML图"来描述信息之间的关系，并使用"数据字典"来详细描述每个元数据元素。

10.1.2　元数据质量保障

要想使得元数据在数据治理系统中充分发挥其作用，必须对元数据的质量进行保障。元数据标准体系是元数据质量保障的重要组成部分，在对元数据标准有了一定的了解之后，将会介绍元数据质量保障相关内容。

数据质量是描述数据价值及其有效性的重要指标，是保证数据有效运用的基础条件。元数据作为数据的"说明书"，在整个数据治理体系中发挥着十分重要的作用，只有保障了元数据的质量，才能有效对系统中的数据资源加以利用。为了保障元数据的质量，就必须要对元数据各项元素进行一系列管理工作。要想设计出合理且完整的元数据质量保障机制，就需要从数据监管的角度出发，充分考虑到数据在运用过程中出现的问题，以及使用后的评价反馈。本书的元数据监管机制主要包括以下四个方面。

① 数据采集和录入。为了确保元数据的准确性，可以在数据采集和录入阶段引入验证机制。这包括对采集的元数据进行格式检查、数据范围校验、合法性验证等，以确保数据的正确性。例如，可以验证元数据的数据类型、长度、范围和关联关系等，避免错误数据的录入和传播。

② 数据清洗和校准。数据常常存在杂乱、重复、不完整等问题，这会导致元数据的质量下降。因此，对于已存在的元数据，需要进行数据清洗和校准。这包括识别和移除重复数据、修正错误、填充缺失的数据等。通过数据清洗和校准，可以提高元数据的准确性和一致性。

③ 数据质量评估和度量。对元数据进行定期的数据质量评估和度量是为了确保其质量达到预期标准。可以通过指标和方法来评估元数据的质量，例如完整性、一致性、准确性、时效性等。评估结果可帮助组织了解元数据质量的状况，并采取相应的措施进行改进。

④ 建立数据质量管理体系。为了确保持续的元数据质量保障，可以建立一个完整的数据质量管理体系。这包括制定相关的策略和流程，明确质量保障的责任和角色，并通过建立数据质量管理体系进行适当的监督和反馈，可以提高元数据质量的监控和治理能力。

元数据监管机制如图10-1所示。

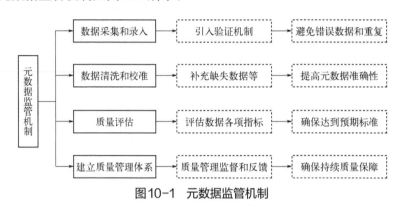

图10-1 元数据监管机制

除了元数据监管机制之外，技术应用机制在元数据质量保障中也发挥着极其重要的作用。在采集和录入数据的过程中，为了确保元数据的准确性，可以在数据采集和录入阶段引入验证机制。这包括对采集的元数据进行格式检查、数据范围校验、合法性验证等。例如，可以验证元数据的数据类型、长度、范围和关联关系等，避免错误数据的录入和传播。元数据质量在创建、采集和存储阶段不仅受到元数据本身的影响，也受到信息系统相关技术的影响。在数据的信息系统中技术应用机制主要会在数据创建、接入、提取、转换、使用及保护的过程中对元数据质量产生影响，由于各项应用技术可能会出现异常或者缺陷，因此可能会造成元数据在接入、提取、转换及使用的过程中质量产生损害。因此，从数据库技术的角度来看，增强数据质量检测识别的技术水平，也能够有效地保障元数据质量。通过有效方法，对元数据的质量进行保证，能够使得企业更好地进行数据治理，用数据资源创造更大的价值。

10.1.3 元数据安全管理

数据安全涉及数据的保密性、完整性及可用性，以防止未经授权的访问、篡改或丢失。数据保密性是指数据在使用过程中只有经过授权访问的人才可以查看使用，数据不会发生泄露；数据完整性是指数据在存储和使用过程中不会被修改或删除，保证数据的完整可靠；数据的可用性是指数据可持续被使用，不受恶意攻击或者网络堵塞所影响。要想实现数据安全综合治理，就必须要通过数据管理来完成，构建基于元数据的安全综合治理体系需要最终落地于元数据管理，元数据安全管理在数据治理中发挥着不可取代的作用。元数据安全管理是以采集数据，安全综合治理相关的组织、技术、制度、人员、数据生命周期元数据，将数据统一收集到元数据安全管理平台进行管理，并对元数据进行分类、标准化处理，以及建立安全目录等为目标[283]。

元数据安全管理的作用是有效防止元数据信息遭到泄露、修改、破坏及滥用，进而保证元数据信息的安全性及可靠性[284, 285]。元数据安全管理可以从以下几个方面进行。

① 访问控制和权限管理。为了保护元数据的机密性和防止未经授权的访问，可以采用访问控制和权限管理机制。这包括分配和管理用户的访问权限、实施身份验证和授权控制，并记录和监控用户的操作行为。通过严格的访问控制和权限管理，可以确保只有合法的用户能够访问和修改元数据。

② 数据加密和脱敏。为了确保在传输和存储过程中元数据的机密性，可以使用数据加密和脱敏技术。数据加密可以将元数据转化为密文，只有具备相应解密密钥的用户才能解密和使用数据。而脱敏则可以遮蔽敏感信息，以保护用户隐私。通过对元数据采用加密和脱敏技术，可以有效防止数据泄露和未授权访问。

③ 定期备份和恢复，以确保数据的可用性和完整性。需要定期进行数据备份，并建立相应的恢复机制。备份可以为在元数据丢失、损坏或被篡改时提供恢复的手段，保证元数据能够及时恢复到合适的状态。同时，需要测试和验证备份及恢复的过程，以确保其可靠性和及时性。

④ 数据安全审计和监控。数据安全审计是指对元数据的安全性进行评估、监控和记录的过程。通过安全审计，可以检查元数据的访问活动、变更记录和异常行为，以确保元数据的机密性、完整性和可用性。通过数据安全审计和监控，可以对元数据的安全性进行持续的监控和评估。安全审计记录关键事件的日志和操作记录，以便对安全事件进行追踪和调查。而安全监控可以实时监测元数据的访问情况、异常行为和潜在威胁，并及时采取相应的应对措施。这样可以确保元数据安全管理措施的有效性和及时性。

元数据安全管理的关键就是基于元数据识别和定义出敏感数据，并对此实施一定的安全保护策略，防止数据泄露等情况的发生。以元数据在银行的安全管理为例：银行在进行数据治理的过程中，将顾客的身份证号、手机号及账户金额等隐私信息定义为敏感数据，并且进行元数据标识，在之后的使用中根据元数据敏感信息标识进行数据脱敏后，才能够对用户数据进行下一步的处理。元数据安全管理需要在元数据全生命周期中进行，积极主动对其进行持续监管，保障数据的安全性。

10.1.4 元数据治理案例

在上一小节中，以银行为例介绍了元数据安全管理的相关内容，本小节以某商业银行（以下简称A银行）为案例，对元数据治理的实际运用进行具体的说明。由于A银行数据治理还不够先进，因此在信息化建设方面，它采用了先建设后治理的方案，这种方案是大多数传统企业所采用的，较为简单。但是普遍存在着每个信息化子系统相互独立，彼此间没有太大的联系，从而常常导致各板块间业务交叉、功能重复、数据冗余、数据割裂、数据不共享、数据格式标准不统一、数据储存分散，以及数据挖掘能力不强等情况。以上这些问题都会导致A银行数据管理质量十分低下，进而直接严重影响到A银行的业务处理及管理决策的能力。2012年前后，大数据的蓬勃发展使得传统商业银行面临着极大的市场挑战：以百度公司、阿里巴巴集团、腾讯公司为首的互联网企业及科技金融公司凭借其先进的大数据技术，开始抢占商业银行的业务。因此，A银行如果不进行有效的数据治理，提升其市场竞争力，就很有可能被市场所淘汰。A银行意识到元数据治理在整个数据生态治理系统中充当着重要的角色，基于此，A银行构建了以元数据为基础的数据治理架构，如图10-2所示。

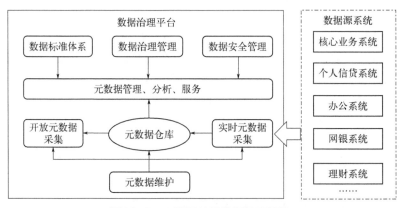

图10-2　A银行的元数据治理架构

A银行建立的元数据治理架构，整合处理银行内部的各种数据资源，以元数据为基础，形成数据资产的统一清单，在不同部门之间实现数据的整合和共享。A银行资料来源广泛，而且数据量十分大，数据类型也较为复杂，这就要求A银行的数据治理系统有很强的元数据采集能力。元数据的主要来源可分为两个部分：一是来源于银行的各个业务系统，如个人信贷系统、网银系统等，这些系统在运行时会产生许多结构化的数据，这部分数据可作为实时元数据进行采集，用于实时监测元数据的变化；二是来源于A银行的元数据仓库，元数据仓库中储存着大量半结构化或者非结构化的数据，这些数据则作为开放元数据采集。采集到的各种元数据成为元数据分析的重要依据，并且为元数据服务提供支撑。

元数据治理架构同时还能够帮助A银行解决数据质量的问题，实现全生命周期的质量保障及数据的安全管理。以元数据管理为基础，A银行对数据资产进行了有效的质量保障及安全管理，基于元数据实现了数据在采集、处理、储存及使用全生命周期的高效管理，解决了数据冗余、数据割裂、数据不能共享、数据格式标准不统一、数据储存分散等一系列的数据管理问题，实现了数据服务的统一标准化，为银行业务发展提供了有效支撑。通过有效的数据治理，A银行对业务进行了优化，不仅能够更好地维护客户关系，还能够提升业务处理效率，以此增加收益，用数据治理技术创造出更多的价值。

10.2　主数据治理技术

主数据是具有共享性的基础数据，被誉为"黄金数据"。它能够在政府或企业内跨部门被重复使用，运用价值极高，是企业进行数据资产管理的关键。作为企业基准数据，主数据来源准确、权威、统一，能够在企业内部的各种信息系统中传输使用，是企业决策分析和执行业务操作的数据标准。主数据的价值不仅体现在主数据本身的价值，还体现在它所带来的影响，例如，辅助企业管理者进行决策。表10-3概括了主数据的特点。

表10-3　主数据的特点

特点	描述
跨系统共享	被多个系统和部门广泛使用，以支持业务流程和决策
长期稳定性	具有长期的稳定性和持久性，通常与业务实体关联，如持续存在的客户和产品
一致性	在组织的不同应用程序和系统中一致地使用及更新
数据血缘性	可以追溯到其来源和与之相关的其他数据

从表10-3中不难看出，主数据治理技术能够帮助企业解决不同信息系统间数据标准不统一的异构问题，有效地保障了数据的一致性、准确性及完整性，使得不同系统间的业务流通合作更加方便和高效。高质量的主数据还能够为管理决策提供一定的帮助。

10.2.1　主数据标准体系

主数据标准体系是指为企业或组织中的主数据建立统一、一致的标准和规范。一个完善的主数据标准体系能够确保不同部门或业务单元之间的主数据具有一致性和可信度，从而促进信息的正确性和决策的准确性。

与元数据治理技术相似，只有对主数据进行标准治理，建立主数据标准体系，企业才能高效利用数据资源。主数据标准治理主要由五个部分组成：规定格式、约定规则、统一来源、规范结构和数据清洗[286]。主数据治理技术应当将主数据全生命周期的管理工作当成核心，贯穿到生命周期的每个阶段，从数据产生一直到数据使用，其过程还包含数据的集成、存储、发布等。在数据产生阶段，应统一规范地管理数据的产生方式；在数据集成阶段，则统一管理集成规范与集成机制等；在数据使用阶段，需对使用职责、使用监督等进行统一管理。基于上述主数据全生命周期每一阶段的管理需求，进行主数据治理时，首先需要设立主数据标准，并以此标准来构建整个主数据管理体系框架，通过完善的管理体系，保障各项数据管理流程能够稳定运作；其次需要对主数据的质量进行保障，建立数据管理平台，以此来保证数据管理工作能够正常运营。表10-4以集团型企业为例，介绍主数据标准治理的五项基本内容。

表10-4　主数据标准治理的五项基本内容

编号	名称	具体内容
1	规定格式	定义主数据的格式和编码规范，包括主数据信息项的名称、长度、类型和分级定义
2	约定规则	确定主数据之间的关系和约束规则，以确保不同主数据之间信息的完整性和一致性
3	统一来源	规定主数据的唯一来源，以确保主数据的准确性和唯一性
4	规范结构	控制主数据的属性和编码构成，以确保数据有效且不冗余
5	数据清洗	根据主数据标准规范，对所有异构系统的存量数据进行数据清洗

基于主数据标准治理的五项基本内容，企业可以从以下几个方面构建主数据标准体系。

① 数据标准定义。明确定义主数据的各个属性和字段，例如客户姓名、地址、电话等。确保所有使用主数据的人都能理解这些术语的含义，并且能够统一地使用它们。

② 数据命名规范。定义主数据的命名约定，包括名称的格式、缩写的使用等。通过规范的命名可以减少混淆和歧义，并提高数据的可读性和可理解性。

③ 数据格式和结构规范。确定主数据的格式和结构，例如日期的表示方式、货币符号的使用等。这样可以确保主数据在不同系统和平台之间的互操作性和一致性。

④ 数据核心价值规范。定义主数据的核心价值和业务规则，例如客户资料必须包含的字段、数据的有效性要求等。这可以帮助用户理解和评估主数据的质量，避免错误或不完整的数据影响业务流程。

⑤ 数据管理权限规范。规定谁有权对主数据进行管理和维护，以及他们的权限和责任范围。这有助于确保数据的安全性和保密性，防止未经授权的人员对主数据进行擅自修改或删除。

通过建立和落实一个完善的主数据标准体系，企业或组织可以有效提高主数据的质量，减少数据冲突和错误，并且增加数据的可信度和可靠性。这将为业务流程和决策提供坚实的基础，提升整体运营效率和业务绩效。值得注意的是，主数据标准体系的建立是一个长期而复杂的过程，需要不断地进行维护和更新。同时，必须与相关的业务部门密切合作，了解其需求和业务规则，以确保标准体系的适应性和可操作性。

10.2.2　主数据质量控制

随着企业规模的扩大和数字化转型的推进，主数据的重要性越来越被关注。主数据的质量直接关系到企业的业务运行、决策准确性和与客户的互动体验。在过去，由于数据来源分散、数据录入不规范等原因，很多企业面临着主数据质量不高、数据不一致，以及错误数据的问题，这导致了信息不准确、决策错误、运营低效等一系列问题。因此，建立主数据质量控制机制迫在眉睫，以确保主数据的高质量和可信度。

如图10-3所示，主数据质量控制的第一步就是对主数据的质量进行一个合理的评估。要进行主数据质量的评估工作，首先需要对数据质量的检查规则有一个清晰的界定，并设计出合理的评估方案。主数据质量评估需要考虑数据的规范性、完整性、一致性、精确性、来源的唯一性等，并且依据这些维度制定出一套评估方案，再按照制定的评估方案展开数据质量评估检测工作。在完成了主数据的质量评估工作之后，第二步就需要对主数据进行分析。主数据的分析是为了找出影响主数据质量的因素，例如技术的先进性不足、流程标准化缺失，以及数据管理工作不严谨等。分析工作除了找出影响主数据质量的因素外，还需要区分出这些因素对质量的影响程度各自为多少，并以此提出相对应的处理方法，制定控制主数据质量的管理方案。主数据质量管理控制，除了进行评估和分析之外，还需要实施质量管理方案，实施方案主要可分为三个部分。首先，要解决主数据质量问题，需要先构建并维护质量管理计划。其次，对管理流程进行优化，以防止管理不足导致主数据质量问题。最后，对主数据本身和管理实施行为进行监控，以确保数据管理计划的有效实施。

主数据的质量控制是一个持续改进的过程。通过持续监测和度量数据质量，识别和解决潜在的质量问题，并进行相应的调整和改进。持续改进可以帮助组织不断提高主数据的质量和可信度。通过主数据质量控制，组织可以确保主数据的准确性、完整性和一致性，提供高质量的主数据支持，并促进数据驱动的决策和业务创新。

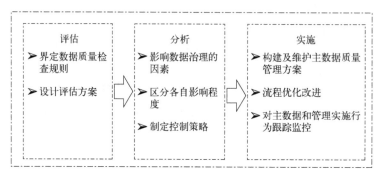

图10-3　主数据质量控制流程

10.2.3　主数据管理平台

主数据管理平台包括两个板块的内容，分别为主数据管理系统和企业服务总线。两个板块有着各自的功能与任务，从技术角度来看，主数据管理系统主要负责完成主数据梳理与识别、主数据分类与编码、主数据清洗，以及主数据集成等主数据全生命周期的数据管理工作；服务总线的职责是与异构的各业务系统进行对接，完成数据在整个系统间的流通，确保各业务系统能够进行协作，没有数据使用上的障碍。

主数据管理系统通常由多个模块组成，每个模块负责不同的功能和任务。主数据管理系统中常见的模块有：①数据管理模块，其中包含了数据采集、数据整合、数据清洗、数据规范化；②数据存储模块，其中包含了主数据存储（提供一个中央数据库或数据仓库，用于存储和管理主数据）、数据模型定义、数据版本管理（跟踪和管理主数据的不同版本和变更历史，以及相关的审批和验证流程）；③质量管理模块，其中包含了数据质量评估、数据质量规则定义、数据质量度量和报告；④数据访问和权限管理模块，其中包含了用户访问控制、数据安全性控制；⑤数据血缘性追踪模块，其中包含了数据来源追溯、数据变更历史；⑥数据集成与交换模块，其中包含了数据集成接口、数据同步和共享。图10-4更加直观地展示了这些模块。这些模块共同构成了主数据管理系统，通过协同工作来实现对主数据的集中管理、控制和质量保证。具体的主数据管理系统可以根据组织的需求和实施情况进行定制与配置。

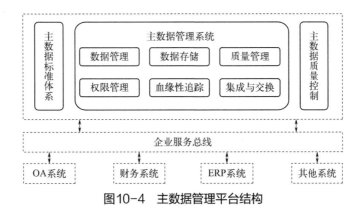

图10-4　主数据管理平台结构

　　企业服务总线是主数据管理平台与其他应用和系统之间进行数据交换和集成的关键组件。它提供标准化的数据交换和集成接口，促进不同系统之间的数据流动和共享。主要作用是数据集成和交换，即用于与其他系统和应用程序进行数据集成和交换。通过定义和实施统一的数据交换方案，可以实现不同系统之间的数据流动。企业服务总线板块作为一个中间件，能够实现多个系统和应用之间的整合和协同工作。通过连接和集成不同的系统，可以实现主数据管理系统与其他系统之间的数据共享和扩展。它提供了一个统一的接口和通信通道，支持不同系统之间的数据服务和功能集成。

10.2.4　主数据治理案例

　　本小节以某工业制造公司（以下简称B公司）作为案例来分析主数据治理。作为传统制造企业，B公司与大多数公司一样一直追求着"降本、提质、增利"。随着B公司业务的不断发展，公司规模逐渐壮大，部门也越来越多。随着业务的增加，业务的类型和要求也越来越复杂，这要求各部门之间要有更加密切的合作交流，共同协作完成项目。虽然各板块间的联系越来越密切，但是B公司的信息化系统是相对独立的，这导致信息数据在系统间没能够建立太多的联系，各业务部门间相互割裂，协作起来十分不方便。由于核心主数据不一致、不标准、不完整等问题，部门间很难进行协同工作，常常会出现编码不一致而造成沟通不畅等问题。针对这一现象，B公司希望建立统一的主数据标准，对主数据进行清洗和转换，进而实现各系统主数据间的统一规范。

　　B公司的主数据治理主要有以下几个方面。首先是建立统一的元数据标准，先梳理出企业生产运营过程中产生的各类数据资源（人员、机器、原材料、部分供应商及客户），并且识别出关键主数据。然后对每一类主数据从来源、分类、编码、主数据质量规则等方面进行标准化定义。B公司在建立主数据管理平台后，可以进行主数据的清洗及主数据集成。与传统的线下数据清洗方式相比，主数据管理系统的数据清洗效率高很多，因为它提供了清洗规则、数据查重与合并、数据清洗等功能。图10-5给出了B公司可采用的主数据治理结构。

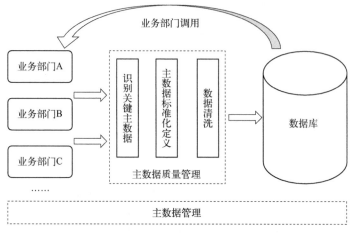

图10-5　B公司可以采用的主数据治理结构

通过主数据治理技术，B公司实现了主数据的标准化管理，有效提高了数据质量，进而建立了主数据管理平台。主数据管理平台的建立解决了不同系统信息不一致、不完整、不协调等问题，保障了B公司中不同系统能够协同运作，也为企业的管理决策提供了帮助。B公司建立完善的主数据标准体系，能够确保不同部门之间的主数据具有一致性，从而促进信息能够在公司各部门间有效传递，便于部门间合作。综上所述，通过建立完善的主数据标准体系，B公司能够实现不同部门之间的主数据协同和信息共享，提高企业的数据质量和运营效率，使得企业内部各部门的数据始终保持一致性和准确性，从而为企业决策提供更为可靠的数据支撑。

10.3　大数据治理技术

大数据（big data）是指在一定的时间范围内无法用常规软件工具进行获取、管理及处理的数据集合。常规处理模式并不适用于大数据，因为它们具有高度多样性、高增长率和决策发现力，以及流程优化能力[287]。由于大数据具有数据量极其庞大、数据形式繁多、数据价值密度低等特点，大数据就如同双刃剑一般，对其合理地加以利用能够为企业增添价值，如果企业的数据治理能力不足，则大数据不仅不能为企业带来价值，还会消耗大量的人力和物力，为企业带来负担[288]。大数据治理技术主要可分为元数据管理、数据标准化、数据资产化及大数据监控四个方面。

10.3.1　元数据管理

大数据时代，数据的来源广泛、形式多样、数量庞大，对这些数据进行有效的利用能够提高企业的运行效率。元数据管理在大数据治理技术中发挥着重要的作用。元数据管理集合涵盖了定义、获取、管理和发布元数据的方法、工具、流程等内容。它以元数据的规范和指引为基础，以技术支持为元数据管理工具，将应用系统的开发、设计和版本控制流程的完整系统紧密结合在一起。企业在进行元数据管理的时候，要从自身的情况出发。

基于大数据平台，元数据管理能够帮助企业对其管理和运营过程中产生的及互联网上查找到的各项元数据信息进行统一集中的采集与处理，将结构化及非结构化的关键信息抽取出来后统一地存储在元数据仓库中[289]。数据使用者能够在元数据仓库中清晰直观地看到企业所包含的所有数据信息，以及了解到这些数据存放于何处。简而言之，元数据管理是指通过使用内容标识将原始数据进行内容对象化，以满足不同的访问要求。通过进行元数据管理，企业能够实现大数据的企业级、标准化、自动化的管理，更加注重数据系统的简单易用性、更加清楚数据的流向，以及更好地进行影响分析、血缘分析等。元数据管理在大数据治理中具有重要的企业价值，例如，数据可理解性和可信度提升，元数据管理使企业能够对数据进行更好的理解。它提供了关于数据的详细描述和上下文信息，包括数据的定义、结构、来源、用途等，这有助于管理者和用户对数据的理解和解释，提高对数据的信任度和可靠性。通过元数据管理，企业能够更好地了解和评估其数据资产的价值。它提供了数据的业务价值、关联价值和潜在价值等信息，这使企业能够更好地利用数据，在业务决策、创新和发展中发挥数据资产的最大潜力。

在使用元数据管理工具时，企业应该强化元数据抽取、版本管理和访问控制管理等功能，同时提高元数据管理的智能化[290]。元数据管理一般可以分为三个阶段：原始阶段、集中阶段和有序阶段，各阶段的具体表现形式如图10-6所示。

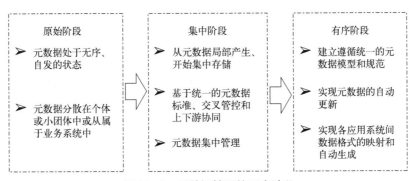

图10-6　元数据管理的三个阶段

10.3.2　数据标准化

　　企业想要对大数据加以利用，必须使得数据在不同部门间有统一的标准，使得数据的跨部门流通没有障碍，因此，要对数据进行标准化处理。数据标准化是大数据治理的重要前提，想要对大数据进行系统化、理论化的分析就必须做好数据标准化的工作。通过制定和应用数据标准化规范，可以消除数据的冗余和不一致性，提升数据的可靠性和多次利用性[291]。在大数据环境下，数据标准化还需考虑多样性和复杂性。由于大数据涉及多源、多格式和多种结构的数据，因此需要灵活的数据标准化方法和工具。例如，使用数据转换技术将非结构化或半结构化数据转化为结构化数据，使用数据映射和数据格式转换工具实现数据互操作。数据标准化有助于提高数据的整合能力和互操作性，降低数据的处理成本和风险，并促进数据之间的交流和共享，同时也有助于提高数据的整合能力和互操作性，降低数据的处理成本和风险，并促进数据之间的交流和共享。

　　目前，对大数据进行数据清洗及标准化处理的主要方法有三种，分别为：Z-score标准化、按小数定标标准化和最大-最小标准化。Z-score标准化是指根据数据的平均值和标准差进行标准化处理。结果符合标准正态分布，均值为0，方差为1。按小数定标标准化是指将所有数据除以一个固定的数，通常选择最大值，使得数据缩放到[0, 1]内。最大-最小标准化是指将数据线性映射缩放到[0, 1]的范围内，通过减去最小值，再除以最大值减去最小值的差。表10-5给出了这三种方法的优缺点。

表10-5　数据标准化处理的三种方法对比

方法	优点	缺点
Z-score标准化	适用于高度偏斜的数据，保留了数据分布的相对顺序	对于缺乏离群值的数据，可能过度压缩数据范围
按小数定标标准化	易于理解和计算，保留了数据相对大小的关系	对于具有较大极差的数据，可能损失数据的差异性
最大-最小标准化	易理解和计算，保持了数据的顺序和分布形状	对于缺乏离群值的数据，可能不够灵敏

　　数据标准化的主要作用是识别出存在问题的数据，并对重复的数据进行重复删除，对缺失的数据进行补齐，以及处理异常的数据等。在对大数据进行清理和标准化后，能够形成运用于不同维度的各项数据服务，例如，解决不同系统间核心数据存在差异性的主数据及数据字典，进行数据挖掘分析的指标数据，按照业务板块组织数据的不同而形成特定主题数据服务的主题数据技术等。数据标准化是数据治理的基础，能够有效地解决数据的非结构化问题。由于大数据具有来源广、结构多样化的特点，所以企业必须通过数据标准化来有

效地利用数据资源。标准化能够对非结构化的数据进行处理，之后将其统一规范地存储于数据库之中，同时有效提升了数据的质量，因为在标准化过程中能够识别出那些重复、异常或者是无效的数据信息并对其加以处理。同时，标准化还能够解决数据安全性问题，对私密数据信息进行标准化加密，能有效地防止数据发生泄露或者是被随意篡改。可以说，数据标准化是大数据治理离不开的重要组成部分。

10.3.3 数据资产化

数据资产化是指将数据视为有价值的企业资产，并通过有效管理和利用数据来实现商业目标。数据资产化的关键是充分了解和评估数据的价值和潜力。要想对大数据加以运用并转化为数据资产，还需要对其进行加工处理[292]。数据资产化是指按照企业的业务规则对收集到的所有信息数据进行分类和标签化处理，从而形成企业的数据资产目录。在对数据信息进行数据编码的过程中，需要按照一定的规则对信息进行分类及聚类处理，使得数据分类清晰明了，同时建立不同数据间的联系。

数据资产实际上是指具有价值、可计量、可读取和拥有数据所有权（勘探权、使用权、所有权）这四大特征的网络数据集。企业需要满足以下四个必备条件，才能将这些数据集转换成自己的数据资产：

① 数据集的数据权属归属于该企业；

② 数据集是能够创造价值的；

③ 该数据集所花费的成本，创造的价值，以及企业利用该数据集的收益是可计量的；

④ 资料集可由计算机识别、处理及储存。

数据拥有者权益受损的事件屡见不鲜，因为数据复制成本低，数据很容易被复制和传播。因此，需要明确界定数据权属。数据权的问题将在法制篇中进行详细讨论。

数据资产化有利于加强企业对数据的资源化管理，提升管理和决策的科学性。在互联网时代，大数据资源已经成为各个企业不可或缺的战略资源，它能够帮助企业对市场环境、顾客需求等进行深入的分析研究，从而使得企业的战略发展得到有力支持。企业的资源早已不再局限于原材料、加工设备等实体物质，大数据资源正逐渐发展成为企业抢占未来市场高地的决定性因素。大数据已然成为一种资源、一种财富、一种可被衡量和计算的价值。数据资产化正是在帮助企业将大数据转变为战略资源。总体来说，数据资产具有经济价值、可变性、潜在性、强制性、可复用性和可持续性等特点。企业通过有效的数据管理和利用，能够最大限度地发挥数据资产的价值，为企业的决策和业务发展提供支持，并帮助企业提高竞争力和创新能力。

10.3.4 大数据监控

企业在利用大数据进行管理和运营时，数据的管理和维护工作需要投入极大的工作量。大数据监控作为一种关键的管理手段，使企业能够实时、全面地了解和掌握数据的状况，进而进行有效的管控和优化。利用大数据平台进行大数据监控，能够帮助企业减轻在数据维护过程中的负担，同时有效地保障了数据安全，防止数据泄露等情况的发生。

实施大数据监控，首先需要确立监控目标，清晰地定义所需监控的指标和目标。这一步骤至关重要，因为它为后续的监控设计和实施奠定了基础。这一过程通常通过对业务需求和战略方向进行深入了解来实现。只有在充分理解业务需求的基础上，才能确定关键的指标和目标，这些指标和目标将成为后续监控工作的核心。接下来是数据收集与整合阶段。在这个阶段，需要收集和整合相关的数据源，包括内部系统和外部数据等。这旨在确保数据的准确性和完整性，并为建立全面的数据视图奠定基础。使用ETL工具、数据集成技术及数据湖/数据仓库等方式，可以有效地实现内外部数据的整合，从而为后续的数据处理和分析提供可靠的数据基础[293]。随后是数据处理与分析阶段。在这一阶段，收集到的数据需要进行清洗、转换和分析，以提取有价值的信息。通过应用数据分析和挖掘技术，可以探索数据的关联和趋势，为监控和决策提供支持。这一过程需要结合历史数据和经验，确立监控指标和相应的阈值，以便及时发现异常情况，并根据业务需求设置不同的预警级别，以更好地应对潜在风险[294]。最后是反馈和优化阶段。通过对监控结果进行反馈和深入分析，可以发现问题并寻找改进的机会。通过不断地优化监控系统和流程，提升监控的准确性和效能，从而帮助企业做出更为明智的决策。这种持续的反馈和优化机制，能够使监控系统与业务需求保持同步，并不断适应变化的环境和需求，从而更好地支持企业的发展和决策过程。

企业在利用大数据的过程中，数据量并非是越大越好，海量的无效数据反而可能会给企业造成不必要的负担，因此企业要利用好大数据平台的数据库日志对数据量进行实时的监控，运维人员可以实时查询到数据的存量和增量，当数据量出现异常情况时，及时进行处理[295]。

10.4 混合云架构技术

根据中国信息通信研究院于2018年发布的《中国混合云发展调查报告（2018年）》[296]显示，混合云已经成为企业上云的主旋律。公有云的出现，让企业可以利用公有云的优势，将更多的业务向外投放。公有云在企业业务处理上不仅可以提高效率，还可以减少在IT基础设施上的投入，帮助企业减少信息平台建设与运维成本；对于一些面向内部管理的业务板块，以及一些带有竞争能力的个性化业务，依然留在企业私有云上。企业使用混合云架构，有效地利用了私有云和公有云两者各自的优点，可以有效降低企业运维成本。

10.4.1 数据资源连接

在混合云架构下，企业往往面临来自多个环境的数据资源，如公有云、私有云和本地数据中心等。数据资源连接是实现数据共享和流动的关键步骤。企业将不同业务板块分别放在公有云和私有云上，但在企业运营过程中，不同业务部门间常常会有项目合作，很难独立运作，而且同一数据资源可能会在不同部门间进行利用，因此需要将混合云架构私有云上的数据信息与公有云上的数据信息连接起来，使得数据具有一致性、统一性及协同性等[297]。基于数据治理平台，数据连接器能够将私有云与公有云连接起来。数据连接器使得企业能够连接到公有云SaaS服务，定期将公有云中采集到的数据传输到私有云的数据库中，实现私有云与公有云的连通。不同SaaS服务具有不同的数据架构及连接方式，因此数据连接器具有实现不同系统、不同数据资源库类型的数据连接的功能。同时，数据连接器能够将私有云中的标准数据同步到公有云的SaaS数据库中。表10-6给出了一些常见的混合云架构下数据连接的方案及其描述。

表10-6 一些常见的混合云架构下数据连接的方案及其描述

混合云架构下数据连接的方案	描述
VPN（虚拟专用网）	建立安全的加密通道，连接不同云环境中的数据资源
ESB（企业服务总线）	数据传输和处理流程统一集成在一个中间层上，以实现不同云环境之间的数据交互和互通
API集成	不同云环境中的数据源统一接口，方便数据访问交换
数据中心互联	通过专用线路或云网络连接不同云环境中的数据中心

混合云架构可以提高企业业务管理的适用性和扩展性，但也会带来新的管理问题。企业在使用混合云架构时，一些面向外部的、并发量大的业务是放在公有云上的，而一些面向内部的个性化业务是放在私有云上的，业务的分开放置将会导致数据分散问题的出现，同时在公有云和私有云上可能会出现数据标准不一致的情况，这将会导致数据不能够得到高效的利用。因此企业在使用混合云时应综合考虑其优缺点，找到最合适的使用方式。数据资源连接有效地解决了混合云架构中数据分散的问题，以及公有云和私有云上数据标准不一致的

情况。通过数据连接器，数据使用者在处理面向企业内部的个性化业务比如财务业务时，也能够通过数据连接器找到存在公有云上的数据信息，对此加以利用，便能够达到数据的协同运作。同时数据连接器使得私有云与公有云上的数据有统一的规范，数据能够进行标准化处理，使得数据在企业运营中具有统一性、完整性、一致性及精确性。数据连接器使得企业在使用混合云架构时，不仅能体会到其便利性与优越性，降低IT运维成本，提高数据管理效率，以及保护私有数据的安全，而且能够实现私有云与公有云的连接，避免了混合云架构导致的数据管理难题，使得企业不同部门间的协同效率提高及数据管理效率的增加。

总之，数据资源连接可以实现混合云架构下的数据资源的互联互通，使得组织能够在不同云环境之间灵活地共享、分析和处理数据，从而提高业务的灵活性、可扩展性和效率。

10.4.2 数据融合治理

将公有云中的信息数据采集之后，企业不能直接对其加以运用，还需要将这些数据进行融合治理之后才能使用[298]。数据融合治理就是用以解决私有云与公有云上信息的对应问题。例如，公司私有云的系统中有一个客户"李明"，而公有云的信息系统中存在三个"李明"，所以公有云和私有云上这些"李明"是否为同一个人？或者私有云上的"李明"是否与公有云上的某一个"李明"相对应？这正是数据融合治理技术所要解决的问题。图10-7给出了一个可能的数据融合解决方案。

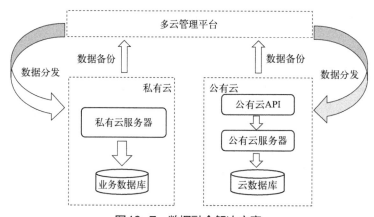

图10-7　数据融合解决方案

数据资源连接技术虽然一定程度上解决了私有云与公有云间数据标准不统一的问题[299]，但是由于不同的公有云服务及不同企业的私有云系统对数据本身就有着不一样的标准，数据结构也存在着差异性，因此想要实现数据融合，首先需要制定一个统一的数据标准来明确数据结构、数据质量的判断规则，以及数据唯一性的判断规则等。有了明确的数据标准化规则后，就需要基于数据资源池实现数据的标准化（数据项处理、数据关系映射等），从而可以实现公有云数据与企业私有云上数据的融合。数据标准化完成后，要保证数据的健康是一个连续的状态，因此还需建立数据质量管理的流程和机制，包括数据质量评估、监测和修复。进行数据质量分析、数据异常检测和错误纠正，确保数据的准确性和完整性[300]。

数据资源连接和数据融合治理技术都是解决企业在公有云与私有云上数据割裂的问题。数据资源连接技术让公有云与私有云连接起来，数据使用者能够将从公有云上采集到的数据使用在私有云上，是混合云进行协作工作的基础，数据融合治理技术则进一步解决了数据标准化问题，让两个云上的数据产生对应关系，让公有云的数据能够真正地运用到企业内部业务之中。

10.4.3　融合数据应用

本小节以两家生产企业为例（以下简称为C公司与D公司）来说明融合数据的运用。C公司是国内一家进行齿轮生产加工制造的公司，同时它还需要承担销售的责任。考虑到成本投入及运行效率的问题，C公司选择使用混合云架构：C公司选择将销售管理、采购管理、客户管理及供应商管理等综合业务放在公有云SaaS服务上。另外，一些面向内部业务，例如财务管理、人力资源管理及生产管理，选择将其放在私有云上。C公司通过混合云架构实现数据集中管理、数据统一协同、相互融合的数据治理目标，同时驱动公司业务和管理的不断创新前进，其混合云架构治理体系如图10-8所示。

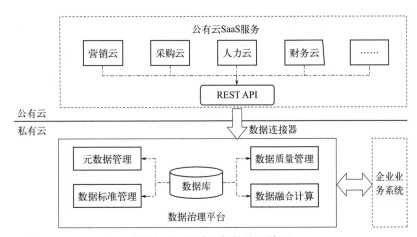

图10-8　混合云架构治理体系

D公司在融合数据应用上做出了许多的创新：D公司以数据治理平台的元数据管理功能为基础，融合公有云数据与企业私有云数据，并以此生成独享的数据资源目录，不仅能够帮助提高业务处理效率，同时还能够提升对数据的观察分析能力，更好地了解到市场环境。此外，D公司以服务的形式提供公有云和私有云数据的数据资源，可以方便业务端调用。根据混合云结构的特点及数据融合技术的优势，D公司为销售部门开发了一款用于客户关系管理的手机应用软件，系统可以自动生成预警信息，将客户应收账款余额按私有云上财务系统记录的情况发送给业务员，业务员能够利用公有云上客户管理系统对客户进行催款。

D公司开发的该手机应用软件是融合了公有云SaaS服务的业务数据和私有云上财务管理系统内部数据而形成的一个小应用，但是该应用却能够大大帮助D公司提升回款速度，因此降低了坏账率。利用混合云架构及数据融合技术，D公司还开发了其他应用为业务和管理的创新提供支撑，帮助企业提高运营效率，以及实现数字化转型。

10.4.4　数据运营监控

混合云架构涉及多个数据源和存储位置，企业需要实时监控数据的传输、处理和存储过程，以及各个数据源之间的数据同步。只有实时监控，企业才能快速发现并解决潜在的数据延迟、传输错误或数据丢失等问题。监控数据运营可以帮助企业及时发现潜在的故障或错误。通过设置合适的告警规则，当数据运营指标超出预设的阈值时，系统可以及时发出警报，使企业能够及时采取行动，避免数据中断或故障造成的影响。通过数据运营监控，企业可以评估和优化数据的性能。监控数据的处理时间、响应时间、吞吐量等指标，有助于识别瓶颈，并调整架构、配置或流程，以提高数据的处理效率和性能[301]。因此混合云架构在进行数据管理时，也需要进行数据运营监控来保障数据质量及数据安全。数据治理平台提供数据运营管理的功能，例如统一标准的数据资源地图、数据血缘分析和数据影响分析；在数据质量管理方面，数据治理定义了数据质量规则，监控数据质量并进行分析，同时根据分析结果提供数据质量报告；数据治理平台还能够支持数据服务的注册、发布及监控，支持基于数据库的数据探索与自助数据分析等。

企业可以选择适合混合云架构的监控工具和平台，如数据监控软件、日志分析工具和性能监控平台。这些工具和平台可以帮助企业实时监控数据运营指标，收集日志和指标数据，并提供可视化的仪表板和报告，以展示数据的状态和趋势。基于混合云技术的数据治理平台，通过数据连接技术，企业将公有云与私有云连接到一起，形成一个相互融合的整体，数据融合技术使得数据在公有云与私有云上有了对应关系，数据进行了标准化处理，这些技术所提供的数据治理的核心能力能够确保企业获得一整套完整的质量良好的数据资源，从而在不同系统之间打通数据流通的壁垒，以此帮助企业以最便捷的方式获取所需数据资源，并能快速投入业务创新应用，从而使企业真正实现以数据驱动业务创新，基于混合云的数据治理平台所提供的数据整合治理和运营能力。

10.5 微服务架构技术

微服务是一种面向业务敏捷的架构模式，是一种去中心化的架构。微服务架构技术可以看作是面向服务软件架构的一个特定子类型。Lewis 和 Fowler 将微服务架构定义为通过整合一系列小型服务的组合来创建单个应用程序。这些小型服务以轻量级机制进行通信，并且每个微服务都在自己的进程中运行。

与传统的单体架构相比，微服务架构强调高可用性、可伸缩性、负载均衡、故障转移等特性，因此更加灵活和轻量。微服务架构不使用统一的数据中心，每个微服务都是一个应用程序，拥有自己的数据库和运行环境，因此可以独立部署和运行。微服务工作使用简单的 REST 协议，基于 DevOps，通过对企业信息技术系统进行业务组件化的重构就能够实现开发、部署、运营一体化。图 10-9 展示了一个使用 REST 的微服务架构标准模型。

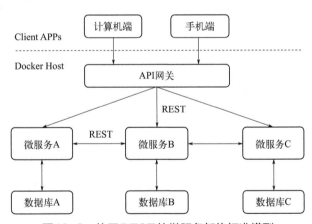

图 10-9　使用 REST 的微服务架构标准模型

10.5.1　分层设计模式

本小节以国内某旅游集团（以下简称 E 公司）为例，介绍微服务架构技术中的分层设计模式、质量保障及数据赋能。

作为一家旅游集团，E 公司的信息化目标是打造全世界旅行服务共享平台，主要业务包括会员管理、旅游产品营销、电子商务等。由于与多个企业进行合作，各企业的产品具有差异性，业务内容也存在差异，不同企业使用的数据管理系统的不同导致数据没有标准化，不具有一致性等情况的出现。数据指标口径不一致、数据标准不统一导致了E公司想要对从各渠道采集到的数据进行分析难度过大，无法进行企业维度的统计分析。因此，E公司在数字化转型的过程中，在着手数据治理工作的同时，选择了以微服务架构为基础，如图10-10所示，对其信息技术系统进行重构。

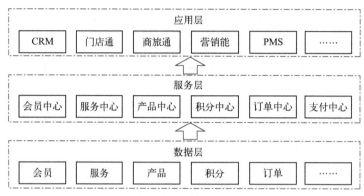

图10-10　E公司基于微服务的数据治理架构

E公司采用三层架构模式进行微服务的拆分工作，分别为应用层、服务层和数据层。这种分层设计模式能够使E公司的微服务架构实现业务的组件化，实现不同微服务的独立运行，并通过建立服务层将应用层和数据层进行有效隔离。首先，应用层是E公司微服务架构的顶层，负责处理用户的请求，以及业务逻辑的实现。在应用层中，E公司拆分出会员中心、积分中心、订单中心等不同的微服务，每个微服务都专注于处理特定的业务需求。这种基于业务逻辑的划分使得不同业务模块之间可以独立开发、测试和部署，提高了系统的灵活性和可维护性。其次，服务层位于微服务架构的中间层，充当着应用层和数据层之间的桥梁。服务层承担着将应用层的请求转化为对数据层的操作，同时也负责将数据层的结果返回给应用层。通过建立服务层，E公司能够将应用层和数据层进行解耦，避免了它们之间的直接依赖和耦合，提高了系统的可扩展性和可维护性。最后，数据层是微服务架构的底层，主要负责存储和管理各业务板块的数据信息。在E公司的微服务架构中，不同业务板块的数据信息被分类统一放置在一个数据资源库中，同时对这些数据进行标准化处理。通过统一的数据资源库，E公司能够解决微服务架构中数据不一致的问题，确保不同微服务之间使用的是一致的数据，提高了数据的可信度和准确性。

E公司的微服务架构是典型的业务中台架构，微服务根据业务逻辑识别并划分数据信息，将共享程度更高的应用微服务化，供给各个业务系统在前端的调用，拆分出会员中心、积分中心、订单中心等。在数据层，不同业务板块的数据信息可以分类统一放置在一个数据资源库中，对数据进行标准化处理，一定程度上可以解决微服务架构中数据不一致的问题。

10.5.2 数据质量保障

在数据架构设计中，数据质量是一项十分关键的概念。数据质量可以被定义为数据的准确性、一致性、完整性和可信度。准确性指数据的精确程度，即数据与现实世界的真实情况是否相符。一致性指数据在不同系统和应用程序中的一致性和唯一性，即不同的数据源和数据集之间的数据是否一致。完整性指数据的完整性和正确性，即数据是否完整、不缺失和正确。可信度涉及数据的来源和信任度，即数据是否来自可信的来源，并且被认为是准确和可靠的。

数据质量对于企业的决策和业务运营至关重要。准确、一致、完整和可信的数据可以提供精确的信息和见解，帮助企业做出明智的决策、优化业务流程、提高效率并实现持续增长。良好的数据质量保障也可以使企业能够更好地理解市场趋势、客户需求和业务状况。准确的市场数据和竞争情报可以帮助企业制定更有效的市场策略和竞争策略，增强市场竞争力。相反，低质量的数据可能导致错误的决策、低效的业务操作和不准确的报告，最终影响企业的竞争力和声誉。为了评估数据质量，可以采用一系列指标。表10-7给出了一些常见的数据质量指标及其描述。这些指标将帮助人们评估数据质量的不同方面，并确定需要改进的领域。

表10-7 一些常见的数据质量指标及其描述

指标	描述
准确性	与真实世界情况的一致性和正确性
完整性	数据是否完整和正确
一致性	在不同系统和应用程序中的一致性及唯一性
可靠性	来源的可信度和可靠性
及时性	数据更新和传递的及时性
有效性	对于特定用途和需求的适用性
可理解性	是否易于理解和解释
唯一性	没有重复的数据，并且每个数据实体只在一个位置存储

同时为了保证数据质量，需要建立一个完整的数据质量管理流程。以下是数据质量管理流程的主要环节。

① 数据采集。在这个环节中，需要收集和记录数据，并确保数据的来源和质量可信。

② 数据清洗。在这个环节中，需要检查和纠正数据中的错误、缺失和不一致之处。这可以通过数据清洗算法和规则来实现。

③ 数据集成。在这个环节中，需要将不同的数据源和数据集合并在一起，并确保数据的一致性和完整性。

④ 数据验证。在这个环节中，需要对数据进行校验和验证，以确保数据符合事先定义的质量指标和规则。

⑤ 数据验证。在这个环节中，需要对数据进行校验和验证，以确保数据符合事先定义的质量指标和规则。

⑥ 数据修复。在这个环节中，对发现的数据质量问题进行修复和纠正，以确保数据的准确性和一致性。

数据质量管理流程是一个持续不断的循环，通过不断监测、纠正和优化，数据质量可以得到持续改进和保证。

10.5.3　数据赋能平台

数据赋能可以从两方面来理解。第一，现代数字技术作为工具性的客体，促使企业通过无线网络、移动终端等信息化技术逐步实现数字化转型。这种数字化转型为企业带来了更高效、更智能的运营方式，使得数据成为推动业务增长的关键要素。第二，现代数字技术作为自主性的主体，具备快速、包容的价值与优势，为企业沟通、治理、决策等各领域提供有力支持。数据作为数字化转型的核心要素之一，通过数字技术的赋能，可以为企业提供更好的决策依据，优化业务流程，实现精准营销和个性化服务，提升企业的竞争力。

在微服务架构中，数据赋能主要依靠数据治理的连接功能来实现。数据治理平台使得微服务的数据能够具备连接的功能，可以实现不同微服务数据库之间的相互连接。基于OneID技术，数据治理平台能够实现全区域数据的连接，将微服务中的数据以全量或增量的方式移动到数据库中。此外，数据治理平台还能对不同微服务对应的实体数据进行标签化处理，并提供产品和会员的立体画像，为大数据分析提供了强有力的数据支持，从而为业务前端提供必要的数据赋能。数据治理平台提供了强大的功能和工具，能够将微服务中的数据以全量或增量的方式移动到统一的数据库中。同时，它还对不同微服务对应的实体数据进行标签化处理，以提高数据的可理解性和可应用性。这种标签化处理可以基于业务需求对数据进行分类、组织和描述，使得数据更加易于管理和利用。此外，数据治理平台还能够构建产品和会员的立体画像，通过对多源数据的整合和分析，为业务前端提供更全面的数据支撑。这些数据支撑可以用于各种业务应用，如个性化推荐、精准营销、用户行为分析等，进一步提升企业的运营效率和客户满意度。

E公司的微服务架构设计体现了数据赋能的重要性。E公司采用了业务和数据的双中台模式，使得前端业务能够更高效运营。同时，数据中台解决了微服务架构中数据不一致的问题。通过数据治理对数据模型、核心数据实体等进行标准化处理，E公司保障了数据的一致性和准确性。微服务下的数据治理有助于提高前端业务的运营效率，并有效地运用于采集到的各类数据中。

第 11 章

数字产业化技术

数字产业化技术是指在依赖数字技术、数据要素的各类核心产业中所使用的一系列技术的总称。数字产业化技术发展已经历经六十余年，从19世纪70年代以计算机技术为代表的信息化技术的突破，到2020年数字交互技术应用场景被极大拓宽，数字化产业技术在各个领域都经历了重大突破和发展。

目前，数字产业化的发展已经渗透到各个领域中。在通信互联领域，5G移动通信技术、6G移动通信技术和车联网技术等的出现，为人们带来了更高速度、更多样化的通信方式；在模拟仿真领域，三维建模技术和立体显示技术广泛应用于游戏、电影等领域；在人工智能技术领域，智能感知技术、智能控制技术、智能决策技术及智能计算技术等也层出不穷，正在推动人类社会向更加智能化的方向发展；而在人机交互技术领域，则有虚拟现实、增强现实、介导现实及元宇宙等诸多技术，正在为人们的生活带来更加普遍、更加方便的应用。本章从以上四个部分向读者进行介绍。

11.1 通信互联技术

通信技术是指将信息从一个地点传送到另一个地点所采取的方法和措施，是电子技术极其关键的组成部分[302]。

近年来，计算机和网络技术的快速发展给通信技术带来了革命性的变革。这种变革以计算机为核心形成了信息通信技术（information and communications technology，ICT），ICT通过计算机网络等方式实现了多元化的信息传播，已经广泛渗透到各个领域的社会生活中。此外，互联网技术和物联网技术的迅猛发展也在推动通信互联技术不断创新。未来，如5G移动通信技术、6G移动通信技术、车联网技术及物联网技术等将成为数字产业化时代的主流技术，它们将连接人与人、人与物及物与物，实现更加复杂和多样化的互动。通信互联技术构建起一个广阔的数字世界，为人们提供便利、创新和智能化的体验。随着技术持续进步，通信与互联的未来前景仍然广阔。

11.1.1 5G移动通信技术

第五代移动通信技术（5th generation mobile communication technology, 5G）

是具有高速传输、低延迟和广连接等特点的新一代宽带移动通信技术，可实现更快的数据传输速度、更短的网络响应时间和更多的连接数量，因此，5G通信设施将成为实现人机物互联的网络基础设施。2015年，5G技术正处于愿景研究阶段，国际电信联盟（international telecommunication union, ITU）提出了5G将在未来社会的各个领域得到广泛应用，实现信息的无限制传输，缩短万物之间的距离，最终实现人与万物的智能互联的愿景。为此，ITU制定了5G的八大关键技术指标（表11-1），并明确表示5G不再追求单一目标（如峰值速率），而是考虑到不同的业务和应用场景，以满足未来多样化的需求[303]。

表11-1 5G的八大关键技术指标

技术指标名称	技术指标含义	5G要求
用户体验速率	真实网络环境下，用户可获得的最低传输速率	$0.1 \sim 1$Gbps
用户体验峰值速率	单个用户可获得的最高传输速率	20Gbps
移动性	获得制定的服务质量，收发双方间获得的最大相对移动速度	500km/h
端到端时延	数据从源节点到目的节点的时间间隔	低至1ms
连接数密度	单位面积内的连接数量总和	百万台设备/km^2
能量效率	单位能量所能传输的比特数	100倍
频谱效率	单位宽带数据的传输速率	3倍
流量密度	单位面积内的总数量	数十Tbps/km^2

此外，国际电信联盟ITU召开的ITU-RWP5D第22次会议，确定了今后5G通信技术需要具备增强型移动宽带eMBB（enhance mobile broadband）、超高可靠与低延迟的通信URLLC（ultra reliable & low latency communication）和大规模机器通信mMTC（massive machine type of communication）三大类应用情景：eMBB主要关注移动通信，URLLC和mMTC则专注于物联网。增强型移动宽带（eMBB）不仅可以视为4G时代移动宽带的承接者，而且是当前运营商最关注的商业化应用场景。eMBB作为最早实现完全商用的5G业务场景，它不仅能够满足用户对高移动性、高数据传输速度的业务需求，同时在业务场景中有了更多的可能性，将不再局限于4G时代终端模式的限制，而是引入诸如4K/8K高清晰度视频、云服务、虚拟现实和增强现实等新业务，这些新业务将被应用到新传媒、智慧出行、数字化教育和智能安防等领域，使之在未来成为5G基础业务的一部分。5G通信网络的另一个典型应用场景就是超高可靠与低延迟通信（URLLC），这个特性使得5G与之前的2G/3G/4G通信网络有了明显的区别，同时也为移动通信行业进入垂直行业提供了重要的突破口。

URLLC在多产业融合中扮演着重要角色，推动了信息化革命，并广泛应用于智能制造和智能网联汽车等更广泛的领域。另外，大规模机器通信（mMTC）是5G三大应用场景之一中专注于物联网业务的场景，虽然对网络感知的实时性要求不高，但是其所需的终端密度相当高[304]。mMTC延续现有的NB-IoT/eMTC物联网云平台，同时集成了状态开关类信息、传感资产标识类信息，以及数字传感类终端信息。在未来的发展中，它将会承载更多、更加频繁的机器类通信[305]。

依托5G技术的研发、生产和应用为核心，目前已经形成包含一系列相关产业及其参与主体的产业链，它涉及上游、中游和下游三个关键环节。上游主要包括移动通信基础设施和移动通信网络架构，其中基站系统构成5G发展的基本条件，而网络构架构成5G发展的软性基础。这两方面构成了5G产业链的至关重要的一环，为产业链的整体发展打下了坚实的基础。中游则是移动通信运营商服务，将5G技术应用推广到普通用户和设备中，是5G产业链中的关键中间环节。下游则是指直接接触消费者的环节，主要包括终端设备及各类应用场景等。通过终端设备及不同的应用场景，让消费者可以在手机、汽车、家电、工业、AR/VR、医疗等领域中感受到5G技术给他们带来的便利，该部分在5G产业链上直接关系到终端用户[306]。整体来看，移动通信基础设施和网络架构构成了5G产业链的上游，移动通信运营商服务是中游，而终端设备和应用场景则是下游。各个环节在5G产业链中各具独特功能，共同促进着5G技术的开发与运用。

5G技术给人们提供了更加多元化的服务，也给数据生态系统的构建带来了强有力的技术支撑：①5G技术有着极高的传输速度和更低的延迟，使得人们能更好地观看高清4K直播、高清短视频等，极大地促进了电商直播和短视频流媒体的发展；②5G网络具有高带宽和低延迟的特性，能在短时间收集、协同、融合大量多源数据的网络系统，例如车联网等；③5G网络具备高容量和高密度的特点，可以同时链接大量设备，这使得物联网设备、传感器等大规模连接的应用得以实现，如无人机群等。

作为新兴的移动通信网络技术，5G移动通信技术在解决人和人之间的通信问题的同时，也解决了人和物之间及物和物之间的通信。从未来的发展来看，5G移动通信技术必定将应用于社会的各行各业之中，对经济社会向信息化、网联化和智能化转变提供关键的支撑。

11.1.2 6G移动通信技术

第六代移动通信技术（6th generation mobile communication technology，6G），是一个概念性无线网络移动通信技术，其核心目标就是推动互联网的持续进步。6G网络将是一个卫星通信与地面无线完美融合的全球互联平台。通过整合卫星通信技术于6G网络中，实现全球覆盖，网络信号就能够抵达世界上的所有地方，让居住在偏远地区的人们也能体验到无线网络移动通信的便利性。此外，得益于卫星定位系统，地海空全面网络还具备了迅速应对各种自然灾害和进行天气预测的能力。6G通信技术已经超越了简单的网络容量和传输速率的限制，它的核心目标是缩小数字鸿沟，并达到万物互联这个"终极目标"[307]。目前，在美国、欧洲、俄罗斯等国家和地区，已有一些机构开始研究B5G或者6G技术，并进行概念构想工作，但目前的进度还并未达到"一致6G定义"的阶段，仍然需要往更低的时延、更大的带宽、更全面的覆盖范围和更高的资源利用率的方向发展。

6G的数据传输速率最高可以达到5G的50倍，时延降低到仅有5G的1/10，在峰值速率、延迟、流量密度等方面的性能远超5G。6G的关键指标如下：

① 6G网络的峰值传输速率必须满足100Gbits/s ～ 1Tbits/s，而相对应的5G仅有10Gbits/s；

② 6G网络的室内定位精度需要达到100mm，室外为1000mm，约为5G的10倍；

③ 6G网络的通信延迟仅为0.1ms，约为5G的1/10；

④ 6G网络通信的异常终止概率小于百万分之一，拥有极高的稳定性和可靠性；

⑤ 6G网络连接的设施设备密度达到每立方米数百个，拥有超高设备连接密度；

⑥ 6G网络使用的是太赫兹（THz）频段来进行交互通信，网络容量有明显的提高。

从网络的发展和变革趋势来看，6G网络的进步取决于三大驱动因素，如图11-1所示，它们主要涉及新业务和新应用、现网问题及新技术。首先，未来的6G网络需要支持更多的应用场景，如增强现实、混合现实、智慧制造、智慧城市等。这些实际应用对网络的带宽、延迟和可靠性等方面提出了很高的要求。其次，现网问题也是6G网络发展的驱动因素之一。目前的5G网络已经面临了一些问题，如网络峰值速率不足、网络容量限制、覆盖范围面过小等。此外，5G网络还面临着网络安全方面的挑战。为了解决这些问题，6G网络必须具备更高效、更安全、更稳定的服务质量。最后，新技术也是6G网络发展的重要驱动因素。新技术包括但不限于人工智能、区块链、量子通信等。这些新技术有望为6G网络带来更好的性能和更高的安全性。在未来，将基于现实世界演变成一个数字虚拟世界，在这个虚拟世界中，万物之间都可通过数字化的方式来进行信息传递与沟通。

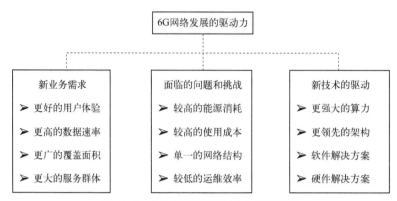

图 11-1　6G 网络发展的三大驱动因素

11.1.3　物联网技术

物联网（internet of things, IoT）即"万物相连的互联网"，是在互联网基础上拓展及衍生出的新一代通信网络，如图 11-2 所示。物联网将各种信息、传感设施与网络组合起来，进而形成一个庞大的网络，能够实现在任何时间和任何地点，人、机、物的互联互通[308]。

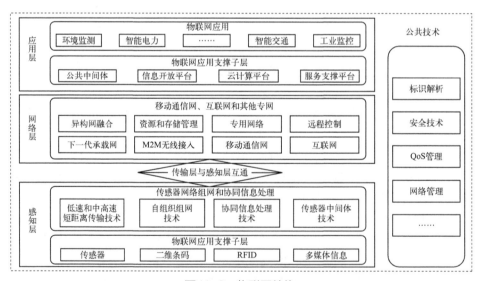

图 11-2　物联网结构

早在 20 世纪末期，美国麻省理工学院著名教授 Ashton 研究射频识别（RFID）时就提出物联网这个概念。目前业内所公认的物联网定义是由国际电信联盟提出的：物联网是通过智能传感器、RFID、激光扫描仪、全球定位系统（GPS）、遥感等先进的信息传感设备及系统和其他基于物-物通信模式

（M-M）的短距无限自组织网络，按照约定的协议，把任何物品与互联网连接起来，进行信息交换和通信，以实现智能化识别、定位、跟踪、监控和管理的一种巨大智能网络[309,310]。在国内，工业和信息化部电信研究院认为物联网是通信互联网络的延伸，它通过感知技术与智能设备对现实世界进行认知识别，通过网络进行计算、处理和数据挖掘，实现万物间信息互通，达到对现实的实时管控、精确管理和合理决策的目的。

从上述两个定义来看，物联网的核心在于感知技术和网络互联。感知技术的定义是指利用传感设备、智能传感器、RFID、激光扫描仪、GPS等工具来获取并理解现实世界的状况，从而实现在线数据收集及监控。所获得的数据涵盖环境温度、湿度、光照强弱、气压、振动频率、气体浓度等各种信息，这些信息将作为后期的应用基础。而网络互联则是指将这些设备通过无线自组织网络或者有线方式进行互联，实现数据的传输、计算、处理和知识挖掘。传输层面主要涉及传输协议、安全机制及数据传输的可靠性等问题。在计算和处理阶段，则是针对接收到的大量数据进行解析、操作和计算，从而获得有用的信息并推导出合理的结论。知识挖掘层面则是利用数据挖掘、人工智能、机器学习等方式，从大数据中提炼出有价值的数据和规律。通过感知、传输、处理和应用这四个层次，物联网能够完成对现实世界的实时操控、精确管理和科学决策[311]。

物联网的迅速发展，对数据生态系统的发展带来了许多方面的贡献和价值，主要可以分为以下四类。

① 数据采集。物联网连接了大量传感器、设备和物品，可以实现实时监测、远程控制和数据采集等功能，这为数据生态系统提供了更加全面和精准的数据来源，使得数据的收集更加自动化和高效化。

② 数据处理和分析。物联网所产生的数据量巨大，需要对这些数据进行有效处理和分析。同时，由于物联网涉及多种不同类型的数据，需要对这些数据进行整合和分析，这使得数据处理和分析在数据生态系统中扮演着关键的角色。

③ 数据安全。物联网的应用范围广泛，涉及的各类数据都有其特定的安全级别和隐私需求。因此，保障物联网数据的安全性是数据生态系统的重要任务之一。

④ 数据价值。物联网所产生的数据可以被用于各种不同用途，例如用于提升用户体验、提高生产效率、优化供应链等。通过对数据进行深度挖掘和分析，可以发现数据中隐藏的价值和商业机会，进一步促进数据生态系统的发展和应用。

总之，物联网为数据生态系统的发展和应用带来新的机遇和挑战。它通过数据采集、处理和分析等环节，为数据生态系统提供了更加全面、精准和高效的数据来源，并且促进了数据的应用和创新。同时，物联网的应用领域涉及广泛，将逐步渗透到人类的起居、工作、文娱、交通通勤等各个领域，极大地影响人们的生活方式。

11.1.4 车联网技术

车联网（internet of cars, IoC）概念源于物联网，即车辆物联网，根据不同的通信对象和通信方式，车联网可以分为V2C（vehicle-to-cloud）、V2V（vehicle-to-vehicle）和V2X（vehicle-to-everything）三种类型，如图11-3所示。车联网技术即将车辆视为数据来源点，同时综合应用各种信息技术采集车辆信息，从而建立链接各方的车辆互联网络。在车联网中，无线射频识别（radio frequency identification，RFID）、全球定位系统（global positioning system，GPS）和全球微波互联接入（world interoperability for microwave access，WIMAX）、宽带无线移动通信（broadband wireless mobile communication）等新一代信息通信技术主要用于信息采集和信息联网的工作。为全方位了解和有效管理联网车辆在线行驶状态并提供有效的一键式服务，需要综合利用车辆所采集的信息、车辆属性信息及联网技术，对静态信息和动态信息进行收集与利用。

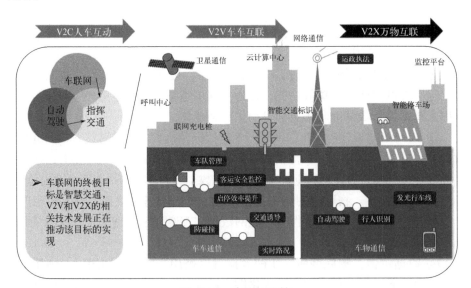

图11-3　车联网系统

作为早期的车联网络形式，车载信息服务系统（telematics）将信息系统平台完全安装在车上。19世纪90年代末，"OnStar"系统在美国通用汽车公司的凯迪拉克汽车上首次被安装，该系统的引入标志着现代车载信息服务的序幕由此揭开。车载信息服务系统现已发展为通过加装在交通工具上的计算机系统和无线通信技术等的集成服务系统。其中，车载无线接入通信（wireless access for the vehicular environment）作为一个车载信息服务行业通信标准被提出并列为IEEE 802.11p标准，其相关的车载信息服务系统不仅能实现车与后台（vehicle to infrastructure，V2I）间的通信，还可以实现车与车、车与路、车与人之间的信息传输，每辆汽车都成为物联网中的一个感知设备，从而形成整个汽车行业的物联网[312]。

车联网相关的主要核心包括两个方面，即车联网的功能与车联网的产业链。车联网的核心作用是确保行驶中汽车的安全性与车辆保全性，这涵盖了如卫星定位、道路救援、自适应碰撞预防系统、汽车防盗、车况健康度，以及个性化资讯接收等。而车联网的产业链主要包括消费者、内容供应商、硬件供应方、网络运营机构、车载信息服务公司五个部分。

① 消费者。作为车联网系统的最终使用者，消费者是推动整个产业链发展的重要力量。消费者的需求和体验是驱动车联网技术和应用创新的核心。他们通过使用车载信息服务来获取实时交通信息、导航服务、娱乐内容等，并享受更为便捷、智能的驾驶体验。

② 内容供应商。内容供应商为车联网系统提供丰富多样的信息和娱乐内容，可能涉及在线音乐平台、流媒体服务、新闻和天气预报等。内容供应商通过车载信息服务提供有价值的内容，满足用户的娱乐、信息和实时更新的需求。

③ 硬件供应方。设备提供商负责生产和开发车载设备，如车载电子设备、传感器、通信模块等。他们致力于提供高质量、可靠性强的设备，以支持车联网系统的正常运行。硬件供应方还需要与车辆制造商合作，确保设备与车辆的可操作性和集成性。

④ 网络运营机构。网络运营机构在车联网产业链中扮演重要角色，他们提供通信网络服务和基础设施，确保车载信息的传输和连接。通过提供高速、稳定的网络，网络运营机构为车辆提供实时数据传输和信息互通的能力，支持各类车联网应用的运行。

⑤ 车载信息服务公司。这些公司专注于开发和提供车载信息服务，例如导航系统、智能交通管理、车辆远程控制和诊断、车辆安全监控等。他们整合来自内容供应商、硬件供应方和网络运营机构的资源，为用户提供全方位和个性化的车载信息服务。

车联网的未来发展方向是实现全面智能化、高度自动化和深度互联化，其前景非常广阔。通过将汽车与互联网、人工智能、大数据等技术相结合，车联网将实现高度智能的驾驶辅助功能、个性化的出行服务、车辆之间的协同操作等。未来，车联网有望提升交通安全性、提供更高效的交通管理、改善用户的出行体验，并为汽车产业带来更大的商机。随着技术的不断创新和推动，车联网将成为推动未来汽车产业发展的重要推动力量。

11.2 模拟仿真技术

模拟仿真（simulation）技术，就是用一个系统去模仿另一个真实系统的技术[313]，主要包括三维建模技术和立体显示技术。随着计算机技术的发展，模拟仿真技术成为继数学推算、科学试验之后人类用以认识事物发展客观规律的第三类基本方法。

模拟仿真技术在现实生活中的各个领域都发挥着一定的作用，它为人们提供了一种有效的工具来模拟、预测和优化真实系统的行为及性能。模拟仿真技术在工业、农业、教育、科技创新，以及医疗健康等系统之中都被广泛应用，如在工业领域，模拟仿真技术可以帮助工程师们设计和优化工业流程。随着技术的不断进步，模拟仿真技术将继续发展，为人类创新和进步提供强大支持。

11.2.1 三维建模技术

三维（three-dimensional, 3D）建模技术就是用三维制作软件，通过虚拟三维空间构建出具有三维数据的模型。3D建模的类型大致可分为两种：NURBS（non-uniform rational b-splines）和多边形网格。这两类三维建模技术存在着一定的差异：NURBS一般应用于要求精度和复杂度高的模型，更加适合于批量制作的实际场景；而多边形网格建模是靠拉面方式，更适合制作效果图和构建有复杂场景动画[314]。

在计算机图形学中，三维建模技术适用于对任何对象或表面的三维数字进行模型表示。三维建模软件可以用来操纵虚拟空间中的点（称为顶点）以形成网格，即形成对象的一系列顶点。这些三维对象可以自主生成，也可以通过改变网格形状或由人工手动创建顶点。三维建模的核心是形成网格，最佳的方式是以空间中的点的集合来描述网格，即将点映射到三维网格中，并以多边形形状（通常是三角形或四边形）将这些点连接在一起。在网格上，每个点（顶点）都有自己特定的位置，这些点在自己的位置上可以组成图形，用相应的这些图形可以创建对象的表面[315]。

三维建模操作流程如图11-4所示。目前，常规的建模技术主要分为四类：传统人工建模、数字近景摄影测量建模、三维激光扫描建模及倾斜摄影测量建模。其优缺点如表11-2所示。

三维建模技术现已运用于多个领域，在许多创意性工作中发挥着不可或缺的作用。在媒体行业中，电影动漫、广告插图及游戏制作等都离不开三维建模技术。使用复杂的照明算法创建超逼真的场景，可以极大限度提高用户的体验感。另外，几乎每部好莱坞大片都使用三维建模技术来产生特殊效果，该方法在降低成本的同时还可以提高拍摄效率，给观众带来震撼的影音体验。此外，工程师和建筑师也常常使用三维建模技术来计划和设计他们的工作，三维建模的方式使得设计方案变得更加清晰立体，对项目在后期的实施有着显著的帮助，极大地提高了施工的效率。

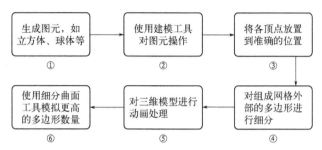

图11-4　三维建模操作流程

表11-2　常规的四类建模技术及其优缺点

建模名称	实现方式	优点	缺点
传统人工建模	使用3dsMax等建模软件进行建模	操作方便、模型美观	精度较低、人力需求大
数字近景摄影测量建模	利用近景图像来构建三维模型	模型效果好、模型精度高等	存在拍摄死角、人力需求大
三维激光扫描建模	扫描立体的建模对象，获得大量点云数据并建模	测量精度高	生产周期长、效率低、映射质量低
倾斜摄影测量建模	通过软件处理不同的角度影像从而生成三维模型	作业范围更广、高效低成本	建模对象信息收集较难

11.2.2　立体显示技术

立体显示技术是利用辅助工具或者裸眼的方式来使得立体影像得以呈现的关键技术，可以简单分为助视3D显示技术和裸眼3D显示技术，如图11-5所示。助视3D显示需要使用者佩戴特定的助视设备（头盔、眼镜等），凭借助视设备才能观看到画面的立体效果；裸眼3D显示又称自由立体显示，是一种无须佩戴任何额外设备就能够呈现立体图像的显示技术。它通过特殊的光学设计和算法处理，将不同的视角影像合成在一起，使得观众可以在裸眼状态下感受到逼真的三维效果。目前常见的助视3D显示技术主要有四种：偏光式3D技术、分色式3D技术、头盔式3D技术，以及快门式3D技术[316]。与助视3D显示技术最大不同，裸眼3D显示（自由立体三维显示）不需要佩戴如眼镜等工具，因此其使用起来非常灵活，在实际生活中使用十分便利。裸眼3D显示技术主要有光栅式3D显示技术、体3D显示技术、集成成像3D显示技术、全息3D显示技术几种，其中只有光栅式是基于双目视差原理。

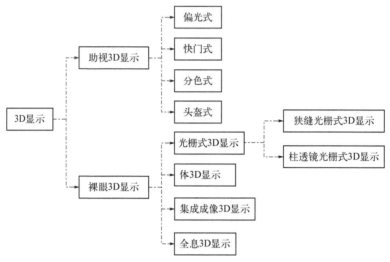

图11-5　助视3D显示技术和裸眼3D显示技术

立体显示技术能够深入融合虚拟世界和真实世界，让用户可以在视觉、力觉、触觉等方面感受到全方位的交互，以此产生更强的沉浸感。立体显示技术以三维立体效果将需要显示的内容呈现出来，不仅能够保留物体原有的深度信息，还可以使观察者获取的信息更加全面清晰。立体显示技术的分类及其优缺点如表11-3所示。

表11-3　立体显示技术的分类及其优缺点

立体显示的表示方法		优点	缺点
两眼式	眼镜式（偏振光等）	原理简单易实现 数据量小	焦点调节与辐辏不一致 运动视差不能表现
	裸眼式（柱状透镜等）	无须佩戴眼镜 动画功能能够实现	焦点调节与辐辏不一致 难以提高分辨率 垂直视差难体现
多眼式		不需要佩戴眼镜 能实现动画功能 能够表现运动视差	焦点调节与辐辏不一致 难以提高分辨率

立体显示的表示方法	优点	缺点
超多眼式	无须佩戴眼镜 焦点调节与辐辏一致	装置复杂 数据量大
光波面再生式	无须佩戴眼镜 垂直视差能够表现 与实物视觉接近	难以表示动画 材料分辨率要求高 数据量很大
深度信息表示法 （depth-fused 3-D，DFD）	数据量相对较小	表示照片困难
体积扫描法	无须佩戴眼镜 观察效果好	表示照片困难 遮挡困难

由于立体显示技术具有独特的性能，因此它受到全世界的广泛关注。从1980年开始，以美国、日本、德国为代表的国家开始研究该技术。到1990年左右，相应的研究成果不断涌现并开始在市场上得到应用。计算机技术的快速发展，使得数字图像技术及计算机和图形卡等数字图像处理硬件得到了很好的改进，极大加快了数据处理的速度，从而使得处理三维图像信息难度大大降低。与常规的二维图像相比，立体图像能更好地反映事物的信息及运动情况，让人们更直观准确地了解认识事物。因为立体显示器有显示深度信息的功能，因此可以使人获得身临其境的感觉。

立体显示技术在各个领域存在着一定的应用价值，它可以运用到医疗、数据可视化、军事、金融、商业、工程、文娱（视频游戏、影视动画）等行业。如在医疗健康领域，立体显示技术能够运用在诊疗实况记载、测试显示及远程诊断等方面。与之前的2D显示相比，立体显示技术可以提供精准的显示信息，例如，使用内窥镜等设备研究病灶的形状和大小时，立体显示技术能够把探照到的信息直接呈现在3D显示器上，这将能够帮助医生更直观地了解病灶的具体情况，从而使医生提高病情判断的敏捷性和准确性。立体显示技术也可以运用在远程诊断上，医生可以用该技术更准确、清晰、直观地了解到有效的信息，从而节约患者宝贵的救助时间，能够进行及时高效的治疗。

11.2.3 模拟仿真应用

随着科技的蓬勃发展，模拟仿真技术逐渐出现在工业、农业、教育、科技创新及医疗健康等不同的领域。如立体显示在近几年受到人们大量的关注，人们生活中有了越来越多模拟仿真技术的身影，如图11-6所示是四种模拟仿真应用的实际场景。

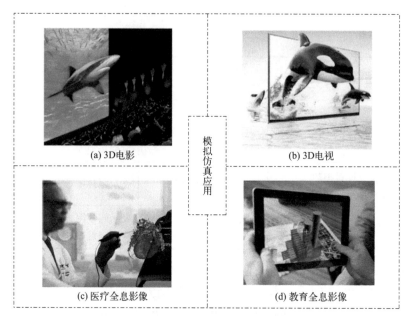

(a) 3D电影　　模拟仿真应用　　(b) 3D电视

(c) 医疗全息影像　　(d) 教育全息影像

图11-6　四种模拟仿真应用的实际场景

立体显示技术受到了娱乐传媒行业广泛的青睐。近些年来，3D电影的出现为电影行业增添了新的活力，电影发行商收获了可观的票房，同时给观众带来了极佳的观影体验；3D电视是家庭娱乐的发展方向之一，当立体显示技术走入家庭时，人们不用出户就可以享受到沉浸式的观看体验；电脑游戏使用立体显示技术，能够增强玩家的游戏体验，带来更多的紧张刺激感，给玩家身临其境的感觉。

在医疗器械生产领域，模拟仿真技术加速实现了医疗器械生产的智能化和一体化，有助于提高效率及降低成本。医疗设备的生产需要经历熔炼、充体、固形等过程，在这些操作过程中运用计算机仿真模拟技术，可以有助于在生产过程中管理繁杂的生产信息参数，并且构建起更精确的实验模型，精确预测医疗器械在加工过程中出现的缺陷，从而优化整个生产过程。CAD技术和CAE技术的结合可以优化医疗器械的制作工艺，进一步结合模拟仿真技术和数字化管理技术，可以实现管理的高效性[317]。

模拟仿真技术也推动了教育领域更好的发展。与二维事物相比，人类对三维立体事物的理解及接受能力更强。在教学中采用模拟仿真技术，如抽象概念模拟、3D动画制作强化等，能够更立体直观地表现物体特征和运动规律，让学生能够更好地观察了解到事物，进一步对学习产生兴趣，从而提高学习效率。模拟仿真技术还能方便地展示出各种几何模型，打破时间和空间上的限制，对于一些即使不方便直接展示的文物、艺术品、美术品等，也可以通过立体显示技术将其呈现到学生的眼前，让学生更好地感受学习的乐趣。

以上只是模拟仿真应用的一部分，随着技术的进步和创新，模拟仿真将在更多领域展现出巨大的潜力，并对各行各业的发展产生积极影响。

11.3　人工智能技术

人工智能（artificial intelligence, AI）是计算机科学的一个重要分支[318]，又被称为智能模拟，是一门研究如何使计算机能够模拟和实现人类智能的学科，涉及计算机科学、认知心理学、语言学、哲学等多个领域的知识和方法。

近年来，人工智能取得了许多不错的成果，比如智能化计算机和智能机器人的出现，计算机应用范围的扩大等，人工智能技术使得计算机逐渐能够做一些较为复杂的工作。除此之外，研制以智能化为主要特征的第五代计算机的工作也正在推动发展中[319]。现如今，智能感知技术、智能控制技术、智能决策系统在科学探索、交通运输、生产制造、国防建设和社会生活的各个方面都已经得到了充分而深入的运用，正在改变整个社会的面貌，使得人类社会发展成为数据高速处理、传输、制造、收集的数字信息化社会。

11.3.1　智能感知技术

随着人工智能技术的蓬勃发展和应用领域不断扩展，人们开始对机器人有了更高的要求，希望机器人能够执行更高程度的人机交互方式。人们希望机器人的工作不再仅仅是做一些简易、重复度高的流水作业，而是希望它们在一些复杂的、非常规化的甚至突发的情况下，能够自主地发挥主导作用。因此，人工智能技术需要得到更进一步的发展，智能感知技术便应运而生。智能感知技术是实现机器人人机交互的核心技术之一，基于生物特征、动态图像与自然语言、"以人为中心"的智能信息处理和控制技术。智能感知技术使得机器人能够拥有类似人类眼睛和人类耳朵等感觉器官的功能，从而实现机器人能够像人一样，自然地与人类及环境进行沟通。智能感知技术和机器人相结合，能够提高机器人人机交互的能力[320]。

智能感知技术可分为基于人体分析的感知技术、基于环境分析的感知技术和基于图像分析的感知技术等。基于人体分析的感知技术建立在计算机视觉、图像处理与识别的技术体系之上，对人体的特征（如年龄、身高、性别等）进行提取及分析。基于环境分析的感知技术即利用不同的传感器获取环境的三维点云数据，并通过获取到的数据来分析实际环境，如图 11-7 所示是四种基于环境分析感知技术的感知传感器设备。基于图像分析的感知技术可分为两种，即视频质量诊断技术和视频摘要分析技术。其中，视频质量诊断技术旨在提高视频流媒体的质量，为用户提供更好的观看体验。该技术通过检测和解决视频传输过程中出现的问题来提高视频质量，例如视频码率不足、网络带宽不足的问题等。相反，视频摘要分析技术的目标是精减视频长度并提炼关键信息，使观看者能够快速获取有关视频内容的信息。该技术可以利用深度学习算法和视觉分析来实现自动视频摘要生成，提取和汇总视频的重要内容，并消除不必要的片段。

2010年之后，智能感知技术运用于智能医疗、智慧交通、智慧农业及智慧城市等领域，社会各个领域的广泛使用为智能感知技术提供了极大的市场及全新的机遇。人们生活中常见的人脸识别技术就是智能感知技术的现实运用。随着技术的进一步发展和应用场景的拓展，智能感知技术将继续发挥重要作用，为人们的生活和社会发展带来更多的便利及改善[321]。

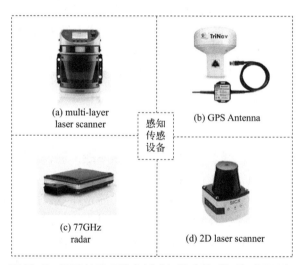

(a) multi-layer laser scanner

(b) GPS Antenna

感知传感设备

(c) 77GHz radar

(d) 2D laser scanner

图11-7　四种基于环境分析感知技术的感知传感器设备

11.3.2　智能控制技术

为实现虚拟世界与现实世界的相互映射和实时联动，需要智能控制技术来完成信息的同步处理、反馈及任务执行的工作。如上所述，机器人的工作不再局限于简单且重复的工作，人们也不再希望它只能被动执行任务，因此需要将智能控制技术运用到机器人身上。智能控制技术是指机器在无人干预的情况下，能够自主对目标进行控制的一种自动控制技术，主要针对的是那些具有不确定性、复杂性的控制对象，以及控制环境。智能控制技术已经发展成为现代控制领域的一门新型控制技术[322]。

智能控制技术的核心技术主要有三个：模糊控制、神经网络控制和专家控制。它们都具有各自的特点及独特的优势，但同时也存在着一些欠缺和不足，如表11-4所示。

表11-4　智能控制技术的核心技术

技术名称	工作原理	优点	不足
模糊控制技术	通过模糊逻辑推理来有效控制	表达定性知识容易能描述不确定的事物	控制精度低缺乏系统性缺乏学习能力
神经网络控制技术	经过训练后，由参数表示输入、输出之间的映射关系	能够较好地利用系统定量的数据	结构选择缺乏依据可解释性差适应能力有限
专家控制技术	利用人类专家的知识与经验来处理问题	知识透明性修正方便具有自学习能力等	存在不确定性控制的实时性差

目前，智能控制技术广泛应用于工业自动化、智能家居、智能交通、机器人技术等领域。

① 在工业生产中，智能控制技术可以实现对生产过程的自动化控制和优化。通过对生产线上的各种设备进行连通和控制，智能控制技术可以有效提高生产效率和质量，降低生产成本和减少人力资源的浪费。例如，采用智能制造技术可以实现工厂自动化生产、生产计划自动化调整、质量自动化检测等优化控制策略，提高生产效率和企业竞争力。

② 在智能家居中，智能控制技术可以实现对家电设备、照明系统等的智能化管理和控制。通过在家庭内部设置智能家居控制系统，并连接各种智能化设备，可以实现远程操控和互联互通。例如，智能音响可以通过语音命令播放音乐、提醒日程等；智能灯光可以根据环境变化自动调整亮度和色彩；智能家电可以通过手机App进行遥控操作，实现智能化管理和控制。

③ 在智能交通中，智能控制技术可以优化交通流量，提高道路安全和交通效率。例如，在城市交通中，采用智能交通系统可以实现对公共交通、私家车等的智能化管理和调度，提高交通运行的效率和安全性。同时，智能交通技术还可以通过车联网技术实现车辆之间的通信和协作，减少交通事故的发生率。

④ 在机器人技术中，智能控制技术可以实现对机器人的感知与决策。通过传感器等设备获取外部信息，并将其与内部知识库进行匹配比对，机器人可以识别物体、环境和情境等信息，完成各种任务。例如，智能机器人可以实现自主导航、自动识别和抓取物品、语音交互等功能，广泛应用于生产、服务、

医疗等领域。因此，智能控制技术在各个领域都有着广泛的应用和重要的意义，将会为社会经济的发展和进步带来积极的影响。

11.3.3 智能决策技术

智能决策技术是指利用预先设定的计算机程式，使机器独立并准确地做出决定，以达到特定目的的技术。智能决策主要特性包括：首先，它必须能够根据周围的环境变化而调整自己的行为（即在两个或更多种类的输入条件下做出决策）；其次，这种决策可以自我执行和控制；最后，该技术需要具备重复性的能力。图11-8展示了智能决策技术的四个发展阶段及其对应的技术特点。

20世纪70年代，美国学者伯恩切克提出了智能决策系统这个概念，并深入探讨该领域的问题和挑战。20世纪80年代，Spraque对决策支持系统提出了三部件结构，即对话、数据及模型，从而定义了决策支持系统的基本架构，这极大地促进这个领域的进步。到了90年代初，智能决策支持系统开始融合决策支持系统和专家系统，这个融合标志着智能决策系统的正式诞生。智能决策支持系统不仅能够充分发挥专家系统的定性分析问题的特性，而且能够借助决策支持系统解决定量分析问题的特点，从而很好地将定性分析和定量分析相结合，大大提高了解决问题的能力和扩大了适用范围。20世纪90年代中期，数据仓库技术（data warehouse，DW）、数据挖掘技术（data mining，DM）及联机分析处理技术（on-line analysis processing，OLAP）等新技术的蓬勃发展，加速了智能决策系统的升级改革以形成新的决策系统。新决策系统具有从海量数据中提取分析和处理信息进而做出决策的能力[323]。

随着科技的快速发展，智能决策技术已经成为许多领域不可或缺的决策支持工具。与传统的人工决策相比，智能决策技术具有更高的效率和准确度，并且可以处理大量数据和复杂问题，在现代管理、控制等领域中已经得到广泛的应用。

① 在企业管理方面，智能决策技术可以帮助企业进行策略规划、资源管理、运营控制等方面的决策。例如，在供应链管理中，智能决策技术可以通过对供应链各个环节的数据进行分析，提供准确的订单预测，优化物流路径和库存管理，提高供应链效率和利润；在人力资源管理中，智能决策技术也可以通过对员工绩效、福利待遇等数据进行分析，帮助企业优化人力资源配置和激励政策，提高员工工作效率和满意度。

② 在农业、军事、制造及能源开采等领域，智能决策技术也得到了广泛的应用：在农业领域，智能决策技术可以帮助农民预测天气、优化种植方案、决策灌溉时间等，提高粮食产量和质量；在军事领域，智能决策技术可以帮助指挥官做出更加准确的作战计划，提高作战效率和胜率；在制造领域，智能决

策技术可以通过对生产过程中产生的数据进行分析，从而优化生产流程，提高生产效率和产品质量；在能源开采领域，智能决策技术可以通过对能源勘探和开采数据进行分析，帮助企业制定最优化的能源开采方案，提高能源利用效率。

近年来，尤其是"大数据+人工智能"技术的发展，进一步加强了智能决策技术的应用。通过收集和分析大量的实时数据，并运用各种机器学习和深度学习算法，可以让智能决策技术更加准确、高效、自动化。例如，在智能交通系统中，可以通过收集和分析车辆及道路等数据，提供精确的交通流量预测和优化道路配流方案，缓解城市交通拥堵问题。总之，随着科技的不断进步，智能决策技术已经越来越多地被应用到各个领域中。无论是管理、控制、农业、军事、制造，还是能源开采等领域，智能决策技术都可以为人们提供更加准确、高效、自动化的决策支持，推动行业的发展和进步。

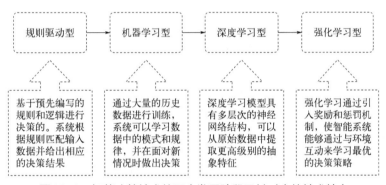

图11-8　智能决策技术的四个发展阶段及其对应的技术特点

11.3.4　计算智能技术

计算智能是指以数据作为基础，以计算作为手段来建立计算模型，从而进行复杂问题的求解，以实现智能模拟。计算智能技术涵盖了多个子领域，包括机器学习、自然语言处理、计算机视觉、知识表示与推理等。

1994年，在美国奥兰多召开的IEEE大会上，首次提出了"计算智能"这一名词，其包括了人工神经网络、进化计算、模糊系统等。计算智能的灵感来源是自然界生物系统及其行为特征，通过仿照它们的行为用仿生物的计算方式来解决许多实际的问题。计算智能通过收集大量的数据并进行多次的训练来求解实际问题，具有传统人工智能所不具备的优越性，即在求解问题上无须建立精准的数学模型，对于求解那些不难建立数学模型的复杂问题具有极大的优势。计算智能以现代先进技术为基础，模拟人体机制、人类智能行为及自然界生物行为方式而进行问题的处理，是人工智能的深化和发展。常见的计算智能方法有禁忌搜索算法、人工神经网络、模拟退火算法、遗传算法及粒子群算法等，其中遗传算法模拟了自然选择和遗传机制，蚁群算法的灵感来源于蚂蚁觅食过程（其实现过程如图11-9所示）。

计算智能方法具有以下几个特点。

① 具有自适应性。计算智能方法可以根据环境变化适应不同的问题。它们能够通过动态调整参数或改变搜索策略来优化求解过程，从而提高问题求解的效果。

② 具有自学习性。通过不断迭代和训练，它们能够从数据中提取特征和学习规律，并逐步改进自身的性能。这种自学习性使得计算智能方法能够更好地适应周围环境的变化，并不断提升其问题求解能力。

③ 具有并行性。它们可以同时处理多个问题或者在求解一个问题时利用并行计算资源进行加速。通过并行处理，计算智能方法能够快速搜索解空间、优化参数，并在较短的时间内获得高质量的解决方案。

④ 具有分布性。对信息进行分布储存。

不同的计算智能算法在形式上具有差异性，如人工神经网络是通过模拟人类大脑处理信息方式。

计算智能方法间存在着许多共同之处，其中包括随机产生初始值、适应度评价函数、自适应过程和控制参数等。这些共性使得不同的计算智能算法可以在某种程度上互相借鉴和交流，从而提高各自的性能和效果。首先，在计算智能方法中，随机产生初始值是一个重要的步骤。无论是遗传算法、粒子群优化算法还是模拟退火算法，都需要通过随机方式生成一组初始解或粒子集合，作为算法开始搜索的起点。这种随机性的引入有助于增加算法的多样性，从而更好地探索搜索空间并寻找全局最优解。其次，适应度评价函数在计算智能方法中扮演了关键角色。通过对每个解或粒子的适应度进行评估，算法可以确定解的质量，并据此进行选择和优化。适应度评价函数的设计会直接影响到算法的性能和效果，因此在不同的计算智能方法中，适应度评价函数的选择和定义都是至关重要的。其次，自适应过程和控制参数也是计算智能方法的共性之一。自适应过程指的是算法能够自动调整搜索策略或参数，以适应不同问题的特点和难度。例如，遗传算法中的交叉率和变异率可以通过自适应方式进行调整，从而提高算法的搜索能力和收敛速度。控制参数则是指算法中的一些固定参数值，如种群规模、迭代次数等。不同计算智能方法对于这些参数的选择和调整也有一定的共性及经验规则。

虽然计算智能算法在实际应用中具有广泛的适用性，并能够取得良好的效果，但仍然存在着一定的局限性。例如，算法的收敛性和稳定性不一定能够得到确保，可能会出现陷入局部最优解或搜索空间不完全覆盖的情况。此外，计算智能算法在处理大规模和复杂问题时可能面临计算资源缺乏及时间成本的挑战。然而，不同算法之间可以通过互相借鉴和学习来提高各自的性能及效果。例如，可以从遗传算法中借鉴交叉和变异的思想，将其应用到粒子群优化算法中，从而可以丰富算法的搜索方式；模拟退火算法中的温度调度策略可以被其他算法用于控制参数的自适应过程。通过以上的这种优势互补，不同算法可以相互弥补促进，提高解决实际问题的能力和效果。

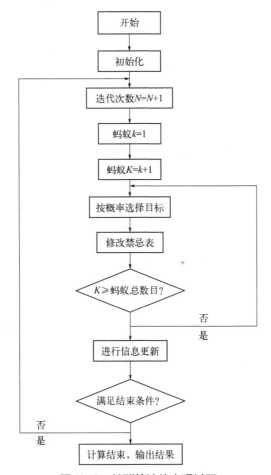

图11-9　蚁群算法的实现过程

11.4　人机交互技术

人机交互技术是指人与计算机、机器人、智能设备等人工智能设备之间的直接交互方式。其目的是通过设计合理的交互方式和界面，使人类用户能够更加便捷、自然地与计算机和机器人进行交互及沟通。

人机交互技术在数字产品化的发展中起着关键性的作用。人机交互技术需要构建一个在复杂系统下人机混合的智能仿真世界，并以此给用户提供沉浸感和智能感[324]。在人机交互技术中，虚拟现实、增强现实、混合现实、介导现实、扩展现实及元宇宙等仿真技术，都发挥着重要的作用，同时这些仿真技术在现实中的应用也在快速发展[325]。

11.4.1 虚拟现实

虚拟现实（virtual reality，VR）是一种模仿真实世界的技术，借助计算机产生的视野和听力等感受输入，用户能够仿佛置身于其中，体验并进行互动交流。虚拟现实技术通过专用设备如头戴显示器、手柄或数据手套等，以及相关的软件和算法，将用户沉浸到一个计算机生成的虚拟环境中，使其可以与虚拟环境互动。

虚拟现实技术的核心目标是创造出逼真、沉浸式的体验，使用户有一种身临其境的感觉，好像真地置身于一个完全不同的现实世界。为了实现这一目标，虚拟现实技术通常会利用计算机图形学、模拟物理、跟踪技术等多种技术手段。当用户佩戴头戴显示器时，他们可以看到虚拟环境中的各种场景和对象。这些场景和对象的细节及逼真度都是通过计算机图形学的技术生成的，让用户感觉仿佛置身其中。同时，为了增强沉浸感，听觉设备也被广泛使用，通过3D音效技术为用户呈现身临其境的声音效果。除了视听方面的体验外，虚拟现实技术还注重用户的身体动作捕捉和交互。用户可以使用手柄、手势识别或体感设备等进行身体动作的捕捉，并且与虚拟环境中的对象进行交互。比如，用户可以通过手柄来操控虚拟世界中的游戏角色，或者通过手势识别来控制虚拟屏幕上的应用程序。虚拟现实技术在娱乐、游戏、教育、医疗、建筑、设计等领域有广泛的应用，如表11-5所示。不过虚拟现实技术还面临一些挑战，例如如何解决运动延迟、提高图像质量、减小设备体积等。但随着技术的不断发展和进步，虚拟现实技术将在更多领域展现出巨大的潜力，并为人们带来更加丰富、沉浸式的体验。

表11-5　虚拟现实技术的实际应用

应用领域	描述
游戏娱乐	VR游戏将玩家带入虚拟游戏环境中，提供身临其境的真实感受
教育培训	通过VR教学，可以进行远程教学、实践模拟、交互式学习等
医疗康复	VR技术可用于手术模拟、康复训练等方面，帮助患者更快恢复健康
建筑设计	虚拟现实技术可以用于预览、评估和调整建筑设计方案等方面
旅游体验	VR旅游可提供更具沉浸感的旅游体验，而且没有时间和地点的限制

11.4.2 增强现实

增强现实（augmented reality，AR）是一种在真实世界中叠加虚拟世界的"无缝"集成技术。其核心是把无法直接感知的信息，如声响、气息、视觉等，以数字形式嵌入真实的空间里。因为它能将虚拟元素完美地结合进现实的环境进行展示，这种技术的应用可以使人们感受到超出现实的感觉。

增强现实技术和虚拟现实技术是两种不同但紧密相关的人机交互技术。虚拟现实技术能够使使用者完全投入到一个人工构建出的虚拟环境中，这个虚拟世界与实际的世界彻底分离开来。与此相反，增强现实是将虚拟的信息融入真实的环境之中，虚拟的信息内容与真实的信息内容共同存在于同一时空，使人们可以在真实的场景中操作虚拟对象。目前增强现实技术已经被人们越来越多地使用，比如它用于文物修复、AR试衣镜、水下搜救头盔研发等方面，该技术正在逐渐融入人们的日常生活。虽然增强现实技术已经得到了广泛应用，但它仍然面临着一些挑战，例如技术不够成熟、设备成本较高、用户体验需要进一步优化等。此外，增强现实技术还需要考虑隐私和伦理等问题，例如在应用过程中如何保护用户的隐私和如何保证虚拟信息的真实性等。

未来，增强现实技术有着广阔的发展前景。随着硬件设备的不断进步和成本的下降，越来越多的人将能够轻松地体验增强现实。图11-10展示了四种增强现实头显设备。随着5G技术的广泛应用，增强现实有能力更迅速地传输和处理大量的数据，带来更流畅且逼真的体验。此外，伴随着人工智能和机器学习的发展进步，增强现实技术将能够更好地理解并满足用户需求，提供更具个性化和智能化的应用。除了消费者市场外，增强现实技术还有着广泛的商业化应用。企业可以利用增强现实来提升生产效率、培训员工、改进设计和营销等方面。例如，在工业制造领域，增强现实可以提供实时的操作指导和故障排除

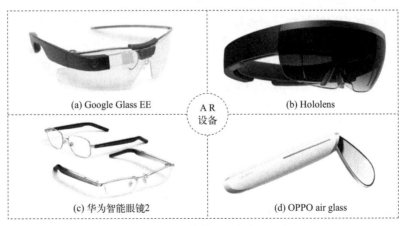

(a) Google Glass EE   AR设备   (b) Hololens

(c) 华为智能眼镜2   (d) OPPO air glass

图11-10 四种增强现实头显设备

指导，提高生产效率和质量。在建筑和房地产领域，增强现实可以为设计师和购房者提供更直观和真实的体验，减少不必要的误解和改动成本。

在数字产业化的推动下，增强现实技术已经取得了显著的进展，并在各个领域展示了广泛的应用前景。随着科技的持续创新和进步，增强现实将在人们的生活中不可或缺，为人们带来更多元、便利和智能化的体验。无论是教育、医疗、旅游、零售还是工业制造等领域，增强现实都将为人们提供更多机会和可能性，改变人们对现实世界的感知和理解方式。随着技术和应用的不断发展，增强现实有望进一步融入人们的生活，并成为数字化时代的重要驱动力之一。

11.4.3 混合现实

混合现实（mixed reality，MR）是一项将虚拟现实和增强现实两种技术相结合，并在真实世界中与虚拟对象进行交互的技术。该技术通过在虚拟环境中引入现实场景信息，在虚拟世界、现实世界和用户之间搭起一个交互反馈的信息回路，以增强用户体验的真实感[326]。

混合现实基于可视化穿戴设备、传感技术及计算机图像技术等相关技术设备，不仅可将数字对象叠加到现实世界，也能够将现实世界的内容虚拟化叠加到虚拟环境之中，构建出数字虚拟对象与现实世界对象共存的可视化环境，实现虚与实的深度融合，形成互相交互的有机统一体[327]。图11-11展示了目前两款实现MR功能的头显设备。

混合现实的核心技术是通过将虚拟元素与真实世界相结合，以达到与现实环境的整合。其核心技术主要包括视觉感知技术、虚拟对象渲染技术、空间定位与跟踪技术、用户界面与交互技术，以及增强现实与虚拟现实融合技术。视觉感知技术可以用于感知用户的视觉环境，并将虚拟对象与真实场景融合在一起，用于捕捉用户的环境信息和跟踪用户的位置及姿态。该项技术可以通过计算机视觉技术来实现，例如目标检测和识别、平面检测和跟踪等，通过对环境的分析和理解，系统可以确定虚拟元素在哪里投射或放置，并确保它们与环境的交互行为相吻合；虚拟对象渲染技术用于将虚拟对象以逼真的方式叠加到真实环境中，使其与现实环境进行交互，并将虚拟场景投射到用户的视野中。另外渲染技术也需要具备强大的实时渲染和模拟能力，以便实现逼真的虚拟元素展示和交互效果，涉及图形处理、物理仿真、光照计算等方面的技术，使得虚拟元素在与现实环境交互时表现自然而真实；空间定位与跟踪技术能够让虚拟对象准确地与真实环境进行交互，并实时地追踪用户的位置和姿态，同时也需要对现实世界中的物体进行追踪，以便将虚拟元素正确地与物体叠加。以上的功能可以通过使用传感器、摄像头等设备来实现，例如使用陀螺仪、加速度计等传感器追踪用户的位置和姿态，或使用视觉技术在图像中识别和追踪物体；用户界面与交互技术能够提供用户与虚拟对象进行自然而直观的交互方式，使用户准确地操作和操控虚拟对象。各种交互方式如手势辨识、声音辨识、触摸屏等均可以使用户与虚拟环境进行沟通，并实时地与虚拟元素进行互动。

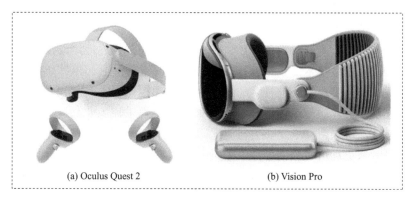

(a) Oculus Quest 2　　(b) Vision Pro

图11-11　两款实现MR功能的头显设备

11.4.4　介导现实

介导现实（mediated reality，MR）技术由来自加拿大多伦多大学的Steve Mann教授提出。介导现实是一种从真实世界到虚拟世界的中介技术，可以将真实的物理空间同虚拟的世界融合起来，使用户能够在现实世界中观察，并且参与到这个被创造出来的数字领域中。通过将虚拟元素插入真实环境中，从而为用户提供更加生动、直观的体验。相比于传统的虚拟现实技术，介导现实不需要完全隔离用户的身体和环境，而是利用计算机视觉、感知等技术将虚拟和现实环境进行结合。混合现实技术的目的是构建一个真实物理世界和虚拟数字世界的时空连续体，而介导现实技术则是在达到混合现实技术目的的同时，还可以对物理现实进行数字化调整，做到更进一步的优化，更侧重于在现实环境中提供对虚拟信息的辅助和引导。

介导现实技术的工作原理是利用摄像头采集人眼所看见的实时现实信息，并对采集到的数据进行数字化处理，再由计算机对处理后的数据进行实时的画面选取，以及叠加部分虚拟图像或者叠加完全虚拟图像，然后在删减和修饰完影像之后，计算机渲染得到具有新的现实感的画面。虚拟现实是纯虚拟数字画面，混合现实是虚拟数字画面+裸眼现实，介导现实则是数字化"现实+虚拟"数字画面的实现，使得用户能够在现实环境中看到并与虚拟元素进行交互，实现沉浸式的体验。

计算机视觉技术是介导现实的重要基础。通过使用相机、传感器等设备，计算机可以感知和理解真实世界中的物体、场景和动作。计算机视觉技术用于追踪和识别现实环境中的特征点、平面、物体等，以便将虚拟元素正确地插入到真实环境中。增强现实技术是介导现实的关键技术之一。它能够通过叠加虚拟元素（如图像、文字、视频）到真实世界中，使用户能够在现实环境中直接看到并与虚拟元素进行交互。增强现实技术需要准确地跟踪用户的位置和姿态，并将虚拟元素以合适的方式叠加在真实环境中。介导现实同时也需要感知技术来对用户的行为和动作进行感知和识别。例如，通过使用动作识别、语音识别和眼动追踪等技术，可以实现用户与虚拟元素的交互。这些感知技术能够捕捉用户的动作、声音和注视点，从而实现对虚拟元素的控制和操作。

介导现实可以应用于多个领域，例如教育、娱乐、工业制造等。在教育领域，介导现实可以帮助学生更好地理解和学习抽象的概念；在娱乐领域，介导现实可以带来更加沉浸式的游戏和娱乐体验；在工业制造领域，介导现实可以帮助操作工人完成复杂的工作任务，减少人为错误和工作时间。介导现实作为虚拟现实技术的一种延伸形式，可以为用户提供更加自然、直观和具有交互的体验，并且在多个领域有着广泛的应用前景。

11.4.5 扩展现实

扩展现实（extended reality，XR）是一种包括虚拟现实、增强现实、混合现实等多种技术的综合概念，它利用多项创新工具，将虚拟内容融入实际场景中。通过将虚拟现实、增强现实、混合现实三者的视觉交互技术相融合，为体验者带来虚拟世界与现实世界之间无缝转换的"沉浸感"。与虚拟现实、增强现实、混合现实和介导现实技术相比，扩展现实更注重达到使虚拟世界与现实世界完全融为一体的状态，使得数据信息和模拟体验间的距离感消失（四种现实技术的比较如表11-6所示）。扩展现实技术能够更好地满足人类的需求并且正不断进行适应性调整。该技术模糊了现实环境与虚拟场景之间的界限，加强用户在视觉、听觉、嗅觉和触觉方面的体验，为用户创造一种沉浸的环境。扩展现实作为"技术中介体验"，其结合数字与生物现实的特性，能够帮助人们快速洞察信息，以及展开情境想象。

表11-6 VR、AR、MR、XR的比较

技术类型	内容描述	关联技术	相互关系
虚拟现实（VR）	计算机生成的模拟环境	3D视觉、定位追踪、手势追踪	独立于现实
增强现实（AR）	虚拟内容与现实场景相结合	计算机视觉、人工智能、深度学习	虚拟内容叠加在现实中

续表

技术类型	内容描述	关联技术	相互关系
混合现实（MR）	虚拟内容与真实世界融合	定位追踪、物体识别、环境建模	VR和AR技术相结合
扩展现实（XR）	将数字信息有选择地扩展到现实世界中	人机交互、声音处理、自然语言处理	包括VR、AR和MR等技术

扩展现实通过传感器和数据采集、环境感知和跟踪、虚拟信息生成和呈现、用户交互，以及实时计算和处理等关键技术，将现实环境与虚拟信息相结合。扩展现实使用各种传感器来获取关于现实环境的数据，通过收集环境的各种数据，系统可以构建出现实环境的模型；扩展现实利用环境感知技术来识别和追踪现实世界中的物体和表面，通过对环境进行感知和跟踪，系统可以确定虚拟信息在现实环境中的位置和方向；扩展现实根据环境感知的结果，生成相应的虚拟信息，并将其与现实环境进行叠加和呈现，通过包括头戴式显示器、透明显示器、投影等设备，将虚拟信息在用户的视野中呈现出来；扩展现实提供各种方式供用户与虚拟信息进行交互，用户可以通过交互方式与虚拟信息进行沟通和操作，实现与虚拟世界的互动；扩展现实在实时性的要求下完成环境感知、虚拟信息生成和呈现等任务，其具备强大的计算和处理能力，包括图形处理、数据处理、物理仿真等方面的技术，以确保虚拟信息能够与现实环境实时地进行交互和呈现。

11.4.6 元宇宙

元宇宙是集合了多种仿真应用技术而形成的一种现实空间与虚拟空间相融合的新型互联网应用社会形态。上述章节中提到的用于描述虚拟现实和增强现实等沉浸式技术的"扩展现实"，被认为是构建元宇宙（metaverse）的基础。如图11-12所示，元宇宙将虚拟世界与现实世界在多个方面进行连接，使得两个世界中的经济系统、社交系统、身份系统等密切融合，并且允许每个用户进行内容生产及世界的编辑工作。

部分学者通过深入挖掘关于元宇宙的设想及其理念的历史，提出了一种四象限的方法来理解和定义元宇宙。从时空性来看，元宇宙是一个空间维度上虚拟而时间维度上真实的数字世界；从真实性来看，元宇宙中既有现实世界的数字化复制物，也有虚拟世界的创造物；从独立性来看，元宇宙是一个与外部真实世界既紧密相连，又高度独立的平行空间；从连接性来看，元宇宙是一个把网络、硬件终端和用户囊括进来的一个永续的、广覆盖的虚拟现实系统[328]。

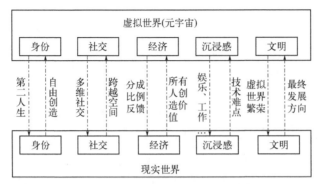

图11-12 元宇宙与真实世界的融合

准确地说，元宇宙并非全新概念，而是一种对传统观念的新诠释和再现，是在扩展现实、云计算、区块链、数字孪生等新技术下的概念具化。未来元宇宙的三大特征是与现实世界平行、反作用于现实世界、多种高技术综合[329,330]。

① 与现实世界平行指的是未来元宇宙是一个虚拟的数字化空间，与现实世界形成平行存在。这个虚拟空间通过先进的计算机图形技术和虚拟现实设备，让用户可以身临其境地感受到其中的场景、人物和事件。虚拟世界中的元素可以模拟现实世界中的物理和社会系统，让用户在其中进行各种互动和体验。

② 反作用于现实世界是指未来元宇宙不仅仅是一个独立存在的虚拟空间，而且具备对其实际环境产生影响的能力。借助其与物理世界的互联，例如物联网设备、传感器和智能设备的连接，未来元宇宙能够获取并解析现实世界的数据，进而做出回应。这意味着未来元宇宙可以成为一个与现实世界紧密衔接的工具和平台，在信息传递、商业交易、社交互动等方面发挥重要作用。

③ 多种高技术综合是指未来元宇宙的建设离不开多种高技术的综合应用。其中包括人工智能、虚拟现实、增强现实、区块链、大数据分析等领域的技术。通过人工智能，未来元宇宙可以实现智能化的场景和角色生成、自动化的任务和活动规划等。虚拟现实和增强现实技术使用户可以身临其境地感受到虚拟世界的存在并与之互动。区块链技术可以确保虚拟世界中的数据的安全性和可信度。而大数据分析则可以对用户行为、偏好和需求进行深入挖掘，为虚拟世界的内容和服务提供个性化的优化。

在元宇宙的发展中，其展示出了巨大的商业和社会潜力。它为企业提供了新的商业机会，推动了企业的增长和创新。同时，元宇宙也在重塑社交互动和社交关系的方式，为人们创造了更加丰富和多样化的体验。此外，元宇宙还有着教育和培训的应用潜力，为学习和技能培训提供了全新的途径。元宇宙作为一个整合多种仿真技术的新型互联网应用社会形态，展示出广阔的商业和社会发展前景。它将改变人们与世界互动的方式，创造新的商业机会，提供个性化和沉浸式的学习体验，并对社交互动、商业模式和教育培训产生深远影响。如图11-13所示为元宇宙的应用场景，展示了在元宇宙中进行聚会、会议、演唱会、教学。

然而，元宇宙的发展还需要面对诸多挑战，需要各方共同努力推动技术创新和应用落地，以及探索合适的规范和社会伦理，以确保其可持续性发展并给社会带来更多价值。

图11-13　元宇宙的应用场景

第 12 章

产业数字化技术

随着数字经济的快速发展，数据产业化发展势头迅猛，而产业数字化发展则显得相对乏力。传统生产制造行业对数字化技术有着强烈的需求，但许多传统企业不具备运用数字化技术进行生产制造的能力，因此将数字化技术全面融入传统企业之中，使其进行数字化转型成为亟待攻克的难题。

随着工业4.0时代的到来，数字化技术在产业转型升级中发挥着越来越重要的作用。传统企业对数字化转型的需求为产业数字化创造了广阔的市场，数据产业的蓬勃发展为产业数字化提供了机会窗口，政府提出的"中国制造2025"相关政策给产业数字化的发展提供了扶持，创造了有利的发展环境。企业实现产业数字化的关键是如何将各种数字技术合适地运用到实体经济中来，让两者实现真正的深度融合。通过对数字技术的利用，逐渐形成基于网络与数据驱动的新型生产模式，推动企业组织结构的不断创新，进而使得加工制造技术得到提高，产品功能质量进一步加强，从而获得更好的市场竞争力，为企业创造更多的价值。

本章主要介绍的产业数字化技术有数字孪生、边缘计算、云技术、区块链、工业互联网及智能网联车。

12.1 数字孪生

数字孪生（digital twins）的本质是将现实空间中的各种对象（人、物、关系、过程等）全时空、一致地复现为虚拟空间中的数字孪生体（又称为数字模型），并通过收集、整合和分析来自现实世界中物体、设备或过程的数字化数据，利用这些数据在虚拟世界中创建物理实体的精确模型[331]。

数字孪生的发展是基于多种科学技术的发展成果，根据数据的传输过程主要可分为四层：数据采集传输层、数据建模层、功能实现层及人机交互层。通过数字孪生技术，可以进行虚拟设计和仿真实验，提前发现问题并优化解决方案，从而降低成本、减少风险、提高效率和可持续性。

12.1.1 发展现状

随着数据经济的快速发展，数字孪生技术得到了市场的广泛青睐，成为各领域进行产业数据化的关键技术之一。数字孪生技术不再仅仅局限于制造业，在智慧城市、智慧医疗、智慧交通等多个行业的建设中可以越来越多地见到数字孪生技术的身影。随着区块链、大数据、5G通信技术、人工智能、人机交互、云计算等信息技术的蓬勃发展，现实世界与虚拟数字世界正在进行着越来越多的交互，两个世界以多维度相互连接，逐步实现更深度的融合。在这一时代背景下，"数字孪生"世界的构建正在逐渐趋于完善[332]。

2017～2019年，在全世界顶级信息技术研究和分析机构Gartner公司发布的《十大战略技术趋势分析报告》中，数字孪生技术都位居前列。该报告收录全世界每年最具颠覆性潜力的技术趋势，这些新兴技术正在快速蓬勃地发展，有望对未来产生广泛而深远的影响。在2017年的报告中，数字孪生技术位居十大战略技术趋势的第5位，如图12-1所示。

2017年十大战略技术趋势	2018年十大战略技术趋势	2019年十大战略技术趋势
• 应用人工智能与高级机器学习(applied AI & advanced machine learning) • 智能应用程序(intelligent apps) • 智能事物(intelligent things) • 虚拟和增强现实(virtual & augmented reality) • 数字孪生(digital twins) • 区块链和分布式账本(blockchains and distributed ledgers) • 反作用系统(convers-actional systems) • Mesh应用程序和服务体系结构(mesh app and service architecture) • 数字技术平台(digital technology platforms) • 自适应安全体系结构(adaptive security architecture)	• 人工智能基础(AI foundations) • 智能应用程序和分析(intelligent apps and analytics) • 智能事物(intelligent things) • 数字孪生(digital twins) • 从云到边缘(cloud to the edge) • 会话平台(conversational platform) • 沉浸式体验(immersive experience) • 区块链(blockchains) • 事件驱动(event-driven) • 持续适应性风险与信任(continuous adaptive risk and trust)	• 自主事物(autonomous things) • 增强分析(augmented analytics) • 人工智能驱动的开发(AI-driven development) • 数字孪生(digital twins) • 边缘赋能(empowered edge) • 沉浸式体验(immersive experience) • 隐私与道德(privacy and ethics) • 量子计算(quantum computing) • 区块链(blockchain) • 智能空间(smart spaces)

图12-1　Gartner公司2017～2019年《十大战略技术趋势分析报告》

在2018年Gartner公司发布的《十大战略技术趋势分析报告》中，数字孪生技术位列第四名；在2019年的报告中，数字孪生技术延续上一年的排名，仍然保持在第四位。数字孪生技术连续三年被《十大战略技术趋势分析报告》收录，可见其具有重要的价值。

数字孪生技术的发展同时得到了政府和企业的广泛支持。数字孪生技术具有较高的市场价值和应用潜力，因此各国政府亦在积极推动数字孪生技术的发展。例如，中国政府发布了《"十四五"大数据产业发展规划》文件，提出到2025年，数字孪生技术将成为国家战略性新兴产业；美国政府也启动了"先进数字孪生计划"，重点支持数字孪生技术在制造业和国防领域的应用。此外，众多企业也纷纷入局数字孪生领域，如通用、西门子、百度、阿里巴巴等，加速数字孪生技术的发展。

尽管数字孪生技术有很多好处，但它仍然面临数据集成难以实现、网络安全（易受到网络攻击），以及缺乏标准化和互操作性等多重挑战。随着越来越多的公司采用数字孪生技术，人们可以期待在未来几年看到更多的创新应用和突破。其发展现状可归结为：数字孪生技术是社会数字化发展关注的热点，具有很好的发展前景，现阶段的实际运用还处于起步阶段[333]。

12.1.2 体系架构

数字孪生技术的体系架构可分为七层，依次为行业应用层、应用硬件层、功能模块层、建模及计算层、基础数据层、数据网络层，以及基础硬件层，各层级的主要内容及实现功能如表12-1所示。

整个数字孪生体系架构涉及多种互联网技术，需要通过多种核心技术的交互作用才能更好地实现数字孪生，这些技术主要包括：模拟仿真、大数据、物联网、区块链、人工智能、云计算、5G通信及边缘计算等。其中大部分技术在本书之前的章节已经讲述过，以下将会对边缘计算、云计算及区块链进行介绍。在数字孪生体系架构的七个层级中，每一层级都应该考虑到相应的安全问题，如数据安全、网络安全等[334]。

表12-1 数字孪生体系架构各层级主要内容及实现功能

名称	主要内容	实现功能
行业应用层	智能制造、智慧城市、智慧交通、智慧医疗	（1）制造行业产品开发、生产预测维护 （2）医疗健康领域，提供个性化护理 （3）城市建设领域，运用于智慧城市的设计、管理及服务
应用硬件层	台式计算机、智能手机、智慧大屏、VR设备、AR设备、MR设备	（1）实现数字孪生技术的硬件载体 （2）提高数字孪生的体验感及真实感
功能模块层	描述及呈现、双向交互、诊断及分析、优化与改进等模块化功能	（1）数字孪生技术业务能力的核心支撑 （2）实现数字孪生的各种功能
建模及计算层	数据建模、数据映射、仿真计算、数据分析、动态调整	（1）建立数字孪生的虚拟模型 （2）连接功能模块层与基础数据层 （3）将基础数据层的数据进行虚拟模拟 （4）对数据进行处理计算分析
基础数据层	数据采集、数据流动、数据确权、数据共享、数据存储	处理由基础硬件层产生并由基础网络层传输的多源异构数据
基础网络层	各类网络通信技术，如5G通信、以太网、LoRa	将基础设备层采集到的数据传输到基础数据层
基础硬件层	各类智能设备、传感器、物联网终端等	采集不同场景下的多源异构数据，将其发送到基础网络层

12.1.3 关键技术

实现数字孪生技术包含建模、仿真和应用三个部分。建模是指将实际物理系统进行建模，采集数据并且进行数字化处理，最终形成一个数字模型；仿真是指将数字模型在计算机上进行复杂的计算，得出精确的仿真结果；应用是指利用数字孪生技术结合物联网和大数据等进行故障预测、性能优化、运营监控等多项功能。各部分的主要内容、实现功能及所用技术如表12-2所示。

表12-2　数字孪生关键技术各方面含义、功能及所用技术

方面	主要内容	实现功能	所用技术
建模	对实体进行描述，生成数字孪生模型	理解和模拟物理实体的特性和行为	数学建模、统计分析、数据处理
仿真	进行动态演示和预测分析	分析、评估和预测物理实体的性能及行为	数值仿真、计算方法、模拟条件设定
应用	应用于实际场景，支持决策和优化	提供精确的决策支持和优化方案	机器学习、数据分析、智能控制、增强现实

实现数字孪生最离不开的技术就是建模。建模的目的是以准确和详细的方式描述物理对象的属性、结构和行为[335]。通过建模可以将物理对象的各个方面转化为计算机可理解的形式，从而在数字空间中实现对其全面仿真和分析。数字孪生是用数字模型来表示物理世界的，因此建立现实世界的数字化模型是实现数字孪生的核心技术。

建模可以采用多种方法，例如计算机辅助设计（computer aided design，CAD）、三维建模和虚拟现实等。通过这些工具，人们可以在数字空间中创建与实际物体相似的虚拟模型，并对其进行精确的几何学和物理属性建模。此外，还可以利用传感器和物联网设备收集物理对象的实际数据，并将其整合到数字模型中，以提高模型的真实性和准确性。

与建模技术相关的就是仿真技术，仿真技术在数字孪生中也发挥着不可替代的作用。建模是用模型处理来表示现实物理世界，仿真是基于模型来验证这种模型化处理的有效性。因此可以说仿真技术是保证数字孪生对物理实体进行有效映射的核心技术。通过执行模拟和计算，可以了解物理对象在不同条件下的行为和性能。仿真可以帮助评估和优化物理对象的设计、操作和维护方法，从而提高其效率、可靠性和安全性。

数字孪生技术的最终目标是将建模和仿真的结果应用于实际场景中，并实现对物理对象的监控、控制和优化。通过与物理孪生体进行实时数据交换和分析，从而实现对物理对象行为的实时监测，以保证及时发现问题和异常，并采

取相应的措施，确保物理对象的安全和可靠运行。

除此之外，大数据的应用在实现数字孪生技术的过程中也必不可少。数字孪生和大数据都涉及大量的数据搜集、处理、存储工作，两者存在一些相同的关键技术，如物联网。大数据更关注数据相关技术，数字孪生则更倾向于网络物理集成技术。虽然它们的侧重点不同，但都有着各自的优势，且优势是互补的，能弥补对方的不足，相互结合能够发挥更大的功效。随着产业数据化的推动，制造过程变得越来越复杂，传统的技术不再能够满足生产需求。因此，将大数据与数字孪生结合可以更好地推动智能制造。

如上所述，数字孪生体系需要依靠多种核心技术的交互，包括模拟仿真、大数据、物联网、区块链、人工智能、云计算、5G通信，以及边缘计算等。以下将从中选出几个数字孪生的关键技术进行介绍。

12.1.4　应用场景

数字孪生技术最早起源于NASA的阿波罗计划，也最先运用于航天航空领域，初期只能进行相对简单的计算机建模、模拟仿真技术、可视化技术及交互技术。随着人机交互、计算机辅助设计与制造、模拟仿真、物联网技术、移动通信技术的蓬勃发展，数字孪生与这些智能制造相关技术不断进行交叉融合后，已经可以实现更加复杂的功能，其应用领域也得到了扩展。

在能源方面，数字孪生技术被用于优化风力涡轮机和太阳能电池板的性能。通过创建风力涡轮机或太阳能电池板的虚拟模型，工程师可以监控其性能，并预先识别潜在问题，从而减少维护成本和停机时间，提高设备整体效率。

在航空航天领域，数字孪生技术被用于模拟飞机发动机和其他关键部件的性能。通过创建虚拟模型，工程师能够实时分析数据并及早洞察潜在问题，从而降低维护成本，提高飞机的安全性和可靠性。

在医疗保健领域，数字孪生技术被用于创建器官和其他身体部位的虚拟复制品。这些模型可以用于模拟不同的场景，帮助医生在将治疗方法应用于真实患者之前进行测试，有助于提高医疗的准确性和有效性，降低并发症风险。

在交通领域，数字孪生技术被用于优化车辆和交通系统的性能。通过创建车辆或运输系统的虚拟复制品，工程师能够实时分析数据并提前发现潜在问题，有助于降低维护成本，提高运输系统的安全性和效率。

在制造业中，数字孪生技术可以创建整个生产过程的虚拟复制品，使制造商能够优化生产、降低成本并提高质量。通过模拟不同的场景，制造商可以识别效率低下的情况，并进行调整以提高效率和生产力。数字孪生技术能够在各种制造领域进行模拟仿真、生产监控与预测，能够适用于复杂产品及其设备设计、生产、运行和维护的全生命周期，帮助控制生产设计成本，进行管控分析，推动产业数字化建设工作。如图12-2所示为数字孪生技术的应用场景。

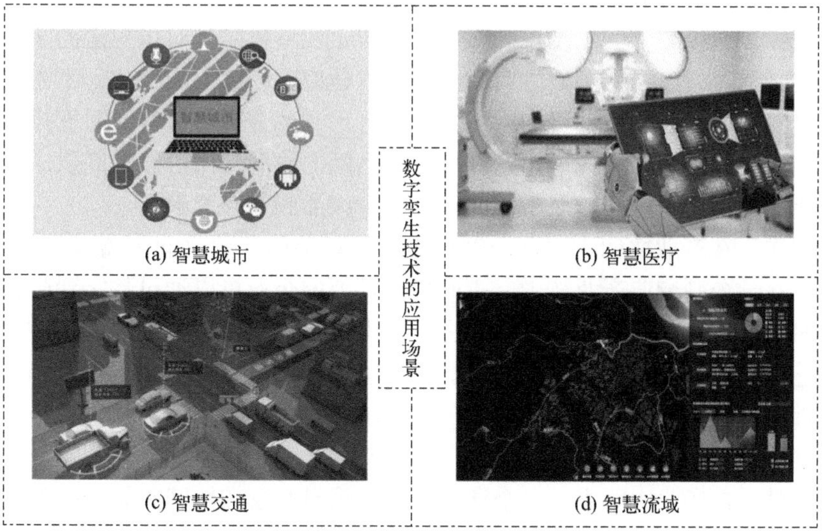

图12-2 数字孪生技术的应用场景

在建立数字生态系统中，通过数字孪生技术可以在虚拟环境中对物理实体进行模拟测试和优化，例如在工业领域，可以通过该技术模拟生产线的运行情况，优化生产过程，提高生产效率和质量。数字孪生技术可以实时收集和分析物理实体的数据，并与其虚拟模型进行比对和分析，从而实现故障诊断和预测。数字孪生技术也能够完成资源优化与可持续发展，可以对能源、水资源等进行建模和监控，实现资源的优化利用，通过优化资源的使用方式和调整生产计划，降低资源消耗和环境影响，实现可持续发展。在做决策时，数字孪生技术可以为决策提供可视化和实时的数据支持，通过将物理实体与其虚拟模型相连接，可以实时监测和分析数据，为决策提供准确的信息和指导，提高决策效率和质量。最后，数字孪生技术可以促进跨领域的创新和协同合作，通过将不同实体的数字孪生模型进行连接和交互，可以实现数据共享和协同工作，加速创新和提高工作效率。

12.1.5 产业协同

产业协同是指在数字孪生技术的应用中，产业链上中下游各个环节间的紧密合作和协同。它强调的是产业链与全价值链的协同作用，通过整合资源和优化流程，实现全局效益的提升。产业协同主要体现在产业上中下游全价值链的协同，包括供应链协同、产品生命周期协同等，其具体表现在产业协同平台的构建上。

首先，在产业协同中，上游企业与下游企业之间的合作至关重要。上游企业往往是原材料供应商和零部件制造商，下游企业则是成品制造商和最终产品的销售商。通过数字孪生技术的应用，上游企业可以实现对供应链的实时监控和优化，及时调整原材料的生产和供应，以适应市场需求的变化。下游企业可以通过数字孪生模型对销售和市场需求进行预测和分析，以便及时安排生产和配送，减少库存和降低成本。这种上下游之间的协同作用可以提高供应链的效率和灵活性，缩短产品的上市时间，并减少废品和库存的浪费。

其次，在产业协同中，同一产业链不同环节的企业之间也需要紧密合作。比如，在一个制造业产业链中，不同生产环节的企业可以通过数字孪生技术实现实时数据共享和协同决策。例如，产品设计师可以将设计数据直接传输给生产工艺人员，以便进行仿真和优化。生产工艺人员可以将实际生产过程中的数据反馈给设计师，以便针对性地调整产品设计。这种紧密的合作和协同作用，可以加快产品的研发和制造速度，提高产品的质量和竞争力。

此外，在产业协同中，各个环节之间的信息共享和协同决策也是至关重要的。通过数字孪生技术，企业可以建立起全产业链的数据共享平台，实现全面、实时的信息共享和数据分析。例如，供应商可以通过数字孪生平台了解到客户的订单和需求情况，以便及时安排生产和供货。制造商可以通过数字孪生平台监测原材料的采购情况和生产进度，及时调整生产计划。销售商可以通过数字孪生平台了解到产品的库存和交付情况，以便及时调整销售策略。通过信息共享和协同决策，企业能够更好地协调生产和销售，提高整个产业链的效率和竞争力。

实现产业协同，需要数字孪生朝着更开放、广阔的方向发展，不断结合更多的信息技术，还需要在纵向更深入细致地进行协同。数字孪生的产业协同不能仅仅靠一些企业在推动，需要科研人员、行业专家、数字孪生各领域企业共同协作，在国家及地方政府政策的支持下对数字孪生有同步的认知，形成一个产业协作团队，广泛且深入地合作，才能实现真正的数字孪生产业协同。

12.2 边缘计算

边缘计算（edge computing）是一种分布式计算模型，工作原理是将计算和存储资源移动到离数据源和终端设备更近的地方，以减少数据传输的延迟和网络拥塞，提高服务质量和用户体验，如图12-3所示。在边缘计算中，边缘可以为路由器、路由交换机、多路复用器、集成接入设备、互联网服务提供商（internet service provider，ISP）等。传统的云计算模型依赖于将数据发送到远程的云服务器进行处理，而边缘计算将计算任务从云端延伸到了网络边缘。对网络边缘而言，最重要的是尽量在地理位置上靠近设备[336,337]。

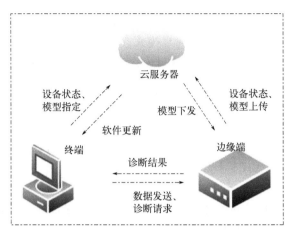

图12-3　边缘计算三端关系

边缘计算的优点主要有以下四个方面。

① 边缘计算能够减少延迟。延迟是指网络节点间数据传输所花费的时间。当这些节点间的地理距离过大时，加上网络拥堵的情况，就会造成延迟的情况发生。由于边缘计算的特点是使得网络中的点在位置上互相靠近，因此很大限度解决了网络延迟的问题。

② 边缘计算能够减轻带宽压力。网络中的带宽是有限的，能够传输的数据量及能够对这些数据进行处理的设备数量也是有限的。边缘计算可以将数据处理任务在本地执行，只将必要的结果或摘要传输到云端。

③ 边缘计算能够提高数据的隐私和安全性。随着互联网技术的不断发展，全世界数十亿台设备每天都在不断地产生大量数据，边缘计算能够在终端设备或网络边缘本地处理数据，减少了数据通过互联网传输的风险。在边缘计算中，存在一个本地存储，本地服务器可以在网络中断时执行基本的边缘检测分析。

④ 边缘计算能够在断网或有限网络连接的情况下继续工作，不依赖于持续的云端连接，这使得边缘设备能够独立地执行一些计算任务。

边缘计算被广泛应用于各个领域，包括智能城市、工业自动化、物联网、智能家居、智能交通、医疗健康等。它通过将计算能力靠近数据源和终端设备，使得数据处理更加高效、实时和智能化。同时，边缘计算也面临着一些挑战，如资源管理、安全保障、标准化等，需要进一步研究和发展以满足不断增长的需求。

12.2.1　基本原理

目前对于边缘计算尚未有一个确切的定义。一些学者将其描述为在数据源和云端之间任意位置进行的计算。这个定义相对宽泛，主要强调了边缘计算的位置，但并未具体定义其计算形式。边缘计算是相对于云计算而言的概念，可以理解为更接近数据源的一种云计算模式。

边缘计算的基本原理是将计算和存储资源移到数据所在的边缘（例如设备、传感器、网关、服务器等），以实现近距离处理和响应，减少数据传输的延迟和网络拥塞，提升服务质量和用户体验。边缘计算的基本原理包括以下几个方面。

① 就近计算。边缘计算的关键目标之一是将计算任务就近分配到离数据源和终端设备更近的边缘节点上。这样可以减少数据在网络中的传输时间，降低延迟并提高系统的响应速度。

② 分布式计算。在边缘计算中，计算任务可以被分布到多个边缘节点上进行并行处理。这种分布式计算的方式可以提高计算能力和效率，使得边缘环境能够处理更多的数据和任务。

③ 数据过滤和聚合。由于边缘节点位于数据源附近，因此可以对数据进行过滤和聚合，只传输和处理关键的或有特定需求的数据，减少不必要的通信和计算开销。这种数据过滤和聚合的方式能够降低网络带宽压力，提高网络传输效率。

④ 数据预处理。在边缘计算环境中，由于数据量较大且通信带宽有限，通常需要对数据进行预处理和压缩。边缘节点可以在接收到数据后进行数据清洗、特征提取和压缩等处理，以减少数据传输量，优化数据传输过程。

边缘计算的架构通常由三层组成：设备层、边缘层和云层。设备层是指所有连接到边缘计算网络中的终端设备，如智能手机、传感器、摄像头等。边缘层是指离设备层更近的计算和存储资源，如网关、服务器等。云层是指远程的云端计算和存储资源。在这样的分层架构下，边缘计算可以有效地解决传统中心化计算模式所带来的数据延迟和带宽压力等问题。边缘计算各层级的主要内容及实现功能如表12-3所示。

表12-3　边缘计算各层级的主要内容及实现功能

层级	主要内容	实现功能
设备层	各种终端设备、传感器和物联网设备	（1）收集现场生成的数据和传感器数据 （2）对采集的数据进行初步处理和过滤 （3）执行简单的计算任务
边缘层	位于网络边缘的中间节点	（1）在本地进行更复杂的数据处理与分析 （2）进行实时决策和控制操作 （3）缓存和同步云端的数据
云层	位于远程的云服务器	（1）处理海量数据的计算和分析任务 （2）使用更高性能的计算资源进行机器学习模型训练和优化 （3）存储和管理大量历史数据

12.2.2　关键技术

边缘计算主要是为了给计算任务提供更为高效的计算服务，其优点包括延时低、成本低、拥堵少、分布广、安全可靠等。边缘计算的关键技术主要有计算卸载技术、资源管理技术及计算虚拟化技术。

计算卸载技术是一种优化手段，它将本地的计算任务分配到云端或边缘端等不同位置进行执行，以达到不同目标的优化效果。该技术的应用可以减轻中央服务器或云端的负担，降低数据传输延迟，并提高系统的响应速度。实现计算卸载需要建立相应的卸载模型，将任务划分为多个子任务，并根据优化目标来确定每个子任务的执行位置。通过建立完整的任务模型，能更好地分析任务之间的计算依赖关系，并且允许进行更细粒度的卸载操作，从而更容易找到最优的计算任务卸载方案。因此，可以根据任务的复杂程度和实时性要求进行灵活调整，以达到最佳的计算卸载效果。

边缘计算在建立卸载模型后，需要根据目标决策对资源进行分配，因此资源管理也是边缘计算的关键任务。资源管理是指在边缘计算环境中对资源进行管理和优化的技术，旨在提升系统性能并满足应用需求。这些资源可以包括CPU、GPU、内存、IO、硬盘等计算资源，也可以包括带宽、频谱等通信资源。因为边缘设备和边缘服务器的计算能力有限，所以资源管理技术需要合理分配计算、存储和网络资源，确保任务能够在边缘节点上得到高效执行。边缘计算的资源管理按照具体的功能可以分为资源放置、资源分配和资源定价与激励。

计算虚拟化技术也是边缘计算的关键技术之一。计算虚拟化技术通过虚拟化技术将边缘设备、边缘服务器及云服务器上的计算资源抽象为虚拟机或容器，并提供给应用程序使用。常见的资源共享技术主要是将计算机系统中的软件和硬件资源进行虚拟化，并按照不同的层次进行分配，以便于不同的应用程序可以在虚拟设备上运行。计算虚拟化可以将物理计算资源划分为多个逻辑实例，使得不同的应用程序可以在同一台设备或服务器上并行运行，提高资源利用率和系统灵活性。通过计算虚拟化技术，可以快速部署和管理各种应用程序，同时对应用程序进行隔离，提高安全性和稳定性。计算虚拟化可以分为指令级别虚拟化、硬件级别虚拟化、操作系统级别虚拟化和应用程序级别虚拟化。虚拟化等级越高，其轻量化程度越高，但应用程序部署的灵活性越低。计算卸载技术、资源管理技术及计算虚拟化技术的优点及应用如表12-4所示。

表12-4　边缘计算关键技术的优点及应用

技术	优点	应用
计算卸载技术	（1）减少数据传输和延迟 （2）分担中心服务器压力 （3）保护隐私和安全	（1）视频监控和智能家居 （2）移动辅助医疗智慧城市 （3）工业物联网
资源管理技术	（1）提高资源利用率和性能 （2）增强系统可伸缩性和弹性 （3）实时监控和维护资源状态	（1）边缘数据中心云边协同 （2）跨边缘网络资源管理 （3）边缘多租户共享
计算虚拟化技术	（1）高效利用边缘设备资源 （2）提供灵活的计算环境 （3）实现资源的动态划分和管理	（1）边缘数据中心云边协同 （2）边缘应用部署和管理 （3）5G网络边缘计算

12.2.3　行业应用

随着科技的快速发展，数据时代的到来使得企业进行产业数字化升级成为热门趋势。边缘计算在各个行业都有广泛的应用。例如，在制造业中，边缘计算可以通过连接和控制本地的传感器及设备，实现实时监控、预测维护和资源优化。边缘计算可以减少数据传输到云端的延迟，并支持低延迟的决策和响应，提高生产效率和质量；在物流行业里，边缘计算可以应用于物流和供应链管理中的实时监测、跟踪和优化。通过在边缘设备上进行数据分析和处理，可以提供实时的位置跟踪、库存管理和路径规划，减少物流延迟和错误，提高物流效率和客户满意度；在医疗保健领域，边缘计算可以在医疗保健领域实现实时监测、远程诊断和医疗数据分析。通过将计算和数据处理能力放在接近患者的边缘设备上，可以提供实时的生命体征监测、远程医疗服务和快速的诊断结果，提高医疗保健的效率和质量。边缘计算还可以应用到智能城市的监测、管理和服务优化。例如，在城市交通管理中，边缘设备可以实时监控交通流量、信号灯优化和智能停车引导，减少交通拥堵和节约能源。

接下来以具体行业为例，详细说明边缘计算的行业应用。边缘技术逐渐在各个领域发挥作用，特别在工业制造行业有着极高的应用价值[338]。大部分的工业制造环节从设计到加工完成都会产生大量的数据，利用这些数据提取出有价值的信息，对生产过程进行改进是数字化转型的主要目标。边缘计算能够满足对数据快速分析且延时少的需求，因此能够广泛应用，其在工业制造业中的主要应用场景如表12-5所示。

表12-5　边缘计算在工业制造业中的主要应用场景

应用场景	应用原理	典型运用
故障诊断与缺陷检测	（1）提供便捷的计算资源，为工业现场数据分析提供计算支撑 （2）提高诊断预警的响应速度，进行范围较大的故障检测	轴承故障诊断、工厂产线识别与缺陷检测、工厂热异常检测、电力设备检修
安防监控	（1）利用视频流处理技术对视频数据进行结构化分析 （2）完成大范围的数据收集和实时监控	进行矿山生产作业场景的监控，完成人员行为督导、设备状态监测、物料流转监控
辅助设计与制造	（1）为VR/AR技术提供强大的计算能力 （2）利用边缘网实现数字孪生中的虚实同步技术	实时遥感、实时监控和可扩展等高性能应用
工业数据挖掘	（1）计算节点提供的计算服务和相关的地理位置信息 （2）利用位置信息能对工件进行定位与溯源	实现船厂内数万条管道的定位识别、质量评估与溯源等功能
控制决策过程的优化	（1）为智能制造提供基础的计算设施，保证相关的计算任务完成 （2）用于故障诊断及缺陷检测	云机器人系统利用实时计算能力实现机器人的自主移动能力和感知推理能力

12.2.4　边缘智能

边缘智能是指将人工智能算法和技术应用于边缘计算设备上，实现智能化的数据处理、决策和反馈。传统的人工智能通常依赖云端计算资源，将数据上传至云端进行处理和分析[339]。而边缘智能则将AI的计算和推断能力移植到离数据产生源头更近的边缘设备上，实现在设备本地进行实时的智能化处理。人工智能、大数据的蓬勃发展使得社会进入了智能时代，边缘计算的身影也逐渐出现在智能化产业的建设中，比如智能网联车和自动驾驶、工业物联网、智能家居等领域都开始利用边缘智能。通过将AI算法与边缘计算结合，边缘智能可以为各个行业带来更高效、实时和智能的解决方案。

以智能家居为例，介绍边缘智能。基于物联网技术，智能家居系统能够利用大量的物联网设备对家庭内部状态进行实时监控，同时接受外部控制命令并最终完成对家居环境的调控，例如照明系统、安防系统、温湿度传感器、智能电器控制等，如图12-4所示。

图12-4　智能家居系统

　　智能家居虽然获得了不错的发展成果，但随着智能家居设备越来越丰富、多元，如何管理这些异构设备成为一个重要的问题。此外，由于家庭数据的隐私性，用户并不总是愿意将数据上传至云端进行处理。因此，边缘计算技术应运而生，它可以将数据处理推送至家庭内部网络，从而减少家庭数据的外流，降低数据外泄的风险，并提升系统的隐私性。边缘智能能够更好地保障家庭信息数据的安全，对异构数据进行高效管理，从而推动智能家居的进一步发展。边缘智能的发展前景不局限于智能家居，在整个产业数字化建设中都有着不可取代的作用。

12.3　云技术

　　云技术（cloud computing）是一种基于网络的计算模式，通过将计算资源、存储空间和应用程序等提供给用户，实现按需使用和共享的技术。云技术中的"云"是指整个互联网或者是某个网络，"云"通过公有或私有网络（广域网、局域网或者VPN）提供服务。云技术在广域网或局域网内将硬件、软件、网络等系列资源统一起来，实现数据的计算、储存、处理和共享，其特点及其功能与实际应用如表12-6所示。

表12-6　云技术的特点及其功能与实际应用

特点	功能	实际应用
虚拟化	（1）将物理设备虚拟化成逻辑资源 （2）统一管理分配计算资源、存储资源和网络资源	虚拟机、容器技术，实现资源的灵活分配和利用，提高服务器利用率

续表

特点	功能	实际应用
弹性扩展	根据用户的需求动态调整计算资源和存储容量，实现弹性的扩展和缩减	（1）峰值业务负载期自动增加计算资源以满足需求 （2）非高峰期缩减资源，节省成本
按需付费	根据实际使用情况付费，节省购买昂贵设备软件的成本	（1）按小时计费用的云服务器 （2）按存储空间计费用的云存储
数据共享	支持多用户共享同一组资源，提供数据共享和协作的功能	多用户可以同时编辑和查看同一份文档，实现协同办公
高可靠性	采用冗余备份和灾备机制，确保数据的安全性和可靠性	在多个数据中心进行数据备份，避免因设备故障导致数据丢失

云技术广泛应用于各个领域，包括云计算、云存储、云应用、云安全、云加工等，该项技术为用户提供了更加灵活、便捷和经济高效的计算及存储服务，促进了数字化转型和信息技术的发展。下面将对云技术中的云计算、云存储、云加工及云应用进行介绍。

12.3.1　云计算

云计算（cloud computing）是一种基于互联网的计算方式，它通过将共享的软硬件和信息资源按需提供给计算机和其他设备。将计算资源集中起来，构成一个虚拟化的网络环境是云计算的基本思想。云计算通过对计算资源进行分配、调控和管理，达到对所有计算资源的统一使用和管理的目的。这种计算方式具有协同参与、动态化、虚拟化和可调控的优点。云计算的核心在于整合众多的计算个体，集中进行调控和分配，以实现对需求的动态适配和就近资源调度。它通过网络提供按需、快速、易扩展的计算资源，以满足数据编写、存储和交联等计算任务的需求。

云计算具有以下几个优点：①云计算的操作较为方便，用户可以通过互联网直接访问应用程序，无须下载其他指定软件，在线对操作程序进行配置和运行，不限地点和时间；②云计算服务为使用者提供在线开发工具，为用户进行开发和运行提供便利；③云计算提供按需自助式服务，不同需求的用户可以使用所需资源，无须与云服务提供商进行沟通交流，无须提前购买或采购相应的硬件设备；④云计算系统中的计算资源是共享的，多个使用者可以共享相同的资源，这样提高了资源的利用率，从而降低了成本。云计算的这四方面优点显著地方便了需求方的数据计算和分析需求，为产业数字化注入了澎湃的发展动力。为方便理解，在表12-7中展示了云计算的应用类型、特点和常见案例。

然而，云计算目前仍存在一定的局限性。首先，由于云计算系统的实时性较差，无法满足某些对实时数据计算分析要求严格的应用场景。其次，云计算对网络带宽也提出了较高的要求，质量不稳定或带宽不足的网络状况将会影响数据传输和分析任务的运行效率。此外，云计算也存在数据移动性差的问题，即使用者若将数据存储在云端，则将其迁移或转送到其他平台或服务器将会十分困难。最后，云计算平台的性能受网络延迟和网络波动的影响，当网络延迟较大或者剧烈波动时，可能会影响使用者对计算资源的访问和使用效果。

虽然云计算在处理部分场景时仍然存在局限，但总体上，其在提供便利、灵活、高效的计算资源方面具有明显优势，为企业和个人用户带来了便利。

表12-7　云计算的应用类型、特点和常见案例

应用类型	特点	常见案例
软件即服务	无须安装、维护和更新软件，节省硬件和软件成本，可以灵活扩展应用规模，随时根据需求调整订阅	在线办公套件、客户关系管理软件
基础设施即服务	提供虚拟化的计算、存储和网络资源，用户可以自定义配置和管理，可以弹性伸缩、按需分配资源，适应不同业务需求	网站托管、测试和开发环境、大数据处理
平台即服务	（1）提供基于云的开发和运行环境，开发者可以快速构建、部署和扩展应用程序 （2）提供数据库、消息队列、身份认证等常用服务，减少开发工作量	移动应用后端、物联网平台
客服服务	（1）提供容器化应用部署和管理的平台 （2）快速构建、交付和运行应用，提高可移植性和可扩展性	微服务架构、持续集成和交付
数据分析和人工智能	（1）支持大规模数据的存储处理和挖掘 （2）集成机器学习、深度学习等人工智能算法，可实现图像识别、语音识别、推荐系统等应用	数据仓库和分析平台、智能客服和推荐系统

12.3.2　云存储

云存储（cloud storage）是一种通过网络提供存储空间和存储服务的技术模式。其基本原理是将用户的文件、文档和数据等信息上传至云服务器中，以达到随时随地访问和管理数据的目的。云存储通常将数据存储在由第三方托管的多台虚拟服务器上，而不是专属的服务器。云存储基于分布式系统技术，通过将数据分散存储在多个服务器上，提供了高可用性和可靠性。用户可以随时访问云存储中的数据，无须依赖特定的硬件设备或位置。这种方式使得数据的

存储和管理更加灵活与便捷，同时也提供了较高的数据安全性和可扩展性。

在云端，用户能够直接对数据进行管理，或者在需要使用数据时连接云端进行下载，下载后在本地进行处理，这样的存储方式能够减少本地的存储成本。云端存储的数据信息能够用于多个具有访问权限的设备，使用具有灵活性，不再受到时间与空间的条件限制[86]。因为用户相当于在云端外接了一个弹性的存储设备，这种灵活且便捷的存储方式，让用户几乎可以把这种存储当作本地存储。相对于本地存储，云存储的存储空间可以说是巨大的，而且云存储具有可拓展的特性，用户只需要根据自己所需的存储空间付费即可，不仅不用担心存储空间不够用，还不需要进行硬件购买、软件维护等活动，这让用户迅速地接受了这种新兴的存储方式[340]。云存储的特点及其优缺点如表12-8所示。

表12-8　云存储的特点及其优缺点

特点	描述	优点	缺点
可靠性	通过冗余备份和灾备机制保证数据的安全性与可靠性	数据备份，防止数据丢失；故障恢复，提高可用性	部分云存储可能存在服务中断或数据泄露的风险
弹性扩展	用户可以根据需求动态调整存储容量	节省成本，无须购买昂贵的硬件设备；按需付费，按使用量计费	高峰时期可能需要额外支付扩展存储容量的费用
共享和协作	多用户可以通过云储存共享和协作编辑文件与数据	提供便捷协同办公环境；实时更新和版本控制	数据安全性问题，需要确保访问权限和身份验证的有效性
跨平台支持	在不同的设备和平台上进行访问与管理	方便灵活的远程访问；多设备同步和备份	网络连接不稳定或断网时无法访问云储存中的数据
扩展性	根据用户需求提供不同级别的存储容量和服务功能	满足个人和企业的不同需求；可根据需求升级或降级存储容量	需要选择合适的存储计划，避免过度或不足的存储空间

12.3.3　云加工

云加工（cloud manufacturing）是借用云计算的思想，通过互联网连接制造企业与云服务平台，实现加工任务分配、生产调度、实时监控等功能。从广义来讲，云加工就是从产品型制造向面向服务转变的新制造模式，需要与信息化制造技术、云计算、云存储、物联网等技术实现交互。从理想状态看，在与多种信息技术融合后，云加工将各类制造关系与制造能力进行虚拟化、服务化处理并统一集中进行智能化管理，形成一个云加工平台中间件。用户能够在云加工平台获得制造全生命周期的信息，以及按需求使用云加工平台所提供的服务。

云加工有三个主要特点，分别为：①互操作性，能够完成大规模、复杂制造任务的协同，对丰富多元的制造资源、制造能力进行异构集成；②按需定制，客户可以根据个性化需求进行加工订单，并快速实现生产交付；③较低成本，由于云加工平台所提供的计算资源和生产线设备得到了充分利用，因此生产成本比传统加工方式更低。云加工有三个重要部分，分别为：制造资源和制造能力、制造云、制造全生命周期的活动。云加工涉及三类用户，即制造资源的提供者、制造云的运营者和制造资源的使用者。云加工体系结构一共包含五层：物理资源层、虚拟资源层、云加工核心服务层、应用接口层和应用层。

云加工目前应用在各行各业的生产和制造领域中。在汽车零部件制造行业，利用云加工可以对汽车零部件进行设计、仿真和加工，大大缩短生产周期和降低生产成本。在机械制造中，利用云加工可以实现自动化加工、智能监控和远程控制，提高生产效率和产品品质。在完成家具生产时，利用云加工可以进行定制化设计和生产，按照客户需求生产家具，并且可以远程监测生产过程和质量。在食品加工过程中，利用云加工可以对食品进行数字化管理、智能化加工和远程监控，提高食品安全和生产效率。云加工应用场景如图12-5所示。

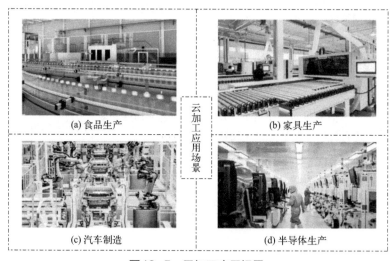

(a) 食品生产

(b) 家具生产

云加工应用场景

(c) 汽车制造

(d) 半导体生产

图12-5 云加工应用场景

基于云计算及互联网技术的发展，云加工不断与物联网、互联网、高效能计算等新兴信息技术进行融合，然而该项技术目前存在潜在数据隐私风险和流程管理问题且对数据网络的要求较高，但其也能使用户、资源及服务提供商之间的协作加强，各类资源得到更高效的分配，从而降低生产过程中的浪费，提升制造加工网络的整体稳定性，也为企业创造更多的利润。

12.3.4 云应用

云应用是云计算概念的一个子集，是云计算技术在应用层的体现。云计算是将计算、存储、网络和应用软件作为一种服务提供给用户的新型计算模式，云服务提供商通过部署大量互联互通的计算节点和网络设备，构建出大规模的数据中心，并以此为基础向云应用系统的用户提供各类云服务，用户能够通过访问云应用，方便、实时地接受系统服务提供商所提供的计算、存储、网络、应用等云资源服务。

云应用系统具有以下几个特点：①软件即服务，采用订阅模式，用户只需要按需使用应用程序，并支付相应的费用；②无须安装更新，由供应商代为管理和维护应用程序，用户不需要承担软件更新和升级的责任；③按需付费，用户可以根据实际需求选择使用的应用程序，避免了长期使用软件产生的资产负担；④移动性和跨平台，云应用程序可以在多种终端设备上运行，具有高度的移动性和跨平台性。

在企业协同办公时，利用云应用可以实现企业内部人员之间的协同办公和信息共享，例如微软的 Office 365、Google 的 G Suite、Slack 等。在完成数据备份和恢复过程中，例如阿里云、腾讯云等提供的云备份服务可以在云端备份数据，确保数据安全。与此同时，利用云应用可以搭建电商平台，例如阿里巴巴的天猫、京东等。例如 AWS 的 EMR、阿里云的 MaxCompute 等，则利用云应用系统完成大数据处理和分析。利用云应用也可以实现物联网应用，例如华为的 IoT 平台、阿里云的 IoT 平台等。云应用应用场景如图 12-6 所示。

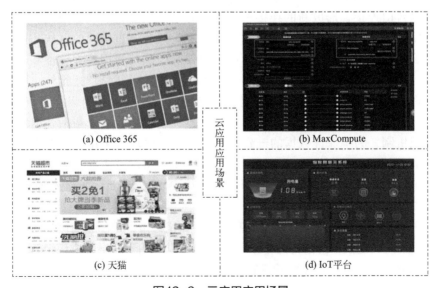

(a) Office 365   (b) MaxCompute

云应用应用场景

(c) 天猫   (d) IoT 平台

图12-6 云应用应用场景

目前云应用在市场上已经得到非常广泛的应用，正在逐步改变着人们的生活和学习方式。云应用能让用户直接便捷地享受到"云"提供的各类服务，也是各类云技术的实际体现，在现实生活中发挥着不可取代的作用。云技术的出现，大大推动了工业数字化的发展，不仅为企业生产制造提供了帮助，为信息技术发展提供了动力，也为人们的学习与生活提供了支持，该项技术能有效降低IT成本、提高应用的灵活性和可移植性，并在可靠性和安全性方面更有保障[341]。

12.4　区块链

区块链（block chain）技术是利用块链式数据结构来验证与存储数据、利用分布式节点共识算法来生成和更新数据、利用密码学的方式保证数据传输和访问安全、利用自动化脚本代码组成的智能合约来编程和操作数据的一种全新的分布式基础架构与计算范式。在传统的中心化数据库系统中，数据由中心机构或服务器进行管理和控制，而区块链技术通过分布式网络，将数据存储在多个节点上，每个节点都可以参与数据验证、交易确认和共识达成等过程。这个网络中的每个节点都保留了完整的数据副本，因此不存在数据单点故障，也不需要依赖第三方中介来验证和管理数据[342]。

区块链的主要特征是去中心化，区块链是一个分布式网络，没有中心机构或权威机构控制数据和交易，使得整个区块链结构更加扁平化、多元化，所有参与者共同维护整个网络的安全性和稳定性。去中心化后，系统中的节点可以自由连接，形成新的连接单元。同时，区块链能够确保数据安全，区块链使用密码学技术对数据进行加密和验证，只有经过检验的区块才能够被记录到区块链中，每个区块的信息由自己保存，确保数据的完整性和不可篡改性。数据一旦被记录在区块中，就很难被篡改或删除[343]。此外，区块链具有透明性，其交易和数据记录是公开透明的，任何人都可以查看和验证，这提高了数据的可信度，也降低了潜在的欺诈和不当行为。最后，区块链具有共识机制，为了保证数据的一致性和可信度，区块链采用共识机制来确定哪些交易有效，并将其记录在区块中。常见的共识机制包括工作量证明（proof-of-work，PoW）、权益证明（proof-of-stake，PoS）等。区块链关键概念如图12-7所示。

区块链技术最初应用于数字货币领域，如比特币，但随着时间的推移，人们意识到区块链技术的潜力远不止于此，它可以应用于金融、供应链管理、物联网、医疗记录、智能合约等各个领域，为各种业务和应用场景带来新的可能性和改进。

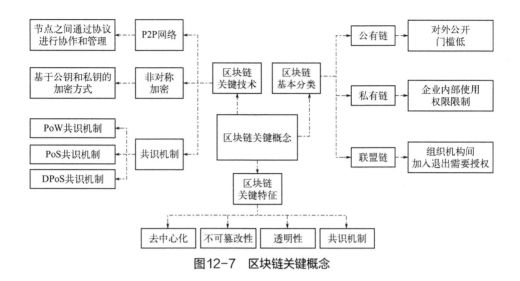

图12-7 区块链关键概念

12.4.1 发展历程

2008年，中本聪在《比特币：一种点对点电子现金系统》中首次提出了区块链这一概念。比特币的产生使得完全去中心化的可信任交易平台出现，这为区块链技术发展提供了动力。

工业和信息化部于2016年10月发布的《中国区块链技术和应用发展白皮书（2016年）》中对区块链做出如下定义："区块链是分布式数据存储、点对点传输、共识机制、加密算法等计算机技术在互联网时代的创新应用模式[344]。"根据区块链发展中心、应用领域、特征的不同，可以将区块链技术的发展划分为三个阶段，如表12-9所示。

表12-9 区块链技术的三个发展阶段

项目	区域链2.0阶段	区域链2.0阶段	区域链3.0阶段
发展中心	虚拟加密货币	智能合约	超合约
代表	比特币	以太坊、超级账本	生产数字化
应用领域	数字货币	金融领域	各行各业
特征	可编程数字加密货币	可编程金融	可编程社会

在以虚拟加密货币为中心的区块链第一阶段，其特征为可编程数字加密货币，主要运用于数字货币领域，代表就是比特币。某种程度上来说，区块链技术的出现是源自比特币，因此可以将其在数字货币上的应用归结为第一

阶段。随着区块链的发展，它的应用领域由数字货币向金融领域开始扩展，发展中心也由虚拟加密货币转变为智能合约，其代表是以太坊、超级账本等，在区块链发展的第二阶段，具有了可编程金融的特征。在第二阶段虽然已经有了很大的突破，但区块链的应用领域还是局限在金融领域。在发展的第三阶段希望它能够拓展到各个行业之中，有效地推动生产数字化建设，实现数字化技术与实体经济真正的融合。区块链第三阶段的发展还尚未成熟，其主要特征为可编程社会，这在第二阶段的基础上进行了更大的跨越。区块链3.0阶段应当以超合约作为发展中心，以生产数字化作为代表，逐渐运用到社会的各个领域之中[344,345]。

总体来说，区块链的发展历程经历了从比特币的诞生到智能合约平台的兴起，再到联盟链和多样化应用领域的发展。随着时间的推移，区块链在技术、法律和商业领域都取得了重要进展，为未来的创新和发展打下了坚实基础。

12.4.2 主要类型

当前，已知的区块链应用可以基本分为三大类型：公有链、联盟链和私有链，三者的区别如表12-10所示。公有链是指在区块链上的所有成员都拥有查看和阅读所有节点信息的权限，并且任何成员都能够发送和确认交易信息。在公有链上，所有成员都拥有平等的权限，区块链的维护由所有成员共同参与。私有链则是一种非公开的区块链模式，只有经过授权的节点和成员才能加入。私有链中只存在少量节点，交易的验证只需某个或一些节点达成共识。这种模式相较于公有链来说更加中心化，由特定节点进行控制。而联盟链是介于公有链和私有链之间的一种应用模式，是由多个机构和组织协同发起并相应维护的链。在联盟链中，各个节点通常与实体机构或组织相对应，只有经过授权后才能有权参与或退出网络。联盟链的特点是相对于公有链而言更加去中心化，但相对于私有链又更加自由和开放。

根据不同的特点，不同类型的区块链适用于不同的场景和需求。公有链的开放性和去中心化特点较为适用于公共事务和社区活动。私有链的集中化特点则适用于企业集体内部的数据共享和调控管理。而联盟链作为一种中间模式，更适合多个公有或私有组织之间的协同和合作管理。通过选择合适的区块链类型，可以更好地满足特定应用的需求。

除了公有链、联盟链和私有链之外，还有一些开发中的区块链应用模式不断产生。例如，交叉链是不同区块链间互相链接的一种技术，它能够将不同区块链之间的数据进行共享，并且最大化地传递其价值；侧链是指与主链相互平行的链，可以在侧链上开发和实现更加复杂及灵活的应用。

表12-10 公有链、联盟链和私有链的区别

项目	公有链	联盟链	私有链
内容	完全开放，任何人都可以参与	参与者由特定组织或机构控制	参与者由单一组织或实体控制
特点	去中心化、公开透明、无须信任	半中心化、参与者受限、相对较高的效率	中心化、严格控制参与者、高度可控
联系	公开网络，参与者不需要彼此了解或信任	需要参与者之间建立信任关系，但不需要完全信任	在私有网络基础上建立，所有参与者由单一实体或组织控制
功能	支持加密货币交易、智能合约、去中心化应用	支持组织间合作、共享数据和资源	适用于企业内部使用，如供应链管理、内部审计

12.4.3 架构模型

区块链技术是去中心化的设计架构，网络中没有中心节点或者是主节点，所有节点都是平等的，每个节点都具有对外通信、数据传输、处理读写请求等完整功能，这有效避免了主节点的性能瓶颈问题，单个节点的运行不会受到其他节点状态的干扰，从而提高了整个区块链系统的稳定性和可用性。为了保障区块链的系统性，通过共识机制，所有节点都能够实现互相监督的功能，达成了一致性的共识，保证整个网络的安全性。

区块链的整体架构可分为六层，如图12-8所示，分别为应用层、合约层、激励层、共识层、网络层和数据层。其中，共识层、网络层和数据层是构建区块链架构必不可少的三个部分，缺少任意一层都不能称为真正意义上的区块链技术。而应用层、合约层、激励层并不完全存在于每个区块链中，而是根据区块链技术应用方面来进行考虑设计的。

应用层是区块链系统的最上层，也是最接近用户的层次。应用层可以用来实现可编程货币、可编程金融、可编程社会等。合约层是区块链系统的核心部分，它能够实现脚本代码、算法法制、智能合约，其中智能合约是一种可以自动执行的计算机程序，由代码和数据组成，可以根据不同的条件和规则执行相应的操作，实现状态转移、资产交换等功能。激励层是区块链系统的动力来源，它通过奖励参与者来激发其对区块链系统的参与。共识层是区块链系统的安全保障，它实现了参与者之间的分布式共识机制，确保账本的一致性和防止恶意攻击，主要包括PoW共识机制、PoS共识机制等。网络层是区块链系统的基础设施，它提供了节点之间的通信和数据传输功能，主要依赖P2P网络，区

图12-8 区块链的架构模型

块链网络是一种典型的对等网络，利用P2P网络能够实现数据传输与共享，其稳定性和安全性对整个系统的可靠性及健康发展至关重要。数据层是区块链系统的支撑层，承载着区块链的所有数据。数据层是区块链实现的基础，主要包括数据区块、时间戳等，这些数据采用分布式存储和加密技术，确保数据的安全性、可靠性和隐私性。

12.4.4 核心技术

区块链技术是一种分布式数据库，由多方共同维护并具有去中心化的特点。它将孤立的数据库整合在一起，分布式地存储在多个节点上，任何一方都无法完全掌控这些数据。数据更新需要遵守严格的规则和共识机制，实现可信节点之间的信息共享和监督，提高业务处理效率，降低交易成本。在数据安全可信方面，区块链的核心技术包括P2P网络技术、非对称加密技术及块链结构技术等。下面主要介绍P2P网络技术及其共识机制。

P2P网络技术是一种对等节点间分配任务和工作负载的分布式应用框架，是对等计算模型在应用层形成的网格形式。在P2P网络中，每个节点既是服务的提供者，也是服务的请求者，节点之间通过直接连接进行通信和交换数据。P2P网络中的节点相互连接，没有中央服务器控制，系统资源分布在各个节点之间，这种分布式架构可以提高系统的可扩展性和鲁棒性。所有节点在P2P网络中是对等的，彼此之间可以直接通信和交换数据，无须经过中央服务器的中转，能够提高系统的效率和速度。这些节点可以共享自己的资源（如带宽、存储空间、计算能力等），其他节点可以通过请求来访问和利用这些资源。P2P网络没有中心化的控制机构，节点之间通过协议进行协作和管理，可以提供更高的系统可用性和抗攻击性。

在分布式结构的系统里，节点间的共识问题是很难解决的。在区块链技术中，共识机制可以看作牺牲一部分代价来保证节点之间的一致性。目前，区块链技术中主流的共识机制包括工作量证明和权益证明两种。主流的共识机制主要有PoW共识机制、PoS共识机制和DPoS共识机制。

12.4.5　应用领域

从区块链的发展历程可以看出，区块链初期主要是运用于以比特币为代表的数字货币领域，之后逐渐扩展到金融行业，其将来的发展趋势是逐渐扩展到各个领域，帮助产业数字化的发展提供动力。现阶段，由于技术上的限制，区块链还没能够广泛地运用于各行各业之中，其发展还处于区块链2.0向区块链3.0的过渡阶段[346,347]。

目前区块链的主要应用领域包括数字货币领域的应用、物联网领域的应用、数据管理领域的应用、标识管理领域的应用等。在金融领域，区块链可以用于数字货币、跨境支付、转账结算等金融场景，可以提高交易效率、降低成本、增强安全性[348,349]；在物联网领域，区块链可用于物联网设备之间的身份验证、数据共享、数据交换等场景，可以加强设备之间的信任关系、提高数据的可靠性和隐私性[350]；在物流领域，区块链可以用于货物追踪、物流信息共享和协同管理，可以提高物流效率、降低成本、减少纠纷；版权保护方面，利用区块链技术可以保护数字版权，例如非同质化通证（non-fungible token，NFT）等；在公共服务中，利用区块链技术可以实现公共服务的透明化和高效化，例如选举、政府采购等。区块链应用场景如图12-9所示。

除此之外，区块链技术还可以应用于能源、房地产、教育等各个领域。随着区块链技术的不断发展和推广，未来还将涌现出更多创新的应用场景[351-353]。

图12-9 区块链应用场景

12.5 工业互联网

工业互联网（industrial internet）是将工业制造中的人、机、物等进行全面连接，构建覆盖全产业链的信息通信技术与工业制造深度融合的全新制造服务体系，通过数字化、网络化和智能化的手段，赋能制造业，提高生产效率、产品质量和企业竞争力[354,355]。2012年11月，美国通用电气公司发布《工业互联网：打破智慧与机器的边界》白皮书，首次提出了工业互联网的概念：在一个开放的全世界网络中连接设备、人员和数据，目标是通过大数据分析提升工业智能化水平、降低能耗和提高效率[356]。5G移动通信技术、云技术、大数据、人工智能及物联网等新兴技术的蓬勃发展为工业互联网的建设提供了技术支撑，信息技术与实体经济的全方位融合成为企业的发展趋势。

工业互联网的核心概念是将物理设备、工厂系统和生产要素连接到云计算平台，并通过大数据分析、人工智能、物联网等技术，实现对设备状态、生产过程和供应链的实时监测及分析[357]。工业互联网将信息通信技术融入工业实体经济的全新应用模式和工业生态，能够运用于制造的全价值链中，有力地推动了产业数字化、网络化乃至智能化的发展，为企业进行数字化改革提供了实现路径，在全世界第四次工业革命中发挥着不可取代的作用。工业互联网主要致力于帮助制造行业实现生产方式的数字化、网络化、智能化升级，以此对生产过程进行更好的控制与优化，改善和提升生产全过程的效率，降低生产成本，进而创造更多的生产价值，同时还会产生许多先进的技术工艺，以及智能化设备，为企业之后更进一步的数字化转型打下坚实的基础[358,359]。

12.5.1 基本内涵

在工业互联网中，各类数据和"物联"是工业互联网运作的关键。其中，"物联"是指万物互联，通过信息传感设备与互联网相结合，实现人、机、物在任何时间、任何地点的互联互通。工业互联网可以看作是物联网技术在工业中的应用。由此可见，工业互联网和物联网是两个不同但又紧密相关的概念。工业互联网的内涵是通过工业互联网平台构建一个集成系统，以此形成一种人、机、物互联的新兴制造业生态系统。

工业互联网并不是将互联网简单地应用于工业之中，而是将多种信息技术与数据处理技术融合到实体经济之中，将工业制造中的人、物、信息形成一个体系化网络系统，该系统有着丰富的内涵与外延性。工业互联网以网络为基础，以平台为中枢，以数据为要素，以安全为保障。它是工业数字化、网络化和智能化转型的基础设施，也是互联网、大数据、人工智能与实体经济深度融合的应用模式。同时，它还是一种新的业态和产业，具有重塑企业形态、供应链和产业链的潜力。

工业互联网的基本内涵可以归纳为四个方面：互联、感知、智能和协同。通过物联网技术和网络通信技术，实现设备、产品、工厂和企业之间的互联互通。各种物理设备和数字设备可以相互连接，形成庞大的网络，实现数据的采集、传输和处理。通过传感器、仪表等设备，对物理世界进行感知和数据采集。这些设备可以实时监测生产环境、设备运行状态、产品质量等信息，并将数据传输到云平台进行进一步分析和处理。基于大数据分析、人工智能和机器学习等技术，对采集到的数据进行处理和挖掘，实现对生产过程和设备状态的智能分析和预测。通过智能化的算法和模型，可以优化生产计划、提高设备维护效率、降低能耗等。通过云计算、协同平台和协同机制，实现生产要素之间的协同配合，包括供应链协同、生产协同、销售协同等，让不同环节和参与者之间形成紧密联系，提高整体效率和资源利用率。

在工业互联网之中，信息物理系统（cyber-physical systems，CPS）是战略核心内容，而互联网技术与大数据、云计算、5G通信技术的融合则提供了技术支持。工业互联网的工作原理是通过在工业生产的每个环节植入不同的传感器进行实时感知，并收集生产数据。随后，通过对这些采集到的数据进行分析，可以获取有价值的洞察和信息，以支持决策制定和优化生产过程，以此实现对工业生产全生命周期的精确控制，提高生产资源的合理利用，对工业设备进行合理的调整和调度，从而达到提高生产效率、节约生产成本的目的。工业互联网的关键在于人、机器和数据有机的结合，三者相互统一协调来达到降低成本、提高生产力、提升生产效率和经济效益的目的。

12.5.2 体系架构

工业互联网主要包括网络、平台、数据及安全保障几个部分。"网络是基础、平台是核心、安全是保障"被视为工业互联网体系架构中的三大要素，任何信息化技术的发展都离不开数据的支撑。

从工业互联网包含的主要内容来看，工业互联网体系架构可以分为四层，分别为：感知识别层（由传感器和控制器组成）、网络连接层、云端管理平台层和数据分析层，如图12-10所示。在工业生产过程中，感知识别层位于底层，主要负责物理设备的感知和数据采集，包括各种传感器、仪表、控制器等设备，用于监测生产设备和环境参数，将采集到的数据传输给上层系统。网络连接层位于中间层，主要功能为实现感知识别层和云端管理层的数据信息传递，包括网络通信设备、协议和接口，用于连接感知识别层和云端管理平台层，将采集到的数据传输到云平台或本地服务器。云端管理平台层位于中间层，是工业互联网的核心部分，主要包括云计算平台、大数据平台和人工智能平台，用于数据存储、处理、分析和挖掘，通过建立统一的数据标准和接口，实现数据集成和共享。数据分析层位于顶层，可以利用机器学习等算法对管理平台层的数据进行最后的分析工作，进而将数据加工转变成可供系统运行的参考决策。

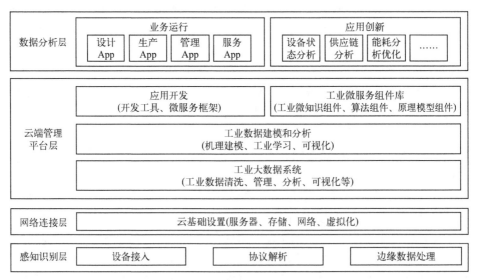

图12-10　工业互联网的体系架构

同时工业互联网架构体系还包括安全体系，涉及设备、网络、平台、数据等多方面，对每个层级的运作情况进行监测、评估、功能测试，以此确保整个系统正常、有序、高效的运作。

12.5.3　应用模式

　　工业互联网的迅猛发展推动了工业制造领域涌现出一系列新模式和新业态，这些新模式在提升生产质量、降低生产成本、提高生产效率的同时，也能够确保生产安全，为数字产业化注入了活力。目前，工业互联网已初步形成六大类典型应用模式，包括平台化设计、智能化制造、网络化协同、个性化定制、服务化延伸和数字化管理，如表12-11所示。

　　平台化设计集合了人员信息、算法、模型和任务等设计资源，实现高水平、高效率的轻量化设计、并行设计、敏捷设计、交互设计和基于模型的设计，从而改变了传统的设计方式，提升了研发质量和效率。智能化制造实现了材料、设备、产品等生产要素与用户之间的在线连接和实时交互，逐步实现了机器代替人进行生产，代表着制造业未来的发展趋势。网络化协同推动供应链上的企业和合作伙伴共享客户、订单、设计、生产、经营等各类信息资源，实现了网络化的协同设计、协同生产和协同服务，进而促进了资源共享、能力交易和业务优化配置。个性化定制使用户能够在产品的全生命周期中深度参与，以低成本、高质量和高效率的大批量生产实现产品个性化设计、生产、销售和服务。服务化延伸使企业从原有的制造业务向价值链两端的高附加值环节延伸，实现了从以加工组装为主向"制造+服务"的转型，从单纯出售产品向出售"产品+服务"的转变，具体包括设备健康管理、产品远程运维、设备融资租赁、分享制造和互联网金融等。数字化管理打通了核心数据链，贯通了生产制造的全场景和全过程，优化、创新乃至重塑了企业的战略决策、产品研发、生产制造、经营管理和市场服务等业务活动，构建了数据驱动的高效运营管理新模式。

表12-11　工业互联网的技术瓶颈与优点

应用模式名称	技术瓶颈	优点
平台化设计	工业互联网平台	提供全面而高效的产品设计和开发流程，减少重复劳动和成本
智能化制造	互联网、大数据、人工智能等新兴信息技术	实现生产线的智能化管理，提高生产效率和质量
网络化协同	跨部门、跨层级、跨企业的数据互通和业务互联	加强供应链中各环节的协同和协作，提高生产响应速度
个性化定制	客户个性化需求准确获取和分析、敏捷产品开发设计、柔性智能生产、精准交付服务等	实现产品个性化需求的快速响应和定制生产

续表

应用模式名称	技术瓶颈	优点
服务化延伸	制造与服务融合发展的新型产业形态	提供灵活、可扩展的服务模式，满足不同客户需求
数字化管理	数据的广泛汇聚、集成优化和价值挖掘	实时监控和分析生产数据，提高决策效率和质量控制

12.5.4　行业分布

科技的不断创新，使得数字产业发展迅猛，而作为实体经济的重要组成部分，传统制造行业的发展则略显乏力，为了推动工业前进，产业数字化成为了企业转型的必经之路。工业互联网的出现给了产业数字化极大的推动力。工业互联网作为新型基础设施的重要组成部分，是实现"中国制造2025"的关键路径。近年来，工业互联网应用迅速发展，并已广泛应用于制造、交通、能源、水务等行业。工业互联网的发展延伸至40个国民经济大类，涉及原材料、装备、消费品、电子等制造业各大领域，以及采矿、电力、建筑等实体经济重点产业。通过工业互联网，人们构建了全新的数字化生产和服务体系，为企业提供了更高效、智能的生产方式和更优质的服务体验。

钢铁行业可以作为传统制造业很好的代表，在以前是国民经济的重要支柱产业，但是随着社会前进与新政策的颁布，其发展过程中不断地涌现出许多问题。中国宝武、鞍山钢铁、马钢集团等企业在面对钢铁制造流程长、工序复杂繁多、生产分段连续等情况时，积极应用工业互联网进行产业数字化改革。这些企业致力于解决生产运营增效难、产能严重过剩、节能绿色低碳压力大、本质安全水平较低等痛点问题。通过工业互联网技术，这些企业正在积极探索生产工艺优化、多工序协同优化、多基地协同、产融结合等典型应用场景，以提高生产效率、优化资源利用、降低能耗排放并提升安全水平。一方面通过将信息技术融合到实际生产过程中，利用深度数据分析来提升生产效率、质量及效益；另一方面实现多区域、多环节、多业务系统的协同响应与综合决策，通过模式创新实现新价值创造和新动能培育。

此外，工业互联网的应用领域广泛，涵盖了制造业、能源行业、交通运输、农业等各个领域。在制造业中，工业互联网可以改善制造过程的透明度和效率，提高产品质量和生产速度。在能源行业中，工业互联网可以实现能源设备的智能监测和控制，优化能源的利用和管理。在交通运输中，工业互联网可以实现智能交通管理和车联网技术，提高交通安全和交通效率。在农业中，工业互联网可以实现农业设备和环境的智能化管理，在农业生产中提高效率和产量。

12.6　智能网联车

智能网联车（intelligent and connected vehicles, ICVs）是指搭载先进的车载传感器、控制器、执行器等装置，并融合了现代的通信与网络技术，实现车与人、车、路、云等系统之间进行智能化的信息交换、共享，具备复杂的环境感知、智能决策、协同控制等功能，可综合实现安全、高效、舒适、节能行驶，并最终实现替代人类操作的新一代汽车。智能网联车是车联网技术与智能车技术的有机结合，是一种通过电子信息、移动通信、汽车及交通运输等行业进行深度融合而形成的新型产业形态，该项技术的发展正在引领着汽车产业的革命，带来全新的出行体验和安全性能[360]。

智能网联车具有以下几项能力：①感知能力，通过搭载多种传感器，如雷达、摄像头、激光雷达等，实现对车辆周围环境的感知和识别；②通信能力，通过车联网技术，实现车辆与互联网、其他车辆和基础设施之间的实时通信；③数据处理能力，智能网联车通过车载计算平台和人工智能算法，对感知到的数据进行实时处理和分析，以实现自主驾驶、交通流优化、车辆安全等功能；④自主决策能力，基于感知和数据处理的结果，智能网联车拥有一定的自主决策能力，可以根据路况、交通信号等情况做出相应的驾驶决策；⑤高级驾驶辅助能力，智能网联车可以提供包括自动泊车、自适应巡航、车道保持、交通拥堵跟随等高级驾驶辅助功能，提升驾驶安全性和舒适性。

12.6.1　发展现状

智能网联车的发展大致可分为四个阶段，如图12-11所示。第一阶段是发展基础技术和建设基础设施阶段。这个阶段主要是针对智能驾驶技术的研究和开发，重点是开发和完善与智能网联车相关的基础技术，包括传感器技术、高精度定位技术、图像识别和处理技术等，同时也需要大力投入通信网络的构建和基础设施的建设，例如5G通信技术和车辆到基础设施（vehicle to x，V2X）的通信设施部署。此阶段的目标是为后续阶段的发展打下坚实的基础。第二阶段就是协同发展阶段，在这个阶段，智能网联车开始实现与其他车辆、基础设施及交通管理系统之间的协同，通过车辆之间的通信和信息共享，实现车辆之间的协同驾驶和交通流优化。这种协同可以提高道路安全性、交通效率和出行舒适性。同时，还需要制定相应的标准和规范来确保不同车型和厂商之间的互操作性。第三阶段是技术集成阶段，在这个阶段，智能网联车的各项技术逐渐成熟并被整合在车辆中，包括感知技术、决策与规划技术、控制技术等。智能网联车通过感知周围环境并做出相应决策，实现车辆的自主驾驶，并且需要进行大规模测试和验证，以确保智能网联车在不同条件下都能安全运行。此阶段也是智能网联车安全性和可靠性的考量重点。第四阶段是深度融合阶段，在这个阶段，智能网联车已经实现了完全自动驾驶，并在实际生活中进行广泛应用，智能网联车与城市交通系统、智能城市基础设施等深度融合，共同构建智慧交通生态系统。此阶段，智能网联车的发展还需与法律法规、保险机构等进行配套改革和完善，以推动智能网联车的大规模落地和可持续发展。同时还需加强智能网联车的网络安全和数据隐私等方面的保护，确保用户的信息安全和隐私权不受侵害。目前我国的智能网联车发展还处于第二发展阶段[361]。

现阶段，我国汽车市场还是以传统能源汽车为主，智能网联车比例非常低。但随着智能化技术与网联化技术不断发展与融合，以及人们对汽车行业进行转型升级的强烈需求，使得智能网联车有着不错的发展前景。国家的相关部门已经明确了智能网联车的发展路线及未来愿景，建设了相应的标准体系，为智能网联车技术的发展创造了大环境[362]。随着智能网联车在一系列城市陆续开展试点工作，以及研发力度的持续加大，智能网联车的全产业链正在逐步形成。现阶段智能网联车的发展已经初具规模。智能网联车的发展有助于提升交通安全、减少交通拥堵、提高出行效率，并为用户提供更加便捷、智能化的出行体验。同时，智能网联车也促进了汽车产业向智能化、电动化、共享化的方向发展。

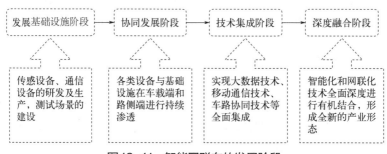

图12-11　智能网联车的发展阶段

12.6.2　体系架构

智能网联车的体系架构大致可分为四层：数据采集层、数据传输层、平台处理层及应用层。

数据采集层的主要职责是直接获取各类车辆实时数据信息和路况数据实时信息；数据传输层则负责将采集层的数据传输到平台层进行处理；平台处理层利用边缘算法对各类数据进行处理分析、存储等工作，平台通过边缘计算、高精度定位、感知时空、视频分析等技术进行数据计算、分析、存储；应用层最终实现在自动驾驶、车辆远程诊断、车队管理、交通管理和优化等顶层应用。

智能网联车各层级功能、特征及应用如表12-12所示。

表12-12 智能网联车各层级功能、特征及应用

层级	功能	特征	应用
数据采集层	通过传感器感知周围环境，获取车辆状态数据	感知环境多样化，包括雷达、摄像头、激光雷达等	车辆感知与识别、实时定位与导航、环境感知与预警
数据传输层	实现车辆与互联网、其他车辆和基础设施的通信	高可靠、低时延、大带宽、支持双向通信	车联网通信、车辆远程控制、实时交通信息共享
平台处理层	对传感器数据进行实时处理和分析	车载计算平台、人工智能算法	自主驾驶、交通流优化、车辆安全与预警
应用层	实现各种功能和服务	自动泊车、自适应巡航、车道保持等高级驾驶辅助功能	智能交通管理、车联网服务、共享出行、物流配送

12.6.3 关键技术

智能网联车是智能化技术与网联化技术融合后诞生的，其发展离不开通信、交通、人工智能等各个领域的技术。智能网联车关键技术可分为三个方面，如图12-12所示。第一方面是车辆本身及基础设施相关的技术；第二方面

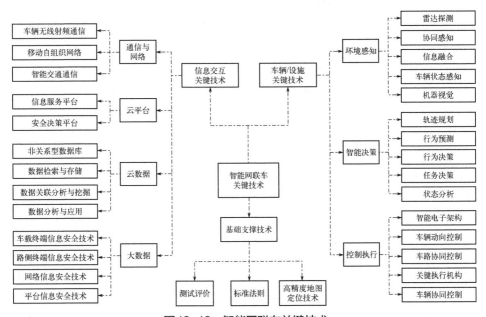

图12-12 智能网联车关键技术

是将车辆与车辆、车辆与道路进行整合形成一个车联网，实现信息交互的关键技术；第三方面是支撑整个车联网系统的关键技术[363]。

车辆/设施关键技术又可以分为环境感知、智能决策和控制执行。智能网联车首先需要能够对实时的环境及车辆实时的状态进行感知，采集到有效的数据信息，这是智能网联车实现的基础；在平台对数据进行分析处理后，要求车辆能够根据数据分析结果快速地进行决策与控制执行。信息交互关键技术主要包括通信与网络、云平台、云数据和大数据。智能网联车需要通过通信技术将采集到的数据传输到云平台，实现车与车、车与云、车与人之间相互连接的网络，信息安全技术使得用户隐私信息得以保障。基础支撑技术主要包括测试评价、标准法规和高精度地图定位技术等。

12.6.4 信息安全

2021年，工信部就《车联网（智能网联汽车）网络安全标准体系建设指南》向广大民众征求广泛意见和建议，建立了统一协调的智能网联车标准体系框架，界定出智能网联车网络安全标准体系框架。安全标准体系的建设能够明确用户个人信息保护机制，对智能网联车的各项数据进行分级保护。通过对用户的隐私数据进行匿名化、去标识化、脱敏性处理，能够高效地保障用户在使用智能网联车过程中的信息安全，加强用户的信息安全管理，使得用户能够更加信赖地使用智能网联车。

为了实现数据采集和传输功能，智慧网联车配备了摄像头设备、雷达传感器、移动通信设备、GPS导航系统等智能设备。然而，这些设备在很大限度上存在被远程控制、数据泄露和信息欺骗等安全风险，这些风险可能会对人身安全和国家安全造成威胁。在智能网联车信息安全保障系统中，要防止用户隐私泄露及被远程控制等情况的出现。智能网联车为了采集数据信息，需要对车辆各种状态进行感知，将采集到的信息传输给云端。在采集到数据处理的整个过程中，要注意加强保护用户隐私信息，防止数据发生泄露。通过制定数据分类分级保护的维度、方法、示例等能够帮助明确用户敏感数据和个人信息保护的场景、规则及技术方法等。在数据存储及使用过程中，将数据安全保障放在重要位置也是智能网联车信息安全的重要内容。

12.6.5 应用场景

随着云技术、大数据、车联网等技术的高速发展，智能网联车也在不断地取得突破。在自动驾驶中，智能网联车可以实现高级驾驶辅助，包括自动泊车、自适应巡航、车道保持等功能；在交通流管理中，通过智能网联车之间的通信和协同，可以实现交通流的优化和管理；在车辆安全与预警中，智能网联车通过感知和交互，能够实时监测周围的交通条件和道路信息；在乘车体验提升方面，智能网联车具备丰富的娱乐和舒适功能，例如智能温控系统可以根据乘客的需求自动调节车内温度；在车联网服务方面，智能网联车可以与互联网相连接，为用户提供远程控制功能，用户可以通过手机远程锁车、查看车辆状态等，通过云端导航服务，用户可以获取道路实时交通信息和路线推荐；在物流配送中，智能网联车通过智能调度和路径规划，可以实现物流车辆的优化配送，提高效率和降低成本；在共享出行方面，智能网联车通过车辆之间的通信和共享平台，可以实现多人共乘、拼车等模式，提高出行资源的利用率[364]。智能网联车应用场景如图12-13所示。

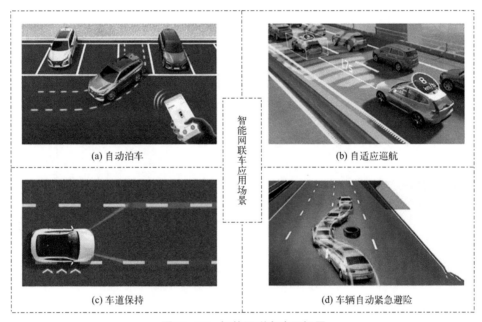

(a) 自动泊车

(b) 自适应巡航

智能网联车应用场景

(c) 车道保持

(d) 车辆自动紧急避险

图12-13　智能网联车应用场景

另外，智能网联车在智慧旅游中有着广泛应用。智慧旅游是一种新兴的旅游业态，它基于新一代通信技术，并将云计算、物联网、互联网、个人移动终端和人工智能等技术进行整合和综合应用。通过这些技术的融合，智慧旅游能够更好地满足客户对个性化需求的旅游体验。智慧旅游通过对旅游各项物理资源及信息资源进行统一的整合管理，形成系统的管理体系，是面向智能化的全新旅游形态。智慧旅游的建设离不开新一代信息技术，利用信息技术能够改善旅游管理和旅游服务，提升游客体验，实现旅游业的转型升级的战略目标。

景区通过构建智慧管理服务平台，采用智能网联车，能够提高用户的旅游体验感，同时帮助制定旅游流量控制方案，设定预警和控制机制。景区在地势平整的地区可以使用智能网联自动驾驶车辆，采用无人观光车、清扫车等。为了在景区内保障无人驾驶车辆的安全行驶，景区可以采用智能网联车技术，在弯道、交汇点和陡坡等路段设置路测感知设备，并通过智能网联自动驾驶平台实现车路协同。智能网联车使得智慧旅行内容更加丰富，通过与其他信息技术的融合，能够使智慧旅游创造出更多和更好的新形态。

第 5 篇

法 制 篇

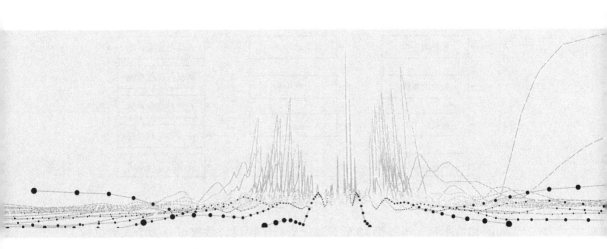

　　数据本身并无价值，是人们经过收集、筛选、加工、组合利用等一系列行动赋予了数据价值，因此人们对于自己产生或加工的数据享有权利。海量数据价值的积累赋予了数据资产和资本属性，由此引申出数据的产权概念。同时，受技术和经营范围的影响，只有部分机构或企业可以从事数据的收集和使用工作，不同企业和机构之间也有数据共享的需要，不明确的数据权属会对多元主体协同效应和数据资源流通利用产生限制，因此，数据权属已成为制约数字经济发展和数据企业纠纷的焦点，亟须法律给予明确规范和激励。另外，数据确权也与国家安全和国家主权息息相关。经济全球化带来数据全球化，产生大量高频的数据跨境流动，在这个背景下，网络主权延伸到数据层面，产生了数据主权概念。国际上对数据主权尚未有统一定义，对于数据跨境管辖也暂无统一的法律和标准，美国提出"全球公域说"，其实质是想利用技术优势主导网络空间。我国通过制定法律维护国家数据主权，抢夺国际话语权已迫在眉睫。

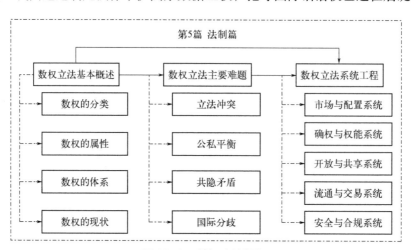

图13-0　数权立法框架

　　如图13-0所示，本篇第13章对数权进行了探讨，数权可分为个人数据权、企业数据权和政府数据权。根据数据类型的不同、所处数据生命周期的不同，数权又具有数据私权、数据公权和数据主权三种不同的数权属性。所有权、用益权、公益权、共享权和隐私权等权利体系构成了数权制度。本篇第14章讨论了数权立法的难题，主要有不同效力法律之间的冲突、同一法律位阶法之间的冲突、数据私权与数据公权平衡、数据共享与个人隐私之间的冲突，以及数据的跨境流动、数据主权等国际分歧。本篇第15章提出了数权立法系统工程，运用系统工程思想来指导数权立法实践，将数权立法大系统分为市场与配置系统、确权与权能系统、开放与共享系统、流通与交易系统、安全与合规系统五个部分，并从纵向关联性和横向关联性两个角度强调数权立法系统的整体性。

第13章
数权立法基本概述

　　法律有义务为数字文明时代构建秩序规则，一种由人格权与财产权复合形成的、可以由主体使用并许可他人使用的新型权利应运而生——数权。数权平衡社会中数据资源的权利归属，明确个人享有的数据的权利边界，也是各种社会组织进行社会活动的纽带。讨论数权的意义在于降低这一领域的交易成本，规范数据流通交易行为，提高资源配置效率。因此，对数权的探讨要兼顾到公与私的平衡及数据领域的产业发展，以现实问题为落脚点，坚持开放原则，使法规达到动态平衡。

13.1　数权的分类

　　根据不同的数据权主体，数权可以分为个人数据权、企业数据权和政府数据权。不同的主体对应不同的数据权益，其范畴和性质存在差异，在利益驱动下，也会对相关权益保护法规有不同的诉求。作为权利运用的基础和利益保护的手段，数权的理论框架和权能建构的深入研究对于数据的全面保护具有重要的理论意义和实践价值。

13.1.1　个人数据权

　　数字经济背景下，作为个体的每个人的信息、行为都在以数据的形式被搜集、处理和使用。根据不同的法律体系和语言使用习惯，个人数据存在"个人资料""个人信息"等不同称谓，各国对其也有不同定义，但并无本质区别。我国《网络安全法》将个人数据定义为"以电子或其他方式记录的能够单独或者与其他信息结合识别自然人个人身份的各种信息，包括但不限于自然人的姓名、出生日期、身份证件号码、个人生物识别信息、住址、电话号码等。"学术界的主流观点认为，"可识别性"是认定个人数据的实质性标准，而这种可识别性和识别利益使得个人数据需要保护。

　　学术界普遍认同个人数据权益是由不同权利集合而成的权利束[365]（表13-1），其中的各项权利参考了英国、美国、日本、德国等国家的理论成果，但尚未形成统一完善的体系，同时由于各国国情不同，在数权保护制度制定的目的和手段上均有差异，因此出现了不同权利之间存在相互重叠的同时各有侧重的情况

（图13-1）。例如，信息自决权强调的是个人对信息的控制，其中"对信息去向和使用的了解"这一部分定义与访问权有重叠，不同之处在于访问权是从将数据所有人作为用户的角度，自决权则是以所有者作为数据提供者为出发点。同样地，知情权、反对权、可携带权和修改权也可看作是信息自决权的细分定义。近几年国内屡次出现学者起诉知网的案例，就是因为知网没有经过作者本人同意便将其论文用于商业用途，侵犯了作者本人的知情权；作者本人下载其论文还需花钱，侵犯了作者的访问权。

有学者将个人数据权统一定义为"由数据主体决定设计自身的个人数据被何人以何种方式进行收集、处理和分析的权力，是对自身数据的控制权"。

表13-1　个人数据权利体系

权利	描述
隐私权	个人数据隐私不被非法披露 包含：个人身份识别、消费倾向、行为轨迹、习惯等关联信息
自决权	个人有限制数据处理的权利 包含：信息更新、删除、了解信息的用途、去向和使用情况等
知情权	个人清楚其数据是如何被收集处理的
访问权	个人有权访问其个人数据
反对权	个人有权拒绝数据控制者基于其合法利益处理个人数据 个人有权拒绝基于个人数据的市场营销行为
可携带权	用户可以无障碍地将其个人数据从一个数据控制者处转移到另一个数据控制者处
修改权	为保证数据的准确性，数据主体有权要求对数据进行修正
被遗忘权	用户可依法撤回数据；用户有权要求删除数据

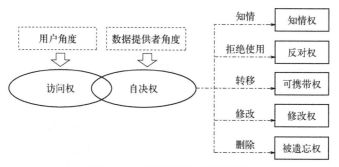

图13-1　不同权利之间的关系

个人数据的可识别性这个特性使得数据权必然包含人格权，这个观点已得到学界广泛认同，其中包含的姓名、隐私、肖像等敏感数据已经上升到特定的人格权。另外，以人格利益为保护对象，个人数据权具有特定的权利内涵，数据主体具有支配和控制其个人数据的权利属性。因此应当构建一种新型人格权对数据的收集和使用进行规范和保护，将法律关系直观化。目前，法学界和法律实务界已经认可将数据权中涉及的人格权作为一种法定权利，我国《民法典》的编纂也将个人信息保护纳入独立成编的人格权保护法中。

作为一种新型社会资源，海量的个人数据无疑蕴含着巨大的经济和战略价值，这使得个人数据也具有财产属性，仅作为人格权的客体进行保护并不能涵盖越来越多的传播利用与经济纠纷。数据财产权是面向大数据时代的一种新型财产权形态，是一种不完整的所有权，数据的控制人或持有人不能对数据进行任意处置，确保权利人直接支配特定的数据财产并排除他人干涉的权利。数据财产权并非单向静态的权利，其权能包括数据主体对自身数据财产占有、使用、处分、收益的权利，是一组所有权体系[366]。明确个人数据的财产权属性，有利于对个人数据进行更全面的保护，同时也可以规范数据流通和交易双方的行为，营造合法有序的数据市场。

13.1.2　企业数据权

企业数据既包括自身的人力资源数据、运营数据（采购、研发、生产、销售等）、财务数据等反映企业基本状况的自身数据，也包括直接或间接获取的用户个人数据集，以及通过一定技术手段对收集到的数据进行处理后产生的具备商业价值的数据产品（图13-2）。尽管数据"使用非损耗"，不具备稀缺性，但其蕴含的经济价值使得企业采取各种技术进行封锁，从而使企业之间的数据争夺也越发激烈[367,368]。企业可以通过对数据的分析利用帮助决策，改善经营状况，提高创新水平，但企业对数据的收集使用并非不受限制。在收集数据时，企业必须明示其用途、方式和目的，并经用户同意；使用时既不能超出其声明的初始目的和范围等约定及用户授权范围，也不能对公共安全和利益产生损害。

企业数据涉及的个人法益有两方面[166]。从数据收集的角度来说，企业数据的来源很大一部分是数据主体；从数据的使用和流通角度，企业作为数据的收集者和使用者，收集分析、储存和出售数据已经是市场常态，这也使企业数据具有财产化和商品化的特征。一些互联网企业甚至把大规模的数据采集和处理作为核心竞争力之一，因此，企业主张对其经营相关的数据享有绝对处理权，对其收集和处理的数据享有用益权。实际上，企业数据利益的本质是一种支配属性的控制权，其呈现的排他性效力强于相对权而弱于所有权。企业数据控制权具有消极权能和积极权能。消极权能表现为企业对其数据具备排斥他人干涉的效力，积极权能表现为企业有权对自身数据直接进行收集、处理、交易[369]。

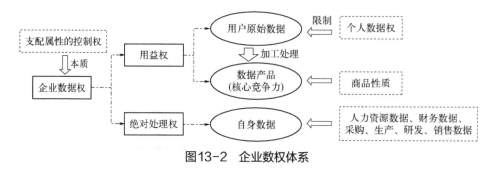

图13-2 企业数权体系

现有司法主要是依据《反不正当竞争法》来处理企业数据的相关问题。但企业数据保护已经逐渐发展为一个独立的问题，应当及时为其进行法律创制。基于大数据的时代背景和数据市场的快速发展，涉及企业数据的法律问题不仅要关注数据的可控性，还要关注数据的合理使用和流动、防止数据权利的滥用，传统的单纯从知识产权或秘密（包括国家秘密、商业秘密）的角度设立的法律条例也存在进一步完善的空间[370]。因此，在企业数据被法律明确保护之前，可以用企业数据控制权作为合理的过渡方式保护企业数据利益。同时，受制于个人数据权，个人数据主体享有对其个人数据撤回、删除、修改的权利，企业对于收集的数据并不能完全控制。个人用户、数据运营商和公众之间的利益格局需要在数据技术和网络环境的发展中达到动态平衡[371]。

13.1.3 政府数据权

政府在运作过程中，各个部门会持有大量的原始数据，包括道路交通数据、电力数据、经济数据、气象数据、海关数据、司法案件数据等，这些原始数据构成了整个社会运行的基础。《中华人民共和国政府信息公开条例》将政府数据定义为人民政府及行政机关在依法履行职责过程中获取或制作的，以一定形式记录、保存的各类数据资源。作为政府的重要资产，政府数据与民生息息相关，包含广泛的公共问题和需求。将数据作为政府治理的重要手段之一，可以改进政府治理理念、治理范式和治理方法，推进数字政府建设，改变用信息控制和垄断维护权威的传统治理模式，建立一套"用数据决策、管理、创新"的全新机制。党的十九届四中全会提出："建立健全运用互联网、大数据、人工智能等技术手段进行行政管理的制度规则。推进数字政府建设，加强数据有序共享，依法保护个人信息。"

政府是公共权力的执行机构而非市场主体，因此政府数据具备公有物品的特质，这与个人数据和企业数据存在本质差异。除了应当依法保密处理的数据之外，政府数据应作为开放数据由全体公众共享和使用。政府数据既可以指导行政机关做出科学决策，也可以被传播利用，政府数据的开放共享正在逐渐成为时代发展的潮流，也是大数据发展的重要基础。

行政机关作为政府数据的提供者和管理者，对其提供的数据享有所有权和使用权，同时对其他部门提供的政府数据也具有"附加限制"的使用权。这种限制主要体现在对不属于本部门的数据进行处理利用和流转上，一是仅限于共享部门之间，未参与共享的部门不纳入共享主体范围；二是限于"履行行政职责"，禁止出于商业利益的数据使用和交易。基于政府数据的特殊性，由现有物权理论衍生出的使用权和所有权，可以一定程度地解决政府数据共享的权属问题。

但是，作为一种新型数权，政府数据权还有很多权利属性待开发，如表13-2所示，其中的权利均属于行政法领域的政府管理权。虽然目前各国关于数权尚无定论，但是面向大数据资源及技术的系统性法律制度变革和以多元权利、权力系统为基础，以数权体系为核心的新型法律制度的创建是可以预见的。

表13-2 政府数据权利体系

权利	描述
数据获取权	政府为了公共利益和国家安全，通过一定技术手段有偿或无偿获取政治、经济、生态、文化、社会领域的数据资源的权利
数据控制权	政府对所获取的大数据进行日常管理和掌控，包括对大数据整理、分类、储存、保护等管控行为
发展规划权	政府对大数据发展做出统筹安排属于数据发展规划权，包括协调大数据开发主体、制定大数据政策、规划阶段性计划等多种管理权限
使用许可权	涉及公民、企业和社会组织的利益，以及国家安全和公共利益，是法制创设的焦点之一

如前面所述，政府数据的特性使得它应该作为开放数据由全体公众共享，公众对于政府数据的需求也随着时代更迭由知情需求上升到了使用需求。政府数据的开放共享是指经过知识共享的许可后，政府可以对外公布其正当归属的数据，允许传播、修改和商业使用[89]。近年来，各国也在积极探寻政府数据开放方式，建立完善相关政策法规[372]。在大数据发展的国家战略背景下，政府数据的开放共享应该建立起完善的政策和法制体系，明确各主体的职能边界、不同利益相关者之间的权利平衡，实现政府数据社会和经济价值与个人数据价值之间的平衡（图13-3）。同时，也应从全局的角度，加强政府数据治理的顶层设计和统筹治理，建立跨部门、跨系统、跨地域的数据开放共享体系，形成政府与社会多元互动共同治理的新格局[373]。

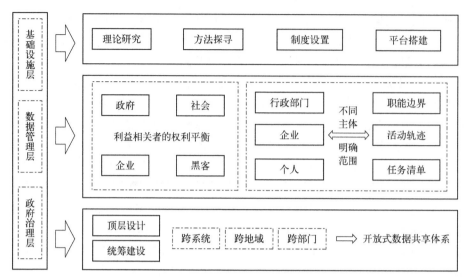

图13-3 政府数据治理体系

13.2 数权的属性

数权是一种具有多元属性的新型权属类型。根据数据类型的不同、所处数据生命周期的不同，数据的权属也不同。数权同时具有体现个人福祉的私权属性、体现公共利益的公权属性和体现国家尊严的主权属性。数权的法律属性既要从私法角度探讨，也要从国家安全等公法的角度研究。

13.2.1 私权属性

数权强调个人行为自由和独立人格，符合私权的基本价值取向，是一项新的民事权利。首先，数权具有独立的人格权。人格权指民事主体依法享有维护人格尊严不受侵犯的权利。个人数据具备一定的人格利益，未经允许就被传播、加工、使用会侵害数据主体的利益和个人尊严。其次，个人数据具备财产性质，权利人享有直接支配和排他的权利。在数据具有价值的共识下，个人数据被泄露、窃取、非法交易的事情频发，将个人数据列入民事权利保护范围对于保护公民私人数据的安全具有现实意义，也有利于维持安全有序的网络信息流动环境。2018年5月25日开始生效的欧盟《一般数据保护条例》[374]就强调了数据私权至上的原则，补充了数据主体的权利范围和保护机制，同时加大了数据控制者和处理者的法律责任，严格限制对个人数据的使用。

数据私权保护的核心在于对数据控制者和处理者收集、使用公民数据的行为进行规制。在立法层面，我国尚未对个人数据权有明确规定，但在不同的法律规范下也有关于个人信息保护的相关规定。《中华人民共和国民法总则》（以下简称《民法总则》）第127条规定：“法律对数据、网络虚拟财产的保护有规定的依照其规定。”这是法律首次承认将数据作为一种法律权利，明确将数据纳入民法保护范围[375]。2017年6月开始实施的《网络安全法》明确了要依法保障公民个人网络信息有序安全流动，防止公民个人信息被泄露、窃取和非法使用。同年，《民法总则》第111条规定：“自然人的个人信息受法律保护。任何组织和个人需要获取他人个人信息的，应当依法取得并确保信息安全，不得非法收集、使用、加工、传输他人个人信息，不得非法买卖、提供或者公开他人个人信息。”这是我国个人数据保护立法的里程碑，使公民的个人信息和隐私有了更权威的保障。

美国对于个人信息的保护可追溯到1974年的《联邦隐私权法》，这部法律规范了行政机关对于个人信息的处理，平衡了公共利益与个人隐私之间的关系。对于教育、金融、通信、医疗、商业等领域中的个人隐私问题，美国均制定了相应的法规。总之，美国的隐私权内容相对开放且在不断完善丰富。作为拥有数据自决权的组织，欧盟高度重视个人隐私问题。欧盟的个人信息权的发展过程，即司法体系不断调整适应一直处于发展中的信息技术的过程，这个过程呈代际性特点（表13-3）。

表13-3　欧盟个人信息保护法发展

发展过程	描述
第一代	为了适应政府及大公司内部电子数据处理而制定
第二代	以公民的个人隐私权为中心
第三代	以保障公民享有个人信息自我决定权为特点
第四代	正在进行，针对个人在实施其权利时普遍弱势的谈判地位做出调整

总体来看，美国模式能更好地满足数据流通的需求，欧盟的法律体系更利于个人数据的保护。我国在制定数权法时，要注重与其他法律之间的协调和衔接，吸取先进保护方案的经验，制定合理的法律制度。

13.2.2　公权属性

主流理论认为，公权和私权是相辅相成的，私权是公权存在的本源和依据，公权是私权的后盾和保障。理想状态下，一个法制健全的国家的公权和私权是相互平衡的。公权是国家职能活动的前提，是国家的主要象征。公权的基本特征有：①公权的主体是公众，其核心内涵是公共性，体现的是共享性、公有性和共同性；②公权的客体是公共事务，不应用公权去干涉私权范围的事务；③公权的基础和来源是公共利益，它承担的是公共责任并为其服务。基于以上特征，可以将公权力定义为以国家或政府为实施主体，以公共利益最大化为价值取向，强力维护公共事务参与秩序的一种集体性权力。

数权是具有公权属性的。首先，数权的行使结果会影响公共利益。网络空间作为现实世界的镜像，虚拟网络空间和现实物理世界互相影响、高度融合，使得公权有了新的实现形式和空间载体。其次，数权也需要受到公权的保护，数权的保护涉及宪法、刑法、民法、行政法等多个法律部门。因此，保护不同主体的数据权，需要公权力主体明确立法执法程序。作为公权力的代表，政府实际上是最大的数据掌控者。公民向政府主张数权是防范性、救济性、负面主张性的，是为了保护公民免于被其他庞大数据控制者或公权力侵犯私权，因此，数权的提出是符合道义论的，数权应当作为公权力被纳入法律条例。

法制的核心即保障私权、规范公权。公权自身的天然扩张性和强制性决定了其被制约的必要性，否则很容易失控，对公民的私权造成伤害。现实中，公权力和私权利的冲突时有发生，根本原因在于传统的强公权弱私权思维、制度设计不全面，以及监管不力。公权与私权在网络空间互相侵扰，相互博弈制衡。大数据时代，数权法制的缺位和公权的天然扩张性导致了数据公权的滥用，主要体现在以下两方面。

① 公权私用。数据跨行业、跨领域的流动会涉及数据生产者、使用者、接收者等不同利益相关方，以及数据发送地、接收地、提供服务设施地等多个实际地点，数据多元治理方之间权责划分尚不明确，会导致公权和私权在某种程度上出现互相侵扰的现象。公民往往只有服从公权的管制才能享受私权自由，但现实中经常会出现公权私用的现象，危害数据私权的安全，例如滥用数据公权，违反正常规则程序，侵犯公民数据私权自由，或使公民私权受损。

② 权力重心偏移。现实世界存在的强公权弱私权惯性和公权天然扩张性压缩私权的现象同样延续到了网络空间。信息技术的发展加强了政府与公众之间的信息不对称，并严重偏向掌控公权力的一方。例如人体生物识别技术的发展，使个人私密性越来越脆弱，迫切需要法律的保护。

公民权利并不来自国家权力，公民权利是国家权力存在的依据，私权利应当是公权力的本源，公权力则是捍卫、巩固私权利。数据公权与私权应该严格划分，只有好好规范公权，才能更好地保护数据私权。但是规范公权并不意味着限制公权、削弱公权的效力和权威，而是通过相关法律和程序规范数据公权的行使，使数据公权能更好地发挥作用。

13.2.3 主权属性

主权是国家固有的，最基本、最主要的权利。国家主权的内涵随着时代进步在不断拓展。按照经典政治学理论，国家主权表现在三个方面：对内拥有最高权力，对外拥有独立自主权，以及防止侵略的自卫权。"国家"可以被定义为"能够在其领土界限内实施管辖权的具有主权属性的空间实体"。网络空间拓宽了国家疆域范围，主权概念也在随着时代发展不断更新其内涵和架构。国际上已经就"国家主权适用于网络空间"这一理论达成共识，并不断丰富其内涵。我国于2015年通过《国家安全法》，以法律的形式确认了网络空间主权。之后陆续颁布了《网络安全法》《国家网络空间安全战略》《网络空间国际合作战略》，这些条例将"尊重维护网络安全主权"列为网络安全的首要原则。

数据主权是网络空间主权的拓展和延伸，网络空间和现实世界深度融合，数据资源的控制和使用会对国家安全、文化、经济、政治产生重大影响，数据资源已经和自然资源、智力资源等同样成为国家基础性战略资源。现有的信息主权已无法涵盖国家对网络空间的管控，数据主权应运而生[376]。在国家主权的基础上，数据主权可以理解为国家对本国数据及本国国民的跨境数据拥有所有权、控制权、管辖权和使用权，对内有最高数据管控权，对外拥有独立平等的数据处理权。数据主权丰富了国家主权的内涵，是国家主权适应现代化网络虚拟空间治理的必要补充。

数据主权的提出是为了应对大数据安全的问题[377]。一些危害国家安全的网络违法犯罪事件都是利用网络的便捷性非法收集使用数据，结合现实物理空间有组织地实施的，为了打击数据恐怖主义、解决跨境网络犯罪，必须对数据主权高度重视，数据主权的保护问题应定位到维护国家安全。随着数据资源重要性的凸显，数据资源的争夺已接替疆域安全和传统实体资源，逐渐成为全世界竞争的焦点。

数据在网络空间的流动是自由无序的，这打破了绝对主权的传统概念。数据跨境流动涉及层面广，会不可避免地导致多重管辖权重叠甚至冲突。由于不同国家有不同的管辖机制，网络服务商存在转移逃避的可能性，进而影响其他国家的数据安全。因此，数据主权更适宜一定程度的国际协作，这与传统主权的保护之路有一定区别[378]。另外，网络空间多中心化和扁平化使社会权利意识逐渐苏醒，削弱了国家对主权数据的掌控。科技强国能借助先进的科技力量有效行使数据主权，甚至会威胁到别国的数据主权。构建"相对主权理论"原则下的国际网络空间治理体系能更好地符合当下实际情况，将数据主权从政治范畴纳入法律，解决绝对数据主权导致的多重管辖冲突和国家数据安全困境[379]。

数权的属性并非是一成不变的，从不同的视角看，以及数据所处状态不同，数权的属性也不同（图13-4）。从微观视角来看，独立的个人数据和企业自身数据具有私权属性，而政府数据的来源与职能使得政府数据里必然包含个人数据和企业数据，因此从宏观视角来看，大量的个人数据和企业数据及社会运行的原始数据一起被政府部门用于公共事务时，便具有了公权属性。另外，经济全球化带来数据全球化，一些企业和政府机构在面向跨国政治、文化、商业合作时，不可避免地会导致数据的跨境流动，也就使这部分数据具备了主权性质。

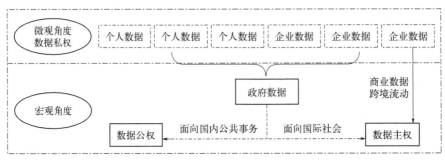

图13-4　数权的属性体系

13.3　数权的体系

数据的所有权、用益权、公益权、共享权和隐私权是分别从数据的归属、使用、目的与对象、途径与方法等不同角度对数权制度进行理论研究与实践探究，构成了数据的权利体系（图13-5）。

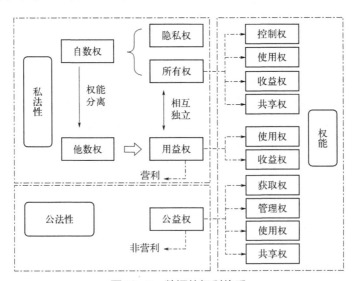

图13-5　数据的权利体系

收益权是所有权在经济上的实现形式。所有权权能下的使用权和收益权是基于自身所有数据进行使用和获取经济利益的权利；用益权权能下的使用权和收益权来自所有权的权能分离，指通过被授权等方式对他人所有的数据进行使用和获取利益的权利

13.3.1 所有权

数据的所有权是对数据享有完全支配权，是数权制度的核心。数据所有权制度是指数据归从制度层面，属于特定主体并处于后者的支配之下。数据所有权的主体是数据利益的所有人，是依法享有数权的自然人、法人、企事业单位或国家，主体资格是其法律人格，是数据利益承担者成为数权主体的法律基础，是承担数据权利义务的法律前提，主体资格既可以在原始取得的基础上取得，也可以通过继受获得（图13-6）。继受模式的实质是数据所有权的共享，由于数据的不可绝对交割属性，继受主体无法完全取得数据所有权资格。原始归属模式中，在数据资源投资者与生产者为不同主体的情况下，无论所有权是归其中一方还是双方共有，数据所有权的归属都要做好生产者、投资者与公共利益之间的利益平衡，这是数权法要考虑的核心问题。

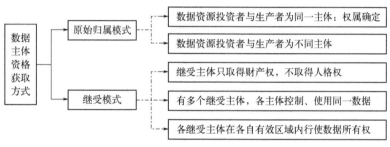

图13-6 数据主体资格获取方式

数据所有权的客体是特定数据集，它是具有一定使用价值的、独立存在的、可交换的，具有非物质性、可复制性和不可绝对交割的特征。数据所有权客体与知识产权客体的区别在于是否具有创造性、是否固定于某种介质、是否经过法律程序认可和是否需要进行公开。从数据的角度来说，知识产权的客体是经过人类劳动创造的成果，是优化的数据，因此不能采用知识产权的保护路径来规范数据所有权。

数据所有权的权能实质是由数据所有权主体享有的、构成所有权内容的权利，包括控制权、使用权、收益权和共享权（表13-4）。权能是数权的核心，是数据所有权自身价值、利益和功能作用的体现。

表13-4 数据所有权的权能

权能	描述	获取方式
控制权	数据所有权主体对数据享有支配权	投入资源
	数据处于主体合法控制下	投入劳动
	数据主体可自由行使其权利	数权共享

续表

权能	描述	获取方式
使用权	数据权利主体有权追求数据使用价值、实现利益 包括：处理权、复制权	投入资源 投入劳动 数权共享
收益权	数据权利主体有权使用、共享数据而获得收益 数据资产化是行使收益权的过程，是数据所有权在经济上的实现形式 特点：外部性、长期性、多元性	
共享权	权利人有权对数据进行消费和分享 是对数据的最终使用，是所有权的最终体现，是数权的本质	

现代数据生产活动和数据所有权客体的自然属性决定了单靠权利人自身无法实现数据价值的最大化，需依靠他人对数据的合法利用扩大价值。数据资源利用分为约定使用制度和法定使用制度（表13-5）。

表13-5　数据使用制度

一级制度	二级制度	描述
约定使用制度	许可使用制度	定义：数据所有权主体允许他人在一定条件下使用数据 本质：约定关系 分类：独占许可使用、独家许可使用、普通许可使用 特点：仅让渡部分使用权、收益权
	转让制度	定义：数据所有权主体将数据所有权转让给他人 方式：数据交易、赠予、继受 特点：控制、使用、收益、共享权可同时转让
法定使用制度	合理使用制度	定义：法律规定条件下，他人可以不经过数据所有权主体许可就能使用数据 特点：意定授权，是数据所有权最严格的限制方式 目的：维护公共利益
	法定许可使用制度	定义：法律规定条件下，他人可以不经过数据所有权主体许可，以特定的方式使用数据，需支付相关费用 特点：法定授权，是对数据所有权的一种限制制度，限制程度弱于合理使用制度 目的：多以营利为目的
	强制许可使用制度	定义：在法律规定的特定情况下，由相关的主管机构强制性地许可第三人使用数据，不需要经过数据所有权主体同意，需支付相关费用 特点：非自愿许可 目的：维护国家安全和社会公共利益

13.3.2 用益权

用益权又被称为限制权，是在一定条件下对他人所有的数据进行使用和收益的权利，是来自数权主体授予的权利，其目的是解决数据的所有与利用之间的矛盾。用益权的核心是使用权和收益权，不包括共享权。用益权使数权从控制走向利用，可以更好地实现数权的经济价值。用益权独立于所有权，对数据所有权形成了一种限制，数据所有权的主体不能干涉用益权主体行使权利（表13-6）。

表13-6 用益权与所有权的区别

项目	用益权	所有权
权利性质	他数权	自数权
权利内容	定限数权	完全数权
受期限限制	有期限	无期限
权利客体	相对狭窄	范围广泛
权利主体	所有权人之外的其他主体	所有权人
权利取得方式	具有法律限制，约定设定或法律强制取得	原始取得或继受

数据所有权的权能分离是用益权的基础，也是现代经济实现资源的有效配置和利用的手段。用益权制度可以实现公有制与市场经济的有效结合。政府拥有庞大的数据资源，如果这些数据不能进入市场，就无法实现其价值，也无法实现建设市场经济的目标。利用用益权制度，可以使数据在不改变其归属的前提下进入市场自由流转，通过市场机制的作用，实现数据资源的有效配置和优化利用，最大限度地挖掘数据资源的价值。

13.3.3 公益权

公益权是行政主体、公共机构、公益组织等社会公共福利机构在公益数据上设定的公法性权利的总称。对于公益数据，国内外学术界只做了一些概念上的探索，尚未形成统一定论。联合国教科文组织起草的《发展和促进公共领域信息的政策指导草案》里，将公益数据定义为"不受知识产权和其他法定制度限制使用以及民众能够有效利用而无须授权也不受制约的各种数据来源、类型及信息"。从法理上看，凡是能够满足民众的数据需求、与公共利益切实相关的数据资源，都可以纳入公益数据的范畴。因此，公益数据主要有三个来源：一是政府公务活动产生的政府数据，是最主要的公益数据组成部分；二是企事业单位向社会公开的数据；三是个人向社会公开的数据。

公益权是一种被让渡的用益权。与用益权相对，公益权主要指以政府为代表的行政主体、公共机构与公益组织等出于公共利益需要，获取、管理、使用和共享公益数据的权利。公益权是公权与私权的平衡，它是不以营利为目的的数据权利的新主张，其权利主体属于全民所有。

就公益权的主体而言，行政机构、公共机构、公益组织等代表的其实是公众利益；就公益权的使用权而言，其组织是任何人和组织，只要符合公共利益，都可以使用。因此，公益权的主体是复合性主体。行政机构、公共机构、公益组织等为其法律上的形式主体，社会民众则是实质主体。

公益权的特征和权能见表13-7和表13-8。

表13-7　公益权的特征

特征	描述
公法性	是公益权区别于用益权的根本特征
公共福利性	公益权设立目的：保障公共利益，增加公共福利 性质：集体权利
有限支配性	由于其公法性和公共福利性，公益权主体对公益数据的支配性受到一定限制
非排他性	公益数据为民众所有，具有效用的非分割性、使用的非竞争性和收益的非排他性
救济特殊性	公益权的救济是对民众使用公益数据的权利进行法律救济，包括民事救济、刑事救济和行政救济

表13-8　公益权的权能

权能	描述
获取权	以政府为代表的行政主体、公共机构和公益组织等依据相关法律规定获取所需要的公益数据的权利
管理权	以政府为代表的行政主体、公共机构和公益组织等为实现数据公共使用的目的而行使的行政管理权
使用权	以政府为代表的行政主体、公共机构和公益组织等为履行职能，依法对公益数据加以利用的权利
共享权	公益数据的管理机构将其管理的公益数据共享给他人使用的权利

13.3.4　共享权

传统的物权法体系是基于物品私有的观念，而现代开放存取和共享经济改变了对物的利用方式，共享的理念已经渗透到对物的利用中，已成为一种常态化的模式。数据是一种富足的生产资料，可以无限复制、无限产生效益，复制不会对数据本身产生损害，且复制成本极低。因此，如何对数据进行有效利用是核心问题，共享则是其重要途径。

大数据的内涵不是大，而是全面性和关联性。只有全面和关联的数据才能称为生产资料。当数据成为生产资料时，驱动传统的生产关系结构发生变革，数权共享制度使得数据的所有权和使用权的分离变成可能，形成一种"不求所有，探求所用"的共享发展模式。同时，数据非物质客体性和多元主体性决定了其有效利用的前提是对数权进行共享。因此，数据共享制度是数字文明时代的必需条件[380]。数权共享制度有助于协调不同数权主体之间的矛盾，坚持数权公利与私利的平衡，为数字文明社会制度体系的构建提供了价值导向[381]。同时，也有助于化解当前因为数据资源垄断导致的资源分配不均衡、机会不等等社会矛盾，实现数据资源的最优配置与最小边际成本，促进数字文明时代社会经济文化的均衡发展。

如图13-7所示，从数权共享的公正原则出发，构建数权共享制度的关键在于公平意识、平等意识、共享意识与人文精神的培育。公平意识即平衡各数权主体之间的利益、处理好公权与私权之间的分配，平等意识是指数权的共享要实现权利和义务的平衡分配，共享意识要求民众具备利他和共享的理念，人文精神则是数权共享制度的建立需秉承"以人为本"的理念，突出人的价值。数权共享制度的构建需要建立起利益表达机制，了解不同数权主体对数权共享的需求与想法，从而正确把握制度构建的方向。建立和完善数权共享基本保障制度，对数据弱势群体进行救助补偿。数权共享的核心是让每个数权主体享受应得的权益，关键在于私利与公利的平衡，这是数字文明建设的思想前提与结

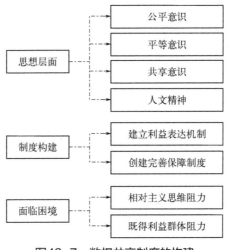

图13-7 数权共享制度的构建

构性基础[382]。此外，数权共享制度的构建也可能受到来自相对主义思维和既得利益群体两方面的阻碍。前者是否定数权共享的绝对性，根据自身利益需求变相执行相关规定；后者则是建立于私权基础上的数据寡头。这两种都违背了数权共享的理念，需通过法律法规的建设进行限制[383]。

数据共享权无法做到自我实现，必须借助相关制度。现行的权利保障制度与数权共享形成了制约。现行的权利保障制度是以私权为基础进行构建的，强调对权利的占有，保障的是持有者的权利。但人类社会发展的方向在于利他，数据的价值在于利用，数权的本质在于共享。数权共享制度化、政策化必然会受到现行保障制度的制约，因此必须在现行的基础上围绕数据使用者的数权确认和保护进行创新。数权共享更注重人的意志，让数据为人所用，为社会服务，这也是以人为本理念的体现。

13.3.5　隐私权

隐私权是自然人享有的对其个人与公共利益无关的私人信息、私人活动和私人空间进行支配的权利，是公民网络生活环境下的一项基本权利，不可被剥夺或者减损。大数据时代，隐私的主要内容体现在以数据为载体的信息。互联网数据的快速流通加大了隐私权被侵犯的深度和广度，侵权主体不仅是个人，也扩大到商业主体甚至公权力主体。

关于什么是数据隐私，目前学术界尚未形成统一定论，主要有下几种代表性的定义：①数据隐私是数据拥有者不愿意被他人披露的敏感数据，包括数据本身及这些数据所表现出的相关特性；②数据隐私是数据中包含的可能会泄露组织或个人秘密信息的部分；③数据隐私是个人、组织机构等实体不愿意被外部知道的信息，如个人的行为模式、位置信息、兴趣爱好、健康状况、公司的财务状况等；④数据隐私是个人希望得到保护、不愿公开被他人知晓的敏感数据，以及经过数据处理后，识别出的用户不愿被他人知晓的隐私内容。数据隐私可依据不同分类标准分为多种类型（图13-8），主要特征包括：数据隐私权的主体一般是自然人；可以推断个人某方面的特质，如出行规律、购买偏好等，具有推断性；具有权限不可控、泄露后果不可知、范围不可辨的特点；具有全生命周期、隐私主体多元化、多重评价指标、隐私保护粒度化和边界难以鉴定的特征。正因为存在这些特征，界定数据隐私边界和数据隐私权利才显得更为复杂和棘手。

数据隐私保护的目的是最小化隐私泄露风险，同时最大化数据可用性。在法律方面，国际上关于数据隐私保护法律的研究主要集中在欧盟和美国等地区或国家。目前拥有全国性统一个人数据保护法律的国家和地区已达到120个（表13-9）。

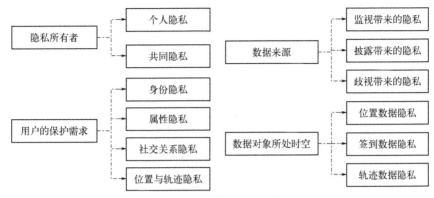

图13-8 数据隐私分类

表13-9 一些国际组织和主要国家的数据隐私保护法律

国际组织/国家	时间	代表法律	描述
联合国	1990年	《计算机处理数据文件规范指南》	明确了计算机处理个人数据的基本原则
经合组织	1980年	《关于隐私保护和个人数据跨境流动指南》《OECD个人资料保护指针》	为经合组织成员国的个人数据保护确立了基本原则
亚太经合组织	2004年	《亚太经合组织隐私保护框架》	建立了APEC跨境隐私规则（CBPR），确立了个人数据处理与流通的指导原则
欧盟	1995年	《欧盟个人数据保护指令》	是国际社会有关个人数据保护最全面、最有影响的法律文件之一
	2016年	《一般数据保护条例》	
美国	1974年	《隐私法案》	规定了公共机构对私人信息采纳和使用的边界
德国	1977年	《联邦数据保护法案》	对个人数据保护进行统一规范
法国	1978年	《数据保护法案》	规定个人数据使用行为的限制措施
澳大利亚	1988年	《隐私法案》	适用于所有联邦成员的个人数据保护
英国	1998年	《数据保护法案》	增加对手动和电子数据记录的保护
加拿大	2001年	《个人信息保护和电子文件法》	规范收集、使用和公开个人信息的行为
日本	2003年	《个人信息保护法》	适用于数据控制者的个人信息处理行为，是日本数据保护的核心法律

目前国内方面，香港、澳门、台湾地区隐私保护法律走在前列（表13-10）。

表13-10 我国香港、澳门、台湾地区的数据隐私保护法律

地区	时间	法律
台湾	1995年	《计算机处理个人资料保护法》
	2010年	《个人资料保护法》
香港	1996年	《个人信息（隐私）条例》
澳门	2005年	《澳门个人资料保护法》

我国内地（大陆）尚未出台个人隐私信息保护方面的专项法，关于数据隐私安全与保护的规章制度散见于宪法、法律、法规及部门规章中。我国分别于2017年6月、2017年10月、2020年10月开始实行《网络安全法》《民法总则》《信息安全技术个人信息安全规范》，《个人信息保护法》和《数据安全法》也已于2021年生效。我国已然从多角度寻求保护公民作为信息主体的个体权益，数据隐私保护逐步规范化和法治化。然而目前我国数据隐私权的立法还存在一些问题：第一，立法较为分散，不成体系，且立法位阶不高；第二，没有明确隐私权在法律中的地位，对隐私权以间接保护为主，直接保护较少，尤其是对电子隐私信息的法律保护力度不够；第三，相关规定过于笼统，对主管部门的职权范围和相关措施的规定较为模糊，对违法者的惩罚措施没有明确提及，执法缺乏可操作性；第四，隐私保护让位于国家安全和经济发展。因此，我国长期以来对个人数据和个人信息保护力度偏弱的局面还有待突破，需要充分借鉴国外数据隐私保护法律经验，加快数据隐私立法步伐[384, 385]，提高隐私保护水平，才能实现与国际接轨。

13.4 数权的现状

对于数权的理论研究和立法保护，从世界范围看，国际上对数权保护日趋重视，各国也存在不同的模式与侧重点。在全球高度一体化的今天，国内立法不可避免地要置于国际大环境中。因此，研究分析相关国际组织和国家、地区数权保护的先进准则、原则和法则具有重要意义。

13.4.1 美国数权立法

美国是世界上较早进行数权理论研究和立法保护的国家，具备丰富完备的理论与法律体系。在保护数权的具体制度方面，美国选择了以分散式立法为主、自律机制相配合的立法模式（表13-11）。分散立法模式是指没有保护隐

私、信息或数据的基本法，相关立法采取不同领域或事项分别立法的模式，对数权的保护分散于错综复杂的联邦法律中。

表13-11 美国隐私保护的立法实践

时间	名称	主要内容
1792年	《宪法第四修正案》	规定人民的人身、住宅、文件和财产不受无理搜查和扣押的权利，不得侵犯
1966年	《信息自由法》	要求政府机构应尽量向公众公开信息，不公开举证责任在政府
1970年	《公平信用报告法》	赋予消费者纠错权
1974年	《隐私法案》	规范联邦政府机构处理个人信息行为
1978年	《金融隐私权法》	禁止金融机构随意向联邦政府披露客户的金融记录 规范联邦政府获取客户的金融记录
1980年	《财务隐私权法》	规范联邦政府财政机构查询银行记录
	《隐私权保护法》	确立执法机构使用报纸和其他媒体记录的数据标准
1986年	《电子通信隐私法》	禁止政府部门未经授权的窃听 禁止所有个人和企业对通信内容窃听
1988年	《录像隐私保护法》	规定对购买和租借录像提供安全的隐私保护
1994年	《驾驶员隐私保护法》	限制州交通部门使用和披露个人的车辆记录
1996年	《健康保险携带和责任法》	保障个人健康隐私信息的机密性，防止未经授权的使用和泄露
1999年	《金融服务现代化法案》	规定金融机构处理个人秘密信息的方式
2000年	《儿童网上隐私保护法》	限制搜集和使用儿童的个人信息
2008年	《基因信息反歧视法》	保护基因数据隐私和安全
2010年	《消费者保护法》	授权消费者金融保护局对金融隐私领域进行监管和保护
2018年	《2018年加利福尼亚州消费者隐私法案》	大幅度扩充适用范围，创建访问权、删除权、知情权等一系列消费者隐私权利
2020年	《2020年加利福尼亚州隐私权法》	确立新的数据隐私权 创建独立的数据监管机构

显然，美国关于个人信息的保护立法涉及领域广泛，涵盖民众生活的各个方面，对于特殊领域的个人信息能提供较好的保护。这种立法模式旨在寻求个人信息合理利用与合法保护之间的平衡，适用于公领域范围，但不适用于团

体、社会组织等私领域。在私领域，个人信息保护立法采用的是"行业自律"模式，即由行业协会或专门机构制定行业的行为规章或行业指引，为行业的个人信息保护提供示范的行为模式。分散立法模式与行业自律模式避免了统一法"一刀切"的弊端，能很好地契合数字时代技术进步和数字经济高速发展的需要，面对变化时有灵活处理的余地。

美国模式可以为其他国家提供一些值得借鉴的经验。一是重视个人信息流通的效率和价值，个人信息保护要平衡好流通与保护；二是在法律支持下行业自律能够处理错综复杂的个人信息管理，能有效节约司法成本；三是国家采取高标准的个人信息保护要求来应对数据跨境流动的风险，保证了个人信息国际化的畅通。

13.4.2 欧盟数权制度

欧盟关于个人数据保护理论的基础是人格权理论，强调对数据关系人人格利益的精神权益保护，并要求成员国在个人数据保护上采取统一式立法的模式，对各国公民的个人数据保护提供统一标准，避免各国的差异对欧洲一体化造成不必要的影响[386]（表13-12）。

表13-12 欧盟隐私保护的立法实践

时间	名称	主要内容
1970年	德国《黑森州数据法》	明确行政机关对个人数据给予保密的义务，重新划分地方团体和州级行政机关使用个人数据的权限是世界上第一部综合性的数据保护法
1973年	瑞典《瑞典数据法》	要求成立一个专门针对个人数据进行保护的机构
1977年	德国《联邦数据保护法》	以一般人格权与信息自决权为请求权基础，提供对个人数据的统一保护
1978年	法国《信息、档案与自由法》	规定对个人数据的处理不得损及个人的人格、身份及私生活方面的权利
1981年	《关于个人数据自动化处理公约》	初步定义个人数据的概念、保护原则和跨国传输是世界上第一个有约束力的关于个人数据及隐私保护的国际公约
1995年	《个人数据保护指令》	要求各国采取统一立法模式，建立独立的数据保护机构，对于个人信息数据进行充分保护
2002年	《隐私与电子通信指令》	规范通信和互联网服务商储存或使用用户数据
2006年	《数据留存指令》	规范公共电信服务商、通信服务商或公共通信网络服务提供者留存流量数据和位置数据

续表

时间	名称	主要内容
2016年	《刑事犯罪领域个人数据保护指令》	规范各个成员国公共机构利用个人数据处理刑事犯罪
2018年	《一般数据保护条例》	规范数据收集者收集用户数据 明确用户对数据具有完全的所有权

欧盟统一立法模式有三个特点：一是将个人数据视为基本人权，以人格尊严为优先；二是以国家公权力为主导，定制统一的法律规范；三是设立国家数据保护机构——欧盟数据保护委员会。采取统一立法模式，可以适用于各个领域，但这种统一模式也存在弊端，一是可能阻碍数据的自由流动，二是灵活性不足、有明显滞后性，无法兼顾各个领域的特殊性。总之，欧盟的法律体系对整个法系的数权法确立产生了深远的影响。

13.4.3　日本数权建设

在个人信息保护方面，日本采取的是综合式立法模式，即分散式立法与统一式立法的折中，国家采取不同的规范标准，分别立法规制个人和行政机关收集、处理的信息。由于日本实行地方自治制度，各地的个人信息保护制度有不同进展，且地方自治团体的个人信息保护的确立要早于国家统一立法（表13-13）。

表13-13　日本隐私保护的立法实践

时间	名称	主要内容
1973年	德岛市《关于保护电子信息计算机处理的个人信息的条例》	规范政府处理个人信息时涉及的隐私权益
1988年	《有关行政机关电子计算机自动化处理个人信息保护法》	规范国家行政机关利用计算机处理个人信息的行为
1997年	通商产业省《关于民间部门电子计算机处理和保护个人信息的指南》	向保护措施得力的企业颁发隐私认证标识（P-MARK认证）等
1999年	《居民基本注册改正法》	加强民间企业对个人信息保护的必要性
2013年	《个人信息保护法》 《关于保护行政机关所持有的个人信息的法律》 《关于保护独立行政法人等所持有的个人信息的法律》	通称"个人信息保护五联法" 《个人信息保护法》是基本法，从整体上对收集、处理和利用个人信息进行了规范，公共部门及非公共部门都使用统一的基本原则

续表

时间	名称	主要内容
2013年	《信息公开与个人信息保护审查会设置法》	通称"个人信息保护五联法"《个人信息保护法》是基本法，从整体上对收集、处理和利用个人信息进行了规范，公共部门及非公共部门都使用统一的基本原则
	《对〈关于保护行政机关所持有的个人信息的法律〉等的实施所涉及的相关法律进行完善等的法律》	
2017年	《金融领域个人信息保护指南》	针对金融领域中使用及转移个人信息的行为等加以规范
2020年	《个人信息保护法》修正案	扩充保障个人权利、信息使用推广、扩大企业责任、强化法律处罚、增加域外适用等内容

就形式而言，日本保护个人信息权利的法律体系是统一立法与分散立法结合的模式（图13-9），既考虑到本国行业法制化的必要性和自律机制的有限性，又试图保持个人信息保护与数据自由流通之间的平衡。然而，综合立法模式也有其弊端。现实中个人行动都会或多或少地涉及个人信息，而《个人信息保护法》会在某种程度上限制一些创意和想法的实现，束缚了日本社会的多样化发展。同时，模糊的国家利益和个人利益保护标准也会导致监管不力。

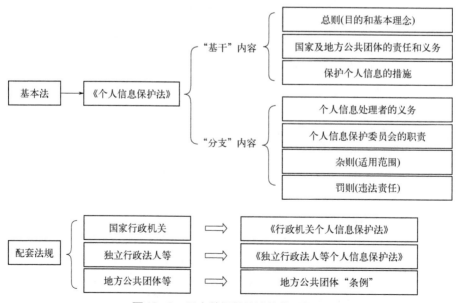

图13-9 日本数权保护法律体系概要

13.4.4 中国数权探索

他山之石，可以攻玉。用比较的视角审视国际数据治理现状，立足中国国情，有助于推动构建以数权法制为核心的大数据法律体系。我国的数权保护采取的分散立法模式，由法律、法规、规章和各种规范性文件共同组成了多层次、多领域、结构内容分散的数权保护法律体系（图13-10）。数权法体系正趋完善，法典化是现实要求和必然趋势[387]。

数权法是法律领域的突破与创新。以数权立法为突破口，加快构建以数权、数权制度为核心的大数据法律体系，有利于抢占全球大数据发展的先机，为互联网全球化治理提供中国方案与中国智慧，提高我国的国际话语权和规则制定权。如"13.2数权的属性"一节讲到，一方面由于各国的管控模式与策略不尽相同，各国数据主权的行使能力有限，另一方面国际上还未形成统一的数据主权界定方案，与此同时还面临着数据霸权主义、数据恐怖主义、数据资本主义的威胁。因此，以数权法为战略高点，探寻数据主权的法律途径，会有利于把握数据的主动权，确立数据主权地位，维护国家安全与国际数据秩序[388]。

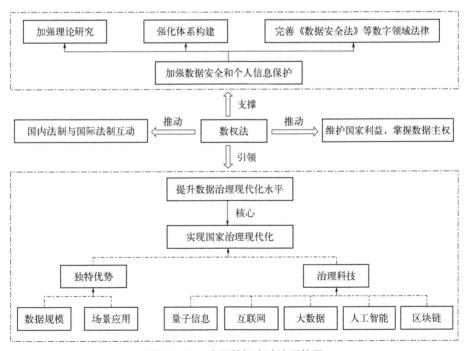

图13-10 我国数权立法治理格局

第14章

数权立法主要难题

在人类历史的长河中，科学技术的发展和广泛应用对于不同文明之间的交流及融合起到了至关重要的作用。科技的传播过程本质上就是文明融合的过程，它打破了地理和文化的障碍，使得各个文明可以相互借鉴、交流和合作。然而，当前正面临着世界百年未有的大变局，这个变局涵盖了社会秩序、伦理规范、数字经济和数字治理等多个方面[389]。在这个过程中，文明之间的冲突难以避免。我国数字领域的法治建设尚处于探索阶段，数权的立法面临着法律横向冲突、纵向冲突、公私冲突、国际冲突等多项难题。以保护我国数据的主权和推动数字经济的发展为基本价值观，在制定具体的规章制度时，需要特别关注数据元素的独特性，更科学、更灵活地引入利益平衡规则，确保在数权立法过程中妥善处理各种矛盾冲突。

14.1 立法冲突

数权立法聚焦各部门法在数字领域衍生的共性问题。在横向上，数权立法与其他法律对于同一犯罪行为可能有不同的解释和规定；在纵向上，不同法律效力层级之间的矛盾也给数据保护带来了一些挑战（图14-1）。

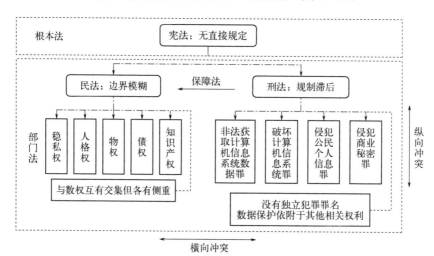

图14-1 我国数权立法面临冲突

一个可行的解决方法是探索数据的完整生命周期，并且从多角度进行完善和补充，有助于在横向上整合传统法律部门的元素，同时在纵向上克服各个部门法律之间的阻碍，从而构建一个具有整体性、内在一致性和协同性的数据权法律研究框架。这个框架有望为解决数字领域法律问题提供更系统和综合的方法。

14.1.1 不同效力立法冲突

不同效力等级的法律文件（主要是宪法与其他法律）之间的冲突，就是立法的纵向冲突。"宪法是国家的根本法，具有最高的法律效力。"其他法律的制定必须以宪法为基础，法律性质和精神要与宪法保持一致。随着社会步入数字文明时代，过去宪法中的条文和法律精神已经逐渐无法满足现实需求，而面向新的权利价值取向制定的相关法律势必会与宪法中原有的权利存在矛盾或冲突。在国际上，许多国家已将数据保护纳入宪法，然而，在我国尚未在宪法中找到直接关于数权保护的依据[390]。将数字人权写入宪法是对当前需求的积极回应，并且，将数字权利确立在宪法层面有助于成为数字文明的重要保障。

我国《宪法》对数权的保护没有直接性规定，均是通过其他基本权利的保护间接涉及。《宪法》第33条、第37条至第40条等可以作为个人数据权利保护的重要依据之一（表14-1）。数字人权作为人权在数字世界的映射，通过人权将数字人权纳入宪法是有理可循的。

表14-1 数据保护的宪法渊源

法条	规定
第33条	① 公民在法律面前一律平等 ② 国家尊重和保障人权 ③ 任何公民都享有宪法和法律规定的权利 ④ 任何公民必须履行宪法和法律规定的义务
第37条	① 中华人民共和国公民的人身自由不受侵犯 ② 禁止非法拘禁和以其他方法非法剥夺或者限制公民的人身自由 ③ 禁止非法搜查公民的身体
第38条	① 中华人民共和国公民的人格尊严不受侵犯 ② 禁止用任何方法对公民进行侮辱、诽谤和诬告陷害
第39条	① 中华人民共和国公民的住宅不受侵犯 ② 禁止非法搜查或者非法侵入公民的住宅
第40条	① 中华人民共和国公民的通信自由和通信秘密受法律的保护 ② 除因国家安全或者追查刑事犯罪的需要，任何组织或者个人不得以任何理由侵犯公民的通信自由和通信秘密

续表

法条	规定
第41条	① 公民有进行科学研究、文学艺术创作和其他文化活动的自由 ② 国家对于有益于人民的创造性工作给予鼓励和帮助
第51条	公民在行使自由和权利的时候，不得损害国家的、社会的、集体的利益和其他公民的合法的自由和权利

14.1.2 同一位阶缺乏协调

在同一法律等级的法规中，包括法律、行政法规、地方性法规和规章，它们在规定的内容上可能存在不一致，即法律的横向冲突。当某一事项既没有在法律和行政法规中明确规定，又不属于中央专属立法权限范围内时，各地方就会制定适应当地需求的法律和法规，因此，针对同一事项可能会存在多项法律。在数权法领域，横向冲突主要表现在数权立法与民法、刑法、数据安全法、个人信息保护法、网络安全法，以及其他相关法规之间的不一致性[391]。

如表14-2所示，我国现行法律体系对个人数据权利提供了一定程度的保护，然而，这种保护主要针对基本权利、个人信息及其他数据进行规制，对于个人数据提供的保护并不完整、力度不够大、推进不够彻底，并且在执行过程中面临越来越大的障碍。从人格权的角度来说，人格权更多是作为民事权利被保护，但其在数据领域的适用范围相当有限。从隐私权的角度看，隐私权的保护更偏向私人范畴，而数据更多的是公共秩序范畴[392]。从物权的角度看，物权强调"一物一权"，而数据涉及"一数多权"。从债权的角度看，债权强调企业与用户之间的合同关系，而数据权利复杂多样，数据提供者与使用者之间无法建立利益合同[393]。从知识产权的角度看，知识产权具有创新性与独创性，而数据保护则面向多个主体，且两者的保护机制也不相同。因此，在数权立法中，一个关键问题是如何与其他法律保持协调和相互支持，即"体系定位"的问题。数权的体系定位反映数权与其他权利在功能上的强弱、效力上的高低和价值上的轻重关系。

表14-2　我国关于隐私、信息、数据保护的基本法律框架

时间	法律法规	相关内容
2012年12月	《全国人民代表大会常务委员会关于加强网络信息保护的决定》	首次以法律文件的形式对个人电子信息保护的要求做了明确规定
2013年7月	《电信和互联网用户个人信息保护规定》	具体规定了收集、使用用户个人信息的规则和信息安全保障措施等要求

续表

时间	法律法规	相关内容
2016年11月	《网络安全法》	将个人信息保护纳入网络安全保护的范畴
2017年3月	《民法总则》	在民事基本法的层面确立了个人信息保护条款
2017年5月	《关于办理侵犯公民个人信息刑事案件适用法律若干问题的解释》	对侵犯公民个人信息犯罪的定罪量刑标准和有关法律适用问题作了全面系统的规定
2017年12月	《信息安全技术个人信息安全规范》	以国家标准的形式，明确了个人信息的收集、保存、使用、共享的合规要求
2018年8月	《电子商务法》	中国第一部全面针对电子商务的成文条款
2019年1月	《关于开展App违法违规收集使用个人信息专项治理的公告》	四个国家部门联合重点开展个人信息收集和使用情况评估、监管和处罚、打击违法犯罪、App安全认证四个方面的工作
2019年8月	《儿童个人信息网络保护规定》	是我国第一部专门针对儿童网络保护的立法，规定对儿童个人信息进行全生命周期保护
2019年11月	《App违法违规收集使用个人信息行为认定方法》	四部委联合发布，旨在规范监管部门对手机App违法使用个人信息行为的认定
2020年5月	《民法典》	专章规定了隐私权和个人信息
2021年9月	《数据安全法》	实行数据分类分级制度，明确对重要数据的管理形式和保护要求，补充完善了数据出境管理
2021年11月	《个人信息保护法》	厘清了个人信息的基本概念，从多个方面对个人信息保护进行了全面规定

　　数权立法吸收了《数据安全法》中关于数据发展与保护的相关规定，融合了《个人信息保护法》中关于信息保护的相关内容，延伸了《网络安全法》中网络空间主权及国家安全的相关界定，一方面从个人的角度考虑数据隐私和数据安全，另一方面从国家的角度维护了国际地位与话语权。《立法法》第4条规定："立法应当依照法定的权限和程序，从国家整体利益出发，维护社会主义法制的统一和尊严。"法律之间的协调与统一是完善中国特色社会主义法制建设的基本要求，数权立法不是要否定、推翻传统的法律，而是希望通过一种交叉研究的方法，在各法律部门现有知识图谱的基础上，全面解决数字时代不断出现的法律难题。

14.1.3　民法保护边界模糊

尽管在数据民法保护方面已经出现了一定的意识加强，但它在不断更迭的科技环境中显得有些滞后，尚未能够实现与数据的具体性、系统性和规范性相匹配的保护水平。因此，民法对于数据权的保护存在一定的限制，主要体现在以下三个方面。第一，数据的民法保护缺乏完整的体系。我国的数权立法还处于起步阶段，相关法律法规分散在不同领域的法律、法规及部门规章中，呈现零散、分散、重复的特点，并不能涵盖数据权生命周期及不同的情况，在一定程度上限制了法律的作用。第二，数据的民法保护缺乏行之有效的具体条例。《民法典》127条规定："法律对数据、网络虚拟财产的保护有规定的，依照其规定。"这一条虽然明确了对数据的保护，但是其内容过于宏观、宽泛。数据的具体内涵、范围没有具体阐述，也没有对"权"做出详细的说明，现行法律中能直接应用于实践的条例十分有限[394]。第三，数据法的民法保护缺乏可操作性。目前，相关规定没有考虑全面的场景和领域，也没有考虑到数据运用的多样性和多样性，以至于对于数据科技的发展来说稍显滞后。因此，尽管民法已经提出了对数据的保护，但是实际保护效果并不理想。

此外，《民法典》没有对数据和个人信息做出区分。如果简单将数权保护与《民法典》中的个人信息保护混为一谈，会使得《民法典》的立法意义受到冲突，影响基本法的统一性与权威性。数权的主体超出了民法的范围，数权法与《民法典》是有互补交叉但是不同的两个领域，数权保护是顺应时代发展而出现的一个崭新的法律领域，将传统的个人信息保护强行套用在信息保护上必然会出现不适配导致的各种问题，导致法律在使用过程中出现种种冲突，致使立法的科学性受损。数权法的主体、保护范围与执行机制与《民法典》均有明显区别，在立法上首先要对立法的目的有明确认识，两者的性质和根本任务均不同，前者是为了保护数权，后者旨在确定基本民事制度，它们在整个法律体系中发挥不同的作用。只有科学地认识并区分数权与《民法典》之间的关系，才能使数权立法立足于其面临的现实问题，不被传统民事法律制度束缚。

14.1.4　刑法规制相对滞后

就数据权的保护路径来看，国际上的刑法主要经历了附属其他权利的刑法保护、通过数据安全的刑法保护、形成数据专门犯罪的保护三个阶段。

第一，附属其他权利的刑法保护阶段。网络的匿名保护给传统犯罪提供了便利，也给刑事立法和司法实践带来了新的难题和挑战[395]。一方面，对数据的保护包含人格权、隐私权、知情权等现有的权利；另一方面，围绕数据保护也产生了可携带权、被遗忘权等多种新型权利[396]。国际上不少国家和地区都针对隐私权和知情权相继出台了多部法律。但数据是典型的"无实物体",不像传统物品受限于时间和空间,依附于隐私权和知情权进行保护是不足的,需要一部有针对性的数据安全保护法来打击数据犯罪。随着权利的特征、概念在不断发展和丰富,关于数据犯罪的严厉打击和现行刑法规制的滞后问题已成为当下数据保护的焦点。

第二,通过数据安全的刑法保护阶段。《犯罪公约》是一项具有重要意义的国际公约,旨在应对日益增长的网络犯罪威胁。该公约首次对网络犯罪进行了明确定义,并提供了一系列行为的分类和界定,以便各国能够更好地合作打击犯罪行为。根据《犯罪公约》的界定,网络犯罪是指那些对计算机系统、网络和计算机数据造成危害的行为,包括但不限于非法访问计算机系统、篡改数据、传播恶意软件、网络诈骗等。这些行为对计算机系统和网络的机密性、完整性和可用性造成了严重威胁,不仅给个人、企业和组织带来了损失,也对国家安全和社会稳定构成了挑战[397]。世界各国在打击计算机网络犯罪方面达成了基本共识,一旦出现破坏计算机系统的完整性和整体性的行为,皆可怀疑其犯罪性质,这在处理非法获取计算机信息方面发挥了一定的作用。各国或组织都出台了数据安全相关的法律(表14-3),虽然没有直接提到"数权"一词,但通过"计算机安全""网络安全""信息安全""数据安全"等被刑法覆盖。

表14-3 各国或组织的数据安全相关法律

国家或组织	名称	主要内容
德国	《德国联邦数据保护法》	防止个人数据被侵害
丹麦	《个人数据处理法》	保护个人信息、私生活
英国	《数据保护法》 《通信管理条例》 《通信数据保护指导原则》 《调查权法》	建立一套数据保护、数据管理、数据监督相配套的数据法律保护模式
联合国	《关于犯罪与司法:迎接21世纪的挑战的维也纳宣言》	对计算机犯罪定义及类型达成共识

第三,形成数据专门犯罪的保护阶段。发挥刑法有效作用的前提是明确数据犯罪危害行为的罪名,进而确定数据犯罪的刑事责任,这是建立刑法保护的必要步骤。日本《刑法典》是日本国内的刑法法典,其中确实规定了一系列罪名,以保护社会秩序和个人权益,包括了泄露秘密罪、侵入住宅罪、开拆书信罪、隐匿书信罪等。德国《刑法典》设置了探知数据罪、侵害通信罪、侵害言

论秘密罪等罪名以规制数据犯罪。我国《刑法》《中华人民共和国刑法》第252 条规定非法窃取、藏匿、破坏、出售公民个人信息等行为将被定为侵犯通信自由罪、侵犯公民个人信息罪等。从各国传统的罪名体系出发,以数据及其价值作为切入点,可以建立起一套全新的数权刑法保护体系。

14.2 公私平衡

数权不仅仅是关乎个人利益的私权利,还是一项具有公共性质的公权力。数权同时具有私权与公权属性,前者以保护私人利益为核心,后者以保护公共利益为核心,包括企业、团体组织、社会与国家。处理数据的自决权与数据的自由流动、私人利益与公共利益、数据当事人享有的私权利与公共享有的公权力之间常存在冲突,数据权利与数据权力就是一对矛盾统一体[398]。数权立法应当平衡好私权与公权,构建公私融合的数权制度,促进数据的流通与共享,同时对其加以规范,从而进行有效的数据治理。

14.2.1 数据私权的本质

权利的本质是私权利。权利一般指法律赋予人实现其利益的一种力量。在私权利社会中,民法用民事主体权利能力平等这个概念来表达和保障人皆平等这一政治主张。民法是典型的私法,民法典的逻辑主线就是对私权利的赋予、行使和保护。《民法典·人格权法编》为我国个人信息保护提供了民事确权,明确了其在人格权中的地位。这不仅是保障个人数据权益的重要举措,而且为进一步构建完备的数据保护法律体系奠定了基础。在数字化时代,涉及公民个人隐私、数据交易市场利益分配,以及企业数据使用权限等问题层出不穷[399]。与数据相关的权利问题变得日益突出,然而,现实情况是,法律体系在这个领域尚未跟上步伐,这对数字产业的发展构成了一定的障碍。

数据私权有其独特属性。个人数据的法律保护是一项重要机制,旨在保护自然人对其个人数据的自主决定权,以防止个人数据的非法收集和利用侵犯其人格权及财产权。这种权利的存在,使得每个人都有权控制自己的个人信息,有权决定谁可以访问这些信息,以及如何使用这些信息。然而,需要明确的是,自然人对个人数据的权利并非像物权那样可以积极利用的绝对权。换句话说,这并不意味着个人可以随意处置自己的个人数据,或者通过出售、交换等方式获取经济利益。相反,这种权利更多的是一种防御性的权利,只有在该权利被侵犯,从而导致其他民事权利(如名誉权、隐私权等)被侵犯时,才能通过侵权法得到保护。总体来说,自然人对个人数据的权利是一种旨在保护个体免受非法数据收集和使用侵害的重要机制。尽管它并非是一种可以积极行使的绝对权，但是法律中有相关的条例保护个人的数据私权。当这种权利受到侵犯时，当事人就可以通过正当的法律途径寻求保护和救济。这无疑为维护个体的基本权益提供了重要的法律保障[400]。

法律通常通过优先保护个人利益来间接实现社会利益。从民事角度而言，《民法典》已确认了数权蕴含的人格权益、财产权益和数权在私法中的保护地位。《民法典》的颁布对个人信息保护产生了积极的影响。未来，无论是解释适用现行法律中的个人信息保护规范，还是制定新的个人信息保护与数据权属相关的法律，都应以充分尊重和保护自然人个人数据权益为前提[401]。此外，英国数据保护委员会提出的观点值得借鉴。在制定相关法律时，需要综合考虑个人权利、个人数据使用者的合法需求，以及社会整体权益，以实现个人数据保护与数据利用的平衡[402]。然而，需要明确的是，不能简单地将个人数据权和隐私权合并到人格权中，数权需要通过独立和完善的私法赋权以实现数据主体的不同权益。

14.2.2 数据公权的本质

权力的本质是公权力。公权力是指国家权力，是一种具有公共性和集体性内涵的权力。它包括立法权、司法权和行政权等方面，只能由国家机关享有和行使。这些权力的直接行使范畴是法律所保护的公共利益，而行使主体则是公共机关和社会组织。宪法和行政法的作用是对公权力进行规范，为公权力的行使设置红线。

公权力是权力，更是职责。由于大数据技术的专业特征、所涉及法益的多样性及数据主体所承担的法律责任的多重性，仅仅依赖私权利的实施和行业自律是无法有效实现对大数据技术的法律规制的。因此，就目前而言，恢复失衡权力还主要依赖公权力的规制，在中国尤其如此[403]。在大数据时代，政府作为公权力的行使组织，为了构架安全、公共安全和社会福利，要对数据信息的产生、储存、转移和使用进行调整和规制。数据即权力，数据成为一种不可或缺的权力，甚至从某种程度上说，谁拥有数据谁就掌握权力，因此数据权力正在作为一种新型权力体制崛起。

国家权力之所以凌驾于个人权利之上，是因为国家权力的目标是实现社会公共利益。法律制度取决于社会利益，我国《民法典》第1035条也规定了个人信息的公法保护的合法性基础，包括知情同意权、公共利益或该自然人合法权益、公开信息。公共安全是社会利益的重要组成部分，时常会与个人数据权存在冲突，即个人数据权被限制的主要原因。数权的公法保护侧重于数字秩序、数字人权和数字正义等社会利益的实现，与私法保护的价值取向和保护的权益有所不同。

14.2.3 私法与公法融合

公法与私法的理论体系和价值理念存在区别，因此会对同一法律行为效力的判断持不同观点。实践中，越来越多的情况需要公法与私法共同介入，公法中存在私法行为，私法中存在公法行为。数字时代，数权已经从传统法律的"人格权""隐私权"向公权领域延伸，是横跨"公私两域"的复合型权利，受到公法与私法的双重保护。

国家的责任是确保公民数权得到保障，自然也包含了保障个人权利不受公权力的侵犯，而公权力的行使范围过大必然会与公民的数据自由产生矛盾。我国《宪法》第38条规定："中华人民共和国公民的人格尊严不受侵犯。禁止用任何方法对公民进行侮辱、诽谤和诬告陷害。"该条不仅是限制其他民事主体的侵犯，也是限制公权力对个人权利的侵犯，为个人对抗公权力的不规范行使提供了宪法保障。《行政诉讼法》的规定也明确表明，受到来自公权力机关的侵害时，私权利主体同样可以要求其承担法律责任。这些法律的出台和实施，旨在确保公权力的行使在法律框架内，同时保护公民的合法权益。如果公权力机关违反法律规定，侵犯了公民的权利，公民可以通过法律途径追究其责任，要求其承担相应的法律责任。

《民法典》和《个人信息保护法》都将个人信息定位为权益而不是权利，强调了个人对自己信息的控制权和保护需求。这些法律规定的确立，使个人在个人信息保护方面获得了更多的权益和控制权。个人信息的完全控制权意味着个人可以自主决定自己的个人信息被使用的范围和方式，并能够有效地行使自己的权利来保护个人信息的安全和隐私。数权既是一种宪法性权利，也是一种民事性权利，是一项兼具人格权属性和财产权属性的新型权利，是包含占有权、使用权、收益权、共享权、跨境传输权等多项权能的权利束[405]。从本质上来说，个人信息权如果纳入私法人格权范畴，必然会产生逻辑矛盾和现实冲突。因为个人信息权是有别于传统民事权利的，不应以传统民事权利话语体系对其进行界定。法律只能通过公共法律制度对数权进行规制，更好地保障数据处理和利用中的局部利益。数权作为独立的公法权利的意义还在于保障了个人在面对公权力部门时拥有一种法律上的保护机制，对国家机关尊重和保护个人数据权提出了要求。

14.2.4 私权与公权平衡

① 公权力与私权利存在天然冲突。在数字社会中，数据已经成为一种重要的权利范式和权力叙事。数据权利涉及个人的权益，包括个人信息的隐私保护、数据所有权和控制权等。个人对自己的数据享有一定的权利，并有权决定如何使用和共享这些数据。数据权利的核心在于保护个人的隐私和自主权，确

保个人数据不被滥用或不当使用。与此同时,数据权力强调的是公共性。数据权力主要由公共机关和社会组织行使,以维护公共利益和社会秩序。公共机关可能通过收集和分析大规模数据来推动政策制定、社会管理和公共安全等领域的决策。社会组织如非营利组织、研究机构等也可能利用数据权力来促进社会发展和改善公共服务。数据权力的直接作用内容是确保受法律保护的公共利益,这包括但不限于维护社会安全、打击犯罪、保护消费者权益、促进公共卫生等。通过运用数据权力,公共机关和社会组织可以更好地了解社会问题、预测风险、制定政策并采取相应措施来保护公众的利益。私权利主体和公权力主体都可能成为数据的处理者、控制者,因此私权利和公权力之间难免存在数据权益冲突。法律的主要作用之一就是调整调和各种相互冲突的利益,数权立法保护的目标也包含对多种权利和利益进行平衡协调[406]。

② 对数据私权进行让渡。数据私权让渡是指个人或组织将部分或全部数据的控制权转让给他人或机构,以促进数据的流通和共享,从而最大化数据的价值。这种让渡的目的是消除数据壁垒,打破数据孤岛,使数据能够更加自由地流动和应用。权利的共享不仅是数据发展自身的诉求,而且是促进数权从失衡到平衡的手段。数据的共享与物品的占有权存在本质区别,强调数据的共享权与物品的占有权同等重要。只有通过权利的共享,才能够实现数据的最大化利用。数据私权需让位于国家安全公共利益,但也应保持在合理范围内,避免政府权力的过度膨胀。

③ 对数据公权进行限制。出于维护国家安全和社会公共利益的需要,公权力必然要大量深入地介入公民的个人数据,这就需要对数据公权做出必要的规范和限制,将数据权力的使用限制在合理途径和合理范围。当前,社会上不乏将规范公权误解为限制公权、削弱公权的效力和权威的现象。事实上,规范公权是为了能够更好地发挥其作用。通过相关法律、程序规范数据公权的行使,一方面可以提高公权行使的效率和质量,减少不必要的纠纷和争议,另一方面可以确保决策的合理性和可行性,减少错误和偏差的发生,从而提高公权行使的效果和效益。因此,数权立法要遵循"权力法定"的理念,确保数据公权不会随意扩张和滥用(图14-2)。

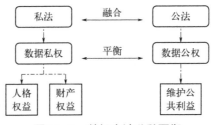

图14-2 数权立法公私平衡

14.3 共隐矛盾

共享权是数权的核心，其实现方式是用益数权和公益数权。隐私权是自然人享有的一项重要人格权利，它涉及对个人信息、私人生活和私有领域的支配权。隐私权的保护对于维护个人尊严、自由和自主权具有重要意义。然而，在数据共享和隐私保护之间存在着天然的冲突。数据共享的背后是促进社会发展、提供公共服务的目标，而隐私保护则关注个人的权利和自主性。具体地，其冲突主要在于公共利益与个人利益的冲突、财产利益与人格利益的冲突。

14.3.1 数据共享的问题

数据共享是指将数据从原本的私人或组织范畴扩展到更大范围的公共领域，使其成为可以为社会公众和各个利益相关方所使用的资源。在推动数据共享的过程中，一个重要的前提是通过法制手段来确保数据利益和权利的高效公平分配。2015年国务院发布的《促进大数据发展行动纲要》提到，"大力推动政府信息系统和公共数据互联开放共享，加快政府信息平台整合，消除信息孤岛，推进数据资源向社会开放"，从政策上提出了对数据共享的保障和要求。

数据共享的正当性可以从三个方面体现。第一，个人数据属于公民的个人权利，既包括人身权利，也包括财产权利[407]。这意味着个人对自己的数据拥有控制权，可以决定如何使用和分享这些数据。第二，个人数据是高效社会管理系统的运作工具。在"互联网＋政务"模式下，个人数据不仅仅与个人本身有关，还与大众利益紧密相关，具有公共性权利属性。个人数据的共享可以促进政务信息的流通和整合，提高社会管理的效率。第三，个人数据是企业开发和运营数据产业的重要"原料"。通过深度挖掘个人数据，信息产品和服务不断创新，数字经济市场竞争激烈[408]。因此，个人数据的多元利益属性和多方权属主体为数据共享权利体系提供了现实基础。为了推动社会治理和产业经济的数字化进程，必须认识到个人对数据的绝对控制必须在数据正当利益的维护和实现之间做出适度让步。这是因为个人数据具有重要的社会和经济价值，仅仅将其封闭在个人的掌控之下可能无法最大化其潜在的价值。数据共享在这个过程中发挥着关键作用。通过数据共享，不同的利益相关方可以分享和利用个人数据，促进数据的流通和交互，从而增加数据的价值。数据共享的目标是实现数据价值的最大化，从而推动社会的进步和经济的发展。然而，在构建个人数据权益多方共享机制时，由于其天然的矛盾，常常会面对一些挑战和问题。其中一个重要的任务是明确各类共享主体，并确定各自的权益范围。同时，需要明确数据运行全周期中数据权利或权益的具体内容，构建符合数据运行发展规律、兼顾公平和效率的数据共享模式。

另外，数据的共享公开势必会造成隐私侵权问题。在大数据时代，共享数据成为促进创新和发展的必然需求。然而，隐私保护要求数据和信息不被外泄，以确保个人和组织的权益不受侵犯。因此，在大数据快速发展的同时如何保护隐私也成为一个重要的问题。而现实情况是，数据保护问题上的频繁"爆雷"引起社会各界的广泛关注，并对此提出了推动数据共享与强化数据保护协同共进的要求。

14.3.2 数据隐私的保护

早在19世纪，西方国家就开始了对个人隐私法律的探索。德国在1871年颁布的《刑法典》中设置"侵犯私人秘密犯罪"一章；法国《刑法典》中也对侵犯个人隐私的行为予以规制；西班牙《刑法典》第十编设置了"侵犯隐私、公开隐私和侵入住宅罪"；意大利《刑法典》设置了"非法干涉私生活罪"，禁止非法获取和向公众泄露或者传播他人生活信息的行为；日本《刑法典》第134条的"泄露秘密罪"对医药行业患者个人隐私进行了保护；美国颁布了一系列旨在为隐私信息提供法律保护的联邦法律，不仅在公法领域进行隐私保护，也针对不同行业和领域设置了隐私数据处理的特定限制。越来越多的国家、地区或国际组织出台了相关法规、公约或规定，不断加强个人隐私和数据保护的立法规范。

我国针对个人隐私保护也出台了一系列法律法规，见表14-4。

表14-4 我国针对个人隐私保护的相关法律法规

名称	内容
《民法典》	第1032条第2款：隐私是自然人的私人生活安宁和不愿为他人知晓的私密空间、私密活动、私密信息
《传染病防治法》	第12条第1款：疾病预防控制机构、医疗机构不得泄露涉及个人隐私的有关信息资料
《精神卫生法》	第4条第3款：有关单位和个人应当对精神障碍患者的姓名、肖像、住址、工作单位、病历资料及其他可能推断出其身份的信息予以保密
《全国人民代表大会常务委员会关于加强网络信息保护的决定》	第1条第1款：国家保护能够识别公民个人身份和涉及公民个人隐私的电子信息
《公共图书馆法》	第43条：公共图书馆应当妥善保护读者的个人信息、借阅信息，以及其他可能涉及读者隐私的信息
《治安管理处罚法》	第42条：偷窥、偷拍、窃听、散播他人隐私的处拘留和罚款

名称	内容
《侵权责任法》	第62条：医疗机构及其医务人员应当对患者的隐私保密
《民事诉讼法》	第68条：对涉及国家秘密、商业秘密、个人隐私的证据应当保密，需要在法庭出示的，不得在公开开庭时出示 第156条：公众可以查阅发生法律效力的判决书、裁定书，但涉及国家秘密、商业秘密、个人隐私的内容除外
《最高人民法院关于审理利用信息网络侵害人身权益民事纠纷案件适用法律若干问题的规定》	第12条第1款：网络用户或者网络服务提供者利用网络公开个人隐私和其他个人信息，造成他人损害，被侵权人请求其承担侵权责任的，人民法院应予支持

14.3.3　共享与隐私冲突

隐私权的保护范围涵盖了自决隐私、空间隐私和信息隐私三个领域。

① 共享权与自决隐私权的冲突。自决隐私权，是指公民能够在法律框架内自由地表达自己的意愿和选择而不受外界的干扰或压力，强调了个人对自己的隐私和个人生活的掌控权。一方面，频繁的数据共享可能会限制或干扰公民的自决选择，侵犯公民的自决隐私；另一方面，过度强调自决隐私保护也会给数据共享带来一些负面影响。共享使得数据可以同时有多个主体，各主体各自拥有完整的数权，而公民对自决隐私权的过度主张必然会限制某些数据的收集和使用。

② 共享权与空间隐私权的冲突。空间隐私权是指当事人特定私密空间不受他人非法窥伺、侵入、干扰的民事权利。这种权利适用于传统的物理空间和虚拟空间，需要得到法律和技术手段的保护[409]。空间隐私保护可能会阻碍数据共享。例如，位置数据关涉每个人的地理位置，属于典型的空间隐私数据，而为出行提供极大便利的导航系统的运行离不开位置数据的共享。数据共享增大了个人隐私空间被侵犯的可能性和程度。

③ 共享权与信息隐私权的冲突。信息隐私权是指公民享有个人信息不被擅自公开的权利，最初的信息隐私权是作为一种消极防御的权利产生的。随着互联网技术的发展，个人信息的泄露和滥用已经成为一个普遍存在的问题。一旦个人信息被泄露，就很难被收回或恢复原状，这给个人带来了极大的损失和困扰。因此信息隐私权逐渐从消极防御发展为积极利用的权利，强调个人对信息的控制和利用。一方面，除了政府掌握的一些公共数据之外，个人网络数据多掌握在以互联网公司为主体的企业手中。出于资本趋利的本质，企业有可能会滥用数据共享，侵害个人的信息隐私[410]。另一方面，严格的数据隐私保护

会增加数据主体的成本。

14.3.4 共享与隐私平衡

法律的基本功能之一是定分止争，这个功能实现的前提是达成多方利益的平衡。对于司法中存在的共享权与隐私权的冲突，需要衡量不同主体所主张的权利、所蕴含的利益，再决定相互冲突的权利之间如何配置与取舍。为实现共享权与隐私权的平衡，要遵循公共利益优先原则、可克减性原则、比例原则和平等保护原则等基本准则。

① 公共利益优先原则。公共利益优先原则是指在必要时出于公共利益的需要对私人利益予以一定限制。现代法制社会都将公共利益至上的原则作为立法的根本理念，各个国家或地区的立法都以尊重社会公共利益为基本原则，任何社会主体在行使权利时都不得损害公共利益[411]。当公共利益与个人权利冲突时，德国采用的是优先保护公众知悉权的模式。我国在《宪法》和其他部门法中都有关于权利的行使"不得损害公共利益"的表述。

② 可克减性原则。可克减性原则是指在保护隐私权的同时，需要考虑到其他多方利益价值，并在其中做出取舍的一种原则。隐私权作为个人的一项基本权利，受到法律保护。然而，在特定情况下，为了保护更有价值的利益，可能需要暂时或部分地限制个人的隐私权。联合国《公民权利和政治权利国际公约》第17条规定了在社会紧急状态下可以克减公民的隐私权。根据该条款，国家可以在紧急状态下采取一些限制措施，以保护国家安全、公共秩序、公共健康或道德等重要利益。这些限制措施可能包括暂停对私生活秘密的保护、限制私生活秘密的范围等。这表明，在某些特殊情况下，如社会紧急状态或国家安全等情况下，保护隐私权可能不再是最优先考虑的问题，需要在多方利益价值中进行权衡和取舍。在我国，作为《世界人权宣言》的成员国，可克减性原则同样适用于对隐私权的保护。例如，在打击犯罪和维护社会稳定等方面，可能需要采取一些限制个人隐私权的措施，以保护更重要的公共利益。除了个人隐私权外，可克减性原则也适用于公众人物的隐私权保护。公众人物是指那些在社会上具有一定知名度，或者担任重要职务的人，他们的行为、言论和生活可能会对公共利益产生影响。与普通公民相比，公众人物已经从大众中获得了一些无法获取的精神和物质利益，如名誉、声望、社会地位、财富等，因此，他们可能需要在某些情况下牺牲部分隐私权以维护公共利益。

③ 比例原则。比例原则是一项重要的宪法和行政法原则，最早源自英国《大宪章》第20条中关于"罪罚相当"的思想。比例原则要求政府在制定行政行为时，需要在所追求的目标与采取的手段之间进行必要的权衡。这意味着政府在追求某一目标时，不能采取过度或不必要的手段，而应选择合适和必要的

措施来实现目标。比例原则包括适当性原则和必要性原则[412]。适当性原则要求政府采取的手段必须适当地与所追求的目标相关联。换句话说，政府的行为必须与所要达到的目标具有一定的关联性和合理性。例如，如果政府为了保护公众安全而采取了一项限制人身自由的措施，那么这项措施必须与保护公众安全的目标相适应。必要性原则则要求政府采取的手段必须是必要的，即没有更加轻微或不侵犯权利的替代方案可供选择。政府在制定行政行为时，应该优先考虑最少侵犯权利的手段，以避免过度限制个人自由和权益。例如，在打击犯罪问题上，政府可以采取加强警力巡逻、提高社会教育等非侵犯性手段，而不是过度依赖监控和大规模侦查。比例原则的应用范围广泛，不仅适用于行政法领域，也适用于其他领域，如刑法、宪法等。它是一种保障个人权利的重要原则，能够确保政府行为的合理性和公正性。

④ 平等保护原则。不同的权利之间是可以相互妥协和折中的，共享权和隐私权发生冲突时，可以在合理范围内对这两项权利做出一定让步，以寻求权利的平衡。共享权激活数字经济发展的动力，隐私权保障权利人对私生活的控制，这两项都是公民的基本权利，具有独立存在的价值。我国《宪法》第51条规定："公民在行使自由和权利的时候，不得损害国家的、社会的、集体的利益和其他公民的合法的自由和权利。"这确立了权利平等保护的理念。数权立法既要保护个人的人格和尊严，又要考量数据共享的高效运行[413]。

14.4　国际分歧

按照世界经济论坛的说法，目前是以数字驱动的全球化新时代"全球4.0"。在数字化时代，信息和数据的传输变得更加便捷和快速，使得数据能够以前所未有的方式在国家和地区之间自由流动。这种跨境数据流动不仅促进了全世界经济的互联互通和合作，也为创新、科技发展和社会进步提供了巨大的机遇。但国际社会尚未对跨境数据流动规制、数据主权原则达成共识，各国的立法理念、治理制度也不尽相同，导致各国在全世界数据治理问题上很难形成共识，从而引发国际冲突。

14.4.1　数据跨境流动冲击

随着信息化和数字化的不断深入，数据已经成为经济社会发展的重要资源，同时也是国家安全的重要组成部分。然而，数据的跨境流动可能会带来一系列问题，其中最严重的就是国家安全威胁。

以信息服务为例，在节约成本的动机驱动下，许多服务提供商会在本国处理境外信息服务数据。并且，为了优化服务，提高服务的人性化水平，服务提供商们会根据数据生成用户画像。这些数据中包含了大量的个人信息，比如生活习惯、健康状况、职业选择偏好、饮食偏好等。数据跨境流动的自由性使得一个国家有可能利用大数据分析技术对其他国家的社会状况进行精准画像，并据此开展情报收集和研判等活动，从而对其他国家的国家安全构成威胁。这种情况引发了国际社会对于数据隐私和国家安全之间的平衡问题的关注。以美国为例，它禁止了TikTok和WeChat在美国的运营。这两个应用程序都是中国企业开发的，在美国广受欢迎，但是美国政府认为它们可能会泄露美国公民的个人信息，从而对国家安全构成威胁。这也表明了数据跨境流动对国家安全的影响已经引起了各国政府的高度关注。此外，在世界各国数字产业发展严重失衡的情况下，发达国家可以收集到许多国家包括发展中国家的数据，而产业发展落后的发展中国家则无法收集到足够多的数据，形成了数字鸿沟。数字鸿沟可能导致"数据霸权"的形成，此后，发达国家和跨国企业通过"数据霸权"的行为可能在国际经济和政治舞台上施加影响力，对发展中国家的经济安全构成潜在威胁。许多发展中国家不得不思考在此背后的风险，担心失去对自身经济的掌控权，甚至造成经济上的依赖和损害[414]（图14-3）。

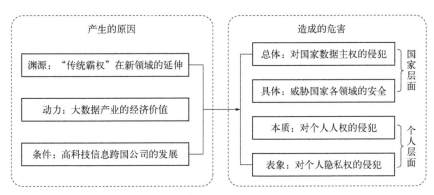

图14-3　数据霸权的原因及危害

当企业数据跨境流动时，存在着知识产权被侵犯的风险，这就可能对企业利益造成威胁。具体而言，主要表现在两个方面：第一，在货物贸易领域，凝结在数据中的知识产权可能受到侵害。部分商品例如出版物、影像制品、软件可以数字化的形式交付，其交付和转移只需要进行数据的流动。然而数字化的产品复制和传播的成本极低，当涉及数字产品生产企业的商业利益时，如果其他国家在数字知识产权保护方面没有明确的规定，则会给货物厂家带来一系列麻烦。第二，数据利益可能无法得到保护。数据已经成为现代社会重要的生产要素，给企业带来重要的商业价值和利益。跨国集团通过收集和分析分支机构的经营信息，可以了解其在各个市场的销售情况和表现。这些数据可以帮助母国集团评估各个市场的潜力和竞争态势，为制定战略决策提供依据。从重要性角度而言，这些数据足以构成商业秘密。尽管企业对于数据的重要性都达成了共识，但各国之间缺乏统一的法律框架来保护具有商业利益的数据集合。虽然一些国际组织和国家制定了一些相关法规和指导原则，但这些法规和准则往往并不具有普遍适用性和法律约束力。企业在跨境数据流动中难以依据统一的法律工具来保护其商业利益。在数据跨境流动中，商业数据集合模糊的法律定性给企业商业利益的保护带来挑战。

随着数字经济的不断深化，个人数据已成为数字贸易中不可或缺的要素，这也涉及个人隐私保护问题[366]。个人数据分为一般信息和敏感信息。敏感信息指可能导致歧视或者人身、财产安全受到严重威胁的个人信息。数字贸易会不可避免地涉及个人敏感信息的跨境流动，这部分个人信息对于数据驱动型企业而言是重要的资源，也是形成差异化优势的来源。从另一角度来说，个人敏感数据的出境是获得便捷优质服务的前提。在个人数据跨境流动中，如果境外数据接收方滥用数据或是没有做好个人隐私保护，就可能侵犯个人隐私权利。然而，数据跨境流动涉及个人隐私保护等敏感问题，目前尚未形成统一的针对数据跨境流动中涉及的个人隐私保护的国际法保障体系，不同国家和地区在个人隐私保护规则和标准上也存在差异，这给数字贸易中的个人数据跨境流动带来隐私保护方面的挑战。

14.4.2　数据主权尚存争议

数据的跨境流动对传统国家主权概念造成了冲击，数据主权概念应运而生。数据主权是指国家对其政权管辖地域内的数据享有的生成、传播、管理、控制、利用和保护的权利，是各国在大数据时代维护国家主权和独立，反对数据垄断和霸权主义的必然要求。包含数据管辖权、数据独立权、数据平等权、数据自卫权等内容的数据主权是国家主权的重要组成部分，是国家主权在数据空间的体现和延伸[415]。目前，数据主权的概念和重要性已经通过国内外法律和各类国际协议得到承认，但国际上尚未有关于数据主权的统一定义。

美国的数据主权战略发展最早，以130余部关联法案形成了当今国际最完备的数据主权战略体系。2018年《澄清域外合法使用数据法案》（CLOUD法案）体现了美国在新环境下数据主权战略的未来发展方向。欧盟在数据管辖方面以《一般数据保护条例》为基准，该条例被认为是最严格、保护水平最高的数据保护规则，2020年的《EEA与Non-EEA公共机构间数据国际转移指南（征求意见稿）》为欧洲经济区公共机构向第三国公共机构及国际组织转移数据提供了相对便捷灵活的传输途径。俄罗斯推行数据主权本地化，对跨境数据做出了严格的本地化储存规制，《主权互联网法》《联邦个人数据法》等法律构建了俄罗斯数据主权保护制度。

我国的网络空间主权在迅速发展。2015年8月颁布的《促进大数据发展行动纲要》将大数据和数据主权上升到国家战略层面。立法层面，先后在《国家安全法》《网络安全法》中提出了"网络空间主权"概念并纳入法律保护范围。自2017年《网络安全法》对关键信息基础设施数据提出了出境安全评估要求后，相关部门通过规章或规范性文件等不断完善我国数据跨境流动管理政策体系[416]。但直到目前，网络空间领域的立法依然匮乏，而且大部分规定设立在不同的法规和部门规章中，相对法律来说效力较低，缺乏有效的上位法支持。

14.4.3 域外管辖执法冲突

政府主张对境内数据的管辖权是国家主权原则的体现，但是全球化程度日深，国家执法部门可能遇到本国公民使用的网络服务的服务器和数据不在本国境内的情况，这种情况下一般有以下三种方法对境外数据进行管辖。

第一，借助司法协助或执法合作间接实现管辖权。司法协助和执法合作是国际刑事司法领域中常用的手段，通过这些合作方式，国家之间可以间接实现对跨境犯罪行为的管辖权。其中，双边或多边司法协助被视为最传统的合作模式之一。例如，许多国家依托《海牙取证公约》或者双边司法协助条约来开展合作，以促进证据收集、引渡犯罪嫌疑人等活动。然而，这种传统模式存在一些问题，比如耗时长、成本高、效率相对较低。为了解决传统模式的局限性，西方国家开始在特定领域进行更加灵活和高效的合作，以实现快速响应和更好的合作效果。一个典型的例子是《布达佩斯网络犯罪公约》，该公约旨在加强国际合作，特别是网络犯罪领域的执法合作。缔约国之间建立了网络犯罪执法协助机制，通过共享情报、协调行动等方式，加强了对跨境网络犯罪的打击力度。此外，美国与欧洲执法机构之间也开展了一系列合作项目，以加强反恐、航空安全、金融反洗钱等领域的合作[417]。在当前常态化的跨境数据流动背景下，传统的法律规则和执法机制已经面临着一系列挑战。因此，为了适应这种新形势，构建一种脱离传统规则甚至突破传统规则的域外数据执法管辖新模式已经成为刻不容缓的现实需求。截至2020年，以"七国集团"为对象，各国相关实践与立法可参照表14-5，可供我国参考[418]。

表14-5 域外数据执法管辖权立法现状

国家/经济体	代表性法律名称	管辖权行使主体
日本	《个人信息保护法》	行政机构、民间团体
美国	《域外数据澄清法案》	司法机构
英国	《调查权法》	司法机构

国家/经济体	代表性法律名称	管辖权行使主体
加拿大	《个人信息保护和电子文件法案2018》	司法机构
法国、德国、意大利与欧盟	《一般数据保护条例》《在数据处理方面保护个人公约》及其议定书	公约监督机构、国内司法部门

第二，解决数据治理和本地执法问题的一种方法是通过数据本地化。目前，只有少数国家在法律上提出了将数据存储在本地的要求，其中包括俄罗斯、印度尼西亚和中国等新兴经济体。俄罗斯修订的《个人数据保护法》旨在加强对个人数据的保护，并确保数据处理者遵守相关规定。根据该法律，所有数据处理者都有义务将个人相关数据的记录、系统化、积累、存储、修改和读取操作限制在俄罗斯境内的数据中心进行。这意味着无论是本地企业还是跨国公司，在处理俄罗斯公民的个人数据时都必须确保数据在俄罗斯境内得到妥善保管。类似地，印度尼西亚的《关于提供系统和电子交易的监管条例》也强调了对公民数据的保护。根据该条例，公共服务电子系统运营者必须在印度尼西亚领土内设置数据中心和灾难恢复中心，以确保对公民数据的主权得到有效行使和保护。这两个国家在法律上提出了数据先行本地化存储的要求，同时也明确了后续个人信息若要跨境转移，需取得用户同意等条件[419]。

第三，直接主张对存储于境外数据的司法管辖权。在全世界数据治理中，不同国家采取了不同的数据主权战略。中国实行"防御型"数据主权战略，注重数据本地化和加强对数据的控制；而欧美则采取"进攻型"战略，通过"长臂管辖"扩大其跨境数据执法范围，直接主张对存储于境外数据的司法管辖权[420]。CLOUD法案是美国一项重要的数据隐私和跨境数据访问法律。该法案基于《电子通信隐私法案》（ECPA），旨在解决当美国政府需要获取存储在美国公司掌管或控制的数据时的法律程序问题。根据该法案，美国政府可以通过法律程序，要求美国公司提供存储在其服务器上的数据，即使这些数据存储在美国境外的数据中心也是如此。这样的法律规定可能会引发与存放数据的国家司法主权的冲突。不同国家对数据隐私和跨境数据访问有不同的法律和监管框架，涉及国家主权、数据保护和隐私权等敏感问题。因此，CLOUD法案的有效实施需要依赖美国的国际经济和政治实力，以及与相关国家进行合作和协商。欧盟《一般数据保护条例》规定的个人管辖权超出了传统理解中法律规范适用的范围，这种管辖权可能对其他主权国家的执法权完整性构成挑战。因此，"长臂管辖"在允许跨越国家传统地域主权的同时，也加剧了不同主权国家之间关于数据境外管辖和执法权的冲突。这种情况下，各国需要进行合作和协商，以寻求解决方案，维护各自的数据主权和司法主权，并确保数据的合法、安全流动。

14.4.4 数据战略竞争激烈

美国通过一系列法律和政策实现了数据向美国企业及美国本土的汇聚集并，并强化了对受美国法管辖的实体和个人的数据跨境调取能力。同时，避免美国数据（包括美国公司所掌握的来自美国境外的数据）的"不当流出"。这些措施的目的主要有三个方面：第一，促进数据的自由流动，让美国企业能够更便捷地获取和分析全世界的数据，提高其在全世界市场的竞争力；第二，防止外国信息技术产品通过与美国企业的业务合作来获取数据，并加强审查和限制外国个人或公司通过并购及投资手段获取美国数据的行为；第三，加强数据的调取和限制措施。无论数据存储在何处，只要是由美国公司控制、拥有或保管的数据，都受到美国司法和执法程序的监管及要求。只要存在现实需求，这些数据就应当向美国当局提供。在外国政府有必要收集关键信息的场景下，唯有在美国政府提供司法援助和合作，或者符合《云法》中的"适当国家"条件下，才有可能实施相关的信息收集。通过上述三个方面的举措，可以说美国维护了国家数据安全和保护了国家利益。在种种举措下，美国企业也被打造成在网络空间中承载国家利益的重要角色。随着美国企业在全世界范围内的拓展，聚焦于数据的法律和政策工具也将逐渐出台，为美国获取和控制全世界数据提供了极大的便利。

欧洲围绕"数字单一市场"和"技术主权"两个目标，出台了一系列法案，旨在打造以欧洲价值观为特色的数据自由流动秩序。这些法案不仅在欧盟境内消除了数据获取和控制的壁垒，而且还将其在数据方面的影响力延伸至其他国家[421]。例如，《通用数据保护条例》宽泛的域外管辖规定不仅扩大了受其管辖的数据控制者范围，还扩大了数据控制者概念本身[422]。2018年，欧盟启动《关于刑事犯罪电子证据追回令和保全令的规定》的立法工作，对进入欧盟市场的服务提供商提出了十分严苛的数据要求。这些服务提供商被认为应该配合执法数据恢复令，无论数据是否存储在欧盟境内[423]。

中国的法律框架在全世界数据竞争中发挥着重要作用，特别是在数据安全和个人数据保护方面。其中，《网络安全法》《数据安全法》和《个人数据保护法》是中国法律框架中的关键法律。以《数据安全法》为例，该法于2021年9月1日生效，通过一系列措施实现对跨境数据流动的全面管控。《数据安全法》是中国针对数据跨境监管的重要法律，它的出台填补了之前在数据安全和个人数据保护方面的法律空白。该法律的核心目标是确保数据的安全和合法流动，以维护国家安全、经济社会发展利益和公共利益。从制度广度来看，《数据安全法》通过设立一系列规定和流程，实现了对数据跨境流动的全场景监管。在一般商业场景中，根据该法律的要求，涉及国家安全、经济社会发展利益、公共利益等方面的重要数据出境，需要进行安全评估。这意味着数据所有者在将重要数据跨境传输前，需要对数据的安全性进行评估，并确保数据的出境不会对国家安全和公共利益造成损害。在特殊商业场景中，涉及敏感数据的跨境流动需要遵循更严格的规定。根据《数据安全法》，特殊业务场景下的数据出境需要符合跨境数据出境管制和国家安全审查规则。这意味着在涉及敏感数据的特殊业务活动中，相关主体需要遵循特定的程序和规定，以确保数据的安全和合法性。此外，根据《数据安全法》，当境外执法机构要求境内的数据提供者提供数据时，境内数据提供者应当履行境内主管机关批准程序。这个规定强调了对境外执法机构要求的响应，确保数据的合法性和安全性。然而，尽管《数据安全法》在制度设计上提供了一套相对完备的框架、流程和工具，但是跨境的数据安全问题却没有切实的保障。该法律并未明确规定数据跨境流动的具体方向或政策取向。这也意味着在实际操作中，相关主体可能面临一定的不确定性和灵活性，需要根据具体情况进行判断和决策。

国家在全世界范围内的数据竞争中的角色已经超越了监督组织进行数据安全工作和保护个人合法权益的范畴，而更多地表现为一个拥有独立利益的参与者。在当今世界，数据竞争已成为各国提升综合国力竞争水平的重要手段之一。各国的数据竞争战略旨在实现多重目标，其中包括维护国家安全利益、促进本国数字经济在全世界的竞争力，以及通过制定全世界数据规则来争夺话语权等。中国作为全世界第二大经济体和互联网大国，拥有庞大的数据资源和潜力。在欧美根据各自特点制定数据竞争战略的前提下，为了在竞争中不落下风甚至超越其他国家，中国需要制定符合自身安全和发展利益的数据竞争战略。

第 15 章

数权立法系统工程

运用系统工程思想可以有效地指导数字权利立法实践。按照钱学森的解释，系统就是由相互作用和相互依赖的几个部分所融合而成的，具备一定功能的有机整体。这个"系统"本身也是其所从属的另一个更大系统的一部分。将这个理念应用到数字权利立法实践中，数字权利立法系统可以看作是由市场与配置系统、确权与权能系统、开放与共享系统、流通与交易系统、安全与合规系统等部分组成的，同时，数字权利立法系统本身也从属于更大的系统，即我国的立法体系。

这个定义强调了系统的整体性，包括纵向和横向的关联性。总体原则要求各个系统要素间的相互关联和要素与整体系统间的相互关联都要以整体要求为主加以统筹，局部要服从整体，以实现整体效果的最优化。

15.1　市场与配置系统

2019年10月，党的十九届四中全会提出了将数据纳入生产要素范畴的战略方向。随后，2020年3月，中共中央国务院《关于构建更加完善的要素市场化配置体制机制的意见》也指出要加速发展数据要素市场，推进政府数据的开放共享，提高社会数据资源的价值，以及强化数据资源整合和安全保护措施。同年10月，党的十九届五中全会通过的《中共中央关于制定国民经济和社会发展第十四个五年规划和2035年远景目标的建议》明确提出了"推进土地、劳动力、资本、技术、数据等要素市场化改革"的要求。2022年6月22日，中央深化改革委员会审议通过了《关于构建数据基础制度更好发挥数据要素作用的意见》，进一步强调了促进数据高效流通和使用、为实体经济提供数据赋能、综合推进数据产权、流通交易、收益分配、安全治理等方面的任务，以加速构建数据基础制度体系。

将数据视为新的生产要素，反映了数据作为国家基础性战略资源的关键地位，国家也更加重视数据要素市场的培育和数据制度体系的建设[424]。在数字经济时代，研究数据要素市场已成为各学科共同关注的重要议题（图15-1）。在国家战略的指导下，以我国现有生产要素市场为基础，借鉴国外数据交易市场的经验，遵循市场发展的基本规律和数据要素的特点，建设一个有序高效、合规安全、多层次、高标准的数据要素市场具有重要的战略意义。

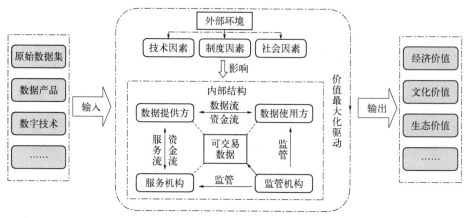

图15-1 数据要素市场运转机制

15.1.1 数据要素市场特征

生产要素是一个经济学概念，它表示在进行各种社会生产经营活动时所需的各种社会资源，这些资源是维系国民经济运行和市场主体生产经营过程中的基本组成成分。不同时代背景下，生产要素的组成也有所不同（图15-2）。在农业时代，土地和劳动力是最为重要的生产资源。古典经济学家 William Petty 在1662年的《赋税论》[425]中曾说过："劳动是财富之父，土地是财富之母。"随着社会从农业向工商业的转变，劳动力、土地和资本这三个要素逐渐替代了前两者，被称为三要素论。而在现代经济增长理论中，资本要素被认为是经济增长的关键因素。在19世纪中期到20世纪初，工业革命极大地提升了社会生产力，各国实践发现经济增长的速度明显快于要素投入增长的速度，这就引入

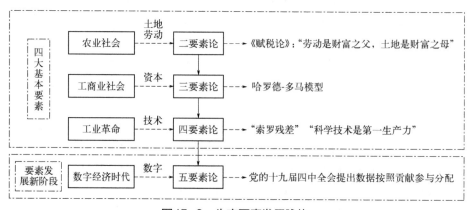

图15-2 生产要素发展脉络

了"索罗残差"的概念。为解释这个现象，科学技术作为一种生产要素开始备受重视，它解释了传统要素无法解释的经济增长。

在此过程中，土地、劳动、资本、技术这四要素论逐渐形成。技术进步的内涵和范围不断扩展，科学技术被普遍认为是第一生产力。随着数字经济时代的到来，数据的重要性变得越发显著。党的十九届四中全会提出将数据列入生产要素，认为其应按贡献参与分配，并正式将数据要素与其他生产要素并列。因此，在不同发展阶段，生产要素的构成发生了变化。从农业社会的二要素论到现今的五要素论，生产要素逐渐丰富，生产的复杂性不断提高。数据要素在各方面都具有与传统要素明显不同的特征（表15-1），而其衍生性、非消耗性、共享性等特点打破了传统的自然资源有限制约经济增长的桎梏，为持续增长创造了可能性。

表15-1 数据与其他要素特点比较

比较内容	土地	劳动力	资本	技术	数据
要素主体特征	主体单一	主体单一	主体多样	主体多样	主体复杂
权属流转模式	权属明晰	权属明晰	权属明晰	权属明晰	权属复杂
资源稀缺程度	资源稀缺	资源稀缺	资源较稀缺	资源较稀缺	资源富足
要素交叉关联	相对独立	存在交叉	存在交叉	存在交叉	紧密交叉
价值溢出效应	溢出不明显	溢出不明显	溢出明显	溢出明显	价值倍增

从数据到数据资源，再到大数据和数据要素市场化的发展脉络，反映了经济活动数字化的趋势[426]。数据作为生产要素参与生产和分配的重要性主要体现在三个方面（图15-3）。第一，数据具有对其他要素资源的乘数效应，它推动产品和服务的创新，提高经济生产效率。数据的能力在激发创新方面发挥了关键作用，促使企业开发出更加智能化的产品和服务，从而提升了整体生产效率。第二，数据具有替代效应，可以替代传统生产要素，这具体体现在经济结构的变化和要素的演变，对收入分配产生了重大影响。数据驱动的经济结构变迁可能导致某些传统产业的减弱，同时增加了与数据相关的领域的需求，这会对不同要素的供给和分配产生重要影响，涉及经济的动态变化。第三，数据的低成本、高流动性及外部效应，对各国民经济部门产生广泛的辐射带动效应，有效提高了全要素生产率。数据资源的可共享性和跨国界流动性促进了全世界范围内的生产和创新合作，有助于提高全世界产业链的效率，加速技术进步，从而提高整体要素生产率。

综合来看，数据作为生产要素的角色越来越凸显，不仅推动了创新和生产效率的提升，而且对经济结构和收入分配产生深远影响，同时具备跨界流动和合作的潜力，有助于提高全要素生产率。这进一步强调了数字化经济时代的数据要素在经济中的战略重要性。

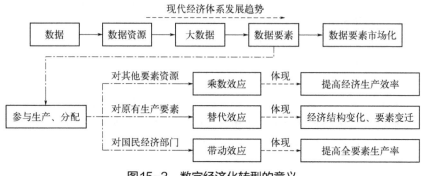

图15-3　数字经济化转型的意义

15.1.2　数据统筹面临挑战

作为一种新型生产要素，数据的重要性日益显著，各行业迎来新业态的蓬勃发展，同时国家也积极出台相关法规和标准，显示出我国数据治理进程的快速推进。然而，在数据统筹方面，无论是在法律、技术还是政策层面，我国距离成为"数据强国"还有一定的距离。

首先，国家在数据的统筹力度方面仍有改进空间。尽管自2015年建立的促进大数据发展部门间协调机制在近几年发挥了协调作用，但仍然存在一些需要解决的问题，例如在构建大规模数据市场所需的整体决策和执行方面，虽然国务院下属的不同部门和专门机构已发布了面向各领域的大数据管理文件，并启动了行业大数据体系的建设，但问题仍然严重。这包括重复建设、数据壁垒、条块分割等问题，使跨区域、跨行业、跨系统、跨部门的统筹难以实现，整合变得困难。

其次，地方层面的数据统筹尚未规范。自2018年机构改革以来，已有20多个省级地方政府成立了数据管理机构（表15-2）。然而，由于缺乏国家层面的统一规范和指导，各省级大数据管理机构的名称、职能职责、行政级别和运行机制各有不同。这种分散的做法可能导致数据治理的不一致性和效率低下。

为了实现更好的数据统筹，需要在国家和地方层面加强协调和规范。国家可以加强中央统筹决策和执行力度，以推动跨区域、跨行业、跨系统、跨部门的数据整合。同时，国家还应该制定统一的标准和指导，以规范各省级大数据管理机构的职责和运行方式。地方政府应积极响应国家政策，推动本地区数据资源的有效整合和共享，以更好地支持全国数据治理的一体化发展。这样的努力将有助于实现我国成为真正的"数据强国"。

表15-2 2018年机构改革后省级大数据管理机构设置情况

省、自治区、市	机构名称	隶属关系	级别
山东	山东省大数据局	省政府直属机构	正厅
广东	广东省政务服务数据管理局	省政府办公厅的部门管理机构	副厅
广西	广西壮族自治区大数据发展局	自治区政府直属机构	正厅
浙江	浙江省大数据发展管理局	省政府办公厅的部门管理机构	副厅
重庆	重庆市大数据应用发展管理局	市政府直属机构	正厅
安徽	安徽省数据资源管理局	省政府直属机构	正厅
贵州	贵州省大数据发展管理局	省政府直属机构	正厅
福建	数字福建建设领导小组办公室	省发改委的部门管理机构	副厅
吉林	吉林省政务服务和数字化建设管理局	省政府直属机构	正厅
河南	河南省大数据管理局	省政府办公厅的部门管理机构	副厅
陕西	陕西省工信厅	工信厅加挂政务数据服务局牌子	—

注：根据公开资料整理。

自2020年发布《关于构建更加完善的要素市场化配置体制机制的意见》以来，全国在2021～2022年间共出现了15家数据交易机构。除了由各地政府主导建立的数据交易所之外，各类商业机构也积极建立了自己的数据交易所。然而，尽管我国的贵阳大数据交易所是全世界首个数据交易所，但实际情况表明，该交易所所达成的数据交易量远远低于预期，存在明显的低迷现象。因此，为了更好地实现数据统筹和建立数据要素市场，需要从实际情况出发，重新思考数据要素市场化流通的基本问题[427]。

第一，数据的合法性是建立公开数据要素交易市场的前提。目前，许多数据交易机构利用法律和监管方面的漏洞，采用各种手段获取数据，以达到数据变现的目的。这种做法既导致了交易数据的质量不符合可交易生产要素的要求，又由于相关法律的不完善和涉及个人数据的不确定性，使得整个数据交易市场的合法性备受质疑。

第二，数据要素市场并非单一的场所提供和技术支持，而是需要一整套交易体系和制度安排来满足数据的商业化流通需求。实际上，各种类型的数据流通已广泛存在于当前社会活动中，包括无偿或有偿、特定主体之间或不特定主体之间的公开交易等方式，以及数据的转移或授权使用许可等多种流通方式。

然而，人们似乎并未看到一个规模化的数据市场的出现，这部分原因在于对"数据市场"的理解存在一些偏差。数据市场并不仅仅指特定的交易机构或场所上的集中、公开、竞价的方式，还包括数据共享、授权、交换等多场景、多模式、多路径的数据要素流通。过于狭义地理解"数据要素市场"导致对数据交易所的过度追求，其实际效果必然令人失望。

第三，数据要素不同于传统的生产要素，具有特殊性，难以标准化。传统的交易标的物具有可界定、产权清晰、价值可评估的特点，市场具备成熟的交易机制和低成本的安全制度体系。然而，数据要素很难明确定义，其价值具有不固定性和不可计量性，因此传统的市场交易范式并不适用于数据要素。数据要素的价值取决于使用者，而不是提供者，这也导致了在交易时难以准确判断数据要素的价值和定价。

第四，数据要素市场的目标是实现数据产品的社会化配置和利用，而流通的数据要素必须满足使用者的可用性和需求。数据交易是需求驱动型市场，然而目前数据交易所的供需关系匹配存在缺陷。即使数据供给者尽力从潜在客户的角度出发处理数据产品，也难以准确知道数据的具体用途，从而难以精确判断数据的潜在结果和价值。

15.1.3 数据确权立法困境

要构建数据要素市场，关键在于合理清晰的产权界定[428]。数据作为生产要素，其权利体系相当复杂，涉及法律方面的数据确权是一个巨大挑战[429]。数据的复杂性源于诸多因素，包括数据隐私性、非竞争性、数据开发利用的激励性，以及数据使用的难可验证性。

近年来，西方国家已经取得了突破性进展，例如美国的《信息自由法》《隐私法》和《电子信息自由法令》，以及英国的《自由保护法》和《公共部门信息再利用指令》，这些法律法规保障了政府数据的开放，并提供了监督和限制。然而在我国，如表15-3所示，虽然2021年出台了《数据安全法》和《个人信息保护法》，为数据立法方面取得了突破，还有之前的《网络安全法》，但是针对数据交易的法律并没有对数据权利给出明确定义并做出划分，同时缺乏针对性的下位法和实施细则。

鉴于上位法对数据要素市场化配置规定暂不明确，一些省市开始积极探索数据确权，并制定地方性法规。例如，深圳市在2021年颁布了《深圳经济特区数据条例》，虽然该条例规定了个人的数据权益，但缺乏对数据财产权益的讨论。它明确了市场主体基于处理数据的数据收益与交易的权利，主张"谁处理谁收益"的原则，并设置了反不正当竞争条款，解决了企业之间的权属问题，有利于维护市场公平竞争环境。另外，上海市也于2021年通过了《上海市数据条例》，该条例探索了数据交易和应用的规范操作，单独章节涵盖了"数据权益保护"，并规定了公共数据授权运营的相关规则。在实践层面，广东省颁发了公共数据资产凭证，温州市则颁发了个人数据资产云凭证，推动数据要素市场化配置的落地。数据确权问题是构建数据要素市场的重大挑战，地方试点实践的逐步推进，有助于探索数据权属和数据交易规则等问题，有望形成国家层面的法律法规和制度，因此国家级的立法进程也需要加速推进。

表15-3 现行数据确权相关立法

	文件	实施时间
国家层面	《数据安全法》	2021年9月1日
	《民法典》	2021年1月1日
	《个人信息安全法》	2021年11月1日
	《网络安全法》	2017年6月1日
地方层面	《贵州省大数据发展应用促进条例》	2016年3月1日
	《天津市促进大数据发展应用条例》	2019年1月1日
	《海南省大数据开发应用条例》	2019年11月1日
	《山西省大数据发展应用促进条例》	2020年7月1日
	《吉林省促进大数据发展应用条例》	2021年1月1日
	《安徽省大数据发展条例》	2021年5月1日
	《深圳经济特区数据条例》	2022年1月1日
	《上海市数据条例》	2022年1月1日
	《山东省大数据发展促进条例》	2022年1月1日
	《福建省大数据发展条例》	2022年2月1日
	《浙江省公共数据条例》	2022年3月1日
	《重庆市数据条例》	2022年7月1日
	《黑龙江省促进大数据发展应用条例》	2022年7月1日
	《辽宁省大数据发展条例》	2022年8月1日

注：根据公开资料整理。

同时，在数据确权的立法层面还存在一些较为明显的技术实施困境。具体表现如下。第一，数据加密与解密。确权立法通常要求数据的加密和保护，以确保数据在传输和存储过程中不被未经授权的访问或窃取。然而，实施强大的数据加密可能会导致性能下降，尤其是在大规模数据处理和传输的情况下。这就需要平衡隐私和数据访问效率之间的关系。第二，数据访问和权限管理。确权立法要求个人对其数据有更多的控制权，包括决定谁可以访问和使用其数据。因此，需要实施强大的访问控制和权限管理系统，以确保只有经过授权的用户可以访问数据。这可能需要复杂的技术解决方案，容易出现配置错误或滥用访问权限的问题。第三，数据脱敏和匿名化。为了保护个人隐私，确权立法通常要求对数据进行脱敏或匿名化处理。然而，匿名化并不总是100%有效，尤其在大规模数据集的情况下，可能会通过数据关联攻击重新识别个人。因此，实施有效的匿名化技术变得复杂而困难。第四，数据存储和访问日志。确权法规可能要求记录数据的存储和访问历史，以确保数据使用符合法规。然而，存储和管理这些日志可能对数据存储和处理基础设施带来额外的负担，尤其是在大规模数据集的情况下，可能导致性能问题。第五，跨境数据传输。确权法规可能要求在跨境数据传输时实施额外的数据保护措施，以确保数据在国际范围内的传输和处理都符合法规。这可能涉及技术、法律和合规问题，需要企业和服务提供者投入大量精力和资源来遵守。第六，数据访问请求和响应。确权法规可能要求组织及时响应个人对其数据的访问请求。这需要建立有效的系统来接收、处理和响应这些请求，以满足法规的要求。这也可能会引发技术挑战，尤其是在大规模数据存储系统中。

由此可见，数据确权立法在技术实施上面临着各种困难，需要综合考虑隐私保护、数据访问和合规性等多方面因素，以确保数据的合法和安全使用，同时保护个人数据隐私和权益

15.1.4　市场配置体系构建

为了将数据作为新的生产要素引入市场，需要建立市场作用与政府作用相互协调、互补、协同发挥的格局，以构建具有清晰权属、高效配置和有序流通的数据要素市场为目标[430]（图15-4）。

① 建立社会数据流通公共平台和基础设施。针对未来的技术发展，如5G、人工智能、区块链、量子信息等，需要在新基建的背景下，推动建设一体化的国家数据中心和数据流通公共服务体系。这有助于促进政务数据跨部门、跨层级、跨地域的共享，完善公共数据开放体系，推动政府数据与社会化数据平台的对接，并搭建全流程数据流动平台，包括促进数据交易、交易定价、交易监管、争议仲裁等，明确数据等级、评估、定价、交易和审计机制。

② 营造良好的市场环境。数据流通环境应以开放共享、高效安全为准则，同时以市场化配置为方向。市场和政府应发挥各自优势，强化制度建设，促进可持续的数据市场环境。在制度层面，加快完善基础性法规建设，为数据市场提供监管底线和法律依据。组织管理层面需要成立数据管理专门机构，推进数据要素配置的部级联席机制。规则执行层面要制定实施细则，涵盖数据安全、

个人信息保护、数据跨境流动、数据权属界定等方面。

③ 推动数据要素与其他要素融合。数据要素需要与实体经济、乡村振兴战略、民生服务和社会治理相融合。这包括促进数据与实体经济深度融合，实现数据价值最大化，推动实体经济升级；促进数据与乡村振兴战略融合，实施数字乡村战略，改革农村产业；促进数据与民生服务融合，提高基层部门效率，改善民生服务，提高群众生活质量；促进数据与社会治理融合，提高政府治理水平，实现现代化治理，实施"人在看、数在转、云在算"理念。

这些建议有助于确保数据要素市场的有序发展，实现数据在新经济中的最大潜力和社会利益。

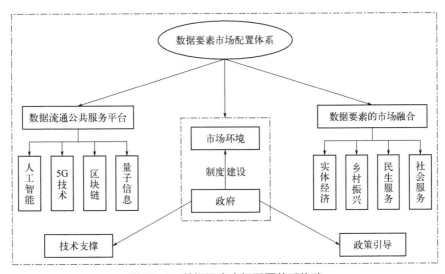

图15-4 数据要素市场配置体系构建

15.2 确权与权能系统

2020年5月18日颁布的《关于构建更加完善的要素市场化配置体制机制的意见》和同年5月发布的《2020年国务院政府工作报告》中，均明确了对"完善数据权属的界定"的要求。进一步延续这一方向，2022年6月22日召开的中央全面深化改革委员会第二十六次会议提出："要建立数据产权制度，推进公共数据、企业数据、个人数据的分类分级确权授权使用，建立数据资源的持有权、数据加工使用权、数据产品经营权等分置的产权运行机制，健全数据要素权益保护制度。"

数据确权的目的在于明确数据交易各方的责权利关系，降低信息不对称的影响，同时提高正面外部效应[431]。这一举措旨在为数据市场的发展提供更加清晰的法律框架和规范，以推动数据的更有效配置和利用。

15.2.1 公共数据确权体系

公共数据主要来源于各级政府行政机关、公共社团组织和事业单位、公共管理和服务机构在正常开展公共服务过程中，以各种办法记录和保存的文字、数据、图像、音频、视频等各类数据资源。公共数据可以分为公众数据和政务数据两种类型。公众数据由公众生成，不属于私有数据。然而，通常公众并不具有特定性，不是明确的数据主体，因此公众数据的权属应归政府所有，并由政府制定相应的管理规范。由于政务部门是公共权利执行机关，政务数据也不属于私有数据，而应视为国有资产（表15-4）。在法律实践中，多数国家将政务数据的权属归于国家，政府行使政务数据的管理权和使用权。

此外，《西安市政务数据资源共享管理办法》还明确界定了政务数据的内涵和权能，第6条规定了政务数据资源的权利包括所有权、管理权、采集权、使用权和收益权。这个规定为政务数据的合理管理和有效利用提供了法律依据，以确保政务数据的权益得到充分保护和合理运用。

表15-4　我国部分城市关于政务数据的规定

城市	实行时间	文件	权能
贵阳	2017年5月	《贵阳市政府数据共享开放条例》	行政机关享有管理权和使用权
西安	2018年11月	《西安市政务数据资源共享管理办法》	所有权归国家，政府授权机构行使统筹管理权
长沙	2019年12月	《长沙市政务数据资源管理暂行办法》	政府享有所有权
深圳	2022年1月	《深圳经济特区数据条例》	所有权归国家所有，政府代为行使数据权
上海	2022年1月	《上海市数据条例》	市大数据中心统一规划权能
重庆	2022年7月	《重庆市数据条例》	纳入公共数据资源体系

注：根据公开资料整理。

我国政府已积累了大量的公共数据。中央全面深化改革委员会第二十六次会议提出的公共数据授权计划，旨在实现公共数据向社会开放，释放数据的社会效益和经济价值。公共数据授权运营是指政府将数据作为公共资产，授权给某一主体单位进行运营。我国一直是率先探索公共数据授权运营的国家之一。自2018

年以来，一些城市如成都、重庆、北京等纷纷开始探索政府数据的授权运营。

然而，尽管各地积极响应，但大多数地方的实践尚未取得实质性进展，且各地的运营模式也各有不同。例如，2018年，成都将数据授权给国有资产公司，采取市场化运营；2020年，北京采用数据基地、数据专区和数据交易等多种授权运营模式，但仅包括金融公共数据；2021年，海南建设了公共数据产品开发和利用平台，同时设立了数据产品超市，并明确了各方的权责分工。同时，广东也在2021年提出了数据资产凭证解决方案，成功发放了全国首张公共数据资产电子凭证；2022年，上海组建了上海数据集团有限公司，致力于数据价值挖掘和城市数据运营规划。

需要强调的是，将公共数据授权给非政府实体，实际上是确认了数据的归属，并通过权责分开，将数据的使用权授予被许可实体，以实现市场化增值。尽管这有助于促进公共数据许可运营的规模扩大，但其理论基础尚需完善。在数据确权仍不明确的情况下，关于哪些数据可以被许可、应采用何种许可方式、哪些实体可以成为被许可方等问题，仍然在研究和探索中，相关详细规定和运行机制有待明确。此外，作为一种公共资源，公共数据许可运营究竟应采用行政配置模式还是市场化配置模式，尚未取得一致意见。这个领域的进一步发展需要更多的研究和法规支持。

15.2.2　企业数据确权体系

企业数据是指企业在生产经营过程中实际掌控和利用的数据，包括反映企业的基本情况，如人力资源数据、运营数据和财务数据。此外，它还包括企业直接或间接获取的用户数据集。在实践界和学术界的建议下，对企业数据应该进行分区，因为不同类型的企业数据应该享有不同的权利。有学者按数据是否可识别将企业数据分为基础数据和增值数据，其中个人拥有个人基础数据的所有权，而数据处理者则享有根据基础数据进行分析、编辑和加工所生成的增值数据的所有权。还有学者将数据区分为原生数据和衍生数据，认为企业拥有后者的数据所有权和财产权。这两种分类的本质是相似的，都以数据是否经过企业处理作为划分标准。

然而，目前的法律法规存在一定的不足，无法为企业数据提供全面的保护。此外，由于企业数据具有复杂的结构、多元化的利益和多样性的形式，也给企业数据确权带来了困难[432]。第一，企业数据的客体范围存在界定不明确性。由于难以明确区分个人信息和非个人信息，以及数据与信息之间的关系，这直接影响了法律属性的确定和数据所有权的分配。第二，企业数据的利益关系非常复杂。一方面，企业数据的利益和个人隐私利益难以协调，这使在复杂的权利状态下难以明确区分数据控制者和信息主体之间的边界。另一方面，在研究关于数据利益和公共利益之间的平衡问题方面，司法实践通常使用模糊的标准如"合理性"和"实质替代"来判断，难以有效澄清数据的复杂利益形态。第三，企业数据的法律属性多元且变化多端。数据产生经济价值的过程是从数据源到数据集合再到数据产品的转化过程，这个过程的核心是算法的应用。数据本身也携带着多种价值和利益，不同情境下算法的应用会不同，数据的形态和价值也会随之变化，这也导致数据的法律属性会发生变化。目前的企业数据权利理论没有深入分析不同情境下数据的形态和价值转变，如果过于强调或过于弱化数据财产权，可能会导致数据霸权或数据孤岛的两极现象，因此需要更好平衡的数据权益保护和共享，以促进健康发展。

人们需要认识到企业数据的多样性，不同阶段和不同形式的数据需要不同的法规和保护规则。因此，对企业数据的确权应该进行分类，基于数据的价值生成方式和不同的利益类型，采用差异化的所有权分配机制，以便确定不同的保护模式。

企业将数据视为资产进行管理，释放数据要素的价值已成为一个新的研究领域。然而，从宏观角度来看，现行国际标准《国民账户体系（2008年）》[433]（SNA 2008）没有规定数据资产的资本化核算方法和规范；在微观层面，企业的财务会计也没有将数据资产纳入资产确认和计量的范畴；数据的流通和使用也未被纳入企业财务会计的独立记录和识别。不管是深化企业数据的实际应用、培育数据要素市场，还是对数据活动进行监测评估，以及统计宏观经济指标，都需要对企业数据资产进行价值测量。数据资产与一般的有形资产和无形资产不同，它具有非竞争性、时效性、非消耗性和高度关联于使用场景等特点，这也给企业数据资产的估值带来了重大挑战。因此，需要制定新的方法和标准，以更准确地测量和估值企业数据资产（表15-5）。

表15-5　企业数据确权面临的主要挑战

主要挑战	内容阐述
数据分类不明确	难以明确区分不同类型的企业数据，导致法律属性的不确定性
利益关系复杂	企业数据涉及多重利益，需要平衡这些利益以确保合理权利配置
法律法规不足	现行法律法规不完善，无法全面保护企业数据
数据资产估值困难	企业数据资产的估值面临挑战，需要制定新方法和标准来准确测量数据资产的价值
数据要素市场发展不完善	建立数据要素市场有助于数据的交流和利用，但需要制定相关政策和规则以促进市场的发展
数据活动监测评估必要性	监测和评估数据活动的合规性和有效性是关键，同时也有助于统计宏观经济指标，需要更强调和强化

注：根据公开资料整理。

15.2.3 个人数据确权体系

个人数据权是由访问权、修改权、被遗忘权、反对权、可携带权、限制处理权等不同权利组合而成的权利束[434]，具有双重属性，既涉及人格权，也牵涉财产权。有学者将个人数据权定义为"由数据主体决定设计自身的个人数据被何人以何种方式进行收集、处理和分析的权力，是对自身数据的控制权"。

个人数据确权的法理难题主要存在三个方面问题。首先，个人数据的权利主体复杂，涉及数据的描述对象、数据的收集者、数据的处理者、中介、购买方、使用者等多方参与者。这种多方权利主张可能会产生冲突，因为各方在个人数据流通过程中的作用和权益不同，而数据所有权与实际使用者之间的分离正是导致个人数据权利关系复杂的原因之一。其次，个人数据的权利边界模糊，具体表现在难以明确个人数据的权利类型。个人数据在流通和运作的不同环节之间相互关联，有些环节可能是并行的，因此难以精确定义个人数据的行为模型，进一步导致个人数据权利类型的模糊划分。最后，个人数据引发了现有法律关系的不平衡，一方面，私人领域的权益可能在某些方面被扩大，同时在其他方面被削弱，例如，虽然网络生活带来了方便，但也常常伴随着个人隐私被侵犯。另一方面，公共权力与个人权力的结构失衡，政府和相关部门将一部分权力委托给平台，用户在面对平台制定的规则时，通常只能选择要么"一揽子"授权，要么"退出游戏"，这加剧了个人数据集中化的现象，使个人用户难以保护其数据的安全。

在国际上，各国和地区都在立法方面努力，欧盟将个人数据权纳入基本权利体系，而美国采用隐私权和行业自律的保护模式，都将数据权视为人权来保护。中国也出台了相关法规，包括《APP违法违规收集使用个人信息行为认定方法》《数据安全法》和《个人信息保护法》。此外，中国还在《民法典》中增加了有关隐私权和个人信息的专章。在实际应用中，中国采用了多种方式来解决纠纷，包括通过反不正当竞争来处理问题，同时采用了同意原则。中国在多个方面寻求保护公民作为个人数据主体的个人权益，逐渐实现了个人数据权的规范化和法治化（表15-6）。

表15-6　个人数据确权面临的主要问题

主要问题	内容阐述
多方权利主张产生冲突	数据所有权与实际使用权的分离导致权利关系复杂
权利边界模糊	个人数据权利类型的模糊划分，难以精确定义个人数据的行为模型
现有法律关系不平衡	不平衡的公共权力与个人权力结构，导致用户难以保护数据安全

注：根据公开资料整理。

15.2.4 数据权能立法体系

不同的数据主体、权利内涵组成了现行的数权立法体系，如图15-5所示。

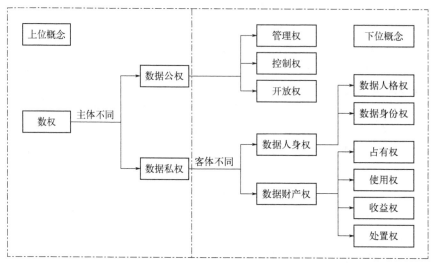

图15-5 数据权能立法体系

的确，数据权立法需要重新审视法律理念，以更好地实现其法律使命。传统的法律导向强调"义务和惩治"，现在应该更多地关注以"保障和促进"为法律准则的导向，同时建立一个涵盖"权属、权利、利用和保护"的全面立法架构[435]。下面具体解释这个立法架构的各个要点。

① 数据权属。数据权属是数权立法的逻辑起点，它为数权保护提供了前提。不同类型的数据和处于不同数据生命周期阶段的数据可能具有不同的权属，因此，法律应该明确规定数据的权属，以便更好地管理和保护数据。

② 数据权利。数据权利构成了数权立法的核心组成部分。这包括数据所有权人的权利，如数据知情权、数据更正权、数据被遗忘权、数据采集权、数据可携带权、数据使用权、数据收益权、数据共享权、数据救济权等。此外，还包括其他人利用数据的权利，例如用益数权、公益数权、共享权等。

③ 数据利用与保护。数据的价值在于对其进行最大限度的利用，但数权规制的目标之一是维护国家和公共利益。因此，数权立法需要寻求平衡，以确保数据在合法保护和合理利用之间得到平衡。这可能包括规定哪些数据可以用于什么目的，以及哪些数据使用需要特殊许可或受到限制。

总之，数权立法的更新和演进是非常重要的，因为数字化时代数据的重要性不断增加。通过确立新的法律框架，以保障、促进和平衡数据权属、数据权利、数据利用和数据保护，法律可以更好地适应现代社会中的数据驱动型经济和社会。这有助于保护个人隐私、维护公共利益，同时促进创新和数据的合理使用。

数据确权研究的关键在于了解数据权利的生成机制及背后的社会基础，同时需要构建相应的权利体系，这需要制度和技术的支持。传统的确权方式通常包括提交权属证明和专家评审，但这种方法存在可信度较低和容易受篡改等不可控因素的问题。考虑到数据资产的特殊性，可以采用两类新技术来解决数据确权问题。

① 区块链技术。针对数据在物理上的交易和流通，区块链技术提供了明确所有权的解决方案。区块链利用数字签名、共识机制、智能合约，以及不可篡改性等技术来确保数据的确权，并对数据进行全程的记录和监控。在这种方法中，数据资产的各方，包括所有者和使用者，将作为区块链网络的节点参与，通过共识机制详细记录数据的生成、流转、处理和交易等各个环节。这不仅记录了数据本身，而且包括了每个环节所涉及的各方主体和操作历史。全节点共识保证了整个生态系统中的所有参与者都能够监督数据的流转和利益分配，从而实现收益的分享和风险的共担。

② 多方安全计算。对于数据在不同主体之间流通，可能会产生新的数据，导致多方难以划分的场景。在这种情况下，可以采用多方安全计算。这种方法利用多方安全计算平台，在不改变数据的实际占有权和控制权的前提下，将计算能力移动到数据端，从而促进数据的流通和共享。多方安全计算允许多方协作计算数据，而不需要将数据暴露给其他方，从而确保了数据的隐私和安全。

这些新技术可以为数据确权提供更高的可信度和安全性，同时也有助于解决数据的权属和权益问题。它们为数据确权提供了更为有效和可持续的解决方案，有助于促进数据的流通和分享，同时保护了个人隐私和数据的安全。

15.3 开放与共享系统

数据的开放与共享在当今社会具有重要的社会属性。特别是在中国，数据开放已经成为国家战略的重要组成部分。党的十八届五中全会文件中，于2015年10月明确提出了"实施国家大数据战略，推进数据资源开放共享"的重要任务。各地方政府也纷纷跟进，逐步推动数据共享与开放的工作。一个显著的趋势是，中国的数据开放重点主要集中在政府领域[436,437]。政府在此方面发挥了积极的作用，促进了数据资源的开放共享。一个有代表性的例子是成都市政府，其在《成都市人民政府关于统筹推进新冠肺炎疫情防控和经济社会发展工作奋力完成2020年经济社会发展目标的意见》中明确提出了"探索推进数据所有权与使用权分离"的要求。这一政策鼓励更广泛地利用数据资源，促进了经济社会的发展。

总体来说，中国在数据开放与共享领域已经取得了明显的进展，并且继续推动这一重要国家战略。数据的开放共享不仅有助于促进科技创新和经济增长，而且可以提高政府的透明度和服务质量，对社会和国家的发展具有积极作用。

15.3.1 数据开放与共享目标

明确数据开放的目标是确保数据开放能够朝着有利于社会发展和公众利益的方向前进[438]。不同国家的数据开放政策和实践确实受国情、政策目标和法规等因素的影响，因此具体的政策和实施方式会有所不同。美国开放数字共享最初是顺应民众对信息公开的需求，满足公众知情权，而后大力开放政府数据是为了确保公众对政府的信任，加强民主，提高政府的信度和效率。英国的数据开放则是致力于实现数据在社会、政治、经济等方面的价值，《G8开放数据宪章英国行动计划 2013》提出："使英国成为世界上最透明的政府；保持英国作为全世界开放数据的领导者地位"。《开放政府伙伴关系英国国家行动计划（2013 ～ 2015 年）》提出："实现世界上最公开、最透明的政府；实现更快的增长、更好的公共服务、更少的腐败和更少的贫困"。法国的数据共享政策和法规更倾向于对法律法规的保障，提升行政透明度与公众参与度的同时，政府与民间社会共同建设数据共享。如表15-7所示，在比较美国、英国和法国的数据开放政策时，可以看到它们各自追求不同的目标，但共同的核心是为了提高政府治理效能、服务水平，促进数字经济的发展，增加政府的透明度，加强民主，提高政府的信誉和效率。这些国家都认识到数据对社会、政治、经济等方面的重要性，因此致力于充分利用数据来实现各自的政策目标。

不同国家的数据开放政策在实施方式上也存在差异。英国强调了公职人员的教育和技能培训，以增强数据的公开作用，特别注重培养数据科学家和统计学家与公职人员的数据素养。法国政府则关注了公众的数据共享意识，采用一系列手段，如相关主题辩论、比赛和培训，鼓励公众监督政府行为，并积极参与数据共享的进程。

表15-7　国外数据开放目标及实施对比分析

国家	开放目标	实施方式
美国	满足公众知情权，提高政府信任，加强民主，提高效率	开放政府数据，满足公众需求，增加透明度
英国	实现数据在社会、政治、经济等方面的价值，领导全球开放数据	提高公职人员教育与技能培训，培养数据科学家
法国	提升行政透明度，公众参与，共同建设数据共享	鼓励公众监督政府行为，参与数据共享

注：根据公开资料整理。

尽管各国的数据开放政策存在部分差异，但它们都共同强调公民获取和使用公共数据的权利和合法性，以及政府获取、存储、使用和披露数据的公共政策和法律标准。这为公众提供了一种方式，可以充分利用自己的民主意识，将共享数据的需求合理地表达给国家公共机构，无须向公共机构解释说明。基于此，政府应设立标准化流程，以有效管理公共数据，将机构所持有的共享数据以便于存储的方式进行归档，并以可读的形式公开，以推动数据的分享和合法利用。

总之，数据开放的目标是提高社会的透明度、民主参与、创新和经济发展。不同国家可以根据自己的国情和政策目标制定相应的数据开放政策，以实现这些共同的目标。

15.3.2 数据开放与共享原则

中国的数据开放制度在规定数据开放共享原则时确实较为宏观和宽泛，主要强调公开为常态、公正、公平、合法、便民等原则，如《中华人民共和国政府信息公开条例》第5条规定"以公开为常态、不公开为例外，遵循公正、公平、合法、便民的原则"；《上海市公共数据开放暂行办法》第4条规定的"需求导向、安全可控、分级分类、统一标准、便捷高效"原则；《贵阳市政府数据共享开放条例》第3条规定"统筹规划、全面推进、主动提供、无偿服务、依法管理"的原则等。这为政府数据的开放提供了一个相对宽松的框架，强调了公众的知情权和参与权，以确保政府数据的开放和共享符合社会公众的需求和公平原则。

与此不同，西方国家在政府数据开放原则方面已经有更为具体和早期的探讨。例如，2007年，30个开放政府的代表在美国举行的开放政府工作组会议上首次提出了政府数据开放的八项原则（表15-8），这些原则强调政府数据应当以特定的方式公开，确保数据开放的质量和可用性。

表15-8 政府数据开放八项原则

原则	内涵
完整性	所有的公共数据均应被公开，公共数据的载体不应妨碍数据的开放
原始性	开放的数据应当和被从来源处收集时一样具有最高的精细性，不是集合或处理过的数据
及时性	为保持数据的价值，数据非必要不得迟延开放
可获得	最大多数的使用人可基于最广泛的目的获取数据。数据须供网上获取以满足最大多数使用人和最广泛使用的需要

续表

原则	内涵
机器可处理	数据的结构合理，并允许自动处理。数据的广泛使用要求数据被准确地解码。政府应以促进数据分析和利用的格式及方式开放数据
非歧视	数据对任何人开放且没有任何注册的要求。即使是匿名使用人，也有权获取政府数据
非财产性	任何人对开放数据均不享有排他的控制权
无偿许可	数据不受任何版权、专利、商标或者商业秘密的规制，但允许基于隐私、安全和特别权利的合理限制

注：根据公开资料整理。

世界银行发布的《开放数据指南》和经济合作与发展组织于2013年发布的《开放政府数据：开放政府数据计划的实证分析》均重申了上述八项原则，同年"八国集团"（美国、英国、法国、加拿大、俄罗斯、德国、日本、意大利）公布《八国集团开放数据宪章》，将政府数据开放原则缩减为五项（表15-9）。

表15-9　八国集团数据开放五项原则

原则	内涵
数据开放默许	八国集团政府认可政府应默许数据开放。同时政府数据开放应遵循国内和国际关于知识财产、隐私权与敏感信息的立法
质量与数量	八国集团政府承诺将提供实时、完整和准确的数据，确保数据中的信息以简单、通俗的语言记录，确保数据被充分描述以让使用人知晓数据的优劣、限制、安全要求和使用方式，以及尽早开放数据并允许使用人反馈，从而进行修正以保证开放数据符合最高质量标准
所有人可用	八国集团政府将以开放格式提供数据，以确保最多的使用人出于最广泛的目的获取数据
开放数据以完善治理机制	八国集团政府将彼此和在世界范围内分享政府数据开放的技术知识及经验，以使所有人从数据开放中获益。同时通过网络公开数据的收集、数据标准和开放程序
开放数据以促进创新	八国集团政府将致力于提升开放数据的能力，并鼓励人们从事数据开放的推进工作以释放开放数据的价值。另外，八国集团政府将提供机读格式的数据以助力未来的数据创新

注：根据公开资料整理。

美国、英国均为"开放政府伙伴关系"（2011年由联合国大会发起）的始国，加拿大是参加国，三国同为《八国集团开放数据宪章》的缔约国。"开放政府伙伴关系"规定加入国的四项标准之一即是信息获取。而美国、英国和加拿大均制定了专门的政策和法律，以推进政府数据的开放。加拿大也规定了政府数据开放的原则。三国的数据开放原则既存在一致性，也存在差异性（表15-10）。

表15-10 美国、英国、加拿大数据开放原则比较

国家	一致性	差异性	优缺点
美国	数据质量要求 数据格式要求 数据开放及时性 数据开放许可方式	数据描述方式和管理原则	数据描述有益于数据的再利用；管理属于制度层面
英国		开放程序要求 开放政策要求	关于数据标准或质量的具体要求，存在重复现象
加拿大		数据开放非歧视原则 数据永久性免费开放	有益于公众对于政府数据的平等获取和利用

注：根据公开资料整理。

15.3.3 数据开放与共享分类

中国的数据开放采用了分类分级的方式进行，这是一种创新的方法。根据现行的制度，我国的数据开放主要分为三种类型：无条件开放、有条件开放和不予开放。《山东省电子政务和政务数据管理办法》第25条规定，开放范围内的政务数据分为无条件开放和依申请开放两种类型。对于无条件开放的政务数据，公民、法人和其他组织可以通过政务数据开放网站直接获取。如果公民、法人和其他组织需要申请获取政务数据，县级以上人民政府有关部门应当按照国家和省有关政府信息公开的规定及时予以办理。《贵阳市政府数据共享开放条例》虽然没有明确规定数据开放的类型，但是从第18～22条的内容可以总结出主要分为无条件开放和不予开放两类。其中，第18条规定了不予开放的数据范围，包括涉及国家秘密、商业秘密、个人隐私，以及法律法规规定不得开放的其他政府数据。而无条件开放的数据范围则包括第18条第一款规定之外的数据，以及第2款规定的数据两部分。

同时，基于数据开放的分类分级方式，《政务信息资源共享管理暂行办法》第9条也规定了政务信息资源的共享类型，分为无条件共享、有条件共享、不予共享三种类型。其中，可以提供给所有政务部门共享使用的政务信息资源属于无条件共享类；只能提供给相关政务部门共享使用，或者只能部分提供给所有政务部门共享使用的政务信息资源，属于有条件共享类；而那些不宜提供给其他政务部门共享使用的政务信息资源，则属于不予共享类。

数据开放与共享分类如表15-11所示。

表15-11 数据开放与共享分类

	类别	内容
数据开放	无条件开放	数据完全免费且对任何人都是无限制地可用的。通常用于开放数据集,以促进创新、研究和社会参与
	有条件开放	数据虽然是公开的,但存在关于数据的使用目的、数据的再分发要求、数据的时效性等限制条件。数据开放者可制定这些政策管理条件确保数据的合理使用
	不予开放	出于隐私、法律、商业机密或安全等原因,数据可能被明确拒绝开放。在这种情况下,数据不可公开访问,或者只能被授权的人员或组织使用
数据共享	无条件共享	数据的拥有者愿意免费提供数据,使其可供其他人使用,而不受任何特定条件或限制的约束
	有条件共享	在共享数据时施加一些条件或要求。这可以包括数据使用协议、授权或共享协议,以确保数据的合理使用,可能还涉及共享数据的时间范围或用途
	不予共享	因为数据包含敏感信息,或者由于法律、商业策略或其他原因,共享数据是不可行的

注:根据公开资料整理。

15.3.4 数据开放与共享模式

目前,政府部门在数据开放方面通常采用三种运作模式,包括政府主导型、政企合作型和公众参与型[439]。

政府主导型模式由各级政府部门牵头建设和管理。其核心是设立公共数据开放网站,充当政府数据开放的入口,以便为社会大众和企业提供获取政府开放数据的渠道。根据国务院办公厅2017年印发的《政务信息系统整合共享实施方案》,政府机构需要积极推动政务信息系统的整合和共享,同时建立公共数据开放网站,创建公共信息资源开放目录,并鼓励引导社会各界参与数据的开发和利用。多个省市,如上海、广东、浙江、山东、成都等,已在不同程度上建立了公共数据开放网站。以省级开放网站为例,其整体架构如图15-6所示。

政企合作型开放模式是指政府向合作企业提供公共数据,而企业则提供资金、技术、人才等方面的支持,共同合作开发高附加值的数据产品和数据

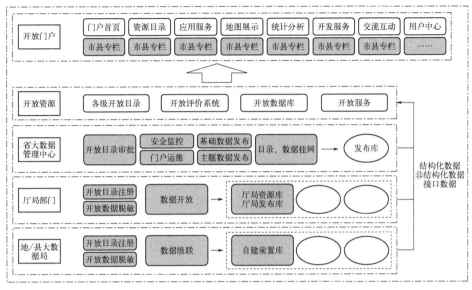

图15-6　公共数据开放网站总体架构

服务。这种合作模式的目标是将公共数据转化为实际产品和服务，实现双方的协作和互惠互利。政企合作主要需要解决两个最关键的问题：一是数据确权；二是数据安全。在数据确权方面，可以通过公共数据开放目录和特定行业的公共数据开放目录，由政府和企业共同签署合作协议，以明确权责分配和数据、产品的归属。在数据安全方面，需要在双方认可的资源环境中构建公共数据开发应用平台。政府提供基础设施资源，并配置基本的数据分析平台和分析工具，而企业部门将自身数据录入政府数据平台，同时将企业自有的分析模型纳入政府部门的模型库。企业数据分析人员可以根据政府公共数据资源目录，选择所需的数据，结合自有数据，运用算法，构建模型，处理数据，最终生成可用的数据产品，或将其打包成可用的数据服务，以应用于特定行业的业务活动。

公众参与型的数据开放模式鼓励社会公众积极参与数据开放的全过程，以使政府决策更加贴近民意，提高政府治理的精确性和个性化程度。这种模式通常采用三种方式。首先，通过举办大数据应用创新竞赛，以鼓励各方积极参与。最初由互联网公司如阿里巴巴和腾讯主导，随着大数据产业的发展，政府也逐渐加入竞赛组织。其次，政府直接向公众开放数据，通过建立各级政府的市民平台，允许公众查询个人信息和公共数据，享受数据服务。最后，政府引导公众参与政府决策的咨询过程，通过社交平台、微信、微博、小程序等方式发布政策、规划和活动信息，推动政府与社会公众的互动，提高公众对政府决策的参与度，确保制定的政策更贴近公众需求，服务更加准确和贴心。

15.4 流通与交易系统

在数字产业化和产业数字化的应用场景中，数据的流通已成为一种常态，而数据的静态储存则逐渐变得非常态。数据的流通不仅是实现数据价值的途径，也是实现其内在潜力的条件，这包括数据交易和数据共享等多种方式。

然而，尽管我国在数字领域取得了显著进展，但数据交易市场仍然处于起步阶段，需要市场和政府的双重合力来构建完善的数据交易制度。为此，深圳经济特区在2022年1月开始实施的《深圳经济特区数据条例（征求意见稿）》中提出的第58条，明确支持数据交易技术的研发和创新数据交易模式，旨在拓宽数据交易渠道，从而促进数据的高效流通。这一举措有望推动我国的数字经济发展，为各行各业提供更多机会来充分利用数据资源，实现更大的价值。通过市场和政府的协同努力，可以更好地应对数字时代的挑战，实现数据的更广泛应用和共享，从而助推我国经济的可持续增长。

15.4.1 数据开发保护平衡

数据的开发和利用及信息安全保护是一个相辅相成的过程，需要取得适当的平衡。过度保护数据可能会限制其有效开发和利用，从而浪费数据的潜在价值，而不足的保护或保护不力则可能导致信息滥用，反过来也会危及数据的开发和利用。在大多数情况下，数据的管理者和开发方并非同一方，这使得数据管理者面临一种困境，即如果开发方泄露了由管理者提供的数据，管理者也可能需要承担相应的责任和损失。

目前，数据开发中的安全保护方法主要有数据脱敏和数据分级分类保护。数据脱敏[440]是一种通过技术手段对大数据中的敏感个人信息进行处理的方法，旨在确保个人信息主体不被识别，同时尽可能保持数据的原始特征不被破坏，以实现数据的可用价值。常见的数据脱敏方法包括删除相关的敏感信息、数据加密及哈希处理等。尽管这些方法已经取得了一定的进展，但仍存在一些问题需要进一步解决，例如在隐匿个人隐私标识数据并公开其他数据时，如何避免对已隐匿数据的反向推断。在这个领域，一些相关的算法如差分隐私、k-匿名和L多样性等也是当前研究的热点。

数据的分级分类保护是数据安全保护的重要组成部分。它涉及根据数据的关键性和敏感性等因素，对数据进行分类和安全等级划分，然后根据这个分类结果采取相应强度的数据安全保护措施。这旨在最大限度地促进数据的开发和利用，同时也确保对数据进行必要和充分的安全保护。数据的分级分类保护需要综合考虑多个指标，如数据的形式、内容、类型、完整性、准确性、新鲜度、加工级别、重要性和敏感性等。这些指标在不同的保护需求和应用场景下可能有所不同。美国国家标准和技术研究所（NIST）提出了数据分级分类的建议和方法。NIST专注于信息和信息系统的机密性、完整性和可用性三个关键维度，并为每个维度定义了低、中、高三个不同的影响级别。此外，NIST还根据信息系统中处理、传输和存储的信息的重要程度来确定信息系统的安全级别，并提供相关的标准和指南，以支持分级的分类原则的实施和应用。

数据安全保护方法及内容阐述如表15-12所示。

表15-12 数据安全保护方法及内容阐述

数据安全保护方法	内容阐述
数据脱敏	对敏感信息进行技术处理，以使个人信息无法被识别。脱敏方法包括删除敏感信息、加密、哈希等
差分隐私	通过添加噪声或干扰来保护数据隐私，同时允许对数据进行统计分析
数据分级分类保护	将数据根据重要性、敏感性等指标分为不同等级，并采取相应的安全保护措施

注：根据公开资料整理。

15.4.2 数据流通监管体系

数据的合法流通和利用是大数据产业发展、实现数据价值的关键，而数据流通也伴随着权属、质量、安全性、合规性等诸多问题[441]。数据流通包含数据共用、数据共享、数据交易三种形态，其本质是数据使用许可，包括一对一、一对众和互相许可三种方式。数据流通监管应当根据数据流通的不同模式进行分级分类管理，并在数据流通的各环节加入隐私安全分析和控制，使数据流通和使用的每个环节可查询、可管理、可控制。

针对数据共用的关联模式，需要重点考虑关联企业数据的跨场景使用的用户授权和知情权保护，以及隐私数据的储存和访问控制、安全制度的建设等问题。在数据共享模式下，针对数据在不同企业之间共享的情景，需要着重关注用户的授权、隐私数据的加密传输及用户知情权等方面的问题。在数据交易模式下，需要关注数据交易的用户授权、交易规则的透明度披露，以及隐私数据的禁止流通等问题。

此外，日本关于数据流通监管的经验也值得借鉴。首先，日本政府认为自由发展数据流通市场可能导致垄断现象。2017年6月，日本公正交易委员会发布的《数据与竞争政策调研报告》指出："鼓励数据流通和企业数据收集可以帮助企业改进产品和服务，推动企业运营和市场发展进入良性循环。然而，如果数据流通市场完全自由发展，可能会逐渐形成具有数据垄断能力的超大型企业，从而压缩初创企业和中小企业的发展空间。"其次，日本政府建立了反垄断监管机构，重点监督国际互联网巨头。2019年2月，日本政府宣布将设立反垄断监管机构，对Facebook、Google等大型科技公司进行审查。该机构负责审查竞争行为，保护个人数据，并提出反数据垄断的建议。

总体来说，数据的合法流通和利用对于大数据产业的发展及数据价值的实现至关重要。然而，数据流通过程中也存在着权属、质量、安全性、合规性等诸多问题。因此，有必要根据数据流通的不同模式进行分级分类管理，并在各环节加入隐私安全分析和控制。同时，借鉴国际经验，加强反垄断监管和监测也是必要的措施。

15.4.3　数据交易法制改革

自2014年以来，中国已经建立了超过30家大数据交易平台。截至2019年，中国的数据交易额已达到23.93亿美元，超过英国的23.55亿美元。然而，尽管市场规模不断扩大，数据交易的活跃程度却远低于预期。例如，贵阳大数据交易所，作为全国甚至全世界首家大数据交易所，多次下调了其日交易额的目标，从最初的数百亿元降至数十亿元。2021年，北京国际大数据交易所开始运营，该交易所提出了构建数据资源、技术支撑、场景应用和交易服务的四位一体数据流通新生态发展理念。尽管该交易所在数据交易发展方向上具有引领作用，但其是否能辐射全国还需要时间来验证。

我国数字经济的发展面临多方面问题，这些问题妨碍了数字经济的进一步增长。首先，高质量的交易数据供应相对不足。这表现在以下主要方面。第一，数据交易平台上存储的数据种类相对有限，数据的采集来源复杂，加工标准不一致，流动产权不明确，导致卖方提供的数据质量参差不齐，买方难以挖掘数据的最大价值。另外，中国的公共数据资源大部分由各级政府部门掌握，但未能得到充分利用。第二，中国的数据确权问题仍处于初始阶段。正如前文所讨论的，由于数据确权问题尚未得到妥善解决，这在一定程度上限制了数据的流通和利用。第三，数据定价机制受多种因素制约。数据作为新的生产要素，其固定成本高且为沉没成本，边际成本趋近于零，使得传统的商品定价机制难以适用于数据。此外，数据的定价还受到信息数量、数据的实时性、完整性、种类、深度等多种因素的影响，使得数据的定价变得更加复杂。第四，中国的数据交易市场化机制尚不成熟。中国的数据交易平台建设相对较晚，发展起点较高，属于数据要素产业生态系统的初级阶段。由于数据流通的相关法规和制度缺失或缺乏协调，导致共享数据交易平台建设进展缓慢。

为了进一步完善数据交易法制，平衡数据交易各方的权利、义务和责任，细化大数据安全保障的安全综合防御能力和治理能力，需要从以下几个方面着手。第一，加强数据交易配套制度立法[442]。我国制定的指南、指引等规范法律效力层级较低，《数据安全法》也只是宏观地对数据安全与发展制度、安全保护义务的实现、政务数据的开放和法律责任等方面做了指引性规定，需要其他法律法规的配套支持。第二，完善数据安全和数据隐私保护制度。《数据安全法》的颁布旨在保障数据的安全开发利用，倡导建立总体数据安全观，提升数据安全治理能力。因此，需要进一步完善数据安全和数据隐私保护制度，确保数据的安全流通和利用。第三，强化数据交易平台的法制建设[443]。数据交易平台是数据信息实现交易流通的关键环节，其完善程度直接影响数据要素交易市场的发展。因此，需要鼓励和支持各类所有制企业参与数据要素交易平台的建设，以促进平台规范运行，并推动交易平台之间形成健康的竞争机制。第四，推动数据监管体系并防范数据垄断。建立多方参与的监管模式，以严格控制数据资本市场的风险。同时，鼓励企业和行业组织参与数据安全标准体系的建设，根据各自的职责，制定各领域的技术、产品和服务标准，严格限制数据垄断行为的发生。这将有助于确保数据市场的公平竞争和数据资本的合理利用。第五，防范数据信息伦理风险。《中华人民共和国国民经济和社会发展第十四个五年规划和2035年远景目标纲要》建议强调健全科技伦理体系。从伦理规范视角分析，数字文明时代数据保护的伦理治理就是要坚守伦理准则。因此，需要防范数据信息伦理风险，确保数据的合法、合规流通和利用。

总体来说，我国数字经济发展中面临着多方面的问题和挑战。为了解决这些问题，需要进一步完善数据交易平台建设、提高数据质量、明确数据产权、完善定价机制及推动市场化发展。只有这样，才能充分发挥数据的价值，推动数字经济的进一步发展（表15-13）。

表15-13 数据交易法治改革相关途径

改革途径	内容
数据隐私保护法规	包括规定数据的收集、使用和存储方式，以及对数据泄露的处罚规定
知识产权和数据所有权	数据交易中确定数据的合法所有者和使用权的相关问题
数据安全法规	提升网络安全、数据加密和数据备份的要求，防止数据泄露和滥用
数据采集和共享规定	公共部门和私营部门之间的数据交换及政府数据开放政策的制定
数据伦理法规	突出数据伦理重要性
数据监管和执法	加强监管和执法机构的职责，以确保法规得到执行，数据交易的各方遵守法规
国际数据交易	国际标准和协定有助于促进全世界数据交易

注：根据公开资料整理。

15.4.4 数据流通交易意义

数据作为一种新型生产要素，其价值具有独特之处。与传统物品的"一数N权"制度不同，数据的价值体现在其可多次流通、分析和加工后不断增值。这种增值的根源在于数据的本质特点，即数据的价值在于共享。单独、孤立和无序的数据的价值相对有限，但当多个数据集合进行共享、加工和分析时，数据之间会产生新的关联和结果，从而创造出新的生产要素和经济价值。

另外，传统的物质资料生产社会注重生产资料价值的创造和实现，这是最重要的目标。根据马克思主义的剩余价值理论，剩余价值指的是商品的价值超过了生产资料和劳动力的价值，以及生产要素的消耗，所产生的剩余价值。然而，随着工业文明向数字文明的转变，参与价值创造的生产要素变得更加多元化，数字信息在产品形成的过程中直接或间接地发挥作用。此外，新一代信息技术，如大数据和人工智能的崛起，降低了传统生产资料要素在市场竞争中的成本，其中的一个核心原因是共享资源的利用。

最后，在生产管理过程中，数据信息留下了重要的痕迹，并参与了资源配置。这不仅提高了传统资源的使用效率，而且减少了商品和资源的过度生产，降低了对外部资源的依赖。通过共享机制，数据共享进一步释放了数据交易的潜在价值，促进了数字经济与共享经济的深度融合。作为重要的生产要素，数据信息在经济活动的各个环节都发挥着关键作用，并促进了生产关系链条的整合，推动社会总财富的不断增加。

综上所述，数据作为一种新型生产要素，其价值主要体现在共享本质、多元化的价值创造要素及提高传统资源使用效率等方面。为了充分发挥数据的价值，人们需要进一步完善数据交易平台建设、提高数据质量、明确数据产权、完善定价机制，以及推动市场化发展。只有这样，才能更好地利用数据资源，推动数字经济的进一步发展（表15-14）。

表15-14　数据要素的价值体现

数据价值	内容阐述
共享本质	数据的价值增值来自数据的共享和协同加工
多元化的价值创造要素	数据信息对生产过程产生直接或间接影响，参与价值创造过程
提高传统资源使用效率	数据信息参与资源配置，提高资源使用效率
促进数字经济发展	数据共享促进数字经济与共享经济融合

注：根据公开资料整理。

15.5 安全与合规系统

数据安全和合规问题涉及技术、法律、监管及社会治理等多个领域，已经成为国家安全的新综合性挑战。构建健全的法律框架是确保数据安全的重要前提和关键环节。

值得强调的是，数据安全问题不仅限于技术层面，还包括数据的流通、应用，以及开放所带来的各种潜在风险。因此，为了有效防范数据安全风险，需要在多个方面加大力度，包括技术创新、人才培养，以及法律法规和制度的建设。这种全面的方法有助于确保数据在各个层面得到充分的保护，为国家的安全提供坚实的保障。同时，它还促进了数据的可持续流通和应用，有助于推动数字经济的发展。因此，数据安全和合规已经成为国家政策的核心领域之一，需要综合性的努力来维护和提升。

15.5.1 数据安全风险分类

根据数据所处的不同场景，数据安全风险主要可分为数据开放安全风险、数据流通安全风险和数据应用安全风险三类[444]（表15-15）。

表15-15 数据安全风险类别

风险类别	内容
数据开放安全风险	数据泄露
	侵犯隐私
数据开放安全风险	数据损坏
数据流通安全风险	数据丢失
	数据窃取
	攻击服务
数据应用安全风险	破坏数据完整性
	非法数据访问
	恶意程序数据破坏

注：根据公开资料整理。

数据开放安全风险确实是国家战略层面面临的主要威胁之一。随着数字化时代的到来，数据已经成为国家发展的重要战略资源，数据主权也成为国家核心权力之一。因此，保障数据的安全和保密性对于国家安全至关重要。例如，美国《信息自由法》规定了九条信息公开豁免条款，作为政府数据公开的前提。这些条款强调数据的开放必须与国家安全、法律执行、个人隐私保护等方面达成平衡。此外,美国政府还采取了一系列措施来加强数据安全和隐私保护,例如制定《隐私法》《电子通信隐私法》等法律法规,以及加强网络安全和数据保护的措施。对于其他国家而言,保障数据安全和保密性同样重要。政府应该加强数据管理和监管,确保数据的安全和保密性。同时,政府也应该推动数据的开放和共享,促进数据的流通和利用,以推动经济的发展和社会的进步。

数据流通中的数据安全风险确实主要集中在数据采集、数据传输、数据储存等环节。具体表现为数据采集环节的安全风险主要包括数据损坏、数据丢失、数据泄露、数据窃取、隐私泄露等威胁。为了应对这些风险,《贵州省大数据安全保障条例》第13条明确规定了"谁采集谁负责"的原则,即数据采集者应当对数据的安全负责。《天津市数据安全管理办法(暂行)》第19条也规定,要明确采集数据的目的和用途,确保数据采集的合法性、正当性、必要性。同时,对数据采集的环境、设施和技术采取必要的管控措施,确保数据的完整性、一致性和真实性,保证数据在采集过程中不被泄露。数据传输过程中的安全问题主要包括机密性、完整性和真实性等,可能存在被篡改、监听的威胁,无线网络传输的数据安全问题尤为突出。为了保障数据传输的安全,《贵州省大数据安全保障条例》第19条规定,传输数据应当合理选择传输渠道,采取必要的安全措施,防止数据被窃取、泄露、篡改。《天津市数据安全管理办法(暂行)》第20条也规定,根据数据安全等级采取相应的管控措施,确保数据传输的安全性和可靠性。数据储存环节的安全问题主要是数据的关联权限不确定、访问控制问题及储存能力不足等风险。为了保障数据储存的安全,《贵州省大数据安全保障条例》第19条规定,储存数据应当根据类型、规模、用途、安全等级、重要程度等因素,选择相应安全性能和防护级别的系统、介质、设施设备,采取技术和管理措施,保障储存系统和数据安全。

数据应用的安全风险确实分布在不同的应用场景中,包括数据处理、数据交换、数据使用、数据销毁和数据外包服务等。《贵州省大数据安全保障条例》对不同应用场景的安全风险做出了相应的限制和规定,具体内容包括:数据处理环节的安全风险主要包括数据的完整性、可用性和保密性等。为了保障数据处理的安全,《贵州省大数据安全保障条例》第20条规定,处理数据应当保护原始数据,不得随意更改、伪造,不得通过恶意处理导致数据毁灭性更改和永久性丢失。数据交换环节的安全风险主要包括数据的完整性、可用性和合法性等。为了保障数据交换的安全,《贵州省大数据安全保障条例》第21条规定,交换数据应当维护数据的完整性、可用性。交换数据应当合法进行，交换双方不得假冒他人或者以其他方式骗取数据交换。数据使用环节的安全风险主要包括数据的合法性和合规性等。为了保障数据使用的安全，《贵州省大数据安全保障条例》第22条规定，使用数据不得用于非法目的和用途。明知是通过攻击、窃取、恶意访问等非法途径获取的数据，不得使用。数据销毁环节的安全风险主要包括数据的彻底销毁和防止数据泄露等。为了保障数据销毁的安全，《贵州省大数据安全保障条例》第23条规定，销毁数据应当根据大数据安全保护管理需要，合理确定销毁方式和销毁要求。数据外包服务环节的安全风险主要包括数据的保密性和安全性等。为了保障数据外包服务的安全，《贵州省大数据安全保障条例》第16条规定，服务外包业务涉及收集、储存、传输或者应用数据的，应当依法与外包服务提供商签订安全保护协议，采取安全保护措施。

15.5.2　数据安全防御系统

国务院《促进大数据发展行动纲要》将"强化安全保障，提高管理水平，促进健康发展"视为其中的三大任务之一，这一战略性指导文件为我国的大数据发展提供了国家层面的顶层设计和统筹布局。

为了防范数据安全风险，保障数据安全，需要构筑多维立体的数据安全防御系统[445]。第一，必须加强对国家重点系统、关键行业、重要领域等涉及国家利益、公共安全、商业机密、个人隐私，以及军工科研生产等数据信息的保护。这包括建立严格的数据安全管理制度和技术防护措施，进行数据的安全审计和监控，以及及时发现和处理数据泄露、篡改等安全事件。第二，在国家安全稳定领域需要采用安全可靠的产品和服务，研发自主可控的下一代互联网。在技术、产品、服务等方面需要重视下一代网络融合技术、终端移动和终端接入中的安全问题，加强对网络安全的投入和研发，推动网络安全技术和产业的发展，以提高网络安全保障能力。第三，关键信息基础设施的安全可靠水平需要提升。对关键信息基础设施的安全管理和防护必须加强，建立健全信息安全管理制度和技术防护措施，以增强关键信息基础设施的可靠性和安全性。此外，必须健全防攻击、防泄漏、防窃权、防篡改、防非法使用的监测预警系统。建立源头、环节、系统三个管理体系的加密机制和溯源机制，以及建立"三位一体"的安全技术保障机制，从而对数据攻击、数据泄露、数据窃取、数据篡改和数据非法使用进行有效防范和监测。网络安全的培训和教育也应加强，以提高网络安全意识和能力。此外，需要建立完善的网络安全保密防护体系，包括网络安全保密管理制度和技术防护措施，以提高网络安全保密防护能力。第四，必须提高数据态势感知能力、事件识别能力、安全防护能力、风险控制能力和应急处置能力。需要制定规范完备的事件处理流程与应对方法，以保障网络安全在事前、事中和事后都得到妥善处理。这还包括加强网络安全的培训和教育，建立健全网络安全事件应急预案和应急机制，以提高网络安全应急处置能力。

总之，为了保障数据安全，需要政府和相关组织加强对数据安全的管理和监管，采取必要的安全措施和技术手段，确保数据的机密性、完整性和真实性。同时，也需要加强对相关法规的学习和贯彻，提高数据安全意识和能力。

15.5.3 数据合规制度体系

建立健全数据合规制度体系对于保障数据安全、促进数据流通和应用具有重要意义[446]。第一，重点研究制定数据基本标准、技术标准、应用标准和管理标准。针对不同类型、不同级别的数据，制定相应的标准和规范，明确数据的采集、储存、传输、挖掘、公开、共享、使用、管理等全过程的要求和规范。加强对数据标准的宣传和推广，提高社会各界对数据标准的认知和应用。第二，针对个人隐私、电子商务、国家安全等重点领域，以及安全问题多发领域，率先研究使用数据安全标准。针对不同领域的特点和需求，制定相应的数据安全标准和规范，明确数据的安全要求和保护措施。加强对数据安全标准的宣传和推广，提高社会各界对数据安全标准的认知和应用。第三，研究形成覆盖数据采集、储存、传输、挖掘、公开、共享、使用、管理等数据全过程的安全标准体系。针对不同环节的特点和需求，制定相应的安全标准和规范，明确数据的安全要求和保护措施。加强对数据安全标准的宣传和推广，提高社会各界对数据安全标准的认知和应用。第四，针对数据平台和数据服务商等重点对象，做好数据可靠性及安全性的测评、应用安全性测评、监测预警和风险评估。对于重点行业和重要部门，由国家安全部门进行关键信息基础设施的安全评估和敏感数据的评估，评估合格后发放许可证。加强对数据平台和数据服务商的监管及管理，确保其符合数据安全标准和规范。加强对关键信息基础设施和敏感数据的保护和管理，确保其安全性和可靠性。第五，完善网络数据安全评估监测体系和实时监测体系，提升对大数据网络攻击威胁的感知、发现和应对能力。加强对网络安全的监测和预警，及时发现和处理网络安全事件，提高网络安全防范能力。加强对网络安全的投入和研发，推动网络安全技术和产业的发展，提高网络安全保障能力。第六，加快开展数据跨境流动安全评估，强化数据转移安全检测与评估，确保数据在全球流动中的安全。加强对跨境数据流动的监管和管理，确保其符合国际法和相关国家的法律法规。加强对跨境数据流动的安全评估和监测，及时发现和处理安全风险。

此外，应围绕国家大数据战略，建立完善的大数据安全管理制度，构建完整的大数据安全地方标准体系、评测体系及保障体系（表15-16）。鼓励安全责任单位运用区块链等前沿技术手段，优化数据聚通用架构、强化信任认证和防篡改设计，提升大数据的安全防护水平。同时，支持企业、科研机构、高等院校以及相关行业组织开展大数据安全相关标准的研究、制定和协同攻关，推动国家、行业和地方标准的逐步完善与实施。

表15-16　数据合规制度体系建立

具体方法	内容阐述
制定数据标准	制定数据的基本标准、技术标准、应用标准和管理标准
数据安全标准	制定数据安全标准和规范，明确数据的安全要求和保护措施
安全标准体系	建立覆盖数据全过程的安全标准体系
数据可靠性与安全性测评	对数据平台和数据服务商进行可靠性及安全性的测评，监测预警和风险评估
网络数据安全监测体系	加强对网络安全的监测和预警，提高网络安全防范能力
数据跨境流动安全评估	加强对跨境数据流动的监管和管理，确保符合法律法规
大数据安全管理制度	建立国家大数据战略下的大数据安全管理制度
技术手段与防篡改设计	鼓励使用区块链等技术手段，优化数据聚通用架构

注：根据公开资料整理。

15.5.4　数据安全立法机制

2018年9月7日，十三届全国人大常委会公布立法规划，《数据安全法》被列入条件比较成熟、任期内拟提请审议的法律草案。2020年6月28日，十三届全国人大常委会第二十次会议对《数据安全法（草案）》进行了审议。2021年6月10日，十三届全国人大常委会第二十九次会议通过了《数据安全法》，同年9月1日《数据安全法》开始实施。

《数据安全法》是我国在数据安全领域的一部重要法律[447]，旨在维护数据安全、促进数据合理利用、保护个人和组织的合法权益，同时捍卫国家主权、安全和发展利益。首先，该法明确了数据安全的总体要求和基本原则。根据该法的规定，数据安全工作应坚持总体国家安全观，以确保数据的安全、数据的开发利用及产业的发展，推动数字经济和数字社会的发展。数据安全工作还应平衡安全与发展，以保护数据安全为首要任务，同时促进数据的开发利用和产业的发展。其次，该法界定了数据安全的保护范围和保护措施。它规定了个人和组织不得非法收集、使用、加工或传输他人的个人信息，不得非法交易、提供或公开他人的个人信息。未经被信息提供者同意，不得向他人提供个人信息。此外，该法还规定了数据安全的保护措施，包括数据加密、访问控制、数据备份等。它还规定了数据安全的监管职责和监管措施，其中包括数据出境安全评估和数据安全审查等。最后，该法明确了数据安全的法律责任。该法规定，任何个人或组织不得违反本法的规定，侵害他人的个人信息权益，否则将承担相应的法律责任，包括行政、民事和刑事责任等。

《数据安全法》是数据安全立法进程上具有里程碑意义的一部法律。在立法理念上，坚持总体国家安全观，以数据安全治理的立案进行体系化建设；在立法技术上，引入多元利益动态平衡机制，坚持"安全与发展并重"的基本原则；在立法内容上，构建数据安全制度基本框架，确立保护性管辖措施、数据安全协同治理体系、国际合作机制、数据交易法律地位等，为未来数据安全制度体系的完善和发展奠定了基础。《个人隐私信息保护法》从保护个人隐私的角度出发，《数据安全法》则是以国家安全为主线。《数据安全法》与《个人隐私信息保护法》《民法典》《网络安全法》等相关法律协调规划，共同组成数字领域立法体系。未来对于数字安全立法的完善和补充，数字安全立法需要充分考虑数字社会背景和数字技术发展，充分考虑国内法与国际规则、协议和国际法的合规情况，在尚无国际性规则的互联网世界提升我国对于网络空间的国际话语权和规则制定权。

参考文献

[1] 用友平台与数据智能团队. 一本书讲透数据治理：战略、方法、工具与实践 [M]. 北京：机械工业出版社，2022.

[2] 祝守宇，蔡春久. 数据治理：工业企业数字化转型之道 [M]. 北京：电子工业出版社，2020.

[3] 姜华. 数据治理、资产一体化实践性研究 [D]. 上海：上海交通大学，2017.

[4] 姜鑫，王德庄. 开放科学数据与个人数据保护的政策协同研究——基于政策文本内容分析视角 [J]. 情报理论与实践，2019, 42(12): 49-54, 93.

[5] Fenton S, Giannangelo K, Kallem C. Data standards, data quality, and interoperability[J]. Journal of AHIMA, 2007, 78(2): 65-80.

[6] 高昂，朱虹，甘克勤. 数据资产管理标准化实践 [M]. 北京：中国标准出版社，2020.

[7] 祝守宇，蔡春久. 数据标准化：企业数据治理的基石 [M]. 北京：电子工业出版社，2022.

[8] 温芳芳. 我国政府数据开放的政策体系构建研究 [D]. 武汉：武汉大学，2019.

[9] Douglass K, Allard S, Tenopir C, et al. Managing Scientific Data as Public Assets: Data Sharing Practices and Policies Among Full-Time Government Employees[J]. Journal of the Association for Information Science and Technology, 2014, 65(2): 251-262.

[10] Bilas A, Carretero J, Cortes T, et al. Data management techniques Ultrascale Computing Systems[J]. Ultrascale Computing Systems, 2019: 85-126.

[11] Batini C, Rula A, Scannapieco M, et al. From Data Quality to Big Data Quality[J]. Journal of Database Management, 2015, 26(1): 60-82.

[12] Li H, Lu H, Jensen C S, et al. Spatial Data Quality in the Internet of Things: Management, Exploitation, and Prospects[J]. Acm Computing Surveys, 2023, 55(3): 41.

[13] 金范. 数据质量管理与安全管理 [M]. 上海：上海科学技术出版社，2016.

[14] 祝凌瑶，周丽，柳虎威. 数字经济时代政府数据质量管理的演化博弈分析 [J]. 运筹与管理，2022, 31(09):21-27.

[15] 李沁雅. 基于群智感知的三维重建中的数据质量与隐私研究 [D]. 上海：上海交通大学，2022.

[16] 刘寒. 大数据环境下数据质量管理、评估与检测关键问题研究 [D]. 长春：吉林大学，2019.

[17] 唐继仲. 数据质量评估与提升方法及应用研究 [D]. 上海：上海交通大学，2017.

[18] 李金昌. 大数据应用的质量控制 [J]. 统计研究，2020, 37(02): 119-128.

[19] 张莉. 数据治理与数据安全 [M]. 北京：人民邮电出版社，2019.

[20] 杨蕾，袁晓光. 数据安全治理研究 [M]. 北京：知识产权出版社，2020.

[21] 刘隽良，王月兵，覃锦端. 数据安全实践指南 [M]. 北京：机械工业出版社，2021.

[22] 陈庄，邹航，张晓琴. 数据安全与治理 [M]. 北京：清华大学出版社，2022.

[23] 王瑞民，史国华，李娜. 大数据安全：技术与管理 [M]. 北京：机械工业出版社，2021.

[24] 杨静，张天长. 数据加密解密技术 [M]. 武汉：武汉大学出版社，2017.

[25] 法规应用研究中心. 数据安全法一本通 [M]. 北京：中国法制出版社，2021.

[26] 陆健健. 网络时代的中国信息安全问题研究 [D]. 南京：南京大学，2020.

[27] Daraio C Di Leo S, Scannapieco M. Accounting for quality in data integration systems: a completeness-aware integration approach[J]. Scientometrics, 2022, 127(3): 1465-1490.

[28] 刘歆. 领域数据集成及服务关键技术研究[D]. 北京：北京科技大学，2017.

[29] 王珺吉. 门户平台中的企业应用集成技术研究[D]. 西安：西北工业大学，2006.

[30] 黄海量，韩冬梅，屠梅曾. 一种基于面向服务架构的宏观经济监测与预警系统[J]. 上海交通大学学报，2007(08): 1334-1338, 1342.

[31] Li X T, Madnick S E. Understanding the Dynamics of Service-Oriented Architecture Implementation[J]. Journal of Management Information Systems, 2015, 32(2): 104-133.

[32] Christoforou A, Andreou A S, Garriga M, et al. Adopting microservice architecture: A decision support model based on genetically evolved multi-layer FCM[J]. Applied Soft Computing, 2022, 114: 17.

[33] Berente N, Vandenbosch B, Aubert B. Information flows and business process integration[J]. Business Process Management Journal, 2009, 15(1): 119-141.

[34] 张卫，朱信忠，顾新建. 工业互联网环境下的智能制造服务流程纵向集成[J]. 系统工程理论与实践，2021, 41(07): 1761-1770.

[35] April R. Managing Data in Motion: Data Integration Best Practice Techniques and Technologies[M]. San Francisco: Morgan Kaufmann Publishers Inc., 2013.

[36] Nabi Z, Sabir N, Bilal M. A comparative study of data federation tools for integration[J]. International Journal on Information Technologies and Security 2017, 1(9): 17-31.

[37] Krish K. Data Warehousing in the Age of Big Data[M]. San Francisco: Morgan Kaufmann, 2013.

[38] 刘强. 基于云计算的BIM数据集成与管理技术研究[D]. 北京：清华大学，2019.

[39] Mukhopadhyay T, Kekre S, Kalathur S. Business value of information technology: A study of electronic data interchange[J]. Mis Quarterly, 1995, 19(2): 137-156.

[40] Srinivasan K, Kekre S, Mukhopadhyay T. Impact of electronic data interchange technology on JIT shipments[J]. Management Science, 1994, 40(10): 1291-1304.

[41] Bhadoria R S, Chaudhari N S, Tomar G S. The Performance Metric for Enterprise Service Bus (ESB) in SOA system: Theoretical underpinnings and empirical illustrations for information processing[J]. Information Systems, 2017, 65: 158-171.

[42] Psiuk M, Bujok T, Zielinski K. Enterprise Service Bus Monitoring Framework for SOA Systems[J]. Ieee Transactions on Services Computing, 2012, 5(3): 450-466.

[43] Cerny T, Donahoo M J, Trnka M. Contextual understanding of microservice architecture: current and future directions[J]. ACM SIGAPP Applied Computing Review, 2017, 17(4): 29-45.

[44] 马长振. 微服务架构协同开发规范与质量管理系统的设计与实现[D]. 重庆：西南大学，2021.

[45] Bala M, Boussaid O, Alimazighi Z. Extracting-transforming-loading Modeling Approach for Big Data Analytics[J]. International Journal of Decision Support System Technology, 2016, 8(4): 50-69.

[46] Vassiliadis P. A Survey of Extract-Transform-Load Technology[J]. International Journal of Data Warehousing and Mining, 2009, 5(3): 1-27.

[47] 贺益盛. 基于主数据的信息系统集成与应用研究[D]. 广州：华南理工大学，2015.

[48] 齐茹. 企业应用集成中交换集成和主数据管理的研究与实现[D]. 天津：天津大学，2017.

[49] H I W. Building the Data Warehouse[M]. Hoboken: John Wiley & Sons, 2005.

[50] Kimball R R M. The Data Warehouse Toolkit: The Definitive Guide to Dimensional Modeling, 3rd

Edition[M]. Hoboken: Wiley, 2013.

[51] A G. The Enterprise Big Data Lake Delivering the Promise of Big Data and Data Science[M]. Sevastopol: O'Reilly Media, 2019.

[52] 杜拥军，等. 数据湖：新时代数字经济基础设施[M]. 北京：中共中央党校出版社，2019.

[53] 肖炯恩，吴应良，左文明，杨帆妮. 基于超效率DEA模型的跨源多维政务数据共享绩效评价研究 [J]. 信息资源管理学报，2019, 9(04): 112-121.

[54] House W. Big Data: A Report on Algorithmic Systems, Opportunity, and Civil Rights [EB/OL]. https:// obamawhitehouse.archives.gov/sites/default/files/microsites/ostp/2016_0504_data_discrimination.pdf.

[55] 黄如花，陈闯. 美国政府数据开放共享的合作模式[J]. 图书情报工作，2016, 60(19): 6-14.

[56] Budget O O M A. Open Government Directive [EB/OL]. https://obamawhitehouse.archives.gov/open/ documents/open-government-directive.

[57] Welch E W, Feeney M K, Park C H. Determinants of data sharing in U.S. city governments[J]. Gov. Inf. Q., 2016, 33: 393-403.

[58] Douglass K, Allard S, Tenopir C, et al. Managing scientific data as public assets: Data sharing practices and policies among full-time government employees[J], 2014, 65(2): 251-262.

[59] 朱贝，盛小平. 英国政府开放数据政策研究 [J]. 图书馆论坛，2016, 36(03): 120, 127.

[60] 范晨雪. 基于交通类数据集的我国政府开放数据分析 [D]. 太原：山西大学，2019.

[61] 曾粤亮. 英国政府数据开放平台交通数据的建设现状调查与分析 [J]. 情报资料工作，2017 (05): 20-26.

[62] Attard Judie, Orlandi Fabrizio, Scerri Simon, Auer Sören. A systematic review of open government data initiatives [J]. Government Information Quarterly, 2015, 32(4): 399-418.

[63] Bertot John Carlo, Butler Brian S., Travis Diane M. Local big data[C], 2014.

[64] 张起. 欧盟开放政府数据运动：理念、机制和问题应对 [J]. 欧洲研究，2015, 33(05): 6, 66-82.

[65] Kim Gang-Hoon, Chung Ji-Hyong. Big Data Applications in the Government Sector: A Comparative Analysis among Leading Countries [J]. Communications of the ACM, 2014, 57: 78-85.

[66] 陈志成，王锐. 大数据提升城市治理能力的国际经验及其启示 [J]. 电子政务，2017 (06): 7-15.

[67] 吴昊. 大数据时代中国政府信息共享机制研究 [D]. 长春：吉林大学，2017.

[68] 翁列恩，李幼芸. 政务大数据的开放与共享：条件、障碍与基本准则研究 [J]. 经济社会体制比较，2016 (02): 113-122.

[69] 马海群，邹纯龙. 政府数据开放程度评价体系研究 [J]. 现代情报，2018, 38(09): 4-11.

[70] 邬贺铨. 大数据共享与开放及保护的挑战 [J]. 中国信息安全，2017 (05): 55-58.

[71] Isaac Lambe, Lawal Maryam, Okoli Theresa. A Systematic Review of Budgeting and Budgetary Control in Government Owned Organizations [J]. Research Journal of Finance Accounting, 2015, 6: 1-10.

[72] 高丰. 开放数据,仅有平台远远不够 [J]. 中国传媒科技，2016(Z1): 80-83.

[73] Duhigg Charles. The power of habit: Why we do what we do in life and business [M]. New York: Random House, 2012.

[74] 孟椿智，叶耿，谢瑞浩. 基于Kafka集群的数据搜索及共享机制在电力企业的应用研究 [J]. 数字技术与应用，2018, 36(03): 71-72.

[75] Davies Tim, Bawa Zainab Ashraf. The Promises and Perils of Open Government Data (OGD) [J]. J Community Informatics, 2012, 8(2): 7-13.

[76] Reggi Luigi, Dawes Sharon S. Open Government Data Ecosystems: Linking Transparency for Innovation with Transparency for Participation and Accountability[C]. International Conference on Electronic Government, 2016.

[77] Tolmie Peter, Crabtree Andy. The practical politics of sharing personal data [J]. Personal Ubiquitous Computing, 2018, 22: 293-315.

[78] Limba Tadas, Šidlauskas Aurimas. Secure personal data administration in the social networks: the case of voluntary sharing of personal data on the Facebook [J]. Entrepreneurship Sustainability Issues, 2018, 5: 528-541.

[79] Milne George R, Pettinico George, Hajjat Fatima M, et al. Information Sensitivity Typology: Mapping the Degree and Type of Risk Consumers Perceive in Personal Data Sharing [J]. 2017, 51(1): 133-161.

[80] 潘郁, 陆书星, 潘芳. 大数据环境下产学研协同创新网络生态系统架构 [J]. 科技进步与对策, 2014, 31(08): 1-4.

[81] 王举颖, 赵全超. 大数据环境下商业生态系统协同演化研究 [J]. 山东大学学报（哲学社会科学版）, 2014(05): 132-138.

[82] 王卫, 王晶, 张梦君. 生态系统视角下开放政府数据价值实现影响因素分析 [J]. 图书馆理论与实践, 2020(01): 1-7.

[83] 郭自宽, 张兴旺, 麦范金. 大数据生态系统在图书馆中的应用 [J]. 情报资料工作, 2013(02): 23-28.

[84] 门理想, 王丛虎. 中国地方政府数据开放建设成效的影响因素探究——基于生态系统理论框架 [J]. 现代情报, 2021, 41(02): 152-161.

[85] 任友群, 万昆, 冯仰存. 促进人工智能教育的可持续发展——联合国《教育中的人工智能: 可持续发展的挑战和机遇》解读与启示 [J]. 现代远程教育研究, 2019, 31(05): 3-10.

[86] 孙新波, 张明超, 王永霞. 工业互联网平台赋能促进数据化商业生态系统构建机理案例研究 [J]. 管理评论, 2022, 34(01): 322-337.

[87] 郑磊. 开放政府数据的价值创造机理: 生态系统的视角 [J]. 电子政务, 2015, (07): 2-7.

[88] 资武成. "大数据"时代企业生态系统的演化与建构 [J]. 社会科学, 2013, (12): 55-62.

[89] 鲍静, 张勇进, 董占广. 我国政府数据开放管理若干基本问题研究 [J]. 行政论坛, 2017, 24(01): 25-32.

[90] 刘继峰, 曾晓梅. 论用户数据的竞争法保护路径 [J]. 价格理论与实践, 2018, (03): 26-30.

[91] 刘叶婷, 王春晓. "大数据", 新作为——"大数据"时代背景下政府作为模式转变的分析 [J]. 领导科学, 2012(35): 4-6.

[92] 宋保振. "数字弱势群体"权利及其法治化保障 [J]. 法律科学(西北政法大学学报), 2020, 38(06): 53-64.

[93] 武长海, 常铮. 论我国数据权法律制度的构建与完善 [J]. 河北法学, 2018, 36(02): 37-46.

[94] 于施洋, 王建冬, 童楠楠. 国内外政务大数据应用发展述评: 方向与问题 [J]. 电子政务, 2016 (01): 2-10.

[95] 张金平. 欧盟个人数据权的演进及其启示 [J]. 法商研究, 2019, 36(05): 182-192.

[96] 张阳. 数据的权利化困境与契约式规制 [J]. 科技与法律, 2016 (06): 1096-1119.

[97] 郑智航. 人工智能算法的伦理危机与法律规制 [J]. 法律科学（西北政法大学学报）, 2021, 39(01): 14-26.

[98] 孟小峰, 慈祥. 大数据管理: 概念、技术与挑战 [J]. 计算机研究与发展, 2013, 50(01): 146-169.

[99] 聂林海. 我国电子商务发展的特点和趋势 [J]. 中国流通经济，2014, 28(06): 97-101.

[100] 彭兰. 社会化媒体、移动终端、大数据：影响新闻生产的新技术因素 [J]. 新闻界，2012 (16): 3-8.

[101] 魏顺平. 学习分析技术：挖掘大数据时代下教育数据的价值 [J]. 现代教育技术，2013, 23(02): 5-11.

[102] 邬贺铨. 大数据时代的机遇与挑战 [J]. 求是，2013 (04): 47-49.

[103] 徐宗本，冯芷艳，郭迅华，等. 大数据驱动的管理与决策前沿课题 [J]. 管理世界，2014 (11): 158-163.

[104] 王秀哲. 大数据时代个人信息法律保护制度之重构 [J]. 法学论坛，2018, 33(06): 115-125.

[105] 杨现民，唐斯斯，李冀红. 发展教育大数据：内涵、价值和挑战 [J]. 现代远程教育研究，2016 (01): 50-61.

[106] 张兰廷. 大数据的社会价值与战略选择 [D]. 北京：中共中央党校，2014.

[107] 周傲英，金澈清，王国仁，等. 不确定性数据管理技术研究综述 [J]. 计算机学报，2009 32(01): 1-16.

[108] 彭小圣，邓迪元，程时杰，等. 面向智能电网应用的电力大数据关键技术 [J]. 中国电机工程学报，2015, 35(03): 503-511.

[109] 刘正伟，文中领，张海涛. 云计算和云数据管理技术 [J]. 计算机研究与发展，2012, 49(S1): 26-31.

[110] 刘智慧，张泉灵. 大数据技术研究综述 [J]. 浙江大学学报（工学版），2014, 48(06): 957-972.

[111] 张东霞，苗新，刘丽平，等. 智能电网大数据技术发展研究 [J]. 中国电机工程学报，2015, 35(01): 2-12.

[112] 张宁，贾自艳，史忠植. 数据仓库中ETL技术的研究 [J]. 计算机工程与应用，2002 (24): 213-216.

[113] 谢建国，周露昭. 进口贸易、吸收能力与国际R&D技术溢出：中国省区面板数据的研究 [J]. 世界经济，2009, 32(09): 68-81.

[114] 王玉燕，林汉川，吕臣. 全球价值链嵌入的技术进步效应——来自中国工业面板数据的经验研究 [J]. 中国工业经济，2014, (09): 65-77.

[115] 李文莲，夏健明. 基于"大数据"的商业模式创新 [J]. 中国工业经济，2013 (05): 83-95.

[116] 孙大为，张广艳，郑纬民. 大数据流式计算：关键技术及系统实例 [J]. 软件学报，2014, 25(04): 839-862.

[117] 陶雪娇，胡晓峰，刘洋. 大数据研究综述 [J]. 系统仿真学报，2013, 25(S1): 142-146.

[118] Commission European. General Data Protection Regulation，GDPR[EB/OL]. https://gdpr-info.eu/.

[119] 秦荣生. 大数据、云计算技术对审计的影响研究 [J]. 审计研究，2014 (06): 23-28.

[120] Justice State of California Department of. California Consumer Privacy Act[EB/OL]. https://www.oag.ca.gov/privacy/ccpa.

[121] 李雅娜，孙宁，高玉珍. 大数据时代互联网信息数据治理现状与对策 [J]. 科技资讯，2021, 19(24): 1-3.

[122] 刘彦华. 数字中国新愿景 [J]. 小康，2023 (12): 30-33.

[123] 安小米，韩新伊，陈桂红，等. 政府数据利用能力保障要素研究：以北京市为例 [J]. 情报资料工作，2023, 44(05): 50-60.

[124] 刘戒骄. 数据垄断形成机制与监管分析 [J]. 北京工业大学学报（社会科学版），2023, 23(01): 71-83.

[125] 许阳，胡月. 政府数据治理的概念、应用场域及多重困境：研究综述与展望[J]. 情报理论与实践，2022, 45(01): 196-204.

[126] 范灵俊，洪学海，黄晁，等. 政府大数据治理的挑战及对策 [J]. 大数据，2016, 2(03): 27-38.

[127] 周文泓, 贺谭涛. 我国政府数据管理机构职能设计的现状调查及其启示 [J]. 图书情报工作, 2022, 66(16): 78-91.

[128] 彭海艳, 何振. 人工智能背景下政府数据安全治理的现实困境与应对策略研究 [J]. 云南社会科学, 2022, (03): 29-37.

[129] 易显飞, 王广赞. 认知增强技术: 人文风险与分阶段应对策略 [J]. 内蒙古社会科学, 2022, 43(04): 42-48, 213.

[130] Zhou L H, Chen L Q, Han Y Y. "Data stickiness" in interagency government data sharing: a case study [J]. Journal of Documentation, 2021, 77(6): 1286-1303.

[131] 杨文霞. 我国政府数据治理的影响因素及实现路径研究 [D]. 济南: 山东理工大学, 2022.

[132] 颜佳华, 王张华. 数字治理、数据治理、智能治理与智慧治理概念及其关系辨析 [J]. 湘潭大学学报 (哲学社会科学版), 2019, 43(05): 25-30, 88.

[133] Wang L, Huang S J, Zuo L N, et al. RCDS: a right-confirmable data-sharing model based on symbol mapping coding and blockchain [J]. Frontiers of Information Technology & Electronic Engineering, 2023, 24(8): 1194-1213.

[134] 张爽. 我国大数据交易背景下数据权属问题研究 [D]. 上海: 上海社会科学院, 2021.

[135] 华子岩. 政府数据共享视域下首席数据官制度的确立及其风险防范 [J]. 中国科技论坛, 2023 (09): 109-117.

[136] 梅傲, 陈子文. 政府数据开放中的数据安全隐忧及其纾解 [J]. 情报杂志, 2023, 42(05): 76-85.

[137] 谢祎, 何波. 中国数据法律制度体系研究 [J]. 大数据, 2023(10): 1-22.

[138] 李林启, 王雅斌. 大数据时代数据产权保护制度研究 [J]. 合肥工业大学学报 (社会科学版), 2023, 37(05): 34-41, 82.

[139] 王金财. 论个人信息侵权的司法认定 [D]. 兰州: 兰州大学, 2023.

[140] 樊博, 石语希. 中国政府数据开放的政策创新扩散研究——成本收益和外部压力的竞争性解释 [J]. 现代情报, 2023, 43(10): 74-84.

[141] 陈美, 江易华. 韩国开放政府数据分析及其借鉴 [J]. 现代情报, 2017, 37(11): 28-33, 39.

[142] Azeroual O, Saake G, Wastl J. Data measurement in research information systems: metrics for the evaluation of data quality [J]. Scientometrics, 2018, 115(3): 1271-1290.

[143] 莫祖英, 丁怡雅. 政府数据开放公众反馈机制构建研究 [J]. 情报杂志, 2021, 40(03): 162-167, 223.

[144] 陈振云. 我国金融数据治理法律构建的三个维度 [J]. 贵州大学学报 (社会科学版), 2022, 40(05): 80-92.

[145] 金励, 周坤琳. 数据共享的制度去障与司法应对研究 [J]. 西南金融, 2020, (03): 88-96.

[146] 吴立志, 李景晖. 未成年人社区智慧矫正的困境与突破 [J]. 犯罪与改造研究, 2021 (11): 28-33.

[147] 王燕. 大数据时代银行数据治理的几点认识 [J]. 金融电子化, 2018(03): 26-27, 52.

[148] 王华, 曹扬, 张婧慧, 丁洪鑫. 数据治理标准体系及标准化实施框架研究 [J]. 中国标准化, 2023 (16): 38-44, 57.

[149] 本刊编辑部. 标准对话: 标准价值在企业中的具象表现——来自华为、中兴、腾讯、海尔、联想的分享 [J]. 中国标准化, 2023 (19): 6-27.

[150] 阚鑫禹. 数据治理标准化发展现状与启示 [J]. 信息通信技术与政策, 2022 (02): 2-7.

[151] 王超, 张辉. 欧美开放数据评估指标体系调查研究及启示 [J]. 中国科技资源导刊, 2020, 52(05): 71-77.

[152] 覃秋悦，王化龙，唐玲明，等. 广西能源大数据平台建设与应用初探 [J]. 红水河，2022，41(04): 86-90.

[153] Reichwein A. Distributed cross-domain link creation for flexible data integration and manageable data interoperability standards [J]. Insight (USA), 2022, 25(1): 38-41.

[154] 牟春雪，楚向红. 大数据嵌入市域社会治理：内在机理、运作逻辑与保障路径 [J]. 贵州社会科学，2022 (07): 133-141.

[155] 陈来瑶，马其家. 平台企业数据共享的反垄断法规制 [J]. 情报杂志，2022，41(06): 99-107.

[156] 沈斌. 公共数据授权运营的功能定位、法律属性与制度展开 [J]. 电子政务，2023(11):47-58.

[157] 苏德悦. 政策支持 技术推动 数据要素市场发展进入快车道 [N]. 人民邮电，2023-10-09(003).

[158] 王玉. 数字金融对新型农业经营主体融资创新的激励效应研究 [J]. 农业与技术，2023，43(16): 149-152.

[159] 蔡婷，林晖，陈武辉，等. 区块链赋能的高效物联网数据激励共享方案 [J]. 软件学报，2021，32(04): 953-972.

[160] 韩清. 数字经济联动区域一体化发展的价值目标与规制路径 [J]. 阅江学刊，2023(10): 97-110.

[161] 王锡锌. 个人信息可携权与数据治理的分配正义 [J]. 环球法律评论，2021，43(06): 5-22.

[162] 张琨，姜玉山. 大数据人才产学合作协同育人实践研究 [J]. 高教学刊，2023，9(27): 152-155.

[163] 李立威，程泉. 数字中国建设背景下数字经济人才的需求结构和培养路径分析 [J]. 北京联合大学学报，2023，37(05): 10-15.

[164] 孙晨阳. 企业数据司法适用的理论基础和制度完善 [D]. 杭州：浙江财经大学，2022.

[165] 吴戈平. 政府开放数据的安全风险及其防范对策 [J]. 网络安全技术与应用，2023 (09): 104-105.

[166] 叶雄彪. 企业数据权益的法律保护 [D]. 北京：对外经济贸易大学，2022.

[167] 王佳宜. 个人数据跨境流动法律规制的国际动向及我国应对策略 [J]. 价格理论与实践，2023(08): 58-62.

[168] 张斌，马海群，商容轩. 跨境数据流通特征对政府内外数据互联互通的启示 [J]. 现代情报，2022，42(10): 99-109.

[169] 张洋. 数据跨境流通法律问题研究 [D]. 大连：大连海洋大学，2023.

[170] 王嘉延，梁雪青，杜舒明，等. 大数据背景下数据质量提升的应用 [J]. 数字技术与应用，2021，39(11): 16-19.

[171] 何振超. 生态环境大数据的概念、框架和应用 [J]. 资源节约与环保，2021，(02): 135-136.

[172] 潘银蓉，刘晓娟，张容旭. 数据交易生态系统：理论逻辑、制约因素与治理路径 [J]. 图书情报工作，2023，67(09): 42-52.

[173] 崔辰州. 国家科学数据中心联合专刊导读 [J]. 数据与计算发展前沿，2022，4(01): 2-4.

[174] 张晓娟，莫富传，王意. 政府数据开放生态系统的理论、要素与模型探究 [J]. 情报理论与实践，2022，45(12): 42-49.

[175] 莫进朝. 政府开放数据应用生态系统模型及其运行模式研究 [D]. 广州：华南理工大学，2021.

[176] 嵇康. 政府跨部门数据共享的行为机理研究 [D]. 兰州：兰州大学，2023.

[177] 胡玉明. 数据生态下涉案企业的风险预警分析 [J]. 江西警察学院学报，2023 (04): 21-26.

[178] 彭静. 个人数据开放使用生态系统的稳定性分析与治理对策研究 [J]. 情报探索，2023，(06): 64-71.

[179] 丁乙乙. 激活数据要素潜能构建国际"数商生态" [J]. 上海信息化，2023 (02): 6-13.

[180] 邬晓燕. 数字化赋能生态文明转型的难题与路径 [J]. 人民论坛，2022 (06): 60-62.

[181] 王山. 大数据时代中国政府治理能力建设与公共治理创新 [J]. 求实, 2017 (01): 51-57.

[182] 四川省大数据中心. 四川省大数据干部读本 [M]. 成都: 四川人民出版社, 2020.

[183] 郭志懋, 周傲英. 数据质量和数据清洗研究综述 [J]. 软件学报, 2002 (11): 2076-2082.

[184] 安小米, 许济沧, 王丽丽, 等. 国际标准中的数据治理: 概念、视角及其标准化协同路径 [J]. 中国图书馆学报, 2021, 47(05): 59-79.

[185] 温珂, 宋大成, 游玎怡, 等. 政策计量视角下我国科学数据开放共享政策演进与体系构建 [J]. 科学通报, 2023(09): 1-8.

[186] Fan B, Shu N, Li Z, et al. Critical Nodes Identification for Power Grid Based on Electrical Topology and Power Flow Distribution [J]. IEEE Systems Journal, 2023, 17(3): 4874-4884.

[187] 郭洪伟. 数据分析方法与应用 [M]. 北京: 首都经济贸易大学出版社, 2021.

[188] 张会平, 顾勤, 徐忠波. 政府数据授权运营的实现机制与内在机理研究——以成都市为例 [J]. 电子政务, 2021 (05): 34-44.

[189] 成生辉. 中国经济大数据分析 [M]. 北京: 中国金融出版社, 2022.

[190] 吴先赋, 李永树, 王金明, 等. 基于POI数据的成都市区生活设施空间格局分析 [J]. 测绘地理信息, 2019, 44(03): 122-126.

[191] 高争志. 公共数据开放制度的价值定位与实现路径 [J]. 数字图书馆论坛, 2020 (01): 27-34.

[192] 周苏, 冯婵璟, 王硕苹. 大数据技术与应用 [M]. 北京: 机械工业出版社, 2016.

[193] 闫锴. 新能源汽车企业在中国经营模式研究 [D]. 北京: 中国人民大学, 2015.

[194] 赵卫东, 毕晓清, 卢新明. 基于角色的细粒度访问控制模型的设计与实现 [J]. 计算机工程与设计, 2013, 34(02): 474-479.

[195] 陈伟, Wally SMIELIAUSKAS. 大数据环境下的电子数据审计: 机遇、挑战与方法 [J]. 计算机科学, 2016, 43(01): 8-13, 34.

[196] 郑戈. 数据法治与未来交通——自动驾驶汽车数据治理刍议 [J]. 中国法律评论, 2022 (01): 202-214.

[197] 王融.《欧盟数据保护通用条例》详解 [J]. 大数据, 2016, 2(04): 93-101.

[198] 郑大庆, 黄丽华, 张成洪, 等. 大数据治理的概念及其参考架构 [J]. 研究与发展管理, 2017, 29(04): 65-72.

[199] 段效亮. 企业数据治理那些事 [M]. 北京: 机械工业出版社, 2020.

[200] 夏义堃. 试论数据开放环境下的政府数据治理: 概念框架与主要问题 [J]. 图书情报知识, 2018 (01): 95-104.

[201] 李飞翔. "大数据杀熟"背后的伦理审思、治理与启示 [J]. 东北大学学报（社会科学版）, 2020, 22(01): 7-15.

[202] 邱仁宗, 黄雯, 翟晓梅. 大数据技术的伦理问题 [J]. 科学与社会, 2014, 4(01): 36-48.

[203] 王昌锐, 邹昕钰. 企业社会责任报告的可比性分析及改进研究——基于国家电网公司和南方电网公司的解析 [J]. 会计论坛, 2015, 14(02): 98-112.

[204] 郭秋萍, 余建国, 刘双红. 企业数据挖掘理论与实践 [M]. 郑州: 黄河水利出版社, 2005.

[205] 陈丰. 发挥大数据价值, 支撑数字化转型——南方电网公司数字电网建设探索与实践 [J]. 软件和集成电路, 2021 (05): 61-62.

[206] 李晓华, 王怡帆. 数据价值链与价值创造机制研究 [J]. 经济纵横, 2020, (11): 54-62, 64.

[207] 郭斌, 蔡静雯. 基于价值链的政府数据治理: 模型构建与实现路径 [J]. 电子政务, 2020 (02): 77-85.

[208] 叶广宇，刘洋. 范式转变中的全球价值链整合与中国企业战略管理——第八届中国战略管理学者论坛观点述评 [J]. 经济管理，2016, 38(01): 188-199.

[209] 刘纯霞，陈友余，马天平. 全球供应链外部中断风险缓释机制分析——数字贸易的视角 [J]. 经济纵横，2022 (07): 60-68.

[210] 胡治芳，王苏宜. 全球价值链视角下跨境电商企业竞争力提升策略研究 [J]. 商场现代化，2020 (17): 59-61.

[211] 董明，孙琦. 动态能力视角下制造业价值链的数字化重构路径——全球灯塔工厂案例分析 [J]. 工业工程与管理，2022, 27(05): 197-208.

[212] 房毓菲，单志广. 智慧城市顶层设计方法研究及启示 [J]. 电子政务，2017 (02): 75-85.

[213] 郭明军，于施洋，王建冬，等. 协同创新视角下数据价值的构建及量化分析 [J]. 情报理论与实践，2020, 43(07): 63-68, 87.

[214] 朱炜，綦好东. 基于价值链分析的价值链会计：数据系统改进、范式变迁、框架设计 [J]. 当代财经，2016 (01): 121-128.

[215] 丰佳栋. 知识动态能力视角的电商平台大数据分析价值链战略 [J]. 中国流通经济，2021, 35(02): 37-48.

[216] 祝合良，王春娟. "双循环"新发展格局战略背景下产业数字化转型：理论与对策 [J]. 财贸经济，2021, 42(03): 14-27.

[217] 朱秀梅，林晓玥. 企业数字化转型：研究脉络梳理与整合框架构建 [J]. 研究与发展管理，2022, 34(04): 141-155.

[218] 巩天雷，张勇. 基于价值链分析的精准生态战略管理模式及机制研究 [J]. 经济体制改革，2018 (01): 26-31.

[219] 王伟玲. 大数据产业的战略价值研究与思考 [J]. 技术经济与管理研究，2015 (01): 117-120.

[220] 黄恒奇. 深航货运公司跨境电商物流业务发展战略研究 [D]. 广州：广东外语外贸大学，2022.

[221] 张影，高长元，何晓燕. 基于价值链的大数据服务生态系统演进路径研究 [J]. 情报理论与实践，2018, 41(06): 58-63.

[222] 李腾，孙国强，崔格格. 数字产业化与产业数字化：双向联动关系、产业网络特征与数字经济发展 [J]. 产业经济研究，2021 (05): 54-68.

[223] 王梦然. 数字产业化：打造世界级数字产业集群 [N]. 新华日报，2022-05-28(001).

[224] 王俊豪，周晟佳. 中国数字产业发展的现状、特征及其溢出效应 [J]. 数量经济技术经济研究，2021, 38(03): 103-119.

[225] 鲜祖德. 权威解读《数字经济分类》[J]. 服务外包，2021(06): 40-42.

[226] 熊有伦，王瑜辉，杨文玉，尹周平. 数字制造与数字装备 [J]. 航空制造技术，2008 (09): 26-31.

[227] 数字经济及其核心产业统计分类(2021) [J]. 中华人民共和国国务院公报，2021 (20): 16-30.

[228] 武晓婷，张恪渝. 数字经济产业与制造业融合测度——基于投入产出视角 [J]. 中国流通经济，2021, 35(11): 89-98.

[229] 陈晓东，杨晓霞. 数字经济发展对产业结构升级的影响——基于灰关联熵与耗散结构理论的研究 [J]. 改革，2021 (03): 26-39.

[230] 章光琼，严定友，刘清堂. 数字内容产业服务模式探析 [J]. 科技与出版，2015 (01): 56-59.

[231] 伊万·沙拉法诺夫，白树强. WTO视角下数字产品贸易合作机制研究——基于数字贸易发展现状及壁垒研究 [J]. 国际贸易问题，2018 (02): 149-163.

[232] 解梅娟. 数字产品贸易及其发展策略分析 [J]. 商业时代，2009 (35): 37-38.

[233] 范伟. 浅论新时期计算机软件开发技术的应用及发展趋势 [J]. 计算机光盘软件与应用，2014, 17(13): 80, 82.

[234] 胡玲芳. 新时期计算机软件开发技术的应用研究 [J]. 信息与电脑（理论版），2013 (16): 74-75.

[235] 黄斌，彭小宁，肖侬，等. 数据网格环境中数据传输服务的研究与实现 [J]. 计算机应用研究，2004 (10): 212-214.

[236] 高昊江，张宜生，刘凡，等. 面向 Web 服务的企业信息系统集成开发技术研究与应用 [J]. 计算机工程与科学，2004 (06): 105-109.

[237] 万兴，杨晶. 互联网平台选择、纵向一体化与企业绩效 [J]. 中国工业经济，2017 (07): 156-174.

[238] 苏治，荆文君，孙宝文. 分层式垄断竞争：互联网行业市场结构特征研究——基于互联网平台类企业的分析 [J]. 管理世界，2018, 34(04): 80-100, 87-88.

[239] 李成义. 服务经济、数字商贸流通经济与供应链的依赖性研究 [J]. 商业经济研究，2019 (18): 17-19.

[240] 李超. 互联网时代银行零售业务渠道的发展策略 [J]. 新金融，2018 (05): 40-44.

[241] 张小明. 互联网金融的运作模式与发展策略研究 [D]. 太原：山西财经大学，2015.

[242] 赵旭升. 互联网金融商业模式演进及商业银行的应对策略 [J]. 金融论坛，2014, 19(10): 11-20.

[243] 汪曙华. 传媒数字化背景下的媒介融合与全媒体传播 [J]. 东南传播，2011 (04): 73-75.

[244] 熊巧琴，汤珂. 数据要素的界权、交易和定价研究进展 [J]. 经济学动态，2021 (02): 143-158.

[245] 齐爱民，盘佳. 数据权、数据主权的确立与大数据保护的基本原则 [J]. 苏州大学学报（哲学社会科学版），2015, 36(01): 64-70, 191.

[246] 石丹. 大数据时代数据权属及其保护路径研究 [J]. 西安交通大学学报（社会科学版），2018, 38(03): 78-85.

[247] 宋洪远. 智慧农业发展的状况、面临的问题及对策建议 [J]. 人民论坛·学术前沿，2020(24): 62-69.

[248] Liu Dan, Cao Xin, Huang Chongwei, et al. Intelligent Agriculture Greenhouse Environment Monitoring System Based on IOT Technology [M]. 2015.

[249] 李保. 林业有害生物防治中新技术的应用分析 [J]. 林业科技情报,2019,51(02):46-47.

[250] Popescu D, Stoican F, Stamatescu G, et al. Advanced UAV-WSN System for Intelligent Monitoring in Precision Agriculture[J]. Sensors, 2020, 20(3),1-35.

[251] Thuy Duong Oesterreich, Teuteberg Frank. Understanding the implications of digitisation and automation in the context of Industry 4.0: A triangulation approach and elements of a research agenda for the construction industry [J]. Computers in Industry, 2016, 83: 121-139.

[252] Kang H S, Lee J Y, Choi S, et al. Smart Manufacturing: Past Research, Present Findings, and Future Directions[J]. International Journal of Precision Engineering and Manufacturing-Green Technology, 2016, 3(1): 111-128.

[253] 张曼华，李广朋，孙彦竹，等. 基于 5G+8K 的新型显示全连接制造工厂模型研究 [J]. 日用电器，2022 (09): 11-19, 29.

[254] 李廉水，石喜爱，刘军. 中国制造业 40 年：智能化进程与展望 [J]. 中国软科学，2019 (01): 1-9, 30.

[255] 李春发，李冬冬，周驰. 数字经济驱动制造业转型升级的作用机理——基于产业链视角的分析

[J]. 商业研究，2020 (02): 73-82.

[256] He Wu, Yan Gong Jun, Xu Li Da. Developing Vehicular Data Cloud Services in the IoT Environment [J]. Ieee Transactions on Industrial Informatics, 2014, 10(2): 1587-1595.

[257] Hofmann Erik, Ruesch Marco. Industry 4.0 and the current status as well as future prospects on logistics [J]. Computers in Industry, 2017, 89: 23-34.

[258] Menouar Hamid, Guvenc Ismail, Akkaya Kemal, Uluagac A. Selcuk, Kadri Abdullah, Tuncer Adem. UAV-Enabled Intelligent Transportation Systems for the Smart City: Applications and Challenges [J]. Ieee Communications Magazine, 2017, 55(3): 22-28.

[259] 张春家，史天运，吕晓军，等. 铁路智能客运车站总体框架研究 [J]. 交通运输系统工程与信息，2018, 18(02): 40-44, 59.

[260] 王同军. 智能铁路总体架构与发展展望 [J]. 铁路计算机应用，2018, 27(07): 1-8.

[261] 李平，张莉艳，杨峰雁，等. 国外铁路智能运输系统研究现状及分析 [J]. 中国铁道科学，2003 (04): 13-19.

[262] Wang Fei-Yue. Parallel Control and Management for Intelligent Transportation Systems: Concepts, Architectures, and Applications [J]. Ieee Transactions on Intelligent Transportation Systems, 2010, 11(3): 630-638.

[263] Zhang Junping, Wang Fei-Yue, Wang Kunfeng, Lin Wei-Hua, Xu Xin, Chen Cheng. Data-Driven Intelligent Transportation Systems: A Survey [J]. Ieee Transactions on Intelligent Transportation Systems, 2011, 12(4): 1624-1639.

[264] 邢晓溪，郭克莎. 数字消费对商贸流通的偏离效应研究 [J]. 商业经济研究，2020 (14): 14-17.

[265] 王帅，林坦. 智慧物流发展的动因、架构和建议 [J]. 中国流通经济，2019, 33(01): 35-42.

[266] 霍艳芳，王涵，齐二石. 打造智慧物流与供应链，助力智能制造——《智慧物流与智慧供应链》导读 [J]. 中国机械工程，2020, 31(23): 2891-2897.

[267] 许忠，袁立，廖丽华，等. 车联网智能视频监控终端对危险品运输车辆的多源化信息采集 [J]. 物联网技术，2021, 11(04): 27-30.

[268] 王惜凡，周捷，顾宏刚. 新零售背景下智慧物流调配模式研究——以阿里盒马鲜生为例 [J]. 物流工程与管理，2020, 42(01): 22-25.

[269] 李佳. 基于大数据云计算的智慧物流模式重构 [J]. 中国流通经济，2019, 33(02): 20-29.

[270] 孙戈兵，张慧. 我国智慧物流模式发展路径研究 [J]. 经济研究导刊，2020, (30): 23-26.

[271] 周雷，王慧聪，毛晓飞，等. 金融科技背景下开放银行构建模式与发展路径研究 [J]. 新金融，2021 (12): 21-25.

[272] 肖旭，戚聿东. 产业数字化转型的价值维度与理论逻辑 [J]. 改革，2019 (08): 61-70.

[273] 沈玉良，李海英，李墨丝，等. 数字贸易发展趋势与中国的策略选择 [J]. 全球化，2018 (07): 28-40, 134.

[274] 黎生，余淇，田建林. 高校智能教室建设初探——以四川大学"智慧教学环境"建设为例 [J]. 中国信息技术教育，2020 (Z4): 182-184.

[275] 褚尔康. 基于数字孪生技术的政务管理范式重构 [J]. 科技智囊，2022, (11): 21-27.

[276] 宋京燕. "互联网+"与大数据在医疗保险领域中的创新应用 [J]. 中国医疗保险，2018 (06): 27-30.

[277] 吴信东，董丙冰，堵新政，等. 数据治理技术 [J]. 软件学报，2019, 30(09): 2830-2856.

[278] GB/T 30522—2014.

[279] GB/T 25100—2010.

[280] 肖珑, 陈凌, 冯项云, 等. 中文元数据标准框架及其应用 [J]. 大学图书馆学报, 2001 (05): 29-35, 91.

[281] 赵华, 王健. 国内外科学数据元数据标准及内容分析 [J]. 情报探索, 2015 (02): 21-24, 30.

[282] 冯项云, 肖珑, 廖三三, 等. 国外常用元数据标准比较研究 [J]. 大学图书馆学报, 2001 (04): 15-21, 91.

[283] 曹蓟光, 王申康. 元数据管理策略的比较研究 [J]. 计算机应用, 2001 (02): 3-5.

[284] 董仁才, 王韬, 张永霖, 等. 我国城市可持续发展能力评估指标的元数据分析与管理 [J]. 生态学报, 2018, 38(11): 3775-3783.

[285] 王雨娃, 司莉. "一带一路" 沿线多语种、共享型经济管理数据库元数据标准体系建设研究 [J]. 图书馆学研究, 2021 (03): 44-53.

[286] 盛敏. 集团型企业主数据建设与治理初探 [J]. 企业科技与发展, 2020 (03): 221-223.

[287] 杜小勇, 陈跃国, 范举, 等. 数据整理——大数据治理的关键技术 [J]. 大数据, 2019 5(03): 13-22.

[288] 苏州市统计局课题组. "大数据" 背景下统计数据资源整合探索 [J]. 统计科学与实践, 2018 (10): 52-55.

[289] 李倩, 刘冰洁, 赵彦云. 大数据环境下的统计元数据建设 [J]. 统计与信息论坛, 2020, 35(03): 14-20.

[290] 邱春艳. 国内外科学数据相关实践中的元数据研究进展 [J]. 情报资料工作, 2021, 42(05): 104-112.

[291] Tallon Paul P. Corporate Governance of Big Data: Perspectives on Value, Risk, and Cost [J]. Computer, 2013, 46(6): 32-38.

[292] Janssen Marijn, Kuk George. The challenges and limits of big data algorithms in technocratic governance [J]. Government Information Quarterly, 2016, 33(3): 371-377.

[293] Flyverbom Mikkel, Deibert Ronald, Matten Dirk. The Governance of Digital Technology, Big Data, and the Internet: New Roles and Responsibilities for Business [J]. Business & Society, 2019, 58(1): 3-19.

[294] Papalexakis E E, Faloutsos C, Sidiropoulos N D. Tensors for Data Mining and Data Fusion: Models, Applications, and Scalable Algorithms[J]. Acm Transactions on Intelligent Systems and Technology, 2017, 8(2):1–44.

[295] van den Broek Tijs, van Veenstra Anne Fleur. Governance of big data collaborations: How to balance regulatory compliance and disruptive innovation [J]. Technological Forecasting and Social Change, 2018, 129: 330-338.

[296] 中国混合云发展调查报告 [R]: 北京: 中国信息通信研究院, 2018.

[297] Dong Jiang, Zhuang Dafang, Huang Yaohuan, Fu Jingying. Advances in Multi-Sensor Data Fusion: Algorithms and Applications [J]. Sensors, 2009, 9(10): 7771-7784.

[298] Correa Nicolle M, Adali Tuelay, Li Yi-Ou, et al. Canonical Correlation Analysis for Data Fusion and Group Inferences [J]. Ieee Signal Processing Magazine, 2010, 27(4): 39-50.

[299] Berrocal Veronica J, Gelfand Alan E, Holland David M. Space-Time Data fusion Under Error in Computer Model Output: An Application to Modeling Air Quality [J]. Biometrics, 2012, 68(3): 837-848.

[300] Joshi N, Baumann M, Ehammer A, et al. A Review of the Application of Optical and Radar Remote Sensing Data Fusion to Land Use Mapping and Monitoring[J]. Remote Sensing, 2016, 8(1),1-23.

[301] 单勇. 以数据治理创新社会治安防控体系 [J]. 中国特色社会主义研究, 2015(04): 97-101.

[302] 濮小金, 司志刚. 电子商务概论 [M]. 北京: 机械工业出版社, 2003.

[303] 本刊讯. IMT-2020(5G)推进组发布5G技术白皮书 [J]. 中国无线电，2015, (05): 6.

[304] 朱雪田，夏旭，齐飞. 5G网络关键技术和业务 [J]. 电子技术应用，2018, 44(09): 1-4, 8.

[305] 朱雪田，夏旭，齐飞. 5G网络关键技术和业务 [J]. 电子技术应用，2018, 44(09): 1-4, 8.

[306] 尤肖虎，潘志文，高西奇，等. 5G移动通信发展趋势与若干关键技术 [J]. 中国科学：信息科学，2014, 44(05): 551-563.

[307] 张平，牛凯，田辉，等. 6G移动通信技术展望 [J]. 通信学报，2019, 40(01): 141-148.

[308] 余文科，程媛，李芳，等. 物联网技术发展分析与建议 [J]. 物联网学报，2020, 4(04): 105-109.

[309] 江洪主编. 智慧农业导论 理论、技术和应用 [M]. 上海：上海交通大学出版社，2015.

[310] 黄力. 引入施工情景在物联网技术导论课程中的教学创新——以物联网智慧农业为例 [J]. 电脑与电信，2021 (Z1): 68-71.

[311] 周峰，周晖，刁赢龙. 泛在电力物联网智能感知关键技术发展思路 [J]. 中国电机工程学报，2020, 40(01): 70-82, 375.

[312] 上海社会科学院信息研究所编著. 智慧城市辞典 [M]. 上海：上海辞书出版社，2011.

[313] 张永智，罗勇，詹铁柱. 创业综合虚拟仿真实训 [M]. 成都：西南财经大学出版社，2016.

[314] 栾悉道，应龙，谢毓湘，等. 三维建模技术研究进展 [J]. 计算机科学，2008 (02): 208-210, 229.

[315] 董鹏辉，柯良军. 基于图像的三维重建技术综述 [J]. 无线电通信技术，2019, 45(02): 115-119.

[316] 林婷. 基于2D/3D自适应显示液晶光栅的研究 [D]. 福州：福州大学，2018.

[317] 季怀魁. 医疗器械计算机模拟仿真技术现状及发展趋势探讨 [J]. 电子世界，2018 (19): 100-101.

[318] Barredo Arrieta Alejandro, Diaz-Rodriguez Natalia, Del Ser Javier, et al. Explainable Artificial Intelligence (XAI): Concepts, taxonomies, opportunities and challenges toward responsible AI [J]. Information Fusion, 2020, 58: 82-115.

[319] 王万良，张兆娟，高楠，等. 基于人工智能技术的大数据分析方法研究进展 [J]. 计算机集成制造系统，2019, 25(03): 529-547.

[320] 刘欣. 基于智能感知的机器人交互技术研究 [D]. 广州：华南理工大学，2016.

[321] Ghahramani Zoubin. Probabilistic machine learning and artificial intelligence [J]. Nature, 2015, 521(7553): 452-459.

[322] Miller Tim. Explanation in artificial intelligence: Insights from the social sciences [J]. Artificial Intelligence, 2019, 267: 1-38.

[323] 徐会杰，蔡羽，朱海，等. 管理信息系统 [M]. 北京：电子工业出版社，2016.

[324] Rautaray Siddharth S, Agrawal Anupam. Vision based hand gesture recognition for human computer interaction: a survey [J]. Artificial Intelligence Review, 2015, 43(1): 1-54.

[325] 张凤军，戴国忠，彭晓兰. 虚拟现实的人机交互综述 [J]. 中国科学：信息科学，2016, 46(12): 1711-1736.

[326] 黄进，韩冬奇，陈毅能，等. 混合现实中的人机交互综述 [J]. 计算机辅助设计与图形学学报，2016, 28(06): 869-880.

[327] Siyaev Aziz, Jo Geun-Sik. Towards Aircraft Maintenance Metaverse Using Speech Interactions with Virtual Objects in Mixed Reality [J]. Sensors, 2021, 21(6).

[328] Park Sang-Min, Kim Young-Gab. A Metaverse: Taxonomy, Components, Applications, and Open Challenges [J]. Ieee Access, 2022, 10: 4209-4251.

[329] 吴江，曹喆，陈佩，等. 元宇宙视域下的用户信息行为：框架与展望 [J]. 信息资源管理学报，

2022, 12(01): 4-20.

[330] 喻国明. 未来媒介的进化逻辑："人的连接"的迭代、重组与升维——从"场景时代"到"元宇宙"再到"心世界"的未来 [J]. 新闻界，2021 (10): 54-60.

[331] Tao Fei, Cheng Jiangfeng, Qi Qinglin, et al. Digital twin-driven product design, manufacturing and service with big data [J]. International Journal of Advanced Manufacturing Technology, 2018, 94(9-12): 3563-3576.

[332] 陶飞, 刘蔚然, 刘检华, 等. 数字孪生及其应用探索 [J]. 计算机集成制造系统，2018, 24(01): 1-18.

[333] 庄存波, 刘检华, 熊辉, 等. 产品数字孪生体的内涵、体系结构及其发展趋势 [J]. 计算机集成制造系统，2017, 23(04): 753-768.

[334] Tao Fei, Sui Fangyuan, Liu Ang, et al. Digital twin-driven product design framework [J]. International Journal of Production Research, 2019, 57(12): 3935-3953.

[335] 陶飞, 刘蔚然, 张萌, 等. 数字孪生五维模型及十大领域应用 [J]. 计算机集成制造系统，2019, 25(01): 1-18.

[336] 施巍松, 张星洲, 王一帆, 等. 边缘计算：现状与展望 [J]. 计算机研究与发展，2019, 56(01): 69-89.

[337] 施巍松, 孙辉, 曹杰, 等. 边缘计算：万物互联时代新型计算模型 [J]. 计算机研究与发展，2017, 54(05): 907-924.

[338] 丁春涛, 曹建农, 杨磊, 等. 边缘计算综述：应用、现状及挑战 [J]. 中兴通讯技术，2019, 25(03): 2-7.

[339] 赵梓铭, 刘芳, 蔡志平, 等. 边缘计算：平台、应用与挑战 [J]. 计算机研究与发展，2018, 55(02): 327-337.

[340] 谭霜, 贾焰, 韩伟红. 云存储中的数据完整性证明研究及进展 [J]. 计算机学报，2015, 38(01): 164-177.

[341] 袁远明. 智慧城市信息系统关键技术研究 [D]. 武汉：武汉大学，2012.

[342] 袁勇, 王飞跃. 区块链技术发展现状与展望 [J]. 自动化学报，2016, 42(04): 481-494.

[343] 沈鑫, 裴庆祺, 刘雪峰. 区块链技术综述 [J]. 网络与信息安全学报，2016, 2(11): 11-20.

[344] 何蒲, 于戈, 张岩峰, 等. 区块链技术与应用前瞻综述 [J]. 计算机科学，2017, 44(04): 1-7, 15.

[345] 邵奇峰, 金澈清, 张召, 等. 区块链技术：架构及进展 [J]. 计算机学报，2018, 41(05): 969-988.

[346] 蔡维德, 郁莲, 王荣, 等. 基于区块链的应用系统开发方法研究 [J]. 软件学报，2017, 28(06): 1474-1487.

[347] 曾诗钦, 霍如, 黄韬, 等. 区块链技术研究综述：原理、进展与应用 [J]. 通信学报，2020, 41(01): 134-151.

[348] 朱兴雄, 何清素, 郭善琪. 区块链技术在供应链金融中的应用 [J]. 中国流通经济，2018, 32(03): 111-119.

[349] 林晓轩. 区块链技术在金融业的应用 [J]. 中国金融，2016 (08): 17-18.

[350] 刘敖迪, 杜学绘, 王娜, 等. 区块链技术及其在信息安全领域的研究进展 [J]. 软件学报，2018, 29(07): 2092-2115.

[351] 薛腾飞, 傅群超, 王枞, 等. 基于区块链的医疗数据共享模型研究 [J]. 自动化学报，2017, 43(09): 1555-1562.

[352] 杨现民, 李新, 吴焕庆, 等. 区块链技术在教育领域的应用模式与现实挑战 [J]. 现代远程教育研究，2017, (02): 34-45.

[353] 张亮，刘百祥，张如意，等. 区块链技术综述 [J]. 计算机工程，2019, 45(05): 1-12.

[354] 吕铁. 传统产业数字化转型的趋势与路径 [J]. 人民论坛·学术前沿，2019, (18): 13-19.

[355] 吕铁，韩娜. 智能制造：全球趋势与中国战略 [J]. 人民论坛·学术前沿，2015, (11): 6-17.

[356] 通用电气公司（GE）. 工业互联网 打破智慧与机器的边界 [M]. 北京：机械工业出版社，2015.

[357] Berg Carl Fredrik, Lopez Olivier, Berland Havard. Industrial applications of digital rock technology [J]. Journal of Petroleum Science and Engineering, 2017, 157: 131-147.

[358] Nylen Daniel, Holmstrom Jonny. Digital innovation strategy: A framework for diagnosing and improving digital product and service innovation [J]. Business Horizons, 2015, 58(1): 57-67.

[359] Frank Alejandro G, Mendes Glauco H S, Ayala Nestor F, et al. Servitization and Industry 4.0 convergence in the digital transformation of product firms: A business model innovation perspective [J]. Technological Forecasting and Social Change, 2019, 141: 341-351.

[360] 边明远，李克强. 以智能网联汽车为载体的汽车强国战略顶层设计 [J]. 中国工程科学，2018, 20(01): 52-58.

[361] 李克强，戴一凡，李升波，等. 智能网联汽车(ICV)技术的发展现状及趋势 [J]. 汽车安全与节能学报，2017, 8(01): 1-14.

[362] 刘天洋，余卓平，熊璐，等. 智能网联汽车试验场发展现状与建设建议 [J]. 汽车技术，2017 (01): 7-11, 32.

[363] 张亚萍，刘华，李碧钰，等. 智能网联汽车技术与标准发展研究 [J]. 上海汽车，2015 (08): 55-59.

[364] 赵新勇，李珊珊，夏晓敬. 大数据时代新技术在智能交通中的应用 [J]. 交通运输研究，2017, 3(05): 1-7.

[365] 程啸，栗长江. 论大数据时代的个人数据权利（英文）[J]. Social Sciences in China, 2019, 40(03): 174-188.

[366] 龙卫球. 数据新型财产权构建及其体系研究 [J]. 政法论坛，2017, 35(04): 63-77.

[367] 徐伟. 企业数据获取"三重授权原则"反思及类型化构建 [J]. 交大法学，2019 (04): 20-39.

[368] 姚佳. 企业数据的利用准则 [J]. 清华法学，2019, 13(03): 114-125.

[369] 史宇航. 数据交易法律问题研究 [D]. 上海：上海交通大学，2020.

[370] Rana Saurabh, Mishra Dheerendra. An authenticated access control framework for digital right management system [J]. Multimedia Tools and Applications, 2021, 80(16): 25255-25270.

[371] 时明涛. 大数据时代企业数据权利保护的困境与突破 [J]. 电子知识产权，2020 (07): 61-73.

[372] 罗勇. 大数据背景下政府信息公开制度的中日比较——以"知情权"为视角 [J]. 重庆大学学报（社会科学版），2017, 23(01): 86-93.

[373] 徐绪堪，李一铭，庞庆华. 数字经济下政府开放数据共享的演化博弈分析 [J]. 情报杂志，2020, 39(12): 87, 119-125.

[374] Union Official Journal of the European. General Data Protection Regulation GDPR[EB/OL]. https://gdpr-info.eu/.

[375] 姬蕾蕾. 数据权的民法保护研究 [D]. 重庆：西南政法大学，2020.

[376] 冉从敬，刘妍. 数据主权的理论谱系 [J]. 武汉大学学报（哲学社会科学版），2022, 75(06): 19-29.

[377] 冉从敬，何梦婷，刘先瑞. 数据主权视野下我国跨境数据流动治理与对策研究 [J]. 图书与情报，2021 (04): 1-14.

[378] 张正怡. 数据价值链视域下数据跨境流动的规则导向及应对 [J]. 情报杂志，2022, 41(07): 77-83.

[379] 杨永红. 美国域外数据管辖权研究 [J]. 法商研究，2022, 39(02): 146-157.

[380] 徐信予，杨东. 平台政府：数据开放共享的"治理红利" [J]. 行政管理改革，2021, (02): 54-63.

[381] 郑荣，张薇，高志豪. 基于区块链技术的政府数据开放共享平台构建与运行机制研究 [J]. 情报科学，2022, 40(05): 137-143.

[382] 刘海鸥，周颖玉，王海英. 基于区块链的突发公共卫生事件政府数据开放共享模型研究 [J]. 现代情报，2022, 42(10): 79-89.

[383] 梅夏英. 在分享和控制之间 数据保护的私法局限和公共秩序构建 [J]. 中外法学，2019, 31(04): 845-870.

[384] Wang Y, Pang X, Chen J, et al. Digital Rights Protection System Based on Ethereum[J]. Computer Engineering and Applications, 2022: 58(7): 129-136.

[385] Zhao Liutao, Zhang Jiawan, Jing Hairong. Blockchain-Enabled Digital Rights Management for Museum-Digital Property Rights [J]. Intelligent Automation and Soft Computing, 2022, 34(3): 1785-1801.

[386] 丁晓东. 什么是数据权利？——从欧洲《一般数据保护条例》看数据隐私的保护 [J]. 华东政法大学学报，2018, 21(04): 39-53.

[387] 周文泓，代林序，文利君，等. 我国政府数据治理的政策内涵研究与展望 [J]. 现代情报，2023, 43(10): 85-96.

[388] 魏远山. 我国数据权演进历程回顾与趋势展望 [J]. 图书馆论坛，2021, 41(01): 119-131.

[389] Frohmann Bernd. Subjectivity and information ethics1 [J]. Journal of the American Society for Information Science and Technology, 2008, 59(2): 267-277.

[390] Schermer B W, Custers B, Van Der Hof S. The crisis of consent: how stronger legal protection may lead to weaker consent in data protection[J]. Ethics and Information Technology, 2014: 16(2): 171-182.

[391] 龙荣远，杨官华，数权、数权制度与数权法研究 [J]. 科技与法律，2018, (05): 19-30, 81.

[392] Mai Jens-Erik. Big data privacy: The datafication of personal information [J]. The Information society, 2016, 32(3): 192-192.

[393] 闫立东. 以"权利束"视角探究数据权利 [J]. 东方法学，2019 (02): 57-67.

[394] 王利明. 数据共享与个人信息保护 [J]. 现代法学，2019, 41(1): 45-57.

[395] Zimmer Michael. "But the data is already public": on the ethics of research in Facebook [J]. Ethics and information technology, 2010, 12(4): 313-325.

[396] 张黎. 大数据视角下数据权的体系建构研究 [J]. 图书馆，2020 (4): 21-28.

[397] 董克谦. 论跨国网络犯罪对国际刑事司法合作的挑战及其应对 [D]. 广州：广东外语外贸大学，2014.

[398] 雷浩伟，廖秀健，数据治理视阈下数据权力与数据权利研究：存续逻辑、冲突悖论与完善进路 [J]. 科技与法律（中英文），2021 (05): 22-33.

[399] Floridi Luciano. The Ontological Interpretation of Informational Privacy [J]. Ethics and Information Technology, 2005, 7(4): 185-200.

[400] 吴伟光. 大数据技术下个人数据信息私权保护论批判 [J]. 政治与法律，2016 (7): 116-132.

[401] 黄锫. 大数据时代个人数据权属的配置规则 [J]. 法学杂志，2021, 42(1): 99-110.

[402] 洪玮铭，姜战军，社会系统论视域下的个人信息权及其类型化 [J]. 江西社会科学，2019, 39(08): 166-173.

[403] 吴伟光. 构建公权与私权相结合的大数据技术规治体系 [J]. 网络信息法学研究，2019, (01): 127-156, 336.

[404] 罗昆,陈蕴哲.《民法典》实施视角下《慈善法》的修订与完善 [J]. 荆楚法学,2023(06):16-27.

[405] 文禹衡. 数据确权的范式嬗变、概念选择与归属主体 [J]. 东北师大学报（哲学社会科学版），2019 (05): 69-78.

[406] 许多奇. 论网络平台数据治理的私权逻辑与公权干预 [J]. 人民论坛·学术前沿，2021 (21): 67-74.

[407] 肖冬梅, 文禹衡. 数据权谱系论纲 [J]. 湘潭大学学报（哲学社会科学版），2015, 39(6): 69-75.

[408] 马海群, 蒲攀. 开放数据的内涵认知及其理论基础探析 [J]. 图书馆理论与实践，2016 (11): 48-54.

[409] 刘艳红. 公共空间运用大规模监控的法理逻辑及限度——基于个人信息有序共享之视角 [J]. 法学论坛，2020, 35(2): 5-16.

[410] 岳丽媛, 郑泉. 大数据信息收集处理与隐私权的公众理解研究 ——基于微博及调查问卷的分析 [J]. 科普研究，2023, 18(2): 92-99, 109.

[411] 张祎, 石文菲. 隐私与个人信息保护中的利益权衡 [J]. 法制博览，2023 (15): 70-72.

[412] 曹奕阳. 手机取证与隐私权保护的平衡——以现代公法比例原则为视点 [J]. 科技与法律，2019 (6): 68-76.

[413] 温泽彬. 政府信息公开中的隐私权保护——兼议《信息公开条例》第十四条第四款 [J]. 云南行政学院学报，2011, 13(1): 162-165.

[414] 刘皓琰. 数据霸权与数字帝国主义的新型掠夺 [J]. 当代经济研究，2021 (2): 25-32.

[415] 吕廷君. 数据权体系及其法治意义 [J]. 中共中央党校学报，2017, 21(05): 81-88.

[416] 陈星. 论网络空间主权的理论基础与中国方案 [J]. 甘肃社会科学，2022 (3): 113-121.

[417] 万方, 赵琳琳. 数据域外管辖趋势及我国的立法应对 [J]. 图书情报知识，2021, 38(4): 136-145.

[418] 邵怿. 论域外数据执法管辖权的单方扩张 [J]. 社会科学，2020 (10): 119-129.

[419] 顾伟. 警惕数据跨境流动监管的本地化依赖与管辖冲突 [J]. 信息安全与通信保密，2018 (12): 27-32.

[420] 王雪, 石巍. 个人数据域外管辖权的扩张及中国进取型路径的构建 [J]. 河南社会科学，2022, 30(5): 56-67.

[421] De Hert Paul, Papakonstantinou Vagelis, Malgieri Gianclaudio, et al. The right to data portability in the GDPR: Towards user-centric interoperability of digital services [J]. Computer Law & Security Review, 2018, 34(2): 193-203.

[422] Wong Janis, Henderson Tristan. The right to data portability in practice: exploring the implications of the technologically neutral GDPR [J]. International data privacy law, 2019, 9(3): 173-191.

[423] 谭必勇, 刘芮. 英国政府数据治理体系及其对我国的启示：走向"善治"[J]. 信息资源管理学报，2020, 10(05): 55-65.

[424] 马费成, 卢慧质, 吴逸姝. 数据要素市场的发展及运行 [J]. 信息资源管理学报, 2022, 12(05): 4-13.

[425] Petty W. 赋税论 [M]. 邱霞, 原磊, 译. 北京: 华夏出版社, 2006.

[426] 刘满凤, 杨杰, 陈梁. 数据要素市场建设与城市数字经济发展 [J]. 当代财经, 2022 (01): 102-112.

[427] 顾天安, 刘理晖, 程序, 等. 我国构建数据要素市场的挑战与建议 [J]. 发展研究, 2022, 39(01): 44-51.

[428] 刘小鲁, 王泰茗. 数据要素市场中的确权与规制：研究综述 [J]. 中国人民大学学报, 2022, 36(05): 92-105.

[429] 赵鑫. 数据要素市场培育：法律难题、域外经验与中国方案 [J]. 科技进步与对策, 2022, 39(17): 123-131.

[430] 刘金钊, 汪寿阳. 数据要素市场化配置的困境与对策探究 [J]. 中国科学院院刊, 2022, 37(10):

1435-1444.

[431] 张宝山. 数据确权的中国方案：要素市场语境下分类分级产权制度研究 [J]. 北方法学，2023，17(05): 146-160.

[432] 孙莹. 企业数据确权与授权机制研究 [J]. 比较法研究，2023 (03): 56-73.

[433] Division United Nations Statistics. System of National Accounts 2008-2008 SNA[EB/OL]. https://unstats.un.org/unsd/nationalaccount/sna2008.asp. 2008.

[434] 夏志强，闫星宇. 作为漂流资源的个人数据权属分置设计 [J]. 中国社会科学，2023 (04): 164-182，207-208.

[435] 王中霖，刘蓓，李贤武. 公平信息实践理论指导下的数据权能体系研究 [J]. 科技视界，2019 (26): 106-108.

[436] 肖冬梅，苏莹. 我国政府数据开放中的安全风险及其防范对策 [J]. 现代情报，2022，42(06): 112-120, 131.

[437] Chang Y, Wei W, Yu L, et al. Research on Influencing Factors of Government Data Opening and Sharing in Jilin Province from the Perspective of Digital Ecology[J]. The Frontiers of Society, Science and Technology, 2023, 5(13): 88-93.

[438] Serwadda David, Ndebele Paul, Grabowski Kate M, et al. Open data sharing and the Global South——Who benefits? [J]. Science, 2018, 35(9): 63-76.

[439] 张贵兰，王健，潘尧，等. 科学数据共享服务模式及其演化研究 [J]. 情报理论与实践，2022，45(02): 70-77.

[440] 陈志涛，金波，郭铭雅，等. 大数据平台数据脱敏技术问题探究 [J]. 通信与信息技术，2022, (04): 31-33, 42.

[441] 许可. 数据交易流通的三元治理：技术、标准与法律 [J]. 吉首大学学报（社会科学版），2022，43(01): 96-105.

[442] 姚若楠. 数据流通交易法律治理的现实困局、涉外体系与破解进路 [J]. 海峡法学，2023，25(03): 10-17.

[443] 张帆，李春光. 数据流通交易平台的全生命周期治理路径研究 [J]. 学习与实践，2022 (05): 78-84.

[444] 宋璟，邸丽清，杨光，等. 新时代下数据安全风险评估工作的思考 [J]. 中国信息安全，2021 (09): 62-65.

[445] 刘祥国，张营，王中龙，等. 运行时攻击自免疫技术在电网数据安全防御系统的应用 [J]. 山东电力技术，2023，50(08): 74-80.

[446] 黄海瑛，何梦婷，冉从敬. 数据主权安全风险的国际治理体系与我国路径研究 [J]. 图书与情报，2021 (04): 15-28.

[447] 曹开研.《数据安全法》: 新形势下数据风险治理的利器及实施展望 [J]. 青年记者，2021 (17): 70-72.